W. Kortüm · P. Lugner

Systemdynamik und Regelung von Fahrzeugen

Einführung und Beispiele

Mit 167 Abbildungen

Springer-Verlag

Berlin Heidelberg New York
London Paris Tokyo
Hong Kong Barcelona Budapest

Prof. Dr. Willi Kortüm
DLR Oberpfaffenhofen
Institut für Robotik und Systemdynamik
82234 Weßling

Doz. Dr. Peter Lugner
TU Wien
Institut für Mechanik
Wiedener Hauptstraße 8-10
A-1040 Wien

ISBN-13: 978-3-642-47625-9   e-ISBN-13: 978-3-642-47623-5
DOI: 10.1007/978-3-642-47623-5

Dieses Werk ist urheberrechtlich geschützt. Die dadurch begründeten Rechte, insbesondere die der Übersetzung, des Nachdrucks, des Vortrags, der Entnahme von Abbildungen und Tabellen, der Funksendung, der Mikroverfilmung oder Vervielfältigung auf anderen Wegen und der Speicherung in Datenverarbeitungsanlagen, bleiben, auch bei nur auszugsweiser Verwertung, vorbehalten. Eine Vervielfältigung dieses Werkes oder von Teilen dieses Werkes ist auch im Einzelfall nur in den Grenzen der gesetzlichen Bestimmungen des Urheberrechtsgesetzes der Bundesrepublik Deutschland vom 9. September 1965 in der jeweils geltenden Fassung zulässig. Sie ist grundsätzlich vergütungspflichtig. Zuwiderhandlungen unterliegen den Strafbestimmungen des Urheberrechtsgesetzes.

© Springer-Verlag Berlin Heidelberg 1994
Softcover reprint of the hardcover 1st edition 1994

Die Wiedergabe von Gebrauchsnamen, Handelsnamen, Warenbezeichnungen usw. in diesem Buch berechtigt auch ohne besondere Kennzeichnung nicht zu der Annahme, daß solche Namen im Sinne der Warenzeichen- und Markenschutz-Gesetzgebung als frei zu betrachten wären und daher von jedermann benutzt werden dürften.

Sollte in diesem Werk direkt oder indirekt auf Gesetze, Vorschriften oder Richtlinien (z.B. DIN, VDI, VDE) Bezug genommen oder aus ihnen zitiert worden sein, so kann der Verlag keine Gewähr für die Richtigkeit, Vollständigkeit oder Aktualität übernehmen. Es empfiehlt sich, gegebenenfalls für die eigenen Arbeiten die vollständigen Vorschriften oder Richtlinien in der jeweils gültigen Fassung hinzuzuziehen.

Satz: Reproduktionsfertige Vorlage der Autoren
Umschlaggestaltung: H. Struve & Partner, Heidelberg

62/3020 - 5 4 3 2 1 0 - Gedruckt auf säurefreiem Papier

Danksagung

Wie bei vielen Autoren hat sich auch bei uns die Transformation von einem
Vorlesungsskriptum zu einem reproduktionsfertigen Buch über einige Jahre hin-
gezogen, zumal eine intensivere Beschäftigung mit dem Manuskript nur in der
sogenannten "Freizeit" möglich war. Vieles ist aber in dieser Zeit neu gestaltet,
verbessert und ergänzt worden; aber auch die Entwicklung der Fahrzeugsysteme
und die Methoden zu ihrer Analyse sind fortgeschritten und so mußten einige
Passagen entsprechend aufbereitet werden.

In diesem Reifeprozeß haben wir von Kollegen, Mitarbeitern und Studie-
renden viele wertvolle Anregungen bekommen, für die wir uns ganz herzlich
bedanken. Die vielfältigen Unterstützungen und Ermunterungen zur Fertigstel-
lung des Buches seitens der DLR und der TU Wien wissen wir besonders zu
schätzen.

Ganz besonders danken wir aber Frau Gabi Bichler von der DLR, die nicht
nur nacheinander zwei Textsysteme, sondern auch die vielfältigen, nicht immer
sofort kohärenten Wünsche zweier Autoren mit individueller "Eigendynamik"
verkraften mußte, für ihren unermüdlichen Einsatz und ihre Stabilität.

Eine sicher ebenso lobenswerte Einsatzbereitschaft und einen schwierigen
Verbesserungs-, Anpassungs- und Änderungsdienst haben wir in vorzüglicher
Weise von unserem "Abbildungsteam", Herrn Dr. Jaschinski und Frau Jakob,
beide ebenfalls von der DLR, erfahren.

Schließlich wollen wir uns bei unseren Familien, insbesondere bei unseren
Ehefrauen, die viele Stunden auf unsere Mitwirkung im Familienbetrieb verzich-
ten mußten, bedanken. Ohne ihr Verständnis und ihre Bereitschaft wäre dieses
Buch nicht möglich gewesen.

Dem Leser wünschen wir ein angenehmes Arbeiten und einen guten Wir-
kungsgrad beim Durcharbeiten des Stoffes. Sich auftuende Hürden im Verständnis, Verbesserungsvorschläge oder auch Korrekturen bitten wir, uns unbedingt
mitzuteilen, damit wir diese bei einer neuen Auflage berücksichtigen können.

Weßling und Wien, Juli 1993

Vorwort

Das vorliegende Buch basiert auf dem Stoff einer Vorlesung, die seit dem Wintersemester 1983/84 am Lehrstuhl B für Mechanik (Fakultät Maschinenwesen) der TU-München gehalten wird. In Ergänzung zu dieser Vorlesung werden Übungen und ein Rechnerpraktikum durchgeführt, in denen der Studierende den Stoff anwendet und vertieft.

Als oberstes *Ziel* dieses Buches steht die Einführung in ein *strukturiertes* und *interdisziplinäres Systemdenken* am Beispiel der *Dynamik von Fahrzeugen und ihrer Regelung*.

Diese Thematik soll anhand seiner beschreibenden Begriffe kurz verdeutlicht werden:

Dynamik: Teilgebiet der Mechanik, welches die Änderung des Bewegungszustandes durch Kräfte behandelt und sich in die Bereiche *Kinematik* (Beschreibung der Bewegungen) und *Kinetik* (Kräfte und ihre Wirkungen) gliedert.

Regelung: Methoden zur gezielten Beeinflussung des Bewegungszustandes mittels sog. *aktiver Systeme*, bestehend aus Sensoren, Signalverarbeitung (Kompensationsglieder, Regelgesetze) und Stellgliedern (Aktuatoren).

Fahrzeuge: Transportsysteme zur gezielten Ortsveränderung von Personen oder Gütern.

Die interdisziplinäre Behandlung der Gebiete Modellbildung, Dynamik, Regelung und Simulation wird auch oft mit dem Begriff *Systemdynamik* belegt; bei Fahrzeugen spricht man deshalb von der *Fahrzeug-Systemdynamik*. Mit dieser Begriffsbildung wird der System-Aspekt betont, d. h. weniger die detaillierte Analyse einer Systemkomponente, sondern ihre Wirkung im Verbund steht im Vordergrund. Durch zusätzliche Betonung der *Regelung* im Titel dieses Buches soll ihre Bedeutung bei fortschrittlichen Fahrzeugentwicklungen extra hervorgehoben werden, obwohl man die Regelung auch als Teilgebiet der Systemdynamik ansehen kann.

Es werden ausschließlich *bodengebundene Fahrzeuge*, insbesondere Straßen- und Schienenfahrzeuge und ihre Wechselwirkungen mit dem Fahrweg behandelt. Dabei werden hauptsächlich solche Problemkreise diskutiert, die bei mehreren Fahrzeugtypen auftreten. Details über Konstruktionen und spezielle Modellbildungen werden allenfalls exemplarisch dargestellt bzw. es wird auf Spezialliteratur verwiesen. Beispielhaft für Abhandlungen zu speziellen Fahrzeugklassen seien hierzu angeführt: MITSCHKE, [1] für die Kfz-Technik, DUKKIPATI, GARG, [2] für die Rad-Schiene Technik und JUNG, [3] für die Magnetbahn. Für die Erlernung computergestützter Methoden zur Entwicklung und Berechnung *neuartiger Konzepte* sollen die wesentlichen theoretischen Grundlagen bereitgestellt werden.

Für die Strukturierung dieses Buches ist es dabei von Vorteil, daß sich, trotz der Vielfalt der Fahrzeugtypen, viele ihrer Funktionen auf analoge Grundlagen abbilden lassen. In diesem Zusammenhang sind insbesondere zu nennen: *ähnliche Modellbeschreibungen*, z. B. analoge Bewegungsgleichungen für die Dynamik der Fahrzeuge, einschließlich der Möglichkeit zur Linearisierung und die Verwendung vergleichbarer Aufhängungen (Feder–Dämpfer–Systeme) in vielen Fahrzeugen; *gleichartige Fragestellungen* bei den Entwurfsspezifikationen und Beurteilungskriterien, z. B. hinsichtlich Schwingungsverhalten (Fahrkomfort) und Fahrstabilität und damit letztlich auch die Anwendbarkeit der gleichen Palette von theoretischen Methoden und Verfahren. In diesem Sinne wird das Schwergewicht der Darstellung auf die *Grundprinzipien, Konzepte* und *Berechnungsmethoden* zur Analyse und zur Auslegung der Fahrzeugsysteme gelegt.

Die *Darstellungsart* zielt dabei aber weniger auf eine ausführliche Behandlung der Theorie und Beweisführung ab, sondern sie ist bemüht, eine *Anleitung zum praktischen Gebrauch der Verfahren* sowie ein *Leitfaden* zur Benutzung von Spezialliteratur und zum eigenen Arbeiten zu sein. Die einzelnen Kapitel werden deshalb auch durch Demonstrations- und Übungsbeispiele ergänzt.

Die nachfolgende Kapitelübersicht soll als Orientierungshilfe dienen.

Im einführenden **Kapitel 1** erfolgt eine kurze Beschreibung des *Stands der Technik* und der Entwicklungstendenzen bei bodengebundenen Fahrzeugen, ein Abriß der Grundaufgaben der Fahrzeug-Systemdynamik sowie eine Einführung in die einschlägige Fachliteratur. Zusätzlich werden die wesentlichen Festlegungen zur verwendeten Notation eingeführt.

Im **Kapitel 2** werden einige Gesichtspunkte zur Wahl der *mechanischen Ersatzsysteme* diskutiert und für spezielle Problemstellungen (z. B. Fahrkomfort, Fahrsicherheit) geeignete Fahrzeugmodelle skizziert. Die Aufgaben und einige charakteristische Modellierungen der für Fahrzeuge bedeutungsvollen *Trag- und Führsysteme* werden anschließend behandelt. Eine kurze Einführung soll aufzeigen, wie die zur vollständigen Systembeschreibung erforderlichen Parameter bestimmt werden.

Ein Repetitorium für die *Aufstellung* der *Bewegungsgleichungen* mechanischer Systeme wird in **Kapitel 3** gegeben. Dabei werden nach einer kurzen Darstellung der Kinematik die Bewegungsgleichungen nach LAGRANGE und nach NEWTON-EULER gegenübergestellt und ihre Anwendung an Beispielen demonstriert. Anschließend werden Möglichkeiten zur Linearisierung der Bewegungsgleichungen aufgezeigt.

Das **Kapitel 4** beschäftigt sich mit der System- und Strukturanalyse für linearisierte Modelle mittels *Zustandsraummethoden*. Neben der Berechnung des Zeitverhaltens linearer Systeme mittels Transitionsmatrizen werden insbesondere die für die Regelungstechnik wichtigen Fragen der *Steuerbarkeit* und

Beobachtbarkeit diskutiert. Weiterhin wird die Berechnung des Frequenzgangs, ausgehend von der Zustandsdarstellung, behandelt.

Im **Kapitel 5** werden die wichtigsten Verfahren zur *stochastischen Analyse*, d. h. der Berechnung statistischer Kenngrößen bei zufälliger Fahrzeuganregung besprochen. Nach einer kurzen Einführung in die mathematische Beschreibung zufälliger Störungen werden die für die Fahrzeuge wichtigsten Fahrwegunregelmäßigkeiten behandelt. Als Berechnungsmethoden für die Zufallschwingungen von Fahrzeugen werden die *Kovarianzmethode* im Zeitbereich und die *Spektraldichtemethode* im Frequenzbereich vorgestellt. Abschließend werden einige wesentliche *Beurteilungskriterien* für stochastische Fahrzeugschwingungen, insbesondere hinsichtlich Fahrkomfort, besprochen.

Das **Kapitel 6** führt in prinzipielle *Auslegungsverfahren* für geregelte Systeme ein. Zuerst werden die Möglichkeiten und Grenzen von *passiven und aktiven Federungen* aufgezeigt. Es werden dann einige wesentliche Methoden zum *Reglerentwurf* im Zustandsraum, nämlich die Verfahren der *Polvorgabe* und des RICCATI-*Entwurfs* dargestellt. Anhand von Beispielen werden ihre Anwendungen und ihre Grenzen aufgezeigt. Abschließend wird eine Einführung in die wichtige Problematik der *Zustandsschätzung* mittels Beobachter bzw. KALMAN-BUCY-Filter gegeben, die immer dann von Interesse ist, wenn nicht alle interessierenden dynamischen Systemgrößen (Zustandsgrößen) gemessen werden können.

Da die Realisierung von Regelkonzepten heute überwiegend durch Mikroprozessoren erfolgt, werden danach im **Kapitel 7** einige Grundlagen der *digitalen Regelung* kurz vorgestellt. Hierzu gehören die Diskretisierung der Systemgleichungen, die Methoden zur Auslegung digitaler Regelungen und diskreter Zustandsbeobachter sowie Hinweise zur Wahl der Abtastfrequenz.

Im abschließenden **Kapitel 8** wird ein Überblick über die Entwicklung der *Rechenprogramme zur Systemdynamik* gegeben. Neben einem kurzen Abriß der Entwicklung der Rechenprogramme zur *Simulation* und zur *Reglerauslegung* wird insbesondere eine Übersicht über die zur Simulation der Fahrzeugdynamik wichtigen *Mehrkörperprogramme* gegeben.

Inhaltsverzeichnis

1 Einführung

1.1 Übersicht, Stand der Technik

Von den existierenden Transportsystemen wie Raumfahrzeuge, Flugzeuge, Schiffe und Landfahrzeuge sollen hier nur die letzteren beispielhaft angesprochen werden und hierbei die Straßen- und Schienenfahrzeuge im Vordergrund stehen. Natürlich sind die meisten der hier verwendeten Methoden auch für andere Fahrzeugtypen anwendbar.

Die Steigerung der Mobilität von Personen und Gütern erfordert eine ständige Verbesserung und Weiterentwicklung der Technologien für Transport- und Verkehrssysteme, siehe Abb. 1.1. Der Einsatz der bodengebundenen Fahrzeuge im Hinblick auf günstige Reisezeiten für den Personenverkehr ist aus der Abb. 1.2 ersichtlich. Dieses Bild zeigt Reisezeit-Vorteile von Schnellbahnen gegenüber heutigen Eisenbahnen und dem Flugzeug für einen Entfernungsbereich von ca. 200 - 700 km auf. Eine signifikante Verkürzung der Reisezeiten bei Bus und Pkw ist aus Gründen der Umweltbelastung, der erforderlichen Verkehrsflächen, sowie den Sicherheitsanforderungen nicht zu erwarten. Abb. 1.3 zeigt eine Entwicklung der zukünftigen Marktanteile von Straßen-, Schienen- und Luftfahrzeugen am gesamten Verkehrsaufkommen. Hierbei wird eine wesentliche Zunahme der Bahnsysteme für mittlere Entfernungsbereiche prognostiziert. Eine aktuelle Übersicht über den Stand der Entwicklungen auf dem Gebiet der Verkehrs- und Transportsysteme findet man in [4].

Die Landfahrzeuge kann man am zweckmäßigsten nach der Art ihres Trag- und Führsystems einteilen, Abb. 1.4. Dabei spielen die Fahrzeuge nach dem Kontaktprinzip und hier wiederum die Radfahrzeuge die wichtigste Rolle. Man beachte, daß sich die betreffenden Trag- und Führmechanismen zwar grundsätzlich unterscheiden, die Fahrzeuge selbst und auch die Fahrwege sowie das globale dynamische Verhalten dieser Fahrzeuge trotzdem sehr viele Ähnlichkeiten aufweisen. Das dynamische Verhalten eines bodengebundenen Transportsystems ist das Ergebnis einer Wechselwirkung zwischen Fahrer, Fahrzeug, und Umwelt, Abb. 1.5.

Bei den *spurgeführten Fahrzeugen*, wie Eisenbahn, Magnetschwebebahn, spurgeführter Bus, treten die Wechselwirkungen zwischen Fahrer und Fahrzeug gegenüber denen von Fahrzeug und Fahrweg in den Hintergrund, Abb. 1.6. Als Beispiele zu solchen Fahrzeugen sollen die in Abb. 1.7 gezeigten Systeme angeführt werden. Diese beiden Repräsentanten von Schnellbahnen stellen Ent-

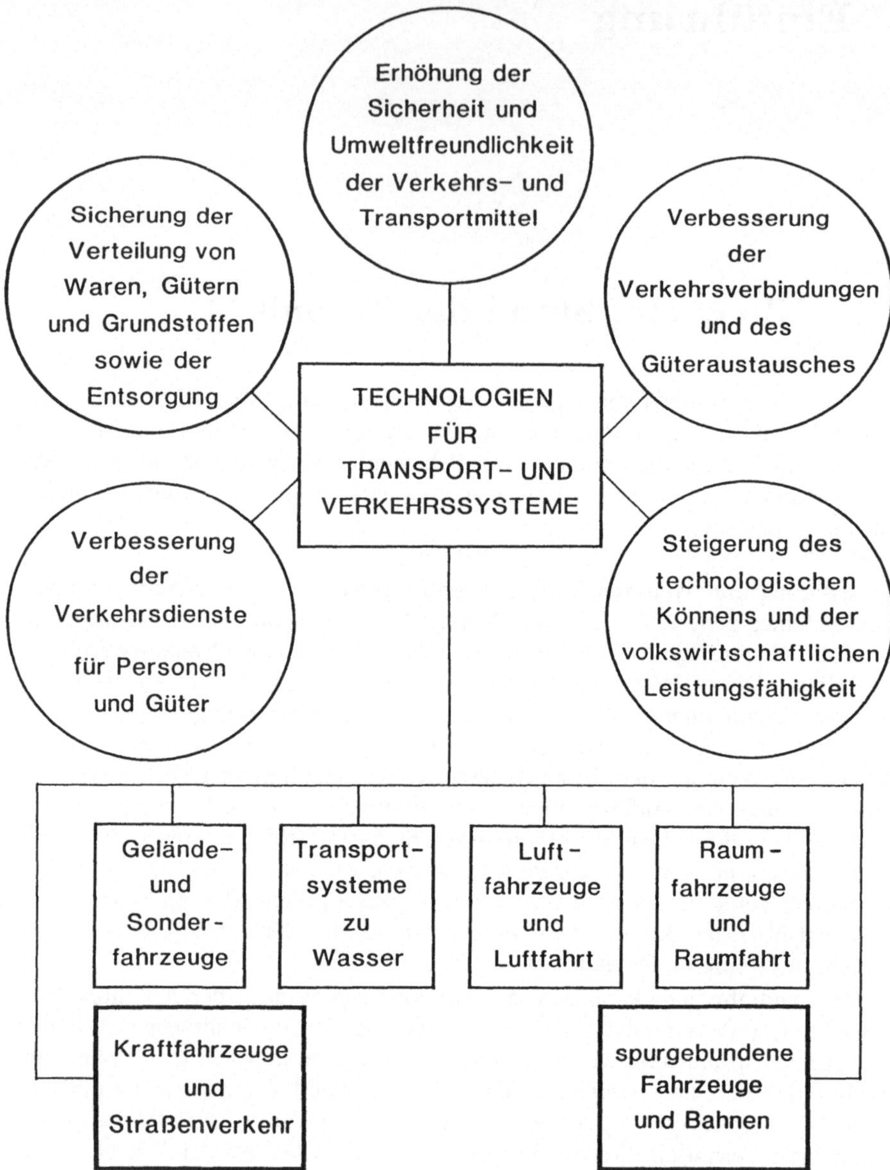

Abb. 1.1:   Technologien für Transport- und Verkehrssysteme

wicklungsergebnisse dar, die in Deutschland unter Förderung des Bundesministeriums für Forschung und Technologie im Bereich "Bahntechnologien" erzielt wurden. Dabei wurden sowohl die neue Technologie der *Magnetbahn* entwickelt, als auch die Potentiale der Eisenbahn unter dem Arbeitstitel *"Grenzen des Rad-*

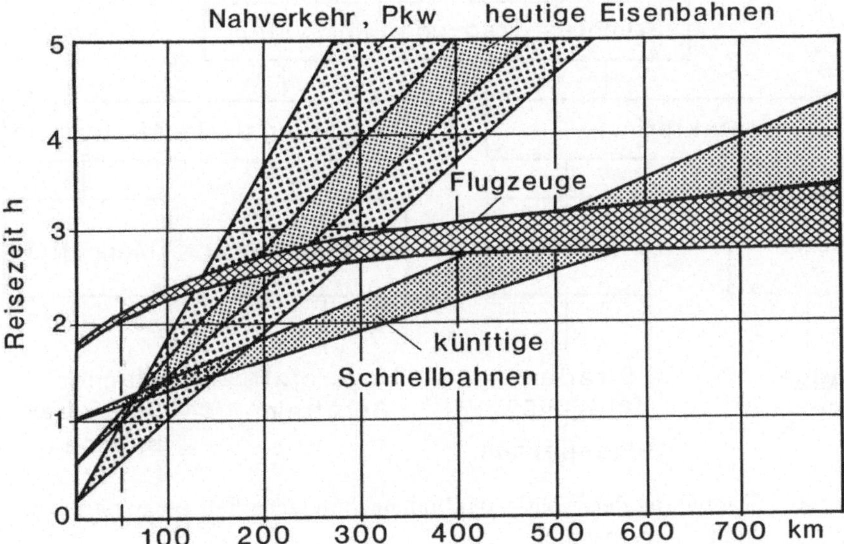

Abb. 1.2: Reisezeiten von Personenverkehrsmitteln in Abhängigkeit von der Entfernung

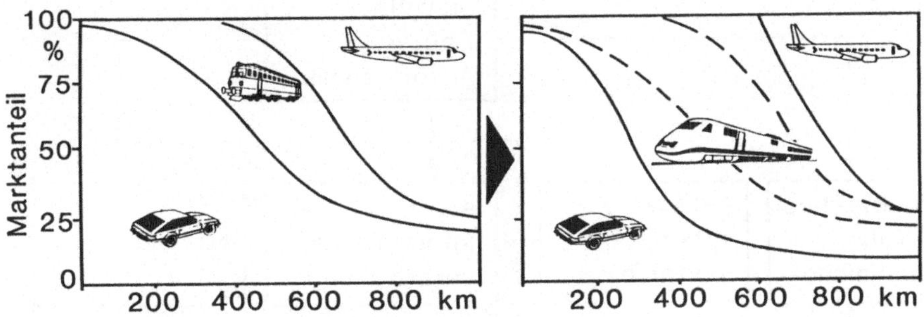

Abb. 1.3: Derzeitige und prognostizierte Marktanteile der Hauptverkehrsträger in Abhängigkeit der Entfernung des Reisezieles

Schiene Systems" erforscht; hieraus sind der TRANSRAPID und der ICE entstanden.

Bei der Magnetbahn sind zunächst zwei Prinzipien verfolgt worden:
a) das *elektromagnetische* Schwebeprinzip (EMS), welches auf den anziehenden Kräften von geregelten Elektromagneten zu ferromagnetischen Reaktionsschienen beruht, Abb. 1.8a; dabei ziehen die *Tragmagnete* das Fahrzeug von unten an den Fahrweg heran, die *Führmagnete* halten es seitlich in der Spur;
b) das *elektrodynamische* Schwebeprinzip (EDS), Abb. 1.8b, welches auf den abstoßenden Kräften zwischen mit flüssigem Helium gekühlten, supraleitenden Spulen im Fahrzeug und den passiven Reaktionsspulen im Fahrweg beruht; diese

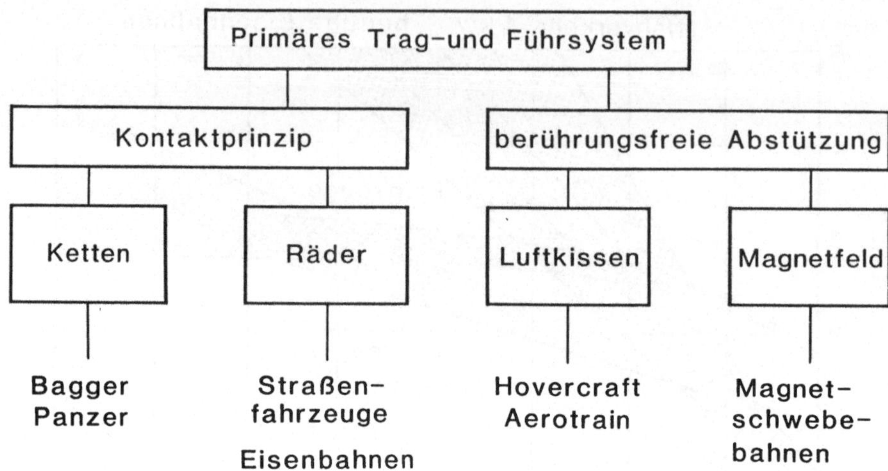

Abb. 1.4:   Einteilung der wichtigsten bodengebundenen Fahrzeuge nach Trag- und Führkonzepten

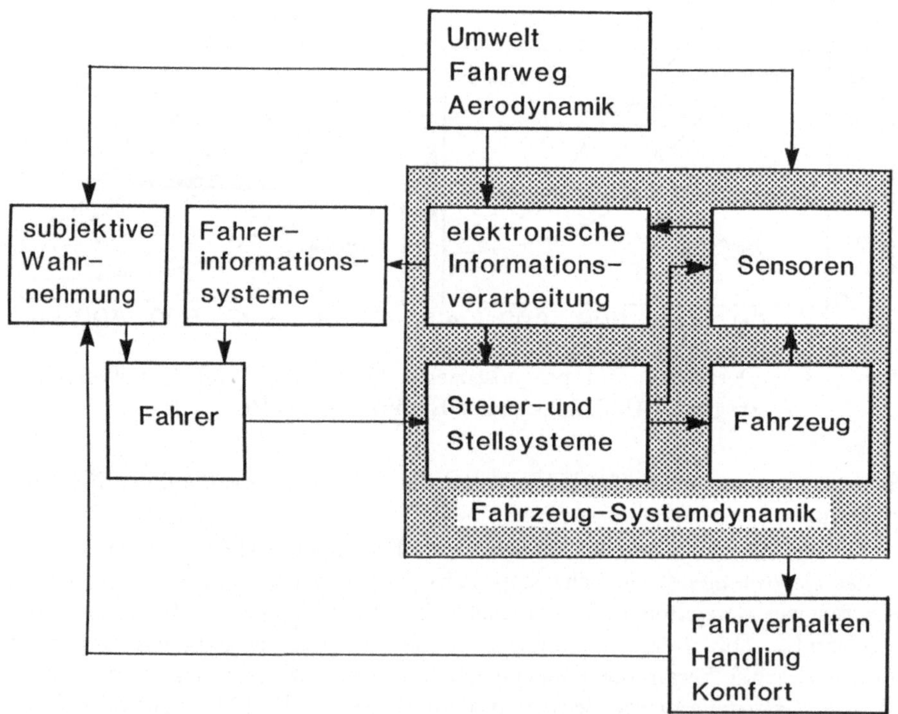

Abb. 1.5:   Wechselwirkung Fahrer - Fahrzeug - Umwelt

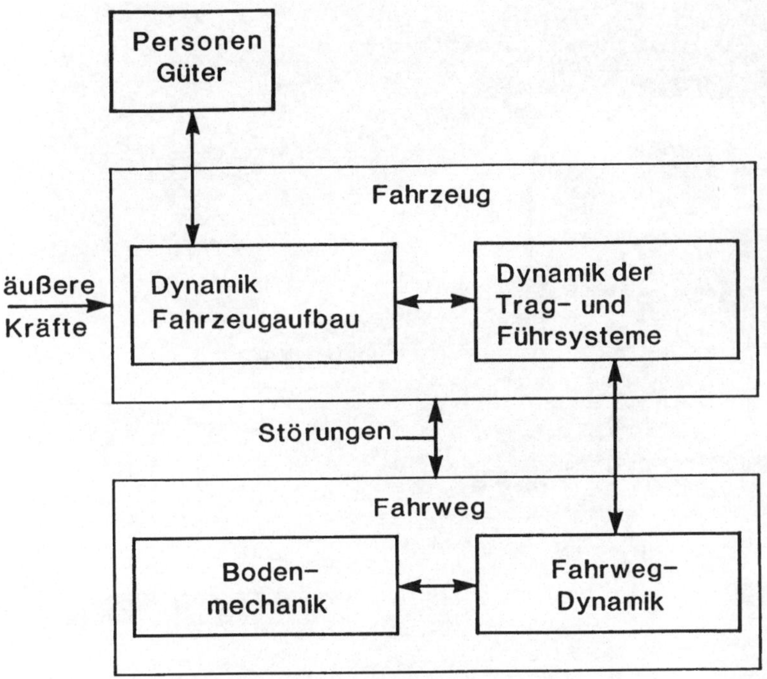

Abb. 1.6:   Fahrzeug - Fahrweg Wechselwirkung

Kräfte werden durch die Relativbewegung zwischen Fahrzeug und Fahrweg indu-
ziert, weswegen EDS-Fahrzeuge bis zu einer Geschwindigkeit von ca. 100 km/h
von Stützrädern getragen werden müssen. Aus diesen Gründen und aus dem hohen Energieverbrauch, selbst bei Verwendung von neuartigen Hochtemperatur-
Supraleitern, wird dieses Konzept seit 1977 in Deutschland nicht mehr weiter-
verfolgt, jedoch von den japanischen Eisenbahnen (MLU), [5]. Sowohl der deutsche TRANSRAPID wie der japanische MLU werden von einem berührungslos
arbeitenden sogenannten Langstator-Linearmotor angetrieben; das Prinzip wird
durch die Abb. 1.9 verdeutlicht. Im Gegensatz zum Antrieb konventioneller Verkehrssysteme ist also hier der aktive Antriebsteil im Fahrweg installiert (Langstator) siehe auch Abb. 1.10. Mit dem sogenannten HSST verfolgen die Japaner
noch ein EMS-Konzept mit Antriebsteil im Fahrzeug (Kurzstator); auch dieses
Konzept wird in Deutschland wegen seiner begrenzten Geschwindigkeiten (max.
300 km/h) nicht weiterentwickelt.

Das EDS-Schwebeprinzip ist als passives System zwar stabil aber schlecht
gedämpft; dagegen führt das EMS-Prinzip auf ein instabiles Verhalten des Mag-
netspaltes, muß also durch ein elektronisches Regelsystem so beeinflußt werden,
daß ein möglichst gleichmäßiger Abstand von ca. 10 mm gewährleistet bleibt.

Während auf dem Gebiet der Magnetschwebetechnik die Bundesrepublik
eine technologische Führungsrolle behauptet, aber die Einführung des Systems

Abb. 1.7:   Magnetschwebefahrzeug (TRANSRAPID) und Intercity Express
             (ICE)

noch ungeklärt ist, dürfte Frankreich mit dem TGV (train a grande vitesse)
- wenigstens was die Maximalgeschwindigkeit von derzeit 270 km/h angeht -
führend sein. Auch der japanische Shinkansen fährt schon seit einigen Jahren
im täglichen Einsatz Spitzengeschwindigkeiten von 240 km/h. Schließlich ist
der deutsche Hochgeschwindigkeitszug ICE nun soweit ausgereift, daß sich das
"E" von "Experimental" in "Express" wandeln durfte und seit Sommer 1991
mit Reisegeschwindigkeiten bis 250 km/h eingesetzt wird; die Versuchsfahrten
gingen bis maximal 406 km/h.

Zum Stand der Einführung *aktiver* (geregelter) *Komponenten* in fortschrittlichen Fahrzeugen [6, 7, 8] kann festgehalten werden: Während bei der Magnetbahn geregelte Trag- und Führkonzepte, zumindest bei dem in Deutschland
verfolgten elektromagnetischen (EMS) System unumgänglich sind - das passive
System wäre ja instabil -, setzen sich aktive Systeme bei der Eisenbahn nur
sehr langsam durch. Zwar haben auch hier fortschrittliche Konzepte, wie die
aerodynamisch optimale Gestaltung der Kopfform des Zuges und Maßnahmen

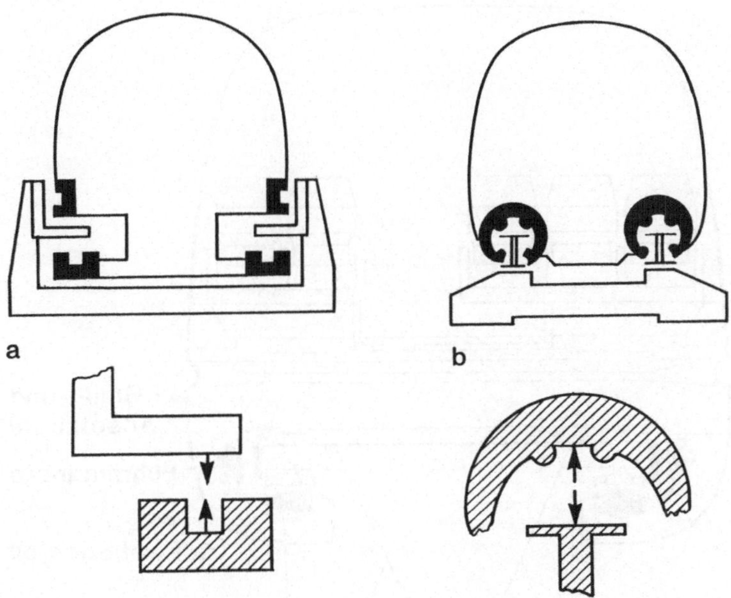

Abb. 1.8:   Funktionsprinzipien des elektromagnetischen (a) und elektrodyna-
mischen Schwebens (b)

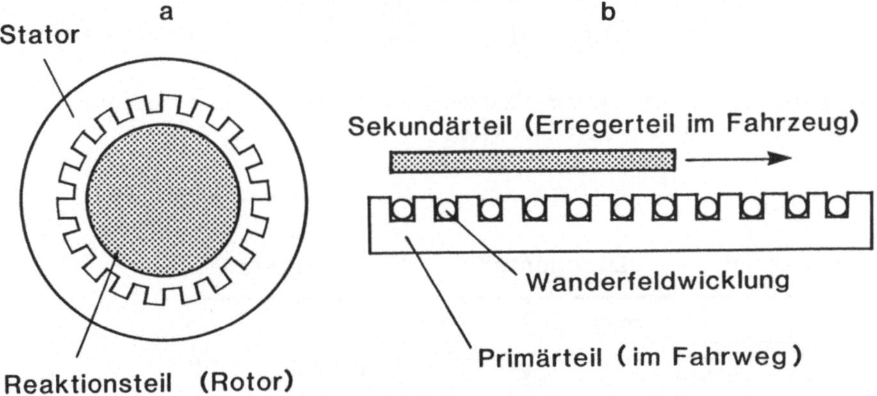

Abb. 1.9:   Prinzip des Langstator - Linearmotors (b) im Vergleich mit einem
rotierenden Elektromotor (a)

zur Lärmminderung Verbesserungen gebracht, aber aktive Komponenten zur
Steigerung des Fahrkomforts und der Laufgüte sind noch immer Ausnahmen,
siehe [8]. So hatten zwar bei der Entwicklung des ICE einige Voruntersuchun-
gen hierzu stattgefunden, wie eine aktive Drehhemmung, Abb. 1.11, [9] und
ein schlupfgeregelter Radsatz, [10], in den "Express" haben sie jedoch keinen
Eingang gefunden. Überhaupt sind die einzigen bekannten Realisierungen von

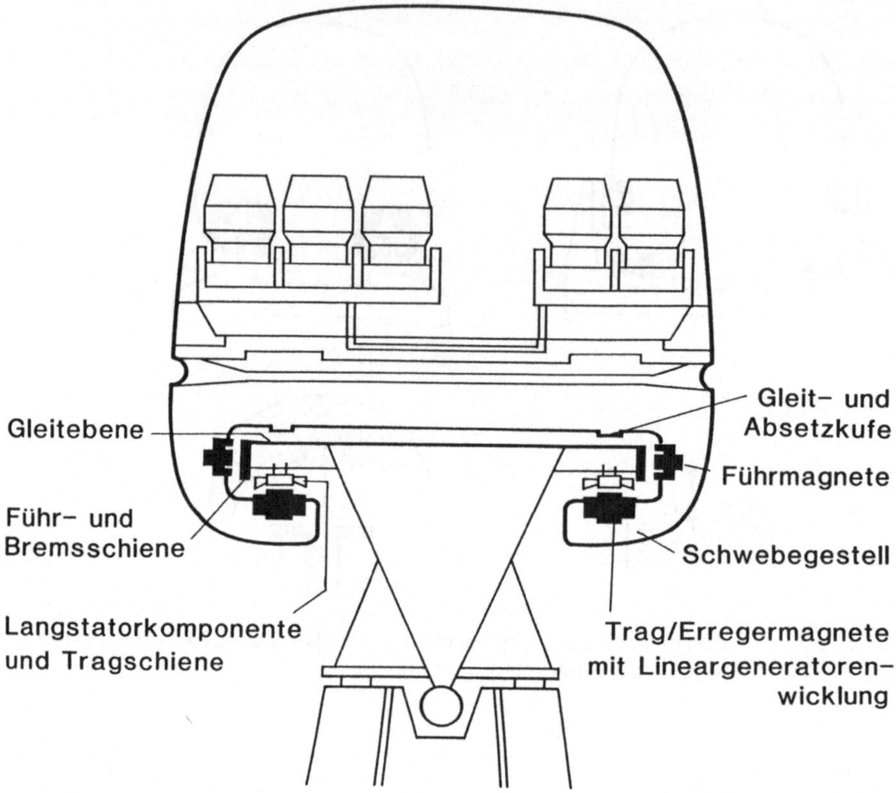

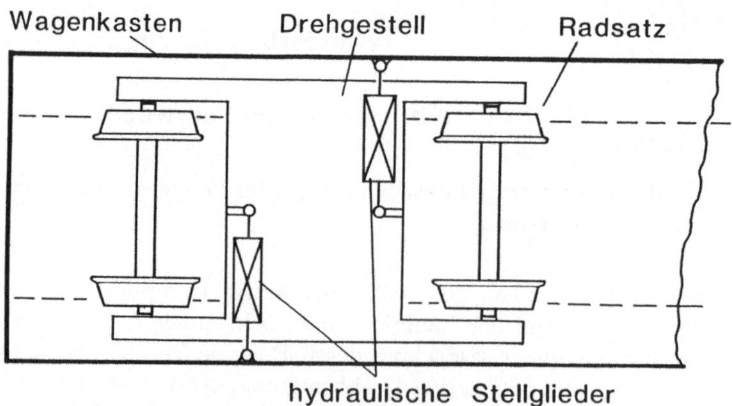

Abb. 1.10:   Komponenten von Fahrzeug und Fahrweg eines Langstator-EMS-
Magnetschwebefahrzeuges

Abb. 1.11:   Prinzip einer aktiven Drehhemmung

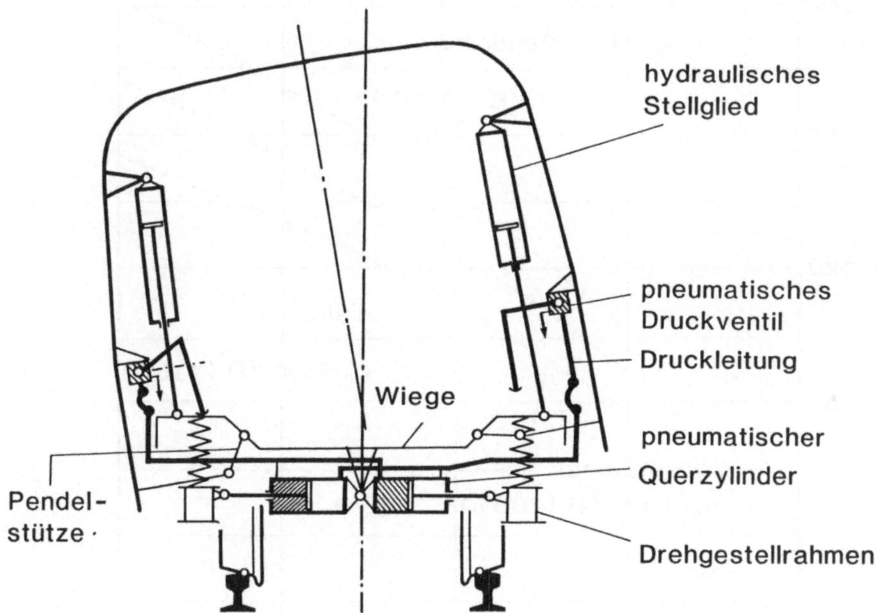

Abb. 1.12:   Prinzip der Wagenkastensteuerung beim Pendolino

aktiven Systemen die Wagenkastensteuerung des Pendolino, Abb. 1.12. und der schwedische X2000, [11]. Bei beiden wird mit Hilfe von servo-hydraulischen Aktuatoren der Wagenkasten in der Kurve so verdreht, daß der Fahrgast geringere seitliche Beschleunigungen verspürt. Somit kann die Fahrgeschwindigkeit auf existierenden Strecken gegenüber der herkömmlichen Technik gesteigert werden; dies ist in Abb. 1.13 für den spanischen Talgo (mit passiver Wagenkastenneigung) und den Pendolino (mit aktiver Wagenkastenneigung) in Relation zu einem konventionellen Fahrzeug dargestellt, [12].

Selbst in England, wo am intensivsten an aktiven Systemen (Federung und Wagenkastensteuerung) im Hinblick auf den Einsatz im APT (Advanced Passenger Train) entwickelt wurde, ist es zu keiner Einführung in den Betrieb gekommen. Dies hat in [8] zur Frage geführt, ob aktive Systeme bei der Eisenbahn zum überflüssigen Luxus gehören. Die Autoren meinen, daß aktive Systeme kommen werden, wenn man an die Grenzen der passiven Systeme stößt. Dies könnte möglicherweise zuerst bei einem Teilsystem stattfinden, das man bisher weniger wichtig als die Fahrdynamik hielt: das System Stromabnehmer-Fahrdraht. Tatsächlich legt aber dieses System heute die Maximalgeschwindigkeit fest und die Geschwindigkeitsrekorde können nur mit besonderen Maßnahmen, die für den täglichen Fahrbetrieb zu aufwendig sind, erzielt werden.

Desweiteren sind aber auch in der Laufdynamik Radsätze und Drehgestelle in der Entwicklung bzw. Erprobung, wo gesteuerte radial-einstellbare Radsätze durch aktive Komponenten realisiert werden [13, 14], siehe Abb. 1.14.

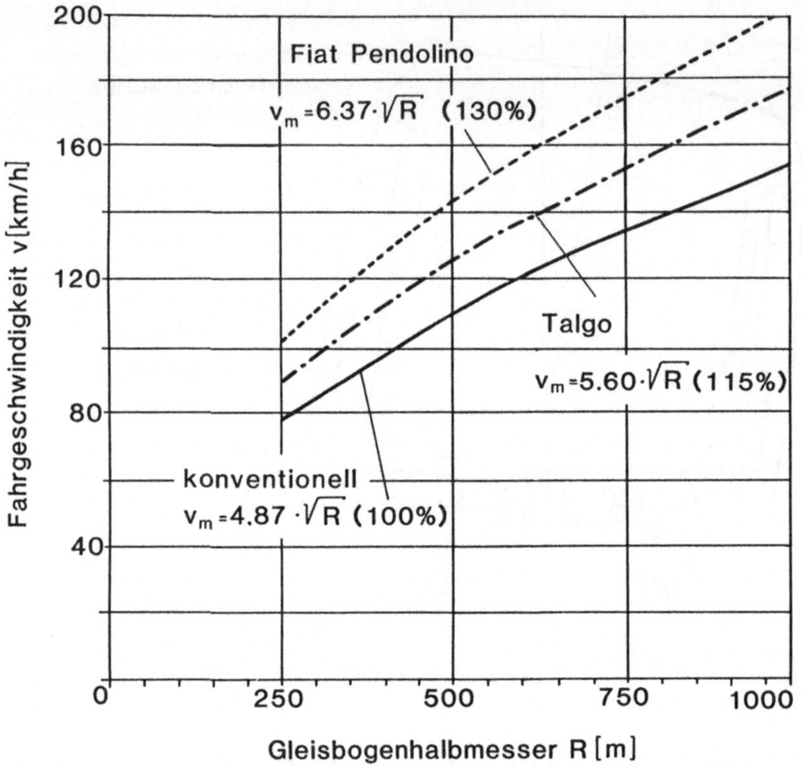

Abb. 1.13: Steigerung der Maximalgeschwindigkeit v_m im Kreisbogen durch Wagenkasten-Neigungssysteme

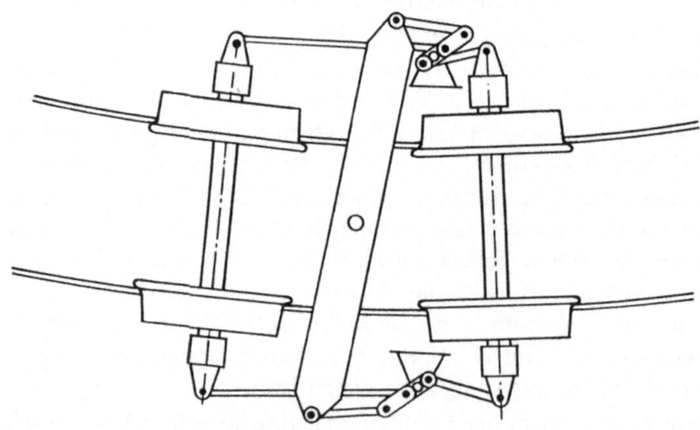

Abb. 1.14: Konzept für gesteuerte, radial einstellbare Radsätze

Im Gegensatz zu den spurgebundenen Fahrzeugen ist beim *Kraftfahrzeug* der Fahrer ein wesentlicher Teil des Gesamtregelkreises bei der Fahrzeugführung, Abb. 1.4. Er ist jedoch außerdem für die Fahr- bzw. Verkehrsaufgabe (die Planung und Durchführung eines Transportes) verantwortlich. Die Tendenzen einer zukünftigen Entwicklung des Kfz lassen sich aufgrund dieser Aufgaben in zwei Gruppen unterteilen.

Ein Teil der Entwicklungen zielt auf die Verbesserung des Fahrverhaltens, der aktiven und passiven Sicherheit und der Unterstützung des Fahrers bei der Fahrzeugführung ab. Da das Fahrverhalten essentiell von der Kraftübertragung zwischen Reifen und Fahrbahn bestimmt wird, bietet die, soweit vertretbar, fahrerunabhängige Regelung der Mechanismen dieser Kraftübertragung über Radaufhängungen, Antrieb und Bremssystem die beste Möglichkeit zu einer aktiven Beeinflussung des Systemverhaltens, siehe Abb. 1.15 nach [15]. Die Einschätzung der Leistungsfähigkeit und Grenzen einiger Aspekte der Fahrwerksregelung in Abb. 1.16 nach [15] zeigt Teile der Problematik höherer Kosten sowie die Gegenüberstellung von Vor- und Nachteilen auf. Hier zeichnet sich eine Entwicklungstendenz in der Richtung zur Verarbeitung einer größeren Anzahl von Sensorsignalen (z. B. Raddrehzahlen und Lenkwinkel beim System 4-Matic [16] oder bei der geregelten Viscomatic Kupplung zur Aufteilung der Antriebsmomente im Antriebstrang [17]) und komplexer Regelungsaufgaben (z. B. fahrzustandsabhängige Schlupfregelung [18]) ab. Das "aktive Fahrwerk" eine Kombination aller Stellmöglichkeiten nach Abb. 1.15, ist ein aktuelles Forschungsthema der meisten Kfz-Hersteller. Eine Abstimmung des Fahrzeugs auf die individuellen Wünsche des jeweiligen Fahrers könnte über die aktiven Stellelemente realisiert werden.

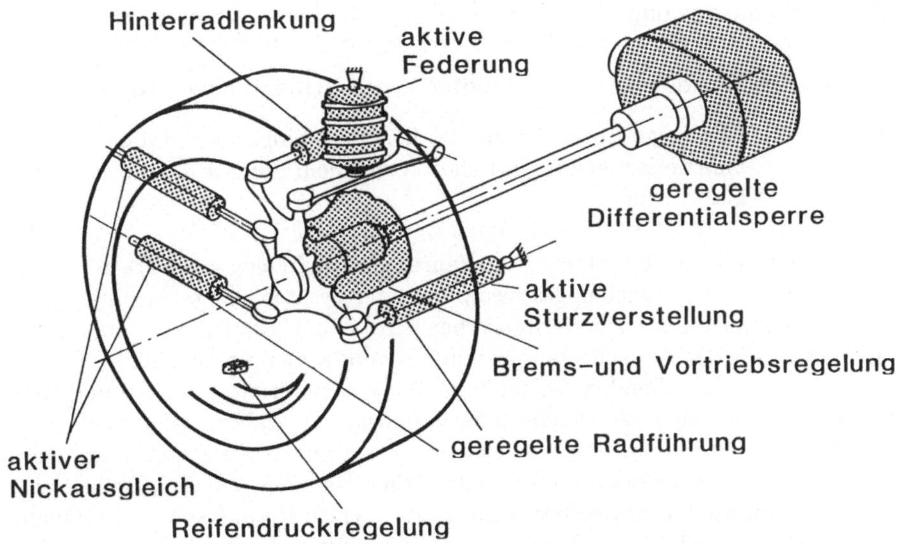

Abb. 1.15: Möglichkeiten für Regeleingriffe am Fahrwerk

Eigenschaft Bauteil	Merkmale				derzeitige Grenzen		
	Vertikalkomfort	aktive Sicherheit	Fahrer Information	Handling, Fahrkomfort	Systemverhalten bei Ausfall, Störung	zusätzliches Gewicht	Realisierbarkeit
adaptive Stoßdämpfer	+	+	O	O			
aktive Federung	+	+	O	+		✳	✳
aktive Lenkunterstützung	O	+	−	+	✳		
4-Rad-Lenkung — niedrige Geschw.	O	O	O	+		✳	
4-Rad-Lenkung — hohe Geschw.	O	+	−	+	✳	✳	✳
Anti-Schlupf-Regelung	O	+	+	+			
geregelter Allradantrieb	O	+	+	+	✳	✳	
ABS	O	+	+	+			
Reifendruckregelung	+	+	O	+	✳	✳	✳

+ besser   O neutral   − schlechter   ✳ kritisch bzw. problematisch

Abb. 1.16:   Derzeitige Einschätzung der Leistungsfähigkeiten und Grenzen der Fahrwerksregelung in Relation zu einem durchschnittlichen Mittelklasse Pkw

Die optimale Einbeziehung von Fahrer und Fahrzeug im Verkehr ist der Forschungs- und Entwicklungsschwerpunkt der zweiten Aufgabenstellung. So zielen die laufenden gesamteuropäischen Projekte PROMETHEUS und DRIVE [4] darauf ab, den Verkehr sicherer und konfliktärmer zu gestalten. Die Palette der zu untersuchenden Aufgaben reicht von Fahrerinformations- und Kommunikationssystemen - stationäre Informationsstellen, Fahrzeug-Fahrzeug Kommunikation, autarke Informationssysteme - bis zur Abstandsregelung, Fahrmanövermanagement oder auch Schadensfrüherkennung. Die Möglichkeit einer aktiven, teilweise fahrerunabhängigen, kontrollierten Beeinflussung des dynamischen Fahrzeugverhaltens über Regelsysteme stellt dabei eine wesentliche Voraussetzung dar.

Bei der Verfolgung der geschilderten Entwicklungen in der Kfz- und in der Bahntechnik spielt die Systemdynamik eine wichtige Rolle. Die Bedeutung der Systemdynamik liegt zu einem wesentlichen Teil daran, daß man die Grenzen der bisherigen Systeme überschreitet und hierbei trotz erhöhter Geschwindigkeit und Leichtbauweise, die durch die Dynamik bedingten Sicherheitsgrenzen und Komfortkriterien auf alle Fälle einhalten bzw. verbessern muß. Dabei sind *rechnergestützte Analyse- und Entwurfsmethoden* erforderlich, um die Vielzahl der sonst notwendigen zeitraubenden, teuren und zum Teil risikoreichen Versuche und Versuchsfahrten auf ein Minimum zu reduzieren. Die Hardware-Tests werden heute - wie schon seit längerem in der Luft- und Raumfahrt - in der Vorentwicklung soweit möglich auf Komponententests verlagert, während das Verhalten des Gesamtsystems zunächst über eine Simulation theoretisch untersucht wird. Daß dies möglich ist, wurde beispielsweise bei der Entwicklung des ICE eindrucksvoll demonstriert, [19].

Dem Einsatz komplexer Verfahren der Systemdynamik und Regelung für diese Aufgaben kommen einige Entwicklungen zustatten, die deren Einsatz in Zukunft leichter realisierbar erscheinen lassen:

- Die *Verfügbarkeit moderner Digitalrechner* ermöglicht die Analyse komplexer dynamischer Systeme mit vielen Freiheitsgraden.

- Die Entwicklung entsprechender *Algorithmen und Software* ermöglicht die automatische Synthese von Bewegungsgleichungen (z. B. mit Hilfe von Mehrkörper-Formalismen) und die praktische Durchführbarkeit von Entwurfs- und Auslegungsverfahren der Regelungstechnik.

- Die Entwicklung von *elektronischer Hardware* und speziell von Mikroprozessoren erlaubt die Realisierung aktiver Systeme (Sensoren, digitale Regelung, Stellglieder und ihre Ansteuerung), die billig, zuverlässig und leicht ausführbar sind.

Es ist anzunehmen, daß die nächste Dekade im Zeichen des Einsatzes der rechnergestützten Entwurfsverfahren und der Mikroprozessoren bei mechanischen Systemen generell und insbesondere bei modernen Transportsystemen stehen. In diesem Zusammenhang spricht man auch von einem "mechatronischen" System, wenn ein an sich mechanisches Grundsystem durch den Einsatz von Elektronik, z. B. durch elektronische Regelkreise, wirkungsvoller, effizienter und auch "intelligenter" arbeitet.

1.2   Grundaufgaben

Zunächst soll auf die Grundaufgaben, die bei der Weiterentwicklung eines Transportsystems bezüglich der Systemdynamik zu lösen sind, kurz eingegangen werden.

Wir betrachten hierzu die Abb. 1.17; diese zeigt eine Aufteilung der Aufgaben in eine theoretische bzw. softwareorientierte Seite, die wir unter dem Begriff

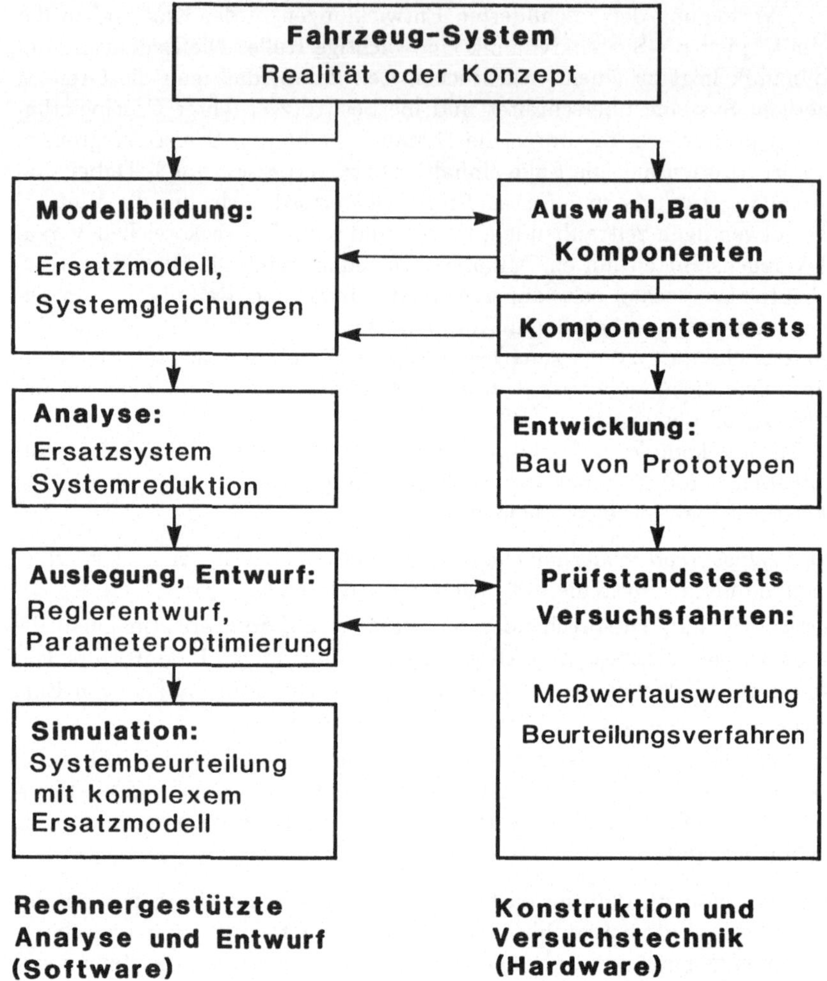

Abb. 1.17:   Fahrzeugentwicklung aus der Sicht der Systemdynamik

Systemdynamik behandeln werden und eine konstruktive und versuchstechnische Seite (Hardware) sowie die wichtigsten erforderlichen Querverbindungen. Natürlich werden bei der Fahrzeugentwicklung notwendigerweise iterative Prozesse zwischen den einzelnen Blöcken notwendig sein. Den vier Hauptgebieten: *Modellbildung, Analyse, Auslegung und Entwurf, Simulation* sind auch die einzelnen Kapitel des Buches zugeordnet.

Modellbildung und Systemgleichungen (Kapitel 2, 3)

Die Entwicklung abgesicherter mathematischer Modelle zur Beschreibung des Bewegungsverhaltens der Fahrzeuge stellt eine Grundvoraussetzung für die erfolgreiche Anwendung der Methode der Systemdynamik dar.

Es ist festzustellen, daß die Aufstellung von Ersatzmodellen die aufwendigste Teilaufgabe und auch der am wenigsten formalisierte Schritt in der ganzen Kette darstellt; alle weiteren Schritte sind dann - mehr oder weniger - formal schematisch abzuhandeln. Die Ersatzmodelle hängen nicht nur von dem physikalischen System, sondern insbesondere von der Fragestellung, z. B. Fahrkomfortanalyse oder Laufstabilität, ab. Schließlich wird man versuchen, die Ersatzmodelle an die zur Verfügung stehenden Analyse- und Entwurfsverfahren anzupassen. Mit dem Ersatzmodell stehen letzten Endes die Gleichungen zur Berechnung des Systemverhaltens schon fest, selbst wenn die formale Aufstellung noch nicht erfolgt ist, so daß man die Forderungen an die Ersatzmodelle folgendermaßen formulieren kann:

- Die Modelle müssen eine vollständige und hinreichend genaue Erfassung der wesentlichen Systemeigenschaften des realen Systems im Sinne der Aufgabenstellung erlauben.

- Die daraus abzuleitenden Systemgleichungen sollen so einfach wie möglich und übersichtlich in ihrem Aufbau im Hinblick auf ihre Weiterverwendung sein.

Wichtige Spezialfragen der Modellbildung sind z. B.

- die Erarbeitung von *Entwurfsmodellen*, d. h. Vereinfachungen durch Modell- bzw. Systemreduktion und Linearisierung, um anhand der dominanten Effekte Systementwürfe abzuleiten bzw. Auslegungsverfahren überhaupt erst anwenden zu können;

- die Aufstellung von allgemeinen *Simulationsmodellen* und *-programmen*, d. h. die computergerechte Formulierung der mathematischen Modelle bzw. die Formulierung in einer Art und Weise, so daß sie für eine große Klasse von Problemstellungen und Fahrzeugtypen verwendet werden können.

Analyse (Kapitel 4, 5)

In diesen Bereich gehören die Untersuchung des *Bewegungsverhaltens* bei idealisiertem Umfeld (z. B. Laufstabilität, stationäre Kreisfahrt) und des *Störverhaltens*, (z. B. Schwingungsverhalten auf gestörtem Gleis bzw. welliger Fahrbahn) anhand des mathematischen Modells.

Eine Analyse des linearisierten Systems im *Zustandsraum* (d. h. ausgehend von einem Satz von Differentialgleichungen 1. Ordnung) kann effizient auf die Berechnung der Eigenwerte und Eigenvektoren der Systemmatrix aufgebaut werden. Sofern aktive Systeme von Interesse sind, muß eine Analyse auf *Steuerbarkeit* und *Beobachtbarkeit* durchgeführt werden. Die Berechnung des *Frequenz-*

ganges aus den Systemmatrizen der Zustandsdarstellung erlaubt den effizienten Übergang in den Frequenzbereich, welcher für einige Systembeurteilungen äußerst wichtig ist.

Ausgehend von der mathematischen Beschreibung der Fahrzeugstörungen durch *stochastische Störmodelle* erfolgt die Systemanalyse im Zeitbereich (Kovarianzanalyse) oder im Frequenzbereich (Leistungsspektren). Bei der *Bewertung des Systemverhaltens*, insbesondere des Schwingungsverhaltens der Fahrzeuge, muß die unterschiedliche Sensitivität des Menschen für die verschiedenen Frequenzen berücksichtigt werden.

Auslegung, Reglerentwurf (Kapitel 6, 7)

Zu diesem Fragenkomplex zählen die Entwicklung und Anwendung systematischer Strategien zur Festlegung sowohl von Teilen der Systemstruktur, als auch der Systemparameter. In diesem Zusammenhang haben insbesondere an Bedeutung gewonnen:

- die Verfahren der modernen *Regelungs-* und *Filtertheorie,*
- *Optimierungsverfahren* zur Bestimmung der besten Systemparameter.

Voraussetzung für die Anwendung der genannten Methoden sind auf der einen Seite eine präzise (mathematische) Formulierung der Entwurfsspezifikationen und deren Umsetzung in Bewertungs- und Beurteilungskriterien sowie auf der anderen Seite das Vorhandensein geeigneter Softwarepakete, da diese Methoden ausnahmslos auf numerische Problemstellungen führen, deren Durchführung von Hand bei realistischen Modellannahmen kaum Erfolgschancen hat.

Auf zwei wichtige Gesichtspunkte für die *Realisierung* soll schon hier hingewiesen werden:

- Auch bei der Anwendung regelungstechnischer Entwurfsstrategien ist eine - suboptimale, aber trotzdem effektiv arbeitende - *Realisierung mit passiven Elementen* manchmal zweckmäßig, weil billiger und unter Umständen robuster bzw. zuverlässiger arbeitend. Auch Zwischenformen wie "semiaktive" Systeme sind oft vom Gesamtaufwand her gesehen günstiger als sogenannte "vollaktive" Lösungen (siehe Kap. 6).
- Sind aktive Systeme, also die Verwendung von Reglern und Filtern erforderlich, dann erfolgt deren Realisierung heute vielfach als *digitale Regelungen*, unter Verwendung von Prozeßrechnern bzw. Mikrocomputern, selbst wenn die Entwurfsüberlegungen zunächst an kontinuierlichen Systemmodellen mit kontinuierlichen Regelkonzepten durchgeführt werden (siehe Kap. 7).

Software zur Auslegung und Simulation (Kapitel 8)

Für die o. a. Entwurfsverfahren gibt es heute ziemlich ausgereifte und auch an vielen Stellen verfügbare Rechenprogramme. Eine Übersicht über diese *Auslegungs-Software* wird im Zusammenhang mit weiteren *Programmsystemen zur Systemdynamik* im Kap. 8 gegeben.

Die Absicherung und die Erstellung von Beurteilungsgrundlagen von Systementwürfen geschieht heute oft mit Hilfe der Simulation des Systems unter Verwendung komplexer Modelle. Diese berücksichtigen Parameterunsicherheiten, beim Entwurf zunächst vernachlässigte Nichtlinearitäten und Kopplungen sowie den Einfluß realistisch modellierter Störungen wie Fahrwegunebenheiten. Schließlich erfolgt, soweit wie möglich, eine Simulation extremer (gefährlicher) Betriebszustände sowie des Verhaltens bei Ausfall von Komponenten.

Für diesen Aufgabenbereich erweist sich das Vorhandensein geeigneter allgemeiner Simulationsprogramme, die zusätzlich Formalismen zur Gleichungsgenerierung enthalten, als äußerst nützlich, da die Neuprogrammierung für Spezialfälle immer aufwendiger wird und keinen effektiven Einsatz der teuren Ressourcen (Personaleinsatz, Entwicklungszeit, Rechnerkosten) darstellt. Abschließend läßt sich sagen, daß sich bei der Bearbeitung obiger Grundaufgaben regelrecht neue *interdisziplinäre Fachgebiete* entwickelt haben:

- die *Mehrkörperdynamik*, die insbesondere Formalismen und Programme entwickelt, mit denen für komplexe Ersatzmodelle die Bewegungsgleichungen mit dem Rechner generiert werden können;

- die *Computer-Mechanik* als Gebiet, bei dem moderne Rechenverfahren und Software zur Lösung mechanischer Probleme zum Einsatz kommen;

- die *Systemdynamik* als Zusammenfassung der Gebiete Dynamik und Regelungstheorie unter Einsatz von Verfahren der angewandten Mathematik und der Informatik (Software Engineering);

- und schließlich, wie schon erwähnt, die *Mechatronik* als die Verbindung der Mechanik mit der Elektronik und Regelungstechnik und mit der Informatik.

1.3 Literaturübersicht

In diesem Abschnitt soll eine Einführung in die Literatur zur Thematik *Systemdynamik und Regelung von Fahrzeugen* gegeben werden; die zitierte Auswahl ist selbstverständlich subjektiv und erhebt keinerlei Anspruch auf Vollständigkeit. Zur besseren Übersicht werden diese Literaturzitate hier sofort unter jedem Gliederungsaspekt in alphabetischer Reihenfolge aufgeführt.

Grundlagen und Vertiefungen zur Systemdynamik

Die hier angeführte Auswahl soll im wesentlichen dazu dienen, die zum Verständnis des Buches benötigten Voraussetzungen zu charakterisieren sowie einige Anregungen zu Vertiefungen zu geben.

Für die Technische Mechanik (Dynamik) wird der Inhalt von *Magnus/Müller* als bekannt vorausgesetzt sowie als Weiterführung *Pfeiffer*; empfohlen sei auch das Standardwerk von *Szabo*. Als vertiefende Literatur zur technischen Dynamik, insbesondere im Hinblick auf die Erstellung von Bewegungsgleichungen komplexer mechanischer Systeme sei verwiesen auf: *Hiller* bzw. *Schiehlen*.

Für den Bereich der (linearen) Schwingungen sei noch *Müller/Schiehlen* angeführt; dieses Buch enthält eine kurzgefaßte Einführung in die Aufstellung von Bewegungsgleichungen für mechanische Mehrkörpersysteme und eine Hinführung zu den Zustandsgleichungen dynamischer Systeme.

Aus der Vielzahl der existierenden regelungstechnischen Lehrbücher seien herausgegriffen: *Oppelt, Landgraf/Schneider* und *Schmidt,* für die Grundlagen und für die Weiterführung im Hinblick auf Zustandsraummethoden: *Föllinger.*

Wer seine Kenntnisse in Mathematik vertiefen möchte, dem seien für die lineare Algebra und Matrizenrechnung *Gantmacher* und *Zurmühl/Falk* empfohlen und für gewöhnliche Differentialgleichungen das Buch von *Knobloch/Kappel.* Geeignete Einführungen in die numerischen Verfahren sind insbesondere *Dahlquist/Björck* und *Stoer/Burlisch.*

Als zusätzliche Fachliteratur werden zur Thematik Stabilität und Matrizen *Müller* und zur Kombination der Gebiete Mechanik und Regelung *Bremer* empfohlen.

Bremer, H.: Dynamik und Regelung mechanischer Systeme, Teubner Studienbücher, Stuttgart 1988.

Dahlquist, G., Björck, A.: Numerische Methoden, R. Oldenburg, 2. Auflage, München/Wien 1979.

Föllinger, O.: Regelungstechnik, Elitera-Verlag, 2. Auflage, Berlin 1987.

Gantmacher, F. R.: Matrizentheorie, Springer Verlag, Berlin 1986.

Hiller, M.: Mechanische Systeme, Springer Verlag, Berlin 1983.

Knobloch, H. W., Kappel, F.: Gewöhnliche Differentialgleichungen, B. G. Teubner, Stuttgart 1974.

Landgraf, Ch., Schneider, G.: Elemente der Regelungstechnik, Springer Verlag, Berlin 1970.

Magnus, K., Müller, H. H.: Grundlagen der Technischen Mechanik, Teubner, Studienbücher, Mechanik 1974.

Müller, P. C.: Stabilität und Matrizen, Springer Verlag, Berlin 1977.

Müller, P. C., Schiehlen, W. O.: Lineare Schwingungen, Akad. Verlagsgesellschaft Wiesbaden, 1976 und Dordrecht 1985.

Oppelt, W.: Kleines Handbuch Technischer Regelvorgänge, Verlag Chemie, 4. Auflage, Weinheim 1964.

Pfeiffer, F.: Einführung in die Dynamik, Teubner Studienbücher, Stuttgart 1989

Schiehlen, W. O.: Technische Dynamik, Teubner Studienbücher, 1985.

Schmidt, G.: Grundlagen der Regelungstechnik, Springer Verlag, Hochschultext, 1982.

Stoer, J., Bulirsch, R.: Einführung in die numerische Mathematik, I und II, Springer Verlag, Heidelberger Taschenbücher, 1978/1979.

Szabo, I.: Höhere Technische Mechanik, Springer Verlag, 5. korrig. Auflage, 1977.

Zurmühl, R., Falk, S.: Matrizen und ihre Anwendungen. Teil 1: Grundlagen; Teil 2: Numerische Methoden und technische Anwendungen, Springer Verlag, Berlin 1984.

Fachbücher, Monographien zur Fahrzeugdynamik

Fach- oder Lehrbücher, die das Gebiet der Fahrzeugdynamik darstellen, sind selten bzw. teilweise nicht mehr aktuell.

Im deutschsprachigen Raum sind die drei Bände von *Mitschke* zur Dynamik der Kraftfahrzeuge und die Fachbuchgruppe "Fahrwerktechnik" von *Reimpell,* bzw. speziell aus dieser Gruppe der Band von *Zomotor* über das Fahrverhalten zu nennen. Diese Bücher enthalten auch viele, für eine Simulation wichtige Daten. Für den englischsprachigen Raum soll das Buch über Fahrzeugdynamik von *Ellis* genannt werden. Das Buch von *Wong* behandelt im wesentlichen Geländefahrzeuge aber auch in gewissem Umfang Straßen- und Luftkissenfahrzeuge.

Das Buch von *Hochmuth/Wende* behandelt Bewegungsvorgänge und Kräfte bei Landfahrzeugen mit Schwerpunkt bei Schienenfahrzeugen. Ein neues Buch über die Dynamik von Schienenfahrzeugen stellt *Garg/Dukkipatti* dar.

Zu der insbesondere für Bahnsysteme (Rad-/Schiene und Magnetschwebetechnik) bedeutenden Problematik der Fahrzeug-Fahrweg-Wechselwirkung seien die Monographie von *Fryba* und die Habilitationsschrift von *Popp* angeführt.

Ellis, J. R.: Vehicle Dynamics, London Bus. Books Ltd., 1969
Fryba, L.: Vibration of Solids and Structures under Moving Loads, Noordhoff Int. Publ., 1972.
Garg, V. K., Dukkipati, R. V.: Dynamic of Railway Vehicle Systems, Academic Press, Toronto, 1984.
Hochmuth, A. H., Wende, K.: Fahrdynamik der Landfahrzeuge, Verlag für Verkehrswesen, 1968.
Mitschke, M.: Dynamik der Kraftfahrzeuge, Band 1: Antrieb und Bremsung, 1982, Band 2: Schwingungen, 1984, Band 3: Fahrverhalten,1989, Springer Verlag Berlin.
Popp, K.: Beiträge zur Dynamik von Magnetschwebefahrzeugen auf geständerten Fahrwegen, Düsseldorf, VDI-Verlag 1979.
Reimpell, J.: Fahrwerktechnik 1, Vogel Verlag, 5. Auflage, Würzburg 1982.
Reimpell, J.: Fahrwerktechnik: Federung, Fahrwerkmechanik, Vogel Buchverlag, 2. Auflage, Würzburg, 1983.
Wong, J. Y.: Theory of Ground Vehicles, John Wiley, 1978.
Zomotor, A.: Fahrwerktechnik: Fahrverhalten, Herausgeber: Reimpell J.; Vogel Buchverlag, Würzburg 1987.

Vorlesungsskripten, Lehrgänge zur Fahrzeug-Systemdynamik

Eine ähnliche Thematik wie in diesem Buch wird im Skriptum zur Vorlesung "Dynamik ausgewählter Transportsysteme" von *K. Popp,* behandelt. Allerdings wird dort der Aspekt der Fahrzeug-Fahrweg-Wechselwirkung stärker, der Reglerentwurf und die Auslegung geringer betont; ähnliches gilt für den CISM Lehrgang, *Schiehlen, ed.*

In der Carl-Cranz-Gesellschaft wurden im Laufe der letzten Jahre Lehrgänge zum Thema Fahrzeugdynamik durchgeführt; genannt seien an dieser Stelle die Rad-Schiene Dynamik, *Cooperrider/Law*, die Dynamik von Nutzfahrzeugen, *Segel* et al.. Weitere Lehrgänge beschäftigen sich mit dem Reifen und seinen Auswirkungen auf die Fahrdynamik, *Pacejka*, der rechnergestützten Analyse des Verhaltens von Geländefahrzeugen, *Wong* und mit aktiven Fahrwerkskomponenten von Kraftfahrzeugen, *Hedrick* et al..

Ein Vorlesungsskriptum, das die Grundlagen der Straßen- und Schienenfahrzeuge (als auch der Schiffe) behandelt, ist *Desoyer/Lugner*.

Cooperrider, N. K., Law, E. H. The Dynamics of Wheel-Rail Systems, CCG-Lehrgang V5.01, Oberpfaffenhofen, 1981.
Desoyer, K., Lugner, P.: Fahrzeugdynamik, Vorlesungsskriptum, TU Wien, Institut für Mechanik, 1989.
Hedrick, J. K., ed.: Control of Vehicle Ride and Handling, CCG-Lehrgang, C6.03, Oberpfaffenhofen, 1990.
Pacejka, H. B. Modelling of the Pneumatic Tire and its Impact on Vehicle Dynamic Behaviour, CCG-Lehrgang V2.03, Oberpfaffenhofen, 1989.
Popp, K.: Dynamik ausgewählter Transportsysteme, Vorlesungsskriptum, TU München, Lehrstuhl B für Mechanik, 1980.
Schiehlen, W. O., ed.: Dynamics of High Speed Vehicles, CISM Courses and Lectures, No. 274, Springer Verlag, 1982 by CISM, Udine.
Segel, L., Fancher, P. S., Ervin, R. D.: The Mechanics of Heavy Duty Trucks and Truck Combinations, CCG-Lehrgang V3.01, Oberpfaffenhofen, 1981.
Wong, J. Y.: Computer Aided Design Evaluation of Off-Road-Vehicles, CCG-Lehrgang V3.02, Oberpfaffenhofen 1989.

Zeitschriften, Tagungen, Übersichtsartikel

Die Zeitschrift, die von ihrem Charakter und der Themenauswahl dem vorliegenden Buch am nächsten kommt, ist die Zeitschrift *Vehicle System Dynamics*, (VSD). Diese Zeitschrift ist das Organ der IAVSD (International Association of Vehicle System Dynamics) einer Organisation, die im zweijährigen Turnus internationale Symposien über Fahrzeug-Systemdynamik organisiert. Die im Rahmen dieser Symposien vorgestellten Übersichtsartikel (State-of-the-Art Papers) geben einen guten Überblick über den Stand der Forschung und Entwicklung des entsprechenden Zeitraums. Beispiele sind hierzu:

Goodall, R. M., Kortüm, W.: Active Controls in Ground Transportation - a Review of the State-of-the-Art and Future Potential, Vehicle System Dynamics 12, 1983.
Hedrick, J. K.: Railway Active Suspensions, Vehicle System Dynamics 10, 1981.

Kortüm, W., Wormley, D. N.: Dynamic Interactions Between Travelling Vehicles and Guideway Systems, Vehicle Systems Dynamics 10, 1981.
Kortüm, W., Schiehlen, W.: General Purpose Vehicle System Dynamics Software Based on Multibody Formalisms, Vehicle System Dynamics 14, 1985.
Kortüm, W., Sharp, R. S.: Multibody Computer Codes in Vehicle System Dynamics, Supplement to Vehicle System Dynamics, 22, 1993.

Die *Kongresse der ASME* (The American Society of Mechanical Engineers) insbesondere das sog. "Winter Annual Meeting" bietet oft Sessionen über Fahrzeugdynamik und -regelung mit ähnlicher Themenstellung wie beim IAVSD. Publikationen sind dann die AMD-Bände, bzw. Aufsätze und Sonderhefte des "Journals of Dynamic Systems, Measurement and Control", siehe z. B.

Berman, A., Hannibal, A. J. (eds.): Passenger Vibration in Transportation Vehicles ASME-AMD, Vol. 24, 1977
Byrne, R. (ed.): Symposium on Railroad Equipment Dynamics, ASME Publication of Papers presented at the 1976 Joint ASME-IEEE Railroad Conference
Kamal, M. M., Wolf, J. A. Jr. (eds.): Computational Methods in Ground Transportation Vehicles, ASME-AMD, Vol. 50, 1982
Paul, B. et al. (eds.): Mechanics of Transportation Suspension Systems, ASME-AMD, Vol. 15, 1975.
Segel, L. et al. (eds): Symposium on Simulation and Control of Ground Vehicles and Transportation Systems. ASME-AMD, Vol. 80, DSC Vol. 2, 1986.
Hedrick, J. K.: Active Suspensions for Ground Transport Vehicles, A State of the Art Review, Journal of Dynamic Systems, Measurement and Control, Vol. 93, 1972.
Law, E. H., Cooperrider, N. K.: A Survey of Railway Vehicle Dynamic Research, Journal of Dynamic Systems, Measurement and Control, Vol. 93, 1972.
Richardson, H. H., Wormley, D. N.: Transportation Vehicle/Beam-Elevated Guideway Dynamic Interactions: A State-of-the-Art Review, Journal of Dynamic Systems, Measurement and Control, Vol. 96, 1974.

Das Thema Fahrzeugdynamik wird auch in einer Reihe von regelmäßigen *VDI-Tagungen*, z. B. Schwingungstechnik, Berechnung im Automobilbau und Dynamik schneller Bahnsysteme behandelt, wobei schwerpunktsmäßig der Stand der Entwicklung und der theoretischen Untersuchungen dargestellt wird, siehe z. B. :

VDI-Gesellschaft Fahrzeugtechnik: Reifen, Fahrwerk, Fahrbahn. VDI-Bericht 650, Hannover 1987.
VDI-Gesellschaft Entwicklung, Konstruktion, Vertrieb: Dynamik fortschrittlicher Bahnsysteme, VDI-Bericht 635, Würzburg 1987.
VDI-Gesellschaft Fahrzeugtechnik: Berechnung im Automobilbau. VDI-Bericht 699, Würzburg 1988.

Auch von der britischen *Institution of Mechanical Engineers (IMechE)* werden des öfteren Tagungen zur Fahrzeugsystemdynamik und Regelung veranstaltet. Beispielhaft seien einige Tagungsberichte genannt:
International Conference on Maglev Transport now and in the Future. IMechE 1984-12.

International Conference, Advanced Suspensions, IMechE 1988-9.
EAEC 2nd International Conference on New Developments in Powertrain and
Chassis Engineering, IMechE 1989.
International Conference: Traction Control and Anti-Wheel-Spin Systems for
Road Vehicles, IMechE 1988-6.

Für die Kraftfahrzeugtechnik seien die Veranstaltungen der Society of Automotive Engineers *(SAE)* und ihre Organe (SAE-Transactions, SAE Journal of Automobile Engineering) und die *FISITA* (Federation International des Societes d'Ingenieurs des Techniques de l'Automobile) mit ihren großen Kongressen erwähnt. Die Fahrzeugdynamik stellt aber bei diesen Veranstaltungen nur einen Teil des dort behandelten Spektrums dar.

Ebenso werden in den Zeitschriften für Automobiltechnik *(AI, ATZ, Journal of Vehicle Design)* und Eisenbahntechnik *(Railway Gazette, ETR, ZEV-Glasers Annalen)* und in der *Schriftreihe Deutsche Kraftfahrtforschung und Straßenverkehrstechnik* neben den fahrzeugtechnischen Aspekten häufiger Probleme der Fahr- und Systemdynamik behandelt:

Railway Gazette, IPC Transport, London
Eisenbahntechnische Rundschau (ETR), Hestra-Verlag, Darmstadt
ZEV - Glasers Annalen, Zeitschrift für Eisenbahnwesen und Verkehrstechnik, Georg Siemens Verlagsbuchhandlung, Berlin
Automobiltechnische Zeitschrift (ATZ), Franksche Verlagshandlung, W. Keller & Co, Stuttgart
Automobil Industrie (AI), Zeitschrift, Vogel Verlag, Würzburg
Schriftenreihe Deutsche Kraftfahrtforschung und Straßenverkehrstechnik, VDI-Verlag Düsseldorf

1.4 Notation, Schreibweise für Formeln

Im folgenden sollen die für das Verständnis der formelmäßigen Darstellung benutzte Schreibweise und die verwendeten Bezeichnungen angeführt und an Beispielen erläutert werden. Spezielle Bezeichnungen und Schreibweisen werden an der jeweiligen Textstelle erklärt.

Zuordnungen von Größen erfolgen über Indizes, wobei I für das Inertialsystem verwendet wird. Ist die Zuordnung zum Inertialsystem eindeutig, kann der Index I entfallen.

- *Physikalische Vektoren* sind durch beliebige Buchstaben mit darübergesetztem Pfeil gekennzeichnet, z. B.
  $\vec{r}_i$ Ortsvektor vom Inertialsystem zum Schwerpunkt des Körpers i
  $\vec{\omega}_{Ii}$ Winkelgeschwindigkeit des Körpers i bezüglich des Inertialsystems I
- Für *skalare Größen* werden beliebige Buchstaben in normaler Schriftstärke (zur Unterscheidung von Matrizen s. u.) verwendet, z. B.
  F_x Komponente der Kraft $\vec{F}$ in Richtung x

- Rechteckige $[n \times m]$ und quadratische $[n \times n]$ *Matrizen* werden mit fettgedruckten Großbuchstaben bezeichnet, z. B.
  $\mathbf{F}$ Systemmatrix, $[n \times n]$
  $\mathbf{E}, \mathbf{E}_n$ Einheitsmatrix, $[n \times n]$ Einheitsmatrix
  $\det(\mathbf{A})$ Determinante der quadratischen Matrix $\mathbf{A}$
  $\mathbf{A}^{-1}$ Inverse der quadratischen Matrix $\mathbf{A}$
  $\mathbf{B}^T$ Transponierte der Matrix $\mathbf{B}$
- *Spaltenmatrizen* $[n \times 1]$ werden mit unterstrichenen, normalgedruckten Groß- und Kleinbuchstaben gekennzeichnet. Beispiele hierfür sind:

Zustandsvektor: $\underline{x} = [x_1, x_2, \dots x_n]^T$;

$$\tag{1.1}$$

Komponenten der Kraft $\vec{F}_P$ bzw. des Momentes $\vec{M}_Q$ dargestellt im System i:

$$\underline{F}_{P/i} = \begin{bmatrix} F_{Px/i} \\ F_{Py/i} \\ F_{Pz/i} \end{bmatrix} , \qquad \underline{M}_{Q/i} = \begin{bmatrix} M_{Qx/i} \\ M_{Qy/i} \\ M_{Qz/i} \end{bmatrix} ; \tag{1.2}$$

Einheitsvektoren $\vec{e}_{i\alpha}$ dargestellt im System i:

$$\underline{e}_{ix/i} = \begin{bmatrix} 1 \\ 0 \\ 0 \end{bmatrix} , \quad \underline{e}_{iy/i} = \begin{bmatrix} 0 \\ 1 \\ 0 \end{bmatrix} , \quad \underline{e}_{iz/i} = \begin{bmatrix} 0 \\ 0 \\ 1 \end{bmatrix} ; \tag{1.3}$$

Winkelgeschwindigkeit des Körpers i gegen das Inertialsystem, dargestellt im Inertialsystem; die Kennzeichnung "Darstellung im Inertialsystem $_{/I}$ " kann entfallen:

$$\underline{\omega}_{Ii/I} = \underline{\omega}_{Ii} = \underline{\omega}_i. \tag{1.4}$$

- Die *Drehmatrizen* werden verwendet, um die Überführung der Darstellung, z. B. von Vektoren, in verschiedene Koordinationssysteme zu ermöglichen. Sie werden mit $\mathbf{A}$ und 2 Indizes geschrieben, z. B.

$$\underline{r}_{i/m} = \mathbf{A}_{mk}\underline{r}_{i/k} , \tag{1.5}$$

$$\underline{\omega}_{Ii} = \underline{\omega}_{Ii/I} = \mathbf{A}_{Ii}\underline{\omega}_{Ii/i} . \tag{1.6}$$

Für die Drehmatrizen gilt:

$$\mathbf{A}_{ml} = \mathbf{A}_{mk}\mathbf{A}_{kl} \neq \mathbf{A}_{kl}\mathbf{A}_{mk} ,$$
$$\mathbf{A}_{ml}^T = \mathbf{A}_{ml}^{-1} = \mathbf{A}_{lm} , \tag{1.7}$$
$$\det\left(\mathbf{A}_{ml}\right) = 1 .$$

- Das *Kreuzprodukt der Vektorrechnung* kann im Rahmen der Matrizenrechnung durch die Multiplikation mit einer schiefsymmetrischen Matrix ersetzt werden, z. B.

$$\vec{\omega}_{Ii} \times \vec{r}_i : \qquad \tilde{\omega}_{Ii/k}\underline{r}_{i/k} , \tag{1.8}$$

$$\underline{\omega}_{Ii/k} = \begin{bmatrix} \omega_{Iix/k} \\ \omega_{Iiy/k} \\ \omega_{Iiz/k} \end{bmatrix} , \quad \tilde{\omega}_{Ii/k} = \begin{bmatrix} 0 & -\omega_{Iiz/k} & \omega_{Iiy/k} \\ \omega_{Iiz/k} & 0 & -\omega_{Iix/k} \\ -\omega_{Iiy/k} & \omega_{Iix/k} & 0 \end{bmatrix} . \qquad (1.9)$$

- Die *partiellen Ableitungen* von Funktionen mehrerer Variabler werden mit Hilfe von Spaltenmatrizen wie folgt geschrieben, z. B.

$$\begin{aligned}
\text{skalare Funktion:} \quad & T = T(z_1, z_2, \ldots z_n) = T(\underline{z}) , \\
\text{Zeilenvektor:} \quad & \frac{\partial T}{\partial \underline{z}} = \left(\frac{\partial T}{\partial z_1}, \frac{\partial T}{\partial z_2}, \ldots \frac{\partial T}{\partial z_n} \right) , \\
\text{Vektorfunktion:} \quad & \underline{f} = \underline{f}(x_1, x_2, \ldots x_n) = \underline{f}(\underline{x}) , \\
\text{JACOBI-Matrix:} \quad & \frac{\partial \underline{f}}{\partial \underline{x}} = \mathbf{F}_x \quad \text{mit} \quad F_{xij} = \frac{\partial f_i}{\partial x_j} .
\end{aligned} \qquad (1.10)$$

- *Laplace-Transformierte* einer Zeitfunktion $f(t)$ wird bezeichnet mit:

$$F(s) = \mathcal{L}\{f(t)\} .$$

Hinweise für die Beispiele

In den Beispielen werden für alle Berechnungen die vorkommenden Größen in kohärenten Einheiten verwendet. In den Angaben und bei der Darstellung der Ergebnisse werden diese Einheiten angegeben, beim Berechnungsgang und bei Teilergebnissen jedoch weggelassen.

Da die numerisch ermittelten Ergebnisse von dem verwendeten Programmsystem und der Berechnungsmethode sowie der berücksichtigten Genauigkeit der Daten (z. B. Rundungsfehler) abhängen, sind je nach Vorgehensweise kleinere Unterschiede gegen die angegebenen Zahlenwerte zu erwarten.

2 Modellbildung

2.1 Grundsätzliches zur Modellbildung

Die erste - und problematischste - Aufgabe der Fahrzeug-Systemdynamik ist die Auswahl und die Erstellung eines zur Beantwortung der anstehenden Fragestellungen geeigneten physikalischen *Ersatzmodells*. Hierunter wird eine Abbildung der Realität verstanden, aus denen die mathematischen Gleichungen zur Beschreibung des Systemverhaltens abgeleitet werden können.

In Abb. 2.1 ist die gesamte Vorgehensweise von der ersten, verbalen Problemstellung bis zum Simulationsergebnis dargestellt [20]. Die Kreise stellen die wesentlichen Meilensteine, die ausgezogenen Pfeile die notwendigen Arbeitsschritte dar. Die gezeigten Verifikationsschritte dienen der Überprüfung der Arbeitsschritte.

Die *Problemstellung* als Ausgangspunkt entsteht entweder aus Fragestellungen bezüglich eines real existierenden Systems oder aus theoretischen Aufgabenstellungen bezüglich eines erst zu entwickelnden Systems.

Das *physikalische Ersatzmodell* ist in der Komplexität auf die durch die theoretischen Untersuchungen zu beantwortenden Fragestellungen ausgerichtet. Das *mathematische Modell* stellt die Beschreibung des Systems bzw. dessen Komponenten in Form mathematischer Gleichungen und Funktionszusammenhänge mit den zugehörigen Daten dar. Teilweise bereits bei der mathematischen Modellbildung jedoch spätestens beim Arbeitsschritt ''Programmerstellung'' für die Simulation wird man versuchen, die zur Verfügung stehenden Programmpakete [21] einzusetzen. Die mit dem *Simulationsmodell* gewonnenen *Rechenergebnisse* beschreiben jetzt das Verhalten des Systems mit allen Voraussetzungen und Einschränkungen der Modellbildung.

Die am Ende stehende *Validierung* über alle bisher durchgeführten Schritte - d. h. der gezielte Vergleich zwischen Simulationsergebnis und gemessenem Verhalten des realen Systems - entscheidet letztlich über den Gültigkeitsbereich des Modells.

Für die Erarbeitung von mathematischen Modellen bieten sich zwei prinzipielle Wege an: der o. a. axiomatische Weg, auch *physikalische Modellbildung* genannt, und ein empirischer Weg, auch mit *experimentell-mathematischer Modellbildung (= Identifizierung)* bezeichnet, Abb. 2.2. Die in dieser Einführung verwendete physikalische Modellbildung beginnt mit der Erarbeitung von *Er-*

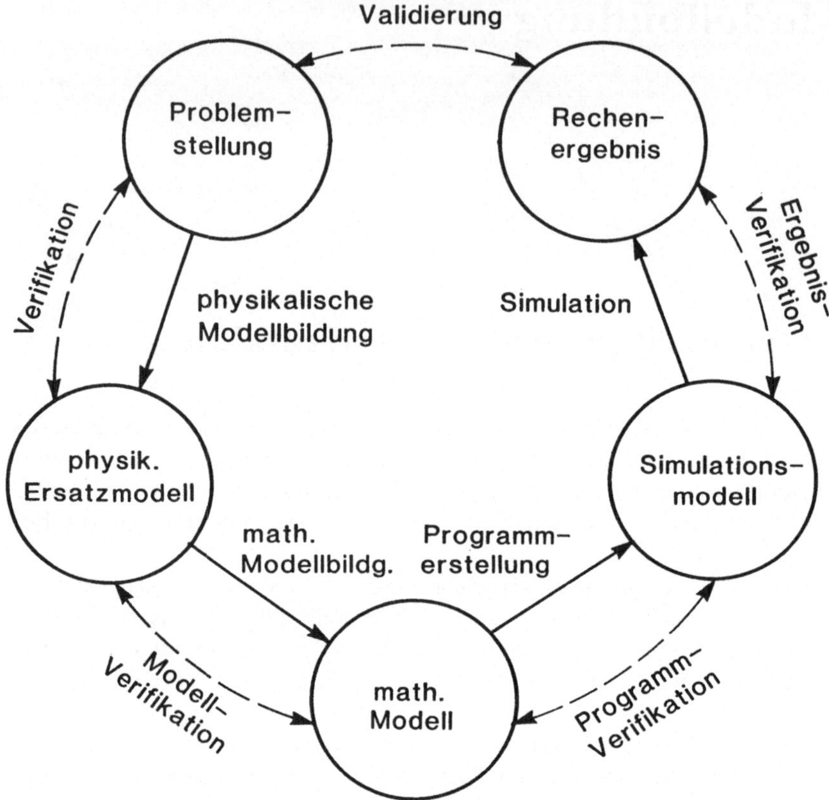

Abb. 2.1:   Ablaufschema   für   den   Gesamtkomplex   Modellbildung   und
Simulation

satzmodellen, d. h. Idealisierungen, auf die physikalische Grundgesetze (z. B.
die Prinzipien der Mechanik) anwendbar sind.

Bei der Identifikation werden Systemausgänge aufgrund bekannter (determi-
nistischer oder stochastischer) Anregungssignale, d. h. Kraft- oder Weganregungen, gemessen und über eine Auswertung der Meßergebnisse die mathematischen Modelle bzw. deren Parameter bestimmt. Es gibt zu dieser Vorgehensweise eine umfangreiche Spezialliteratur, aus der stellvertretend nur die beiden
Einführungen [22, 23] zitiert werden; auch sei auf die Dissertation [24] hingewiesen und die ASME Publikation [25], die sich beide speziell mit der Identifikation
mechanischer Systeme beschäftigen.

Die Kombination beider Methoden wird in vielfältiger Weise praktiziert, z. B.
werden

- die Bewegungsgleichungen für die Fahrzeugkörper nach den Prinzipien der
  Mechanik aufgestellt, aber die Modelle für Feder-Dämpfersysteme oder
  andere Fahrzeugkomponenten aus der Identifikation gewonnen;

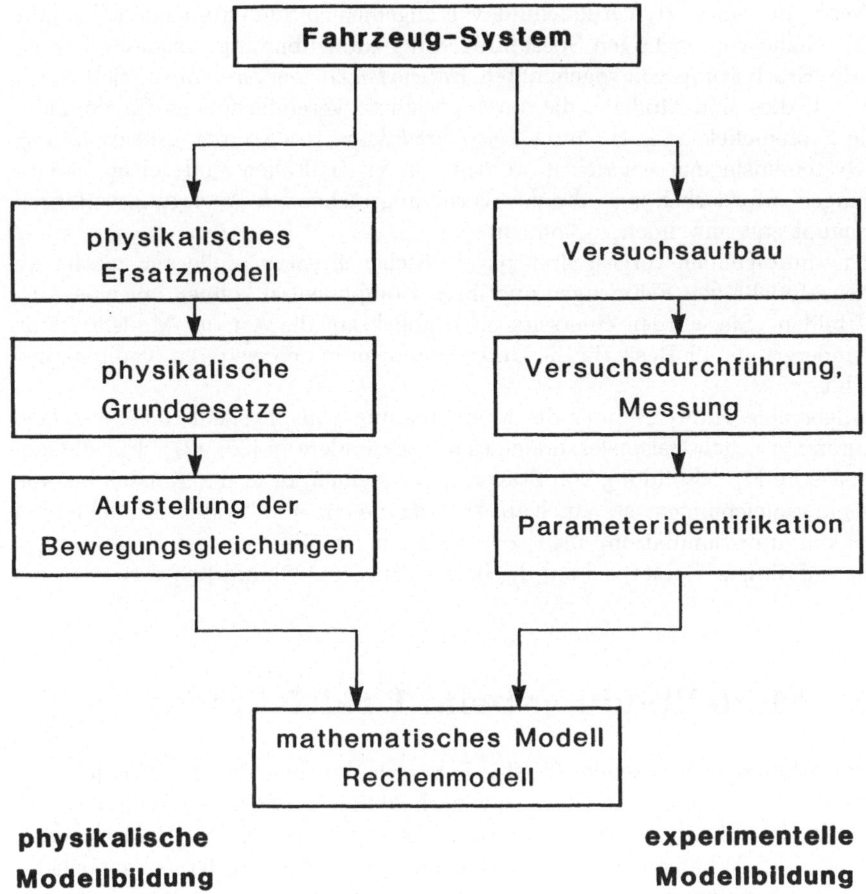

Abb. 2.2:   Alternative Wege zur mathematischen Modellbildung

- die Struktur der Modellgleichungen aus physikalischen Grundgesetzen ermittelt, aber die Systemparameter aus einer sogenannten Parameteridentifizierung ermittelt;
- die Modelle nach den Prinzipien der Mechanik aufgestellt und das Ergebnis anhand von Experimenten getestet bzw. modifiziert.

Bei der Fahrzeug-Systemdynamik steht naturgemäß das mechanische System im Mittelpunkt; dieses beschreibt aber durchaus nicht das Gesamtverhalten. Für das *mechanische System* spricht man auch vom *mechanischen Ersatzmodell*, wenn man es durch starre (oder elastische) Körper, Gelenke, Federn, Dämpfer etc. repräsentiert. Diese Darstellung hat sich bei mechanischen Systemen als die adäquate Methode herausgestellt, da sich oft größere Teile des Systems mit relativ geringem Aufwand aus dem realen System bzw. aus seinen Konstruktionszeichnungen ableiten lassen.

Neben der skizzierten Aufstellung von allgemeinen Simulationsmodellen gibt es eine Reihe von wichtigen Spezialfragen der Modellbildung. Insbesondere ist hier die Erarbeitung von sogenannten *Entwurfsmodellen* zu nennen, siehe auch Abb. 8.1; dies sind Modelle, die durch geeignete Vereinfachungen für dominierende Systemeffekte, z. B. durch *Systemreduktion* bzw. durch *Linearisierung*, zur Systemauslegung entwickelt werden. In vielen Fällen sind solche Vereinfachungen erforderlich, um die zur Verfügung stehenden Auslegungsverfahren überhaupt erst anwenden zu können.

Die im folgenden vorgestellten physikalischen Ersatzmodelle und mathematischen Modelle von Fahrzeugen und ihren Komponenten können nur eine Auswahl bilden. Sie wurden einerseits im Hinblick auf die Art der Modellbildung und andererseits als Basis für die Untersuchungen in den weiteren Kapiteln ausgewählt.

Allgemeine Hinweise über die Modellbildung von physikalischen Systemen mit umfangreichen Beispielen finden sich insbesondere in [26], [27]. Für die mathematische Modellbildung von Starrkörpersystemen, d. h. der Aufstellung von Bewegungsgleichungen, sei auf Kapitel 3 verwiesen. Zur System-Modellierung und Computer-Simulation, insbesondere auch im Hinblick auf Programmsysteme auf diesem Gebiet, sei auf die beiden Bücher, [28] und [29] verwiesen.

2.2   Modellbildung beim Kraftfahrzeug

Ein Kraftfahrzeug mit seinen für das Fahrverhalten und den Fahrkomfort wesentlichen Komponenten, z. B. ein Pkw nach Abb. 2.3, ist ein sehr komplexes System mit vielen Freiheitsgraden, die vom Motor, von der Straße (Unebenheiten, Reifenkräfte), Wind oder durch sonstige äußere und innere Kräfte zu beliebigen räumlichen Bewegungen und insbesondere auch zu Schwingungen angeregt werden können. Dabei lassen sich für viele Aufgabenstellungen das Bewegungsverhalten betreffend Fahrkomfort und höherfrequenter vertikaler Schwingungen bzw. die Simulation des eigentlichen Fahrverhaltens des Fahrzeugs trennen. Anregungen durch (vertikale) stochastische Fahrbahnunregelmäßigkeiten werden beispielsweise fast ausschließlich hinsichtlich ihrer Auswirkungen auf den Komfort und die Radlastschwankungen mit *Vertikalmodellen* untersucht. Andererseits werden *Modelle zum Fahrverhalten* bei Problemstellungen der Dynamik des Gesamtfahrzeugs eingesetzt, bei denen die räumliche Bewegung des Fahrzeugaufbaues im Zusammenwirken mit den Radaufhängungen den wesentlichen Bestandteil des Systemverhaltens darstellen.

2.2.1   Modelle zum Fahrverhalten

Die Problemstellung ergibt sich aus der Notwendigkeit, das Fahrverhalten eines Fahrzeugs zu charakterisieren und zwar einerseits ohne den Fahrer und andererseits mit Einflußnahme des Fahrers auf das Fahrmanöver. Zur Beschreibung des

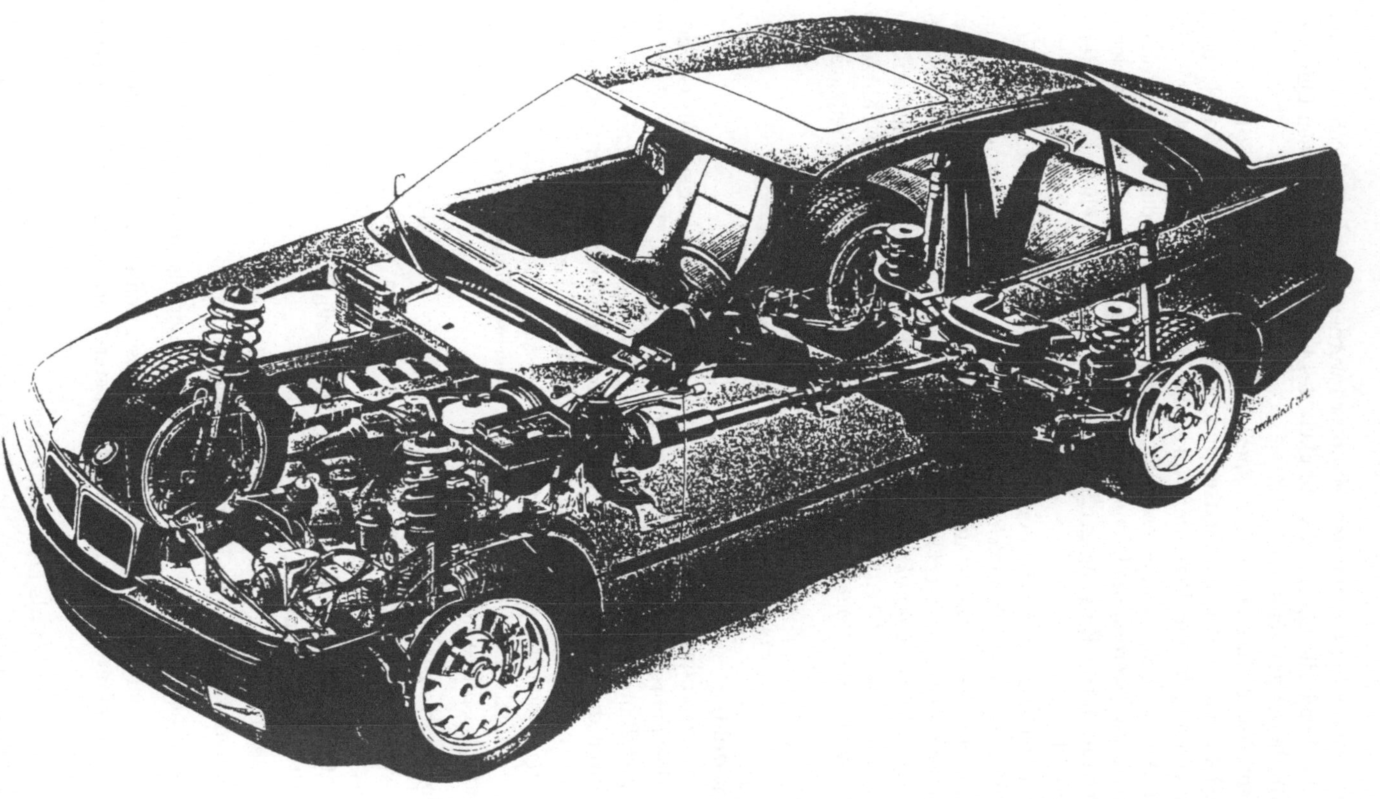

Abb. 2.3:   Pkw mit seinen wesentlichen Antriebs- und Fahrwerkskomponenten

Fahrzeugverhaltens bei bestimmten Manövern werden charakteristische Größen wie der Lenkwinkel, die Giergeschwindigkeit des Fahrzeugs und dessen Querbeschleunigung herangezogen.

Für theoretische Untersuchungen, speziell für aktive Systeme, wird zunächst meist das Fahrzeug ohne den Lenker modelliert. Der Lenkradwinkel, oder manchmal vereinfacht die Einschlagwinkel der Räder, werden (konstant) vorgegeben, in Abhängigkeit von einer Sollbewegung berechnet oder als Stellgrößen verwendet. Analog werden die Bremsmomente an den Rädern oder das Antriebsmoment des Motors als Eingangsgrößen oder als über eine Regelung kontrollierte Größen betrachtet.

Für prinzipielle Fragen zum Lenk- und Stabilitätsverhalten eines Kraftfahrzeugs hat sich ein *Einspurmodell* bewährt, unter Außerachtlassung oder nur grober Näherung der Längsdynamik. Für das Verhalten des Kraftfahrzeugs bei (störungsfreier) Geradeausfahrt etwa beim Anfahren oder Bremsen lassen sich einfache, ebene *Längsdynamikmodelle* einsetzen. Für Auslegungsvarianten von Radaufhängungen und deren Einfluß auf das Kurvenverhalten des Fahrzeugs sind jedoch *räumliche Modelle* mit einer größeren Anzahl von Freiheitsgraden nötig.

Einspurmodelle

Dieses oft verwendete lineare und ebene Modell, Abb. 2.4 hat sich für Grundsatzfragen der Fahrdynamik bewährt, siehe z. B. [18, 30, 31], Beispiel 3.3.2. Die Problemstellungen, die mit diesem Modell im allgemeinen untersucht werden, sind durch die Voraussetzungen idealer horizontaler Fahrbahn und relativ kleinen Fahrzeugquerbeschleunigungen ($a_y \leq 0.4g$) eingeschränkt. Über lokale Linearisierungen speziell des Reifenverhaltens - siehe Kap. 2.6.1 - lassen sich auch einige Aufgabenstellungen für höhere Querbeschleunigungen behandeln. Als Anwendungsgebiete lassen sich nennen:

- stationäre Kreisfahrt und Lenkverhalten (über-, neutral-, untersteuernd),
- Frequenzgang des Lenkverhaltens, Systemantwort auf einen Lenkwinkelsprung,
- Stabilität bei kleinen Störungen (vor allem bezüglich der Geradeausfahrt),
- Verhalten bei Seitenwind,
- Einflüsse einer geregelten oder gesteuerten Hinterradlenkung,
- Zusammenwirken Fahrer-Fahrzeug-Fahrweg.

Die wesentlichen Vereinfachungen des Einspurmodells dabei sind:

- die Räder einer Achse werden zu einem masselosen Ersatzrad in Achsmitte zusammengefaßt; die Radebenen stehen stets normal auf der horizontalen Fahrbahn;
- alle Winkel werden als klein angesehen;
- die direkten Auswirkungen der Reifenlängskräfte F_{xV}, F_{xH} werden vernachlässigt und die Reifenquerkräfte (Seitenkräfte) F_{yV}, F_{yH} werden als lineare Funktion der Schräglaufwinkel α_V, α_H angesetzt, siehe Kap. 2.6.1;

- die Fahrzeugbewegung wird über zwei Bewegungsgrößen, z. B. den Gierwinkel ψ und den Schwimmwinkel β beschrieben; die Schwerpunktsge-
  schwindigkeit v_c wird i. a. nicht als Freiheitsgrad, sondern als Systemparameter gewählt;
- die Aufbaubewegungen bleiben unberücksichtigt.

Die Konsequenzen der Vereinfachungen sind fest vorgegebene Aufstandskräfte
der Ersatzräder und die Lage des Fahrzeugschwerpunktes C in der Längsmittelebene (auf Fahrbahnhöhe). Die Aufstandskräfte scheinen in den Bewegungsgleichungen nicht direkt auf, sondern sind nur indirekt in den Steifigkeiten der
Ersatzräder enthalten, siehe Kap. 2.6.1 bzw. Beispiel 3.3.2.

Die Auswirkungen der Aerodynamik des Fahrzeugs werden für grundsätzliche
Untersuchungen oft zunächst vernachlässigt oder für Windstille mit linearen
Ansätzen der Luftkräfte W_y und des Luftmomentes M_W als Funktionen des
Schwimmwinkels β und konstantem Luftwiderstand W_L angesetzt, [30].

Da bei diesem Modell von den Geschwindigkeiten ausgegangen wird (die
Bahnkurve der Fahrzeugbewegung läßt sich nachträglich durch Integration problemlos bestimmen), werden für die zwei Variablen zur Beschreibung des Systemverhaltens entweder die Quergeschwindigkeit v_y und die Gierwinkelgeschwin-
digkeit $\dot{\psi}$ verwendet, oder anstatt v_y der Schwimmwinkel β, siehe Abb. 2.4. Die
Schräglaufwinkel α_V, α_H der Ersatzräder können über ihre Lenkwinkel δ_V, δ_H
und die Richtungen ihrer Mittelpunktgeschwindigkeiten v_V, v_H bestimmt wer-
den, z. B. [30], [32], Beispiel 3.3.2.

Längsdynamik-Modell

Dieses ebenfalls ebene Fahrzeugmodell, Abb. 2.5, kann bei Aufgabenstellungen, bei denen sich die Längsdynamik von der Querdynamik entkoppeln läßt,
angewandt werden, Beispiel 6.5.4. Die Einsatzgebiete sind daher im wesentlichen auf die Geradeausfahrt des Fahrzeugs oder sein Verhalten längs seiner
(vorgegebenen) Bahn ausgerichtet:

- Anfahren und Bremsen am Berg und in der Ebene;
- Einfluß der Antriebsarten und deren Verhalten bei unterschiedlichen Kraftschlußbedingungen an Vorder- und Hinterachse;
- Verhalten von Antrieben und gesteuerten oder geregelten Differentialen
  bei links-rechts unterschiedlichen Kraftschlußbedingungen (μ-split), Geradeausfahrt (zusätzliche Modellierung des Antriebsstranges nach Abb. 2.6);
- Zusammenwirken Fahrer-Fahrzeug-Fahrweg;
- Bremsabstimmung, Leistungsbedarf, Einflüsse von Motorkennfeldern, Ge-
  triebeauslegung, Verbrauch;
- Verhalten von geregelten Antriebs- und Bremsanlagen sowie deren Zusammenwirken (Antriebsstrang nach Abb. 2.6).

Wesentliche im allgemeinen angewandte Modellvereinfachungen, siehe z. B.
[18, 33, 34], sind:

- gleiche Aufstandskräfte der Räder links und rechts;

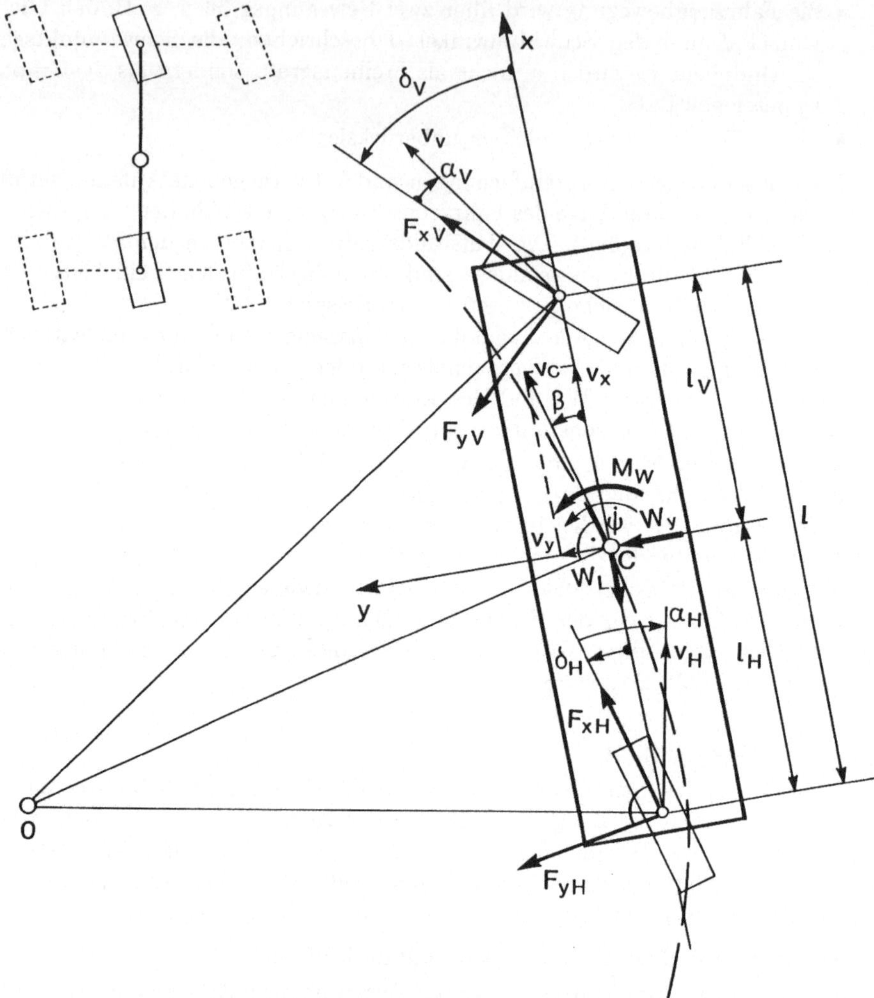

Abb. 2.4: Pkw-Einspurmodell mit Hinterradzusatzlenkung

- keine Hub- und Nickbewegung; Aufbau und Räder starr verbunden;
- Antriebsstrang als eigene Modelleinheit mit den Rädern als Schnittstellen zur Längsdynamik des Fahrzeugs;
- schlupffreies Rollen der Räder oder einfache Ansätze für das Kraftschluß-Schlupfverhalten der Reifen für Übertragung von Längskräften.

Anders als beim Einspurmodell müssen nun durch Berücksichtigung der Schwerpunktshöhe h die Aufstandskräfte F_{zV} und F_{zH} als Funktionen der Längsbeschleunigung a_x und dem Luftwiderstand W_L errechnet werden.

Der *Antriebsstrang als eigenständige Modelleinheit* kann für grundsätzliche Untersuchungen von Längsbewegungen mit vernachlässigbarer Querbeschleu-

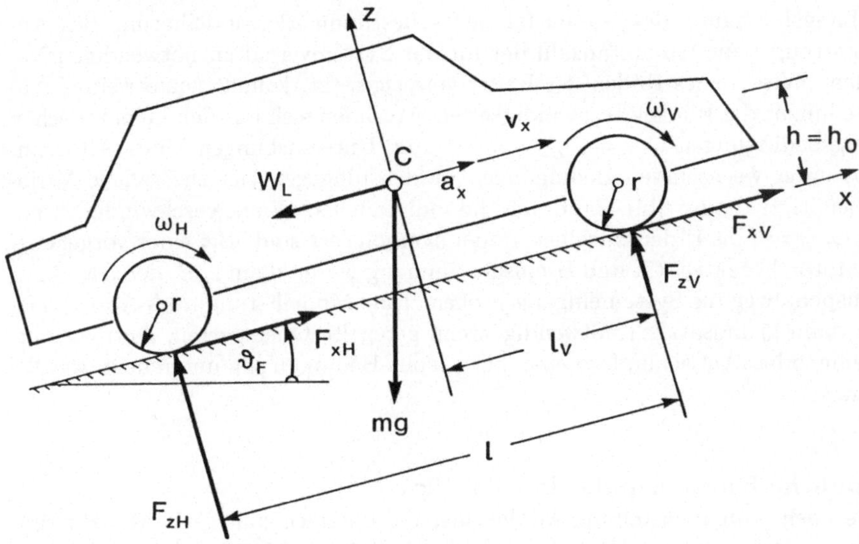

Abb. 2.5:   Ebenes Längsdynamik-Modell eines Pkw

nigung auch unter Berücksichtigung unterschiedlicher Winkelgeschwindigkeiten
aller 4 Räder aufgebaut werden, Abb. 2.6. Dadurch wird es möglich, die verschiedensten Antriebsvarianten, Getriebeeinheiten, Bremssysteme sowie deren
(geregeltes) Zusammenwirken zu beschreiben. Neben dem einen Freiheitsgrad

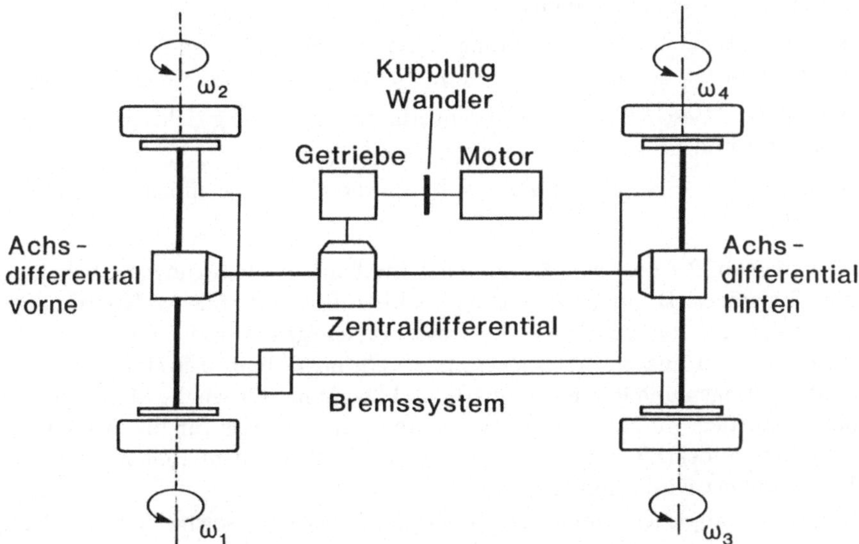

Abb. 2.6:   Modell eines Pkw-Antriebsstranges (Allradantrieb) einschließlich
              Bremssystem

der Längsbewegung des Gesamtfahrzeugs bestimmt die Modellierung des Antriebsstranges die Gesamtanzahl der für das Systemverhalten notwendigen Variablen. Wird reines Rollen der Räder vorausgesetzt, kommt keine weitere Variable hinzu; die Winkelgeschwindigkeiten errechnen sich aus den kinematischen Zwangsbedingungen $\omega_V = \omega_H = v_x/r$. Für Untersuchungen eines Allradantriebs unter wechselnden Bedingungen werden hingegen vier zusätzliche Variable benötigt, die in Abb. 2.6 durch die individuellen Winkelgeschwindigkeiten, Spin ω_i ($i = 1$ bis 4) der einzelnen Räder symbolisiert sind. Bei einer vorgegebenen Motorcharakteristik und Bremsabstimmung wären dann z. B. der Gas- bzw. Bremspedalweg die Systemeingangsgrößen. Eine Modellierung nach Abb. 2.6 ist auch dann grundsätzlich notwendig, wenn geregelte Quersperren, Antiblockiersysteme oder Antischlupfsysteme bei μ-split-Bedingungen untersucht werden sollen.

Räumliche Fahrdynamik-Modelle, Pkw

Je nach Aufgabenstellung werden hier die unterschiedlichsten Modellierungen eingesetzt und entwickelt - siehe z. B. [30, 35, 36, 37].

Als wesentliche Unterschiede zu den beiden vorherigen Modellen, die jedoch je nach der Komplexität des räumlichen Modells stark variieren werden, sind zu nennen:

- Radaufhängungen und Fahrzeugaufbau werden als kinematische bzw. elastisch gekoppelte Teile modelliert;

- individueller Rad-Bodenkontakt z. B. für Erfassung von (deterministischen) Fahrbahnunebenheiten;

- Lenksysteme und Antriebsstrang individuell modelliert und über die Räder als Schnittstelle aneinander und an das Gesamftfahrzeug angekoppelt;

- komplexe Beschreibung des Reifenverhaltens auch bei gleichzeitigem Längsschlupf und Schräglauf;

- räumliche Beschreibung der Kräfte auf das Fahrzeug infolge der Aerodynamik.

Wie in Abb. 2.7 gezeigt, [35], läßt sich die Fahrzeugbewegung bei beliebiger Straßenführung z. B. über ein mit dem Aufbau fest verbundenes Koordinatensystem x_B, y_B, z_B beschreiben. Die sechs Freiheitsgrade sind dabei ψ_I, ϑ und φ sowie die Koordinaten des Schwerpunkts C_B im I- bzw. 0-System. Über die Radaufhängungen und deren Kinematik und Dynamik werden die Stellungen der Räder gegen den Aufbau berechnet, während andererseits für die Berechnung der Radaufstandskraft am starren Boden das Rad mit dem Reifen als lineare Feder modelliert wird, Abb. 2.8, 2.9.

Für ein komplexes Simulationsprogramm, das eine solche Art der Fahrzeugbewegung beschreiben kann und andererseits die übrigen Systemkomponenten wie Antriebsstrang, Lenkung, Reifencharakterstik usw. integriert, läßt sich ein Strukturplan mit dem Zusammenwirken der Einzelkomponenten erstel-

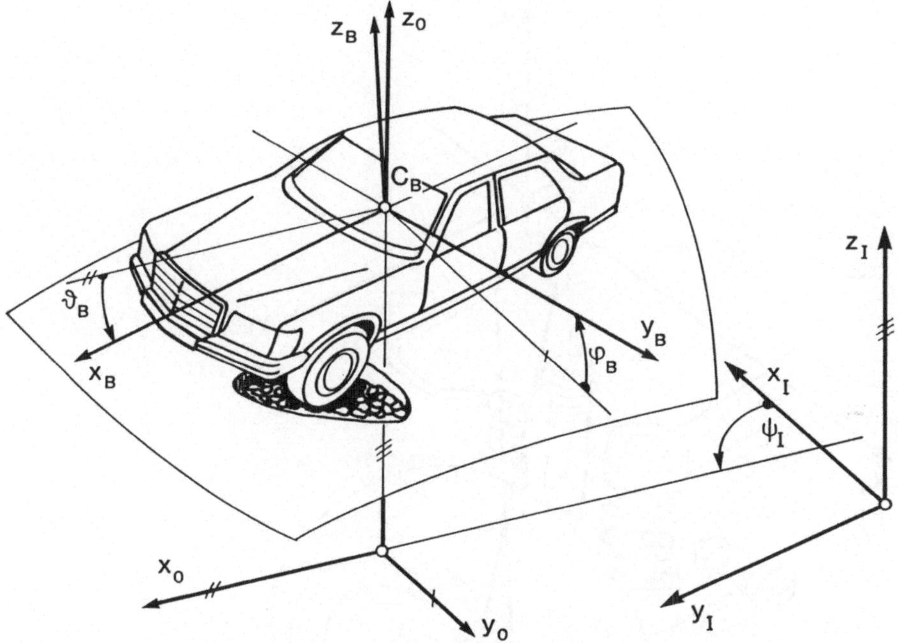

Abb. 2.7: Koordinatensysteme zur Beschreibung der räumlichen Bewegung des Fahrzeugaufbaues:
x_I, y_I, z_I inertialfestes System; x_0, y_0, z_0 bewegtes Referenzsystem; x_B, y_B, z_B aufbaufestes System

len, Abb. 2.10, siehe z. B. [38]. Die einzelnen Systemblöcke können dann als Teilkomponenten modelliert werden, wenn die Schnittstellen zu den übrigen Blöcken festgelegt sind. Für das eigentliche Fahrzeug, bestehend aus Aufbau und Radaufhängungen samt Rädern und eventuell Teilen der Lenksysteme, läßt sich zur Erstellung des mathematischen Modells ein Mehrkörpersystem (MKS)-Programm verwenden, s. Kap. 8. Selbstverständlich werden auch für die Beschreibung des dynamischen Verhaltens der Teilkomponenten, wenn möglich und zweckmäßig, verfügbare Programme eingesetzt werden, [21].

Fahrdynamik-Modelle, Nutzfahrzeuge

Für Lastkraftwagen und mehrgliedrige Fahrzeugkombinationen werden sehr häufig Modelle ähnlich zum Einspurmodell beim Pkw verwendet - siehe z. B. [39], [40]. Diese Modellvereinfachung ist hier im Gegensatz zum Pkw eher gerechtfertigt, da sich die Seitenkraftcharakteristik der Lkw-Reifen im üblichen Einsatzbereich auf der Straße bezüglich des Einflusses der Radaufstandskraft in etwa linear verhält. Durch das Ersetzen beider Räder einer Achse durch ein fiktives Rad in Achsmitte, das jetzt mit der Summe der beiden Aufstandskräfte

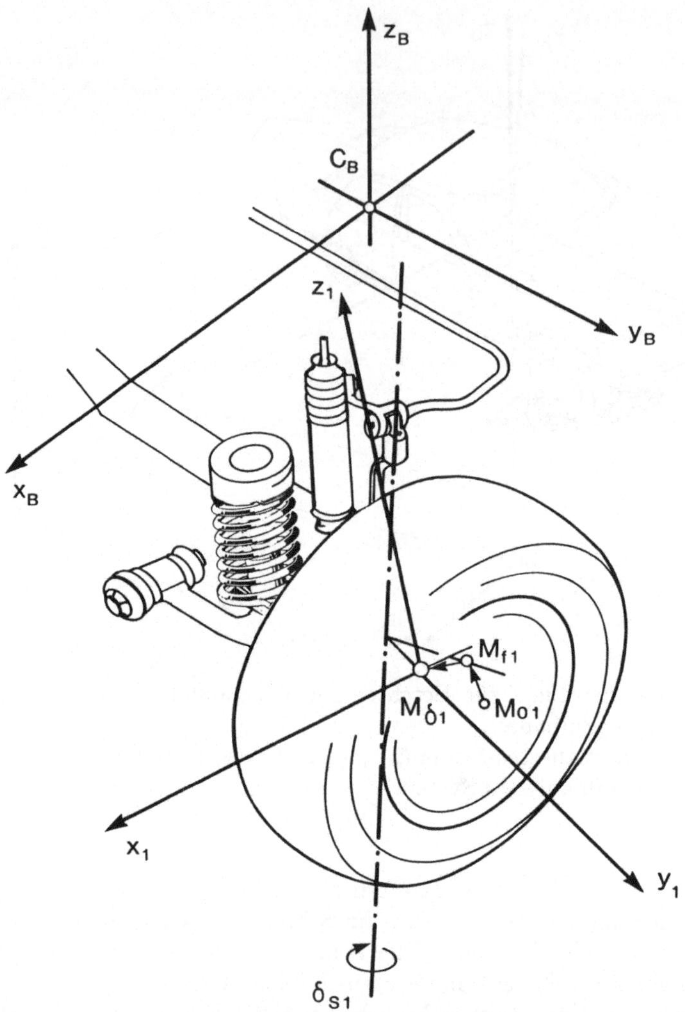

Abb. 2.8:   Bewegung des radfesten x_1, y_1, z_1-Systems gegen das aufbaufeste
x_B, y_B, z_B System zufolge Einfedern (Bewegung des Radmittel-
punktes vom M_{01} nach M_{f1}) und Lenken mit Einschlagwinkel δ_{S1}
(Bewegung von M_{f1} nach $M_{\delta1}$)

belastet ist, bleibt deshalb die Seitenkraftübertragung der Achse praktisch unverändert.

Speziell bei Fahrzeugkombinationen, bei denen eine große Zahl von Freiheitsgraden in der Modellbildung zu berücksichtigen sind, werden die Bewegungsgleichungen des Fahrzeugs selbst mit MKS-Programmsystemen erstellt werden.
Auch hier gibt es verschiedenste Komplexität bei der Modellbildung; so werden
z. B. in [41] neben den Roll-, Nick- und Hubbewegungen der Aufbauten deren

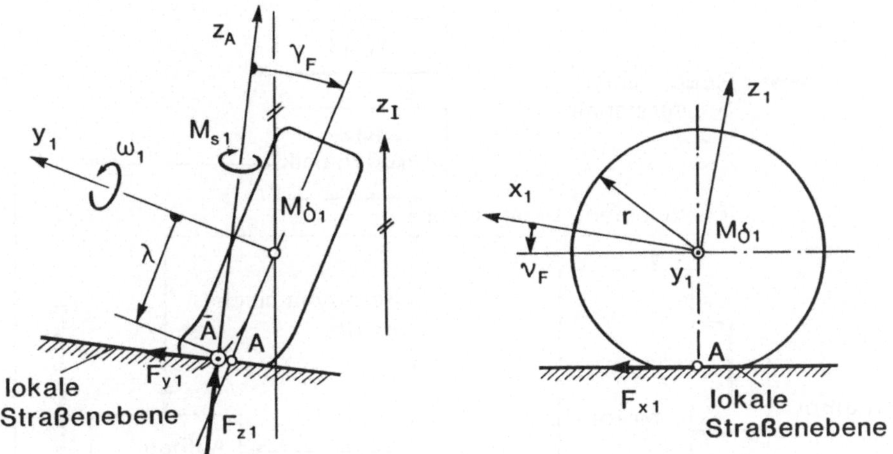

Abb. 2.9:   Rad-Fahrbahn-Kontakt bei lokal geneigter Fahrbahn: $F_{x1}, F_{y1}, F_{z1}, M_{s1}$ Reifenkräfte, Rückstellmoment , A fiktiver Radaufstandspunkt bei radialer Reifendeformation $(r - \lambda)$, $\bar{A}$ Radaufstandspunkt bei Reifenquerdeformation , x_1, y_1, z_1 felgenfestes Koordinatensystem

Torsionsweichheiten durch je einen zusätzlichen Freiheitsgrad berücksichtigt. In [39], Abb. 2.11, werden hingegen die Rollbewegungen der hier als starr angenommenen Aufbauten über Rollachsen, die der Aufhängungs- und Auflagerungsgeometrie entsprechen, modelliert.

Neben den Stellen für einen aktiven Eingriff in das Fahrzeugsystem, die denen eines Pkw entsprechen, sind bei Fahrzeugkombinationen die Verbindungsstellen zwischen den Fahrzeugeinheiten zu nennen. Knickschutzvorrichtungen, die das Einknicken ("jack knifing") durch Beeinflussung des Momentes M_A, siehe Abb. 2.11, verhindern, sind heute schon verbreitet im Einsatz.

2.2.2   Vertikalmodelle

Für Grundsatzuntersuchungen der niederfrequenten Vertikalschwingungen (bis etwa 25 Hz), die für die Fahrsicherheit (Radlastschwankungen) und den Fahrkomfort (Aufbaubeschleunigungen) verantwortlich sind, kann für einen Pkw ein *ebenes linearisiertes Dreikörpermodell* mit vier Freiheitsgraden verwendet werden, Abb. 2.12, siehe z. B. [1], Beispiel 5.6.2. Aufbau, Achs- und Radmassen werden als starre Körper betrachtet, die durch Federn und Dämpfer untereinander verbunden sind. Die Elastizität der Reifen kann - in erster Näherung - durch Federn ohne Dämpfung dargestellt werden. Da die den Reifen zugeordnete Federkonstante sehr viel größer als die der Aufbaufederung ist, spricht man im Automobilbau auch von gefederten (Aufbau) und ungefederten Massen (Achsen, Räder). Aktive Elemente werden in zunehmendem Maße anstatt

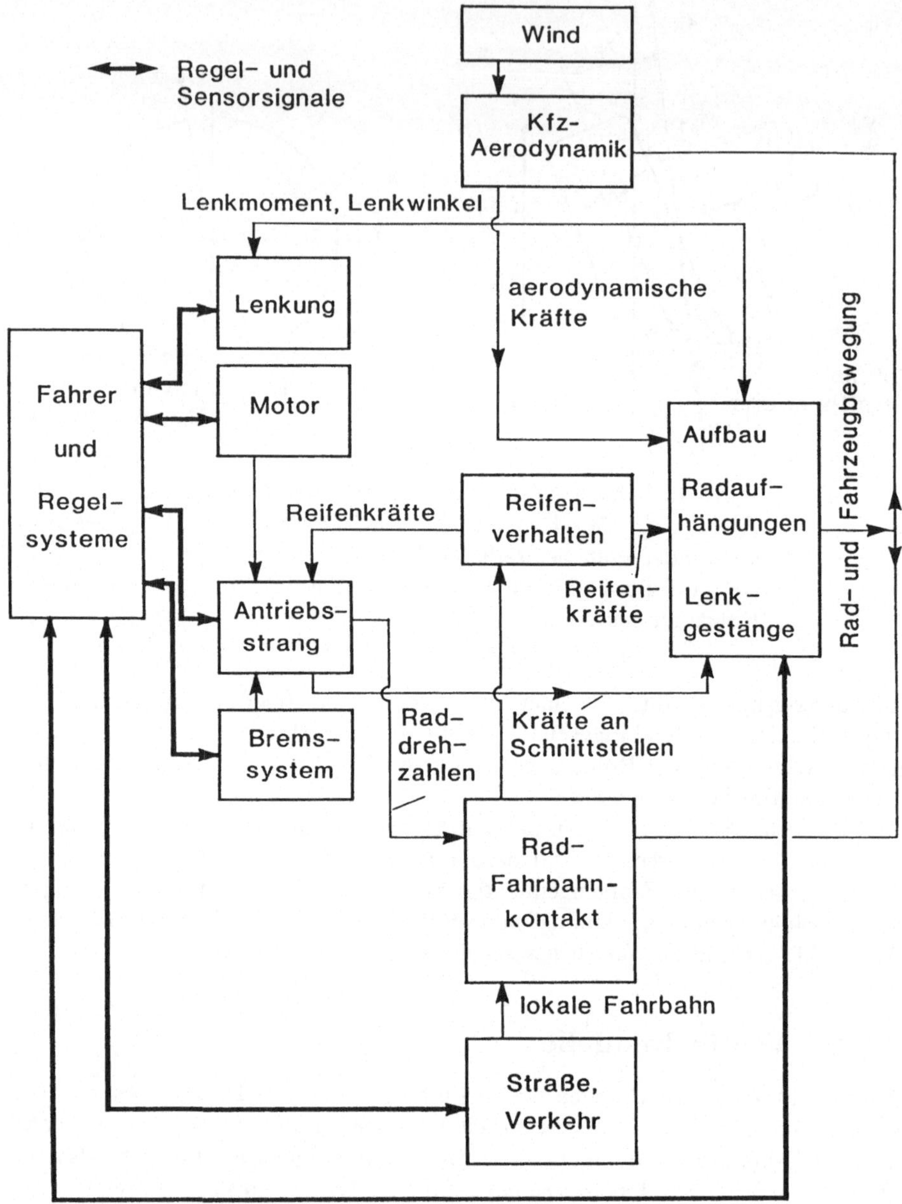

Abb. 2.10: Strukturplan eines komplexen Fahrzeug-Modells

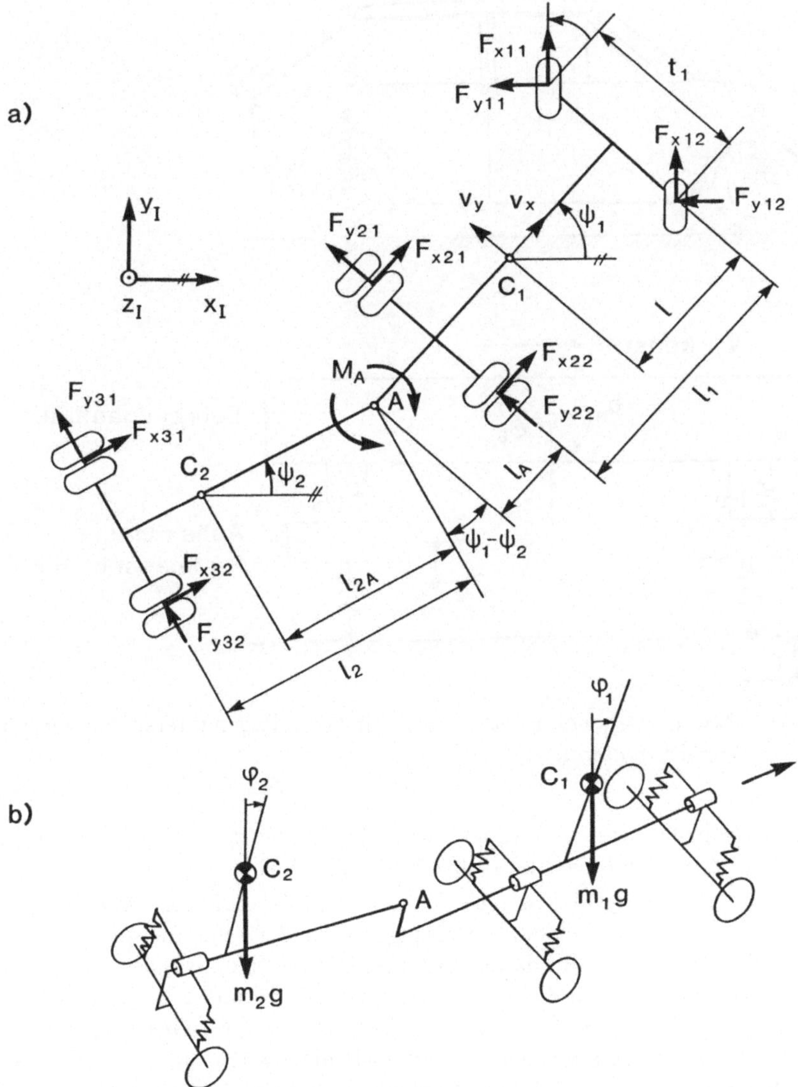

Abb. 2.11:   Modell eines zweigliedrigen Busses
a) Draufsicht
b) Rollachsen und Rollwinkel φ_1, φ_2 der beiden Aufbauten

des passiven Dämpfers in der Aufbaufederung (Sekundärfederung) eingesetzt. Die Bewegungsgleichungen erhält man durch Anwendung der Grundgleichungen der Starrkörpermechanik, siehe Kap. 3. Es soll dabei nicht übersehen werden, daß hier auch die mathematische Darstellung der Anregung über die Fahrbahn und wie sie auf das System einwirkt im weiteren Sinne zur Modellbildung gehört.

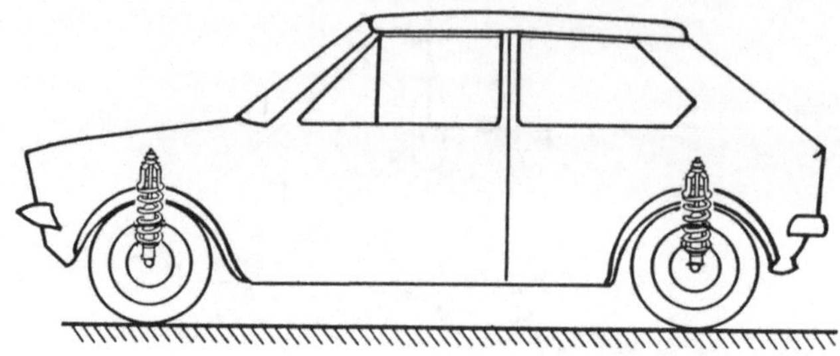

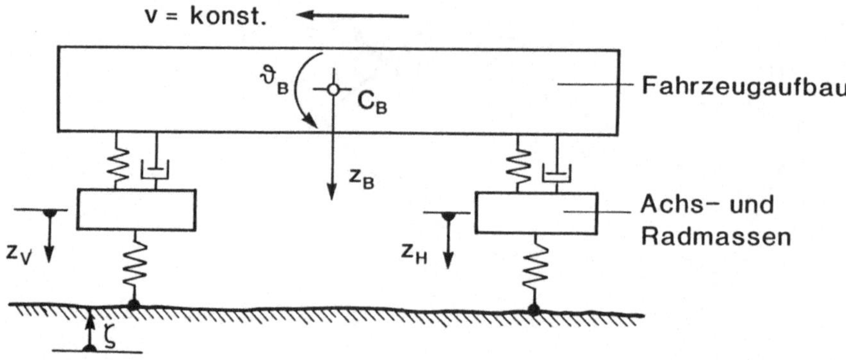

Abb. 2.12:   Pkw und ebenes Ersatzmodell für Grundlagenuntersuchungen zur
Vertikaldynamik

Für Untersuchungen mit diesem Modell wird vorausgesetzt, daß die Anregungen
durch die Fahrbahn für linke und rechte Räder gleich sind.

Zeigen die Bewegungsgleichungen für den Aufbau, daß eine Anregung an
der Vorderachse keine signifikante Schwingung an der Hinterachse bewirkt -
bei vielen Fahrzeugen ist die dafür charakteristische "Koppelmasse", die sich
aus der Massenverteilung und den Abmessungen (Radstand, Schwerpunktlage)
bestimmt, [1], siehe Beispiel 5.6.2, nahezu Null - läßt sich für Grundlagenuntersuchungen als erster Ansatz auch ein Viertel-Fahrzeug-Modell, Abb. 2.13 verwenden. Mit den jetzt nur noch zwei Freiheitsgraden und einer Anregungsstelle
lassen sich manche Probleme insbesondere der Reglerauslegung übersichtlicher
und einfacher behandeln, siehe auch Demonstrationsbeispiel 6.5.1.

In vielen Fällen sind ebene Modelle nicht ausreichend zur Untersuchung des
Fahrverhaltens. Da jedoch für die Bewertung des Fahrkomforts und der Rad-
lastschwankungen nahezu ausschließlich die Systemantworten auf die vertikalen
Anregungen von der Fahrbahn (und auch jene vom Motor) maßgeblich sind,
kann man für Untersuchungen über den Fahrkomfort auf ein aus dem ebenen
Modell abgeleitetes räumliches Modell übergehen, das die Lateralbewegung des
Gesamtfahrzeugs (z. B. bei der Kurvenfahrt) nicht berücksichtigt. Allerdings
ist dann die Beschreibung der korrelierten Anregungen beider Radspuren in die

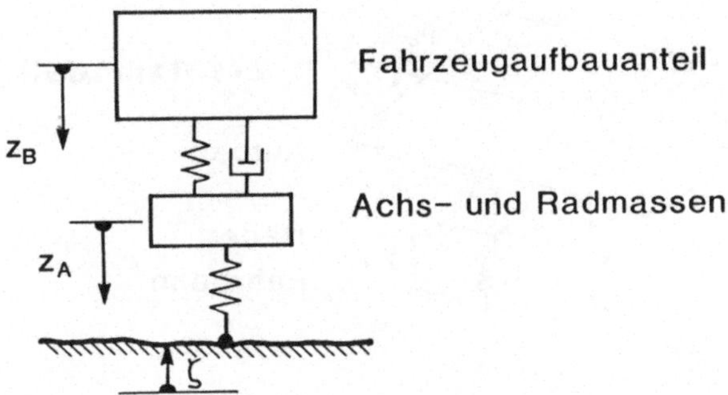

Abb. 2.13:   Viertel-Fahrzeug-Ersatzmodell

Struktur des Ersatzmodells mit einzubeziehen. Ebenso wie bei den ebenen Vertikalmodellen wird hier im allgemeinen mit linearisierten Modellen gearbeitet.

Das einfachste räumliche Modell mit sieben Freiheitsgraden wird aus einem Starrkörper für den Fahrzeugaufbau (drei Freiheitsgrade) und vier Punktmassen für die Räder aufgebaut, Abb. 2.14, nach [42], oberes Bild. Hiermit können bereits Koppeleleffekte zwischen rechten und linken Rädern sowie von Vorder- und Hinterrädern berücksichtigt werden; zudem ist dadurch die Beurteilung der Wankbewegung des Fahrzeugs möglich.

Eine Verbesserung dieser einfachsten räumlichen Modellierung kann nun auf verschiedene Weise, je nach Fragestellung, erfolgen. Im mittleren Bild der Abb. 2.14 wird zusätzlich der Motor mit sechs Freiheitsgraden mitsamt seiner aufwendigen Lagerung in der Karosserie berücksichtigt. Die Gummipuffer werden durch jeweils drei aufeinander senkrecht stehende parallelgeschaltete Feder-Dämpfer-Kombinationen modelliert; Verbundlager werden durch in Reihe angeordnete Feder-Dämpfer-Elemente idealisiert. Bei dem noch komplexeren Ersatzmodell Abb. 2.14 Bild unten, wird eine Schräglenkerhinterachse über Starrkörper, die mit Federn und Dämpfer am Hauptkörper angebunden sind, dargestellt. Zusätzlich werden noch Gelenkwelle, Auspuff und Fahrer berücksichtigt. Die Verbindung von Motor und Hinterachse durch die Gelenkwelle entspricht weitgehend der Realität; der Auspuff wird durch eine federnd an Motor und Karosserie befestigte Einzelmasse ersetzt, während für den Fahrer eine Punktmasse als Ersatzkörper gewählt wurde. Auf die Einzeichnung der jetzt insgesamt 24 Freiheitsgrade wurde der Übersicht halber verzichtet.

Es muß dabei keineswegs zwangsweise das jeweils komplexere Modell die realistischeren Aussagen liefern. In [42] werden z. B. die verschiedenen in Abb. 2.14 vorgestellten Modelle für Schwingungsuntersuchungen bei Fahrt über eine Straße mittlerer Qualität (definiert durch entsprechende Zufallsprozesse) bei konstanter Fahrgeschwindigkeit von 90 km/h miteinander verglichen. Berechnet werden die Standardabweichungen (RMS) der Karosseriebeschleunigungen und der Radlastschwankungen, siehe Kap. 5. Die Ergebnisse zeigen, daß bereits mit dem einfachsten Ersatzmodell 1 die Radlastschwankungen genau genug berechnet werden können. Es ist jedoch bemerkenswert, daß durch die "Verfeinerung"

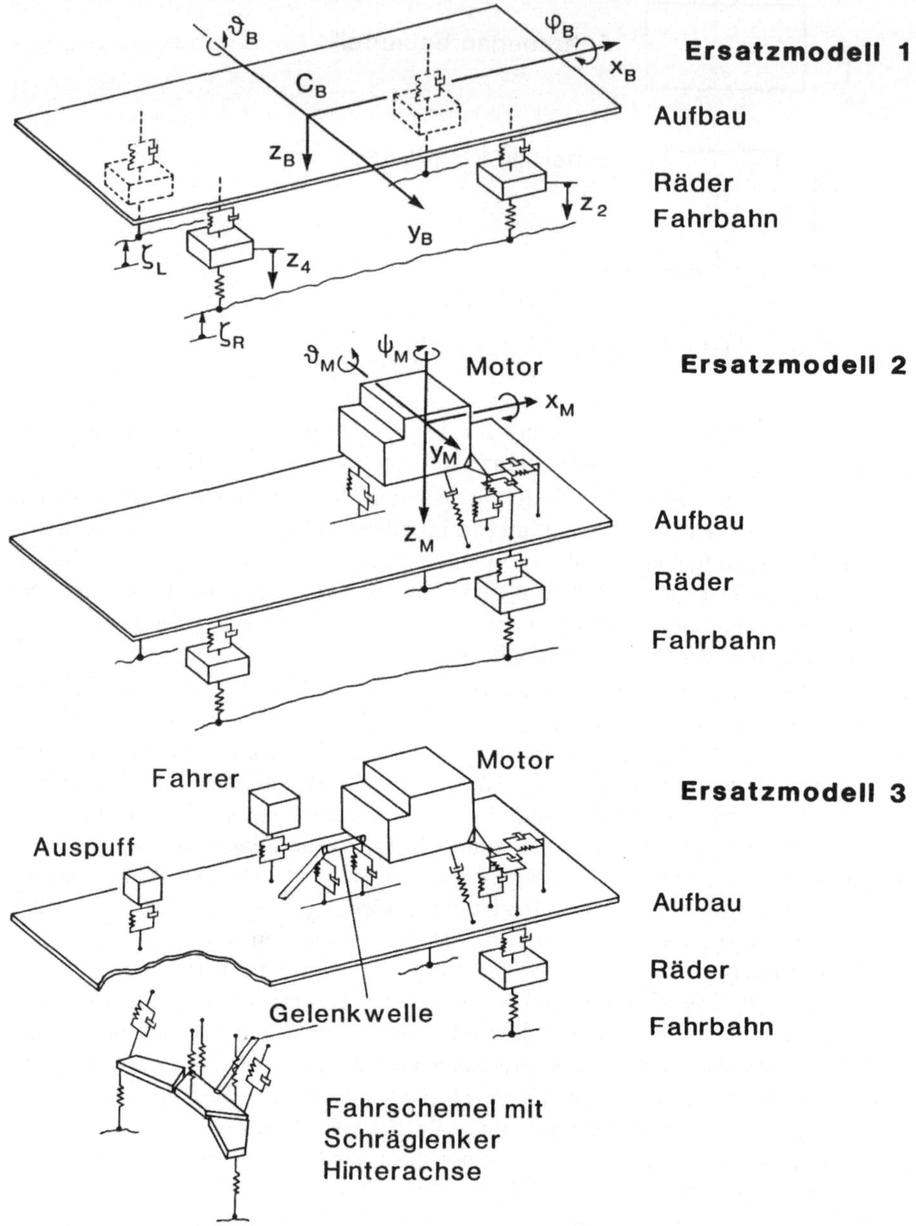

Abb. 2.14:   Räumliche Fahrzeug Ersatzmodelle verschiedener Komplexität

von Modell 1 nach Modell 2 zu große Beschleunigungswerte vorgetäuscht werden. Für eine Qualitätsverbesserung der berechneten Aufbaubeschleunigungen muß schon auf das 3. Modell übergegangen werden, um genauere Aussagen als bei Modell 1 zu erzielen.

Zur Untersuchung höherfrequenter Schwingungen (> 25 Hz) stellen die elastischen Deformationen der Karosserie einen wesentlichen Faktor dar, so daß ein *Finite Elemente (FE) Modell* eingesetzt werden kann. Die Anordnung und Auswahl der Elemente wird durch die lokale Struktur der Karosserie bestimmt. Will man das Systemverhalten im akustischen Bereich simulieren, wird eine z. B. für Biegeschwingungen sinnvolle Modelldarstellung der Karosserie nicht mehr ausreichen. Eine weitere Strukturverfeinerung wird nötig. Letztlich kann es sinnvoll werden, einzelne Bauteile als ein mit Elastizität und Masse behaftetes Kontinuum (z. B. als Bernoulli-Euler-Balken) zu modellieren. Ein solches kontinuierliches Ersatzsystem führt auf partielle Differentialgleichungen, die allerdings durch den Separationsansatz ebenfalls auf ein System von gewöhnlichen Differentialgleichungen zurückgeführt werden können, s. z. B. [43].

2.3   Modellbildung bei Magnetschwebebahnen

Magnetschwebefahrzeuge sind "berührungsfreie" Systeme, d. h. die primären Trag- und Führkräfte werden durch magnetische Feldkräfte realisiert. Bei der sogenannten EMS-Technik werden diese durch spannungsgesteuerte Elektromagnete hervorgerufen. Hierbei ist das Kraft-Luftspalt-Verhältnis derart, daß die Magnetkraft einer Spaltänderung nicht entgegenwirkt, sondern diese vergrößert; das ungeregelte System ist damit grundsätzlich instabil. Eine Hauptaufgabe bei den EMS-Systemen ist also die Entwicklung geeigneter Regelkonzepte zur Stabilisierung dieser systemimmanenten Instabilität, siehe Beispiel 6.5.5.

Je nach Aufgabenstellung und Konstruktionsprinzip werden wieder verschiedene Modelle für eine Magnetschwebebahn angewandt. Für die nächsten Betrachtungen steht das Fahrzeug als Modell im Vordergrund; Grundüberlegungen zur Auslegung und Funktion einzelner Tragmagnete im Sinne einer dezentralen Regelung ("magnetisches Rad") sind bei den Einzelkomponenten angeführt.

Ebene Modelle

Hier stehen Komfortuntersuchungen wie beim Vertikalmodell des Kraftfahrzeugs im Vordergrund. Bedingt durch die hohen Fahrgeschwindigkeiten und die zwangsweise geringen Abstände der Tragmagneten von den Führungsschienen können Unregelmäßigkeiten dieser Schienen (siehe auch Abb. 5.8) als Anregung eine wesentliche Beeinträchtigung des Komforts bewirken. Erste Aussagen über die Auswirkung von Tragmagnet und Sekundärfederung erlaubt das Modell, Abb. 2.15a, welches Magnetträger und Fahrzeugaufbau als vertikal bewegte Massen darstellt, siehe Beispiel 4.6.2. Wegen der üblicherweise starken

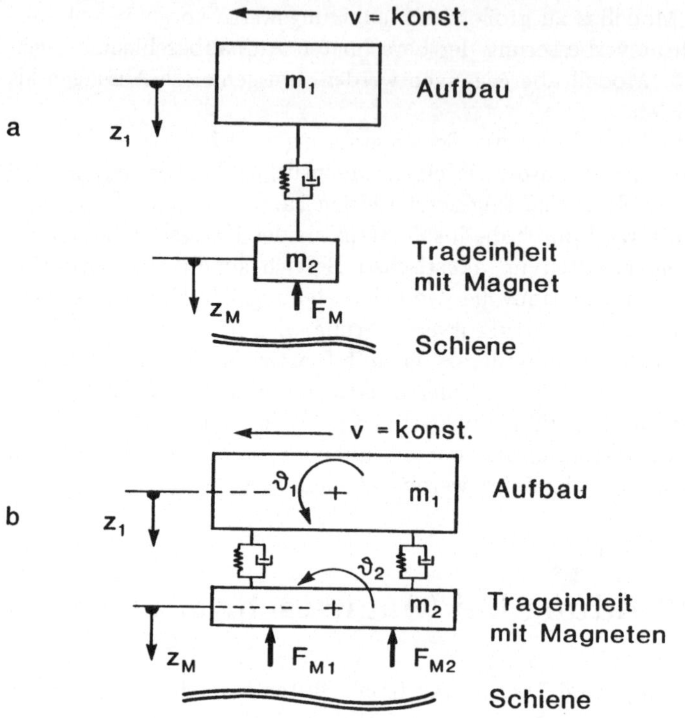

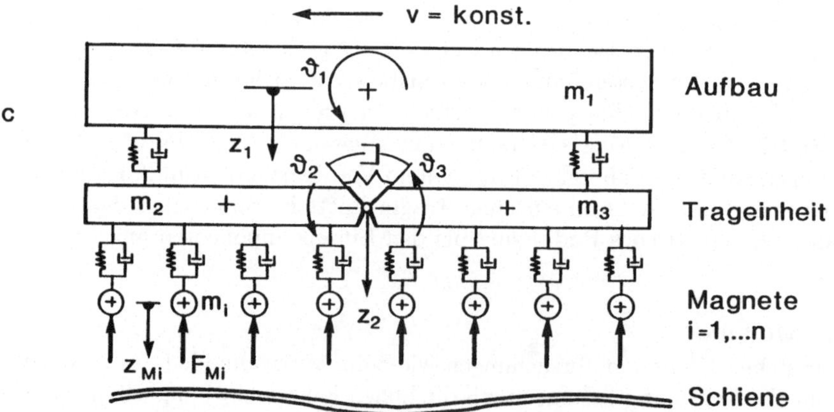

Abb. 2.15: Ebene Ersatzmodelle für ein Magnetschwebefahrzeug auf ge-
ständertem Fahrweg, F_{Mi}-Magnetkräfte

Kopplung von Hub- und Nickbewegung empfiehlt es sich jedoch, gleich zu dem Modell Abb. 2.15b überzugehen. Realistisch (insbesondere für eine Systembeurteilung) wird die Modellierung allerdings erst beim Modell Abb. 2.15c, welches Punktmassen für die Einzelmagnete verwendet, die mit Federn und Dämpfern an einem zweigeteilten Magnetträger aufgehängt sind. Darüber befindet sich die Aufbaumasse, die je nach Konstruktion und Fragestellung ggf. noch mit elastischen Freiheitsgraden modelliert werden muß.

Ein weiterer wichtiger Modellaspekt ist bei Magnetschwebebahnen zu beachten. Aus Gründen der Trassierung sind aufgeständerte Fahrbahnen vorgesehen; diese sind in Form von Ein- oder Mehrfeldträgern möglichst leicht (materialsparend) ausgeführt. Aufgrund der Belastung durch das Fahrzeug entsteht eine Fahrwegverformung, die nicht vernachlässigbar ist. Dieser Effekt kann über die Darstellung des Fahrzeuges als Einzelkraft oder besser als eine Folge von konstanten Einzelkräften, die sich mit der Geschwindigkeit v über den elastischen Fahrweg bewegen, modelliert werden. Der Fahrweg läßt sich für erste Überlegungen als Bernoulli-Euler Balken bzw. als Folge solcher Elemente modellieren.

Für eine genauere Analyse hat auch diese Modellannahme über Fahrzeug und Fahrweg noch einige zu grobe Vereinfachungen:

- Die primären Tragkräfte sind nicht konstant, sondern enthalten dynamische Anteile, die durch die Luftspaltänderung und ihrer Regelung entstehen; diese Anteile können durchaus die gleiche Größenordnung wie die (statischen) Gewichtskräfte annehmen. Hierdurch entsteht eine dynamische Wechselwirkung zwischen Fahrzeug und Fahrweg, welche eine gekoppelte Behandlung der Fahrzeug- und Fahrweggleichungen erforderlich macht, [44, 45, 46, 47, 48, 49].

- Die Tragmagnete haben ganz bewußt eine ziemliche Ausdehnung (bessere Verteilung der Kräfte als z. B. beim Rad-Schiene-Kontakt), so daß ihre Wirkung genauer durch verteilte Kräfte modelliert wird.

- Die Darstellung der Fahrwege als ebene Bernoulli-Euler Balken ist eine Annahme, die bei einer genaueren Analyse durch detailliertere FE-Modelle oder ggf. durch gemessene Struktureigenformen ersetzt werden muß.

- Für die Lateral- und Rollbewegungen, Kurvenfahrt, Beschleunigungs- und Bremsvorgänge müssen zusätzliche, zum Teil räumliche Modelle für Fahrweg und Fahrzeug zugrunde gelegt werden.

- Zur Beurteilung von extremen Betriebszuständen wie Notabsetzen bzw. Notbremsungen müssen Spezialmodelle zur Absicherung herangezogen werden, siehe z. B. [49].

Räumliche Modelle

Obwohl mit ebenen Modellen für die Hub- und Nickfreiheitsgrade gerade bei Magnetschwebefahrzeugen schon wesentliche Systemauslegungsfragen beantwortet werden können, sind diese jedoch - wie schon beim Fahrweg vermerkt - oft unzureichend. Einmal entstehen bei der Generierung der Vertikalkräfte (vielfach ungewollt) auch Querkräfte, so daß die Kopplung von Hub-, Lateral- und Rollbewegung nicht mehr vernachlässigbar ist. Dies ist insbesondere auch dann gegeben, wenn wie bei einem sogenannten kombinierten Trag- und Führsystem von dieser Kopplung derart Gebrauch gemacht wird, daß überhaupt nur je eine Magnetreihe für Tragen und Führen auf jeder Fahrzeugseite verwendet wird, siehe Abb. 2.16. Darüberhinaus sind aber die Kopplungen zwischen Hub- und Nickbewegung nach wie vor zu berücksichtigen, so daß in diesen Fällen ein vollständig räumliches Modell, manchmal unter Vernachlässigung der Freiheitsgrade in Längsrichtung mit $v =$ konstant, zumindest für die Systemanalyse erforderlich wird, [50].

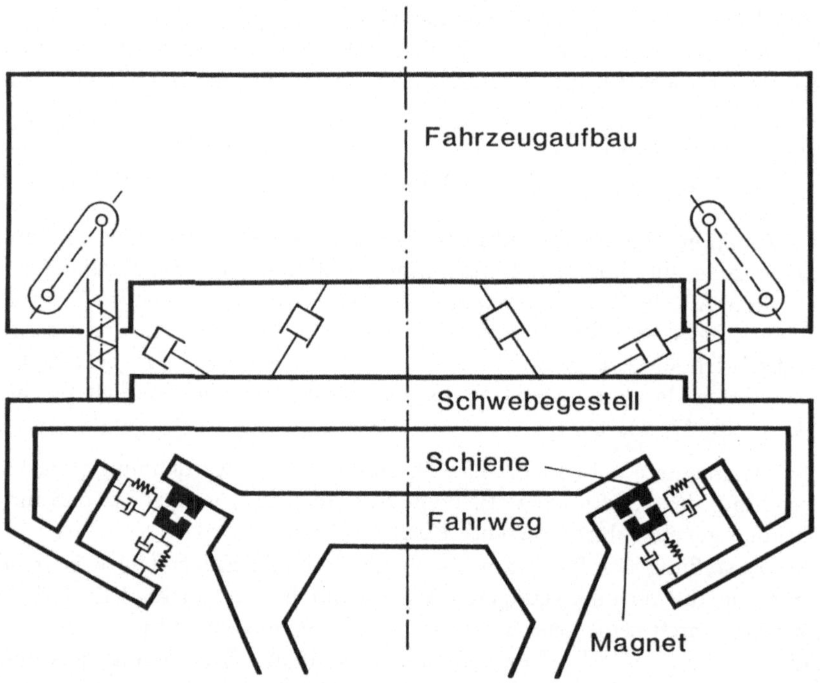

Abb. 2.16: Querschnitt eines Magnetschwebefahrzeugs mit kombiniertem Trag- und Führsystem

2.4   Modellbildung für Rad-Schiene-Fahrzeuge

Ähnliche Überlegungen wie bei den vorgenannten Fahrzeugtypen spielen auch bei der Dynamik von Schienenfahrzeugen eine Rolle [51]. Dabei kommt insbesondere der Wechselwirkung zwischen Rad und Schiene und der Lagerung der Räder bzw. des Radsatzes im Drehgestell eine besondere Bedeutung bei der Modellbildung zu.

Ebene Modelle

Da die Laufeigenschaft der profilierten Räder auf der komplexen Form des Schienenkopfes eine Entkopplung der Kontaktkräften in vertikale und horizontale Anteile nur mit wesentlichen Modellvereinfachungen zuläßt, sind reine *Vertikalmodelle* zur Untersuchung des Fahrkomforts nur sehr eingeschränkt einsetzbar. Da auch hier die Bettung des Gleises in Relation zu den elastischen Eigenschaften der Lagerungen im Fahrzeug nicht vernachlässigt werden kann, ergeben sich selbst für einfache Untersuchungen relativ aufwendige Modelle, siehe z. B. Abb. 2.17.

Für Spezialaufgaben wie die Auslegung der Steuerung oder Regelung der *Wagenkastenneigung* (zur Erhöhung der zulässigen Kurvengeschwindigkeiten bei Reisezügen) können auch vereinfachte, ebene Modelle eingesetzt werden, Abb. 2.18 nach [52]. Hierbei kann die Kraftübertragung Rad-Schiene für Grundsatzuntersuchungen als idealer formschlüssiger Kontakt betrachtet werden.

Räumliche Modelle

Für die Erstellung räumlicher Ersatzsysteme stellt vor allem der Radsatz und seine Wechselwirkung mit beiden Schienen ein Schlüsselelement dar. Radsätze im Gleis sorgen - bei entsprechender Konstruktion und Auslegung - in einem weiten Geschwindigkeitsbereich für stabiles Trag- und Führverhalten ohne Zusatzeinrichtungen, d. h. auf rein passiver Spurführung beruhend.

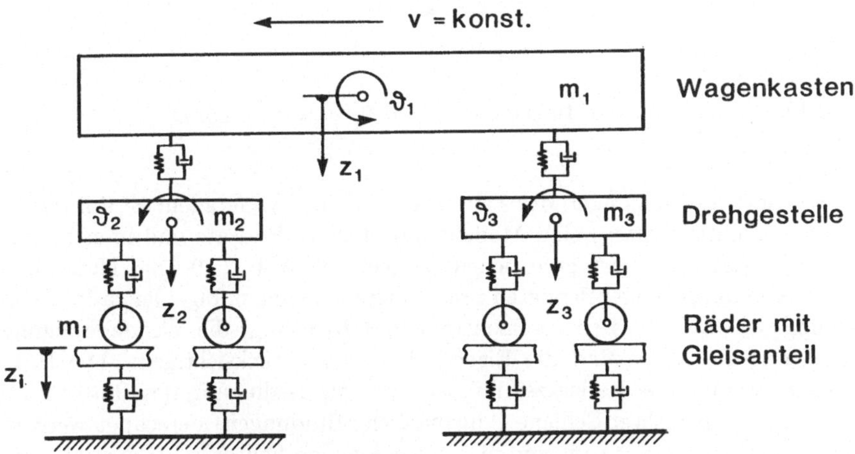

Abb. 2.17:   Ebenes Modell für die Vertikaldynamik eines Eisenbahnwagens

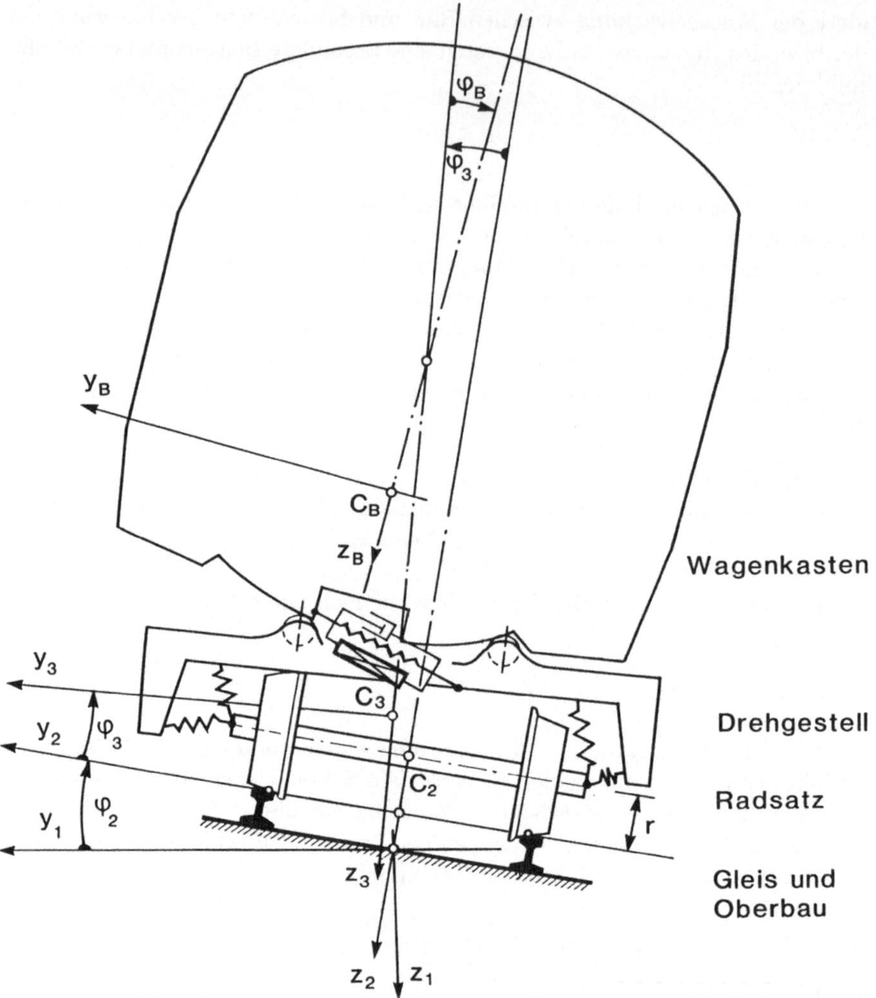

Abb. 2.18:   Ebenes Modell für eine aktive Wagenkastenneigung

Für viele Untersuchungen des Fahrzeuglaufs (in der Geraden: Stabilität, in
der Kurve: Führverhalten) sind Modelle mit starrem Radsatz und in sich starrem, aber elastisch gelagertem Schienenrost geeignet, Abb. 2.19, [53]. Neben den
in dieser Abbildung eingezeichneten Freiheitsgraden sind zufolge der räumlichen
Bewegung des Radsatzes (bei $v=$konstant in x-Richtung) die Wendebewegung
um die vertikale Achse und die Eigendrehung zu berücksichtigen. Die Hub-
und Rollbewegung des Radsatzes müssen über die Bedingung des Radkontak-
tes auf linker und rechter Schiene (kinematische Bindungen) berechnet werden.
Schienen- und Radreifenprofil sind die entscheidenden Faktoren bei diesem Kontaktproblem - siehe Kap. 2.6.2.

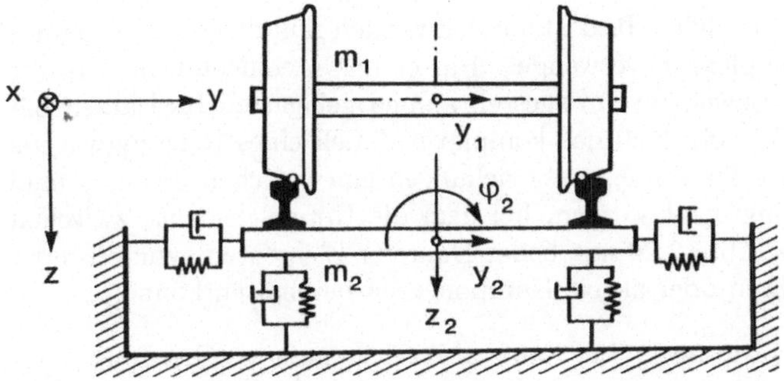

Abb. 2.19:   Modell für starren Radsatz mit gebettetem, starrem Schienenrost

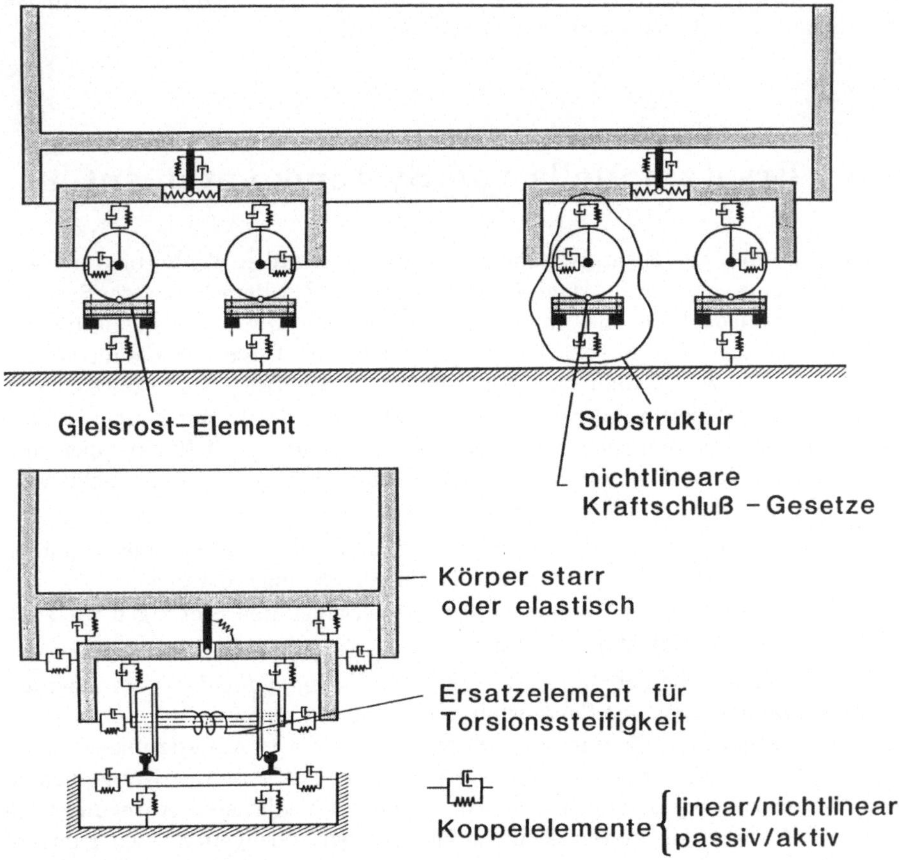

Abb. 2.20:   Räumliches Modell eines Reisezugwagens

Aufbauend auf einem solchen Radsatzmodell werden räumliche Fahrzeugmodelle zunehmender Komplexität verwendet. Für erste Untersuchungen wird oft nur ein Drehgestell mit zwei, im Drehgestellrahmen gelagerten Radsätzen betrachtet, während z. B. Abb. 2.20 das komplexe Modell eines Reisezugwagens zeigt. Für das Erstellen der Bewegungsgleichungen eines solchen Systems muß ein MKS-Programm eingesetzt werden, bei dem die Koppelelemente zwischen den Fahrzeugteilen - in Abb. 2.20 mit Feder-Dämpfer-Elementen symbolisiert - beliebige Nichtlinearitäten oder aktive Komponenten beinhalten können.

Um die konträren Forderungen der Laufstabilität im geraden Gleis und guter Bogengängigkeit zu verbinden, betrachten neuere Konzepte abweichend vom konventionellen Radsatz die beiden Räder als unabhängige Einheiten oder mit einer anderen Art der gegenseitigen Kopplung [54]. So wird z. B. in [55, 56] untersucht, wie sich das Auftrennen der Radsatzwelle und das Dazwischenschalten einer Schlupfkupplung und deren Regelung auf das dynamische Verhalten auswirkt. Ebenso lassen Radsätze, deren gegenseitige Lage im Drehgestell im Bogen zwangsgesteuert, [57, 58] gesteuert oder geregelt wird, Verbesserungen des dynamischen Gesamtverhaltens erwarten, [13].

2.5   Ersatzmodelle von Systemkomponenten

Bei Darstellung der Ersatzsysteme für Fahrzeuge wurden die Verbindungselemente einzelner Körper nur symbolhaft angedeutet. Zur Berechnung der Systembewegung ist jedoch die mathematische Beschreibung bzw. die Modellierung ihrer Eigenschaften von ausschlaggebender Bedeutung. Diese Verbindungen zwischen dem Fahrzeugaufbau und den Teilkörpern der Trag- oder Führelemente (z. B. Fahrzeugfederungen, Stoßdämpfer), werden in der Fahrzeugtechnik üblicherweise als *Aufhängungen* bezeichnet. Dabei können auch Baugruppen modellmäßig durch ein Verbindungselement bestimmter Eigenschaften ersetzt werden. Die Hauptfunktionen einer Fahrzeugaufhängung sind:

- das Fahrzeug zu *tragen* und zu *führen*, und zwar beim Geradeauslauf, in Kurven sowie während Brems- und Beschleunigungsvorgängen;
- für die *Isolierung* (Abschirmung) von unerwünschten Störungen wie z. B. Fahrwegunebenheiten zu sorgen.

Zusätzlich soll die Fahrzeugaufhängung für *Unempfindlichkeit* gegenüber äußeren Laständerungen wie Seitenwind und Beladung sorgen.

Mit Erhöhung der Fahrgeschwindigkeit und erhöhten Anforderungen an die Fahrzeugaufhängung wird es immer schwieriger, mit passiven Komponenten den Gesamtkatalog an Spezifikationen bei unterschiedlichsten Anregungen zu erfüllen. Aus den genannten Gründen ist auch bei bodengebundenen Fahrzeugen eine starke Tendenz zum Einsatz aktiver, d. h. geregelter Aufhängungen festzustellen, [7].

Die im folgenden aufgezeigten Ersatzmodelle spezieller passiver und aktiver Verbindungselemente können nur eine exemplarische Auswahl darstellen; für einen Überblick siehe bspw. auch [59].

2.5.1 Aufhängungssysteme

Vor allem die Sekundäraufhängungen zwischen dem Fahrzeugaufbau (gefederte Masse) und den speziellen Trag- und Führelementen (ungefederte Massen) setzen sich oft aus einer Vielzahl von Gestängen zusammen. Sie ermöglichen die Relativbewegung der ungefederten Massen gegen den Aufbau bei gleichzeitiger Abstützung der für die Fahrzeugführung notwendigen Kräfte.

Als typisches Beispiel zeigt Abb. 2.21a eine Federbeinachse für gelenkte Vorderräder (McPherson-Achse) eines Pkw, [60, 61]. Bei dieser Anordnung übernimmt das Federbein mit seiner Lagerung in der Karosserie zusammen mit einem Querlenker und dem Lenkgestänge die Führung des Rades. Die Umfangskräfte und Seitenkräfte, die am Rad wirken, werden im wesentlichen durch den Querlenker abgestützt; in der oberen Anlenkung des Federbeines ergeben sich nur relativ geringe Kräfte. Die Vertikalkräfte werden über Federn und Dämpfer auf den Aufbau übertragen.

Da für eine Analyse im Frequenzbereich bis ca. 25 Hz nur die Bewegung des Rades selbst interessiert (Vibrationen und Trägheitskräfte der Gestängeteile können vernachlässigt werden), wird man versuchen, über die Modellbildung des Systems die Relativbewegung des Radmittelpunktes und der Radebene zu beschreiben. Eine mögliche Idealisierung der Radaufhängung durch ein Starrkörpersystem mit unnachgiebigen Lagern, Abb. 2.21b, liefert in Abhängigkeit von der Vertikalverschiebung des Radmittelpunktes Informationen über die Kinematik der relativen Radbewegung, sogenannte Raderhebungskurven. Als Beispiel sind in Abb. 2.21c,d für Einschlagwinkel Null die Spurweitenänderung des Radaufstandspunktes und die Änderung der Neigung der Radebene gegen die xz-Ebene (Sturzwinkel) dargestellt. Die eingezeichneten Linearisierungen zeigen deutlich, daß bei manchen Aufhängungsarten schon bei relativ kleinen Einfederwegen mit größeren Fehlern zu rechnen ist.

Eine Zusammenstellung mit detaillierter Beschreibung vieler Radaufhängungen von Kfz findet sich in [61].

In der Modellbildung durch unnachgiebige Lager werden oft weitgehende Vereinfachungen getroffen. Die Lagerung der Radaufhängungsteile mit deformierbaren Gummielementen bringt eine oft deutliche Verzerrung der kinematischen Raderhebungskurven unter Einwirkung der Kräfte auf das Rad [61]. Diese elasto-kinematischen Einflüsse werden meist anhand von Messungen ermittelt. Bei der Simulation des Fahrverhaltens des Gesamtfahrzeugs kann das aufgrund einer Vorausberechnung oder Messung bekannte Verhalten der Substruktur Aufhängung, etwa in der Form der Abb. 2.21c,d, gegebenenfalls unter Berücksichtigung der Elastokinematik, durch analytische Approximationen dieser Raderhebungskurven modelliert werden.

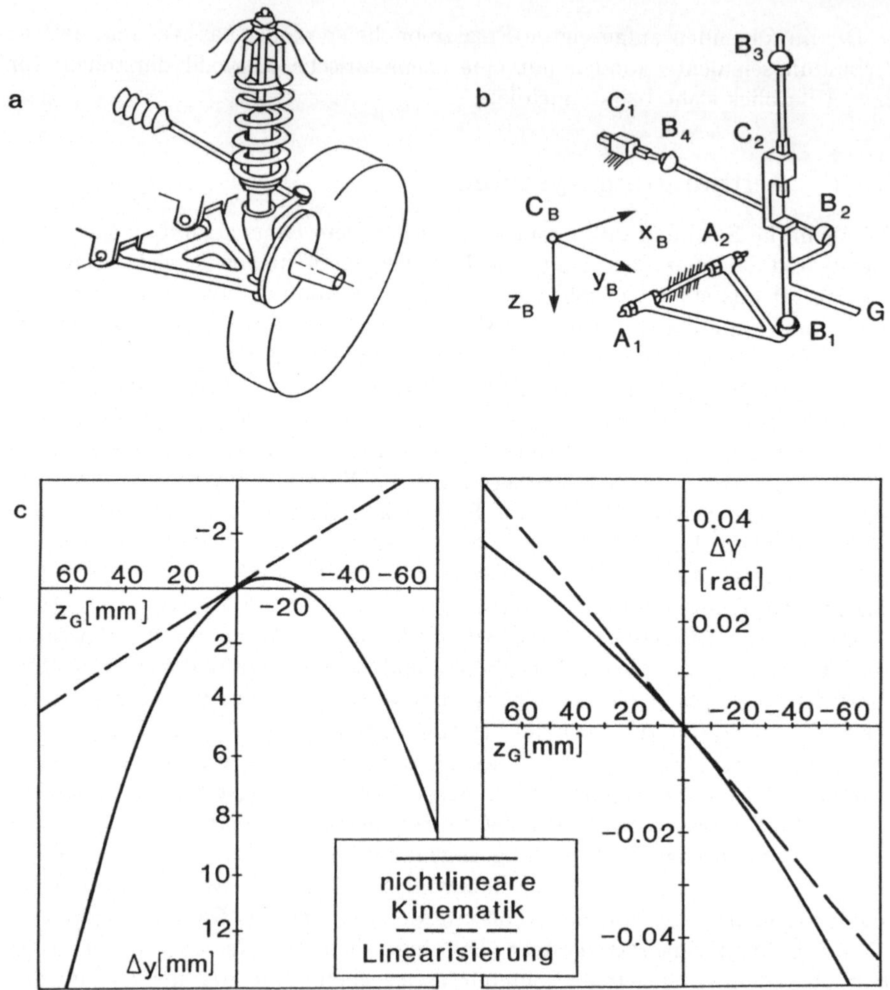

Abb. 2.21:   Kinematik einer MCPHERSON Radaufhängung
             a: Prinzipskizze, b: Starrkörper Ersatzmodell mit Scharniergelen-
             ken A_i, Kugelgelenken B_i und Schubgelenken C_i, c: Raderhebungs-
             kruven: Spurweitenänderung Δy und Sturzwinkeländerung $\Delta\gamma$ als
             Funktion der Verschiebung z_G des Punktes G

2.5.2 Reibung zwischen Systemteilen

Reibungskräfte gibt es bei Aufhängungen in allen Lagerungen wie z. B. den
Kugelgelenken der Abb. 2.21b wie auch bei anderen gegeneinander beweglichen
Kontaktteilen wie etwa dem Zylinder eines Stoßdämpfers und dessen Wandung.
Unter dem Begriff Reibung werden sowohl das Haften als auch das Gleiten (Haft-

reibung, Gleitreibung) der beiden Kontaktpartner verstanden. Eine Modellierung der komplexen Berührprobleme wird bei idealisiert starren Kontaktpartnern oft in der Form der COULOMBschen Reibung (Kraft F_c) angenommen:

$$
F_c\left(\Delta\dot{z}\right) = \begin{cases} -\mu_G N & \text{für } \Delta\dot{z} > 0 & \text{Gleitreibung} \\ F_H & \text{für } \Delta\dot{z} = 0\,, |F_H| \le \mu_H N & \text{Haftreibung} \\ +\mu_G N & \text{für } \Delta\dot{z} < 0 & \text{Gleitreibung} \end{cases}, \qquad (2.1)
$$

wobei $\Delta\dot{z}$ die Relativgeschwindigkeit der sich berührenden Teile, μ_H, μ_G der Haftreibungs- bzw. Gleitreibungskoeffizient, $N > 0$ die Normalkraft in der Kontaktfläche und F_H die Haftkraft sind. Meist wird für die Approximation (2.1) noch $\mu_H = \mu_G = \mu$ gesetzt, Abb. 2.22.

Will man diese Art der Beschreibung z. B. bei einem Scharniergelenk anwenden, so bedeutet dies eine Berechnung des Systems einerseits mit festgehaltenem Gelenk (Haftreibung) - die Freiheitsgrade des Systems reduzieren sich um eins - und andererseits mit beweglichem Gelenk (Gleitreibung) durchzuführen, [62]. Allgemein wird also eine Systemmodellierung mit einem Wechsel der Anzahl und Kombinationen von möglichen Freiheitsgraden nötig - für größere Systeme eine sehr schwer durchführbare Aufgabe.

Die mathematische Beschreibung (2.1) wird für die numerische Simulation des Systemverhaltens daher vielfach so angenähert, daß der Übergang zwischen Haften und Gleiten durch eine stetige Funktion, mit sehr steilem Anstieg bei $\dot{x} = 0$ ersetzt wird, siehe Abb. 2.22; oder sie wird in die Modellierung anderer Komponenten, z. B. bei Blattfedern, durch Hystereseeffekte integriert, siehe Abb. 2.26.

Die Größenordnung und damit die Bedeutung der Reibung in Aufhängungen hängt sehr stark von der Form der Berührflächen und ihrer Materialbeschaffenheit ab. Reibkräfte in Radaufhängungen liegen bei Pkw's mit Schraubenfedern

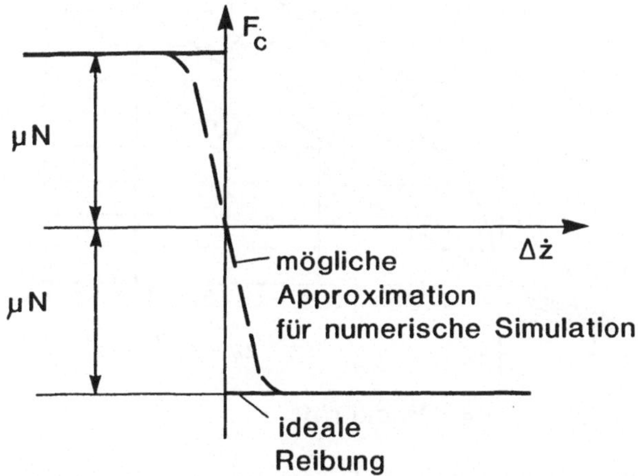

Abb. 2.22:   Kennlinie für ideale, trockene Reibung

erfahrungsgemäß bei etwa 5 - 10% der statischen Last und bei Blattfedern liegt dieser Wert bei etwa 15 - 30%. Das Fahrzeug federt also nur auf den Reifen, solange die Haftreibung noch nicht überwunden ist. Die Reibungskräfte insbesondere bei Blattfedern haben deshalb großen Einfluß auf den Fahrkomfort und die Fahrstabilität. In [63] wird an einem einfachen Modell, ähnlich wie in Abb. 2.13 jedoch zusätzlich mit parallelem Reibungselement in der Sekundäraufhängung, der Einfluß der Reibung auf den Fahrkomfort analysiert. Im beladenen Zustand zeigt sich eine gewisse Verbesserung des Fahrkomforts, während im unbeladenen Zustand durch die Reibung eine Verschlechterung des Komforts und die Tendenz zum Trampeln verursacht wird. Die Untersuchung in [64] ergab, daß dieser Effekt der Reibung auch indirekt durch die Straßenwelligkeit, die Fahrgeschwindigkeit und die Steifigkeit der Reifen beeinflußt wird.

2.5.3 Stoßdämpfer

Neben der Reibung stellt der - zumeist hydraulisch ausgeführte - Stoßdämpfer das wesentliche energievernichtende Element der Aufhängungen dar. Der konventionelle Stoßdämpfer bewirkt einen Kompromiß zwischen:

- der möglichst vollständigen Energiedissipation bei der Bewegung der ungefederten Masse gegen die gefederte Masse,

- möglichst geringer Kraftübertragung zur gefederten Masse bzw. zum Fahrzeugaufbau in Einfederungs- wie in Ausfederungsrichtung.

Ein Beispiel einer auf einer Prüfmaschine gemessenen Dämpfercharakteristik zeigt Abb. 2.23 nach [65]. Die verschiedenen Einstellungen zeigen bereits die

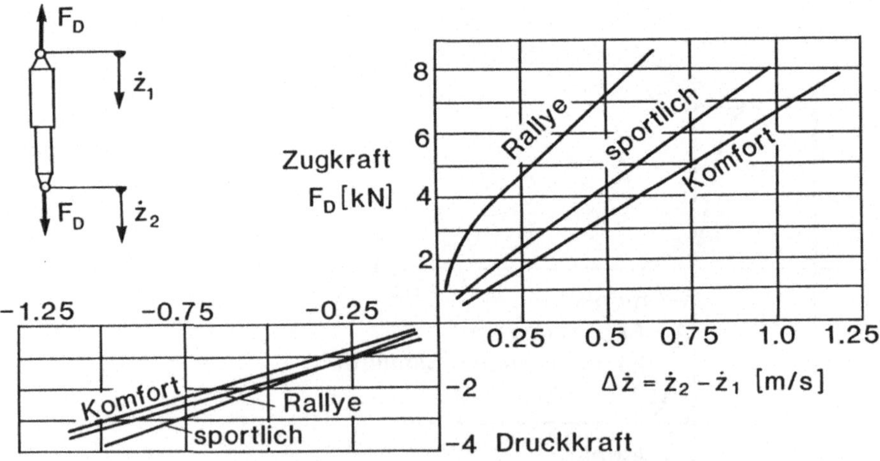

Abb. 2.23: Gemessene Dämpferkennlinien von 3 Dämpfern für das gleiche Fahrzeug mit verschiedenen Abstimmungsvorgaben

Variationsbreite, die bei aktiv verstellbaren Dämpfern für eine Anpassung an unterschiedlichste Fahrbedingungen gefordert werden können. Typisch für diese Charakteristik eines Pkw-Dämpfers ist auch sein unterschiedliches Verhalten im Zug- ($\Delta\dot{z} > 0$) und Druckbereich ($\Delta\dot{z} < 0$). Beim Überfahren eines Hindernisses kann das Rad eine theoretisch beliebig große Einfederungsgeschwindigkeit bekommen, während es beim Ausfedern höchstens durch das Eigengewicht und die restliche Federkraft beschleunigt wird. Die deshalb beim Ausfedern stärkere Einstellung des Dämpfers führt auch zu einer Verringerung der Radlastschwankungen bei kleineren Aufstandskräften.

Die verschiedenen Arten der Dämpfer können durch eine Approximation ihrer Kennlinien mit einer Dämpfungskonstante d und einem charakteristischen Exponenten α beschrieben werden,

$$F_D = d\,(\Delta\dot{z})^{\alpha}\,, \tag{2.2}$$

wobei $\alpha > 1$ progressive, $\alpha = 1$ lineare und $1 > \alpha > 0$ degressive Kennlinien beschreiben, Abb. 2.24 nach [65].

Die bei einer harmonischen Erregung des Dämpfers mit $\Delta z = z_H \cos\nu t$ bzw. $\Delta\dot{z} = -\nu z_H \sin\nu t$ umschriebenen Flächen der Kraft-Weg-Kurven ent-

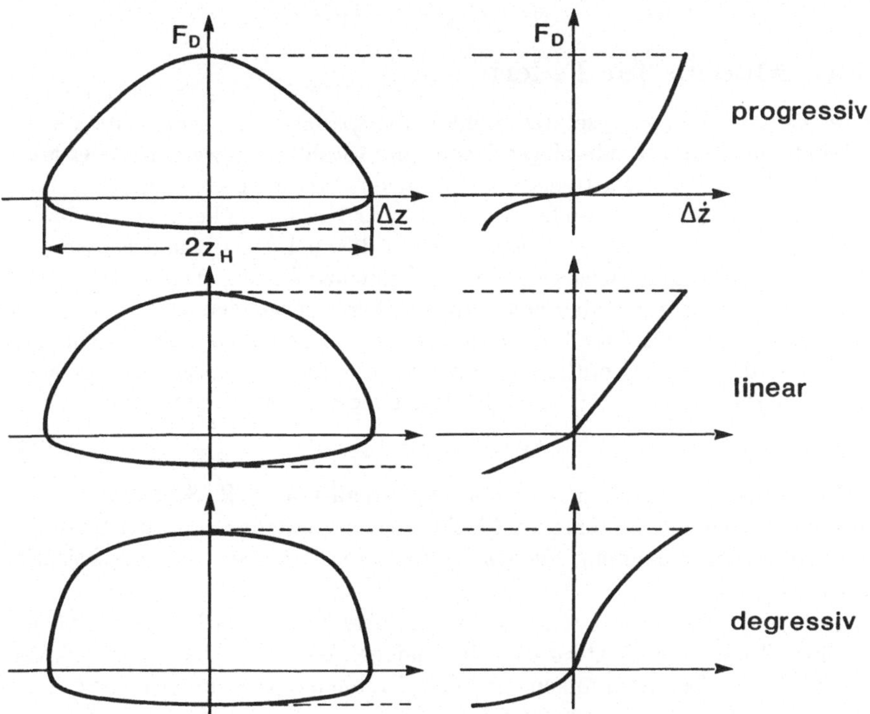

Abb. 2.24: Charakteristische Dämpfungskennlinien und Dämpfungsverhalten im Kraft-Weg-Diagramm

sprechen der Dämpfungsarbeit pro Zyklus und sind ein Maß für die mittlere
Dämpfungskraft. Diese hängt, wie leicht ersichtlich, von Hub- und Erregerfrequenz ab. So hat etwa die progressive Kennlinie um die Nullage ($\Delta\dot{z} = 0$)
sehr geringe Kräfte, was ein "weiches" Rollen auch härterer Reifen ermöglicht,
aber auch eine niedrigere mittlere Dämpfungskraft bei gleicher Erregung bedeutet. Eine lineare Kennlinie mit gleicher Dämpfungskonstante α im Zug-
und Druckbereich würde im Kraft-Weg-Diagramm eine Ellipse ergeben. Neben
den Variationsbreiten der Dämpfungskennlinien nach Abb. 2.24 werden auch
Ausführungen mit abschnittsweise unterschiedlichen Kennlinien eingesetzt.

In den meisten theoretischen Arbeiten wird der Stoßdämpfer über einen linearen Ansatz, also $\alpha = 1$ in (2.2) modelliert, vielfach überdies noch mit gleicher
Dämpferkonstante für den Zug- und Druckbereich. Diese lineare Approximation
seines Verhaltens ermöglicht allerdings erst den Einsatz vieler mathematischer
Verfahren z. B. der linearen Systemanalyse und der Reglerauslegung.

Für Vertikalmodelle von Fahrzeugen muß überdies beachtet werden, daß die
Dämpferwirkung (und auch die Federwirkung) für die Stelle der Anregung, also
in Radmitte, angesetzt wird. Da die Dämpfer (und Federn) konstruktiv weiter
innen angeordnet sind, muß i. a. eine Reduktion gemessener oder approximierter
Kennlinien unter Berücksichtigung der Aufhängungskonfiguration vorgenommen
werden.

2.5.4   Modelle für Federn

Die im Fahrzeugbau eingesetzten Federn überspannen eine sehr weite Palette
konstruktiver und materialmäßiger Gestaltung. Stahlfedern werden in der Form
von Schraubenfedern, Blattfedern oder Torsionsstabilisatoren eingesetzt, Luft-
federsysteme oft auch in Kombination mit einer Niveauregulierung. Die breite-
ste Palette stellen die Gummi-Verbundfedern dar, bei denen versucht wird, die
Federungs- und Dämpfungseigenschaften frequenzabhängig dem Einsatzzweck
anzupassen. Bevor auf einige Federtypen näher eingegangen wird, soll darauf
verwiesen werden, daß hier für die größte Anzahl von theoretischen Untersuchungen, analog zum Dämpfer, mit linearen (oder lokal linearisierten) Ansätzen
für die Federkraft F_F als Funktion des Federweges Δz gearbeitet wird:

$$F_F = c_F \Delta z + F_{F0} \qquad (2.3)$$

Die Federkonstante c_F kann bei einfachen Federarten (z. B. Schraubenfedern)
berechnet werden oder ist sonst aus Meßkurven zu bestimmen. Mit der Kraft F_{F0}
kann eine Federvorspannung für den betrachteten Arbeitspunkt berücksichtigt
werden.

Die Darstellung eines Drehmomentes zufolge einer Anordnung von Federn
oder eines Torsionstabilisators kann in analoger Weise zu (2.3) über den Verdrehwinkel, ein Vorspannmoment und eine Drehfederkonstante erfolgen.

Schraubenfeder

Die im Kfz-Bau eingesetzten Schraubenfedern weisen meist eine deutlich nichtlineare Charakteristik auf. Welche Charakteristik z. B. eine in einer Radaufhängung eingebaute Schraubenfeder mit den zusätzlich wirksamen Anschlägen zur Begrenzung der Federwege hat, ist in Abb. 2.25 zu sehen. Hier ist die Federkraft F_{FA} als Funktion des Weges Δz_A des Radaufstandspunktes, also bereits mit Berücksichtigung der Radaufhängungsgeometrie, dargestellt. F_{A0} entspricht der statischen Last aus (2.3). Sieht man von der Reibung ab, so

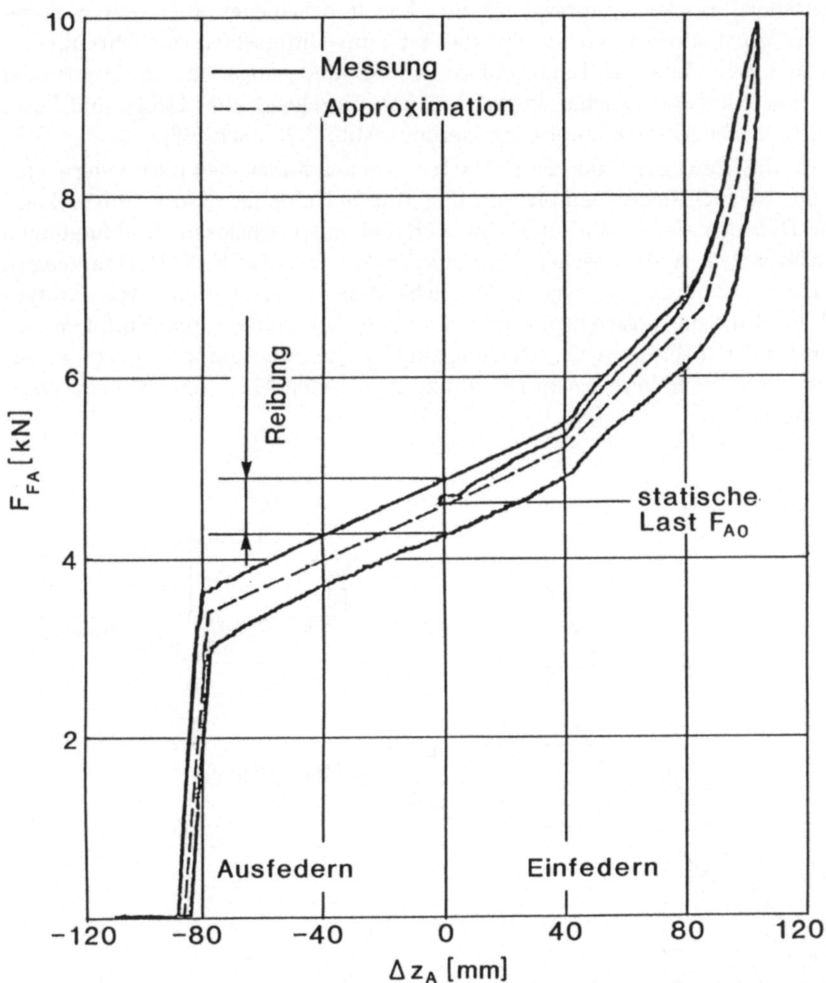

Abb. 2.25: Federkraft F_{FA} einer Pkw Vorderradaufhängung mit progressiver Schraubenfeder bezogen auf den Weg Δz_A des Radaufstandspunktes bei gleichseitigem Einfedern

zeigt die gewählte Approximation ein zunächst annähernd lineares Verhalten bezüglich der Stelle der statischen Last und eine progressive Zunahme im Bereich der Einfederung, bewirkt durch das Aneinanderlegen der enger stehenden unteren Federwindungen. Die besonders ausgeprägte Zunahme der Kraftbeträge in den Extrembereichen großer Federwege ist durch Druck- und Zuganschläge bedingt. Auch in diesen Bereichen kann, wie in Abb. 2.25 nach [35] dargestellt, das Federungsverhalten durch eine Teillinearisierung approximiert werden.

Blattfedern

Blattfedern werden hauptsächlich im Lkw- und Schienenfahrzeugbau eingesetzt. Ihr konstruktiver Vorteil ist, daß sie zum Unterschied zu Schraubenfedern auch wesentliche Kräfte normal zu ihrer Einfederungsrichtung übertragen können. Die Einfederungscharakteristik kann weitgehend über Größe und Form der einzelnen Federblätter bestimmt werden, Abb. 2.26 nach [66].

Durch die Bewegung der Federblätter gegeneinander beim Einfedern entsteht eine beträchtliche Dämpferwirkung durch Reibung. Durch diese kombinierte Dämpfer-Feder-Wirkung läßt sich bei anspruchslosen Aufhängungen ohne zusätzlichen hydraulischen Dämpfer auskommen (z. B. Güterfahrzeuge). Durch die konstruktiv begrenzten Möglichkeiten der Abstützung von Kräften normal zur Einfederungsrichtung und die kaum kontrollierbaren Einflüsse verschiedenster Art (Temperatur, Alterung) auf die Reibungsdämpfung werden bei Aufhängungen für höhere Ansprüche im zunehmenden Maße andere Federungstypen eingesetzt.

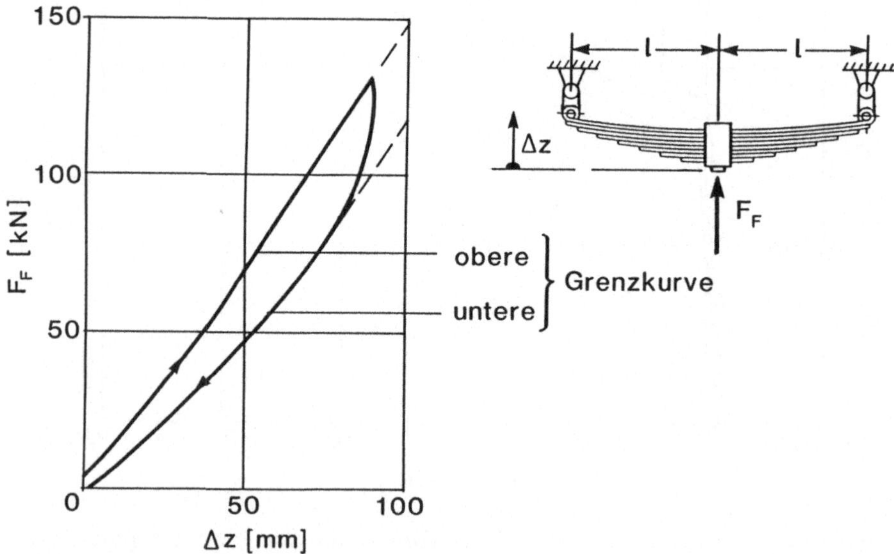

Abb. 2.26:   Gemessene Kraft-Weg-Kennlinie einer geschichteten Trapezfeder

Eine Approximation des Federungsverhaltens und der Reibung wird z. B. in [66] angeben, wobei diese beiden Eigenschaften getrennt dargestellt werden:

$$F_F = F_{F,F} + F_{F,R}. \tag{2.4}$$

Bei den reinen Federungseigenschaften

$$F_{F,F} = c_F(\Delta z)\Delta z \tag{2.5}$$

können über $c_F(\Delta z)$ die nichtlinearen Einflüsse von Federbauart und Aufhängungsgeometrie berücksichtigt werden. Die Eigenschaften der Reibungsdämpfung werden über

$$\dot{F}_{F,R} + \delta\,|\Delta\dot{z}|\,F_{F,R} = \epsilon\Delta\dot{z} \tag{2.6}$$

beschrieben, was einem verzögerten Einstellen der Reibkraft auf einen Endwert ϵ/δ entspricht. Wie schnell dieser Endwert erreicht wird, ist über die Größe δ charakterisierbar.

In [31] wird für die Simulation das Verhalten der Blattfeder diskretisiert und ein Zusammenhang zwischen den Federkäften F_F vom $(i-1)-$ zum $i-$ten Integrationsschritt einer numerischen Simulation angegeben:

$$F_{F,i} = F_{G,i} + (F_{F,i-1} - F_{G,i-1})\,e^{-|\Delta z_i - \Delta z_{i-1}|/\beta}\;; \tag{2.7}$$

hierbei sind

Δz_i　　Einfederweg,

F_{Gi}　　Federkraft an der oberen Grenzkurve bei $(\Delta z_i - \Delta z_{i-1}) > 0$ bzw. an der unteren Grenzkurve bei $(\Delta z_i - \Delta z_{i-1}) < 0$, siehe Abb. 2.26,

β　　Reibungsparameter, Maß wie schnell die Grenzkurven erreicht werden.

Dieses Gesetz (2.7) erfordert als rekursive (diskrete) Gleichung aber eine spezielle Koordination mit den numerischen Integrationsverfahren.

Gummi-Verbund-Elemente

Diese Elemente werden für wichtige Funktionen bei Fahrzeugaufhängungen eingesetzt, z. B.:

- Minimierung der Übertragung von Vibrationen und Schall in die Fahrgastzelle;
- Dämpfung von Resonanzerscheinungen an einzelnen Komponenten des Fahrzeugs und seiner Aufhängung;
- erforderliche hohe Lebensdauer bei Wartungsfreiheit;
- Primärfederung bei Schienenfahrzeugen;
- als Ein- und Ausschwing-Puffer zur Vermeidung von metallischen Stößen bei Überlastung;
- nachgiebige Lagerung zur Änderung der Aufhängungskinematik unter Last, Mobilisierung sonst starrer kinematischer Ketten (z. B. Raumlenkerachse).

Diese Aufzählung zeigt, daß die Variationsbreite der Gummifedern bzw. der Gummi-Verbund Elemente federnde und dämpfende Eigenschaften in verschiedensten Frequenzbereichen einschließt. Dies wird durch die konstruktive Gestaltung der viskoelastischen Gummiteile und deren Kombination mit (unnachgiebigen) Metallformteilen erreicht.

Für die Modellierung ihrer Eigenschaften ist zunächst das *statische Verhalten* interessant. Das Beispiel einer einfachen Hülsengummifeder, Abb. 2.27 nach [67] zeigt, daß dieses Element gestaltungsbedingt sehr unterschiedliche Steifigkeiten für die verschiedenen Belastungsrichtungen aufweist. Daß die "statische" Kennlinie eigentlich einer Hystereseschleife entspricht, zeigt Abb. 2.28. Ähnlich wie bei der Blattfeder (Abb. 2.26) tritt schon bei den sehr kleinen Relativgeschwindigkeiten von 0.03 m/min eine deutliche Verlustleistung über den Belastungszyklus auf.

Das *dynamische Verhalten* eines Gummi-Verbund-Elementes bei periodischer Erregung $\Delta z = z_0 + a \sin \omega t$ ist in Abb. 2.29 dargestellt. Es wird charakterisiert durch die dynamische Steifigkeit

$$c_{dyn} = \frac{\Delta F_{max}}{a} \tag{2.8}$$

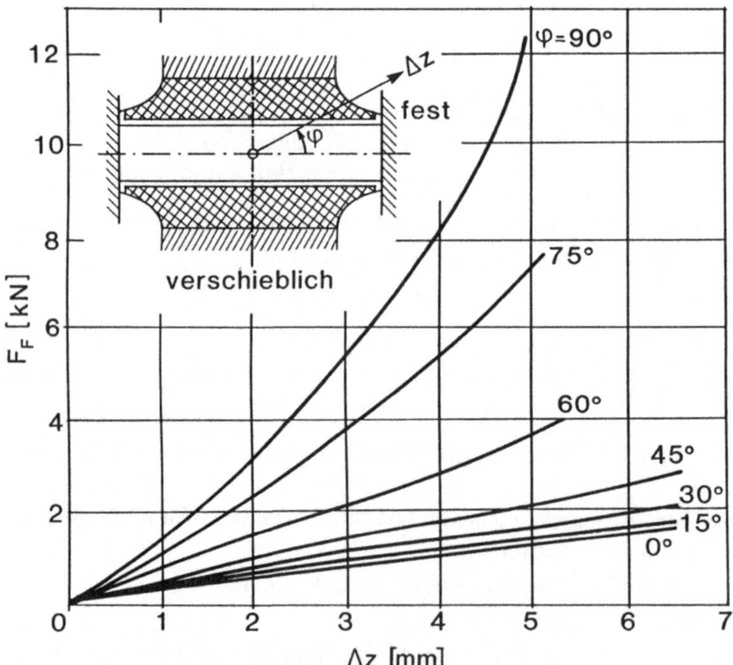

Abb. 2.27: Statische Federkennlinien einer schrägbeanspruchten Hülsengummifeder

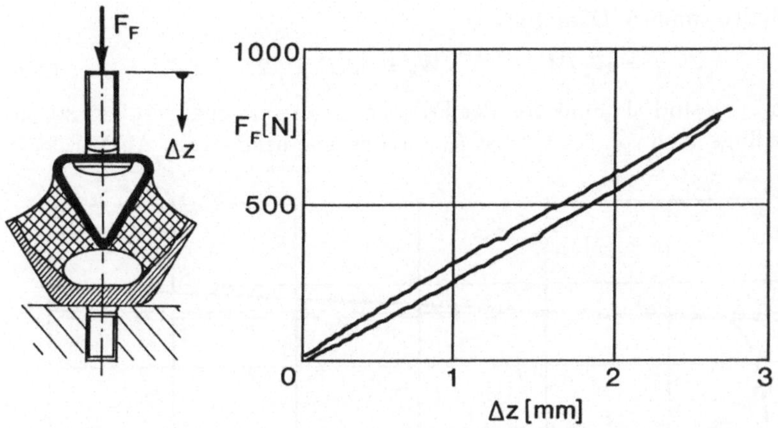

Abb. 2.28: Gemessene quasi-statische Kennlinie eines Elastomer-Keillagers

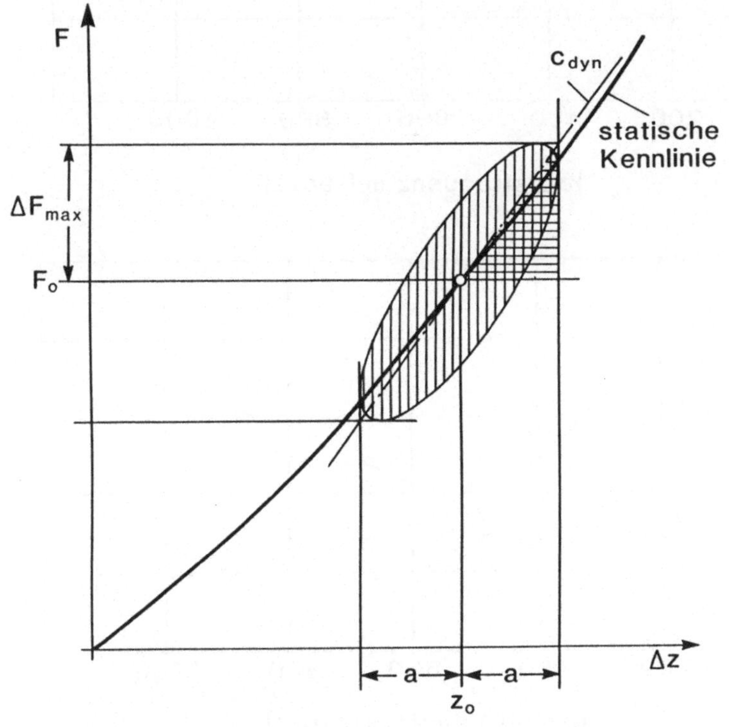

Abb. 2.29: Dynamische Kennlinie eines Gummi-Verbundelements bei harmonischer Erregung

und die verhältnismäßige Dämpfung ψ

$$\psi = W_d/W_e \quad \text{mit} \quad W_e = a\Delta F_{max}/2 \ . \tag{2.9}$$

Die Werte c_{dyn}, ψ sind als Funktion der Frequenz ω zu verstehen, Abb. 2.30; sie hängen allerdings auch von der Vorlast F_0 und der Amplitude a ab. Als Vergleich

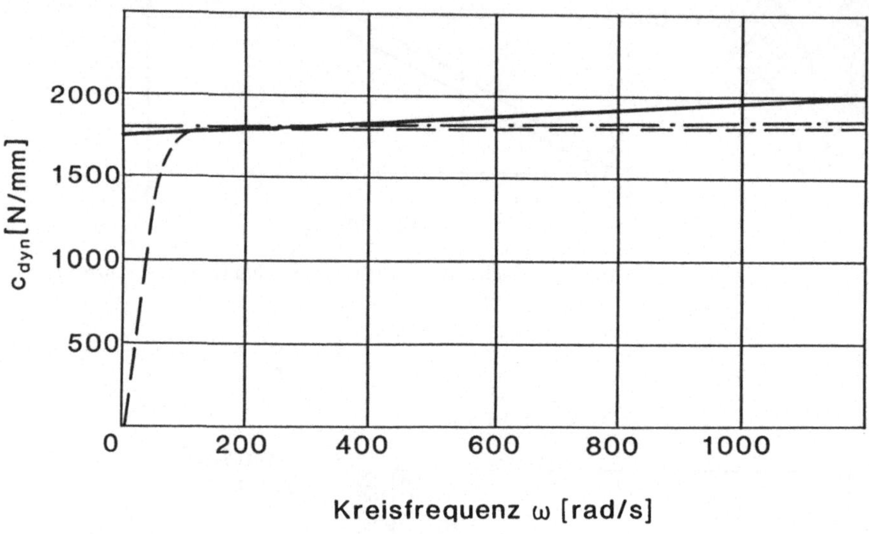

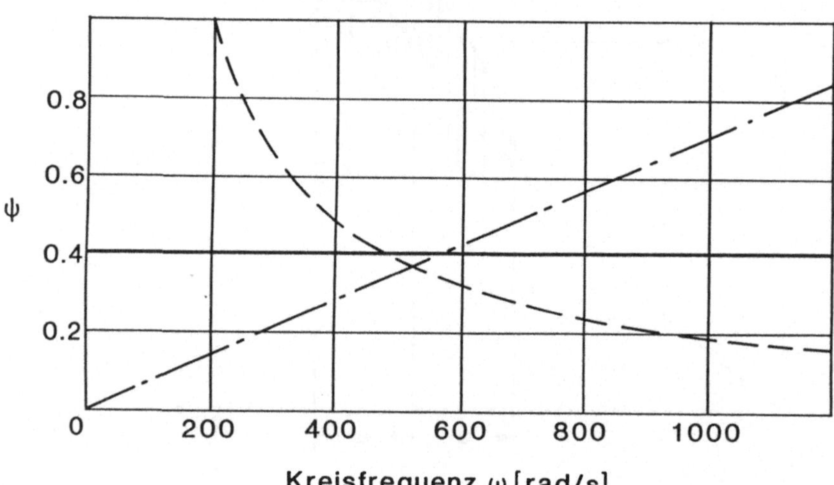

Abb. 2.30: Dynamisches Verhalten einer Gummiblockfeder eines Drehgestells und Vergleichskruven eines KELVIN- und MAXWELL-Elementes: Messungen (durchgezogen), KELVIN-Element: $c_K = 1800$ N/mm, $d_K = 0.2$ Ns/mm (strichpunktiert), MAXWELL-Element: $c_M = 1800$ N/mm, $d_M = 60$ Ns/mm (strichliert)

sind in Abb. 2.30 (Messungen nach [68]) auch das entsprechende Verhalten eines KELVIN-Elementes und eines MAXWELL-Elementes, (siehe Abb. 2.31 bzw. Kapitel 2.8) vergleichbarer Steifigkeit eingezeichnet. Vor allem die verhältnismäßige Dämpfung zeigt prinzipielle qualitative Unterschiede.

Bei der Modellbildung werden Gummilager wegen ihrer hohen Steifigkeit z. B. bei Radaufhängungen von Pkw vernachlässigt oder als parallelgeschaltete Feder-Dämpferelemente in allen drei Raumrichtungen mit jeweils unterschiedlichen Eigenschaften approximiert. In [67] werden sie z. B. näherungsweise als Element mit räumlicher Steifigkeit, analog einer Steifigkeitsmatrix, dargestellt. Eine genauere Modellierung, die die frequenzabhängigen Eigenschaften dieser Elemente erfassen kann, ist in [68] angegeben, Abb. 2.31. Die Feder- und Dämpferkonstanten des einen KELVIN-Elementes und der parallelgeschalteten n MAXWELL-Elemente werden über die Approximation der Meßkurven von $c_{dyn}(\omega)$ bzw. $\psi(\omega)$ im interessanten Frequenzbereich bestimmt.

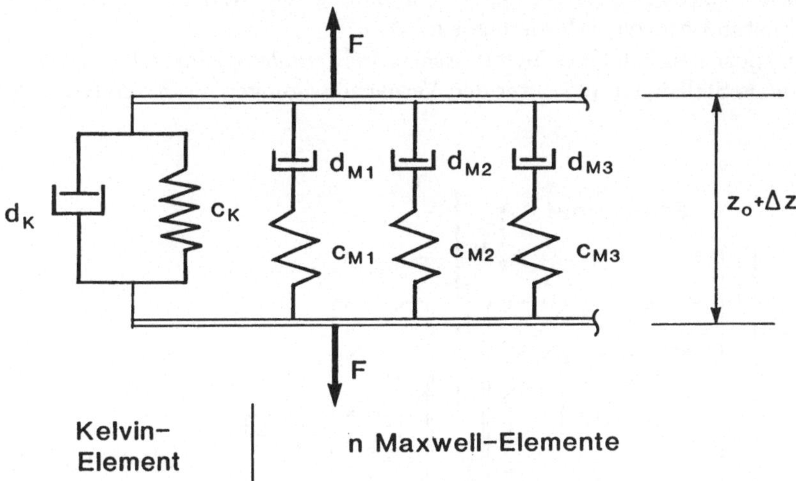

Abb. 2.31: Modellierung eines Gummi-Verbundelementes über parallel und seriell geschaltete Feder-Dämpferelemente

Die strukturellen Details von Gummi-Verbund-Federn lassen sich z. B. mit Finiten Elementen oder Randwert-Element-Methoden beschreiben, [69].

Gummi-Puffer sollen Stöße beim Anschlagen der Federung während extremen Ein- oder Ausschwingens vermeiden helfen. Es wird eine progressive Steifigkeit mit möglichst weichem Einsetzen gewünscht. Modelle werden in der Regel experimentell ermittelt. So werden z. B. bei Radaufhängungen von Pkw die Anschlagpuffer durch ein stark progressives Verhalten im Grenzbereich der Federcharakteristik der Gesamtaufhängung berücksichtigt, siehe Abb. 2.25.

2.5.5   Aktive Stellglieder

Da im folgenden, siehe z. B. Kap. 6, aktive Komponenten eine wesentliche Rolle spielen, sind ihre Modelle für die mathematische Systemanalyse und für die Auslegung von großer Bedeutung.

Man wird zunächst für die Vereinfachung des Entwurfs eines geregelten Systems, siehe auch Abb. 6.1, die Stellgliedeigendynamik (so wie auch die Sensoreigendynamik) näherungsweise vernachlässigen. Ob die daraus resultierende Annahme, daß die Stellgröße, z. B. der Kolbenweg eines Servozylinders, unmittelbar dem Stellsignal folgt, im untersuchten Frequenzbereich zulässig ist, muß nachträglich überprüft werden. Bei der genauen Analyse des geregelten Systems ist das Stellglied (Aktuator) und sein Zeitverhalten samt eventuellen Nichtlinearitäten jedenfalls genauer zu untersuchen. Detailliertere Stellsystembeschreibungen finden sich etwa in [70, 71, 72, 73].

Die im folgenden beispielhaft angeführten linearisierten Approximationen zeigen jedoch bereits, daß zur Beschreibung des Stellgliedverhaltens prinzipiell zusätzliche - nicht bereits bei der Modellbildung des Systems verwendete - Variable (Zustandsgrößen) erforderlich sind.

Für den speziellen Fall eines *hydraulischen Stellzylinders*, Abb. 2.32, mit dem Ventilweg u als Stellsignal und unter den Vernachlässigungen der Eigendynamik

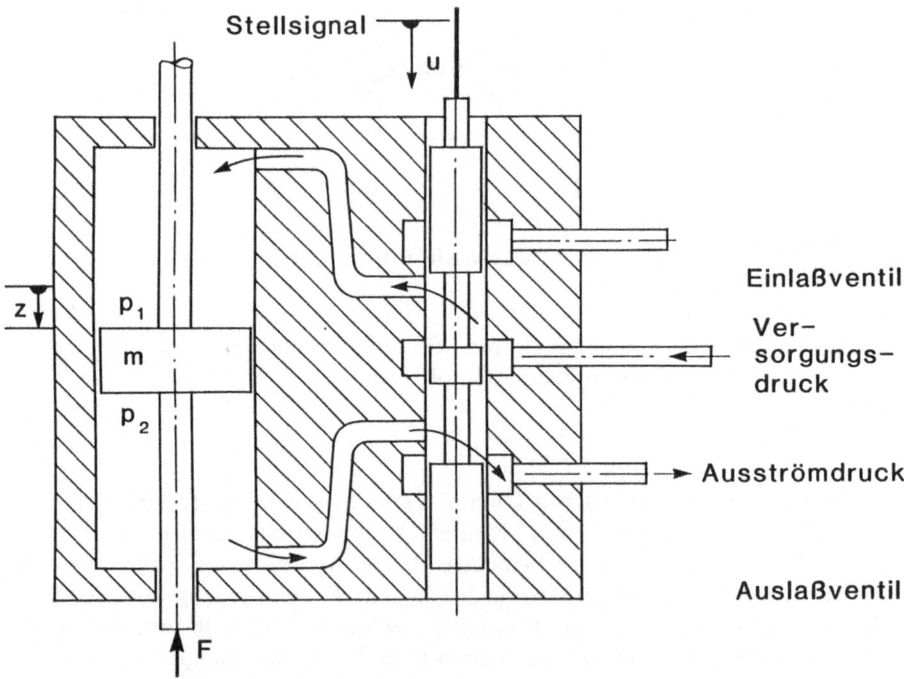

Abb. 2.32:   Hydraulischer Stellzylinder mit Servoventil

des Stellventils und der Einflüsse der zeitlich veränderlichen Massenströme durch
das Ventil, lassen sich folgende Beziehungen angeben, siehe auch [74], [73]:

$$m\ddot{z} = -d\dot{z} + Ar - F, \tag{2.10}$$

$$\dot{r} = -C_1\dot{z} + C_2 K_s u. \tag{2.11}$$

Gleichung (2.10) folgt aus der beschleunigten Bewegung des Kolbens mit
anteiliger Masse m, wobei vereinfachend das Zylindergehäuse als festgehalten
angenommen wurde. Über $d\dot{z}$ wird der Einfluß des Bewegungswiderstandes im
Zylinder approximiert, während die Kraft F von außen auf den Kolben wirkt.
Die Druckdifferenz als Zustandsgröße $r = p_1 - p_2$ des Stellsystems erzeugt über
die wirksame Kolbenfläche A eine antreibende Kraft. Für $\dot{r}$, siehe (2.11) müssen
die Eigenschaften der Hydraulikflüssigkeit (beteiligtes Volumen, Kompressibi-
lität, ...) über die Konstanten C_1, C_2 berücksichtigt werden, während für den
eigentlichen Stelleingang die Charakteristik des Servoventils im Arbeitspunkt
linearisiert und mit $K_s u$ angesetzt wird.

Das Verhalten eines *elektrischen Stellgliedes* mit einem Gleichstrom-Stell-
motor, vereinfacht nach Abb. 2.33, läßt sich charakterisieren mit [75]:

$$I_R\dot{\omega} = -d_r\omega + C_M r - M_L, \tag{2.12}$$

$$\dot{r} = -\frac{C_E}{L}\omega - \frac{R}{L}r + \frac{1}{L}u. \tag{2.13}$$

In der Bewegungsgleichung (2.12) ist I_R das anteilige Massenträgheitsmoment.
Die Verlustmomente sind über d_r proportional zur Winkelgeschwindigkeit ω
angesetzt, während M_L das äußere Lastmoment darstellt. Der Strom als Zustandsgröße $r = i$ des Antriebes bewirkt das (linearisierte) Antriebsmoment
$C_M r$. Die Konstanten L, R, C_E in (2.13) berücksichtigen die Induktivität, den
Ohm'schen Widerstand sowie die Rückwirkung vom Rotor. Die Eingangsspan-
nung u ist das Stellsignal dieses Stellgliedes.

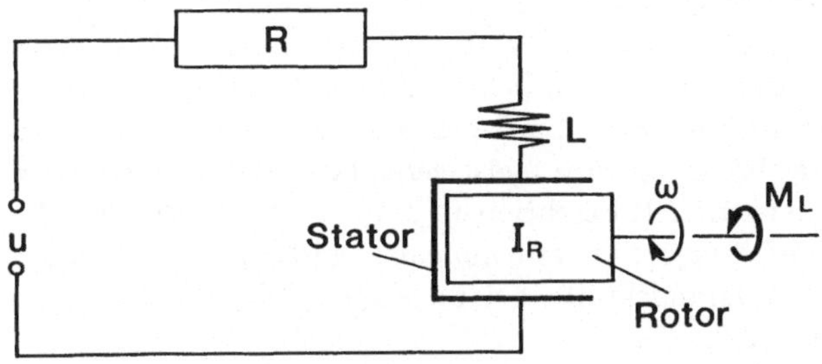

Abb. 2.33: Schema eines Gleichstrom-Stellmotors mit OHMschem Widerstand
R und Induktivität L

Kann die Induktivität L vernachlässigt werden, läßt sich aus (2.13) sofort angeben

$$r = \frac{u}{R} - \frac{C_E}{R}\omega \tag{2.14}$$

und damit r aus (2.12) eliminieren

$$I_R\dot{\omega} = -\left(d_r + \frac{C_E C_M}{R}\right)\omega - M_T + \frac{C_M}{R}u. \tag{2.15}$$

In (2.15) scheint nun keine Eigendynamik des Stellsystems mehr auf!

Die zusammenfassende Beschreibung eines *pneumatischen Linearantriebes* mit Steuerventil und Stellkolben wird z. B. in [76] angegeben.

2.6　Kraftübertragung zum Fahrweg

Während die (sekundären) Aufhängungen für die verschiedenen Fahrzeugtypen, insbesondere die Feder- und Dämpfersysteme, sich in vielen konstruktiven Aspekten ähneln und deshalb auch gleichartige mathematische Modelle zur Folge haben, sind bei den (primären) Trag- und Führkonzepten der Fahrzeuge signifikante Unterschiede in den physikalischen Prinzipien und damit auch in der Modellbildung zu beachten. Im Endeffekt haben aber - trotz aller Verschiedenheit der technischen Ausführungen - die Trag- und Führeinrichtungen sehr ähnliche Aufgaben und Wirkungen.

Im folgenden sollen ingenieurmäßige mathematische Modelle nur insoweit beschrieben werden, als eine eindeutige Berechnung der zugehörigen Kräfte und Momente ermöglicht und ihre Grenzen durch Nennung der Voraussetzungen bzw. Annahmen deutlich gemacht werden.

2.6.1　Reifenmodelle

Der profilierte (Gummi-) Reifen stellt für viele Fahrzeuge das primäre Trag- und Führungselement dar. Er überträgt zwischen Fahrzeug und Fahrbahn die für die Kurshaltung wichtigen Umfangs- und Seitenkräfte (Längs- und Querkräfte) als auch die speziell für den Fahrkomfort wesentlichen Aufstandskräfte.

Die Modellierung der *Aufstandskräfte* bzw. des Verhaltens des Reifens bei Kraftübertragung in radialer Richtung wird meist vereinfacht durch eine lineare Feder (eventuell mit Dämpfer parallel) beschrieben, z. B. [1]. Diese Art der Modellierung ist in der Regel auf *Komfortuntersuchungen* abgestimmt, kann jedoch auch zur Bestimmung der Aufstandskräfte bei beliebiger Fahrbahnoberfläche angesetzt werden, siehe Abb. 2.9.

Für die Berechnung der *Fahrdynamik* von Straßenfahrzeugen ist das Kraftschlußverhalten der Reifen, die Kraftübertragung in Fahrbahnebene, von zentraler Bedeutung. Sowohl die *Seitenkraft F_y* wie die *Umfangskraft F_x* sind im wesentlichen Funktionen der vertikalen Radlast (Normalkraft F_z) sowie des Schräglaufwinkels α, des Sturzwinkels γ, der Radeigendrehung ω sowie der Längsgeschwindigkeit v_M des Rades, Abb. 2.34; die genannten Größen sind zudem abhängig voneinander, [77].

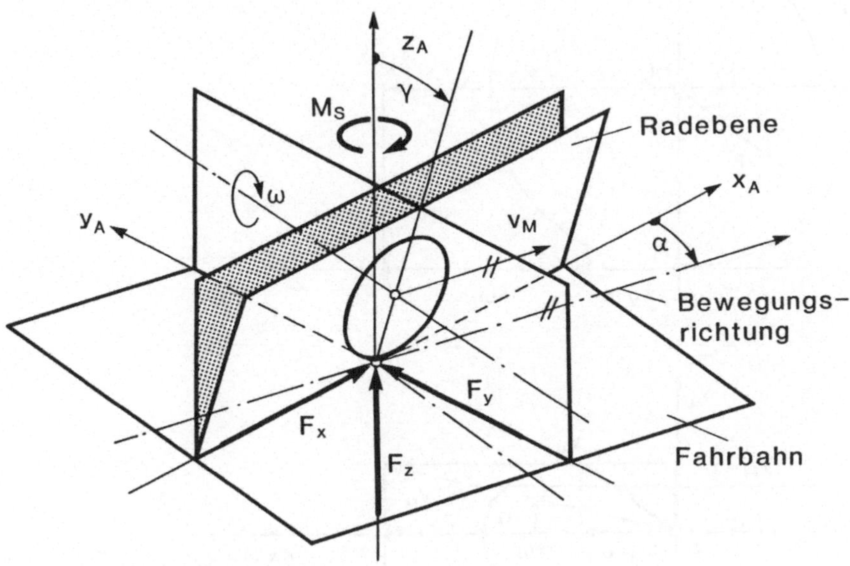

Abb. 2.34:   Zur Modellbildung des Reifens in der Fahrdynamik: wesentliche Bewegungs- und Kraftgrößen

Die Kontaktkräfte entstehen durch die Normal- und Schubspannungen, die in der Berührfläche Reifen/Straße durch die Reifenverformungen beim Beschleunigen, Bremsen oder beim Kurvenfahren geweckt werden. Der sich aufgrund der Reifendeformation und des Gleitens zwischen Reifenlatschteilen und der Fahrbahn einstellende Schlupf, dessen (globaler) Wert über die genannten geometrischen und kinematischen Größen beschrieben werden kann, Abb. 2.35, dient als Grundlage zur mathematischen Modellierung der Kraftübertragung. Dabei sind

$$v_g \qquad\qquad \text{resultierende Gleitgeschwindigkeit;}$$

$$\left.\begin{array}{l} \dot{y}_M \\[2ex] \dot{x}_M - r\omega = s_B \dot{x}_M \end{array}\right\} \quad \text{Komponenten der Gleitgeschwindigkeit;}$$

$$s_B = \frac{\dot{x}_M - r\omega}{\dot{x}_M} = -s_x \qquad \text{Bremsschlupf (Umfangsschlupf bei } \dot{x}_M > r\omega)$$

$$s_T = \frac{r\omega - \dot{x}_M}{r\omega} \qquad \text{Treibschlupf (Umfangsschlupf bei } \dot{x}_M < r\omega \text{ für}$$

kleine Werte $s_T \cong s_x$) ;

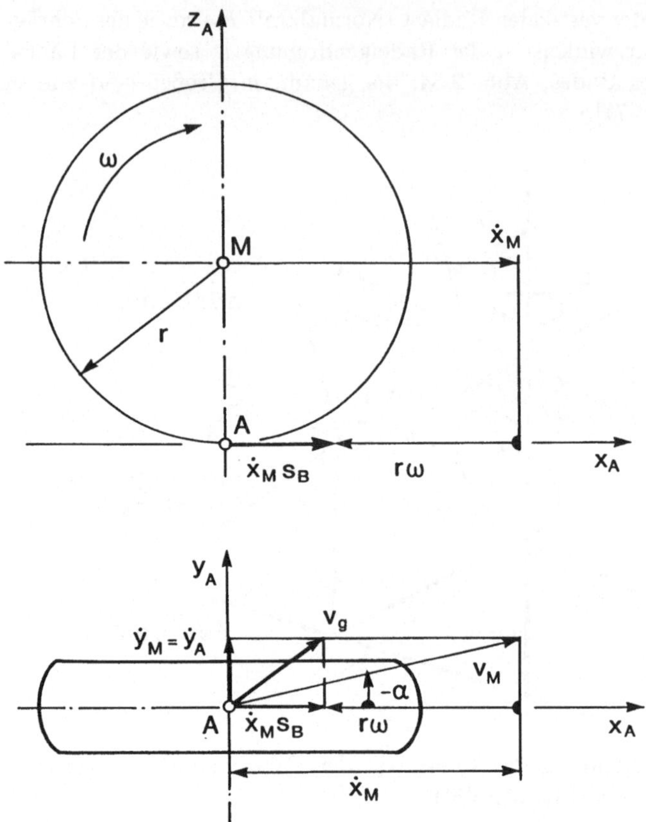

Abb. 2.35:   Kinematik des Rades bei Sturzwinkel $\gamma = 0$

$$s_y = -\frac{\dot{y}_M}{\dot{x}_M} = tan\alpha \qquad \text{Querschlupf, (Zählrichtung für Schräglaufwinkel } \alpha \text{ nach Abb. 2.34).}$$

Eine genaue Beschreibung der Kräfte ist auch deshalb aufwendig, weil ihre Resultierende nicht durch den geometrischen Mittelpunkt der Berührfläche verläuft; z. B. greift, wie in Abb. 2.36 angedeutet, die resultierende Seitenkraft F_y für kleine Schlupfwerte hinter dem Mittelpunkt der Berührfläche an. Dieser sogenannte Reifennachlauf τ bewirkt ein resultierendes *Rückstellmoment* M_s bezüglich des fiktiven Aufstandspunktes A, welches die Radebene in die Richtung der Radgeschwindigkeit zu drehen versucht.

Für die zur Simulation der Fahrdynamik angewandten Modelldarstellungen des stationären Reifenverhaltens läßt sich folgende Einteilung treffen:

- linearisierte Beschreibung,
- nichtlineare Approximation gemessener Kennlinien bzw. Kennfelder,

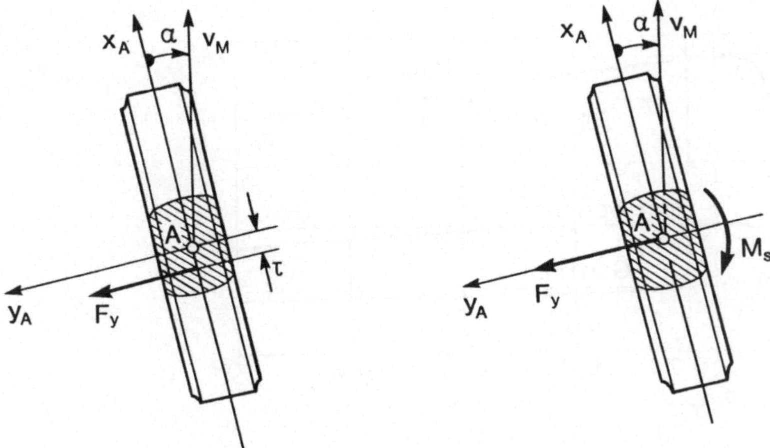

Abb. 2.36: Äquivalente Kraftsysteme: Seitenkraft F_y im Abstand τ (Reifennachlauf) oder Seitenkraft F_y und Rückstellmoment M_s im Aufstandspunkt A

- einfache Deformationsmodelle (Gürtel mit Protektor als gegen die Felge gebettetes Band),
- Strukturmodelle.

Gerade bei der Auswahl des Reifenmodelles ist zu beachten, daß dies in seiner Komplexität zum Fahrzeugmodell und zur Fragestellung paßt!

Linearisierte Beschreibung

Diese Art der Modellbildung wird für grundsätzliche Betrachtungen mit linearen Gesamtmodellen des Fahrzeugs, vor allem für die Querdynamik, angewandt und zwar in Kombination mit dem Einspurmodell, Abb. 2.3, z. B. [30]. Die Seitenkräfte der Ersatzräder der Vorder- bzw. Hinterachse werden mit

$$F_{yV} = C_V \alpha_V, \quad F_{yH} = C_H \alpha_H \tag{2.16}$$

beschrieben, wobei mit den Seitenkraftbeiwerten C_V, C_H nicht nur Eigenschaften der Reifen, sondern auch solche der Radaufhängung (z. B. elastokinematisches Eigenlenken) erfaßt werden können. Betrachtet man den Reifen allein, ergeben sich diese Konstanten aus der (lokalen) Linearisierung der Seitenkraftkennlinien $F_y(\alpha, F_z = \text{konstant})$ siehe z. B. Abb. 2.37.

Da Sturzwinkel beim Kfz im allgemeinen klein bleiben, werden sie in Approximationen dieser Art meist nicht berücksichtigt. Für die Modellierung der Reifen von Zweirad-Fahrzeugen (Motorrad), bei denen große Sturzwinkel den wesentlichen Anteil zur Reifenseitenkraft liefern, sei z. B. auf [78] verwiesen.

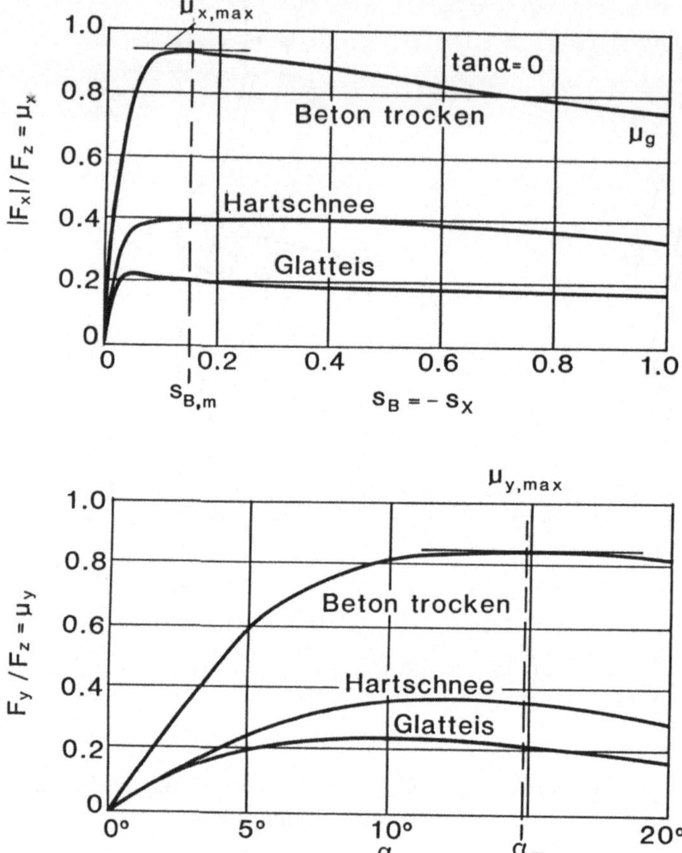

Abb. 2.37:   Reifenkennlinien eines Pkw-Gürtelreifens bei konstanter Normalkraft F_z

Approximation gemessener Kennfelder

Bei dieser Art der Beschreibung der Kraftübertragung des Reifens ist es
relativ einfach möglich, die spezifischen Eigenschaften eines speziellen Reifens zu
berücksichtigen. Die physikalischen Eigenschaften der Kraftübertragung werden
jedoch nur als Grundinformation verwendet (z. B. Schlupfwerte, prinzipielles
Verhalten bei zunehmendem Gleiten). Eine Extrapolation des Reifenverhaltens
für große Schlupfwerte, bis zum totalen Gleiten, ist relativ problemlos möglich,
siehe z. B. [79].

Die Abb. 2.37 nach [80] zeigt prinzipiell das nichtlineare Verhalten eines
Reifens bezüglich der Umfangskraft F_x und Seitenkraft F_y bei konstanter Normalkraft. Nach einer zunächst näherungsweise linearen Zunahme der Kraft mit
dem Schlupf wird ein Maximum bei noch relativ kleinen Schlupfwerten erreicht.
Mit zunehmendem Gleiten im Latsch sinkt die übertragbare Kraft dann vor

allem bei trockener Fahrbahn wieder deutlich ab und erreicht bei $s_B = 1$ den Gleitbeiwert μ_G.

Bei einem gleichzeitigen Auftreten von Längs- und Querschlupf, also einer kombinierten Übertragung von Seiten- und Umfangskräften können Kennfelder der Art Abb. 2.38 nach [81] gemessen werden. Die Variation der Aufstandskräfte, Abb. 2.39a, zeigt überdies, daß die Maxima der Kraftübertragung und die Schlupfwerte, bei denen sie auftreten, von der Normalkraft abhängen. Sowohl für F_y und F_x als auch für positive und negative Schlupfwerte s_y, s_x treten in der Praxis unterschiedliche Maxima auf.

Die Meßdaten und die zum Aufbau eines gesamten Reifenkennfelds zwangsweise notwendigen Ergänzungen durch Extrapolationen können für Simulationsrechnungen natürlich in Form von Tabellen aufbereitet werden. Der notwendige Aufwand bei der Erstellung, der Speicherplatz und seine Organisation sowie der Rechenaufwand für Suche und (mehrdimensionale) Interpolation sind jedoch nicht zu unterschätzen.

Die in [35, 82] vorgestellte analytische Beschreibung gemessener Reifenkennfelder benützt die Tatsache, daß bei einer Normierung der Kennlinien z. B. der Abb. 2.39a - über die Werte $\mu_{y,max}(F_z)$ und die zugehörigen Schlupfwerte $s_{ym}(F_z)$ bzw. $\alpha_m(F_z)$ - die Meßpunkte aller Belastungen in einem sehr engen Bereich liegen und daher sehr leicht mit einer einzelnen Kurve approximiert werden können, Abb. 2.39b [83]. Mit einer möglichst auf Meßwerten abgestützten Extrapolation bis zum vollständig gleitenden Reifen stellt die so gefundene Basiskurve die Grundlage für die analytische Approximation des Kennfeldes dar. Eine analoge Kurve läßt sich unter Verwendung der entsprechenden Meßwerte für die Umfangskraftübertragung und den Längsschlupf s_x erstellen.

Für die Charakterisierung des vollständig gleitenden Reifens wird im allgemeinen ein Gleitwert μ_g ausreichen.

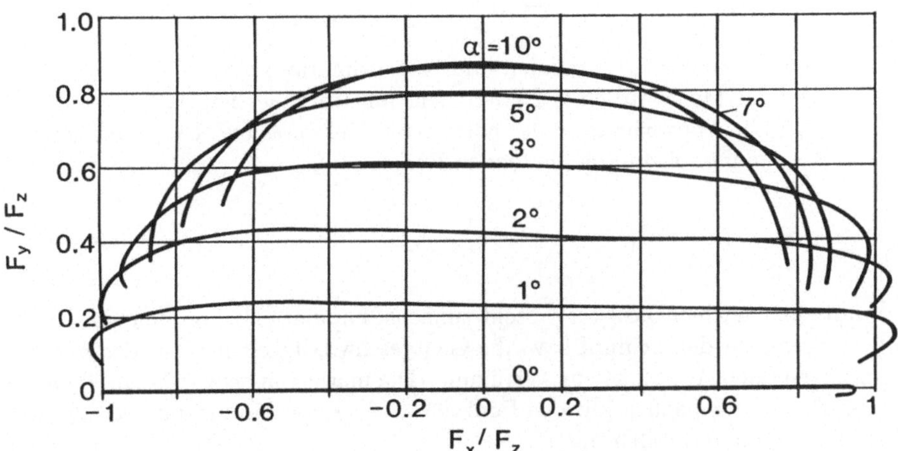

Abb. 2.38: Gemessenes Kennfeld eines Pkw-Gürtelreifens für $F_z =$ konstant

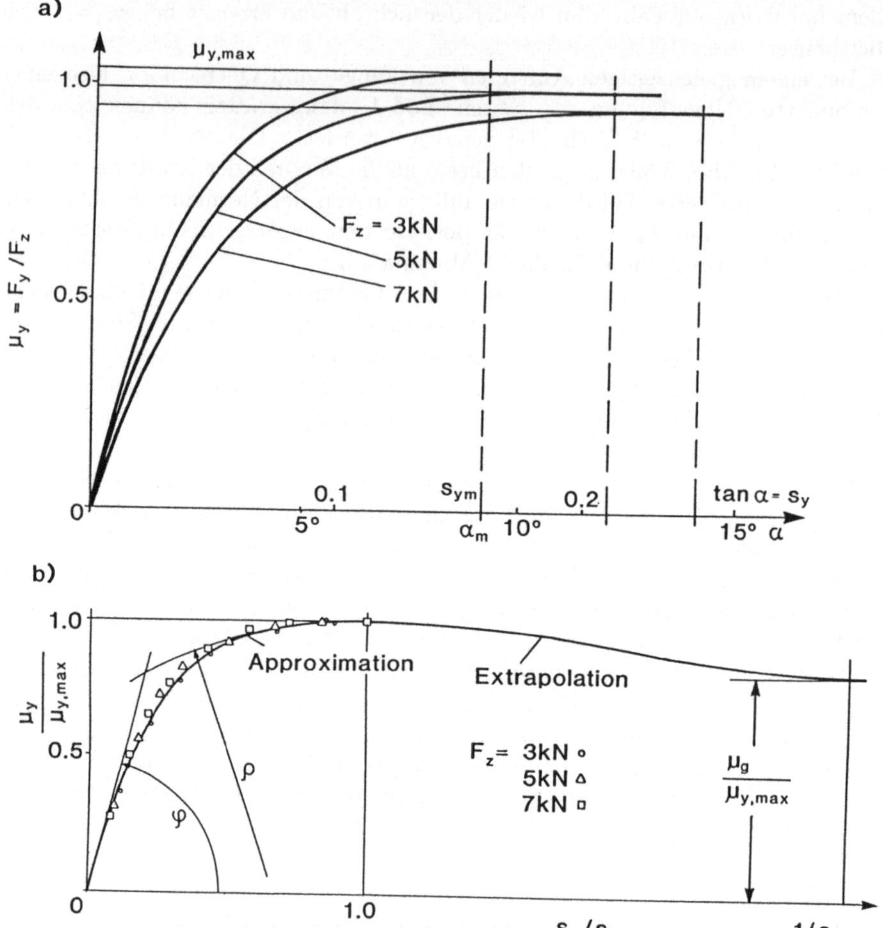

Abb. 2.39:   Gemessene Kennlinien und Approximation:
a: Meßwerte eines Pkw-Reifens auf trockener Fahrbahn,
b: Approximation der normierten Meßwerte und Extrapolation bis
zum vollständig gleitenden Reifen

Mit einer solchen Basiskurve steht zunächst nur eine Beschreibung der Kraftübertragung für den Schlupf bzw. die Gleitgeschwindigkeit in einer der Achsen-
richtungen nach Abb. 2.34 zur Verfügung. Die mathematischen Beschreibungen
dieser Basiskurven sollen mit den Funktionen f_x, f_y gekennzeichnet werden, wobei diese definiert werden mit:

$$f_x(s_x, F_z) = \mu_x(s_x, s_y = 0, F_z), \quad f_y(s_y, F_z) = \mu_y(s_x = 0, s_y, F_z) \,. \qquad (2.17)$$

Für Gleitgeschwindigkeiten v_g beliebiger Richtung werden nun kombinierte Schlupfwerte definiert:

$$\tan \alpha_s = s_y = \tan (\alpha + \alpha_0 - k_\gamma \gamma) \cong \tan\alpha + \alpha_0 - k_\gamma \gamma \ , \qquad (2.18)$$

$$s_{yx} = \sqrt{s_x^2 + (\tan \alpha_s)^2} \ , \qquad (2.19)$$

$$\sigma_y = \sqrt{(\tan \alpha_s)^2 + (f_{yx} s_x)^2}, \quad \sigma_x = \sqrt{s_x^2 + (f_{yx} \tan \alpha_s)^2}, \qquad (2.20)$$

mit

$$\begin{aligned} f_{yx} &= 1 - (x_{yx} - 1)^{2n} \ , & | \, x_{yx} \, | &\le 1 \\ f_{yx} &= 1 \ , & | \, x_{yx} \, | &> 1 \end{aligned} \qquad (2.21)$$

$$x_{yx} = s_{yx}^2 / \sqrt{((\tan \alpha_s) s_{ym})^2 + (s_x s_{xm})^2} \ . \qquad (2.22)$$

In (2.18) kann über α_0 eine Seitenkraft bei Schräglaufwinkel $\alpha = 0$ und über k_γ der Einfluß des Radsturzes erfaßt werden. Für den Exponenten in (2.21) hat sich $n = 2$ bewährt.

Für kleine Schlupfwerte s_{yx} wird der größte Teil des Reifenlatsches noch haften, siehe auch Abb. 2.42, wodurch sich der Kraftaufbau in Längs- und Querrichtung nur wenig gegenseitig beeinflussen wird. Eine Abweichung der Richtung der resultierenden Kraft $\sqrt{F_x^2 + F_y^2}$ von der Richtung von $-\vec{v}_g$ kann sich einstellen, siehe auch [84]. Dies läßt sich über die kombinierten Schlupfwerte (2.20) zusammen mit (2.21), (2.22), beschreiben.

Für die Approximation des gesamten Reifenkennfeldes kann nun mit (2.17) geschrieben werden:

$$\frac{F_x}{F_z} = \mu_x(s_y, s_x, F_z) = \frac{s_x}{\sigma_x} f_x(\sigma_x, F_z), \quad \frac{F_y}{F_z} = \mu_y(s_y, s_x, F_z) = \frac{\tan\alpha_s}{\sigma_y} f_y(\sigma_y, F_z).$$
$$(2.23)$$

Da diese Darstellung für beliebig große Schlupfwerte verwendet werden kann, ist sie auch für Simulationen im fahrdynamischen Grenzbereich und selbst für ein schleuderndes Fahrzeug geeignet. In Abb. 2.40 ist ein mit dieser analytischen Approximation erstelltes Kennfeld für die Kraftübertragung eines breiten Pkw-Reifens für zwei verschiedene Fahrbahnverhältnisse dargestellt.

Das Reifenrückstellmoment, siehe Abb. 2.36, ist für die Gesamtbewegung des Fahrzeugs meist von untergeordneter Bedeutung - es entspricht ja nur einem versetzten Angreifen der Reifenseitenkraft um höchstens wenige Zentimeter, eine gegen die Fahrzeugabmessungen vernachlässigbare Strecke - kann jedoch für elastokinematische Reaktionen der Radaufhängungen wichtig sein. Es muß jedoch auf alle Fälle bei der Betrachtung von Lenksystemen berücksichtigt werden. Abb. 2.41 zeigt ein Seitenkraftkennfeld und das zugehörige Rückstellmoment als typisches Beispiel für das Verhalten eines Pkw-Reifens. Die negativen Werte von M_s bedeuten, daß die resultierende Seitenkraft in Rollrichtung vor dem fiktiven Aufstandspunkt des Reifens angreift, ein Phänomen, das sich durch die Abnahme der möglichen Kraftübertragung bei zunehmenden Gleitgeschwindigkeiten erklären läßt.

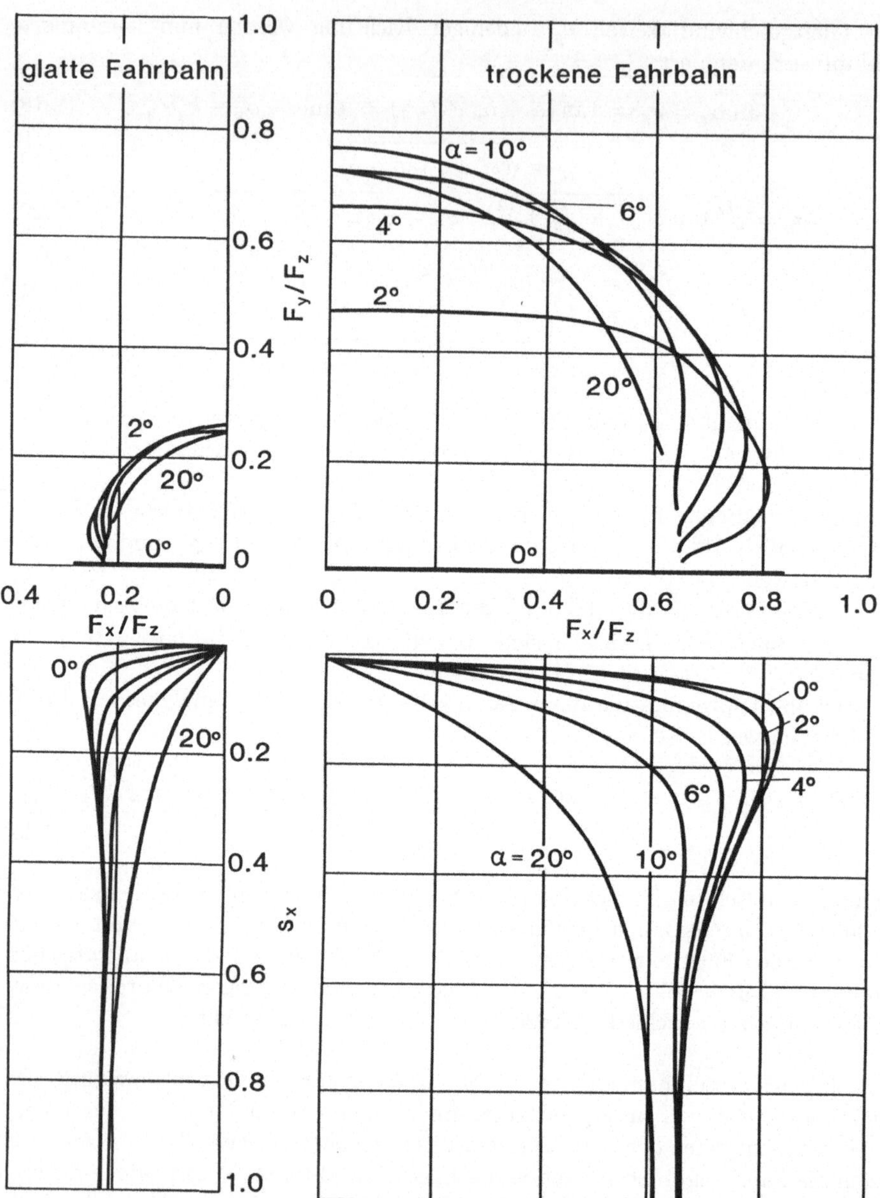

Abb. 2.40:	Approximation des Verhaltens eines breiten Pkw-Reifens für beliebige Schlupfwerte, $\gamma = 0$, $F_z = $ konstant; glatte Fahrbahn $\mu_{y,max} \cong$ 0.25, trockene Fahrbahn $\mu_{y,max} \cong 0.80$

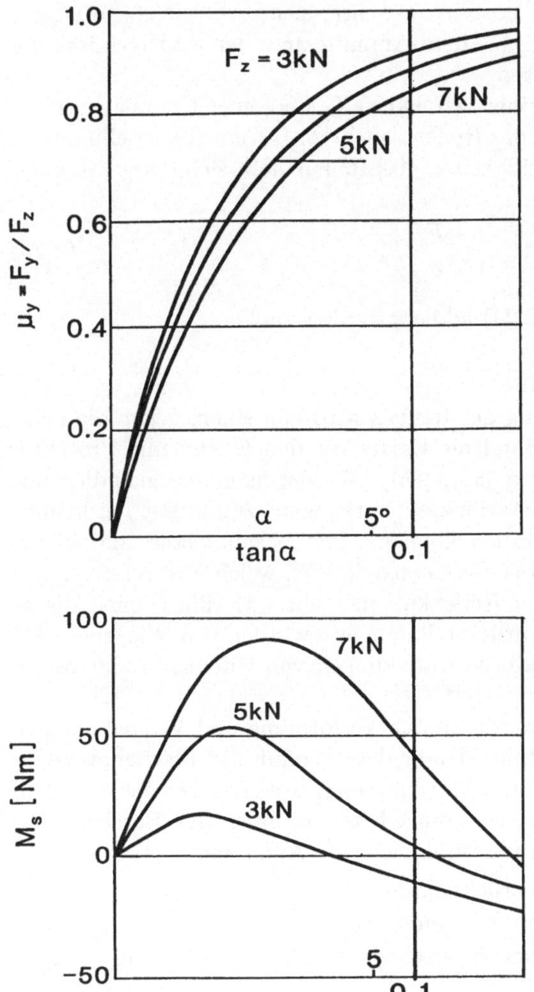

Abb. 2.41: Gemessenes Seitenkraftverhalten eines Pkw-Reifens und zugehöriges Rückstellmoment, F_z = konstant, $\gamma = 0$

Eine Approximation des Rückstellmomentenverhaltens kann in analoger Weise wie vorher gezeigt aufgebaut werden, [82]. Will man den Reifensturz γ mit berücksichtigen, so läßt sich schreiben:

$$M_s = \tau F_y + M_\gamma, \qquad (2.24)$$

wobei F_y nach (2.23) eingesetzt wird und somit bereits teilweise der Einfluß des Sturzes berücksichtigt wird. Die Funktion $\tau(s_y, F_z)$, der Reifennachlauf, kann aus den beiden Diagrammen Abb. 2.41 bestimmt werden. M_γ entspricht einem

Bohrmoment, das einer Drehung um die z_A-Achse, siehe Abb. 2.34, entgegenwirkt. Eine solche Drehung kann aus dem Anteil $\omega \sin \gamma$ der Radeigendrehung und einer Lenkbewegung resultieren.

Bei gleichzeitigem Auftreten einer Seitenkraft F_y und einer Umfangskraft F_x kann durch die Querdeformation des Reifens auch von F_x ein Rückstellmoment bewirkt werden. Mit der Quersteifigkeit c_y des Reifens läßt sich dieser Momentanteil M_{sx} näherungsweise mit

$$M_{sx} = \left(\frac{F_y}{c_y}\right) F_x \tag{2.25}$$

angeben, der dann zu M_s nach (2.24) addiert werden muß.

Einfache Deformationsmodelle

Bei dieser Art der Modellierung des Reifens wird von einem gegen die Felge elastisch gebetteten Ring oder Band als Ersatz für den Gürtel mit Protektor ausgegangen. Die Literaturstellen [85], [86], [87] zeigen einige grundlegende Modellbildungen, die auch bei instationären Vorgängen (zumindest bei kleinen Schräglaufwinkeln) verwendet werden können. Am bekanntesten und häufig verwendet ist das sogenannte *HSRI-Reifenmodell*, [77], welches in relativ guter Übereinstimmung mit gemessenen Reifenkurven steht. Modifikationen dieses Modells zur Berechnung der Reifenrückstellmomente wurden von Wiegener, [80] und zur Berücksichtigung der Radlastschwankungen von Uffelmann [88] vorgenommen.

Die Brems- und Seitenkräfte werden durch Verformung und Verspannung in der Reifenaufstandsfläche dargestellt. Unter dem Einfluß der Flächenpressung bilden sie Spannungen in Längs- und Querrichtung, wobei es bei der örtlichen Überschreitung der Kraftschlußgrenze zum Gleiten kommt. Zur Beschreibung dieser Eigenschaften werden folgende vereinfachende Annahmen getroffen:

- der Reifensturz wird nicht berücksichtigt;
- im Latsch herrscht konstante Flächenpressung;
- die Mittellinie der Reifenkarkasse verschiebt sich durch die Seitenkraft parallel zur Radmittellinie;
- im Gleitbereich des Latsches verschiebt sich die Latschmittellinie parallel zur Karkassenmittellinie.

Damit folgt ein vereinfachter Verformungszustand, Abb. 2.42. In dem Berechnungsgang, Abb. 2.43 nach [88], sind die Radlast und die kinematischen Größen zustandsabhängig, d. h. sie verändern sich nach jedem Rechenschritt. Die Reifen- und Fahrbahnparameter sind bekannte Größen bzw. können über die Radlast F_z und deren Wert $F_{z,stat}$ im statischen Zustand des Fahrzeugs bestimmt werden. Die Gleitreibung μ ist von der Gleitgeschwindigkeit v_g abhängig, siehe Abb. 2.44; dieser Zusammenhang wird näherungsweise durch eine lineare Beziehung ausgedrückt. In dieser Approximation werden nur Bremskräfte $F_x < 0$ erfaßt bzw. deren Zusammenwirken mit den Seitenkräften; eine Einbeziehung von Antriebskräften ist in [89] angeführt. Im Rückstellmoment M_s ist der Einfluß der Umfangskräfte nach (2.25) berücksichtigt.

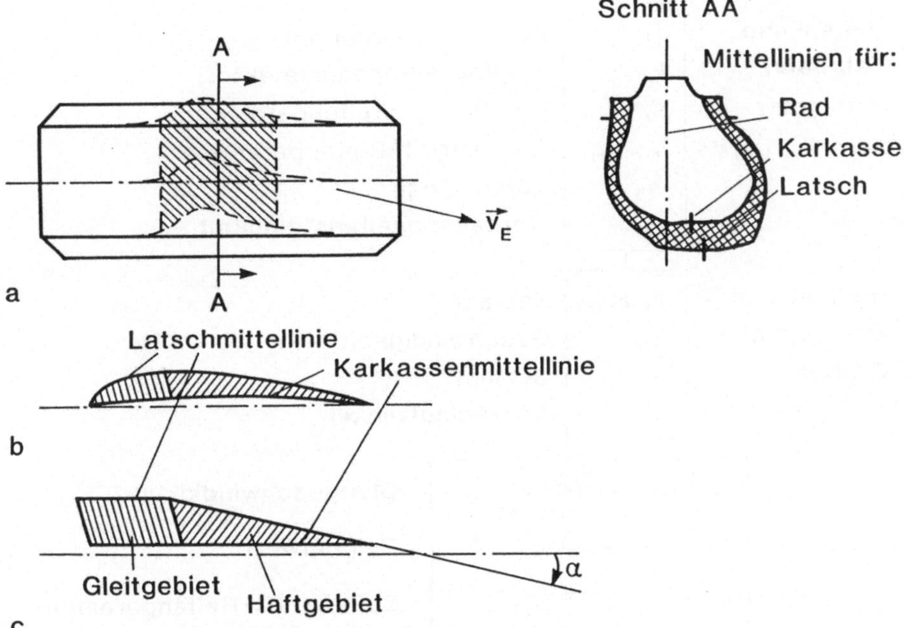

Abb. 2.42:   Verformungen im Reifenlatsch bei gegebener Geschwindigkeit $\vec{v}_E$
am Latscheinlaufpunkt
a: Verformung am Reifen,
b: Vereinfachung im Latschbereich ,
c: Modellierung für Approximation HSRI

Strukturmodelle

Diese Art der Modellbildung geht auf den komplexen Aufbau des Reifens
ein und beinhaltet eine detaillierte (flächenmäßig aufgelöste) Betrachtung im
Latsch, z. B. [90], [91]. Der Rechenaufwand ist oft beträchtlich, vor allem bei
FE-Modellierungen des ganzen Reifens, [92]. Sie werden deshalb vor allem für
Untersuchungen des dynamischen Verhaltens der Reifen und der Vorgänge im
Latsch eingesetzt.

Instationäres Reifenverhalten

Da für die Kraftübertragung zwischen Reifen und Fahrbahn der Deforma-
tions- und Gleitzustand im relativ großen Reifenlatsch und die Deformationen
des Gürtels gegen die Felge maßgeblich sind, wird jede sehr rasche Änderung
des Bewegungszustandes des Reifens zu einem verzögerten Aufbau des entsprechenden stationären Wertes der Seitenkraft (oder auch Umfangskraft) führen,
z. B. [86], [93].

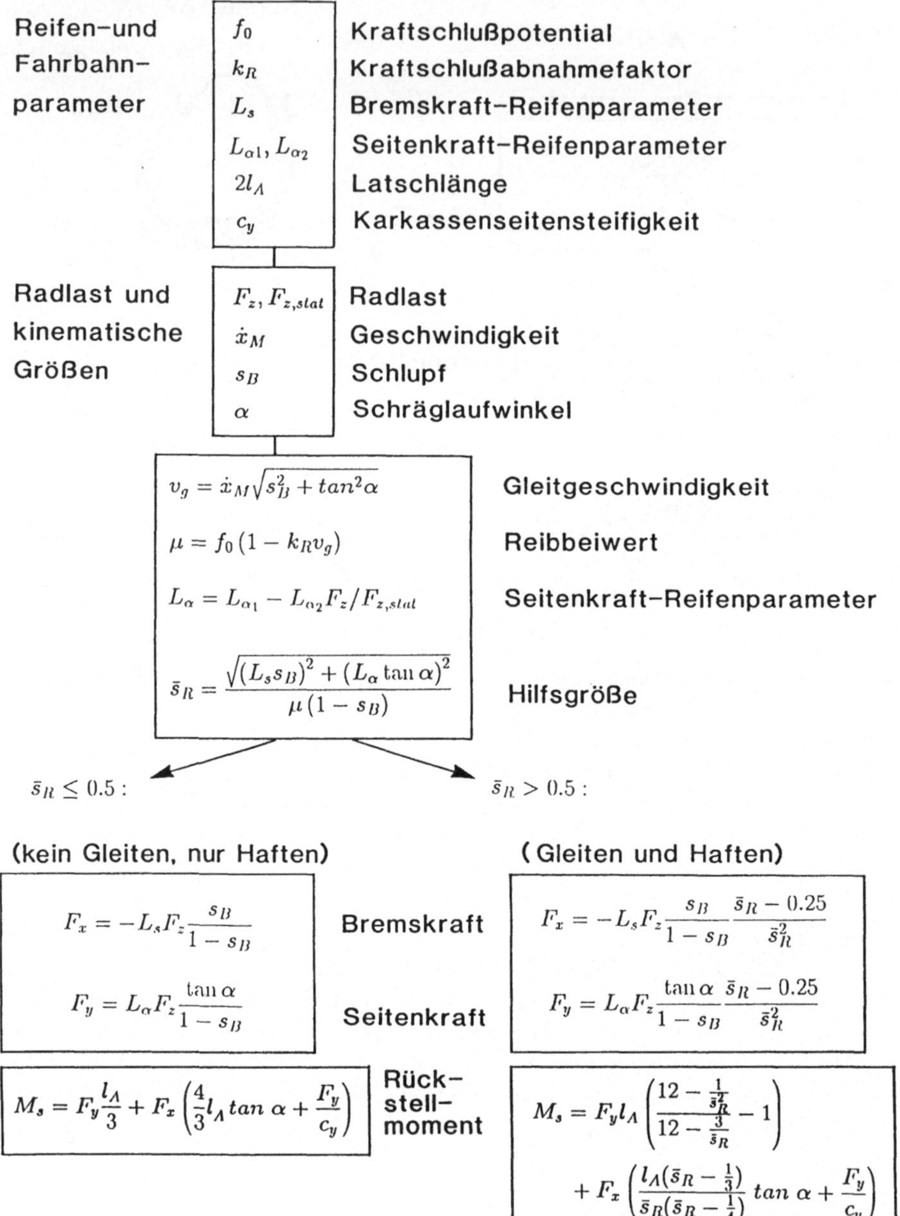

Abb. 2.43:   Berechnungsschema für das modifizierte HSRI-Reifenmodell

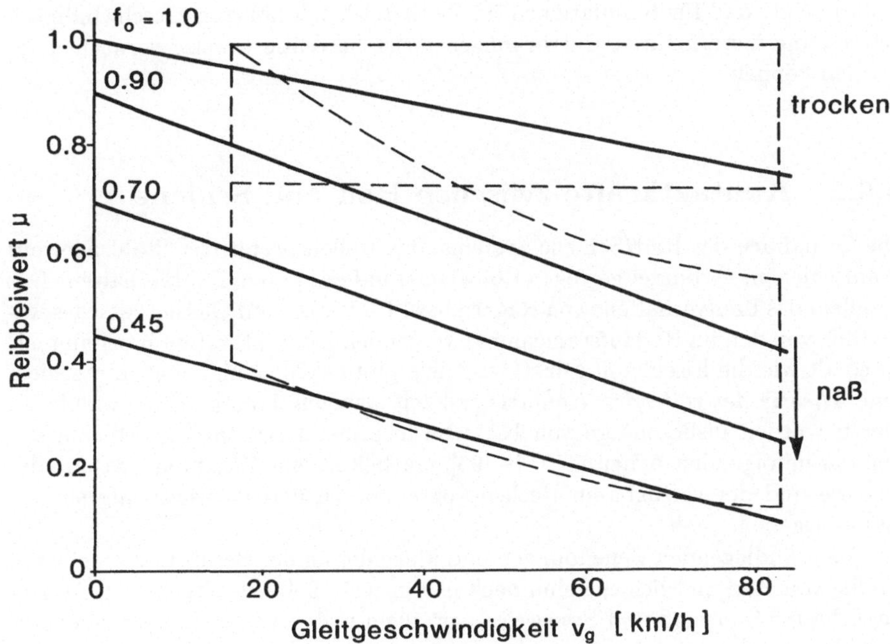

Abb. 2.44: Reibbeiwert μ als Funktion der Gleitgeschwindigkeit: Messungen mit einem blockierten Schlepprad; Streubereich strichliert; linearisierte Näherungskurven für $f_0 = 1.0$ trocken und $f_0 = 0.90, 0.70$ und 0.45 naß

Eine sehr einfache, aber häufig [93] verwendete Beschreibung der wesentlichen instationären Effekte kann über eine Differentialgleichung 1. Ordnung erfolgen

$$\dot{F}^i(t) = \frac{\dot{x}_M}{l^i}\left(F - F^i(t)\right) \; ; \tag{2.26}$$

dabei sind F^i der momentane Wert der Seiten- oder Umfangskraft, F deren stationärer Wert aufgrund einer der vorangegangenen Beschreibungen und l^i eine charakteristische Einlauflänge des Reifens. Sie beinhaltet z. B. die Seitensteifigkeit c_y des Reifens sowie Steigung der stationären Kurve. So gilt etwa für einen gegebenen Schlupfwert $\bar{s}_y$,

$$l^i_y = \frac{1}{c_y}\left(\frac{\partial F_y}{\partial s_y}\right)_{s_y = \bar{s}_y} . \tag{2.27}$$

Diese Strecke kann als Maß für den zurückgelegten Weg des Reifens angesehen werden, den dieser braucht, um sich auf die geänderten (kinematischen) Bedingungen einzustellen; für die Seitenkräfte bei kleinen Schlupfwerten beträgt l^i_y ungefähr die 2-2.5-fache Latschlänge, während l^i_x kürzer ist. Die Gleichung

(2.26) zeigt, daß für Simulationen im Zeitbereich bei höheren Geschwindigkeiten $\dot{x}_M$ die instationären Auswirkungen meist berechtigterweise vernachlässigt werden können.

2.6.2 Kontaktkräfte zwischen Rad und Schiene

Die Grundidee des Rad/Schiene-Systems, das Rollen profilierter Stahlräder auf Stahlschienen, verbindet geringen Rollwiderstand mit gutem Führverhalten. Das Problem des Laufverhaltens von Rädern bzw. Radsätzen auf Gleisen, welches wesentlich von den im Radaufstandspunkt wirkenden Kontaktkräften bestimmt ist, ist so alt wie die Eisenbahn selbst; trotzdem gibt es eine einigermaßen geschlossene *Theorie des rollenden Kontakts* erst seit wenigen Jahren. Die Grundlagen hierzu wurden insbesondere von KALKER in seiner Dissertation, [94] und seinen darauffolgenden Arbeiten, z. B. [95], erarbeitet; eine Zusammenfassung der Theorie und der verfügbaren Rechenprogramme zu deren Auswertung sind in [96] angegeben.

Die grundlegenden Benennungen und Maße der an der Berührung beteiligten Profile von Rad und Schiene sind nach [97] in Abb. 2.45 wiedergegeben. Wertebereiche für Spurmaß und Spurweite, vor allem in Kurven, sind z. B. ebenfalls in [97] zu finden.

Der Modellvorstellung zur Ermittlung der Kontaktkräfte liegen zwei unterschiedliche Grundannahmen für die Kinematik (Berührgeometrie) und für die Kinetik (Kraftschluß) zugrunde:

Kinematik: Die sich berührenden Körper sind *starr;* der Berührpunkt selbst und die Geschwindigkeiten im gemeinsamen Berührpunkt von Rad und Schiene werden rein geometrisch bestimmt.

Kinetik: Die Körper werden in der Umgebung des Berührpunktes als *elastische* Ellipsoide angenommen; die Berührflächen bestimmen sich nach der HERTZschen Theorie als Ellipsen.

Diese beiden an sich widersprüchlichen Modellvorstellungen sind solange vereinbar, wie die durch elastische Deformation erzeugte Berührfläche gegenüber den übrigen Abmessungen beider Körper noch als klein angesehen werden kann. Beim Kontaktproblem Rad-Schiene kann man davon ausgehen, daß das Verhältnis von maximalem Durchmesser der Kontaktfläche zum Raddurchmesser so klein ist, daß obige Modellvorstellung gilt. Der Einfachheit halber soll im weiteren nur jeweils eine Berührstelle zwischen Rad und Schiene angenommen werden. Diese wird meist in der Lauffläche liegen, kann jedoch bei entsprechender seitlicher Verschiebung des Rades in den Flankenbereich wandern.

Beim Abrollvorgang muß man, trotz der geringen Abmessungen des Berührgebietes, ähnlich wie beim Reifen-Fahrbahnkontakt (siehe Abb. 2.42) zwischen Haft- und Gleitzonen in der Berührfläche unterscheiden. Die Berechnung der Tangentialkräfte selbst erfolgt dann nach [94] unter folgenden Annahmen:

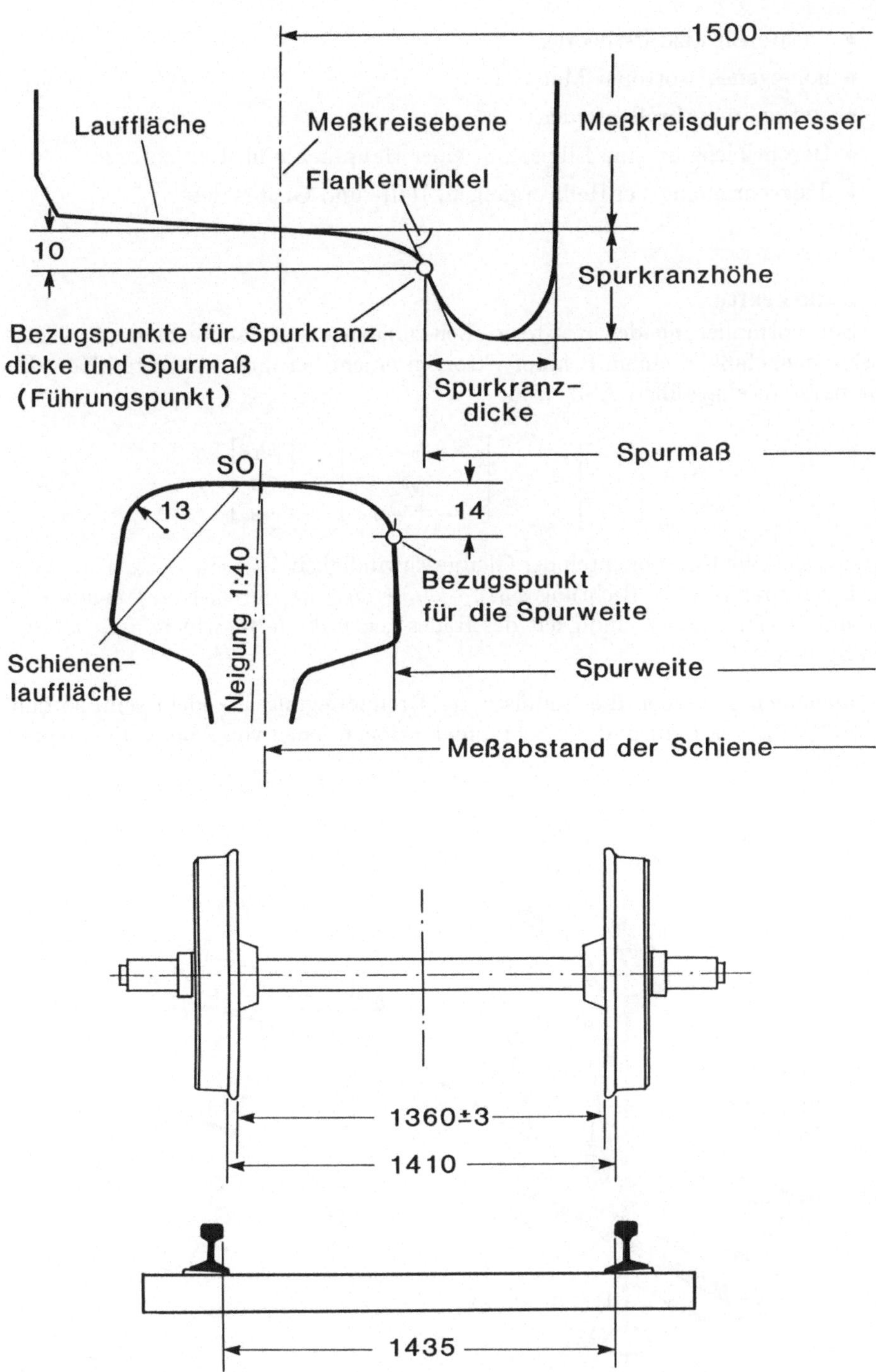

Abb. 2.45: Rad-Schiene: Terminologie und Grundmaße [mm]

- lineare Elastizitätstheorie;
- homogenes, isotropes Material;
- stationärer Abrollvorgang;
- Berührfläche ist eine Ellipse mit einer Hauptachse in Rollrichtung;
- Trockenreibung bei Reibvorgängen, Haft- und Gleitgebiete.

Kontaktkräfte

Zur Formulierung der Kräfte werden zunächst sogenannte Schlupfgrößen, zusammengefaßt in einem Schlupfvektor, in einem berührpunktsfesten Koordinatensystem eingeführt, Abb. 2.46:

$$\underline{\nu} = \begin{bmatrix} \nu_x \\ \nu_y \\ \phi_z \end{bmatrix} = \frac{1}{v_M} \begin{bmatrix} v_{gx} \\ v_{gy} \\ \omega_{sz} + \omega_{Mz} \end{bmatrix} = \begin{bmatrix} \nu_1 \\ \nu_2 \\ \phi_3 \end{bmatrix} ; \qquad (2.28)$$

v_{gx}, v_{gy} sind die Komponenten der Gleitgeschwindigkeit $\vec{v}_g = \vec{v}_M + (\vec{\omega}_M + \vec{\omega}_s) \times \vec{r}_B$ im Berührpunkt B in Richtung x_B, y_B; $\omega_{sz} + \omega_{Mz}$ ist die z_B-Komponente der absoluten Winkelgeschwindigkeit des Rades gegen die feste Schiene (ω_{sz} ist deren Spin-Anteil).

Im allgemeinen werden die Einflüsse der Drehbewegung $\vec{\omega}_M$ klein sein, so daß $| \vec{v}_M | \cong | \vec{\omega}_s \times \vec{r}_B |$ gilt und die Schlupfdefinitionen jenen von Abb. 2.35 entspre-

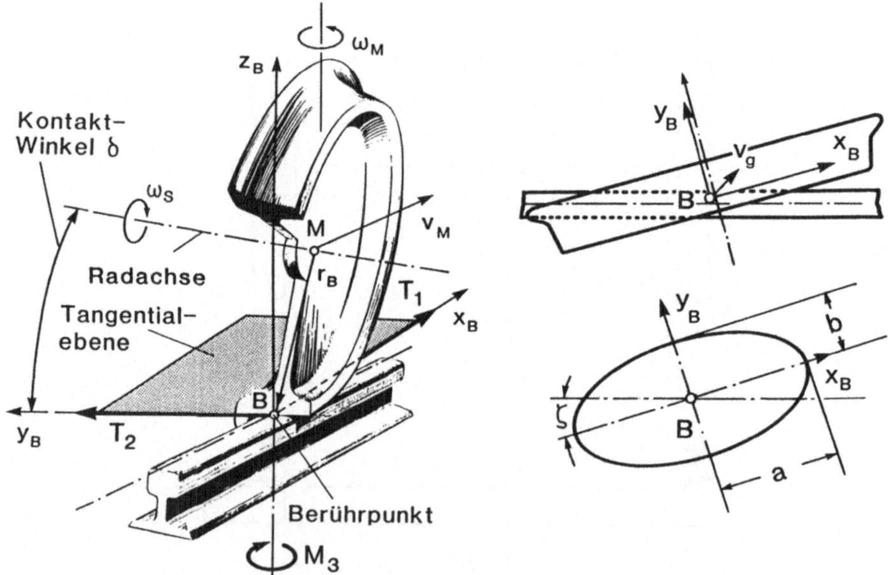

Abb. 2.46:   Rad-Schiene-Kontakt: Koordinatensystem und Kontaktellipse

chen. Die Orientierung der Hauptachsen der Kontaktellipse fallen, entsprechend der genannten Annahmen, mit den Achsrichtungen zusammen. Der Winkel ζ folgt aus der Stellung des Radsatzes im Gleis - siehe auch Abb. 2.50.

Die zufolge der Radlast und der Schlupfwerte resultierende Kraftwirkung wird mit Längskraft T_1, Querkraft T_2 und Bohrmoment M_3 im berührfesten Koordinatensystem angegeben:

$$\underline{T} = \left[\begin{array}{c} F_x \\ F_y \\ M_z \end{array} \right] = \left[\begin{array}{c} T_1 \\ T_2 \\ M_3 \end{array} \right] . \tag{2.29}$$

Als Beispiel sind gemessene Werte von T_2, bezogen auf die Normalkraft N, als Funktion von ν_2 in Abb. 2.47 nach [98] dargestellt. Sie zeigen die qualitativ gleichwertige Abhängigkeit vom Querschlupf wie beim Kfz-Reifen, jedoch verschoben zu wesentlich kleineren Schlupfwerten.

Die Komponenten in $\underline{T}$, ihre Maximalwerte sind durch die maximal mögliche übertragbare Kraft μN begrenzt, sind von folgenden Größen abhängig:

$$\underline{T} = \underline{T} \left(\underline{\nu}, \mu, N, \frac{a}{b}, r_r, R_S, R_R, G, \sigma \right) , \tag{2.30}$$

wobei

μ	COULOMB'scher Reibungskoeffizient (trockene Reibung);
N	Normalkraft F_z im Berührpunkt in Richtung z_B;
a/b	Halbachsenverhältnis der Kontaktellipse;
r_r	Rollradius;
R_R, R_S	Krümmungsradius der Profilkurve von Rad bzw. Schiene im Berührpunkt;
G	Gleitmodul, für Stahl $\quad G = 7.85 \cdot 10^{10} Nm^{-2}$;
σ	Poissonzahl, für Stahl $\quad \sigma = 0.28$.

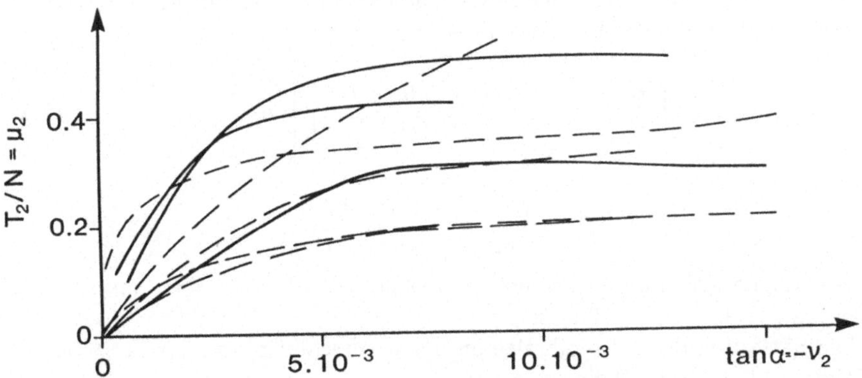

Abb. 2.47: Kraftschlußwerte μ_2 zufolge Querschlupf ν_2: Prüfstandsversuche (durchgezogen), Fahrversuche (strichliert)

Für einen vorgegebenen Werkstoff lassen sich durch Normierung dimensionslose Größen als Funktionen von nur mehr 4 Parametern angeben:

$$t_i = \frac{T_i}{\mu N}, \quad i = 1, 2, 3 \tag{2.31}$$

$$\eta_i = \frac{\nu_i \rho}{\mu c}, \quad i = 1, 2; \qquad \chi_3 = \frac{\phi_3 \rho}{\mu}, \tag{2.32}$$

mit

$$\frac{4}{\rho} = \frac{1}{r_r} + \frac{1}{R_S} + \frac{1}{R_R}, \qquad c = \sqrt[3]{\frac{N(1-\sigma)3E(e)}{2\pi(A+B)G\sqrt{g}}},$$

$$g = \min\left(\frac{a}{b}, \frac{b}{a}\right), \qquad e = \sqrt{1 - g^2},$$

$$E(e) = \int_0^{\frac{\pi}{2}} \sqrt{1 - e^2 \sin^2 \epsilon}\, d\epsilon, \quad A = \frac{1}{2r_r}, \quad B = \frac{1}{2}\left(\frac{1}{R_S} + \frac{1}{R_R}\right).$$

Es ist dann

$$t_i = t_i\left(\eta_1, \eta_2, \chi_3, \frac{a}{b}\right). \tag{2.33}$$

R_R bzw. R_S sind als positive Größen einzusetzen, falls der Mittelpunkt des Krümmungskreises innerhalb des anstelle von Rad oder Schiene gedachten Ellipsoids liegt, sonst sind sie negativ. Für die Auswertung steht z. B. das Programm FASTSIM [99] zur Verfügung.

Bei *kleinen Schlupfwerten* gilt die *linearisierte* Theorie von KALKER, [96, 100]

$$\begin{bmatrix} T_1 \\ T_2 \\ M_3 \end{bmatrix} = -Gc^2 \begin{bmatrix} C_{11} & 0 & 0 \\ 0 & C_{22} & cC_{23} \\ 0 & -cC_{32} & C_{33} \end{bmatrix} \begin{bmatrix} \nu_1 \\ \nu_2 \\ \phi_3 \end{bmatrix}; \tag{2.34}$$

dabei sind C_{ik} die sogenannten Kalker-Koeffizienten, die in Abhängigkeit von σ und a/b tabelliert sind, [94]. Bei Vernachlässigung des i. a. kleinen Spinmoments M_3 ergibt sich in normierter Schreibweise:

$$\begin{bmatrix} t_1 \\ t_2 \end{bmatrix} = -G^* \begin{bmatrix} C_{11} & 0 & 0 \\ 0 & C_{22} & C_{23} \end{bmatrix} \begin{bmatrix} \eta_1 \\ \eta_2 \\ \chi_3 \end{bmatrix}, \tag{2.35}$$

mit

$$G^* = \frac{Gc^3}{N\rho} = \frac{3(1-\sigma)E(g)}{4\pi\sqrt{g}}.$$

Abweichungen gegen die nichtlinearen Gleichungen (2.33) bleiben unter 5%, solange $|\eta_{1,2}| \leq 0.1, |\chi_3| \leq 0.2$ gilt.

Die Sättigung der Schlupfkräfte an der Kraftschlußgrenze μN kann berücksichtigt werden, [100]. Definiert man

$$t = \sqrt{t_1^2 + t_2^2}, \tag{2.36}$$

so gilt, falls $\mid t \mid \leq 1$ Gleichung (2.35), während im Fall $\mid t \mid > 1$

$$t_1^* = \frac{t_1}{t}, \quad t_2^* = \frac{t_2}{t} \tag{2.37}$$

die modifizierten normierten Reibkräfte sind.

In Abb. 2.48 nach [100] ist ein Vergleich der mit der nichtlinearen Theorie nach (2.33) gerechneten Rad-Schiene Kontaktkräfte mit der erweiterten linearen Approximation (2.35), (2.37) zusammengestellt; zu beachten sind die Einflüsse des Achsverhältnisses und des Schlupfes. Der in [100] durchgeführte Vergleich zwischen den nach (2.33) errechneten Werten und Messungen zeigt vor allem für neue Radprofile eine sehr gute Übereinstimmung.

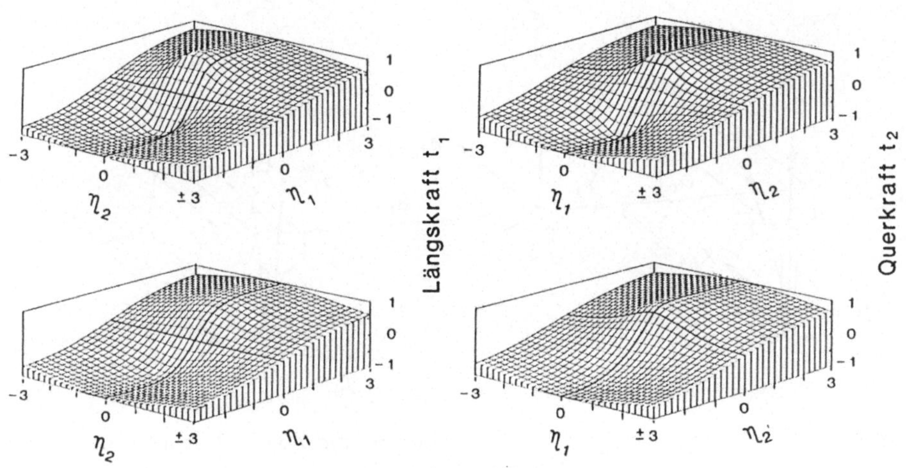

Abb. 2.48: Normierte Rad-Schiene Schlupfkräfte für $a/b = 1.976$ (dargestellt sind die negativen Werte von t_1 und t_2):
oben: lineare Theorie mit Sättigung
unten: nichtlineare Ergebnisse nach KALKER

Berührgeometrie

Zur Berechnung der Kontaktkräfte und der kinematischen Zwangsbedingungen des Radsatzlaufes im Gleis ist es erforderlich, die Lage der Berührpunkte zwischen Rädern und Schienen sowie die Orientierung der Kontaktflächen durch Koordinatensysteme in den Berührpunkten (Abb. 2.46) genau zu kennen.

Im Falle des starren Radsatzes auf starrem Gleis sind die beiden unabhängigen Koordinaten die *Querverschiebung* y_{02} des Radsatzes und seine *Gierbewegung* ψ,

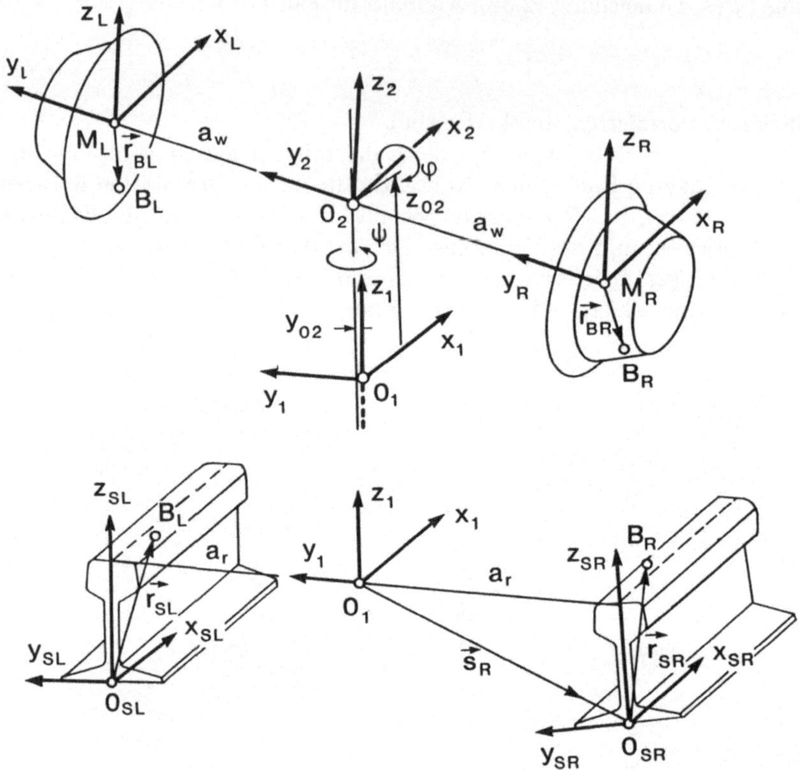

Abb. 2.49: Koordinatensysteme, Ortsvektoren und Zustandsgrößen für die Beschreibung der Stellung des Radsatzes im Gleis

Abb. 2.49. Der Rollwinkel φ des Radsatzes und seine Vertikalverschiebung z_{02}
können als abhängige Variablen aus den Kontaktbedingungen bzw. aus sogenannten Geometriefunktionen berechnet werden. (Die Längsbewegung sowie
die Eigendrehung und die Nickbewegung des Radsatzes sind natürlich auch unabhängige Variablen; sie werden jedoch meist nicht als Freiheitsgrade des Radsatzes - konstante Fahrgeschwindigkeit vorausgesetzt - herangezogen).

Zur genauen Definition der erforderlichen Größen können die Koordinatensysteme der Abb. 2.50 verwendet werden. Das mit der Fahrgeschwindigkeit v
in (idealer) Gleismittellinie mitbewegte Referenzkoordinatensystem $1(x_1, y_1, z_1)$
dient einerseits zur Beschreibung der Koordinatensysteme für die Lage der linken bzw. rechten Schiene (Systeme SL, SR) als auch der Bewegung des rad-
satzfesten Systems 2. In den Systemen SL, SR werden die Schienenkopfprofile
beschrieben, in den radfesten Systemen L, R die Radreifenprofile. Die lokalen Berührkoordinatensysteme BL, BR entsprechen jenen der Abb. 2.46. $2a_w$
ist der Meßkreisabstand des Radsatzes, $2a_r$ der Meßabstand des Gleises. Die

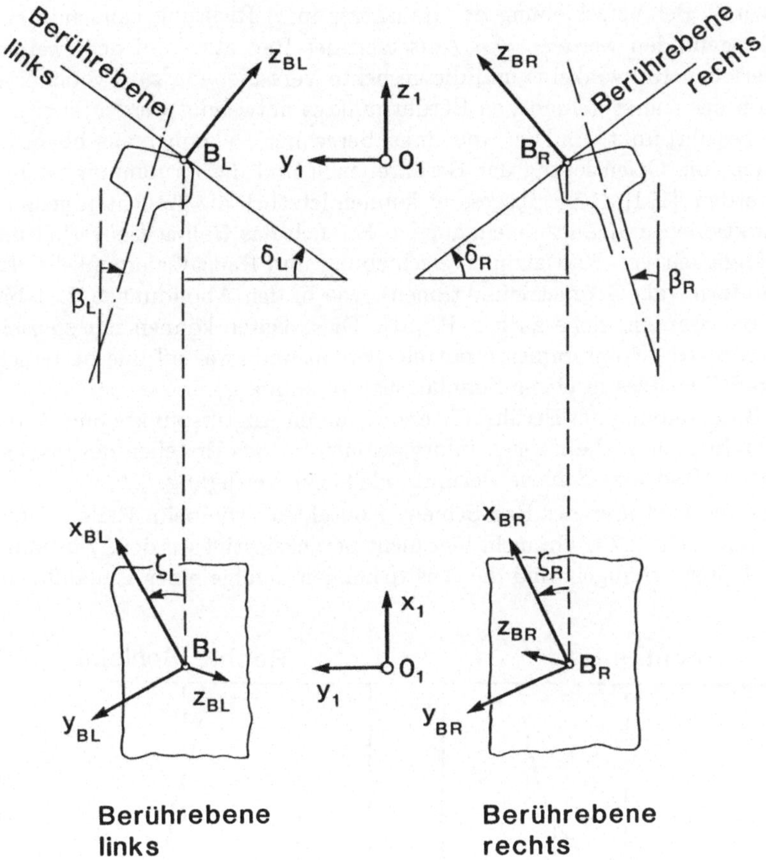

Abb. 2.50:   Koordinatensysteme in den Berührpunkten

Kontaktwinkel δ_L, δ_R kennzeichnen die Neigungen der Berührebenen gegen das 1-System.

Über die Radsatzstellung im Gleis (ψ, y_{02}) und die gegebenen Rad- und Schienenprofile müssen durch "Aufsetzen" des Radsatzes am Gleis die Lagen der momentanen Kontaktpunkte bestimmt werden. Als Kontaktbedingungen müssen dabei erfüllt werden:

- Rad- und Schienenberührpunkt haben im Referenzsystem 1 die gleichen Koordinaten.
- Die Richtung des Normalenvektoren im gemeinsamen Berührpunkt von Rad und Schiene ist gleich.

Die Berührpunktsbestimmung selbst muß i. a. numerisch und iterativ erfolgen. Dabei geht man so vor, daß zwischen Radfläche und Schienenfläche ein Niveauunterschied Δh_R bzw. Δh_L in z_1-Richtung ermittelt wird. Kandidaten für Kontaktpunkte sind solche Punkte, für die dieser Niveauunterschied ein

Minimum wird. Bei Verschiebung des Radsatzes in z_1-Richtung kann nun ein
Berührpunkt gefunden werden. Das Aufsetzen des Radsatzes auf der zweiten
Schiene liefert den Rollwinkel φ und die gesuchte Verschiebung z_{02} (wobei eine
Nachiteration des zuerst gefundenen Berührpunktes notwendig werden kann).

Sind die Berührpunkte und der Rollwinkel berechnet, so können anschließend
die Rollradien, die Orientierung der Berührebenen und die Krümmungsradien
bestimmt werden, [101], [102]. Insgesamt können letztlich die gesuchten geometrischen Funktionen und Zusammenhänge z. B. auch das Halbachsenverhältnis
a/b in Abhängigkeit von Radsatzquerverschiebung und Radsatzgierwinkel z. B.
in Diagrammform (als Geometriefunktionen), wie in den Abbildungen 2.51 bis
2.54 angegeben werden, siehe auch z. B. [51]. Diese Daten können mit speziellen Berührgeometrie-Programmen ermittelt werden und zwar off-line bezüglich
eines späteren Einsatzes in einem Simulationsprogramm.

Mit der Beschreibung der Berührkräfte sowie deren Angriffspunkte und Wirk-
richtungen stehen somit die nötigen Informationen für das Erstellen des mathematischen Rad-(Radsatz-)Schiene Berührmodells zur Verfügung.

Instationäres Verhalten des Rad-Schiene-Kontaktes - wie beim Reifen-Fahr-
bahn Verhalten nach (2.26) - braucht hier nicht berücksichtigt werden. Für fahrdynamische Untersuchungen sind die Auswirkungen zufolge einer Einlauflänge

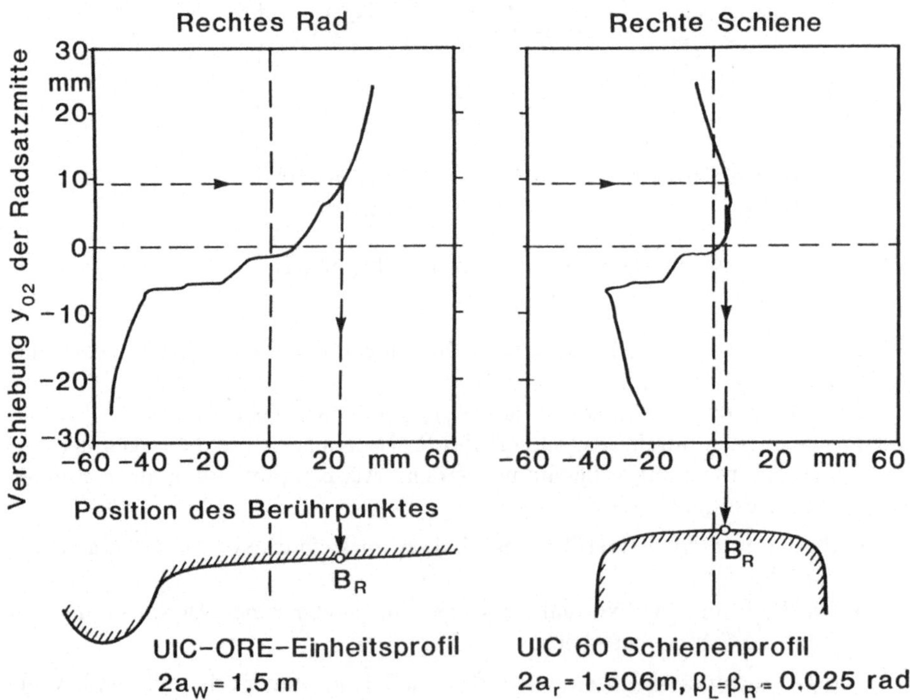

Abb. 2.51: Position des Berührpunktes B_R auf rechtem Rad und rechtem Gleis
in Abhängigkeit von der Radsatzquerverschiebung y_{02}, $\psi = 0.05$ rad

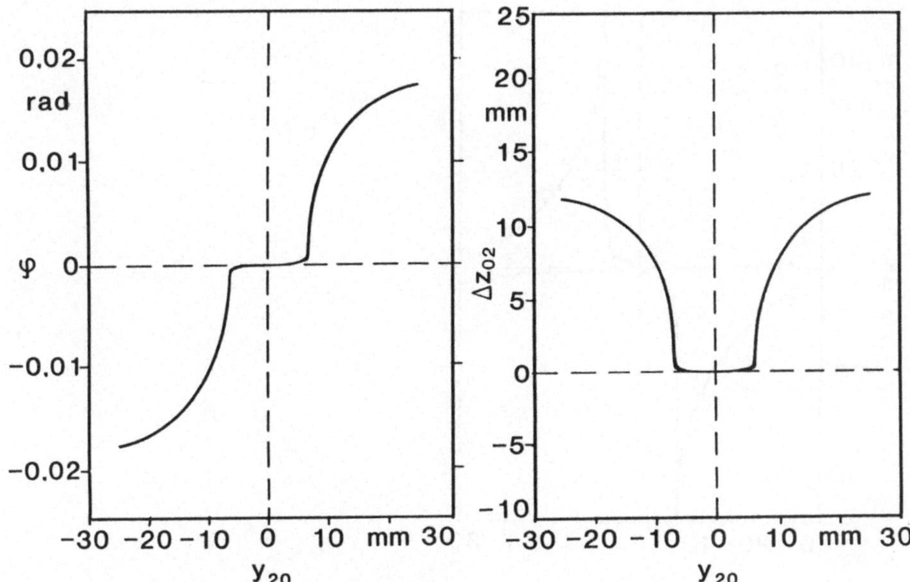

Abb. 2.52: Radsatzrollwinkel φ und vertikale Verschiebung Δz_{02} in Abhängigkeit von der Radsatzverschiebung, $\psi = 0.05$ rad

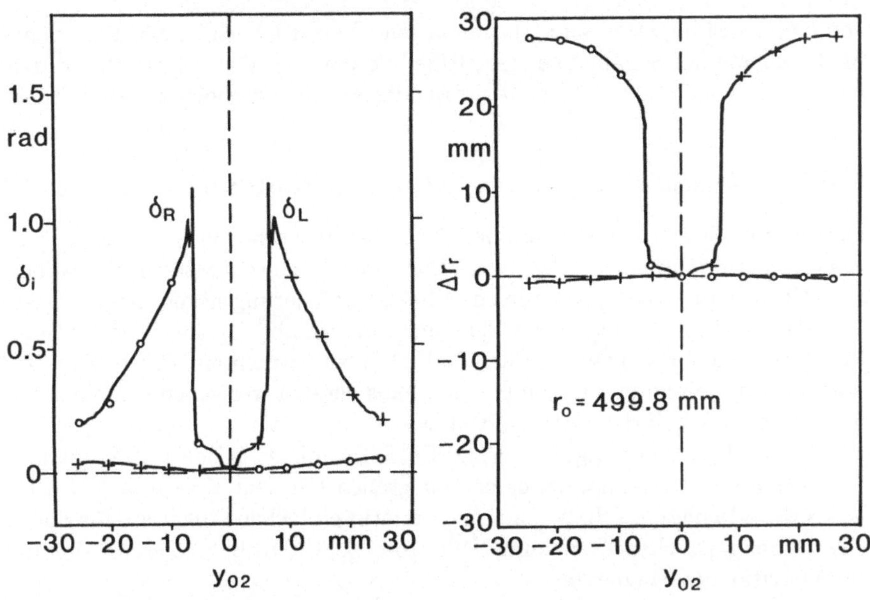

Abb. 2.53: Kontaktwinkel δ_R, δ_L und Änderungen Δr_r der Rollradien (Abstand Kontaktpunkt - Radsatzachse) in Abhängigkeit von der Radsatzquerverschiebung y_{02}, $\psi = 0.05$: rad
+ linkes Rad, o rechtes Rad

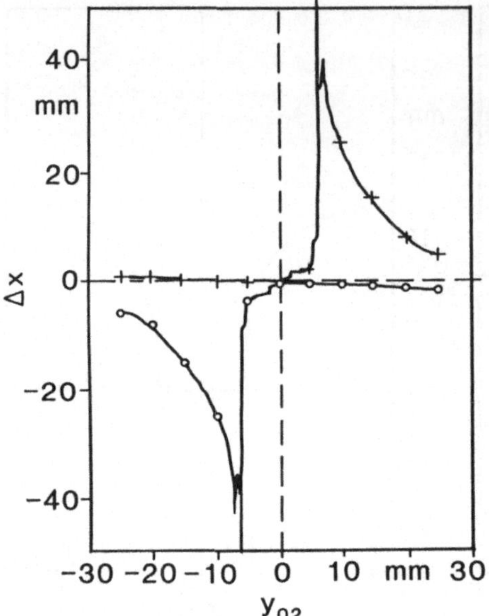

Abb. 2.54:   Vorverlagerungen Δx der Berührpunkte zu Abb. 2.53:
+ linkes Rad, o rechtes Rad

von einigen Millimetern zu vernachlässigen. Es soll jedoch bemerkt werden, daß
für Probleme der Schallerzeugung, Riffelbildung oder des Verschleißes durchaus
instationäre (komplexe) Modelle notwendig werden - siehe z. B. [103].

2.6.3   Kraftübertragung Magnet-Schiene

Die gebräuchlichen Konfigurationen der Fahrzeuge sehen eine Lagerung der einzelnen Magnete in einer Trag- und Führeinheit (Schwebegestell) vor, wobei der
eigentliche Fahrzeugaufbau mit einer Sekundärfederung gegen diese abgestützt
ist, Abb. 2.15, 2.16. Diese Art der Lagerung erlaubt für die Tragfunktion, die
Magnete einzeln als "magnetisches Rad" [104] zu betrachten. Das Rollen, Nicken
und die Hubbewegung des Fahrzeugaufbaus werden weitgehend durch die Auslegung der Sekundärfederung bestimmt.

Für die Kraftübertragung bei der EMS-Technik zwischen Einzelmagnet und
Schiene, unter der Annahme einer sehr großen Permeabilität $\mu \gg 1$ des Eisen-
kerns des Magneten, erhält man einen relativ einfachen Ausdruck für die Kraft
F_M der magnetischen Anziehung, [105, 106, 3]. Mit Abb. 2.55 ergibt sich für die
Induktivität des Magneten

$$L = \frac{\mu_0 n^2 A}{2s} \qquad (2.38)$$

und für die Kraft

$$F_M = \frac{L i^2}{2s} = \frac{\mu_0 n^2 A i^2}{4 s^2} \; ; \qquad (2.39)$$

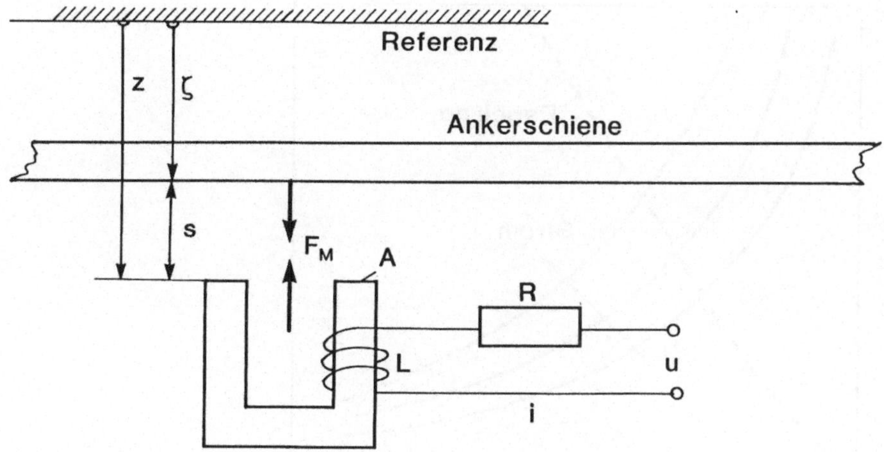

Abb. 2.55:   Einzelmagnet und Ankerschiene

dabei ist n die Anzahl der Windungen, A die Fläche eines Poles und μ_0 die Permeabilität der Luft. Die Beschreibung (2.39) geht von einem gleichmäßigen Magnetfeld über der Polbreite aus und berücksichtigt nicht die endliche Breite des Poles, [107]. Die Vergrößerung der Vertikalkraft durch die Randeffekte für eine hufeisenförmige Ausbildung von Schiene und Tragmagnet ist in (2.42) angegeben.

Mit dem gesamten Ohm'schen Widerstand R des Versorgungsstromkreises gilt für die Spannung u und Strom i der Zusammenhang

$$u = Ri + \frac{d}{dt}\left(Li\right) \, , \tag{2.40}$$

bzw. unter Verwendung von (2.38)

$$u = Ri + \frac{\mu_0 n^2 A}{2}\left(\frac{d(i)}{dt}\frac{1}{s} - \frac{i}{s^2}\dot{s}\right) \, . \tag{2.41}$$

Wie die Charakteristik der Magnetkraft (2.39), Abb. 2.56 zeigt, ist dieses Tragsystem von vornherein instabil: die Magnetkraft wird bei einer Verkleinerung des Luftspaltes s größer bzw. umgekehrt und will daher das System stets vom Nominalspalt s_0 wegbewegen. Wie in Abb. 2.56 angedeutet, kann über eine Regelung, die den Strom im Magnetkreis dem Systemzustand anpaßt, das System stabilisiert werden.

Für eine Reglerauslegung werden die Gleichungen (2.39) und (2.41) bezüglich eines Auslegungszustandes s_0, i_0 linearisiert. Dabei wird auch die Ankerschiene als starr angenommen, siehe Beispiel 4.5.2.

Zur Aufbringung seitlicher Führungskräfte werden neben den Tragmagneten zusätzlich seitlich Schienen und Magnete angeordnet, Abb. 1.10, oder Konfi-

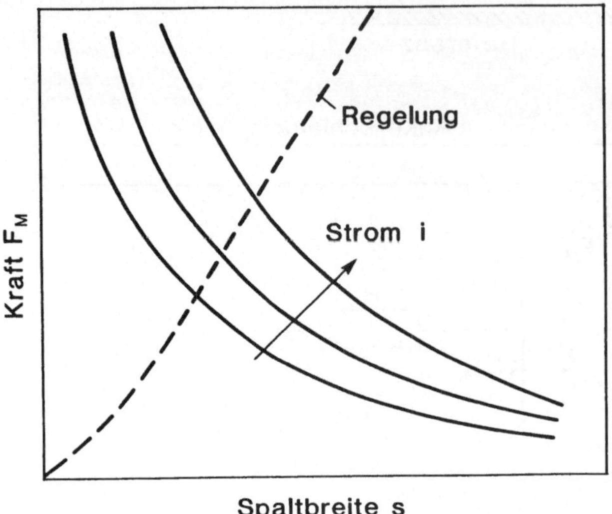

Abb. 2.56: Stationäre Magnetkraftcharakteristik und möglicher Kraftverlauf
bei einem geschlossenen Regelkreis

gurationen wie in Abb. 2.16 vorgesehen. Zu einem geringeren Teil lassen sich
auch durch die Form von Magnet und Schiene Führungskräfte aufbringen; die
Anordnung Abb. 2.57 nützt die endliche Breite der Pole aus. Aufgrund der seitlichen Verschiebung y stellt sich neben der Magnetkraft F_z in z-Richtung auch
eine rückstellende Kraft F_y ein. Unter der Voraussetzung von Polflächen gleicher Breite l_p und genügend kleiner Spaltwerte s und Verschiebung y gilt nach
[108, 107]

$$F_z = F_M \left[1 + \frac{2s}{\pi l_p} - \frac{2y}{\pi l_p} \arctan \left(\frac{y}{s} \right) \right] , \qquad (2.42)$$

$$F_y = -F_M \left[\frac{2s}{\pi l_p} \arctan \left(\frac{y}{s} \right) \right] , \qquad (2.43)$$

wobei F_M die Kraft nach (2.39) bedeutet. Wie in (2.42) ersichtlich, wird die
Vertikalkraft F_z durch die Form des Magnetfeldes im Polrandbereich für $y = 0$
etwas erhöht.

Allerdings lassen sich bei der Anordnung nach Abb. 2.56 die seitliche Füh-
rungskraft und die Tragkraft praktisch nicht getrennt regeln. Will man eine
kontrollierte seitliche Führung erreichen, wird eine Anordnung von 2 Magneten
verwendet, die bereits in nichtausgelenkter Stellung $y = 0$ jeweils zur Schienen-
mittellinie um die gleiche kleine Strecke nach links bzw. rechts versetzt sind. So
lassen sich etwa seitliche Führungskräfte von $| F_y/F_M | \cong 0.2$ erzielen, [106].

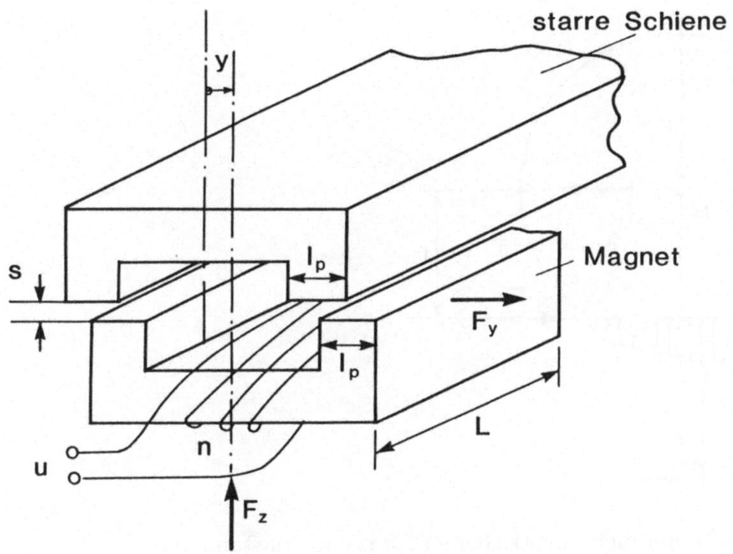

Abb. 2.57: Modell eines Magneten (Polfläche $A = l_p L$) mit seitlicher Verschiebung y und einwirkenden Kräften

2.7 Bewegungswiderstände

Auch für die Beibehaltung eines konstanten Bewegungszustandes auf ebener horizontaler Fahrbahn muß dem Fahrzeug Energie zugeführt werden, um die stets vorhandenen Widerstände z. B. durch Lagerreibung der Räder, durch Wärmeentwicklung aufgrund von Reifendeformation, aber auch durch die Luftströmung am Fahrzeug zu überwinden. Einflüsse einer Fahrwegsteigung oder einer Beschleunigung auf die Längsdynamik, die manchmal auch als Bewegungswiderstände bezeichnet werden, z. B. [33], können in den Bewegungsgleichungen Kap. 3 konsistent erfaßt werden.

2.7.1 Rollwiderstand und Luftkräfte beim Kfz

Für den *Rollwiderstand* beim Kraftfahrzeug ist auf trockener Fahrbahn vor allem die Walkarbeit beim Abrollen des deformierbaren Reifens maßgeblich. Wie in Abb. 2.58 gezeigt, [18, 33], kommt es aufgrund der etwas ungleichförmigen Normaldruckverteilung im Latsch zu einer Vorverlagerung e der resultierenden Aufstandskraft F_z in Fahrtrichtung. Damit sich das Rad eines Fahrzeugs mit konstanter Geschwindigkeit v und Winkelgeschwindigkeit ω bewegen kann, muß

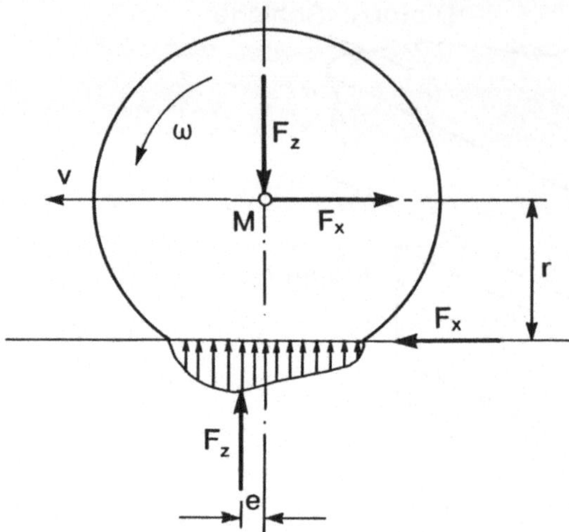

Abb. 2.58:   Kräfte am nichtangetriebenen Rad, $v = $ konstant

daher zusätzlich eine Umfangskraft angreifen, die sich nach Abb. 2.58 zu

$$F_x = -\frac{e}{r}F_z = -f_R F_z \tag{2.44}$$

errechnet.

Der Rollwiderstandsbeiwert f_R ist für kleine Geschwindigkeiten nahezu konstant, steigt jedoch je nach Reifenbauart bei Geschwindigkeiten über ca. 130 km/h teilweise stark an, Abb. 2.59 nach [109]. Für Simulationsrechnungen wird der Rollwiderstand eines Pkw-Reifens meist mit einem konstanten Beiwert $f_R \cong 0.015$ berücksichtigt.

Der Rollwiderstandsbeiwert von Nutzfahrzeugreifen liegt zufolge deren steifer Struktur meist etwas niedriger und kann nach [33] mit von $f_R = 0.008$ bei 20 km/h bis etwa $f_R = 0.01$ bei 100 km/h angesetzt werden.

Einige zusätzliche Einflüsse auf den Wert von f_R wie Reifeninnendruck, Betriebstemperatur, Radlast sind in [33, 110] angeführt.

Die für die Fahrzeugbewegung wesentlichen Auswirkungen der Luftumströmung können entweder über das Angreifen der *Luftkräfte* im Druckmittelpunkt D oder mit deren Reduktion in dem Fahrzeugschwerpunkt C berücksichtigt werden, Abb. 2.60. Die resultierende Anströmgeschwindigkeit v_r und der Anströmwinkel τ in Abb. 2.60 folgen aus der negativen Fahrgeschwindigkeit v und der Windgeschwindigkeit v_w. Da z. B. bei einer Kurvenfahrt jeder Punkt des Fahrzeugs eine der Größe und Richtung nach etwas andere Geschwindigkeit hat, siehe Abb. 2.4, wird für Simulationsrechnungen im allgemeinen jene des Fahrzeugschwerpunkts verwendet: $v = v_C$. Bei Windstille gilt dann $\tau = -\beta$.

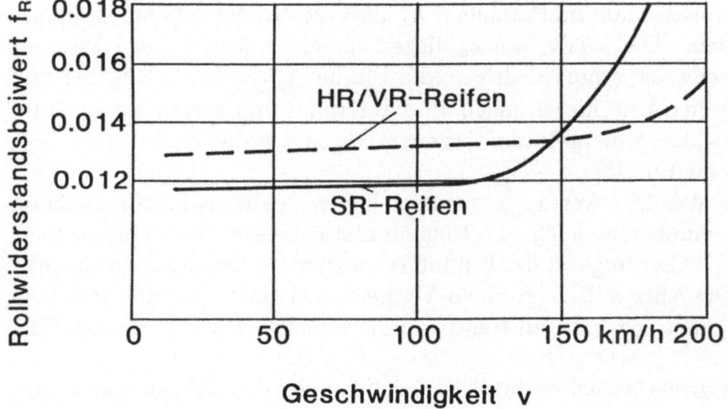

Abb. 2.59:   Rollwiderstandsbeiwerte als Funktion der Fahrgeschwindigkeit

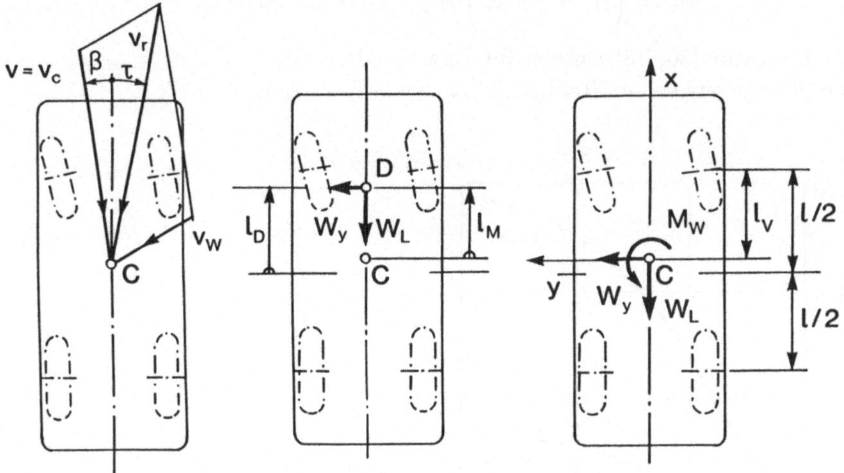

Abb. 2.60:   Anströmung und Luftkräfte am Fahrzeug

In der mathematischen Beschreibung der Luftkräfte und Luftmomente werden die fahrzeugspezifischen Eigenschaften über formbezogene Beiwerte c_i und die Projektionsfläche A des Fahrzeugs (von vorne gesehen) berücksichtigt. Die Eigenschaften der Anströmung werden durch den Staudruck $\rho v_r^2/2$ erfaßt, wobei die Luftdichte im Mittel mit $\rho = 1.23$ kg/m^3 eingesetzt werden kann, [33, 30, 18, 111].

Für den Luftwiderstand gilt:

$$W_L = c_w A \frac{\rho}{2} v_r^2 = k_x v_r^2 \, . \tag{2.45}$$

Die zweite Schreibweise faßt im Parameter k_x alle geschwindigkeitsunabhängigen
Größen zusammen. Die Werte von c_w liegen für einen Mittelklasse Pkw um
$c_w \cong 0.35$ und teilweise schon niedriger, die Fläche $A \cong 1.9$ m², [18], bei Lkw
mit aerodynamischen Leiteinrichtungen am Fahrerhaus und Bussen bei $c_w \cong 0.6$
mit $A \cong 0.8bh$, wobei b die größte Fahrzeugbreite und h die größte Höhe über
der Fahrbahn bedeuten, [33].

Der Luftwiderstandsbeiwert c_w ist prinzipiell vom Anströmwinkel τ abhängig
und wird dann manchmal auch als Tangentialkraftbeiwert $c_T(\tau)$ bezeichnet.
$(c_T(\tau = 0) = c_w)$. Allerdings ist der Einfluß beim Pkw für kleine Anströmwinkel
relativ gering. Die Abb. 2.61 zeigt einen Vergleich zwischen Pkw und Bus bzw.
aerodynamisch günstigem Lkw an Hand von prinzipiellen Kurven, die aus [111]
abgeleitet werden.

Für nicht zu große Anströmwinkel $\tau \leq 20^o$ können die Luftseitenkraft und
das Luftmoment (siehe Abb. 2.60) als lineare Funktionen in τ angesetzt werden:

$$W_y = c_y(\tau)A\frac{\rho}{2}v_r^2 = c_y'\tau A\frac{\rho}{2}v_r^2 = k_y\tau v_r^2 \, , \tag{2.46}$$

$$M_w = \left(l_D - \frac{l}{2} + l_V\right) W_y = l_M W_y = k_y l_M \tau v_r^2 \, . \tag{2.47}$$

In der Literatur [30, 18] werden für Pkw mittlere Werte von $c_y' = 2\mathrm{rad}^{-1}$ und
$l_D = 0.3l$ angegeben, bei Steilheckfahrzeugen (Kombi) $l_D \cong 0.17l$.

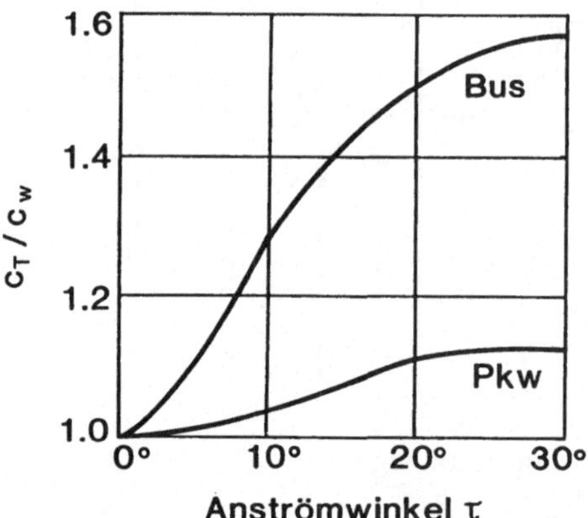

Abb. 2.61: Einfluß des Anströmwinkels τ auf den Tangentialkraftbeiwert c_T,
$(c_T(\tau = 0) = c_w)$

2.7.2 Bewegungswiderstände bei der Eisenbahn

Bei der Eisenbahn wird im allgemeinen nicht der Bewegungswiderstand des einzelnen Schienenfahrzeugs, sondern des gesamten Zugverbandes betrachtet. Auch

wird der Rollwiderstand, hier hauptsächlich durch Lagerreibung und Gleiswiderstand bedingt, nicht explizit vom Luftwiderstand getrennt.

Die Arbeit [112] gibt einen guten Überblick über die heute in verschiedenen Ländern für die Planung und den Betrieb von Bahnen verwendeten Formeln. Die allgemeine Form des Laufwiderstands W_{zug} eines Zuges im geraden, horizontalen Gleis wird angegeben mit

$$W_{zug} = f_z G, \quad f_z = c_0 + c_1 V + c_2 V^2 , \qquad (2.48)$$

wobei G das Gesamtgewicht des Zuges darstellt. Der Koeffizient c_0 entspricht dem eigentlichen Rollwiderstand, $c_2 V^2$ berücksichtigt den Luftwiderstand. Der meist sehr kleine oder auch zu Null gesetzte Parameter c_1 soll im wesentlichen die Windstörungen durch seitliche Anströmung aber auch Einflüsse durch mitlaufende Aggregate berücksichtigen, siehe auch [113]. Die Fahrgeschwindigkeit V wird in (2.48) oft in [km/h] oder [miles/h] eingesetzt, worauf bei der Übernahme von Zahlenwerten aus der Literatur zu achten ist!

Während in [113] die Koeffizienten von (2.48) für einen gesamten Zug in Auslaufversuchen bestimmt wurden, gehen manche Darstellungen auf die Zusammensetzung des Zuges (Anzahl der Wagen, Wagentyp, Form des Triebfahrzeuges) ein, [114].

Eine bekannte Formel geht auf eine ältere Arbeit zurück [115], wird aber noch teilweise verwendet [112]. Für den Wagenzug von n_w Reisezugwagen gilt

$$f_z = (1.9 + 0.0025V + 0.0048(n_w + 2.7)1.45(V + 15)^2/G)10^{-3} . \qquad (2.49)$$

Die Fahrgeschwindigkeit V ist hier in [km/h] einzusetzen. Der dem Luftwiderstand zugeordnete Anteil berücksichtigt einerseits aus Sicherheitsgründen einen mittleren Gegenwind von 15 km/h und andererseits mit seinen Zahlenwerten mittlere Werte der Luftdichte, des Widerstandsbeiwertes, der Querschnittsfläche $A = 10m^2$ sowie den erhöhten Widerstand des letzten Wagens zufolge des Wirbelschlepps. Der Widerstand der Lok kann eventuell nach [114] analog zu (2.45) berechnet werden: für eine Elektrolok vor einem Zugverband wird $c_w \cong 0.30$ angegeben.

Vergleicht man die Rollwiderstandsbeiwerte von Kfz und Bahn (Abb. 2.59 bzw. $c_0 = 1.9 \cdot 10^{-3}$ nach (2.49)), zeigt sich hier ein deutlicher Vorteil der Rad-Schiene-Technik.

2.8   Datenbeschaffung, Parameterbestimmung

Nachdem ein dynamisches Modell *strukturmäßig* – wie in den vorangegangenen Abschnitten beschrieben – aufgestellt wurde, kommt noch die notwendige Arbeit der Datenbeschaffung, d. h. der Angabe der numerischen Werte für die im (Simulations-) Modell auftretenden Parameter. Wir unterscheiden dabei *feste* Parameter für vorgegebene Konstruktionen und *variable* Parameter, sogenannte Entwurfsparameter, die im weiteren noch festzulegen oder zu optimieren sind.

Während wir für die Bestimmung der letzteren in Kap. 6 einige Verfahren beschreiben, müssen die festen Parameter als Ausgangsbasis vor der Analyse und dem weiteren Entwurf schon bekannt sein.

Die notwendige Vorarbeit zur Datenbeschaffung sollte keineswegs unterschätzt werden; sie ist zeitraubend, aufwendig und führt doch meist zu Angaben, die nur in einem gewissen Streubereich gültig sind. In dieses weitreichende Gebiet, bei dem sich meist rechnerische Verfahren (Identifizierung, [116, 22, 23, 117]) und experimentelle Methoden ergänzen, kann hier nur ein kleiner Einblick gegeben werden. Einige Verfahren zur Ermittlung dynamischer Kennwerte findet man auch in Büchern zur Maschinendynamik, s. z. B. [118].

Die *Datenbeschaffung* hängt natürlich sehr davon ab, ob das Fahrzeug oder Komponenten schon *hardwaremäßig gebaut* sind, *Konstruktionszeichnungen* nur *Prinzipskizzen* existieren. Nur im ersten Fall kann man direkt zu experimentellen Methoden greifen; im zweiten Fall kann man detaillierte Rechenverfahren anwenden, welche man gegebenenfalls noch experimentell absichern kann, während man im Fall der Prinzipskizzen nur Größenordnungen der Parameter annehmen kann und soll, um aus den Rechnungen Tendenzen oder das Prinzipverhalten des Systems abzuleiten. Auch sollte man sich immer wieder bewußt machen, daß im frühen Entwicklungsstadium die Verwendung sehr detaillierter Rechenmodelle und komplexer Rechenverfahren wenig ökonomisch ist, da es zunächst nur auf Tendenzen ankommt und auch für sehr detaillierte Analysen wenig Aussicht auf Bereitstellung der notwendigen Parameter besteht. Schon im Hinblick auf die Kenntnis und Genauigkeit der Systemparameter ist eine der Problemstellung und der Entwicklungsstufe angepaßte Modellierungstiefe anzustreben; gegen diese Grundregel wird sehr oft verstoßen.

Versucht man die Art der Daten zu charakterisieren, kann man z. B. folgende Einteilung treffen:

- Geometriedaten,
- Massen und Massenverteilung,
- elastische und dämpfende Eigenschaften,
- Daten zur Beschreibung spezieller Systemkomponenten, z. B. Reifen-Kennfeld,
- Bewegungswiderstände,
- Daten für die Auslegung von Regelsystemen, siehe Kap. 6,
- Daten zu stochastischen Fahrzeuganregungen, siehe Kap. 5.

Für die einzelnen Modellbereiche werden gewisse Datengruppen dominieren. Während z. B. für den Fahrzeugaufbau die Abmessungen und die Massen wesentlich sind, werden bei Radaufhängungen neben den geometrischen Daten, die Federungs- und Dämpfungswerte von ausschlaggebender Bedeutung sein.

Oft empfiehlt es sich, wenn möglich auf dimensionslose Größen für die Parameter und auch die Systemvariablen überzugehen. Relative Werte gegen eine bekannte Bezugsgröße können oft besser abgeschätzt werden als Absolutwerte, vor allem wenn erst eine Konzeption bzw. Prinzipskizzen eines Systems vorhan-

den sind. Speziell für Grundsatzuntersuchungen können die Ergebnisse meist
übersichtlicher und verständlicher gestaltet werden.

Im folgenden wird auf einige Aspekte dieser Datengruppen eingegangen, wobei jedoch Meßwerte bzw. Ausgangsinformationen auch in den Abschnitten 2.5, 2.6 bzw. in Kapitel 5 angeführt sind.

Geometriedaten

Abmessungen bzw. daraus abgeleitete geometrische Konfigurationen wie z. B. die Raderhebungskurven einer Radaufhängung, Geometriefunktionen des Rad-Schiene Kontaktes können ab dem Stadium von vorhandenen Konstruktionszeichnungen mit großer Genauigkeit abgenommen oder mit speziellen Programmen berechnet werden. Vorausgesetzt wird dabei meist ein starres System ohne größere lastabhängige Deformationen. Sind nur Prinzipskizzen des Systems vorhanden, so lassen sich meist doch zumindest Relationen der einzelnen Abmessungen untereinander angeben.

Massen und Massenverteilung

Zur Charakterisierung der Masseneigenschaften eines Systemteils werden benötigt:

- Gesamtmasse m
- Lage des Massenmittelpunktes (Schwerpunktes)
- die sechs Komponenten des Trägheitstensors.

Bei gebauten Teilen wird man versuchen, mit Wägeeinrichtungen und Schwingungsmessungen des aufgehängten Körpers die wesentlichen Daten direkt aus Messungen zu bestimmen, z. B. [118]. Stehen nur Konstruktionszeichnungen zur Verfügung oder ist der experimentelle Aufwand zur Bestimmung der Massendaten nicht gerechtfertigt, wird man diese Daten rechnerisch bestimmen. Die grundlegenden Daten für Masse, Schwerpunktlage, Trägheits- und Deviationsmomente für Standardkörper sind in jedem Mechanik Lehrbuch oder in Handbüchern, z. B. [119], angeführt. Meist ist es zweckmäßig und notwendig, die relativ komplexen Formen in Teilkörper einfacher Formen aufzulösen und dann mit Hilfe des STEINERschen Satzes für das gewählte Koordinatensystem zusammenzusetzen. Man kann diese Berechnungen auch im Rahmen von FE-Methoden durchführen.

Für Berechnungen in der Konzeptphase (oder auch noch Entwicklungsphase) eines Fahrzeugs wird man die Massendaten abschätzen müssen. Masse und Schwerpunktlage lassen sich meist relativ gut eingrenzen. Für die Trägheitsmomente wird man versuchen, Symmetrien auszunutzen, Teilkörper geometrisch zu vereinfachen und Deviationsmomente zu vernachlässigen. So wird bei den meisten Fahrzeugen ein aufbaufestes Koordinatensystem mit senkrechter z-Achse und der x-Achse in der Längssymmetrie als System der Trägheitshauptachsen betrachtet. Ebenso werden Massenwirkungen kleiner Teile oft vernachlässigt,

z. B. die Änderung der Massenverteilung durch die Relativbewegung von Aufhängungsgestängen.

Die Verwendung des Trägheitsradius i_a z. B für die Darstellung des Massenträgheitsmomentes bezüglich der Achse a

$$I_a = mi_a^2 \tag{2.50}$$

läßt oft anschauliche Abschätzungen aufgrund der Positionen der wesentlichen Massen des Fahrzeugs (z. B. Motor) zu. So können für einen Pkw die Massenträgheitsmomente bezüglich der körperfesten Achsen y_B, z_B, siehe Abb. 2.7, mit dem Radstand l und der Gesamtmasse m über

$$I_{yB} \sim I_{zB} \sim \frac{ml^2}{4} \tag{2.51}$$

abgeschätzt werden.

In der Literatur [118], [120], [121] sind verschiedene Apparaturen beschrieben worden, mit denen man die Massengeometrie experimentell bestimmen kann. Die Trägheitsmomente findet man, indem man die Rotation des zu untersuchenden Körpers um die gewünschte Achse zuläßt und eine Torsionssteifigkeit c_T um diese Achse mit bekannter Federkonstante einführt. Man mißt dann die Eigenfrequenz ω_0 der entstehenden Rotationsschwingung und bestimmt daraus das Trägheitsmoment

$$I_0 = \frac{c_T}{\omega_0^2}. \tag{2.52}$$

Ein Mehrfadenpendel, welches Aufhängungsseile und die Gravitation (anstelle elastischer Federn) für die Rückstellmomente benutzt, ist in Abb. 2.62 dargestellt. Die Deviationsmomente können durch einen zweiachsigen Schwingungsversuch oder durch Frequenzänderung bei Verdrehung um einen bekannten Winkel gewonnen werden, [121].

Elastische und dämpfende Eigenschaften

Hier wird man versuchen, die Eigenschaften an bestehenden Bauteilen (Einzelkomponenten) zu messen, siehe Abbildungen der Kapitel 2.5.3, 2.5.4. Eine Meßanordnung zur Bestimmung einer Dämpferkennlinie zeigt Abb. 2.63. Aber auch Berechnungsverfahren z. B. für Schraubenfedern oder (einfache) Kolbendämpfer stehen zur Verfügung z. B. [118], [119].

Erfolgen Messungen, bei denen eine Anzahl von Teilkörpern und Komponenten mitbeteiligt sind, wie zum Beispiel die Federkennlinie einer Radaufhängung mit progressiver Schraubenfeder Abb. 2.25, erhält man recht genaue Angaben zu einer speziellen Auslegungsvariante. Da es sich jedoch zumindest teilweise um eine Aufsummierung der Wirkung unterschiedlicher Federungselemente handeln wird, ist eine Übertragung dieser Information auf ähnliche Anordnungen nur sehr beschränkt - eventuell qualitativ - sinnvoll. Für die Konzeptionsphase werden die elastischen und dämpfenden Eigenschaften der Verbindungsglieder

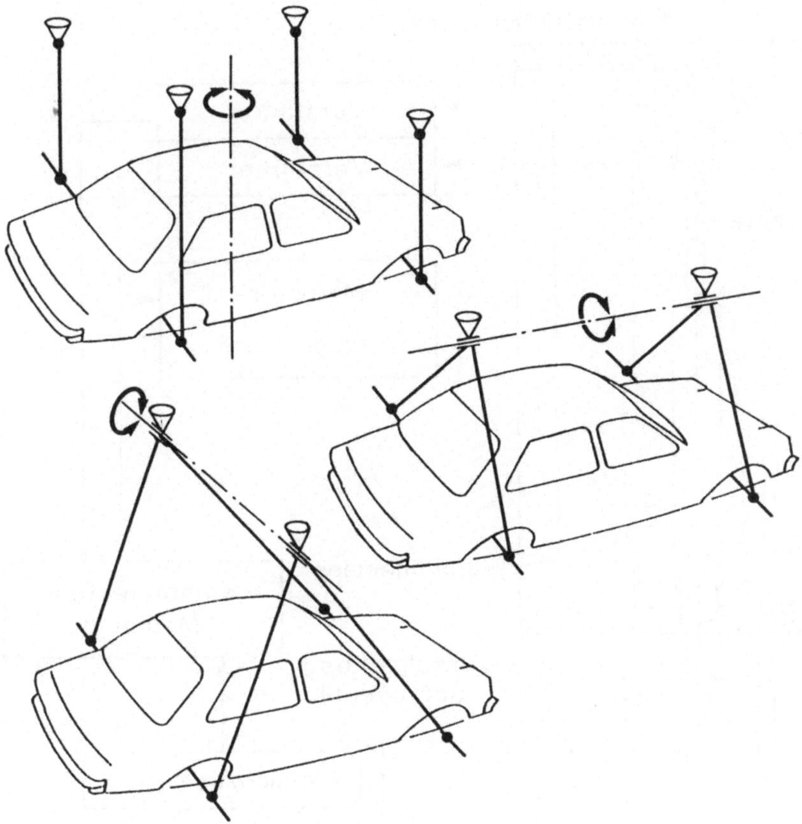

Abb. 2.62: Versuchsanordnung zur experimentellen Bestimmung der Trägheitsmomente

zwischen einzelnen als starr angenommenen Körpern des Systems zunächst zu wählen sein und werden in einem gewissen Bereich variiert werden müssen. Die heute verfügbaren Möglichkeiten einer konstruktiven Auslegung erlauben in den meisten Fällen, bei denen die Komponenteneigenschaften in sinnvollem Rahmen gehalten wurden, eine hardwaremäßige Realisierung.

Bei der Abstimmung einer Feder-Dämpfer-Masse-Anordnung sind die Eigenfrequenz ω und das Dämpfungsmaß D festzulegen. Auf einen isolierten Einmassen-Schwinger idealisiert, Abb. 2.64, läßt sich so zumindest abschätzen, wie rasch eine Schwingung dieses Bauteils abklingen würde (siehe auch Kap. 6). Die gewünschte Federkonstante läßt sich bei schwacher Dämpfung oft relativ einfach aufgrund der gewünschten Eigenfrequenz $\omega \cong \omega_n$ wählen und auch durch entsprechende Gestaltung des Federelements (Schraubenfedern aus Stahl, Gummielemente) realisieren. Die Dämpfung eines solchen Elementes ist meist weniger leicht beeinflußbar bzw. auch nicht so leicht bestimmbar. Für erste Analysen reichen aber oft Näherungen für das Dämpfungsmaß aus. Bei Fahrzeugauf-

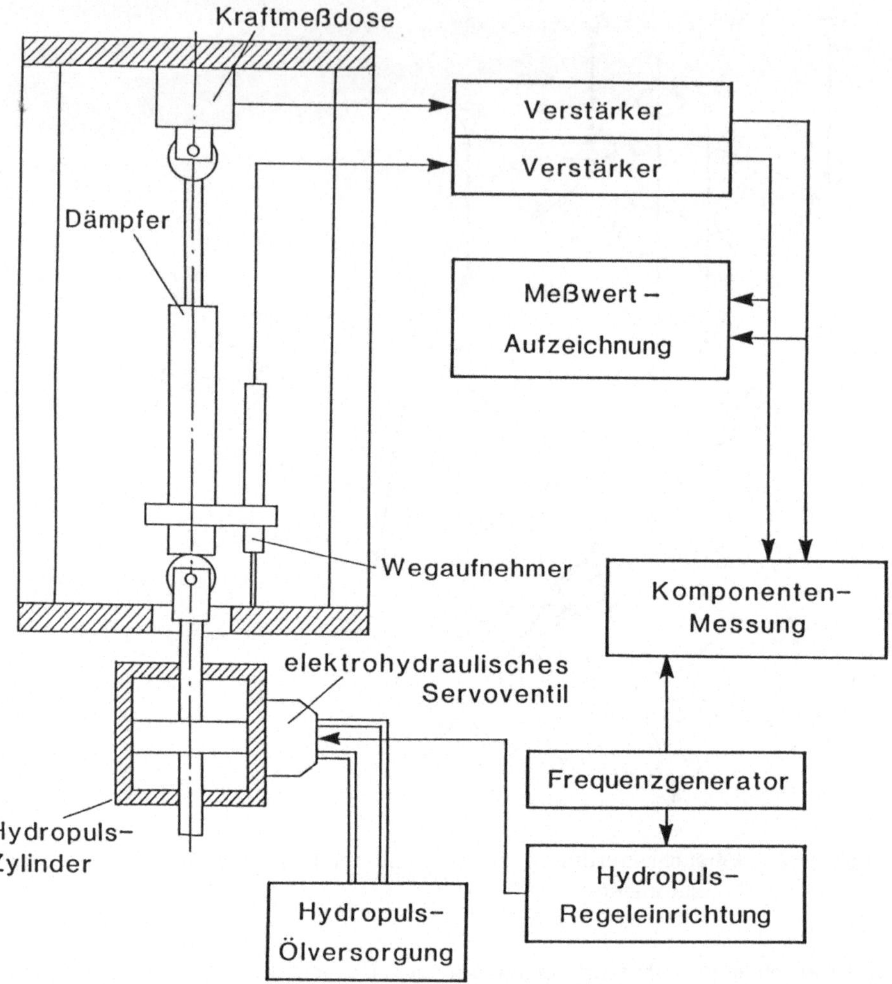

Abb. 2.63:   Versuchsaufbau zur Vermessung eines Dämpferelementes

bauschwingungen unter Beteiligung hydraulischer Dämpfung kann $D \cong 0.25$ gewählt werden, [1].

Bei Verwendung der im allgemeinen frequenzabhängigen dynamischen Steifigkeit c_{dyn} und der verhältnismäßigen Dämpfung ψ (Nenndämpfung) nach (2.8), (2.9), Abb. 2.29, werden nur die Übertragungseigenschaften von Verbindungs- oder Abstützteilen ohne angeschlossene Massen betrachtet. Mit Hydropulsmaschinen, ähnlich Abb. 2.63 lassen sich diese beiden Kenngrößen versuchsmäßig eindeutig bestimmen. Hat man so die Übertragungseigenschaften ermittelt, liegt der Gedanke nahe, über Anordnung von linearen Federn und Dämpfern diese Eigenschaften zu modellieren.

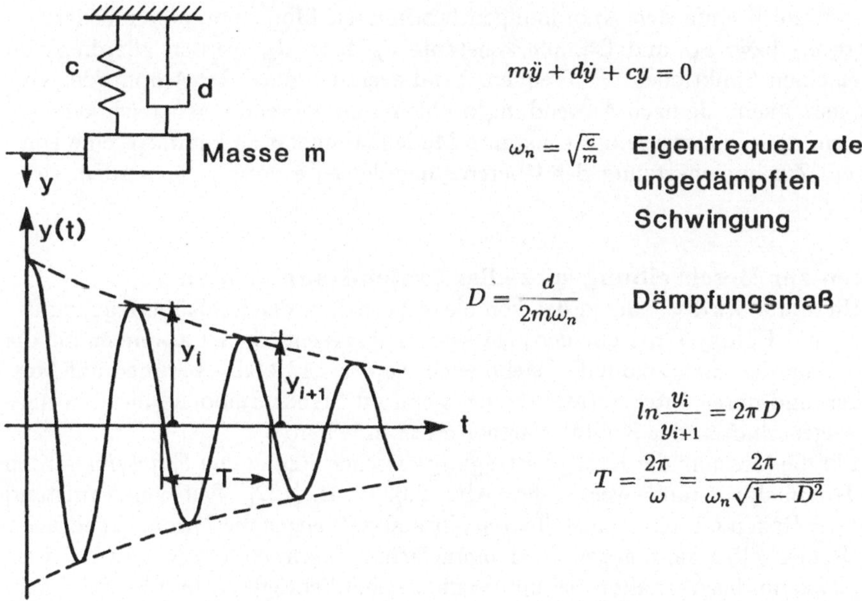

Abb. 2.64: Charakterisierung des Verhaltens eines gedämpften Einmasse-Schwingers

Für die zwei grundsätzlichen Anordnungen je einer Feder und einem Dämpfer parallel (KELVIN-Element) oder in Serie (MAXWELL-Element), siehe Abb. 2.31, lassen sich die Größen c_{dyn} und ψ relativ leicht angeben. Die auf das KELVIN-Element wirkende Kraft F_K läßt sich beschreiben mit

$$F_K = c_K \Delta z + d_K \Delta \dot{z} \, . \tag{2.53}$$

Für die Kraft F_M auf ein MAXWELL-Element kann die Differentialgleichung

$$\dot{F}_M + \frac{c_M}{d_M} F = c_M \Delta \dot{z} \tag{2.54}$$

aufgestellt werden.

Für eine harmonische Erregung $\Delta z = a \sin \omega t$ errechnen sich aus (2.53) mit den Definitionen (2.8) (2.9) für ein KELVIN-Element

$$c_{dyn,K} = \omega d_K \left(1 + \left(\frac{c_K}{d_K \omega}\right)^2\right)^{\frac{1}{2}}, \quad \psi_K = 2\pi \left(1 + \left(\frac{c_K}{d_K \omega}\right)^2\right)^{-\frac{1}{2}} . \tag{2.55}$$

Im eingeschwungenen Zustand ergeben sich diese Größen für das MAXWELL-Element mit (2.54) zu

$$c_{dyn,M} = \omega d_M \left(1 + \left(\frac{d_M \omega}{c_M}\right)\right)^{-\frac{1}{2}}, \quad \psi_M = 2\pi \left(1 + \left(\frac{d_M \omega}{c_M}\right)^2\right)^{-\frac{1}{2}} . \tag{2.56}$$

Die mit solch einfachen Anordnungen bestimmten Modellparameter Federkonstante c_K bzw. c_M und Dämpferkonstante d_K bzw. d_M werden allerdings im allgemeinen Funktionen der Frequenz (und eventuell auch der Amplitude, Vorlast, usw.) sein. Je nach Anwendungsproblem und Anwendungsbereich kann somit, um näherungsweise auf konstante Modellparameter zu kommen, eine komplexere Zusammensetzung der Übertragungselemente notwendig werden, siehe Abb. 2.31.

Daten zur Beschreibung spezieller Systemkomponenten

Hierunter wird vor allem das komplexe Verhalten der Kraftübertragung der Trag- und Führsysteme einzuordnen sein. Die wesentlichen Parameter für die Erstellung der Ersatzmodelle - siehe auch Kap. 2.6.1, 2.6.2 - beruhen auf Messungen und deren Interpretation, auch wenn oft Strukturmodelle die Deformationseigenschaften der Kontaktpartner erfassen helfen.

Für die Messung der Kraftübertragung zwischen *Reifen und Fahrbahn* werden oft Trommelprüfstände verwendet, Abb. 2.65, z. B. [122]. Auf dem Prüfstand wird der Reifen mit einer einstellbaren Normalkraft gegen die Trommel gedrückt. Der Reifen selbst kann gegen die Trommelachse verschwenkt bzw. gestürzt werden; so kann das Verhalten bei unterschiedlichem Schräglauf- und Sturzwinkeln gemessen werden. Oft bestehen noch zusätzliche Einrichtungen, um den Reifen abzubremsen (seltener um ihn anzutreiben) und so das Zusammenwirken von Längs- und Querkräften zu erfassen. Eine Mehrkomponenten-Meßnabe in der Reifenlagerung dient zur Aufnahme der Meßwerte.

Neben Außentrommelprüfständen (Trommeldurchmesser 1.9m bis 2m) werden auch Innentrommelprüfstände eingesetzt. Diese erlauben auch eine Messung des Reifenverhaltens bei unterschiedlicher Wasserfilmtiefe auf der ”Trommelfahrbahn”.

Die Meßergebnisse auf der Trommel (i. a. feinkörniger Korundbelag) entsprechen bezüglich Seitenkraft- und Umfangskraft etwa einer sehr gut griffigen Fahrbahn. Die gemessenen Rückstellmomente zeigen jedoch wegen der veränderten Latschlänge auf der Trommel gegenüber der ebenen Fahrbahn teilweise deutliche Unterschiede.

Für Messungen auf der Straße wird ein Lkw eingesetzt, der z. B. zusätzlich verschwenkbar montierte Räder hat, Abb. 2.66 nach [123]. Die ungefilterten (auf Null korrigierten) Meßergebnisse zeigen zwar eine relativ gute Reproduzierbarkeit aber auch die fahrbahnbedingten Streuungen.

Für die Modellierung des Reifenverhaltens sollte bedacht werden, daß einerseits selbst Reifen der gleichen Fertigungsserie Streuungen bis 5% aufweisen und andererseits zuverlässige Aussagen bei gleichen Bedingungen (z. B. Profilhöhe) nur bei relativ kleinem Längsschlupf und Schräglaufwinkeln möglich sind. Ein gesamtes Kennfeld etwa wie in Abb. 2.38 quasi-stationär durchzumessen, ist mit einem Reifen allein aus Gründen des Verschleißes praktisch nicht möglich.

Messung der Kraftübertragung bei der Paarung *Rad-Schiene* kann ebenfalls auf Prüfständen erfolgen; in [124] werden unter Bezugnahme auf zwei Prüfstände Grenzen und Möglichkeiten von Prüfstandsversuchen aufgezeigt.

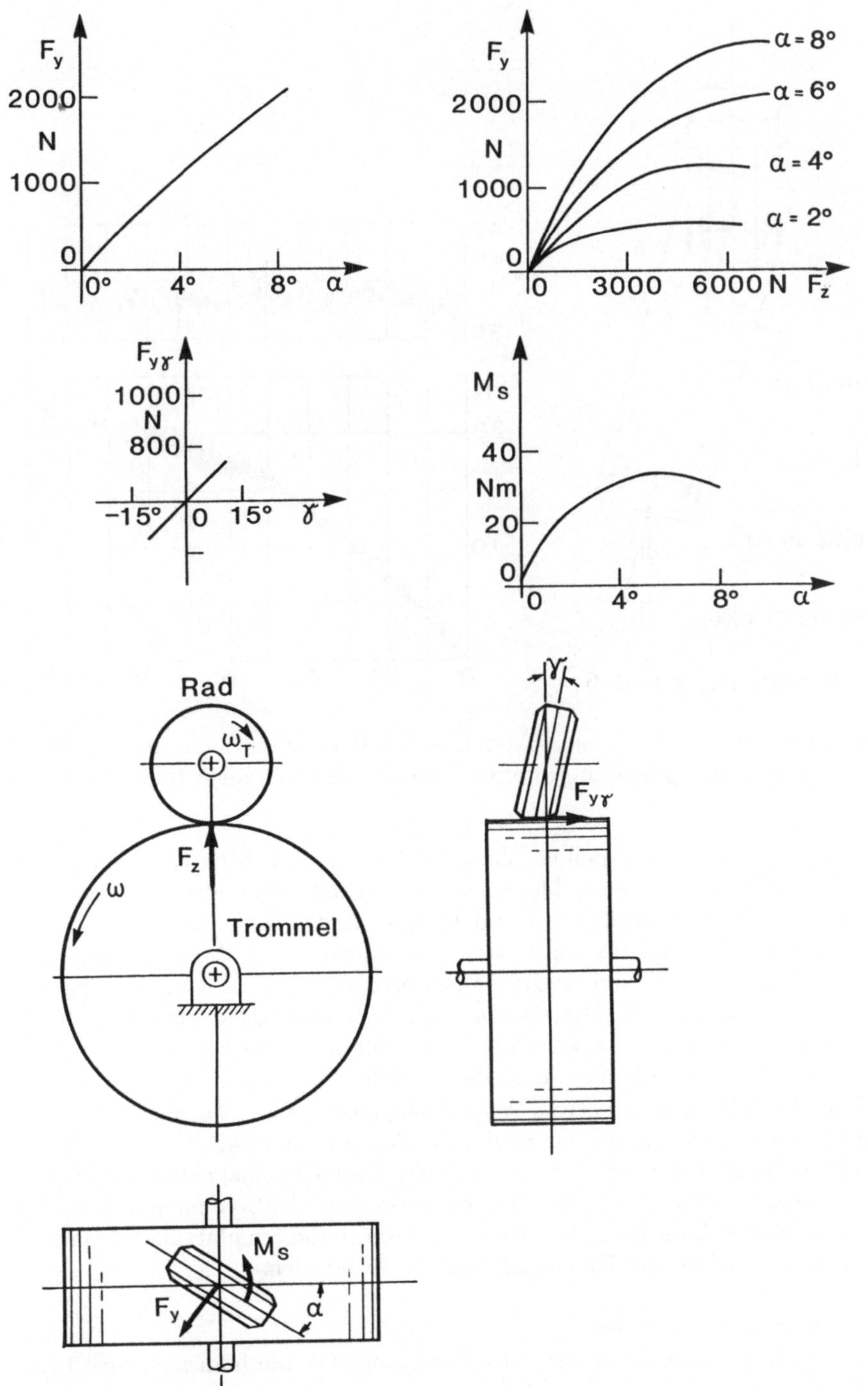

Abb. 2.65: Funktionsanordnung eines Trommelprüfstandes und typische Meßergebnisse

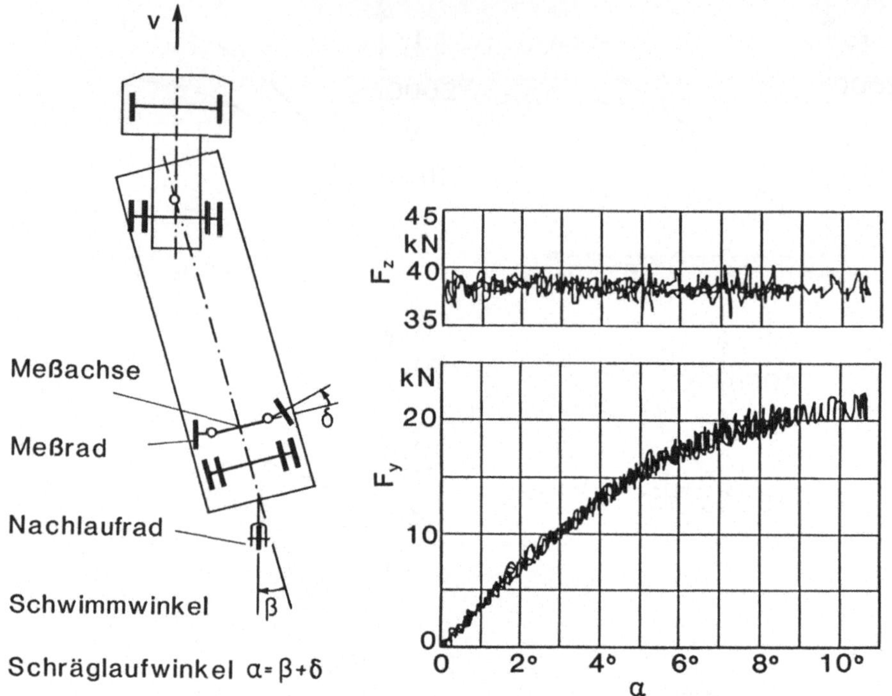

Abb. 2.66: Prinzipskizze eines Meß-Lkw für Reifenmessungen auf der Straße und typische ungefilterte Meßergebnisse für einen Lkw-Reifen

Messungen mit einem speziell eingebauten Radsatz im Fahrbetrieb sind in [98], Abb. 2.67, dargestellt. Dieser Meßradsatz mit zylindrischen Radreifen kann mit Schräglauf (also Querschlupf ν_2) und Längsschlupf ν_1 betrieben werden. Die aufgenommenen Meßwerte liegen wieder in einem relativ breiten Band; eine Wiederholung der Messung zeigte jedoch eine relativ gute Übereinstimmung (Reproduzierbarkeit) der Mittelwerte. Beachtet man die 3 unterschiedlichen Skalierungsbereiche des Längsschlupfes, erkennt man deutlich die Ähnlichkeit zur Kraftschluß-Schlupfkurve des Reifens auf der Fahrbahn, z. B. Abb. 2.37.

Für die Erfassung der Kraft-Weg-Abhängigkeit, eines *Tragmagneten* einer Magnetschwebebahn kann eine prinzipielle Meßanordnung wie in Abb. 2.68 dargestellt, verwendet werden. Die Kraftwirkung des Elektromagneten als Funktion des (Luftspalt-) Abstandes s und des Stromes i bzw. der Spannung u kann über eine analytische Approximation der Meßkurven in die Simulationsrechnung für das Systemverhalten des Fahrzeuges eingebracht werden.

Bewegungswiderstände

Da der Roll- und Luftwiderstand auf sehr komplexe Mechanismen zurückgeht, werden sie praktisch ausschließlich durch Messungen bestimmt. Besonders beim Kraftfahrzeug sind dafür spezielle Methoden und Geräte entwickelt worden.

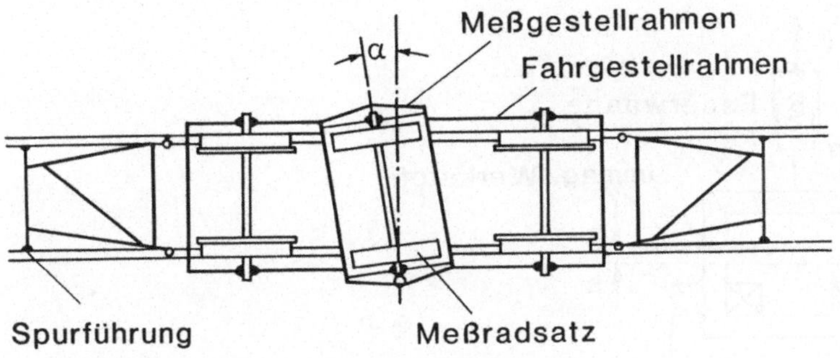

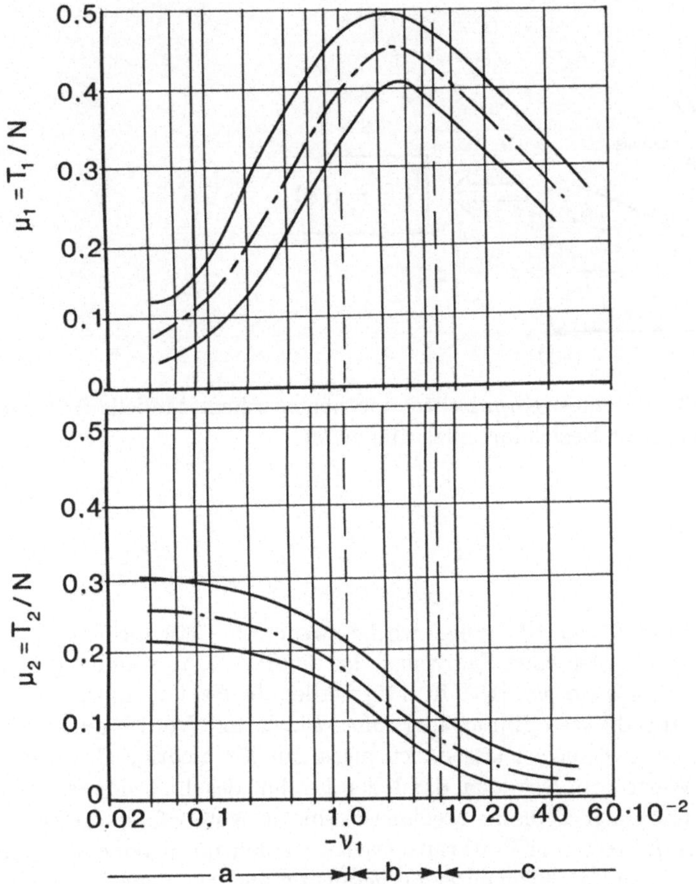

Abb. 2.67: Kraftschlußmessung Rad-Schiene mit speziellem Meßradsatz: Kraftschlußwerte (Umfangsrichtung μ_1, Querrichtung μ_2) mit Streubereich, Mittelwert in Abhängigkeit vom Umfangsschlupf ν_1 bei konstantem Querschlupf $\nu_2 = 0.002$, trockene Schiene

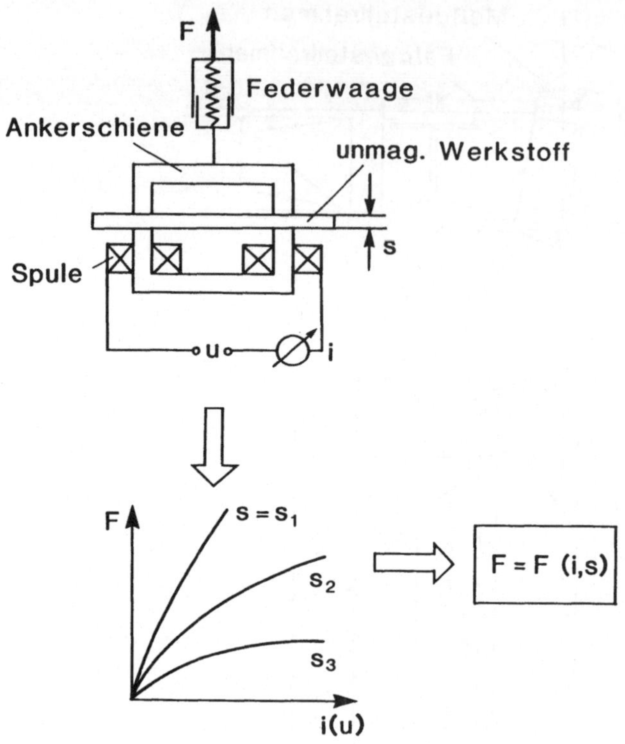

Abb. 2.68:   Erstellung eines empirischen mathematischen Modells für die Strom-Kraft-Beziehung eines Magneten

Der *Rollwiderstand des Kraftfahrzeugs* wird entweder am Reifenprüfstand ermittelt oder durch Schleppen eines Fahrzeugs, das durch eine Außenhülle gegen die Luftströmung abgeschirmt ist, [18]. In [110] werden die frei laufenden, gegen die Luftströmung abgedeckten Hinterräder eines Pkw's mit Vorderradantrieb verwendet. Mit Ausrollversuchen lassen sich meist nur für niedrige Geschwindigkeiten gültige Werte ermitteln, da dann der Einfluß des Luftwiderstandes vernachlässigt werden darf. Typische Meßkurven sind in Abb. 2.59 dargestellt.

Der *Luftwiderstand* bzw. die Luftkraftbeiwerte werden im allgemeinen mit maßstäblich verkleinerten Modellen unter Berücksichtigung der strömungsmechanischen Ähnlichkeitsgesetze oder mit 1:1 Modellen in einem Windkanal gemessen, [111]. Abb. 2.69 zeigt einen 1:1 Windkanal für Blasgeschwindigkeit bis über 250 km/h.

Gemessen werden die aerodynamischen Kräfte und die Momente bezogen auf die Mitte O der Aufstandsfläche für alle 3 Achsrichtungen, Abb. 2.70. Als Bei-

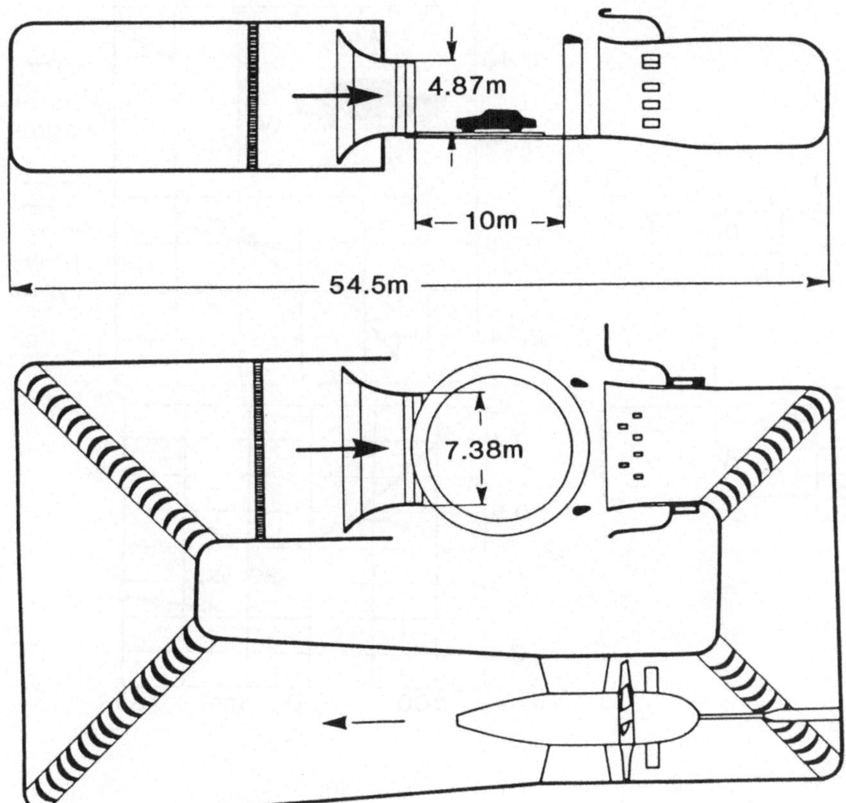

Abb. 2.69: Schema des Windkanals der Firma Daimler Benz für Messungen
am 1:1 Modell

spiel sind in Abb. 2.70 auch gemessene Beiwerte für Auftrieb $W_z = c_z A(\rho v_r^2/2)$
und Widerstand $W_L = c_w A(\rho v_r^2/2)$ - siehe Kap. 2.7 - für vier verschiedene Pkw
in Abhängigkeit von dem Auslegungsparameter Bodenfreiheit e dargestellt.

Für fahrdynamische Untersuchungen wird man das gemessene Kraftsystem
auf den Fahrzeugschwerpunkt als Bezugspunkt umrechnen bzw. auf einen Druck-
punkt beziehen - siehe Kap. 2.7.

Die *Bewegungswiderstände der Eisenbahn* werden im allgemeinen mit Auslaufversuchen ermittelt oder zumindest verifiziert. In [113] erhält man einen
guten Eindruck des Aufwandes für eine sorgfältige Versuchsdurchführung und
Auswertung.

Die Methoden der Windkanalmessungen an verkleinerten Modellen stehen
natürlich auch bei Zügen zur Verfügung.

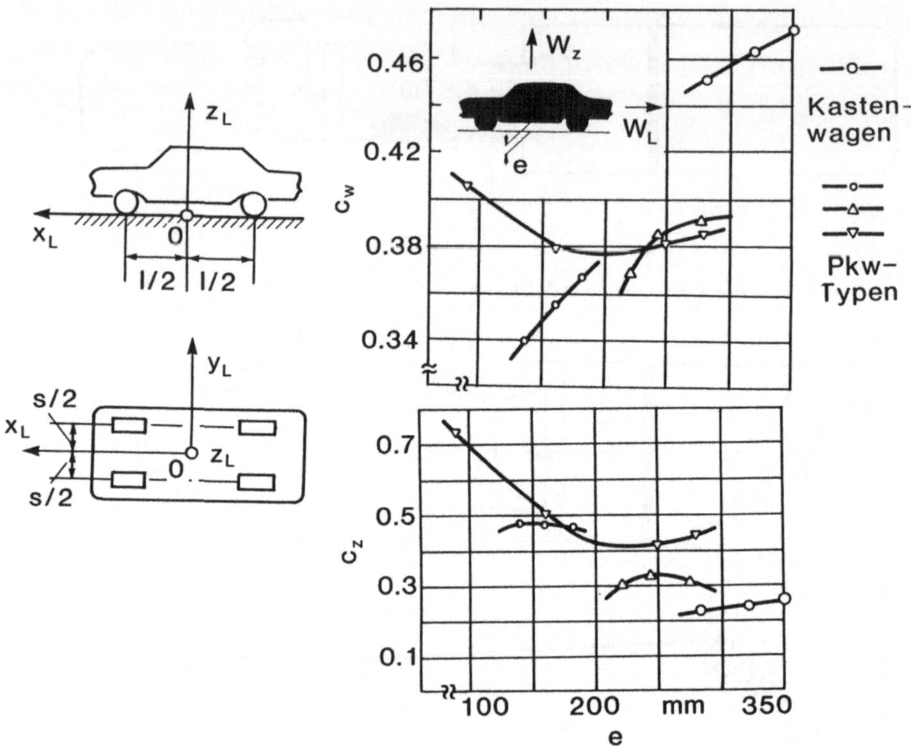

Abb. 2.70: Bezugskoordinatensystem x_L, y_L, z_L für Messungen im Windkanal und typische Messungen von Auftriebsbeiwert c_z und Widerstandsbeiwert c_w in Abhängigkeit von der Bodenfreiheit e

3 Bewegungsgleichungen

Ziel dieses Kapitels ist es, dem Leser in Kurzform - als Repetitorium sozusagen - die Grundzüge der Aufstellung der Bewegungsgleichungen mechanischer Mehrkörpersysteme zu vermitteln. Für eine ausführliche Beschreibung der Vorgehensweisen besteht eine umfangreiche Literatur, z. B. [125, 126, 127], [128]. Dabei haben sich für kompliziertere Fälle und zur computergerechten Formulierung algorithmische Aufstellungsverfahren bewährt, [129, 130, 131].

Die hier aufgezeigten Methoden gehen zunächst von der Darstellung der Kräfte und kinematischen Größen im Inertialsystem (Absolutsystem) aus. Zusätzlich wird jedoch die Formulierung der Bewegungsgleichungen für körperfeste (und damit mitbewegte) Koordinatensysteme angeführt.

3.1 Aufstellung der Bewegungsgleichungen

Die Ausführungen über die Modellbildung in der Fahrzeugdynamik (Kap. 2) zeigen uns, daß das wichtigste Ersatzmodell ein mechanisches System, bestehend aus einer Anzahl von starren Körpern - im Grenzfall auch Punktmassen - darstellt. Die Körper sind dabei durch masselose Federn, Dämpfer sowie durch idealisierte, d. h. unnachgiebige Gelenke (Lager, Führungen) untereinander verbunden. Hinzu kommen im weiteren noch Stellglieder und allgemeinere Aufhängungen, über die Führungen, Steuerungen, Störungen und natürlich auch Regelungen charakterisiert werden können. Ersatzsysteme dieser Art bezeichnet man als *Mehrkörpersysteme* (MKS), siehe Abb. 3.1. Diese Skizze eines MKS soll die Grundelemente aufzeigen, die in beliebiger Anzahl und Anordnung vorkommen können.

Für die *Aufstellung der Bewegungsgleichungen von MKS* stehen die bewährten Grundgleichungen (NEWTON/EULER), die Prinzipien der Mechanik (z. B. D'ALEMBERT, JOURDAIN) sowie daraus abgeleitet z. B. die LAGRANGEschen Gleichungen 2. Art zur Verfügung. Wir begnügen uns hier mit einer gerafften Darstellung der Herleitung der Bewegungsgleichungen in Matrizenform in Anlehnung an [132].

Das Bewegungsverhalten des MKS bestimmt sich durch das Verhalten jedes einzelnen Körpers, wobei die kinematischen Bindungen (Einschränkungen der Bewegungsmöglichkeiten z. B. durch Gelenke) zwischen den Einzelkörpern von wesentlicher Bedeutung sind.

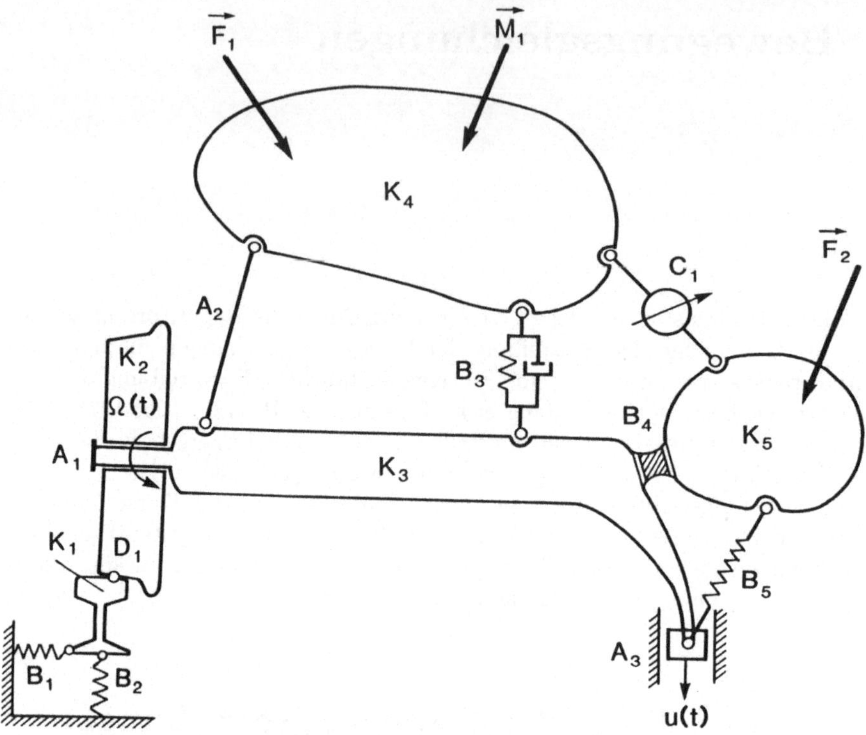

Abb. 3.1: Ersatzmodell eines Mehrkörpersystems:
K_i ... Starrkörper
A_i ... kinematische Bindungen
B_i ... Bindungen über Kraftgesetze (Federn, Dämpfer ...)
C_1 ... Bindungen über ein Stellglied
D_1 ... Rad-Schiene-Kontakt (kinemat. Bindung und Kraftgesetz)
$\Omega(t)$ ... vorgegebene Bewegung
$u(t)$ ... Steuergröße
$\vec{F}_i, \vec{M}_i$ ... äußere Kräfte und Momente

3.1.1 Kinematik, allgemeine Überlegungen

Die Lage des starren Körpers K_i im Raum kann durch ein mit ihm fest verbundenes (körperfestes), kartesisches Koordinatensystem in eindeutiger Weise
beschrieben werden, siehe Abb. 3.2. Dieses körperfeste Koordinatensystem mit
den Einheitsvektoren $\vec{e}_{ix}$, $\vec{e}_{iy}$, $\vec{e}_{iz}$ und dem Ursprung im Massenmittelpunkt C_i
wird bezüglich des Referenzsystems $\vec{e}_{Ix}$, $\vec{e}_{Iy}$, $\vec{e}_{Iz}$ durch den (3×1)-*Ortsvektor*
$\vec{r}_i$ und die (3×3)-*Drehmatrix* $\mathbf{A}_{Ii}$ festgelegt. In der Dynamik wird häufig ein
Inertialsystem als Referenzsystem verwendet.

Wir betrachten zunächst einen *freien Körper*. Dann ist der Ortsvektor $\vec{r}_i$
zum Massenmittelpunkt C_i, durch drei kartesische Koordinaten charakterisiert,

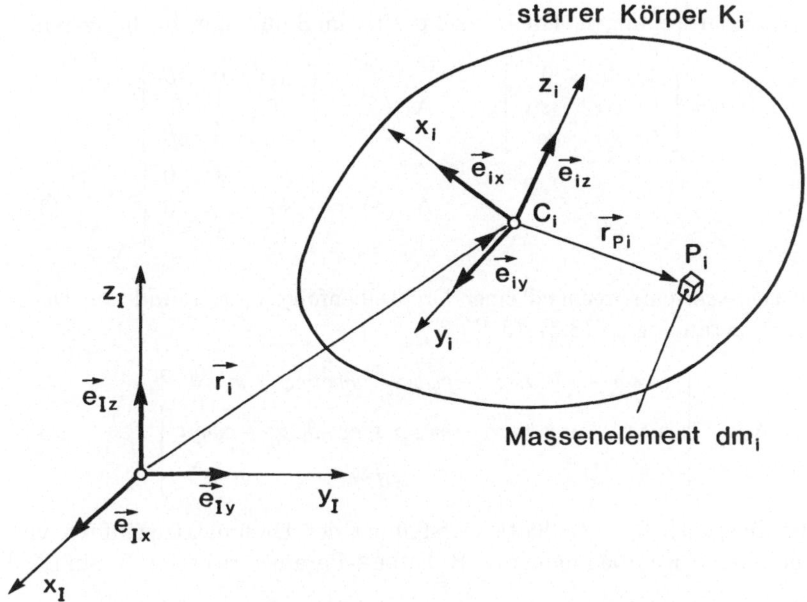

Abb. 3.2: Bezeichnungen bei der Darstellung des Körpers K_i: $\vec{r}_i$ Ortsvektor vom System I (Inertialsystem) zum Massenmittelpunkt C_i ; $\vec{r}_{Pi}$ Ortsvektor von C_i zum Körperpunkt P_i; Massenelement dm_i; x_i, y_i, z_i körperfestes Koordinatensystem

die z. B. im System I als Spaltenmatrix $\underline{r}_{i/I}$ dargestellt werden:

$$\vec{r}_i = r_{ix/I}\vec{e}_{Ix} + r_{iy/I}\vec{e}_{Iy} + r_{izy/I}\vec{e}_{Iz}, \quad \text{d. h.} \quad \underline{r}_{i/I} = \begin{bmatrix} r_{ix/I} \\ r_{iy/I} \\ r_{iz/I} \end{bmatrix}. \tag{3.1}$$

Die Drehmatrix läßt sich als Funktion von drei Größen z. B. den *Euler- oder Kardan-Winkeln* darstellen und aus drei Elementardrehungen (d. h. Drehungen um je eine Koordinatenachse) aufbauen. Mit der abgekürzten Schreibweise für die Winkelfunktionen

$$\sin\alpha = s\alpha, \quad \cos\alpha = c\alpha \qquad \text{usw.} \tag{3.2}$$

gilt bei

a) Kardanwinkeln entsprechend einer Drehreihenfolge um die x-, y-, und z-Achse und den zugehörigen Drehwinkeln α, β, γ:

$$\mathbf{A}_{Ii} = \mathbf{A}_{Ik}(\alpha)\,\mathbf{A}_{kj}(\beta)\,\mathbf{A}_{ji}(\gamma)$$

$$= \begin{bmatrix} c\beta c\gamma & -c\beta s\gamma & s\beta \\ c\alpha s\gamma + s\alpha s\beta c\gamma & c\alpha c\gamma - s\alpha s\beta s\gamma & -s\alpha c\beta \\ s\alpha s\gamma - c\alpha s\beta c\gamma & s\alpha c\gamma + c\alpha s\beta s\gamma & c\alpha c\beta \end{bmatrix}, \tag{3.3}$$

mit den Elementardrehungen (Drehwinkel positiv im Sinne eines Rechtssystems)

$$\mathbf{A}_{Ik}(\alpha) = \begin{bmatrix} 1 & 0 & 0 \\ 0 & c\alpha & -s\alpha \\ 0 & s\alpha & c\alpha \end{bmatrix}, \qquad \mathbf{A}_{kj}(\beta) = \begin{bmatrix} c\beta & 0 & s\beta \\ 0 & 1 & 0 \\ -s\beta & 0 & c\beta \end{bmatrix},$$

$$\mathbf{A}_{ji}(\gamma) = \begin{bmatrix} c\gamma & -s\gamma & 0 \\ s\gamma & c\gamma & 0 \\ 0 & 0 & 1 \end{bmatrix} ; \qquad (3.4)$$

b) bei Eulerwinkeln entsprechend einer Drehreihenfolge z, x, z und den Drehwinkeln ψ, ϑ, φ (analog zu (3.3), (3.4))

$$\mathbf{A}_{Ii} = \begin{bmatrix} c\psi c\varphi - s\psi c\vartheta s\varphi & -c\psi s\varphi - s\psi c\vartheta c\varphi & s\psi s\vartheta \\ s\psi c\varphi + c\psi c\vartheta s\varphi & -s\psi s\varphi + c\psi c\vartheta c\varphi & -c\psi s\vartheta \\ s\vartheta s\varphi & s\vartheta c\varphi & c\vartheta \end{bmatrix}. \qquad (3.5)$$

Für die gelegentlich vorteilhafte Darstellung der Drehmatrizen durch vier Größen und einer Zusatzbedingung (z. B. EULER-Parametern) sei z. B. auf [125] verwiesen.

Eine wesentliche Eigenschaft der Drehmatrizen ist die Verknüpfung der Darstellung eines Vektors in zwei verschiedenen Koordinatensystemen durch seine drei zugehörigen Vektorkomponenten (Koordinaten), siehe auch Kap. 1.4,

$$\underline{r}_{i/I} = \mathbf{A}_{Ii}\underline{r}_{i/i},$$

$$\begin{bmatrix} r_{ix/I} \\ r_{iy/I} \\ r_{iz/I} \end{bmatrix} = \begin{bmatrix} a_{11} & a_{12} & a_{13} \\ a_{21} & a_{22} & a_{23} \\ a_{31} & a_{32} & a_{33} \end{bmatrix} \begin{bmatrix} r_{ix/i} \\ r_{iy/i} \\ r_{iz/i} \end{bmatrix} . \qquad (3.6)$$

Die Spalten der Matrix $\mathbf{A}_{Ii}$ können auch, wie man leicht zeigen kann, als Darstellung der Einheitsvektoren des Systems i im System I interpretiert werden. Dabei gilt mit den Bezeichnungen nach Abb. 3.2:

$$\underline{e}_{ix/I} = \begin{bmatrix} a_{11} \\ a_{21} \\ a_{31} \end{bmatrix}, \ \underline{e}_{iy/I} = \begin{bmatrix} a_{12} \\ a_{22} \\ a_{32} \end{bmatrix}, \ \underline{e}_{iz/I} = \begin{bmatrix} a_{13} \\ a_{23} \\ a_{33} \end{bmatrix}. \qquad (3.7)$$

Die *Winkelgeschwindigkeit* des Koordinatensystems i gegen das System I erhält man aus der Drehmatrix mit Hilfe der Gleichung

$$\tilde{\omega}_{Ii/I} = \frac{\mathrm{d}\mathbf{A}_{Ii}}{\mathrm{d}t}\mathbf{A}_{Ii}^{T} = \dot{\mathbf{A}}_{Ii}\mathbf{A}_{iI} \qquad (3.8)$$

bzw. die Darstellung im System i:

$$\tilde{\omega}_{Ii/i} = \mathbf{A}_{iI}\dot{\mathbf{A}}_{Ii} \qquad (3.9)$$

siehe z. B. [125]. Der Operator ($\sim$) stellt die schiefsymmetrische Matrix des entsprechenden Vektors dar, Kap. 1.4. Die Darstellung des Vektors der Winkelgeschwindigkeit erhält man aus

$$\tilde{\omega}_{Ii/I} = \begin{bmatrix} 0 & -\omega_{Iiz/I} & \omega_{Iiy/I} \\ \omega_{Iiz/I} & 0 & -\omega_{Iix/I} \\ -\omega_{Iiy/I} & \omega_{Iix/I} & 0 \end{bmatrix} , \tag{3.10}$$

$$\underline{\omega}_{Ii/I} = \begin{bmatrix} \omega_{Iix/I} \\ \omega_{Iiy/I} \\ \omega_{Iiz/I} \end{bmatrix} . \tag{3.11}$$

Die Winkelgeschwindigkeit läßt sich alternativ auch aus Elementardrehungen aufbauen; dies ist rechentechnisch oft leichter als über (3.8). Man erhält für Kardanwinkel

$$\begin{aligned} \underline{\omega}_{Ii/I} &= \begin{bmatrix} \dot{\alpha} \\ 0 \\ 0 \end{bmatrix} + \mathbf{A}_{Ik} \begin{bmatrix} 0 \\ \dot{\beta} \\ 0 \end{bmatrix} + \mathbf{A}_{Ik}\mathbf{A}_{kj} \begin{bmatrix} 0 \\ 0 \\ \dot{\gamma} \end{bmatrix} = \begin{bmatrix} \dot{\alpha} + s\beta\,\dot{\gamma} \\ c\alpha\,\dot{\beta} - c\beta s\alpha\,\dot{\gamma} \\ s\alpha\,\dot{\beta} + c\beta c\alpha\,\dot{\gamma} \end{bmatrix} \\ &= \begin{bmatrix} 1 & 0 & s\beta \\ 0 & c\alpha & -c\beta s\alpha \\ 0 & s\alpha & c\beta c\alpha \end{bmatrix} \begin{bmatrix} \dot{\alpha} \\ \dot{\beta} \\ \dot{\gamma} \end{bmatrix} . \end{aligned} \tag{3.12}$$

Für Eulerwinkel ergibt sich

$$\underline{\omega}_{Ii/I} = \begin{bmatrix} 0 & c\psi & s\psi c\vartheta \\ 0 & s\psi & -c\psi s\vartheta \\ 1 & 0 & c\vartheta \end{bmatrix} \begin{bmatrix} \dot{\psi} \\ \dot{\vartheta} \\ \dot{\phi} \end{bmatrix} . \tag{3.13}$$

Wie aus der Struktur von (3.12) bzw. (3.13) ersichtlich, läßt sich die Winkelgeschwindigkeit auch mit einer [3×3] JACOBI-Drehmatrix und den Ableitungen der Drehwinkel darstellen. Für Kardanwinkel bzw. Eulerwinkel kann dann geschrieben werden:

$$\underline{\omega}_{Ii/I} = \mathbf{J}_{\omega Ii/I}\,(\alpha, \beta, \gamma) \begin{bmatrix} \dot{\alpha} \\ \dot{\beta} \\ \dot{\gamma} \end{bmatrix} , \quad \text{bzw.} \quad \underline{\omega}_{Ii/I} = \mathbf{J}_{\omega Ii/I}\,(\psi, \vartheta, \phi) \begin{bmatrix} \dot{\psi} \\ \dot{\vartheta} \\ \dot{\phi} \end{bmatrix} . \tag{3.14}$$

Mit den in der Einführung, Kap. 1.4, angegebenen Vereinfachungen können auch $\mathbf{J}_{\omega Ii/I} = \mathbf{J}_{\omega i}$ bzw. $\underline{\omega}_{Ii/I} = \underline{\omega}_i$ abgekürzt werden. Die Struktur der Schreibweise von (3.14) gilt auch allgemein für beliebig eingeführte Drehwinkel.

Als Hinweis für die Wahl der Koordinatensysteme und Drehwinkel von Fahrzeugsystemen kann gesagt werden, daß die x-Achse (fast) einheitlich der Bewegungsrichtung und Längsmittelebene als Symmetrieebene des Fahrzeugs zugeordnet wird. Die Richtung der z-Achse wird je nach Fahrzeugtyp und Sprachraum entweder nach oben oder unten positiv gewählt, siehe Kap. 2. Die Lage der y-Achse ergibt sich aufgrund des Rechtssystems. Für die Beschreibung der Drehungen werden im allgemeinen die zugehörigen Kardanwinkel verwendet.

Die *zeitliche Änderung eines Vektors* gegen das Referenzsystem I kann über die Ableitung seiner Komponenten beschrieben werden. So errechnet sich z. B. die Geschwindigkeit des Punktes C_i dargestellt im System I aus dem Ortsvektor (3.1) zu:

$$\underline{v}_i = \underline{v}_{i/I} = \frac{d}{dt}\underline{r}_{i/I} = \begin{bmatrix} \dot{r}_{ix/I} \\ \dot{r}_{iy/I} \\ \dot{r}_{iz/I} \end{bmatrix} . \tag{3.15}$$

Ist etwa die Darstellung des Ortsvektors nur im System k gegeben, ist also $\underline{r}_{i/k}$ mit seinen Komponenten bekannt, so kann man unter Verwendung der Transformationsmatirx $\mathbf{A}_{Ik}$ schreiben:

$$\underline{v}_i = \frac{d}{dt}\left(\mathbf{A}_{Ik}\underline{r}_{i/k}\right) = \frac{d\mathbf{A}_{Ik}}{dt}\underline{r}_{i/k} + \mathbf{A}_{Ik}\frac{d\underline{r}_{i/k}}{dt} . \tag{3.16}$$

Für den häufig auftretenden Fall, daß $\underline{r}_{i/i}$ gegeben ist und die Darstellung der Geschwindigkeit ebenfalls im System i gesucht wird, gilt mit (3.16) und (3.9)

$$\begin{aligned} \underline{v}_{i/i} &= \mathbf{A}_{iI}\underline{v}_{i/I} = \mathbf{A}_{iI}\frac{d\mathbf{A}_{Ii}}{dt}\underline{r}_{i/i} + \underbrace{\mathbf{A}_{iI}\mathbf{A}_{Ii}}_{\mathbf{E}}\frac{d\underline{r}_{i/i}}{dt} \\ &= \tilde{\omega}_{Ii/i}\underline{r}_{i/i} + \frac{d\underline{r}_{i/i}}{dt} . \end{aligned} \tag{3.17}$$

Die angeführten Gleichungen (3.15) bis (3.17) gelten analog für zeitliche Ableitungen beliebiger Vektoren gegen das Referenzsystem.

3.1.2 Kinematik von Mehrkörpersystemen

Die *Lage* eines *einzelnen freien Körpers* K_i wird insgesamt von sechs verallgemeinerten Koordinaten, entsprechend seinen sechs Freiheitsgraden bestimmt. Diese können zu einem $[6 \times 1]$ Lagevektor $\underline{z}$ zusammengefaßt werden. So gilt z. B. mit 3 Längenkoordinaten, die identisch mit den Komponenten von (3.1) sein sollen, und den 3 Drehwinkeln nach (3.3):

$$\underline{z} = \left[r_{xi}, r_{yi}, r_{zi}, \alpha_i, \beta_i, \gamma_i\right]^T . \tag{3.18}$$

Ortsvektor und Drehmatrix können damit als Funktionen von $\underline{z}$ dargestellt werden:

$$\underline{r}_{i/I} = \underline{r}_{i/I}\left(\underline{z}\right) , \quad \mathbf{A}_{Ii} = \mathbf{A}_{Ii}\left(\underline{z}\right) . \tag{3.19}$$

Die *Geschwindigkeit des Massenmittelpunktes* C_i gegen das Referenzsystem I, dargestellt im System I, errechnet sich mit

$$\underline{v}_{i/I} = \frac{d\underline{r}_{i/I}}{dt} = \frac{\partial \underline{r}_{i/I}}{\partial \underline{z}}\dot{\underline{z}} . \tag{3.20}$$

Diese Gleichung läßt sich über (3.19) mit Hilfe einer $[3 \times 6]$ JACOBI Matrix $\mathbf{J}_{Ci/I}$ der Lage des Massenmittelpunktes C_i anschreiben als

$$\underline{v}_{i/I} = \mathbf{J}_{Ci/I}\dot{\underline{z}} = \begin{bmatrix} 1 & 0 & 0 & 0 & 0 & 0 \\ 0 & 1 & 0 & 0 & 0 & 0 \\ 0 & 0 & 1 & 0 & 0 & 0 \end{bmatrix} \begin{bmatrix} \dot{r}_{xi} \\ \dot{r}_{yi} \\ \dot{r}_{zi} \\ \dot{\alpha}_i \\ \dot{\beta}_i \\ \dot{\gamma}_i \end{bmatrix}, \tag{3.21}$$

bzw. vereinfacht unter Weglassung des Index I

$$\underline{v}_i = \mathbf{J}_{Ci}\dot{\underline{z}} \ . \tag{3.22}$$

Die *Winkelgeschwindigkeit* des Körpers K_i gegen das Referenzsystem, dargestellt im Referenzsystem, läßt sich mit (3.12) analog über eine JACOBI-Drehungsmatrix darstellen. Diese ist jedoch wegen des $[6 \times 1]$ Lagevektors $\underline{z}$ als $[3 \times 6]$ Matrix anzuschreiben; für Kardanwinkel folgt nach (3.12):

$$\underline{\omega}_i = \mathbf{J}_{\omega i}\dot{\underline{z}} \ , \tag{3.23}$$

mit

$$\mathbf{J}_{\omega i} = \begin{bmatrix} 0 & 0 & 0 & 1 & 0 & s\beta \\ 0 & 0 & 0 & 0 & c\alpha & -s\alpha c\beta \\ 0 & 0 & 0 & 0 & s\alpha & c\alpha c\beta \end{bmatrix} \ . \tag{3.24}$$

Die formale Herleitung der *Beschleunigungen* ist in (3.32) angeführt.

In Verallgemeinerung wird für ein *MKS mit p freien Körpern* ein $[6p \times 1]$ *Lagevektor* ($6p$ verallgemeinerte Lagekoordinaten) einzuführen sein. Dieser läßt sich bei Verwendung von Absolutkoordinaten analog zu (3.18) mit Längenkoordinaten, die die Lage der einzelnen Körperschwerpunkte gegen das Referenzsystem angeben, und mit Kardanwinkeln anschreiben

$$\underline{z} = [r_{x1}, r_{y1}, r_{z1}, r_{x2}, r_{y2}, r_{z2}, \ldots \alpha_1, \beta_1, \gamma_1, \ldots \alpha_p, \beta_p, \gamma_p]^T \ . \tag{3.25}$$

Im allgemeinen werden jedoch in einem *MKS kinematische Bindungen* zwischen einzelnen Körpern auftreten; diese schränken die Bewegungsfreiheit ein. Das gilt sowohl für rotatorische als auch für translatorische Freiheitsgrade; Beispiele sind in Abb. 3.3 angegeben. Mathematisch lassen sich solche kinematische Bindungen durch algebraische Beziehungen *(Zwangsbedingungen)* ausdrücken. Lassen sich diese Zwangsbedingungen über Lagekoordinaten allein charakterisieren oder auf solche Beziehungen zurückführen, so werden die Bindungen (bzw. das MKS-System) als *holonom* bezeichnet. Mit Lagekoordinaten nach (3.25) folgen für q solcher Bindungen die Gleichungen

$$\Phi_k \left(r_{x1}, r_{y1}, \ldots \alpha_1, \beta_1, \ldots t \right) = 0, \quad k = 1, \ldots q \ . \tag{3.26}$$

Als Beispiel soll die Koppelstange, Abb. 3.3, angegeben werden. Ist der Abstand l der beiden Anlenkpunkte A, B gegeben, so läßt sich mit den Ortsvektoren der

Art der Bindung		Zahl der Zwangsbedingungen	
		Drehung	Translation
Kugelgelenk	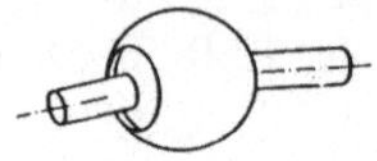	—	3
Schubgelenk	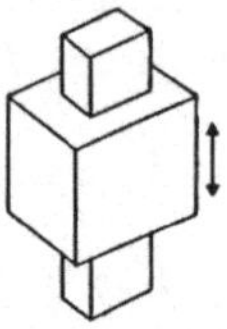	3	2
Schub-Drehgelenk	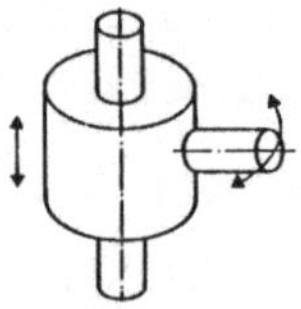	2	2
Drehgelenk (Scharniergelenk)	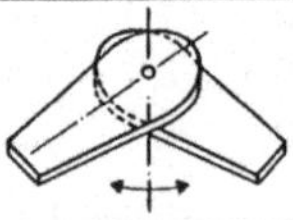	2	3
Schraubgelenk	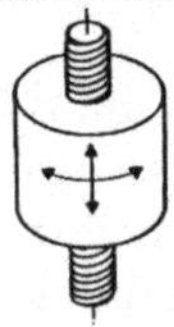	5	
Kardangelenk		1	3
Koppelstange	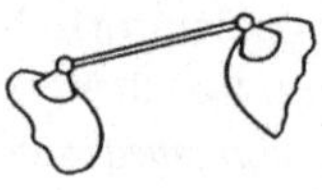	1	

Abb. 3.3:   Beispiele für kinematische Bindungen (holonome Zwangsbedingungen)

Anlenkpunkte bzw. deren Darstellung in einem beliebigen System k schreiben:

$$| \, \underline{r}_{A/k}(\bar{\underline{z}}) - \underline{r}_{B/k}(\bar{\underline{z}}) \, |= l \; . \tag{3.27}$$

Treten in den Zwangsbedingungen auch Beziehungen zwischen Geschwindigkeiten (Ableitungen der Lagekoordinaten) in nicht integrierbarer Form auf, so spricht man von *nichtholonomen* Zwangsbedingungen. Diese Art der Bindung beruht im allgemeinen auf der speziellen Art der Modellbildung für ein physikalisches Kontaktproblem (z. B. starres, gleitfrei rollendes Rad auf der Ebene).

Das zusätzliche Auftreten der Zeit t in (3.26) kennzeichnet die Möglichkeit, daß sich Bindungen auch nach explizit vorgegebenen Zeitgesetzen verändern können (z. B. eine mit vorgegebener Winkelgeschwindigkeit rotierende Führungsschiene). Dies schließt prinzipiell auch Systemstörgrößen $\underline{z}_\zeta(t)$, siehe z. B. Kap. 5, sowie geregelte oder gesteuerte Eingangsgrößen $\underline{z}_u(t)$ mit ein. In der Darstellung des Ortsvektors und der Drehmatrix als Funktionen der Zeit t, siehe Gleichungen (3.30), können also implizit diese weiteren Abhängigkeiten enthalten sein.

Bei einem System von p starren Körpern, das zusätzlich q holonomen Zwangsbedingungen unterliegt, ist die Anzahl f der voneinander unabhängigen *verallgemeinerten Koordinaten*

$$f = 6p - q. \tag{3.28}$$

Die Kinematik des Systems kann über (3.25) mit den Zwangsbedingungen (3.26) aufgebaut werden. Wenn möglich, wird man jedoch diese Zwangsbedingungen sofort in die kinematische Beschreibung einarbeiten und die Minimalanzahl unabhängiger Koordinaten *(Minimalkoordinaten)* verwenden. Mit dem jetzt auf $[f \times 1]$ reduzierten Lagevektor $\underline{z}$, d. h.

$$\underline{z} = [z_1, z_2, \ldots z_f]^T \tag{3.29}$$

kann der *Ortsvektor* und die *Drehmatrix* des Körpers K_i in der folgenden Form beschrieben werden:

$$\underline{r}_i = \underline{r}_i(\underline{z}, t) \; , \quad \mathbf{A}_{Ii} = \mathbf{A}_{Ii}(\underline{z}, t) \; . \tag{3.30}$$

Die entsprechenden *Geschwindigkeiten* ergeben sich formal wieder über die zeitlichen Ableitungen wie in (3.20) bzw. (3.8) bis (3.11) zu

$$\begin{aligned}
\underline{v}_i &= \mathbf{J}_{Ci}(\underline{z}, t)\, \underline{\dot{z}} + \underline{v}_i^*(\underline{z}, t) , \\
\underline{\omega}_i &= \mathbf{J}_{\omega i}(\underline{z}, t)\, \underline{\dot{z}} + \underline{\omega}_i^*(\underline{z}, t) .
\end{aligned} \tag{3.31}$$

Die Terme $\underline{v}_i^*, \underline{\omega}_i^*$ ergeben sich (im Unterschied zu (3.22), (3.23)) durch die zusätzliche explizite Abhängigkeit in (3.30) von der Zeit.

Für die *Beschleunigungen* $\underline{a}_i$ und $\underline{\alpha}_i$ folgen über die zeitliche Ableitung von (3.31)

$$\begin{aligned}
\underline{a}_i = \frac{d\underline{v}_i}{dt} \; &= \; \mathbf{J}_{Ci}(\underline{z}, t)\underline{\ddot{z}} + \left(\sum_k \frac{\partial \mathbf{J}_{Ci}(\underline{z}, t)}{\partial z_k} \dot{z}_k + \frac{\partial \mathbf{J}_{Ci}(\underline{z}, t)}{\partial t} \right) \underline{\dot{z}} \\
&\quad + \left(\sum_k \frac{\partial \underline{v}_i^*(\underline{z}, t)}{\partial z_k} \dot{z}_k + \frac{\partial \underline{v}_i^*(\underline{z}, t)}{\partial t} \right) \\
&= \; \mathbf{J}_{Ci}(\underline{z}, t)\underline{\ddot{z}} + \underline{a}_i^*(\underline{\dot{z}}, \underline{z}, t) \; ,
\end{aligned}$$

$$
\begin{aligned}
\underline{\alpha}_i = \frac{d\underline{\omega}_i}{dt} &= \mathbf{J}_{\omega i}(\underline{z},t)\ddot{\underline{z}} + \left(\sum_k \frac{\partial \mathbf{J}_{\omega i}(\underline{z},t)}{\partial z_k}\dot{z}_k + \frac{\partial \mathbf{J}_{\omega i}(\underline{z},t)}{\partial t} \right)\dot{\underline{z}} \\
&+ \left(\sum_k \frac{\partial \underline{\omega}_i^*(\underline{z},t)}{\partial z_k}\dot{z}_k + \frac{\partial \underline{\omega}_i^*(\underline{z},t)}{\partial t} \right) \\
&= \mathbf{J}_{\omega i}(\underline{z},t)\ddot{\underline{z}} + \underline{\alpha}_i^*(\dot{\underline{z}},\underline{z},t) \ .
\end{aligned}
\tag{3.32}
$$

Für die Darstellung der vektoriellen kinematischen Größen in einem anderen Koordinatensystem ist die Transformation (3.6) anzuwenden. So ergeben sich z. B. für die Geschwindigkeiten aus (3.31):

$$
\begin{aligned}
\underline{v}_{i/i} &= \mathbf{A}_{iI}\left(\mathbf{J}_{Ci}(\underline{z},t)\,\dot{\underline{z}} + \underline{v}_i^*(\underline{z},t)\right) \\
&= \mathbf{J}_{Ci/i}(\underline{z},t)\,\dot{\underline{z}} + \underline{v}_{i/i}^*(\underline{z},t) \ , \\
\underline{\omega}_{Ii/i} &= \underline{\omega}_{i/i} = \mathbf{J}_{\omega i/i}(\underline{z},t)\,\dot{\underline{z}} + \underline{\omega}_{i/i}^*(\underline{z},t) \ ,
\end{aligned}
\tag{3.33}
$$

mit

$$
\mathbf{J}_{Ci/i} = \mathbf{A}_{iI}\mathbf{J}_{Ci}, \quad \underline{v}_{i/i}^* = \mathbf{A}_{iI}\underline{v}_i^*, \quad \mathbf{J}_{\omega i/i} = \mathbf{A}_{iI}\mathbf{J}_{\omega i}, \quad \underline{\omega}_{i/i}^* = \mathbf{A}_{iI}\underline{\omega}_i^* \ .
$$

Für die Transformation der Winkelgeschwindigkeitsmatrix gilt:

$$
\tilde{\omega}_{i/i} = \mathbf{A}_{iI}\tilde{\omega}_{i/I}\mathbf{A}_{Ii} \ .
\tag{3.34}
$$

3.1.3   Dynamik

Für die Berechnung des dynamischen Verhaltens von Mehrkörpersystemen bestehen die Möglichkeiten, die Bewegungsgleichungen für $6p$ Lagekoordinaten (3.25) der p Einzelkörper unter Mitführung der Zwangsbedingungen (3.26) oder unmittelbar unter Verwendung der f Minimalkoordinaten über (3.31) aufzubauen.

Die erste Methode, siehe z. B. [133], [134] und [135], bietet den Vorteil, die Kinematik bzw. geometrische Anordnung des Systems ohne wesentliche Vorabaufbereitung verwenden zu können. Die Anbindung von holonomen Zwangsbedingungen an die Bewegungsgleichungen erfolgt im allgemeinen über deren Ableitungen nach den Lagekoordinaten mit LAGRANGEschen Multiplikatoren, was auf ein System von LAGRANGEschen Gleichungen erster Art führt. Für eine Simulation der Systembewegung muß nun allerdings dieses Gleichungssystem, bestehend aus Differential- und algebraischen Gleichungen (DAE-System), ausgewertet werden, was neben erhöhtem Rechenaufwand je nach Art der Zwangsbedingungen auch numerische Probleme mit sich bringen kann, siehe [134]. Der Vorteil der zweiten Methode liegt in dem geringeren Rechenaufwand für die Lösung (Integration). Allerdings müssen bei der Erstellung der Bewegungsgleichungen des Systems alle kinematischen Größen wie z. B. die Schwerpunktsbeschleunigung eines Körpers durch die Minimalkoordinaten allein dargestellt werden. Diese erfordert zum Teil vorab detaillierte Berechnungen insbesondere bei geschlossenen Schleifen.

Natürlich können auch Mischformen der beiden Arten der Erstellung der Bewegungsgleichungen eingesetzt werden. In den Programmsystemen für MKS, siehe [131], werden alle Formen angewendet. Im weiteren soll nur die Herleitung der Bewegungsgleichungen für die Minimalanzahl unabhängiger Koordinaten aufgezeigt werden.

Die Herleitung der *dynamischen Bewegungsgleichungen* kann z. B. nach NEWTON-EULER, mit Hilfe von Impuls- und Drallsatz und dem D'ALEMBERTschen Prinzip, oder nach LAGRANGE, ausgehend von Energieausdrücken, erfolgen. Der schematische Ablauf dieser beiden deutlich verschiedenen Methoden ist in Abb. 3.4 aufgezeigt.

LAGRANGEsche Gleichungen 2. Art

Für ein System von p starren Körpern mit holonomen Zwangsbedingungen lauten die LAGRANGEschen Gleichungen zweiter Art:

$$\frac{\mathrm{d}}{\mathrm{d}t}\left(\frac{\partial T}{\partial \dot{\underline{z}}}\right)^T - \left(\frac{\partial T}{\partial \underline{z}}\right)^T = \underline{Q}. \tag{3.35}$$

Dabei sind $\underline{z}$ die verallgemeinerten Koordinaten und $\underline{Q}$ die verallgemeinerten Kräfte.

Die *kinetische Energie* T des Mehrkörpersystems, bestehend aus p Körpern, berechnet sich aus

$$T = \frac{1}{2}\sum_{i=1}^{p}\left(\underline{v}_i^T m_i \underline{v}_i + \underline{\omega}_i^T \mathbf{I}_i \underline{\omega}_i\right), \tag{3.36}$$

wobei hier zunächst alle Größen im Inertialsystem I angegeben sind. Es sind $\underline{v}_i$ die Geschwindigkeit des Massenmittelpunktes, m_i die Masse und $\mathbf{I}_i$ der $[3 \times 3]$ Trägheitstensor des Körpers K_i. Letzterer ist bezüglich des Massenmittelpunktes C_i anzugeben, Abb. 3.2, und berechnet sich für die Darstellung im Inertialsystem zu, [132]

$$\mathbf{I}_{i/I} = \mathbf{I}_i = \int_{m_i}\left(\underline{r}_{Pi/I}^T\underline{r}_{Pi/I}\mathbf{E} - \underline{r}_{Pi/I}\underline{r}_{Pi/I}^T\right)\mathrm{d}m_i. \tag{3.37}$$

Steht der Trägheitstensor $\mathbf{I}_{i/i}$ jedoch, wie meist der Fall, im körperfesten Koordinatensystem i zur Verfügung, dann kann man den Trägheitstensor $\mathbf{I}_{i/I}$ über eine Transformation

$$\mathbf{I}_i = \mathbf{I}_{i/I} = \mathbf{A}_{Ii}\mathbf{I}_{i/i}\mathbf{A}_{iI} \tag{3.38}$$

bestimmen, die sich mit (3.6) unmittelbar aus (3.37) ergibt. Man beachte, daß der Trägheitstensor $\mathbf{I}_{i/i}$ stets zeitinvariant ist, während $\mathbf{I}_i$ in der Regel von den verallgemeinerten Koordinaten $\underline{z}$ und von der Zeit t abhängt.

Bei Verwendung eines körperfesten Referenzsystems läßt sich der Ausdruck für die rotatorische Energie des Körpers K_i in (3.36) unter Verwendung von (3.38) auch direkt mit $\mathbf{I}_{i/i}$ ausdrücken:

$$\underline{\omega}_i^T \mathbf{I}_i \underline{\omega}_i = \underline{\omega}_{i/i}^T \mathbf{I}_{i/i}\underline{\omega}_{i/i}. \tag{3.39}$$

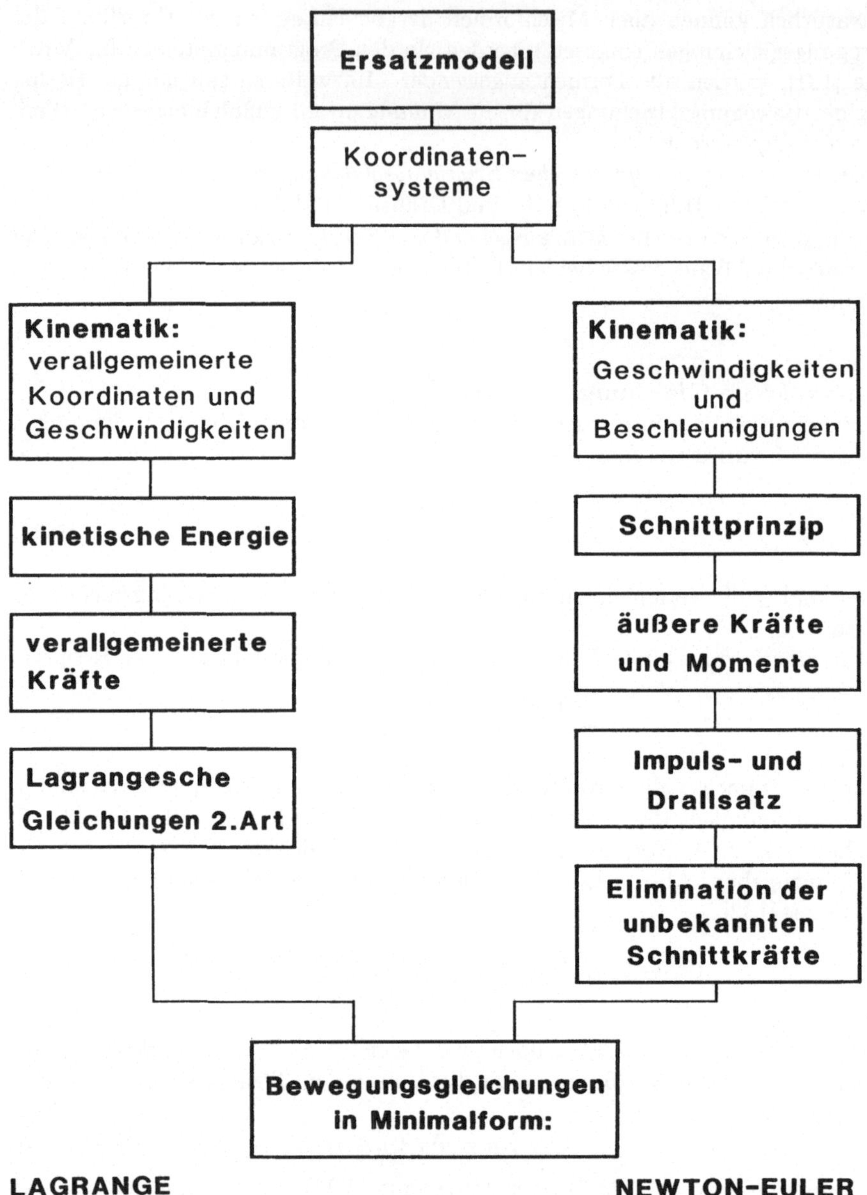

Abb. 3.4:   Ablaufschema für die Herleitung der Bewegungsgleichungen

Analoges gilt für die translatorische Energie

$$\underline{v}_i^T m_i \underline{v}_i = \underline{v}_{i/i}^T m_i \underline{v}_{i/i}. \tag{3.40}$$

Die Gleichungen (3.39), (3.40) zeigen, daß in der kinetischen Energie (3.36) die Darstellung der Einzelausdrücke durchaus in verschiedenen Koordinatensystemen erfolgen kann.

Der Vektor $\underline{Q}$ der *verallgemeinerten Kräfte* in (3.35) wird aus den äußeren Kräften $\vec{F}_i$ und Momenten $\vec{M}_i$, die an jedem Körper K_i nach dem Schnittprinzip angreifen, reduziert auf den Körperschwerpunkt C_i und den JACOBI-Matrizen berechnet

$$\underline{Q} = \sum_{i=1}^{p} \left(\mathbf{J}_{Ci}^T \underline{F}_i + \mathbf{J}_{\omega i}^T \underline{M}_i \right). \tag{3.41}$$

Die JACOBI-Matrizen in (3.41) und die zugehörigen [3 × 1] Spaltenmatrizen $\underline{F}_i, \underline{M}_i$ müssen im gleichen Koordinatensystem dargestellt werden - jedoch nicht notwendigerweise im Inertialsystem. Die Darstellung der Größen im Inertialsystem wurde als eine der verfügbaren Möglichkeiten für (3.41) und für die weiteren Ausführungen gewählt. Alternativen sind im Demonstrationsbeispiel 3.3.1 aufgezeigt.

Die äußeren Kräfte auf den Einzelkörper K_i können in eingeprägte Kräfte (und eingeprägte Momente) und Zwangskräfte (und Zwangsmomente) aufgeteilt werden

$$\underline{F}_i = \underline{F}_i^e + \underline{F}_i^z, \quad \underline{M}_i = \underline{M}_i^e + \underline{M}_i^z, \tag{3.42}$$

wobei die Zwangskräfte als Reaktionen aufgrund der Zwangsbedingungen entstehen. Nach dem *Prinzip der virtuellen Arbeit* liefern die Zwangskräfte bekanntlich keinen Anteil zu den verallgemeinerten Kräften und es gilt

$$\sum_{i=1}^{p} \left(\mathbf{J}_{Ci}^T \underline{F}_i^z + \mathbf{J}_{\omega i}^T \underline{M}_i^z \right) = \underline{0}. \tag{3.43}$$

Deshalb werden die verallgemeinerten Kräfte letztlich nur durch die eingeprägten Kräfte bestimmt

$$\underline{Q} = \sum_{i=1}^{p} \left(\mathbf{J}_{Ci}^T \underline{F}_i^e + \mathbf{J}_{\omega i}^T \underline{M}_i^e \right). \tag{3.44}$$

Die eingeprägten Kräfte und Momente sind im allgemeinen Funktionen der verallgemeinerten Koordinaten $\underline{z}$ und deren Ableitungen $\underline{\dot{z}}$; sie können von den Systemstörungen $\underline{z}_\zeta$ abhängen sowie bei Systemen mit aktiven Elementen auch noch direkt und auch indirekt von deren Eingangsgrößen (Vektor $\underline{z}_u$). So gilt

$$\underline{Q} = \underline{Q}(\underline{z}, \underline{\dot{z}}, \underline{z}_\zeta, \underline{z}_u, t), \tag{3.45}$$

oder im Falle von Regler- bzw. Stellglieddynamik:

$$\underline{Q} = \underline{Q}(\underline{z}, \underline{\dot{z}}, \underline{z}_r, \underline{z}_u, \underline{z}_\zeta, t), \quad \underline{\dot{z}}_r = \underline{f}_r(\underline{z}, \underline{\dot{z}}, \underline{z}_r, \underline{z}_u, \underline{z}_\zeta, t), \tag{3.46}$$

siehe Kap. 2 und Beispiel 3.3.2. Bei der Herleitung der Bewegungsgleichungen wird im folgenden zunächst nur die Abhängigkeit der verallgemeinerten Kräfte von $\underline{z}, \underline{\dot{z}}$ und t explizit angeführt.

Einen Sonderfall im Rahmen der Bestimmung der verallgemeinerten Kräfte bilden die *konservativen* Kräfte. Mit dem ihnen zugeordneten Potential U läßt sich angeben

$$\underline{Q}^T = -\frac{\partial U}{\partial \underline{z}}. \tag{3.47}$$

Es ist deshalb möglich, eingeprägte Kräfte, die ein Potential haben (z. B. Federkräfte oder Gewichtskräfte), entweder über (3.47) einzubringen oder sie wie die übrigen eingeprägten Kräfte zu behandeln.

Formal können die LAGRANGEschen Gleichungen für den Fall, daß alle eingeprägten Kräfte ein Potential haben, auch geschrieben werden

$$\frac{\mathrm{d}}{\mathrm{d}t}\left(\frac{\partial L}{\partial \underline{\dot{z}}}\right)^T - \left(\frac{\partial L}{\partial \underline{z}}\right)^T = 0\,, \quad L = T - U. \tag{3.48}$$

Die LAGRANGEschen Gleichungen 2. Art (3.35) bzw. (3.48) sehen auf den ersten Blick recht einfach aus, die Auswertung kann aber sehr aufwendig sein. Dies wird deutlich, wenn man die Geschwindigkeit und Winkelgeschwindigkeit nach (3.31) in die kinetische Energie (3.36) einsetzt:

$$T = \frac{1}{2}\sum_{i=1}^{p}\left(\left(\underline{\dot{z}}^T\mathbf{J}_{Ci}^T + \underline{v}_i^{*T}\right)m_i\left(\mathbf{J}_{Ci}\underline{\dot{z}} + \underline{v}_i^*\right) + \left(\underline{\dot{z}}^T\mathbf{J}_{\omega i}^T + \underline{\omega}_i^{*T}\right)\mathbf{I}_i\left(\mathbf{J}_{\omega i}\underline{\dot{z}} + \underline{\omega}_i^*\right)\right)\,.$$
$$\tag{3.49}$$

Hierin muß zunächst jeder Term (nach der Produktregel) partiell nach $\underline{z}$ und nach $\underline{\dot{z}}$ und anschließend total nach der Zeit differenziert werden. Dies ist für eine Auswertung ohne entsprechende Computer-Programme mühsam und fehleranfällig. Zudem werden Terme berechnet, die sich durch die Differenz in (3.35) gegenseitig aufheben; es werden somit überflüssige Rechnungen durchgeführt.

Als Endergebnis entsteht die Bewegungsgleichung eines mechanischen Systems in der Form

$$\mathbf{M}\left(\underline{z}, t\right)\underline{\ddot{z}} + \underline{G}\left(\underline{z}, \underline{\dot{z}}, t\right) = \underline{Q}\left(\underline{z}, \underline{\dot{z}}, t\right)\,, \tag{3.50}$$

wobei sich die $[f \times f]$ verallgemeinerte Massenmatrix direkt aus (3.49) mit (3.35) angeben läßt:

$$\mathbf{M} = \sum_{i=1}^{p}\left(\mathbf{J}_{Ci}^T m_i \mathbf{J}_{Ci} + \mathbf{J}_{\omega i}^T \mathbf{I}_i \mathbf{J}_{\omega i}\right)\,. \tag{3.51}$$

Der Vektor $\underline{G}$, in dem die verallgemeinerten Coriolis- und Zentrifugalkräfte zusammengefaßt sind, ergibt sich erst nach längerer Rechnung.

NEWTON-EULER'sche Gleichungen

Im Gegensatz zu den LAGRANGEschen Gleichungen, die unmittelbar für das gesamte Mehrkörpersystem angeschrieben werden können, werden die NEWTON-EULERschen Gleichungen nach dem Schnittprinzip zunächst auf jeden Teilkörper des Systems angewandt.

Die NEWTON'sche Gleichung *(Impulssatz)* für den Körper K_i liefert

$$m_i \underline{a}_i = \underline{F}_i \,, \tag{3.52}$$

wobei $\underline{F}_i$ alle am Körper K_i angreifenden äußeren Kräfte (also einschließlich der Zwangskräfte) darstellt.

Die EULER'sche Gleichung *(Drallsatz)* lautet angeschrieben im Inertialsystem:

$$\mathbf{I}_i \underline{\alpha}_i + \tilde{\omega}_i \mathbf{I}_i \underline{\omega}_i = \underline{M}_i \,, \tag{3.53}$$

wobei $\underline{M}_i$ wieder die Summe aller äußeren Momente bezüglich des Körperschwerpunktes C_i bedeuten. Auch diese Gleichungen lassen sich einfach über (3.6), (3.38) im körperfesten Koordinatensystem darstellen, was für die EULER'sche Gleichung wieder zur Verwendung des zeitinvarianten Trägheitstensors führt:

$$m_i \underline{a}_{i/i} = \underline{F}_{i/i}, \tag{3.54}$$

$$\mathbf{I}_{i/i} \underline{\alpha}_{i/i} + \tilde{\omega}_{i/i} \mathbf{I}_{i/i} \underline{\omega}_{i/i} = \underline{M}_{i/i}. \tag{3.55}$$

Im Falle von rotationssymmetrischen Körpern (Fahrzeugräder, Radsätze) ist der Trägheitstensor auch zeitinvariant gegenüber einem nicht körperfesten Koordinatensystem k, dessen eine Achse mit der Rotationsachse zusammenfällt. Trotz einer relativen Winkelgeschwindigkeit (Spin) des Rotors gegen das System k um diese Symmetrieachse gilt dann $\mathbf{I}_{i/i} = \mathbf{I}_{i/k}$. Dies läßt sich ausnützen, indem zunächst (3.53) mit Hilfe von $\mathbf{A}_{ik}$ im System k angeschrieben wird

$$\mathbf{I}_{i/k} \underline{\alpha}_{i/k} + \tilde{\omega}_{i/k} \mathbf{I}_{i/k} \underline{\omega}_{i/k} = \underline{M}_{i/k} \,. \tag{3.56}$$

Für ein rotationssymmetrisches Rad nach Abb. 3.5 mit einem Spin σ gegen das bewegte Koordinatensystem x_k, y_k, z_k gilt

$$\mathbf{I}_{i/i} = \mathbf{I}_{i/k} = \begin{bmatrix} I_x & 0 & 0 \\ 0 & I_y & 0 \\ 0 & 0 & I_x \end{bmatrix} \,. \tag{3.57}$$

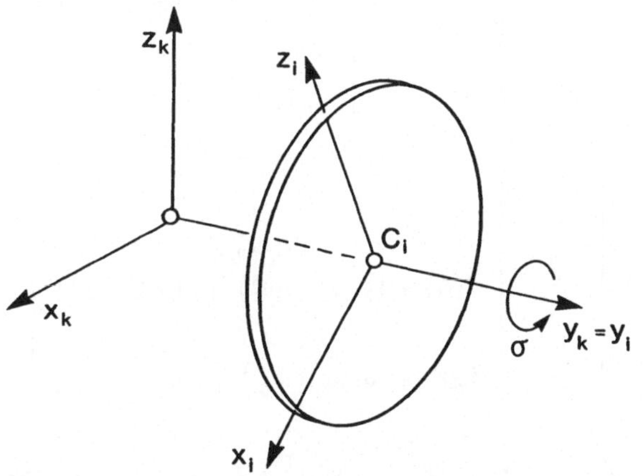

Abb. 3.5: Rotor mit der relativen Winkelgeschwindigkeit σ gegen das bewegte Koordinatensystem x_k, y_k, z_k

Mit (3.57) folgt nach entsprechender Umformung aus (3.56)

$$\mathbf{I}_{i/k}\left(\underline{\alpha}_{k/k}+\begin{bmatrix}0\\\dot{\sigma}\\0\end{bmatrix}\right)+\tilde{\omega}_{k/k}\mathbf{I}_{i/k}\left(\underline{\omega}_{k/k}+\begin{bmatrix}0\\\sigma\\0\end{bmatrix}\right)=\underline{M}_{i/k}\,,$$

womit der Einfluß der Eigendrehung sehr einfach berücksichtigt werden kann. Außerdem sind die Momente $\vec{M}_i$ meist im System k leichter darstellbar als in dem mit dem Rad mitrotierenden System i.

Beachtet sollte werden, daß die relativ einfache Struktur der EULERschen Gleichungen (3.53), (3.55) und (3.56) nur für den Körperschwerpunkt C_i gilt; für Darstellungen bezüglich anderer Bezugspunkte sei z. B. auf [125] und [136] verwiesen.

Setzt man nun die Geschwindigkeiten und Beschleunigungen aus (3.31), (3.32) in die Gleichungen (3.52), (3.53) ein, so erhält man

$$m_i\mathbf{J}_{Ci}\ddot{\underline{z}}+m_i\underline{a}_i^*=\underline{F}_i \tag{3.58}$$

und

$$\mathbf{I}_i\mathbf{J}_{\omega i}\ddot{\underline{z}}+\mathbf{I}_i\underline{\alpha}_i^*+\left(\widetilde{\mathbf{J}_{\omega i}\dot{\underline{z}}}+\tilde{\underline{\omega}}_i^*\right)\mathbf{I}_i\left(\mathbf{J}_{\omega i}\dot{\underline{z}}+\underline{\omega}_i^*\right)=\underline{M}_i, \tag{3.59}$$

also zunächst $6p$ skalare Gleichungen für die $f=6p-q$ verallgemeinerten Koordinaten $\underline{z}$, die noch die Zwangskräfte $\underline{F}_i^z$ bzw. Zwangsmomente $\underline{M}_i^z$ jedes Körpers enthalten, in Matrizenschreibweise:

$$\bar{\mathbf{M}}\left(\underline{z},t\right)\ddot{\underline{z}}+\bar{G}\left(\underline{z},\dot{\underline{z}},t\right)=\bar{Q}\left(\underline{z},\dot{\underline{z}},t\right)\,,\quad \bar{Q}=\bar{Q}^e+\bar{Q}^z\,, \tag{3.60}$$

mit

$$\hat{\mathbf{M}}=\begin{bmatrix}m_1\mathbf{E}_3 & \dots & \mathbf{0} & \mathbf{0} & \dots & \mathbf{0}\\ \vdots & \ddots & \vdots & \vdots & & \vdots\\ \mathbf{0} & \dots & m_p\mathbf{E}_3 & \mathbf{0} & \dots & \mathbf{0}\\ \mathbf{0} & \dots & \mathbf{0} & \mathbf{I}_1 & \dots & \mathbf{0}\\ \vdots & & \vdots & \vdots & \ddots & \vdots\\ \mathbf{0} & \dots & \mathbf{0} & \mathbf{0} & \dots & \mathbf{I}_p\end{bmatrix}\,,\quad \bar{\mathbf{M}}=\begin{bmatrix}m_1\mathbf{J}_{C1}\\ \vdots\\ m_p\mathbf{J}_{Cp}\\ \mathbf{I}_1\mathbf{J}_{\omega 1}\\ \vdots\\ \mathbf{I}_p\mathbf{J}_{\omega p}\end{bmatrix}=\hat{\mathbf{M}}\bar{\mathbf{J}}, \tag{3.61}$$

$$\bar{Q}=\bar{Q}^e+\bar{Q}^z=\begin{bmatrix}\underline{F}_1^e\\ \vdots\\ \underline{F}_p^e\\ \underline{M}_1^e\\ \vdots\\ \underline{M}_p^e\end{bmatrix}+\begin{bmatrix}\underline{F}_1^z\\ \vdots\\ \underline{F}_p^z\\ \underline{M}_1^z\\ \vdots\\ \underline{M}_p^z\end{bmatrix}\,,\quad \bar{G}=\begin{bmatrix}m_1\underline{a}_1^*\\ \vdots\\ m_p\underline{a}_p^*\\ \mathbf{I}_1\underline{\alpha}_1^*+\left(\widetilde{\mathbf{J}_{\omega 1}\dot{\underline{z}}}+\tilde{\underline{\omega}}_1^*\right)\mathbf{I}_1\left(\mathbf{J}_{\omega 1}\dot{\underline{z}}+\underline{\omega}_1^*\right)\\ \vdots\\ \mathbf{I}_p\underline{\alpha}_p^*+\left(\widetilde{\mathbf{J}_{\omega p}\dot{\underline{z}}}+\tilde{\underline{\omega}}_p^*\right)\mathbf{I}_p\left(\mathbf{J}_{\omega p}\dot{\underline{z}}+\underline{\omega}_p^*\right)\end{bmatrix}\,,$$

$$\bar{\mathbf{J}}=\left[\mathbf{J}_{C1}^T,\ \mathbf{J}_{C2}^T,\ \dots\ \mathbf{J}_{Cp}^T,\ \mathbf{J}_{\omega 1}^T,\ \dots\ \mathbf{J}_{\omega p}^T\right]^T\,, \tag{3.62}$$

wobei die globale $[6p \times f]$ JACOBI-Matrix $\bar{\mathbf{J}}$ eingeführt wurde und $\hat{\mathbf{M}}$ die $[6p \times 6p]$ globale Massenmatrix des Systems darstellt.

Die Reduktion der Systemordnung, in Verbindung mit der Elimination der Zwangskräfte, kann nach dem D'ALEMBERTschen Prinzip erfolgen (3.43):

$$\bar{\mathbf{J}}^T \underline{Q}^z = \underline{0} \; . \tag{3.63}$$

Von (3.58) bis (3.63) können für einzelne Gleichungsgruppen (z. B. Impulssatz bzw. Drallsatz eines Einzelkörpers) die jeweils günstigeren Darstellungsarten nach (3.52), (3.53) bzw. (3.54), (3.55), (3.56) verwendet werden - siehe auch Demonstrationsbeispiel 3.3.1.

Multipliziert man (3.60) von links mit $\bar{\mathbf{J}}^T$, was der Anwendung des D'ALEM-BERT'*schen Prinzips* entspricht, so ergibt sich die Bewegungsgleichung identisch zu (3.50)

$$\mathbf{M}\left(\underline{z}, t\right) \ddot{\underline{z}} + \underline{G}\left(\underline{z}, \dot{\underline{z}}, t\right) = \underline{Q}\left(\underline{z}, \dot{\underline{z}}, t\right) \; , \tag{3.64}$$

wieder mit der symmetrischen verallgemeinerten $[f \times f]$ Massenmatrix

$$\mathbf{M}\left(\underline{z}, t\right) = \bar{\mathbf{J}}^T\left(\underline{z}, t\right) \bar{\mathbf{M}}\left(\underline{z}, t\right) \; , \tag{3.65}$$

was bei anderen Eliminationsstrategien für die Zwangskräfte nicht gewährleistet ist, [125].

Die verallgemeinerten Kräfte sind

$$\underline{Q}\left(\underline{z}, \dot{\underline{z}}, t\right) = \bar{\mathbf{J}}^T\left(\underline{z}, t\right) \bar{\underline{Q}}^e\left(\underline{z}, \dot{\underline{z}}, t\right), \tag{3.66}$$

d. h. auch hier können die Zwangskräfte unberücksichtigt bleiben, wenn nur die Bewegungsgleichungen des Systems gesucht werden.

Der Vergleich der beiden Verfahren nach LAGRANGE und nach NEWTON-EULER zeigt einige Parallelen und einige Unterschiede auf. Unter der Voraussetzung gleicher verallgemeinerter Koordinaten $\underline{z}$ müssen die Endgleichungen (3.50) und (3.64) in Minimalform identisch (zumindest algebraisch äquivalent) sein. Man sieht auch sofort, daß die Berechnung der Terme "Massenmatrix" $\mathbf{M}$ nach (3.51) bzw. (3.65) sowie der "verallgemeinerten Kräfte" nach (3.44) bzw. (3.66) auf gleiche Ausdsrücke führt. Der wesentliche Unterschied der beiden Vorgehenswei-sen besteht in der Berechnung der in $\underline{G}$, zusammengefaßten Ausdrücke. Diese werden bei den LAGRANGEschen Gleichungen über die Ableitung der kinetischen Energie bestimmt, während sie sich bei den NEWTON-EULER Gleichungen und Anwendung des D'ALEMBERTschen Prinzips über Matrixoperation ermitteln lassen (3.61).

Bestimmung der Zwangskräfte

Sollen die Zwangskräfte $\underline{Q}_z$ zusätzlich zur bereits berechneten Bewegung des Mehrkörpersystems bestimmt werden, muß nochmals auf die Ausgangsgleichun-gen (3.60) zurückgegriffen werden. Bei bekanntem Lagevektor $\underline{z}(t)$, d. h. nach erfolgter Integration der Bewegungsgleichungen (3.64), erhält man mit (3.60) ein überbestimmtes System von $6p$ Gleichungen für die den einzelnen kinematischen Bindungen zugeordneten Zwangsreaktionen f_i^z. Diese können in einer $[q \times 1]$ Spaltenmatrix $\underline{f}^z(t)$ zusammengefaßt werden.

Für das nach dem Schnittprinzip freigemachte System wird f_i^z gegengleich auf 2 verschiedene Teilkörper wirken. Dieses Einwirken der f_i^z auf das System läßt sich mit einer $[6p \times q]$ Verteilungsmatrix $\hat{\mathbf{Q}}^z$ wie folgt ausdrücken:

$$\underline{\bar{Q}}^z = \hat{\mathbf{Q}}^z \underline{f}^z \ . \tag{3.67}$$

Somit gilt mit (3.63) wegen $\underline{f}^z \neq \underline{0}$ nun

$$\bar{\mathbf{J}}^T \hat{\mathbf{Q}}^z = \mathbf{0}, \text{ bzw. } \left(\hat{\mathbf{Q}}^z\right)^T \bar{\mathbf{J}} = \mathbf{0}. \tag{3.68}$$

Diese Beziehung läßt sich ausnützen, um von den $6p$-Systemgleichungen auf genau q Gleichungen für die f_i^z zu kommen. Wird die Gleichung (3.60) von links mit $\left(\hat{\mathbf{Q}}^z\right)^T \hat{\mathbf{M}}^{-1}$ multipliziert, ergibt sich ein lineares Gleichungssystem für die q Zwangsreaktionen

$$\left(\hat{\mathbf{Q}}^z\right)^T \hat{\mathbf{M}}^{-1} \hat{\mathbf{Q}}^z \underline{f}^z = \left(\hat{\mathbf{Q}}^z\right)^T \hat{\mathbf{M}}^{-1} \left(\underline{\bar{G}} - \underline{\bar{Q}}^e\right) . \tag{3.69}$$

Die Verteilungsmatrix $\hat{\mathbf{Q}}^z$ kann entweder direkt über die Zwangsbedingungen hergeleitet werden – siehe z. B. [125] – oder aus den konstruktiven Gegebenheiten der kinematischen Bindungen des MKS. Diese zweite Möglichkeit wird im Demonstrationsbeispiel 3.3.1 gezeigt.

3.2 Linearisierung der Bewegungsgleichungen

Obwohl im allgemeinen bei der Modellierung der Fahrzeug-Systemdynamik signifikante nichtlineare Effekte zu berücksichtigen sind, spielt die lineare Systemanalyse eine bedeutende Rolle, und zwar aus folgenden Gründen:

- Die dynamischen Auslenkungen, z. B. Vertikalschwingungen von Fahrzeugen, sind oft klein, so daß eine Linearisierung erlaubt ist.

- Mit den Methoden der Regelungstechnik werden Abweichungen von einem gewünschten Zustand klein gehalten, was eine Linearisierung des zugrundeliegenden Systems noch eher rechtfertigt.

- Für die Analyse linearer Systeme steht ein mathematisches Rüstzeug bereit, welches über das Systemverhalten, auch in struktureller Hinsicht Aufschlüsse gibt, die aus der Zeitsimulation des nichtlinearen Systems kaum oder nur sehr schwer gewonnen werden können (Stabilität, Struktureigenschaften, Eigenfrequenzen, stochastisches Verhalten etc.). Zusätzlich sei daran erinnert, daß wesentliche Verfahren der Reglerauslegung lineare Systeme für die Regelstrecke voraussetzen.

Systembeschreibungen, die neben der Linearisierung auch hinsichtlich der Zahl der Freiheitsgrade vereinfacht sein können, sollen als *Entwurfsmodelle* bezeichnet werden. Mit dem Entwurfsmodell kann eine *Systemauslegung* vorgenommen werden; zur Absicherung ist aber eine *Simulation* des vollständigen, d. h. nichtlinearen Modells erforderlich *(Beurteilungsmodell).*

Es sei jedoch darauf verwiesen, daß eine Linearisierung im Grenzbereich des Systemverhaltens (z. B. Kfz-Fahrverhalten im Bereich der Kurvengrenzgeschwindigkeit) nicht immer sinnvoll und möglich ist !

Voraussetzung für die Anwendung der Methoden der linearen Systemtheorie (s. Kap. 4) ist eine sorgfältige und konsistente Linearisierung der Bewegungsgleichungen. In der Praxis ist in diesem Zusammenhang die Vorgehensweise oft mangelhaft und führt zu unvollständigen Gleichungssätzen. Deshalb sollen hier einige Ausführungen zur korrekten Herleitung der linearisierten Gleichungssätze gemacht werden.

Grundsätzlich kann man korrekte lineare Gleichungen auf zwei alternativen Wegen erhalten:

- Man stellt die vollständigen nichtlinearen Bewegungsgleichungen nach Kap. 3.1 auf und linearisiert nachträglich.

- Man versucht, die Vereinfachungen schon während der Aufstellung der Gleichungen, d. h. schon in der Kinematik beginnend, so durchzuführen, daß ein vollständiger Satz linearer Gleichungen entsteht.

Während der erste Weg zumeist sicher, aber dafür umständlich ist, ist der zweite Weg eleganter, man kann aber hier leicht Terme übersehen.

3.2.1 Linearisierung des Endsystems

Dieser Weg ist im Prinzip sehr einfach und benötigt nur ein paar Hinweise, s. auch [132]. Ausgangspunkt bilden z. B. die nichtlinearen Gleichungen (3.64)

$$\mathbf{M}\left(\underline{z},t\right)\underline{\ddot{z}} + \underline{G}\left(\underline{z},\underline{\dot{z}},t\right) = \underline{Q}\left(\underline{z},\underline{\dot{z}},t\right) \tag{3.70}$$

und die vorgegebene *Nominalbewegung* des Systems als Funktion der Zeit

$$\underline{z}_s = \underline{z}_s\left(t\right). \tag{3.71}$$

Die Nominalbewegung $\underline{z}_s$ kann konstant, etwa bei einer Gleichgewichtslage, oder auch zeitabhängig sein, wie z. B. eine vorgegebene Drehung eines starren Körpers um eine feste Achse oder eine vorgegebene Bahnkurve eines Fahrzeugs. Sie muß nicht notwendigerweise eine Partikularlösung $\underline{z}_p$ des Differentialgleichungssystems (3.70) sein.

Die Bewegungen in der Umgebung der Sollbewegung $\underline{z}_s\left(t\right)$ werden durch den als klein angenommenen Lagevektor $\underline{y}\left(t\right)$ gekennzeichnet

$$\underline{z}\left(t\right) = \underline{z}_s\left(t\right) + \underline{y}\left(t\right). \tag{3.72}$$

Nun wird (3.72) in (3.70) eingesetzt und alle Ausdrücke um $\underline{z}_s\left(t\right)$ bis zu Termen 1. Ordnung in $\underline{y}$, $\underline{\dot{y}}$ und $\underline{\ddot{y}}$ entwickelt. Hierzu benutzt man die TAYLOR-

Entwicklung einer Vektorfunktion $\underline{f}\,(\underline{x},t)$ mit $\underline{x}\,(t) = \underline{x}_s\,(t) + \Delta\underline{x}$, siehe auch Kap. 1.4:

$$\underline{f}\,(\underline{x},t) = \underline{f}\,(\underline{x}_s\,(t)\,,t) + \left.\frac{\partial\underline{f}}{\partial\underline{x}}\right|_{\underline{x}_s(t)} \cdot \Delta\underline{x} + \cdots \cong \quad {}^0\underline{f}\,(t) + \mathbf{F}_{\underline{x}}\,(t)\cdot\Delta\underline{x}\ . \qquad (3.73)$$

Für die Terme in (3.70) gilt somit

$$\begin{aligned}
\underline{G}\,(\underline{z},\underline{\dot{z}},t) \ &= \ \underline{G}\,(\underline{z}_s\,(t)\,,\underline{\dot{z}}_s\,(t)\,,t) + \left.\frac{\partial\underline{G}}{\partial\underline{z}}\right|_{\underline{z}_s,\underline{\dot{z}}_s} \cdot \underline{y} + \left.\frac{\partial\underline{G}}{\partial\underline{\dot{z}}}\right|_{\underline{z}_s,\underline{\dot{z}}_s} \cdot \underline{\dot{y}} + \cdots \\[1mm]
&\cong \ {}^0\underline{G}(t) + \mathbf{G}_z\,(t)\,\underline{y} + \mathbf{G}_{\dot{z}}\,(t)\,\underline{\dot{y}}
\end{aligned} \qquad (3.74)$$

und entsprechend

$$\underline{Q}\,(\underline{z},\underline{\dot{z}},t) \ \cong \ {}^0\underline{Q}(t) + \mathbf{Q}_z\,(t)\,\underline{y} + \mathbf{Q}_{\dot{z}}\,(t)\,\underline{\dot{y}}. \qquad (3.75)$$

Für den ersten Ausdruck in (3.70) kann man schreiben

$$\mathbf{M}\,(\underline{z},t)\,\underline{\ddot{z}} = {}^0\mathbf{M}\,(t)\,\ddot{z}_s + \mathbf{M}_z\,(\underline{z}_s,\underline{\ddot{z}}_s,t)\,\underline{y} + \mathbf{M}_{\ddot{z}}\,(\underline{z}_s,\underline{\ddot{z}}_s,t)\,\underline{\ddot{y}}\ , \qquad (3.76)$$

wobei

$${}^0\mathbf{M}\,(t) = \mathbf{M}\,(\underline{z}_s\,(t)\,,t)\ ,$$

$$\mathbf{M}_z\,(\underline{z}_s,\underline{\ddot{z}}_s,t) = \left.\frac{\partial}{\partial\underline{z}}\,[\mathbf{M}\,(\underline{z},t)\,\underline{\ddot{z}}]\right|_{\underline{z}_s,\underline{\ddot{z}}_s} = {}^1\mathbf{M}\,(t)\ ,$$

$$\mathbf{M}_{\ddot{z}}\,(\underline{z}_s,\underline{\ddot{z}}_s,t) = \left.\frac{\partial}{\partial\underline{\ddot{z}}}\,[\mathbf{M}\,(\underline{z},t)\,\underline{\ddot{z}}]\right|_{\underline{z}_s,\underline{\ddot{z}}_s} = \mathbf{M}\,(\underline{z}_s,t) = {}^0\mathbf{M}\,(t)\ .$$

Die Zusammenfassung aller linearen Glieder liefert die linearisierte Bewegungsgleichung

$$\mathbf{M}\,(t)\,\underline{\ddot{y}} + \mathbf{P}\,(t)\,\underline{\dot{y}} + \mathbf{Q}\,(t)\,\underline{y} = \underline{h}\,(t)\ , \qquad (3.77)$$

mit

$$\mathbf{M}\,(t) = {}^0\mathbf{M}\,(t)\ ,$$

$$\mathbf{P}\,(t) = \mathbf{G}_{\dot{z}}\,(t) - \mathbf{Q}_{\dot{z}}\,(t)\ ,$$

$$\mathbf{Q}\,(t) = {}^1\mathbf{M}\,(t) + \mathbf{G}_z\,(t) - \mathbf{Q}_z\,(t)\ ,$$

$$\underline{h}\,(t) = {}^0\underline{Q}\,(t) - {}^0\underline{G}\,(t) - {}^0\mathbf{M}\,(t)\,\underline{\ddot{z}}_s\,(t)\ .$$

Man beachte das Auftreten der Terme ${}^1\mathbf{M}\,(t)$ in $\mathbf{Q}\,(t)$ und ${}^0\mathbf{M}\,(t)\,\underline{\ddot{z}}_s$ in $\underline{h}\,(t)$!

Wird bezüglich einer partikularen Lösung $\underline{z}_p$ des nichtlinearen Systems (3.70) linearisiert, $\underline{z}_s = \underline{z}_p$, dann ist wegen

$${}^0\mathbf{M}\,(t)\,\underline{\ddot{z}}_p + {}^0\underline{G}\,(t) = {}^0\underline{Q}\,(t) \qquad (3.78)$$

die rechte Seite von (3.77): $\underline{h}\,(t) = \underline{0}$.

Bei der Linearisierung um eine konstante Nominallage (z. B. Gleichgewichtslage) entstehen konstante Systemmatrizen $\mathbf{P}, \mathbf{Q}$; dann kann dieses *zeitinvariante*

System in der Form

$$\mathbf{M}\underline{\ddot{y}} + (\mathbf{D} + \mathbf{G})\,\underline{\dot{y}} + (\mathbf{K} + \mathbf{N})\,\underline{y} = \underline{h}\,(t)\,, \qquad (3.79)$$

geschrieben werden, wobei die Matrizen $\mathbf{P}$ und $\mathbf{Q}$ in ihre symmetrischen und antisymmetrischen Anteile aufgespalten wurden; dabei drücken $\mathbf{D}$ die Dämpfungsanteile, $\mathbf{G}$ die gyroskopischen Anteile (von linearisierten Kreiselkräften herrührend), $\mathbf{K}$ die Wirkung von konservativen und $\mathbf{N}$ die Wirkung von nichtkonservativen Lagekräften aus. Für ein konservatives System sind $\mathbf{D} = \mathbf{0}$, $\mathbf{N} = \mathbf{0}$ und damit die Gesamtenergie $T + U =$ konstant. Für eine Linearisierung um eine Gleichgewichtslage ist natürlich wieder $\underline{h}(t) \equiv \underline{0}$.

In analoger Weise lassen sich die gesamten *Systemgleichungen*, zusammengesetzt aus den Bewegungsgleichungen und der Beschreibung zusätzlicher Systemkomponenten unter Berücksichtigung der Störungen $\underline{z}_\zeta$ und der Stellgrößen $\underline{z}_u$ linearisieren. Mit (3.64) und (3.46)

$$\mathbf{M}(\underline{z},t)\underline{\ddot{z}} + \underline{G}(\underline{z},\underline{\dot{z}},t) = \underline{Q}(\underline{z},\underline{\dot{z}},\underline{z}_r,\underline{z}_u,\underline{z}_\zeta,t)\,,$$
$$\underline{\dot{z}}_r = \underline{f}_r(\underline{z},\underline{\dot{z}},\underline{z}_r,\underline{z}_u,\underline{z}_\zeta,t)\,. \qquad (3.80)$$

und den Abweichungen von der Nominalbewegung, analog zu (3.72)

$$
\begin{aligned}
\underline{z} &= \underline{z}_s &&+ &\underline{y}\,, \\
\underline{z}_r &= \underline{z}_{rs} &&+ &\underline{r}\,, \\
\underline{z}_u &= \underline{z}_{us} &&+ &\underline{u}\,, \\
\underline{z}_\zeta &= \underline{z}_{\zeta s} &&+ &\underline{\zeta}\,,
\end{aligned}
\qquad (3.81)
$$

folgt für das linearisierte System

$$\mathbf{M}(t)\underline{\ddot{y}} + \mathbf{P}(t)\underline{\dot{y}} + \mathbf{Q}(t)\underline{y} = \underline{h}(t) + \mathbf{Q}_r(t)\underline{r} + \mathbf{Q}_u(t)\underline{u} + \mathbf{Q}_\zeta(t)\underline{\zeta}\,, \qquad (3.82)$$

$$\underline{\dot{r}} = \mathbf{F}_y\underline{y} + \mathbf{F}_{\dot{y}}\underline{\dot{y}} + \mathbf{F}_r\underline{r} + \mathbf{F}_u\underline{u} + \mathbf{F}_\zeta\underline{\zeta} + \underline{h}_r(t)\,. \qquad (3.83)$$

Die Matrizen $\mathbf{Q}_\alpha$, $\mathbf{F}_\alpha$ ergeben sich aus den entsprechenden partiellen Ableitungen von $\underline{Q}$ und $\underline{f}_r$.

Sind im System Stellgrößen $\underline{z}_u$ und Störgrößen $\underline{z}_\zeta$ über Zwangsbedingungen enthalten (z. B. Weganregungen), können diese und ihre Ableitungen im allgemeinen in allen Matrizen und Vektoren der Gleichung (3.64) auftreten. So kann z. B. der erste Ausdruck die Form $\mathbf{M}(\underline{z},\underline{z}_u,\underline{z}_\zeta,t)(\underline{\ddot{z}} + \underline{\ddot{z}}_u + \underline{\ddot{z}}_\zeta)$ annehmen.

Faßt man für diesen Fall alle Größen zu einem Vektor

$$
\underline{\bar{z}} = \begin{bmatrix} \underline{z} \\ \underline{z}_u \\ \underline{z}_\zeta \end{bmatrix} = \begin{bmatrix} \underline{z}_s \\ \underline{z}_{us} \\ \underline{z}_{\zeta s} \end{bmatrix} + \begin{bmatrix} \underline{y} \\ \underline{u} \\ \underline{\zeta} \end{bmatrix}
\qquad (3.84)
$$

zusammen, lassen sich alle Überlegungen ab (3.72) auch auf $\underline{\bar{z}}$ anwenden. In Gleichung (3.82) tritt dann eine erweiterte rechte Seite auf:

$$
\begin{aligned}
\mathbf{M}(t)\underline{\ddot{y}} + \mathbf{P}(t)\underline{\dot{y}} + \mathbf{Q}(t)\underline{y} = \underline{h}(t) + \mathbf{Q}_r(t)\underline{r} + \mathbf{Q}_u(t)\underline{u} + \mathbf{Q}_\zeta(t)\underline{\zeta} + \\
\mathbf{R}_u(t)\underline{u} + \mathbf{R}_{\dot{u}}(t)\underline{\dot{u}} + \mathbf{R}_{\ddot{u}}(t)\underline{\ddot{u}} + \mathbf{R}_\zeta(t)\underline{\zeta} + \mathbf{R}_{\dot{\zeta}}(t)\underline{\dot{\zeta}} + \mathbf{R}_{\ddot{\zeta}}(t)\underline{\ddot{\zeta}}\,, \qquad (3.85)
\end{aligned}
$$

wobei die Matrizen mit $\mathbf{R}_\alpha$ die zusätzlichen partiellen Ableitungen nach $\underline{u}, \underline{\dot{u}}, \underline{\ddot{u}}, \underline{\zeta}$, $\underline{\dot{\zeta}}, \underline{\ddot{\zeta}}$ kennzeichnen. Die in (3.85) auftretenden Ableitungen von $\underline{u}$ und $\underline{\zeta}$ können über die Einführung modifizierter Koordinaten $\underline{\eta}_i$ eliminiert werden. Dies kann mit

$$\mathbf{M}\underline{\eta}_1 = \mathbf{M}\underline{y} - \mathbf{R}_{\ddot{u}}\underline{u} - \mathbf{R}_{\ddot{\zeta}}\underline{\zeta} \tag{3.86}$$

für die Ausdrücke mit $\underline{\ddot{u}}$ und $\underline{\ddot{\zeta}}$ und mit

$$\mathbf{M}\underline{\eta}_2 = \mathbf{M}\underline{\dot{y}} - \mathbf{R}_{\dot{u}}\underline{u} - \mathbf{R}_{\dot{\zeta}}\underline{\zeta} \tag{3.87}$$

für die Ausdrücke mit $\underline{\dot{u}}$ und $\underline{\dot{\zeta}}$ erreicht werden, wie sich durch Einsetzen von (3.86), (3.87) in (3.85) sofort zeigen läßt.

Das Auftreten der Ableitungen von $\underline{u}$ und $\underline{\zeta}$ auf der rechten Seite von (3.85) kann zumindest teilweise auch durch eine geeignete Wahl der verallgemeinerten Koordinaten von vornherein vermieden werden. Letztlich kann (3.85) auf ein linearisiertes Differentialgleichungssystem für die Variablen $\underline{\eta}_1, \underline{\eta}_2, \underline{y}$ umgewandelt werden, bei dem nur mehr $\underline{u}$ bzw. $\underline{\zeta}$ als Eingangsgrößen auftreten.

3.2.2 Linearisierung in der Kinematik

Es ist nun häufig zweckmäßig, insbesondere um den Rechenaufwand gering zu halten, schon bei der Aufstellung der Bewegungsgleichungen, beginnend in der Kinematik, zu linearisieren.

Ortsvektor und Drehmatrix für ein nichtlineares mechanisches System sind in (3.30), die zugehörigen Geschwindigkeiten und Winkelgeschwindigkeiten in (3.31) angeführt. Die Geschwindigkeiten werden nun unter Beachtung von $\underline{z} = \underline{z}_s + \underline{y}$ linearisiert:

$$\begin{aligned}
\underline{v}_i \cong\ &[\mathbf{J}_{Ci}(\underline{z}_s, t)\,\underline{\dot{z}}_s + \underline{v}_i^*(\underline{z}_s, t)] +\\
&+ \tfrac{\partial}{\partial \underline{z}}[\mathbf{J}_{Ci}(\underline{z}, t)\,\underline{\dot{z}} + \underline{v}_i^*(\underline{z}, t)]\Big|_{\underline{z}_s, \underline{\dot{z}}_s} \cdot \underline{y} + \tfrac{\partial}{\partial \underline{\dot{z}}}[\mathbf{J}_{Ci}(\underline{z}, t)\,\underline{\dot{z}}]\Big|_{\underline{z}_s, \underline{\dot{z}}_s} \cdot \underline{\dot{y}}\,.
\end{aligned} \tag{3.88}$$

Mit den aus der ersten bzw. zweiten Zeile von (3.88) sich ergebenden Abkürzungen $\underline{v}_{is}, \mathbf{K}_{Ci}$ folgt

$$\underline{v}_i \cong \mathbf{J}_{Ci}(\underline{z}_s, t)\,\underline{\dot{y}} + \mathbf{K}_{Ci}(\underline{z}_s, \underline{\dot{z}}_s, t)\,\underline{y} + \underline{v}_{is}(t)\,. \tag{3.89}$$

Analoges gilt für die Winkelgeschwindigkeiten

$$\underline{\omega}_i \cong \mathbf{J}_{\omega i}(\underline{z}_s, t)\,\underline{\dot{y}} + \mathbf{K}_i(\underline{z}_s, \underline{\dot{z}}_s, t)\,\underline{y} + \underline{\omega}_{is}(t)\,. \tag{3.90}$$

Man beachte, daß für $\mathbf{K}_{Ci}$, $\mathbf{K}_i$ die partiellen Ableitungen der Jacobi-Matrizen gebraucht werden, d. h. $\mathbf{J}_{Ci}$, $\mathbf{J}_{\omega i}$ müssen bis zu Termen 1. Ordnung entwickelt werden, um die Geschwindigkeit vollständig linearisiert zu erhalten. Nur für eine konstante Sollbewegung $\underline{z}_s = $ konstant, $\underline{\dot{z}}_s \equiv \underline{0}$, d. h. für die Linearisierung um eine Gleichgewichtslage, würde das nullte Glied der Jacobi-Matrizen ausreichen, siehe $\mathbf{Q}(t)\underline{y}$ in (3.93), (3.94).

Verwendet man nun (3.89), (3.90) zur Erstellung der NEWTON-EULER-Gleichungen und entwickelt auch den Vektor der eingeprägten Kräfte und Momente unter der Voraussetzung der Differenzierbarkeit bis zu Gliedern 1. Ordnung, so erhält man die linearisierte Gleichung.

$$^0\bar{\mathbf{M}}\,(t)\,\ddot{\underline{y}} + \bar{\mathbf{P}}\,(t)\,\dot{\underline{y}} + \bar{\mathbf{Q}}\,(t)\,\underline{y} = \bar{\underline{h}}\,(t)\,. \tag{3.91}$$

Zur Reduktion der Systemordnung (auf minimale Anzahl von Gleichungen) muß (3.91) noch mit der Transponierten der JACOBI-Matrix vormultipliziert werden. Auch hier sehen wir, daß lineare Terme aus dem Produkt von Gliedern 1. Ordnung von $\bar{\mathbf{J}}$ und $\bar{\underline{h}}\,(t)$ entstehen. Unter Verwendung der Glieder nullter und erster Ordnung der Reihenentwicklung

$$\bar{\mathbf{J}}^T\left(\underline{z}_s + \underline{y}, t\right) = \bar{\mathbf{J}}^T\left(\underline{z}_s, t\right) + \sum_{i=1}^{n}\left(\frac{\partial \bar{\mathbf{J}}^T(\underline{z}, t)}{\partial z_i}y_i\right)\Bigg|_{\underline{z}=\underline{z}_s} + \dots$$
$$= {}^0\bar{\mathbf{J}}^T(t) + {}^1\bar{\mathbf{J}}^T(\underline{y}, t) + \dots \tag{3.92}$$

folgt nach Vormultiplikation und Weglassen aller quadratischen und höheren Glieder

$$\mathbf{M}\,(t)\,\ddot{\underline{y}} + \mathbf{P}\,(t)\,\dot{\underline{y}} + \mathbf{Q}\,(t)\,\underline{y} = \underline{h}\,(t)\,, \tag{3.93}$$

wobei

$$\begin{aligned}
\mathbf{M}(t) &= {}^0\bar{\mathbf{J}}^T(t)\,{}^0\bar{\mathbf{M}}\,(t)\,, \\
\mathbf{P}(t) &= {}^0\bar{\mathbf{J}}^T(t)\bar{\mathbf{P}}(t)\,, \\
\mathbf{Q}(t)\underline{y} &= {}^0\bar{\mathbf{J}}^T(t)\bar{\mathbf{Q}}(t)\underline{y} - {}^1\bar{\mathbf{J}}^T(\underline{y}, t)\bar{\underline{h}}(t)\,, \\
\underline{h}(t) &= {}^0\bar{\mathbf{J}}^T(t)\bar{\underline{h}}\,(t)\,.
\end{aligned} \tag{3.94}$$

Natürlich müssen (3.93), (3.94) den Gleichungen (3.77) äquivalent sein.

Zusammenfassend kann gesagt werden, daß korrekte lineare Gleichungen entstehen, wenn man die nullten und ersten (linearen) Glieder in den JACOBI-Matrizen berücksichtigt. Da die ersten Glieder der JACOBI-Matrizen aber wegen z. B. (3.20), (3.21):

$$\mathbf{J}_{Ci}\,(\underline{z}, t) = \frac{\partial \underline{r}_i\,(\underline{z}, t)}{\partial \underline{z}}$$

aus den zweiten Ableitungen von Ortsvektoren bzw. Drehmatrizen folgen, dürfen daher in $\underline{r}_{Ci}$ und $\mathbf{A}_{Ii}$ auch die Glieder 2. Ordnung in $\underline{z}$ nicht vernachlässigt werden.

In [137] ist ein Alternativweg beschrieben, wie man unter Verwendung der JACOBI-Matrix nullter Ordnung trotzdem zu einem vollständigen Satz von linearisierten Bewegungsgleichungen kommen kann.

3.3 Beispiele

Demonstrationsbeispiel 3.3.1: Balancieren eines Stabes auf einem Wagen

Dieses Beispiel wurde primär ausgewählt um die dargestellten Methoden zu demonstrieren, weniger im Hinblick auf die praktische Bedeutung. Die Problemstellung, Abb. 3.6, soll einige Aspekte des Transportes von schlankem, stehend transportiertem Ladegut anhand eines vereinfachten Modells aufzeigen.

Gesucht werden zunächst die nichtlinearen Bewegungsgleichungen für das dargestellte ebene Modell. Für die Berechnung der im Gelenkpunkt G und an den Radlagern A und B auftretenden Zwangskräfte sind die notwendigen Bestimmungsgleichungen aufzustellen. Bezüglich der Gleichgewichtslage sollen die Bewegungsgleichungen linearisiert werden.

Gegeben sind für das ebene Modell:

- Räder bei A, B masselos,
- Fahrzeugkörper: Masse M, Abmessungen h, b,
- homogener dünner Stab: Masse m, Länge $2a$.
- Lager bei A, B, G reibungsfrei,
- Drehfeder bei G: entspannt für $\alpha = 0$, Federkonstante $c_T : M_T = c_T \alpha$,
- die äußere Kraft F auf den Fahrzeugkörper.

Für die Erstellung der Bewegungsgleichungen wird man im allgemeinen mit der Beschreibung der *Kinematik des Systems* beginnen. Aufgrund der kinematischen Bindung bei G (Scharniergelenk) und der erzwungenen geradlinigen Bewegung des Fahrzeugkörpers lassen sich rasch zwei passende Koordinatensysteme (x, y, z–System = Inertialsystem I; mitbewegtes x_2, y_2, z_2–System 2) und die verallgemeinerten Koordinaten $\underline{z}$ für die 2 Freiheitsgrade der ebenen Bewegung festlegen – siehe Abb. 3.6:

$$\underline{z}^T = [x, \alpha] \,. \tag{3.95}$$

Die Transformationsmatrix zwischen den beiden Systemen entspricht der Elementardrehung um die y bzw. y_2-Richtung

$$\mathbf{A}_{I2} = \begin{bmatrix} c\alpha & 0 & s\alpha \\ 0 & 1 & 0 \\ -s\alpha & 0 & c\alpha \end{bmatrix} . \tag{3.96}$$

Die Geschwindigkeiten der Körperschwerpunkte C_1, C_2 lassen sich zwar für dieses einfache Beispiel direkt anschreiben, sollen jedoch hier über die Ortsvektoren nach (3.20) bestimmt werden

$$\underline{r}_{C1/I} = \begin{bmatrix} x \\ 0 \\ 0 \end{bmatrix} \quad , \quad \frac{d\underline{r}_{C1/I}}{dt} = \underline{v}_{C1/I} = \begin{bmatrix} \dot{x} \\ 0 \\ 0 \end{bmatrix} , \tag{3.97}$$

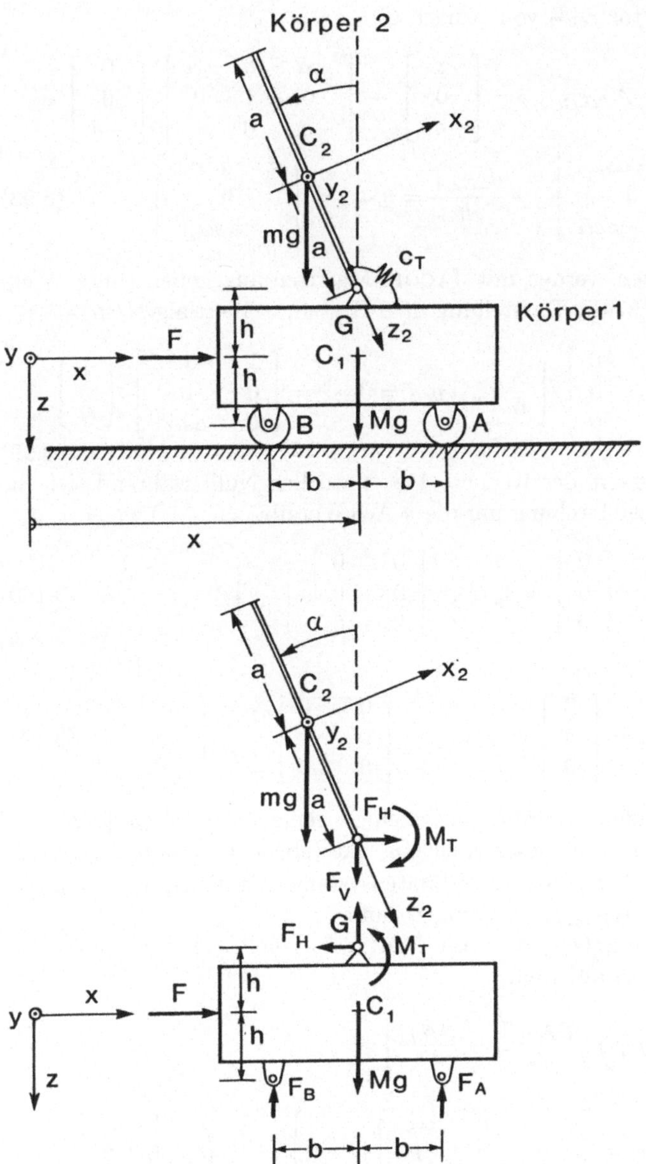

Abb. 3.6: Systemmodell und aufgetrenntes System mit Zwangskräften und dem eingeprägten Moment M_T

bzw. mit dem Ortsvektor $\vec{r}_{GC2}$ von G nach C_2

$$\underline{r}_{C2/I} \;=\; \underline{r}_{G/I} + \mathbf{A}_{I2}\underline{r}_{GC2/2} = \begin{bmatrix} x \\ 0 \\ -h \end{bmatrix} + \begin{bmatrix} c\alpha & 0 & s\alpha \\ 0 & 1 & 0 \\ -s\alpha & 0 & c\alpha \end{bmatrix} \begin{bmatrix} 0 \\ 0 \\ -a \end{bmatrix}$$

$$= \begin{bmatrix} x - as\alpha \\ 0 \\ -h - ac\alpha \end{bmatrix}, \qquad \frac{d\underline{r}_{C2/I}}{dt} = \underline{v}_{C2/I} = \begin{bmatrix} \dot{x} - a\dot{\alpha}c\alpha \\ 0 \\ a\dot{\alpha}s\alpha \end{bmatrix}. \qquad (3.98)$$

Diese Geschwindigkeiten werden mit JACOBI-Matrizen angegeben (unter Weglassung der Indizes I für die Darstellung im I-System = Inertialsystem):

$$\underline{v}_{C1} = \mathbf{J}_{C1}\underline{\dot{z}} = \begin{bmatrix} 1 & 0 \\ 0 & 0 \\ 0 & 0 \end{bmatrix} \begin{bmatrix} \dot{x} \\ \dot{\alpha} \end{bmatrix}, \qquad \underline{v}_{C2} = \mathbf{J}_{C2}\underline{\dot{z}} = \begin{bmatrix} 1 & -ac\alpha \\ 0 & 0 \\ 0 & as\alpha \end{bmatrix} \begin{bmatrix} \dot{x} \\ \dot{\alpha} \end{bmatrix}. $$
$$(3.99)$$

Die Winkelgeschwindigkeit des Körpers 1 ist natürlich Null, während sich die des Körpers 2 aus seiner Drehung um die y-Achse ergibt:

$$\underline{\omega}_1 = \begin{bmatrix} 0 \\ 0 \\ 0 \end{bmatrix} = \mathbf{J}_{\omega 1}\underline{\dot{z}} = \begin{bmatrix} 0 & 0 \\ 0 & 0 \\ 0 & 0 \end{bmatrix} \begin{bmatrix} \dot{x} \\ \dot{\alpha} \end{bmatrix}, \qquad (3.100)$$

$$\underline{\omega}_2 = \underline{\omega}_{2/2} = \begin{bmatrix} 0 \\ \dot{\alpha} \\ 0 \end{bmatrix} = \mathbf{J}_{\omega 2/2}\underline{\dot{z}} = \begin{bmatrix} 0 & 0 \\ 0 & 1 \\ 0 & 0 \end{bmatrix} \begin{bmatrix} \dot{x} \\ \dot{\alpha} \end{bmatrix}. \qquad (3.101)$$

Da die Drehachse beiden Koordinatensystemen gemeinsam ist ($y \parallel y_2$) und $\underline{\omega}_2$ nur eine Komponente in dieser Richtung hat (ebene Bewegung!), sind die Darstellungen von $\underline{\omega}_2$ für beide Koordinatensysteme identisch, wie man sich auch leicht mit $\underline{\omega}_{2/I} = \mathbf{A}_{I2}\underline{\omega}_{2/2}$ überzeugen kann.

Die Winkelgeschwindigkeit, d. h. die Matrix $\tilde{\omega}_{2/2}$ läßt sich auch mit (3.96) über die Beziehung (3.9) ableiten:

$$\tilde{\omega}_{2/2} = \mathbf{A}_{21}\dot{\mathbf{A}}_{I2} = \mathbf{A}_{2I}\left\{ \sum_{k=1}^{2} \frac{\partial \mathbf{A}_{I2}}{\partial z_k}\dot{z}_k + \frac{\partial \mathbf{A}_{I2}}{\partial t} \right\} =$$

$$\begin{bmatrix} c\alpha & 0 & -s\alpha \\ 0 & 1 & 0 \\ s\alpha & 0 & c\alpha \end{bmatrix} \left\{ \mathbf{0}\dot{x} + \begin{bmatrix} -s\alpha & 0 & c\alpha \\ 0 & 0 & 0 \\ -c\alpha & 0 & -s\alpha \end{bmatrix} \dot{\alpha} + \mathbf{0} \right\} = \begin{bmatrix} 0 & 0 & \dot{\alpha} \\ 0 & 0 & 0 \\ -\dot{\alpha} & 0 & 0 \end{bmatrix},$$

wobei gilt: $\qquad \tilde{\omega}_{2/2} = \tilde{\omega}_{2/I}$.

Für die Beschleunigungen folgen aus (3.99), (3.100), (3.101) nach (3.32):

$$\underline{a}_{C1} = \mathbf{J}_{C1}\underline{\ddot{z}}, \qquad \underline{a}_{C2} = \mathbf{J}_{C2}\underline{\ddot{z}} + \underline{a}_{C2}^{*},$$

$$\underline{a}_{C2}^* = \left(\sum_k \frac{\partial \mathbf{J}_{C2}}{\partial z_k} \dot{z}_k\right)\dot{\underline{z}} = \begin{bmatrix} a\dot{\alpha}^2 s\alpha \\ 0 \\ a\dot{\alpha}^2 c\alpha \end{bmatrix},$$

$$\underline{\alpha}_1 = \mathbf{J}_{\omega 1}\ddot{\underline{z}}, \qquad \underline{\alpha}_{2/2} = \mathbf{J}_{\omega 2/2}\ddot{\underline{z}}.$$

Da nur $\mathbf{J}_{C2}$ von einer der beiden verallgemeinerten Koordinaten abhängt, tritt nur der Zusatzterm $\underline{a}_{C2}^*$ in (3.102) auf. Man beachte, daß für die Darstellung der Winkelbeschleunigung des Körpers 2 das mitbewegte System 2 gewählt wurde!

Die globale JACOBI-Matrix des Systems, entsprechend (3.62), wird aus den Einzelmatrizen zusammengesetzt

$$\bar{\mathbf{J}} = \begin{bmatrix} \mathbf{J}_{C1} \\ \mathbf{J}_{C2} \\ \mathbf{0} \\ \mathbf{J}_{\omega 2/2} \end{bmatrix}. \qquad\qquad (3.102)$$

Da bei diesem Beispiel eine analytische Aufbereitung demonstriert werden soll, wird in $\bar{\mathbf{J}}$ die Substrukturierung in die 4 einzelnen Jacobimatrizen ausgenützt.

Für das Aufstellen der *Bewegungsgleichungen* nach LAGRANGE oder über NEWTON-EULER und das D'ALEMBERTsche Prinzip ist es nicht notwendig, die Zwangskräfte zu berücksichtigen. Da jedoch auch die Berechnung der Zwangskräfte aufgezeigt werden soll, werden diese nach Trennung der Systemteile an den Kontaktstellen eingezeichnet, Abb. 3.6. Die Zwangskräfte in y-Richtung bzw. die Zwangsmomente bezüglich x_i, z_i-Achsen können bzw. müssen wegen des gewählten ebenen Modells außer Betracht bleiben und werden im weiteren Null gesetzt.

Zunächst sollen mit den NEWTON-EULER Gleichungen und dem D'ALEMBERTschen Prinzip die Bewegungsgleichungen hergeleitet werden. Für das betrachtete System mit $p = 2$ Körpern folgen nach (3.60), (3.61) die 12 skalaren Gleichungen, angeschrieben in Matrizenschreibweise:

$$\bar{\mathbf{M}}\left(\underline{z}, t\right)\ddot{\underline{z}} + \underline{\bar{G}}\left(\underline{z}, \dot{\underline{z}}, t\right) = \underline{\bar{Q}}\left(\underline{z}, \dot{\underline{z}}, t\right), \qquad\qquad (3.103)$$

$$\bar{\mathbf{M}} = \begin{bmatrix} M\mathbf{J}_{C1} \\ m\mathbf{J}_{C2} \\ \mathbf{0} \\ \mathbf{I}_{2/2}\mathbf{J}_{\omega 2/2} \end{bmatrix}, \quad \underline{\bar{G}} = \begin{bmatrix} \underline{0} \\ m\underline{a}_{C2}^* \\ \underline{0} \\ \tilde{\omega}_2 \mathbf{I}_{2/2}\underline{\omega}_2 \end{bmatrix} = \begin{bmatrix} \underline{0} \\ m\underline{a}_{C2}^* \\ \underline{0} \\ \underline{0} \end{bmatrix}. \qquad (3.104)$$

Durch die Darstellung der Drehbewegung des Körpers 2 in dem körperfesten Koordinatensystem 2, kann in (3.104) der konstante Trägheitstensor $\mathbf{I}_{2/2}$ bezüglich C_2 verwendet werden:

$$\mathbf{I}_{2/2} = \begin{bmatrix} \frac{ma^2}{3} & 0 & 0 \\ 0 & \frac{ma^2}{3} & 0 \\ 0 & 0 & 0 \end{bmatrix}. \qquad\qquad (3.105)$$

Die auf das System einwirkenden Kräfte werden aufgeteilt: Die eingeprägten Kräfte werden explizit in der Spaltenmatrix $\underline{\bar{Q}}^e$ zusammengefaßt, die auf die einzelnen Körper wirkenden Zwangskräfte $\underline{\bar{Q}}^z$ über eine Verteilungsmatrix $\hat{\mathbf{Q}}^z$

dargestellt

$$
\underline{\bar{Q}}^e =
\begin{bmatrix}
F \\
0 \\
Mg \\
\cdots \\
0 \\
0 \\
mg \\
\cdots \\
0 \\
M_T \\
0 \\
\cdots \\
0 \\
-M_T \\
0
\end{bmatrix}
=
\begin{bmatrix}
\underline{\bar{Q}}^e_{C1} \\
\cdots \\
\underline{\bar{Q}}^e_{C2} \\
\cdots \\
\underline{\bar{Q}}^e_{1} \\
\cdots \\
\underline{\bar{Q}}^e_{2/2}
\end{bmatrix},
\tag{3.106}
$$

$$
\underline{\bar{Q}}^z =
\begin{bmatrix}
-F_H \\
0 \\
-F_V - F_A - F_B \\
\cdots \\
F_H \\
0 \\
F_V \\
\cdots \\
0 \\
F_H h + (F_A - F_B)b \\
0 \\
\cdots \\
0 \\
(F_H c\alpha - F_V s\alpha)a \\
0
\end{bmatrix}
=
\begin{bmatrix}
0 & 0 & 0 & -1 \\
0 & 0 & 0 & 0 \\
-1 & -1 & -1 & 0 \\
\cdots & \cdots & \cdots & \cdots \\
0 & 0 & 0 & 1 \\
0 & 0 & 0 & 0 \\
0 & 0 & 1 & 0 \\
\cdots & \cdots & \cdots & \cdots \\
0 & 0 & 0 & 0 \\
b & -b & 0 & h \\
0 & 0 & 0 & 0 \\
\cdots & \cdots & \cdots & \cdots \\
0 & 0 & 0 & 0 \\
0 & 0 & -as\alpha & ac\alpha \\
0 & 0 & 0 & 0
\end{bmatrix}
\begin{bmatrix}
F_A \\
F_B \\
F_V \\
F_H
\end{bmatrix}
=
$$

$$
\begin{bmatrix}
\hat{\mathbf{Q}}_{C1} \\
\cdots \\
\hat{\mathbf{Q}}_{C2} \\
\cdots \\
\hat{\mathbf{Q}}_{1} \\
\cdots \\
\hat{\mathbf{Q}}_{2/2}
\end{bmatrix}
\begin{bmatrix}
F_A \\
F_B \\
F_V \\
F_H
\end{bmatrix}
= \hat{\mathbf{Q}}^z \underline{f}^z
\tag{3.107}
$$

Diese $[12 \times 4]$ Verteilungsmatrix $\hat{\mathbf{Q}}^z$, hier direkt über die Systemkonfiguration und die Lagen der Koordinatensysteme (passend zur Darstellung in (3.104)) aufgestellt, ordnet die 4 Zwangskraftkomponenten, zusammengefaßt im $\underline{f}^z$, den 12 skalaren Gleichungen zu - siehe (3.67).

Für die Bewegungsgleichungen nach (3.64) muß (3.103) von links mit $\bar{\mathbf{J}}^T$ erweitert werden:

$$\mathbf{M}(\underline{z},t)\ddot{\underline{z}} + \underline{G}(\underline{z},\dot{\underline{z}},t) = \underline{Q}(\underline{z},\dot{\underline{z}},t), \qquad (3.108)$$

wobei sich für das betrachtete Beispiel ergibt:

$$\mathbf{M} = \bar{\mathbf{J}}^T\bar{\mathbf{M}} = \begin{bmatrix} \mathbf{J}_{C1}^T, \mathbf{J}_{C2}^T, \mathbf{0}, \mathbf{J}_{\omega2/2}^T \end{bmatrix} \begin{bmatrix} M\mathbf{J}_{C1} \\ m\mathbf{J}_{C2} \\ \mathbf{0} \\ \mathbf{I}_{2/2}\mathbf{J}_{\omega2/2} \end{bmatrix}$$

$$= \begin{bmatrix} M\mathbf{J}_{C1}^T\mathbf{J}_{C1} + m\mathbf{J}_{C2}^T\mathbf{J}_{C2} + \mathbf{J}_{\omega2/2}^T\mathbf{I}_{2/2}\mathbf{J}_{\omega2/2} \end{bmatrix}, \qquad (3.109)$$

$$\underline{G} = \bar{\mathbf{J}}^T\bar{\underline{G}} = \begin{bmatrix} \mathbf{J}_{C1}^T, \mathbf{J}_{C2}^T, \mathbf{0}, \mathbf{J}_{\omega2/2}^T \end{bmatrix} \begin{bmatrix} \underline{0} \\ m\underline{a}_{C2}^* \\ \underline{0} \\ \underline{0} \end{bmatrix} = \begin{bmatrix} m\mathbf{J}_{C2}^T\underline{a}_{C2}^* \end{bmatrix}, \qquad (3.110)$$

$$\underline{Q} = \bar{\mathbf{J}}^T\bar{\underline{Q}}^e = \begin{bmatrix} \mathbf{J}_{C1}^T\underline{Q}_{C1}^e + \mathbf{J}_{C2}^T\underline{Q}_{C2}^e + \mathbf{J}_{\omega2/2}^T\underline{Q}_{2/2}^e \end{bmatrix}. \qquad (3.111)$$

In die einzelnen Terme sind die aus der Kinematik bzw. den Beziehungen (3.105), (3.106) bekannten Ausdrücke einzusetzen. Als Beispiel sei hier demonstriert:

$$\mathbf{J}_{\omega2/2}^T\mathbf{I}_{2/2}\mathbf{J}_{\omega2/2} = \begin{bmatrix} 0 & 0 & 0 \\ 0 & 1 & 0 \end{bmatrix} \begin{bmatrix} \frac{ma^2}{3} & 0 & 0 \\ 0 & \frac{ma^2}{3} & 0 \\ 0 & 0 & 0 \end{bmatrix} \begin{bmatrix} 0 & 0 \\ 0 & 1 \\ 0 & 0 \end{bmatrix} = \begin{bmatrix} 0 & 0 \\ 0 & \frac{ma^2}{3} \end{bmatrix}.$$
$$(3.112)$$

Mit den so ermittelten Einzelausdrücken lassen sich die gesuchten Bewegungsgleichungen letztlich anschreiben:

$$\begin{bmatrix} M+m & -mac\alpha \\ -mac\alpha & m\frac{4a^2}{3} \end{bmatrix} \begin{bmatrix} \ddot{x} \\ \ddot{\alpha} \end{bmatrix} + \begin{bmatrix} ma\dot{\alpha}^2 s\alpha \\ 0 \end{bmatrix} = \begin{bmatrix} F \\ mgas\alpha - c_T\alpha \end{bmatrix}. \qquad (3.113)$$

Für die *Ermittlung der Zwangskräfte* nach (3.69) benötigt man zusätzlich zu den aufgrund der Bewegungsgleichungen bekannten Matrizen noch explizit die symmetrische [12×12] Massenmatrix $\hat{\mathbf{M}}$ des Systems entsprechend (3.61).

$$\hat{\mathbf{M}} = \begin{bmatrix} M\mathbf{E}_3 & \mathbf{0} & \mathbf{0} & \mathbf{0} \\ \mathbf{0} & m\mathbf{E}_3 & \mathbf{0} & \mathbf{0} \\ \mathbf{0} & \mathbf{0} & \mathbf{I}_1 & \mathbf{0} \\ \mathbf{0} & \mathbf{0} & \mathbf{0} & \mathbf{I}_{2/2} \end{bmatrix}, \qquad (3.114)$$

bzw. deren inverse Matrix

$$\hat{\mathbf{M}}^{-1} = \begin{bmatrix} \frac{1}{M}\mathbf{E}_3 & \mathbf{0} & \mathbf{0} & \mathbf{0} \\ \mathbf{0} & \frac{1}{m}\mathbf{E}_3 & \mathbf{0} & \mathbf{0} \\ \mathbf{0} & \mathbf{0} & \mathbf{I}_1^{-1} & \mathbf{0} \\ \mathbf{0} & \mathbf{0} & \mathbf{0} & \mathbf{I}_{2/2}^{-1} \end{bmatrix}. \qquad (3.115)$$

Die Beziehung (3.69) liefert damit ein lineares Gleichungssystem für die 4 Auflagerkräfte

$$\left(\hat{\mathbf{Q}}^z\right)^T \hat{\mathbf{M}}^{-1}\hat{\mathbf{Q}}^z \underline{f}^z = \left(\hat{\mathbf{Q}}^z\right)^T \hat{\mathbf{M}}^{-1}\left(\bar{\underline{G}} - \bar{\underline{Q}}^e\right) \tag{3.116}$$

im konkreten Fall mit der $[4 \times 4]$ Matrix

$$\left(\hat{\mathbf{Q}}^z\right)^T \hat{\mathbf{M}}^{-1}\hat{\mathbf{Q}}^z = \left[\frac{1}{M}\hat{\mathbf{Q}}_{C1}^T\hat{\mathbf{Q}}_{C1} + \frac{1}{m}\hat{\mathbf{Q}}_{C2}^T\hat{\mathbf{Q}}_{C2} + \hat{\mathbf{Q}}_1^T\mathbf{I}_1^{-1}\hat{\mathbf{Q}}_1 + \hat{\mathbf{Q}}_{2/2}^T\mathbf{I}_{2/2}^{-1}\hat{\mathbf{Q}}_{2/2}\right]$$

$$= \frac{1}{M}\begin{bmatrix} 1+\frac{Mb^2}{I_M} & 1-\frac{Mb^2}{I_M} & 1 & \frac{Mhb}{I_M} \\[2mm] 1-\frac{Mb^2}{I_M} & 1+\frac{Mb^2}{I_M} & 1 & -\frac{Mhb}{I_M} \\[2mm] 1 & 1 & 1+\frac{M}{m}+\frac{Ma^2(s\alpha)^2}{I_m} & -\frac{Ma^2 cas\alpha}{I_m} \\[2mm] \frac{Mhb}{I_M}, & -\frac{Mhb}{I_M} & -\frac{Ma^2 cas\alpha}{I_m} & 1+\frac{M}{m}+\frac{Mh^2}{I_M}+\frac{Ma^2(c\alpha)^2}{I_m} \end{bmatrix}$$

$$\tag{3.117}$$

und der $[4 \times 4]$ Spaltenmatrix

$$\left(\hat{\mathbf{Q}}^z\right)^T \hat{\mathbf{M}}^{-1}\left(\bar{\underline{G}} - \bar{\underline{Q}}^e\right) = \left[\hat{\mathbf{Q}}_{C2}^T\underline{a}_{C2}^* - \frac{1}{M}\hat{\mathbf{Q}}_{C1}^T\underline{\bar{Q}}_{C1}^e - \frac{1}{m}\hat{\mathbf{Q}}_{C2}^T\underline{\bar{Q}}_{C2}^e - \hat{\mathbf{Q}}_1^T\mathbf{I}_1^{-1}\underline{\bar{Q}}_1^e\right.$$

$$\left.-\hat{\mathbf{Q}}_{2/2}^T\mathbf{I}_{2/2}^{-1}\underline{\bar{Q}}_{2/2}^e\right] = \begin{bmatrix} -\frac{bM_T}{I_M} & + & g \\[2mm] +\frac{bM_T}{I_M} & + & g \\[2mm] a\dot{\alpha}^2 c\alpha & - & \frac{M_T a s\alpha}{I_m} \\[2mm] a\dot{\alpha}^2 s\alpha & - & \frac{M_T h}{I_M}+\frac{M_T a c\alpha}{I_m}+\frac{F}{M} \end{bmatrix} . \tag{3.118}$$

Die Massenträgheitsmomente $I_m = \frac{ma^2}{3}$, I_M sind jene der beiden Körper bezüglich der zur y-Achse parallelen Trägheitshauptachsen durch C_2 bzw. C_1. (Wie zu erwarten, zeigt die weitere Rechnung, daß I_M nicht im Ergebnis auftritt). Mit (3.116) bis (3.118) hat man die gesuchten 4 Gleichungen für die 4 unbekannten Zwangskräfte, zusammengefaßt in $\underline{f}^z$. Diese sollen hier nicht weiter ausgewertet werden. Es sei hier nochmals darauf verwiesen, daß hier ein systematischer, für die Computer-Simulation zugeschnittener Lösungsweg aufgezeigt werden sollte. Natürlich lassen sich die Zwangskräfte bei diesem einfachen Beispiel leicht von Hand aus berechnen.

Um die Anwendung der LAGRANGE*schen Gleichungen* (3.35) zu zeigen, wird auch diese Methode für das betrachtete Beispiel angewandt

$$\frac{\mathrm{d}}{\mathrm{d}t}\left(\frac{\partial T}{\partial \dot{\underline{z}}}\right)^T - \left(\frac{\partial T}{\partial \underline{z}}\right)^T = \underline{Q}. \tag{3.119}$$

Die verallgemeinerten Kräfte $\underline{Q}$ sind bereits in (3.111) angeführt. Für die kinetische Energie T kann unter Verwendung von (3.99) bis (3.101) angeschrieben werden:

$$
\begin{aligned}
T &= \frac{1}{2}\left(\dot{\underline{z}}^T M \mathbf{J}_{C1}^T \mathbf{J}_{C1}\dot{\underline{z}} + \dot{\underline{z}}^T m \mathbf{J}_{C2}^T \mathbf{J}_{C2}\dot{\underline{z}} + \dot{\underline{z}}^T \mathbf{J}_{\omega2/2}^T \mathbf{I}_{2/2}\mathbf{J}_{\omega2/2}\dot{\underline{z}}\right) \\
&= \frac{1}{2}\dot{\underline{z}}^T\left(M \mathbf{J}_{C1}^T \mathbf{J}_{C1} + m \mathbf{J}_{C2}^T \mathbf{J}_{C2} + \mathbf{J}_{\omega2/2}^T \mathbf{I}_{2/2}\mathbf{J}_{\omega2/2}\right)\dot{\underline{z}} = \frac{1}{2}\dot{\underline{z}}^T \mathbf{M}\dot{\underline{z}}, \quad (3.120)
\end{aligned}
$$

mit der Matrix $\mathbf{M}$ nach (3.109). Für die Berechnung der notwendigen Ableitungen ist zu beachten, daß nur $\mathbf{J}_{C2} = \mathbf{J}_{C2}(z_2)$ während alle übrigen Ausdrücke in (3.120) nicht von den verallgemeinerten Koordinaten abhängen. Mit

$$
\left(\frac{\partial T}{\partial \dot{\underline{z}}}\right)^T = \mathbf{M}\dot{\underline{z}}
$$

folgt

$$
\frac{d}{dt}\left(\frac{\partial T}{\partial \dot{\underline{z}}}\right)^T = \mathbf{M}\ddot{\underline{z}} + \left(\mathbf{0}\dot{z}_1 + m\frac{\partial\left(\mathbf{J}_{C2}^T \mathbf{J}_{C2}\right)}{\partial z_2}\dot{z}_2\right)\dot{\underline{z}}. \qquad (3.121)
$$

Ebenso ergibt sich

$$
\left(\frac{\partial T}{\partial \underline{z}}\right)^T = \begin{bmatrix} 0 \\ \frac{1}{2}\dot{\underline{z}}^T \cdot m\frac{\partial\left(\mathbf{J}_{C2}^T \mathbf{J}_{C2}\right)}{\partial z_2} \cdot \dot{\underline{z}} \end{bmatrix}. \qquad (3.122)
$$

Die Ähnlichkeit des 2. Ausdrucks in (3.121) mit (3.122) deutet bereits an, daß sich bei Bildung der Gleichung (3.119) einige Terme wegkürzen. Mit

$$
\mathbf{J}_{C2}^T \mathbf{J}_{C2} = \begin{bmatrix} 1 & -ac\alpha \\ -ac\alpha & a^2 \end{bmatrix}, \quad \frac{\partial \mathbf{J}_{C2}^T \mathbf{J}_{C2}}{\partial z_2} = \begin{bmatrix} 0 & as\alpha \\ as\alpha & 0 \end{bmatrix} \qquad (3.123)
$$

folgt für

$$
\frac{d}{dt}\left(\frac{\partial T}{\partial \dot{\underline{z}}}\right)^T - \left(\frac{\partial T}{\partial \underline{z}}\right)^T = \mathbf{M}\ddot{\underline{z}} + \begin{bmatrix} ma\dot{\alpha}^2 s\alpha \\ ma\dot{\alpha}\dot{x}s\alpha \end{bmatrix} - \begin{bmatrix} 0 \\ \frac{1}{2}\left(ma\dot{x}\dot{\alpha}s\alpha + ma\dot{\alpha}\dot{x}s\alpha\right) \end{bmatrix} \qquad (3.124)
$$

wieder die linke Seite der Gleichung (3.113).

Beispiel 3.3.2: Einspurmodell eines Pkw

Wie in Kapitel 2 dargelegt, dient dieses vereinfachte Fahrzeugmodell zur Untersuchung der Querdynamik. Die linearisierte mathematische Beschreibung des Systemverhaltens eignet sich sehr gut zur Reglerauslegung.

Gesucht werden die Bewegungsgleichungen zur Beschreibung der Querdynamik des Modells sowie deren linearisierte Darstellung für eine ebene, horizontale Fahrbahn.

Gegeben sind für das Modell nach Abb. 2.4 - nochmals dargestellt in Abb. 3.7:

- Fahrzeugkörper: Masse m, Trägheitsmoment I_C, Abmessungen l_V, l_H;
- Masse bzw. Trägheitsmoment der Räder in m bzw. I_C enthalten; Masseneffekte durch die Relativbewegung der Räder gegen den Fahrzeugkörper vernachlässigbar;

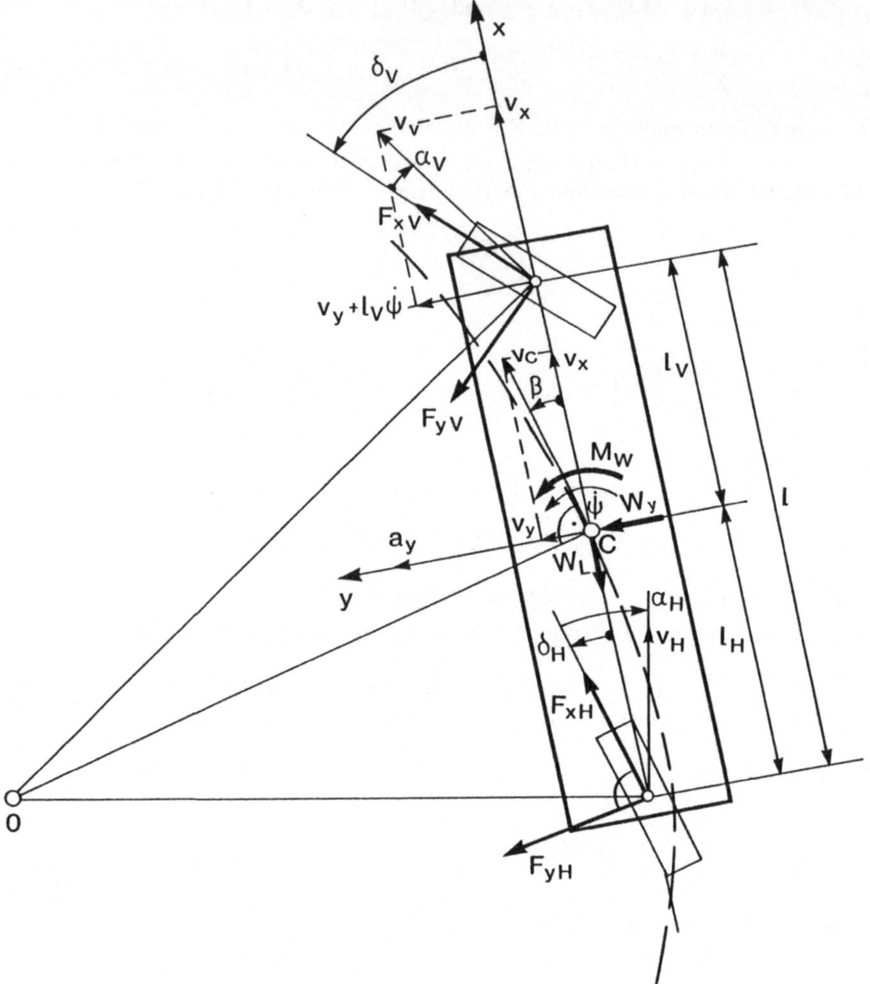

Abb. 3.7:   Pkw-Einspurmodell mit Hinterradzusatzlenkung

- Fahrgeschwindigkeit $v_x =$ konstant;
- Seitenkraft der Räder in der Form $F_{yi} = F_{yi}(\alpha_i)$;
- Luftkräfte auf das Fahrzeug bei Windstille mit $W_x = k_x v_C^2$, $W_y = -k_y v_C^2 \beta$; $M_w = -l_M k_y v_C^2 \beta$.

Die Annahme der Seitenkraft F_{yi} als prinzipiell nichtlineare Funktion des Schräg-laufwinkels α_i (zum Unterschied zu (2.16)), ermöglicht auch die Linearisierung bezüglich einer Kurvenfahrt des Fahrzeugs. Allerdings wird hier angenom-men, daß die Aufstandskräfte F_{zV}, F_{zH} und die Umfangskräfte F_{xV}, F_{xH} der Er-satzräder bei kleinen Variationen um einen Referenzzustand keine Änderungen der Seitenkräfte bewirken.

Wie das Ersatzmodell Abb. 3.7 zeigt, besteht das System nur aus einem Körper. Die Radstellungen werden lediglich benötigt, um die Schräglaufwinkel α_V, α_H und damit die entsprechenden Seitenkräfte bestimmen zu können.

Zur Beschreibung der *Kinematik* wird das körperfeste Koordinatensystem x_C, y_C, z_C gewählt. Als verallgemeinerte Koordinaten gelten der Drehwinkel ψ und die Querabweichung des Schwerpunktes C. Allerdings werden für die Systembeschreibung nur erste Ableitungen $\dot\psi, v_y$ verwendet, da z. B. bei einer Störung der Geradeausfahrt die Querabweichung ohne Kursrückführung beliebig groß werden kann und daher bei Stabilitätsuntersuchungen des Systems als instabil zu bewerten wäre.

Für die Geschwindigkeit des Schwerpunktes und die Winkelgeschwindigkeit, dargestellt im körperfesten Koordinatensystem, gilt:

$$\underline{v}_{C/C} = \begin{bmatrix} v_x \\ v_y \\ 0 \end{bmatrix}, \quad \underline{\omega}_C = \underline{\omega}_{IC/I} = \underline{\omega}_{IC/C} = \begin{bmatrix} 0 \\ 0 \\ \dot\psi \end{bmatrix}. \tag{3.125}$$

Für die Beschleunigung des Schwerpunktes C läßt sich zunächst schreiben, siehe (3.16):

$$\underline{a}_C = \frac{d}{dt}(\mathbf{A}_{IC}\underline{v}_{C/C}) = \frac{d\mathbf{A}_{IC}}{dt}\underline{v}_{C/C} + \mathbf{A}_{IC}\frac{d\underline{v}_{C/C}}{dt}.$$

Analog zu (3.17) ergibt sich die Darstellung der Beschleunigung im körperfesten System zu

$$\underline{a}_{C/C} = \frac{d\underline{v}_{C/C}}{dt} + \tilde\omega_{IC/C}\underline{v}_{C/C}. \tag{3.126}$$

Unter Verwendung von (3.125) folgt aus (3.126)

$$\underline{a}_{C/C} = \begin{bmatrix} 0 \\ \dot v_y \\ 0 \end{bmatrix} + \begin{bmatrix} 0 & -\dot\psi & 0 \\ \dot\psi & 0 & 0 \\ 0 & 0 & 0 \end{bmatrix} \begin{bmatrix} v_x \\ v_y \\ 0 \end{bmatrix} = \begin{bmatrix} -\dot\psi v_y \\ \dot v_y + \dot\psi v_x \\ 0 \end{bmatrix}. \tag{3.127}$$

Für die Winkelbeschleunigung kann sofort angeschrieben werden:

$$\underline{\alpha}_{C/I} = \underline{\alpha}_{C/C} = \begin{bmatrix} 0 \\ 0 \\ \ddot\psi \end{bmatrix}. \tag{3.128}$$

Die Schräglaufwinkel lassen sich über die Geschwindigkeiten von Vorder- bzw. Hinterradmittelpunkt bzw. dem Verhältnis ihrer Komponenten bezüglich Radebene und normal dazu bestimmen. So ergibt sich an Hand von Abb. 3.7 für das Vorderrad

$$\tan(\delta_V - \alpha_V) = \frac{v_y + l_V\dot\psi}{v_x}.$$

Mit den auch im weiteren verwendeten Benennungen:

$$l_V^* = l_V, \quad l_H^* = -l_H, \quad l = l_V + l_H, \tag{3.129}$$

gilt sodann

$$\alpha_i = \delta_i - \arctan\left(\frac{v_y + l_i^* \dot{\psi}}{v_x}\right), \quad i = V, H . \tag{3.130}$$

Die Bewegungsgleichungen der ebenen Bewegung des Ersatzmodells zur Beschreibung der *Dynamik* lassen sich hier einfach über Impuls- und Drallsatz (3.52), (3.53) aufstellen. Mit (3.127), (3.128) und Abb. 3.7 ergibt sich

$$m(-\dot{\psi}v_y) = \sum_{i=V,H} (F_{xi} \cos \delta_i - F_{yi} \sin \delta_i) - W_x , \tag{3.131}$$

$$m(\dot{v}_y + \dot{\psi}v_x) = \sum_{i=V,H} (F_{xi} \sin \delta_i + F_{yi} \cos \delta_i) + W_y , \tag{3.132}$$

$$I_C\ddot{\psi} = \sum_{i=V,H} l_i^* (F_{xi} \sin \delta_i + F_{yi} \cos \delta_i) + M_w . \tag{3.133}$$

Bei vorgegebener Geschwindigkeit v_x sind die Umfangskräfte F_{xi} Zwangskräfte. Sie sind aus der Gleichung (3.131) mit einer Zusatzbedingung, die aus der Art des Antriebs folgt, zu berechnen.

Für konstante Geschwindigkeit v_x läßt sich für Vorderradantrieb bzw. Hinterradantrieb angeben

$$F_{xH} = -f_R F_{zH} = -f_R \frac{mgl_V}{l} , \tag{3.134}$$

bzw.

$$F_{xV} = -f_R F_{zV} = -f_R \frac{mgl_H}{l} , \tag{3.135}$$

wobei f_R den Rollwiderstandsbeiwert darstellt. Die Aufstandskräfte F_{zH}, F_{zV} sind entsprechend den Modellvereinfachungen durch ihre statischen Werte genähert.

Im Falle eines Allradantriebs mit nicht gesperrten Differentialen und einer 1:1 Antriebsmomentenaufteilung im Zentraldifferential (siehe Abb. 2.6) kann

$$F_{xH} \cong F_{xV} \tag{3.136}$$

geschrieben werden. Die Anteile der Rollwiderstände der beiden Ersatzräder wurden dabei näherungsweise gleich gesetzt. Die Gleichungen (3.131) bis (3.133) zusammen mit der Zusatzbedingung (3.134), (3.135) erlauben eine Abschätzung der benötigten Umfangskräfte bei einer vorgegebenen Bewegung des Fahrzeugs.

Eine *Linearisierung* der Bewegungsgleichungen soll nun sowohl in den Zustandsgrößen als auch bezüglich Schräglauf- und Lenkwinkel vorgenommen werden. So folgt mit

$$\begin{aligned}
v_y &= v_{ys} + \dot{y}_v, \\
\dot{\psi} &= \dot{\psi}_s + \dot{y}_\psi, \\
\delta_i &= \delta_{is} + u_i, \quad i = V, H
\end{aligned} \tag{3.137}$$

zunächst aus (3.130) für kleine Winkel

$$\alpha_i = \delta_{is} - \left(\frac{v_{ys} + l_i^* \dot{\psi}_s}{v_x}\right) + u_i - \frac{\dot{y}_v + l_i^* \dot{y}_\psi}{v_x} , \tag{3.138}$$

bzw.

$$\alpha_i = \alpha_{is} + u_i - \frac{\dot{y}_v}{v_x} - \frac{l_i^* \dot{y}_\psi}{v_x}, \qquad i = V, H. \tag{3.139}$$

Mit (3.139) lassen sich die Seitenkräfte linearisieren mit

$$F_{yi} = F_{yi}(\alpha_{is}) + \frac{\partial F_{yi}}{\partial \alpha_i}\bigg|_{\alpha_{is}} \left(u_i - \frac{\dot{y}_v}{v_x} - \frac{l_i^* \dot{y}_\psi}{v_x}\right), \qquad i = V, H \ ,$$

bzw.

$$F_{yi} = F_{yis} + \Delta F_{yi}$$

$$\Delta F_{yi} = C_i(\alpha_{is}) \left(u_i - \frac{\dot{y}_v}{v_x} - \frac{l_i^* \dot{y}_\psi}{v_x}\right), \qquad i = V, H \ , \tag{3.140}$$

wobei jetzt die $C_i(\alpha_{is})$ den Konstanten der Gleichung (2.16), allerdings bezüglich einer Linearisierung um α_{is} einer nichtlinearen Kennlinie wie z. B. Abb. 2.37, entsprechen. Allerdings ist dabei zu beachten, daß es sich bei diesem Fahrzeugmodell um je ein Ersatzrad für die beiden Räder einer Achse handelt.

Da aufgrund der konstanten Geschwindigkeit v_x und kleiner Einschlagwinkel δ_i gilt, daß in den Gleichungen (3.132), (3.133) $F_{xi}\sin\delta_i \ll F_{yi}\cos\delta_i$, können die Einflüsse der Umfangskräfte in diesen Gleichungen vernachläßigt werden. Unter der Voraussetzung, daß die Linearisierung bezüglich einer Lösung der Bewegungsgleichungen (Referenzbahn) erfolgte, erhält man aus (3.132), (3.133) analog zu (3.77), (mit $h(t) = 0$) für die zwei relevanten Gleichungen der Querdynamik mit (3.137) bis (3.140):

$$m(\ddot{y}_v + \dot{y}_\psi v_x) = \sum_{i=V,H} C_i \left(u_i - \frac{\dot{y}_v}{v_x} - \frac{l_i^* \dot{y}_\psi}{v_x}\right) + \Delta W_y \ , \tag{3.141}$$

$$I_C \ddot{y}_\psi = \sum_{i=V,H} l_i^* C_i \left(u_i - \frac{\dot{y}_v}{v_x} - \frac{l_i^* \dot{y}_\psi}{v_x}\right) + \Delta M_w \ . \tag{3.142}$$

In diesen beiden Gleichungen bedeuten ΔW_y bzw. ΔM_w die Änderungen der aerodynamischen Einflüsse gegenüber den Verhältnissen der Referenzbahn. Mit den vorgegebenen Abhängigkeiten und $v_C \cong v_x$, $\beta \cong \frac{v_y}{v_x}$ gilt:

$$\Delta W_y = -k_y v_x \dot{y}_v, \qquad \Delta M_w = -l_M k_y v_x \dot{y}_v \ . \tag{3.143}$$

Eine Störung durch einen zusätzlichen Seitenwind mit $w \ll v_x$ kann näherungsweise über

$$\Delta W_y = -k_y v_x(\dot{y}_v + w) \quad \text{bzw.} \quad \Delta M_w = l_M \Delta W_y \tag{3.144}$$

beschrieben werden.

Wird mit diesen linearisierten Gleichungen das Verhalten des Fahrzeugs mit Abweichungen gegen die Geradeausfahrt untersucht, sind die Größen $v_{ys}, \dot{\psi}_s, \delta_{is}$ in (3.137) bzw. die α_{is} gleich Null und die C_i entsprechen den Steigungen der Seitenkraftkennlinien bei $\alpha = 0$. Ist jedoch die Linearisierung bezüglich einer anderen Fahrbewegung notwendig, müssen zunächst über die nichtlinearen Gleichungen die α_{is} bestimmt werden, um die zugehörigen C_i ermitteln zu können.

Die Darstellung der linearisierten Bewegungsgleichungen in Matrix-Schreibweise ist im Beispiel 6.5.3 aufgezeigt.

4 Lineare Systemanalyse

4.1 Einführung in die Zustandsform

In der modernen Systemtheorie hat sich die Darstellung der Systemgleichungen in Zustandsform durchgesetzt; dabei geht es um folgenden Sachverhalt: Werden die mathematischen Modelle für ein dynamisches System durch *gewöhnliche Differentialgleichungen* dargestellt, siehe z. B. die Bewegungsgleichungen, Kap. 3., und Differentialgleichungen spezieller Systemkomponenten, Kap. 2., so können diese als *Differentialgleichungssystem 1. Ordnung* geschrieben werden

$$\dot{\underline{x}} = \underline{f}(\underline{x}(t), \underline{u}(t), \underline{\zeta}(t), t), \tag{4.1}$$

wobei $\underline{x}(t)$ als der *Zustandsvektor*, $\underline{u}(t)$ als *Stellvektor*, $\underline{\zeta}(t)$ als *Störvektor* und die Gleichungen (4.1) selbst als *Zustandsform* bezeichnet werden.

Man beachte, daß die Differentialgleichungen in der Form (4.1) sehr gut für das Arbeiten am Rechner geeignet sind. Die übliche Standardlösung von gewöhnlichen Differentialgleichungen mittels numerischer Integrationsverfahren geht nämlich von der Annahme aus, daß diese in der Form (4.1) gegeben sind. Desweiteren lassen sich die Gleichungen (4.1) leicht (numerisch) linearisieren und dann mittels der Verfahren der linearen Algebra sehr effizient analysieren. Die neueren Methoden der Systemtheorie, wie Fragen der Steuerbarkeit, der Beobachtbarkeit, der Reglersynthese, des Zustandsbeobachters und des KALMAN-Filters sind in dieser Systemdarstellung entwickelt worden.

Im Gegensatz zu der Systemdarstellung im Frequenzbereich (siehe Kap. 4.4) sind mit (4.1) auch zeitvariable und nichtlineare Problemstellungen darstellbar. Für zeitinvariante Systeme ist zudem ein problemloses Überwechseln von der Zustandsform (Zeitbereich) in den Frequenzbereich - und umgekehrt - möglich (Kap. 4.4).

Die Zustandsform hat sich auch deshalb als sehr nützlich erwiesen, weil der *Zustand* nicht mehr und nicht weniger Information über die Vorgeschichte des Systems repräsentiert, als für die Berechnung des zukünftigen Bewegungsablaufes von Bedeutung ist. Wenn der Zustand eines Systems zur Zeit t_0 bekannt ist und man sich nur für die Beeinflussung und Beobachtung des Systems für $t \geq t_0$ interessiert, kann der Verlauf aller Größen im System für $t < t_0$ ohne Verlust an Aussagefähigkeit vergessen werden. Mathematisch formuliert bedeutet dies: Der Zustand eines dynamischen Systems zur Zeit t ist eine Gruppe von Elementen $x_1(t), \ldots, x_n(t)$ bzw. ein Vektor $\underline{x}(t)$ derart, daß die Kenntnis

1. des mathematischen Modells, Gln. (4.1),
2. des Anfangszustandes $\underline{x}(t_0)$ und
3. der Eingangsgrößen $\underline{u}(t)$ für $t_0 \leq t \leq t_1$

notwendig und hinreichend ist, um das Systemverhalten (d. h. alle Zustandsgrößen im Intervall $t_0 \leq t \leq t_1$) eindeutig und vollständig zu bestimmen.

Man beachte, daß die Zustandsvariablen (Spannung an einem Kondensator, Strom in einer Spule, Lage und Geschwindigkeit einer Masse usw.) in einem physikalischen System Träger von Energie sind und sich deshalb bei endlicher Leistungszufuhr nicht sprunghaft ändern können.

Eine geometrische Deutung des Zustandsvektors ergibt sich, wenn seine Variablen als Koordinaten auf den Achsen eines n-dimensionalen Raumes (Zustandsraum) aufgefaßt werden. Der Verlauf des Zustandsvektors $\underline{x}(t)$ in Abhängigkeit von der Zeit t bildet eine Trajektorie im Zustandsraum aus.

Die *lineare Systemanalyse* geht in der Regel von einem bezüglich einer Nominallösung linearen bzw. linearisierten System aus, das in der Zustandsform gegeben ist:

$$\underline{\dot{x}} = \mathbf{F}(t)\underline{x} + \mathbf{G}_u(t)\underline{u} + \mathbf{G}_\zeta(t)\underline{\zeta} + \underline{d}(t) \; . \tag{4.2}$$

Hierbei sind

$\underline{x} = [x_1, x_2, \ldots x_i, \ldots x_n]^T$ der Zustandsvektor, $[n \times 1]$,

$\underline{u} = [u_1, \ldots u_r,]^T$ der Stellvektor, $[p \times 1]$,

$\underline{\zeta} = [\zeta_1, \ldots \zeta_n]^T$ der Störvektor, $[q \times 1]$,

$\mathbf{F} = [F_{ik}]$ die Systemmatrix, $[n \times n]$,

$\mathbf{G}_u = [G_{u,ik}]$ die Stelleingangsmatrix, $[n \times p]$,

$\mathbf{G}_\zeta = [G_{\zeta,ik}]$ die Störeingangsmatrix, $[n \times q]$,

$\underline{d}$: Zusatzterme infolge der Nominalbewegung.

Die Gleichung (4.2) ergibt sich aus der vollständigen Systembeschreibung (4.1) durch Linearisierung entsprechend Kapitel 3.2 oder bei mechanischen Systemen in der Regel effizienter durch Umformung der linearisierten Systemgleichungen (3.82), (3.83). Hierbei bietet sich an, den Zustandsvektor $\underline{x}$ unter Zuhilfenahme von

$$\underline{\dot{y}}(t) = \frac{d}{dt}\left[\underline{y}(t)\right] \; , \tag{4.3}$$

in der Form

$$\underline{x}(t) = \begin{bmatrix} \underline{y}(t) \\ \underline{\dot{y}}(t) \\ \underline{r}(t) \end{bmatrix} \tag{4.4}$$

zu wählen. Die Gleichungen (3.82), (3.83) lassen sich nun in der Form (4.2) angeben, mit den Systemmatrizen

$$\mathbf{F} = \begin{bmatrix} \mathbf{0} & \mathbf{E}_f & \mathbf{0} \\ -\mathbf{M}^{-1}\mathbf{Q} & -\mathbf{M}^{-1}\mathbf{P} & \mathbf{M}^{-1}\mathbf{Q}_r \\ \mathbf{F}_y & \mathbf{F}_{\dot{y}} & \mathbf{F}_r \end{bmatrix} \; ,$$

$$\mathbf{G}_u = \begin{bmatrix} \mathbf{0} \\ \mathbf{M}^{-1}\mathbf{Q}_u \\ \mathbf{F}_u \end{bmatrix} \; , \; \mathbf{G}_\zeta = \begin{bmatrix} \mathbf{0} \\ \mathbf{M}^{-1}\mathbf{Q}_\zeta \\ \mathbf{F}_\zeta \end{bmatrix} \; , \; \underline{d} = \begin{bmatrix} \mathbf{0} \\ \mathbf{M}^{-1}\underline{h} \\ \underline{h}_r \end{bmatrix} \; . \tag{4.5}$$

Einschränkend muß für die generelle Behandlung der Zustandsgleichungen festgehalten werden, daß sich die überwiegende Anzahl der Verfahren zur Analyse und Synthese auf *zeitinvariante* Probleme beziehen; Ausnahmen von dieser Situation stellen die Verfahren der quadratischen Synthese (siehe Kapitel 6) dar. Ansonsten sind zeitvariable lineare Probleme ähnlich schwierig wie nichtlineare; nur für zeitvariable Systeme mit periodischen Koeffizienten gibt es noch gewisse Möglichkeiten, [132].

Im folgenden werden nur *zeitinvariante Probleme* ($\mathbf{F}$ = konstant, $\mathbf{G}$ = konstant) betrachtet, bei denen $\underline{d}(t) = \underline{0}$, d. h. daß bezüglich einer Partikularlösung der nichtlinearen Gleichungen linearisiert wurde, siehe Kapitel 3.2. Dies bedeutet, daß entweder um die Gleichgewichtslage, d. h. bei Fahrzeugen um die Geradeausfahrt oder stationäre Kreisfahrt linearisiert wird bzw. zeitvariable Terme, wie sie z. B. bei einer instationären Kurvenfahrt auftreten können, insbesondere beim Reglerentwurf zunächst vernachlässigt werden.

Anhand der Gleichung (4.2) erkennt man den strukturell gleichartigen Einfluß von Stellgrößen $\underline{u}$ und Störgrößen $\underline{\zeta}$. Daher kann man sich für die folgenden Strukturuntersuchungen auf einen der beiden Einflüsse beschränken. Da überdies für den Reglerentwurf die Störgrößen zunächst meist vernachläßigt werden, sollen im weiteren die Systemgleichungen in der Form

$$\underline{\dot{x}} = \mathbf{F}\underline{x} + \mathbf{G}\underline{u} \qquad (4.6)$$

verwendet werden. Dabei wird der Einfachheit halber $\mathbf{G}_u = \mathbf{G}$ gesetzt, Abb. 4.1.

Zu (4.6) kommen gegebenenfalls noch *Ausgangsgleichungen* hinzu, denn oft ist man an den Werten des Zustandsvektors nicht direkt interessiert, sondern man möchte das Verhalten des Systems in irgendwelchen Beobachtungspunkten kennenlernen. Für den Ausgangsvektor (Meßgrößen und/oder Koordinaten von Beobachtungspunkten) wird in Überschneidung mit (4.4) - in Anlehnung an die regelungstechnische Nomenklatur die Bezeichnung $\underline{y}$ gewählt. Der Ausgangsvektor $\underline{y}$ stellt sich durch die zusätzliche Gleichung

$$\underline{y} = \mathbf{H}\underline{x}(t) \qquad (4.7)$$

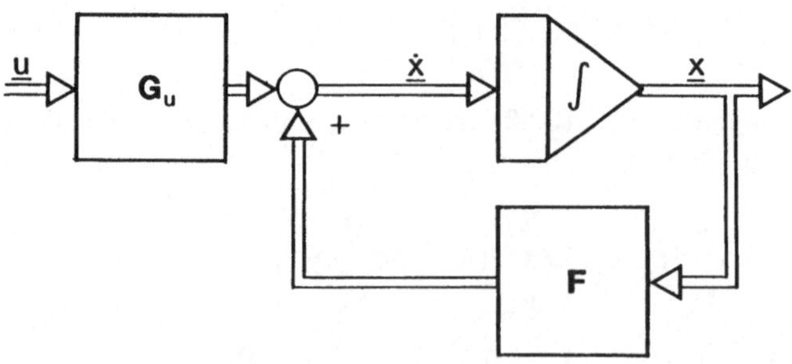

Abb. 4.1:   Blockschaltbilder zur linearen Zustandsgleichung

dar, oder falls $\underline{u}$ auch direkt auf den Ausgang $\underline{y}$ wirkt

$$\underline{y} = \mathbf{H}\underline{x}(t) + \mathbf{D}\underline{u}(t) \ . \tag{4.8}$$

Solche Systeme werden als sprungfähig bezeichnet, da eine sprunghafte Änderung der Eingangsgrößen eine sprunghafte Änderung der Systemantwort bewirkt, was zwar theoretisch nicht möglich ist, aber als Näherung praktisch eine sinnvolle Modellvorstellung darstellen kann. Diese Modellgleichungen treten z. B. auch dann auf, wenn Beschleunigungen in den interessierenden Ausgangsgrößen vorkommen

$$\underline{y} = \mathbf{H}_1\underline{x} + \mathbf{H}_2\underline{\dot{x}} \ ; \tag{4.9}$$

$\underline{\dot{x}}$ kann mit Hilfe von (4.6) durch $\underline{x}$ und $\underline{u}$ ausgedrückt werden:

$$\underline{y} = \mathbf{H}_1\underline{x} + \mathbf{H}_2\mathbf{F}\underline{x} + \mathbf{H}_2\mathbf{G}\underline{u}, \tag{4.10}$$

d. h. mit $\mathbf{H} = \mathbf{H}_1 + \mathbf{H}_2\mathbf{F}$, $\quad \mathbf{D} = \mathbf{H}_2\mathbf{G}$ folgt (4.8).

Welche Fragestellungen an das Systemverhalten, dargestellt in der Form (4.6), (4.8), können sich nun ergeben?

- Man ist an der Zeitlösung $\underline{x}(t), \underline{y}(t)$ für verschiedene Anfangsbedingungen $\underline{x}(0)$ und verschiedene Anregungen $\underline{u}(t)$ interessiert, siehe *Transitionsmatrixmethode*, Kap 4.2.

- Man möchte wissen, ob das System stabil ist, siehe Untersuchung der *Eigenwerte* von $\mathbf{F}$, Kap. 4.3.

- Häufig möchte man wissen, ob die Systemeingänge $\mathbf{G}$ so geartet sind, daß durch geeignete Wahl von $\underline{u}$ jede beliebige Komponente von $\underline{x}$ beeinflußt werden kann, siehe Analyse der *Steuerbarkeit*, Kap. 4.4.

- Entsprechendes gilt für die Ausgangsgrößen (Meßgrößen). Enthalten sie auch hinreichende Information über den gesamten Zustand? Siehe *Beobachtbarkeit*, Kap. 4.4.

- Weiterhin interessiert, wie sich das System bei harmonischer Anregung verhält, siehe *Frequenzgang*, Kap. 4.5.

- Oft empfiehlt es sich, die Anregung stochastisch zu beschreiben, dies führt auf stochastische Prozesse, die entsprechend ausgewertet werden müssen, siehe *Kovarianzanalyse, spektrale Leistungsdichte*, Kap. 5.

Zur Beantwortung dieser Fragestellungen werden im folgenden einige wichtige Fakten und Zusammenhänge dargestellt. Der Kern der Darstellung führt auf eine Algebraisierung der aufgeführten Problemstellungen; dabei wird auch auf Fragen der günstigsten numerischen Berechnungsmethode kurz eingegangen. Über die Analyse (und Synthese) linearer Systeme im Zustandsraum gibt es mittlerweile eine fast unübersehbare Fülle von Literatur. Als Einführung seien [70] und [132] bzw. [138] und [139] genannt; neuere (anspruchsvollere) Bücher sind z. B. [140] und [141].

4.2   Transitionsmatrix und ihre Berechnung

Die Transitionsmatrix stellt ein wichtiges Grundelement der linearen Systemanalyse dar. Mit ihrer Hilfe kann der homogene Anteil der Zustandsgleichung

$$\dot{\underline{x}} = \mathbf{F}\underline{x} \tag{4.11}$$

algebraisch gelöst werden, während die Lösung der inhomogenen Differentialgleichung bei beliebigen Anregungen dann auf die Auswertung eines einfachen
Integrals führt. In beiden Fällen kommt man ohne numerische Integrationsverfahren aus. Darüberhinaus spielt die Transitionsmatrix bei vielen allgemeinen
Analyse- und Syntheseüberlegungen eine wichtige Rolle, so z. B. bei der Kovarianzanalyse, Kap. 5, sowie beim RICCATI-Entwurf und beim KALMAN-Filter,
Kap. 6.

Die Lösungen der Gleichung (4.11) bilden, sofern keine Anfangsbedingung vorgegeben wurde, einen linearen Raum. Kennt man eine Basis dieses Raumes,
so hat man im Prinzip alle nötigen Informationen über das Lösungsverhalten
von (4.11). Jeder dieser Basisvektoren muß der Differentialgleichung (4.11)
genügen. Faßt man diese Vektoren zu der $[n \times n]$ Matrix $\mathbf{\Phi}(t, t_0)$, der sogenannten *Fundamental-* oder *Transitionsmatrix*, zusammen, so muß diese Matrix
der Matrizendifferentialgleichung

$$\dot{\mathbf{\Phi}}(t, t_0) = \mathbf{F}\mathbf{\Phi}(t, t_0), \tag{4.12}$$

mit der Anfangsbedingung $\mathbf{\Phi}(t_0, t_0) = \mathbf{E}$ genügen. Gleichung (4.12) gilt in dieser
Form auch für den Fall zeitvariabler Systemmatrizen $\mathbf{F}(t)$.

Bei den hier betrachteten *zeitinvarianten Systemen* ($\mathbf{F} =$ konstant) ergibt
sich analog zum skalaren Fall die Lösung

$$\mathbf{\Phi}(t, t_0) = \mathbf{\Phi}(t - t_0) = e^{\mathbf{F}(t-t_0)}, \tag{4.13}$$

wobei die Matrizenexponentialfunktion analog zur gewöhnlichen Exponential-
funktion definiert wird:

$$e^{\mathbf{F}(t-t_0)} = \sum_{k=0}^{\infty} \frac{\mathbf{F}^k}{k!}(t - t_0)^k, \qquad \mathbf{F}^0 = \mathbf{E}. \tag{4.14}$$

Mit der Transitionsmatrix $\mathbf{\Phi}(t - t_0)$ steht die allgemeine Lösung des homogenen
Problems bei beliebigen Anfangsbedingungen $\underline{x}_0$ fest:

$$\underline{x}_h = \mathbf{\Phi}(t - t_0)\underline{x}_0 , \tag{4.15}$$

was man leicht durch Einsetzen von (4.15) in (4.12) beweisen kann.

Wie kann die *Transitionsmatrix numerisch berechnet* werden?
Auf den ersten Blick bieten sich zwei verschiedene Vorgehensweisen an. Zunächst kann man die Reihe (4.14) solange auswerten, bis die folgenden Rei-

henglieder nur noch unwesentliche Beiträge liefern. Neben dem großen Aufwand, der damit verbunden ist, hat sich aber auch herausgestellt, daß das Ergebnis unbrauchbar sein kann. Hierzu ist ein Beispiel in [142] angegeben, wobei die Berechnung nach (4.14) trotz Mitnahme von $N = 60$ Summanden keinen Bezug zur richtigen Lösung aufweist. Der Grund hierfür liegt darin, daß die einzelnen Summanden dem Betrag nach zunächst stark anwachsen und sich bei deren Addition Auslöschungen ergeben. Dadurch geht alle wesentliche Information über das Ergebnis verloren. Überdies hat dieses Vorgehen den Nachteil, daß beim Potenzieren die Struktur der Matrix $\mathbf{F}$ wie zum Beispiel Dünnbesetztheit verloren geht und daher nicht ausgenutzt werden kann. Dieser Nachteil ist allen Verfahren gemeinsam, die die Transitionsmatrix über ihre explizite Darstellung (4.14) berechnen, [143]. Ein weiterer Nachteil dieser Methode liegt darin, daß, falls $\mathbf{\Phi}(t - t_0)$ für mehrere Werte t benötigt wird, jedesmal vollständig neu gerechnet werden muß.

Ein zweiter Weg setzt unmittelbar an der Differentialgleichung (4.12) an. In der Regel stehen eine Reihe von Integrationsverfahren zur Verfügung, die ohne große Vorbereitung auf das vorliegende Problem anwendbar sind. Hier fällt die Lösung gleich für einen ganzen Bereich von Zeitwerten t an. Diese allgemeinen Integrationsroutinen nutzen jedoch nicht aus, daß es sich hier um ein lineares Differentialgleichungssystem mit konstanten Koeffizienten handelt; dadurch ist der Rechenaufwand unnötig hoch, [144]. Die Verwendung von Integrationsroutinen fängt erst dann an interessant zu werden, wenn nicht das Fundamentalsystem der Differentialgleichung, sondern eine konkrete Lösung gesucht wird.

Neben diesen beiden sich unmittelbar anbietenden Berechnungsmöglichkeiten gibt es eine Fülle von Vorschlägen zur Berechnung der Transitionsmatrix [144]; davon sollen hier nur die zwei geeignetesten Methoden vorgestellt werden.

Als *erste Methode* bietet sich an, die Reihenentwicklung (4.14) so zu variieren, daß das oben geschilderte ungünstige Konvergenzverhalten vermieden werden kann. Hierzu benutzt man die Eigenschaft, daß die Reihe (4.14) umso rascher konvergiert, je kleiner der Zeitschritt $t_1 - t_0$ ist; t_1 sei dabei der Zeitpunkt, zu dem man die Lösung berechnen will. Man benutzt die leicht zu beweisende Eigenschaft der Transitionsmatrix

$$\mathbf{\Phi}(t_1 - t_0) = \mathbf{\Phi}(t_1 - t_1') \cdot \mathbf{\Phi}(t_1' - t_0), \quad t_0 \leq t_1' \leq t_1. \tag{4.16}$$

Für $t_0 = 0$, $t_1 = m \cdot \Delta t$, d. h. m gleich große Zeitintervalle folgt sofort

$$\mathbf{\Phi}(t_1) = \mathbf{\Phi}(m \cdot \Delta t) = [\mathbf{\Phi}(\Delta t)]^m = \left[\mathbf{\Phi}\left(\frac{t_1}{m}\right)\right]^m. \tag{4.17}$$

Wählt man m noch als Zweierpotenz,

$$m = 2^j, \tag{4.18}$$

so kann man $\mathbf{\Phi}(t_1)$ aus $\mathbf{\Phi}(\Delta t) = \mathbf{\Phi}(t_1/m)$ durch j-maliges Quadrieren berechnen. Für $\mathbf{\Phi}(\Delta t)$ benötigt man nur noch wenige Reihenglieder.

Aus (4.17) erkennt man noch, daß durch diese Vorgehensweise $\mathbf{F}$ quasi skaliert wird:

$$e^{\mathbf{F}t_1} = \left(e^{\mathbf{F}\frac{t_1}{m}}\right)^m, \tag{4.19}$$

so daß $\parallel \mathbf{F}t_1/m \parallel \ll 1$ gilt. Damit ist ein Anwachsen der Elemente der Taylorsummanden für diese Matrix reduziert, s. auch [142], [145].

Die *zweite Methode* basiert auf der Eigenschaft, daß die Matrixexponentialfunktion leicht transformiert werden kann. Mit der Ähnlichkeitstransformation $\underline{x} = \mathbf{T}\underline{x}'$ geht (4.11) über in

$$\underline{\dot{x}}' = (\mathbf{T}^{-1}\mathbf{F}\mathbf{T})\underline{x}' \tag{4.20}$$

und es gilt

$$\mathbf{\Phi}' = e^{\mathbf{T}^{-1}\mathbf{F}t\mathbf{T}} = \mathbf{T}^{-1}e^{\mathbf{F}t}\mathbf{T}, \quad \text{bzw.} \quad \mathbf{\Phi} = \mathbf{T}\mathbf{\Phi}'\mathbf{T}^{-1}, \tag{4.21}$$

wie man leicht durch Einsetzen in die Reihendarstellung verifizieren kann. Diese Grundeigenschaft der Transitionsmatrix macht man sich zunutze, indem man mit Hilfe der Eigenvektormatrix die Systemmatrix auf Diagonalform bringt. Dabei sind folgende Einzelschritte erforderlich:

Die Eigenwerte der Matrix $\mathbf{F}$ sind bekanntlich die nichttrivialen Lösungen der Gleichung

$$\mathbf{F}\underline{x} = \lambda\underline{x}. \tag{4.22}$$

Die Eigenwerte λ_i von $\mathbf{F}$ ergeben sich aus der Bedingung

$$\det(\mathbf{F} - \lambda_i\mathbf{E}) = 0, \tag{4.23}$$

während die Eigenvektoren $\underline{x}_i$ sich im Anschluß daran aus (4.22), d. h. aus

$$(\mathbf{F} - \lambda_i\mathbf{E})\underline{x}_i = 0 \tag{4.24}$$

errechnen lassen.

Die Eigenwerte λ_i faßt man zweckmäßigerweise zur *Eigenwertmatrix* $\mathbf{\Lambda}$ und die Eigenvektoren $\underline{x}_i$ zur *Eigenvektor-* bzw. *Modalmatrix* $\mathbf{X}$ zusammen:

$$\mathbf{\Lambda} = \operatorname{diag}(\lambda_i), \tag{4.25}$$

$$\mathbf{X} = [\underline{x}_1, \underline{x}_2, \ldots, \underline{x}_n]. \tag{4.26}$$

Mit der speziellen Transformation

$$\underline{x}(t) = \mathbf{X}\underline{\xi}(t) \tag{4.27}$$

geht nun (4.11) über in

$$\underline{\dot{\xi}} = \left(\mathbf{X}^{-1}\mathbf{F}\mathbf{X}\right)\underline{\xi} = \mathbf{\Lambda}\underline{\xi}. \tag{4.28}$$

Die letzte Beziehung ergibt sich aus der Eigenschaft, daß die Ähnlichkeitstransformation mit der Modalmatrix, die sogenannte *Modaltransformation*, die Diagonalisierung von $\mathbf{F}$ bewirkt: $\mathbf{X}^{-1}\mathbf{F}\mathbf{X} = \mathbf{\Lambda}$.

Hiermit ist das allgemeine System (4.11) auf sog. Modal- oder Normalkoordinaten $\underline{\xi}$ zurückgeführt und läßt sich sofort lösen:

$$\underline{\xi}(t) = e^{\mathbf{\Lambda}(t-t_0)}\underline{\xi}_0 = e^{\mathbf{\Lambda}(t-t_0)}\mathbf{X}^{-1}\underline{x}_0 \tag{4.29}$$

bzw.

$$\underline{x}(t) = \mathbf{X}\underline{\xi}(t) = \mathbf{X}e^{\mathbf{\Lambda}(t-t_0)}\mathbf{X}^{-1}\underline{x}_0 \tag{4.30}$$

also

$$\mathbf{\Phi}(t - t_0) = \mathbf{X}e^{\mathbf{\Lambda}(t-t_0)}\mathbf{X}^{-1} \tag{4.31}$$

mit der Diagonalmatrix

$$e^{\mathbf{\Lambda}(t-t_0)} = diag\left[e^{\lambda_i(t-t_0)}\right] \tag{4.32}$$

Im Fall einfacher Eigenwerte ist die Transformation (4.28) immer durchführbar, jedoch hat man es in der Fahrzeugdynamik häufig mit mehrfachen Eigenwerten zu tun. Dies liegt oft an der Verwendung mehrerer gleichartiger Bauteile. In diesem Fall weiß man nicht von vornherein, ob $\mathbf{F}$ diagonalisierbar, bzw. $\mathbf{X}$ invertierbar ist. Deshalb muß bei Methoden, die die Transformation (4.28) benutzen, zunächst immer die Kondition von $\mathbf{X}$ abgeschätzt werden (siehe [144] und [146]). Ist die Eigenvektormatrix gut konditioniert, d. h. die einzelnen Eigenvektoren sind deutlich voneinander verschieden, ist die Berechnung über die Modaltransformation zu empfehlen; sie ist in diesen Fällen zuverlässig und schnell.

Im Fall *reeller Eigenwerte* ist die Transitionsmatrix nach (4.31) leicht zu berechnen. Die Diagonalmatrix (4.25) läßt sich über die Eigenwerte von $\mathbf{F}$ unmittelbar anschreiben und berechnen. Hat man zur Bestimmung von $\mathbf{\Lambda}$ und $\mathbf{X}$ den QR-Algorithmus, wie in EISPACK [147], verwendet, so wird im Laufe dieses Algorithmus $\mathbf{X}$ als ein Produkt aus einer rechten oberen Dreiecksmatrix $\mathbf{R}$ mit einer orthogonalen Matrix $\mathbf{Q}$ dargestellt:

$$\mathbf{X} = \mathbf{Q}\mathbf{R}. \tag{4.33}$$

Damit läßt sich das für die Berechnung von $\mathbf{\Phi}$ nötige $\mathbf{X}^{-1}$ mit

$$\mathbf{X}^{-1} = \mathbf{R}^{-1}\mathbf{Q}^T \tag{4.34}$$

angeben. Neben der einfachen Invertierbarkeit von $\mathbf{R}$ als Dreiecksmatrix , läßt sich anhand der Hauptdiagonalelemente von $\mathbf{R}$ ein Bild über die Invertierbarkeit von $\mathbf{X}$ machen.

Für die Dynamik bedeutender ist jedoch der Fall *komplexer Eigenwerte*. Zur Vermeidung komplexer Arithmetik transformiert man die komplexe Diagonalmatrix $\mathbf{\Lambda}$ in eine reelle Blockdiagonalmatrix $\mathbf{\Lambda}_B$. Hierbei nutzt man aus, daß komplexe Eigenwerte reeller Matrizen immer konjugiert auftreten.

Das Vorgehen soll am Beispiel:

$$\mathbf{\Lambda} = \begin{bmatrix} \lambda_1 & 0 \\ 0 & \lambda_2 \end{bmatrix} \quad \text{mit} \quad \lambda_{1,2} = \lambda^R \pm j\lambda^I \tag{4.35}$$

demonstriert werden. Es gilt mit einer Ähnlichkeitstransformation analog zu (4.20)

$$\mathbf{T}_B^{-1}\mathbf{\Lambda}\mathbf{T}_B = \mathbf{\Lambda}_B = \begin{bmatrix} \lambda^R & \lambda^I \\ -\lambda^I & \lambda^R \end{bmatrix} = \begin{bmatrix} 1 & -j \\ 1 & +j \end{bmatrix}^{-1} \begin{bmatrix} \lambda_1 & 0 \\ 0 & \lambda_2 \end{bmatrix} \begin{bmatrix} 1 & -j \\ 1 & +j \end{bmatrix} . \tag{4.36}$$

Die Transitionsmatrix einer derartigen Blockmatrix läßt sich ebenfalls ohne weiteres berechnen. Es ist für $t_0 = 0$

$$\mathbf{\Phi}_B = e^{\mathbf{\Lambda}_B t} = e^{\lambda^R t} \begin{bmatrix} \cos\lambda^I t & \sin\lambda^I t \\ -\sin\lambda^I t & \cos\lambda^I t \end{bmatrix} \tag{4.37}$$

und damit letztlich durch Rücktransformation ins Originalsystem schreiben

$$\mathbf{\Phi} = \mathbf{X}\mathbf{T}_B\mathbf{\Phi}_B\mathbf{T}_B^{-1}\mathbf{X}^{-1} . \tag{4.38}$$

Bei der Verwendung von EISPACK-Routinen fällt das Ergebnis gleich in reeller Blockdiagonalform an, so daß die Transformation (4.36) nicht mehr durchgeführt werden braucht.

In seltenen Fällen ist das System *nicht diagonalisierbar*. Dies ist nur dann der Fall, wenn bei mehrfachen Eigenwerten λ_k die zugehörigen Eigenvektoren nicht mehr linear unabhängig sind. Dann ist $\mathbf{F}$ einer JORDANschen Normalform ähnlich, die sich aus JORDAN-Blöcken der Form

$$\mathbf{J}_k = \begin{bmatrix} \lambda_k & 1 & . & . & 0 \\ & & . & & . \\ & & & . & . \\ & & & & 1 \\ 0 & & & & \lambda_k \end{bmatrix} \tag{4.39}$$

zusammengesetzt. Für diese gilt:

$$e^{\mathbf{J}_k t} = \begin{bmatrix} e^{\lambda t} & te^{\lambda t} & . & . & \frac{t^{k-1}e^{\lambda t}}{(k-1)!} \\ & & . & & . \\ & & & . & . \\ & & & & te^{\lambda t} \\ 0 & & & & e^{\lambda t} \end{bmatrix} . \tag{4.40}$$

Man erkennt, daß in der Lösung von (4.11) nun noch Terme mit Potenzen in t auftauchen. Leider ist die numerische Berechnung der JORDANschen Normalform infolge ihrer extrem hohen Empfindlichkeit gegenüber Parameterungenauigkeiten bzw. Rundungsfehlern ein sehr unangenehmes Problem, das man bis heute trotz einer Reihe von Ansätzen [148, 149] nicht endgültig im Griff hat.

In der Mechanik treten nichtdiagonalisierbare Systemmatrizen $\mathbf{F}$ meist in Verbindung mit mehrfachen Nulleigenwerten auf, die durch verschwindende Dämpfer- und Federkräfte, z. B. bei Lose, hervorgerufen werden. Kann man diese im gegebenen Modell lokalisieren und eliminieren, so ist die Modaltransformation wieder anwendbar, andernfalls muß auf das Verfahren der *Reihenentwicklung* zurückgegriffen werden.

Zur *Berechnung der Systemantwort* wird ausgenützt, daß sich die Lösung der Zustandsgleichung (4.6) aus der allgemeinen homogenen Lösung (4.15) und einer partikulären Lösung $\underline{x}_p$ (für eine ab t_0 beginnende Eingangsgröße $\underline{u}(t) = \underline{0}$ für $t < t_0$)

$$\underline{x}_p(t) = \int\limits_{t_0}^{t} \Phi(t - \tau)\mathbf{G}\underline{u}(\tau)d\tau \qquad (4.41)$$

des inhomogenen Systems zusammensetzt, [150],

$$\underline{x}(t) = \Phi(t - t_0)\underline{x}_0 + \int\limits_{t_0}^{t} \Phi(t - \tau)\mathbf{G}\underline{u}(\tau)d\tau. \qquad (4.42)$$

Ist die Anregungsfunktion $\underline{u}$ innerhalb eines Intervalls T konstant oder durch eine derartige Funktion hinreichend gut approximierbar, kann aus (4.42) eine rekursive Vorschrift (Differenzengleichung) zur Bestimmung von $\underline{x}(t)$ entwickelt werden, siehe Kap. 7.2. Damit ist die Lösung des inhomogenen Systems ebenfalls mit den gezeigten Methoden berechenbar.

Im Gegensatz zur alleinigen Berechnung der Transitionsmatrix stellen jedoch bei der Ermittlung der Lösung $\underline{x}(t)$ die Integrationsverfahren für gewöhnliche Differentialgleichungen eine wichtige Alternative zur obigen Vorgehensweise dar, wenn man ausnutzt, daß sie nur auf lineare Differentialgleichungen mit konstanten Koeffizienten angewendet werden brauchen. Hierbei haben sich die impliziten Mehrschrittverfahren, [151], als äußerst günstig für Systeme hoher Ordnung $n > 60$ erwiesen. Die Stärke der Transitionsmatrixmethode liegt bei Systemen niedriger Ordnung und bei Systemen mit Unstetigkeiten in den Anregungsfunktionen, [152].

4.3   Stabilität und Abklingverhalten

Stabilität ist eine wichtige Systemeigenschaft dynamischer Systeme; so soll der Fahrzeuglauf zunächst einmal *stabiles Verhalten* zeigen, d. h. nach einer momentanen Störung (Fahrbahnwelle, Seitenwindböe, Lenkmanöver etc.) soll die Auswirkung auf den Fahrzustand wieder abklingen.

Um den Stabilitätsbegriff sauber zu definieren, wird ein kleiner Ausflug in die *nichtlineare* Systemdynamik unternommen. Wie man sieht, führen die Kriterien für viele Situationen wieder auf Bedingungen für die linearen bzw. linearisierten Systemgleichungen.

Die obige Forderung nach dem Abklingen der Auswirkungen zeitweiliger Störungen wird durch den Begriff der *asymptotischen Stabilität* einer Bewegung nach LJAPUNOV, siehe z. B. [153], erfüllt. Dabei wird zunächst die Stabilität einer Bewegung auf die Untersuchung der Stabilität einer Gleichgewichtslage zurückgeführt.

Hat das Differentialgleichungssystem des betrachteten Systems die Form

$$\underline{\dot{x}} = \underline{f}(\underline{x}(t), t), \quad \underline{x}(t_0) = \underline{x}_0 \qquad (4.43)$$

und ist $\underline{x}(t) = \underline{x}_p(t)$ eine Lösung von (4.43), so kann mit

$$\underline{x}(t) = \underline{x}_p(t) + \Delta\underline{x}(t) \tag{4.44}$$

geschrieben werden:

$$\Delta\underline{\dot{x}}(t) = \underline{\dot{x}}(t) - \underline{\dot{x}}_p(t) = \underline{f}(\underline{x}_p(t) + \Delta\underline{x}(t), t) - \underline{f}(\underline{x}_p(t), t) \,,$$

bzw.

$$\Delta\underline{\dot{x}}(t) = \Delta\underline{f}(\Delta\underline{x}(t), t) \,. \tag{4.45}$$

Die Abweichungen von $\underline{x}_p(t)$ sind also in (4.45) auf die Untersuchung der Abweichungen von der Gleichgewichtslage $\Delta\underline{x}(t) = \underline{0}$ zurückgeführt. Da diese Transformation generell vor der Stabilitätsuntersuchung durchführbar ist, kann ohne Einschränkung der Allgemeinheit die Stabilität der Gleichgewichtslage $\underline{x}(t) = \underline{0}$ mit $\underline{f}(\underline{0}, t) = \underline{0}$ von (4.43) untersucht werden.

Diese Gleichgewichtslage wird nun als *stabil im Sinne von* LJAPUNOV definiert, wenn für jeden Zeitpunkt t_0 und jedes $\epsilon > 0$ eine positive Zahl δ existiert, so daß bei einer beliebigen Anfangsauslenkung $\underline{x}(t_0) = \underline{x}_0$ mit

$$\|\,\underline{x}_0\,\| < \delta, \quad \delta = \delta(\epsilon, t_0) \tag{4.46}$$

nur eine gestörte Bewegung $\underline{x}(t)$ mit

$$\|\,\underline{x}(t)\,\| < \epsilon, \quad t \geq t_0 \tag{4.47}$$

entsteht. Das Zeichen $\|\quad\|$ bedeutet dabei die Norm eines Vektors oder einer Matrix, [154].

Diese Gleichgewichtslage $\underline{x}(t) = \underline{0}$ heißt *asymptotisch stabil*, wenn sie stabil im Sinne von LJAPUNOV ist, und zusätzlich

$$\lim_{t \to \infty} \underline{x}(t) = \underline{0} \tag{4.48}$$

gilt. Diese Begriffe werden in der Abb. 4.2 erläutert.

Neben dem Begriff der Stabilität des freien (homogenen) Systems (4.43) spielt aber auch das Verhalten eines Systems unter permanenten Störungen eine Rolle; dies wird durch den Begriff der *Ein-Ausgangs-Stabilität* definiert. Das System

$$\underline{\dot{x}} = \underline{f}(\underline{x}(t), \underline{u}(t), t), \quad \underline{x}(t_0) = \underline{x}_0 \tag{4.49}$$

$$\underline{y}(t) = \underline{g}(\underline{x}(t), \underline{u}(t), t) \tag{4.50}$$

wird *ein-ausgangs-stabil* genannt, wenn für jede beschränkte Anfangsbedingung $\underline{x}_0$ und für jede beschränkte Eingangsgröße $\underline{u}(t)$,

$$\|\,\underline{u}(t)\,\| < \nu \tag{4.51}$$

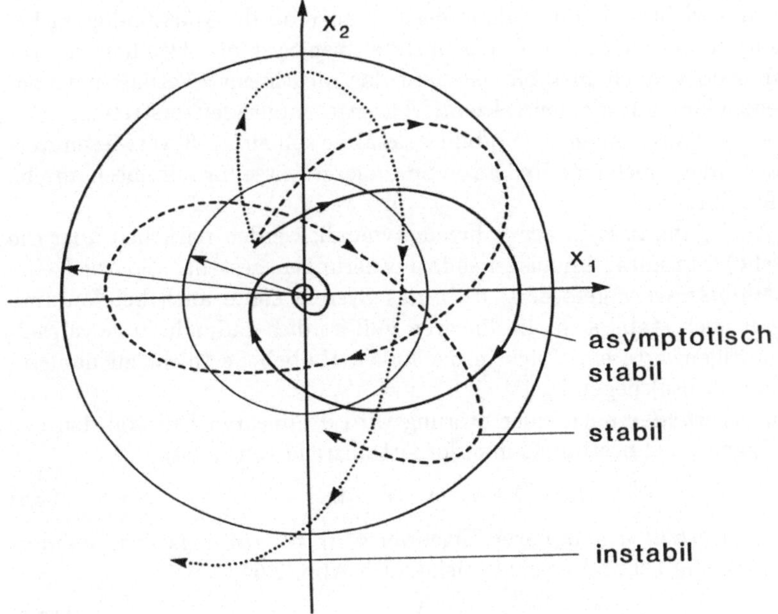

Abb. 4.2:   Veranschaulichung der Stabilitätsdefinitionen

auch der Ausgang $\underline{y}(t)$ für $t \geq t_0$ beschränkt ist

$$\| \, \underline{y}(t) \, \| < \mu, \quad \mu = \mu(\nu, \underline{x}_0). \tag{4.52}$$

Ein beschränkter Eingang hat also stets einen beschränkten Ausgang zur Folge.

Systeme, die *gleichmäßig asymptotisch stabil* sind, d. h. in (4.46) δ ist unabhängig von t_0, sind auch ein-ausgangs-stabil, [153].

Die Stabilität im Sinne von LJAPUNOV kann auch mit Hilfe von sogenannten LJAPUNOV-Funktionen gewährleistet werden. Leider gibt es kein allgemeines Verfahren zur Konstruktion solcher Funktionen außer für lineare zeitinvariante Systeme.

Für Systeme von *linearen* Differentialgleichungen und *konstanten* Koeffizienten geben aber auch die Eigenwerte der Systemmatrix $\mathbf{F}$ vollständig Aufschluß über das Stabilitätsverhalten: Das lineare zeitinvariante System

$$\underline{\dot{x}} = \mathbf{F}\underline{x} \tag{4.53}$$

ist asymptotisch stabil *und* ein-ausgangs-stabil, sofern sämtliche Eigenwerte von $\mathbf{F}$ negative Realteile haben

$$Re\lambda_i(\mathbf{F}) < 0 \qquad i = 1, \ldots, n. \tag{4.54}$$

Es ist für die Praxis sehr vorteilhaft, daß der folgende Satz gilt: Sofern das linearisierte System asymptotisch stabil ist, ist das nichtlineare Problem zumindest ebenfalls asymptotisch stabil bei kleinen Störungen.

Als erste und wichtige Prüfung dient deshalb auch für das vollständige nichtlineare System immer die Stabilität des linearisierten Systems. Das linearisierte System kann jedoch auch instabil sein und das nichtlineare Verhalten einem stabilen Grenzzyklus mit kleinen (akzeptierbaren) Amplituden zustreben.

Für weitere Erläuterungen zur Stabilitätsanalyse soll auf [153] verwiesen werden, wo insbesondere auch eine Reihe von Spezialergebnisse für rein mechanische Systeme aufgeführt sind.

Für die Auslegung z. B in der Fahrzeugdynamik werden natürlich über die (asymptotische) Stabilität hinausgehende Forderungen gestellt. So wird eine gewisse *Stabilitätsreserve* gefordert, d. h. das System sollte auch bei Parameteränderungen noch stabil sein. Im linearen Fall ist dies dadurch zu gewährleisten, daß die Eigenwerte ein Stück in der linken Halbebene (nicht zu nahe an der imaginären Achse) liegen.

Das *Abklingverhalten* nach einer Störung wird im linearen Fall von den Realteilen der Eigenwerte bestimmt; man fordert anstelle von (4.54)

$$Re\lambda_i(\mathbf{F}) < -\delta, \quad \delta > 0. \tag{4.55}$$

Das *Dämpfungsverhalten* komplexer Eigenwerte $\lambda_i = -\alpha_i + j\omega_i$ ist definiert durch das LEHRsche Dämpfungsmaß, siehe auch Abb. 2.64,

$$D_i = \frac{\alpha_i}{\sqrt{\alpha_i^2 + \omega_i^2}}. \tag{4.56}$$

Hier werden aus noch zu erläuternden Gründen meist Werte im Bereich $0.2 \leq D_i \leq 0.707$ gefordert; siehe auch Kap. 6.2.

Auch für die *Eigenfrequenzen* des dynamischen Systems gibt es eine Reihe von Einschränkungen: sie sollen möglichst so gewählt werden, daß im Entwurf vernachlässigte (z. B. elastische) Freiheitsgrade nicht angeregt werden.

4.4   Steuerbarkeit, Beobachtbarkeit

Bei der Konzeption moderner Fahrzeugsysteme werden zunehmend aktiv geregelte Komponenten eingesetzt. Bei solchen Komponenten spielt eine wichtige Rolle, ob die interessierenden Bewegungen (oft sind es unerwünschte Schwingungen) überhaupt von den aktiven Stellgliedern aus beeinflußbar sind. Obwohl in vielen Fällen die physikalische Einsicht diese Frage beantwortet, gibt es doch auch Situationen, wo dies nicht so offensichtlich ist. Auch möchte man wissen, ob ein günstiger oder weniger günstiger Stellort zu einem mehr oder weniger hohen Energieaufwand zur Beherrschung der Schwingungen führen kann. Ähnliches gilt für die Frage der Meßtechnik: Sind die unerwünschten Schwingungen überhaupt von einem Meßfühler (Sensor) erfaßbar und gibt es eventuell gute oder weniger gute Plazierungsmöglichkeiten für die Fühler? Die zugehörigen Begriffe in der Theorie dynamischer Systeme sind die *Steuerbarkeit* und *Beobachtbarkeit*.

Die Steuerbarkeit charakterisiert den Einfluß von Steuer- (und Stör-) Eingangsfunktionen auf das dynamische Systemverhalten. Bei einem vollständig steuerbaren System werden alle Eigenschwingungen des Systems durch die Eingangsgröße angeregt bzw. der Systemzustand kann durch die Steuerfunktion $\underline{u}(t)$ in gewünschtem Maße beeinflußt werden.

Die Beobachtbarkeit liefert Aussagen darüber, welche Information man aus den Meßgrößen am System über den Systemzustand erhalten kann. Bei einem beobachtbaren System können alle Eigenschwingungen aus den Messungen erkannt werden; der Systemzustand ist aus den Messungen rekonstruierbar.

Zur mathematischen Definition der Struktureigenschaften dynamischer Systeme wird ein lineares, zeitinvariantes System in der Zustandsraumdarstellung (4.6), (4.7) betrachtet:

$$\dot{\underline{x}} = \mathbf{F}\underline{x} + \mathbf{G}\underline{u}, \qquad \underline{x}(t_0) = \underline{x}_0, \qquad (4.57)$$

$$\underline{y} = \mathbf{H}\underline{x}, \qquad (4.58)$$

wobei (4.58) hier als *Meßgleichung* interpretiert wird, d. h. $\underline{y}$ sind m Linearkombinationen von Zustandsgrößen, wie sie von den Meßelementen (Sensoren) erfaßt werden.

Das System (4.57) heißt *vollständig steuerbar*, wenn für jeden Anfangszustand $\underline{x}(t_0) = \underline{x}_0$ und jeden Zustand $\underline{x}_1$ ein endlicher Zeitpunkt $t_1 > t_0$ und eine im Zeitintervall $[t_0, t_1]$ definierte Eingangsfunktion $\underline{u}(t)$ existieren, so daß die in $\underline{x}_0$ beginnende Lösungstrajektorie von (4.57) für $t = t_1$ den Wert $\underline{x}_1$ einnimmt.

Man beachte, daß diese Definition nur verlangt, daß durch eine geeignete Steuerfunktion $\underline{u}(t)$ der Systemzustand von $\underline{x}_0$ nach $\underline{x}_1$ in endlicher Zeit überführt werden kann. Welche Trajektorie dabei durchlaufen wird, ist nicht vorgeschrieben. Bezüglich der Steuerfunktionen werden keine Einschränkungen gemacht; die auftretenden Amplituden sind nicht beschränkt.

Das System heißt *vollständig beobachtbar*, [155], [156], wenn für jeden beliebigen Anfangszustand $\underline{x}(t_0) = \underline{x}_0$ ein endlicher Zeitpunkt $t_1 > t_0$ existiert, so daß man aus der Kenntnis der Steuerfunktion $\underline{u}(t)$ und der Meßfunktion $\underline{y}(t)$ im Zeitintervall $[t_0, t_1]$ die Anfangswerte $\underline{x}_0$ und damit $\underline{x}(t)$ für $t \geq t_0$ aus (4.57) bestimmen kann.

KALMAN hat folgende *Kriterien zur Überprüfung* der Steuerbarkeit bzw. Beobachtbarkeit bei zeitinvarianten Systemen angegeben, [157]:

$$\text{Rang}\left[\mathbf{G} \quad \mathbf{F}\mathbf{G} \quad \mathbf{F}^2\mathbf{G} \cdots \mathbf{F}^{n-1}\mathbf{G}\right] = \text{Rang}\,\mathbf{Q}_c = n, \qquad (4.59)$$

bzw.

$$\text{Rang}\left[\mathbf{H}^T \quad \mathbf{F}^T\mathbf{H}^T \quad \left(\mathbf{F}^T\right)^2 \mathbf{H}^T \cdots \left(\mathbf{F}^T\right)^{n-1} \mathbf{H}^T\right] = \text{Rang}\,\mathbf{Q}_0^T = n. \qquad (4.60)$$

Zur Begründung des Kriteriums für die *Beobachtbarkeit* nach (4.60) läßt sich folgende Aufgabe betrachten. Enthalten die Messungen

$$\underline{y} = \mathbf{H}\underline{x} \qquad (4.61)$$

an dem dynamischen System

$$\dot{\underline{x}} = \mathbf{F}\underline{x} + \mathbf{G}\underline{u} \tag{4.62}$$

mit bekannten $\underline{u}(t)$ genügend Information zur Rekonstruktion des Systemzustandes $\underline{x}(t)$?

Bei Kenntnis von $\underline{y} = \mathbf{H}\underline{x}$ kann man formal die zeitlichen Ableitungen bilden und für $\dot{\underline{x}}$ jeweils (4.62) einsetzen

$$
\begin{aligned}
\underline{y} &= \mathbf{H}\underline{x} \,, \\
\dot{\underline{y}} &= \mathbf{H}\dot{\underline{x}} = \mathbf{H}\mathbf{F}\underline{x} + \mathbf{H}\mathbf{G}\underline{u} \,, \\
\ddot{\underline{y}} &= \mathbf{H}\mathbf{F}^2\underline{x} + \mathbf{H}\mathbf{F}\mathbf{G}\underline{u} + \mathbf{H}\mathbf{G}\dot{\underline{u}} \,, \\
&\quad \cdots \\
\underline{y}^{(n-1)} &= \mathbf{H}\mathbf{F}^{n-1}\underline{x} + \mathbf{H}\mathbf{F}^{n-2}\mathbf{G}\underline{u} + \cdots + \mathbf{H}\mathbf{G}\underline{u}^{(n-2)} \,.
\end{aligned}
\tag{4.63}
$$

Mit der $[(m \cdot n) \times n]$ Beobachtbarkeitsmatrix, siehe (4.60),

$$\mathbf{Q}_0 = \begin{bmatrix} \mathbf{H} \\ \mathbf{H}\mathbf{F} \\ \mathbf{H}\mathbf{F}^2 \\ \vdots \\ \mathbf{H}\mathbf{F}^{n-1} \end{bmatrix} \tag{4.64}$$

folgt aus (4.63)

$$\mathbf{Q}_0\underline{x} = \begin{bmatrix} \underline{y} \\ \dot{\underline{y}} \\ \ddot{\underline{y}} \\ \cdot \\ \cdot \\ \cdot \\ \underline{y}^{(n-1)} \end{bmatrix} - \begin{bmatrix} \mathbf{0} & \cdots & \mathbf{0} \\ \mathbf{H}\mathbf{G} & \cdots & \mathbf{0} \\ \mathbf{H}\mathbf{F}\mathbf{G} & \cdots & \mathbf{0} \\ \cdot & \cdots & \cdot \\ \cdot & \cdots & \cdot \\ \cdot & \cdots & \cdot \\ \mathbf{H}\mathbf{F}^{n-2}\mathbf{G} & \cdots & \mathbf{H}\mathbf{G} \end{bmatrix} \begin{bmatrix} \underline{u} \\ \dot{\underline{u}} \\ \ddot{\underline{u}} \\ \cdot \\ \cdot \\ \cdot \\ \underline{u}^{(n-2)} \end{bmatrix} . \tag{4.65}$$

Die rechte Seite von (4.65) ist bekannt, die Gleichung ist also eindeutig nach $\underline{x}$ lösbar, sofern

$$\text{Rang } \mathbf{Q}_0 = n \tag{4.66}$$

ist. Dies ist die gesuchte Beobachtbarkeitsbedingung, wie in (4.60) angegeben.

Für den *Sonderfall* $m = 1, y$ skalar und $\mathbf{H} = \underline{h}^T$ (Zeilenvektor) gilt:

$$\mathbf{Q}_0 = \begin{bmatrix} \underline{h}^T \\ \underline{h}^T\mathbf{F} \\ \underline{h}^T\mathbf{F}^2 \\ \vdots \\ \underline{h}^T\mathbf{F}^{n-1} \end{bmatrix} . \tag{4.67}$$

Diese $[n \times n]$ Matrix muß invertierbar sein, d. h. $\det (\mathbf{Q}_0) \neq 0$!

Im allgemeinen Fall $(m \neq 1)$ gilt wegen Rang $\mathbf{Q}_0 = \text{Rang}(\mathbf{Q}_0^T \mathbf{Q}_0) = \text{Rang}(\mathbf{Q}_0 \mathbf{Q}_0^T)$

$$\det(\mathbf{Q}_0^T \mathbf{Q}_0) \neq 0. \tag{4.68}$$

Auf die *Dualität der Begriffe Steuerbarkeit und Beobachtbarkeit* sei hingewiesen. Man erkennt durch Vergleich der Steuerbarkeitsbedingung (4.59) mit der Beobachtbarkeitsbedingung (4.60): Das Paar $(\mathbf{F}, \mathbf{H})$ ist genau dann beobachtbar, wenn das Paar $(\mathbf{F}^T, \mathbf{H}^T)$ steuerbar ist. Aufgrund der Dualitätsbeziehungen können die Ergebnisse jeweils sinngemäß übertragen werden. Auf einen Beweis der Steuerbarkeitsbedingungen (4.59) wird deshalb hier verzichtet; eine Begründung wird jedoch für diskrete Systeme im Kap. 7 nachgeholt.

Steuerbarkeit und Beobachtbarkeit mittels Modalform

Abgesehen von dem immensen Rechenaufwand alleine die beiden Matrizen, deren Rang laut (4.59), (4.60), überpüft werden soll, aufzustellen, ist die Frage nach dem Rang einer Matrix numerisch problematisch und sie läßt sich nicht ohne Vorgabe gewisser Toleranzen bestimmen. Außerdem geben diese Kriterien keinen Einblick in das physikalische Systemverhalten für den Fall, daß sie nicht erfüllt sind.

Von der Anschauung und auch von der Rechentechnik her erhält man auf die Frage nach der Steuerbarkeit und Beobachtbarkeit durch Transformation der Zustandsgleichung auf die "durchschaubare" Modalform günstige Voraussetzungen. $\mathbf{F}$ soll wieder als diagonalisierbar angenommen werden. Mit der Eigenvektormatrix $\mathbf{X}$ und der Eigenwertmatrix $\mathbf{\Lambda}$ läßt sich der Zustand $\underline{x}$ transformieren zu $\underline{x} = \mathbf{X}\underline{\xi}$. Dies führt auf

$$\dot{\underline{\xi}} = \tilde{\mathbf{F}}\underline{\xi} + \tilde{\mathbf{G}}\underline{u} \quad \text{mit} \quad \tilde{\mathbf{F}} = \mathbf{\Lambda} = \mathbf{X}^{-1}\mathbf{F}\mathbf{X}, \quad \tilde{\mathbf{G}} = \mathbf{X}^{-1}\mathbf{G}, \tag{4.69}$$

$$\underline{y} = \tilde{\mathbf{H}}\underline{\xi} + \mathbf{D}\underline{u} \quad \text{mit} \quad \tilde{\mathbf{H}} = \mathbf{H}\mathbf{X}. \tag{4.70}$$

Hat $\mathbf{F}$ nur *verschiedene, reelle* Eigenwerte $\lambda_i, i = 1, \ldots, n$, so ist das Modalsystem (4.69) wegen

$$\mathbf{\Lambda} = \begin{bmatrix} \lambda_1 & 0 & \ldots & 0 \\ \vdots & \lambda_2 & & \vdots \\ & & \ddots & \\ 0 & & & \lambda_n \end{bmatrix} \tag{4.71}$$

in seiner Eigendynamik vollständig entkoppelt. Mit den Elementen $\tilde{G}_{i,j}$ der Matrix $\tilde{\mathbf{G}}$ läßt sich schreiben

$$\dot{\xi}_i = \lambda_i \xi_i + \tilde{G}_{i,1} u_1 + \ldots + \tilde{G}_{i,r} u_r, \tag{4.72}$$

während für (4.70) analog gilt

$$\underline{y} = \tilde{\underline{H}}_1 \xi_1 + \tilde{\underline{H}}_2 \xi_2 + \ldots \tilde{\underline{H}}_n \xi_n + \ldots; \tag{4.73}$$

$\tilde{\underline{H}}_i$ sind hierbei die Spalten von $\tilde{\mathbf{H}}$, die Terme $\mathbf{D}\underline{u}$ sind durch Punkte angedeutet. Man sieht hieran unmittelbar, daß keine Zeile von $\tilde{\mathbf{G}}$ Null sein darf, d. h. in $\left(\tilde{G}_{i,1}, \tilde{G}_{i,2}, \ldots \tilde{G}_{i,r} \right)$ nicht alle Elemente gleichzeitig verschwinden dürfen, damit alle Zustandsgrößen ξ_i steuerbar sind. Analoges gilt für die Spalten der Matrix

$\tilde{\mathbf{H}}$, um die Beobachtbarkeit von ξ_i zu gewährleisten. Die Steuerbarkeit und Beobachtbarkeit der transformierten Zustandsgrößen ξ_i ist natürlich gleichbedeutend mit denselben Eigenschaften der Originalgrößen x_i. Diese Systemeigenschaften sind als Merkmale des Ein- Ausgangsverhaltens *invariant* gegenüber der Wahl der internen Systemkoordinaten.

Geht man bei *komplexen Eigenwerten* wieder zu der in (4.36) vorgestellten reellen Schreibweise über, so ist das System infolge der 2×2 Blöcke auf der Hauptdiagonalen von $\tilde{\mathbf{F}}$ nicht mehr vollständig entkoppelt. Man erhält Teilsysteme der Art:

$$\begin{aligned}
\dot{\xi}_i &= \lambda_i^R \xi_i + \lambda_i^I \xi_{i+1} + \tilde{G}_{i,i} u_i + \tilde{G}_{i,i+1} u_{i+1} \, , \\
\dot{\xi}_{i+1} &= -\lambda_i^I \xi_i + \lambda_i^R \xi_{i+1} + \tilde{G}_{i+1,i} u_i + \tilde{G}_{i+1,i+1} u_{i+1} .
\end{aligned} \tag{4.74}$$

In diesem Fall reicht es für die Steuerbarkeit aus, daß entweder die i-te oder $(i+1)$-te Zeile von $\tilde{\mathbf{G}}$ von der Nullzeile verschieden sind. Für die Beobachtbarkeit gilt das entsprechende für die Spalten von $\tilde{\mathbf{H}}$. Dies läßt sich auch einfach durch die Anwendung von (4.59), (4.60), auf das Teilsystem (4.74) zeigen.

Bei *gleichen* Eigenwerten muß man unterscheiden, ob die zugehörigen Eigenvektoren linear unabhängig sind (Systemmatrix ist diagonalisierbar) oder nicht (Systemmatrix kann nur auf JORDAN-Form (4.39) gebracht werden).

Für *diagonalisierbare* Systeme, $\tilde{\mathbf{F}} = \boldsymbol{\Lambda}$, gilt: Das System (4.69), (4.70) ist steuerbar (beobachtbar), falls der Rang der zum mehrfachen Eigenwert λ_k gehörigen Zeilen von $\tilde{\mathbf{G}}$ (Spalten von $\tilde{\mathbf{H}}$) gleich der Vielfachheit des Eigenwertes λ_k ist. Zum Beispiel gilt für den doppelten Eigenwert $\lambda_1 = \lambda_2$:

$$\begin{aligned}
\dot{\zeta}_1 &= \lambda_1 \zeta_1 + \tilde{G}_{11} u_1 + \tilde{G}_{12} u_2 \, , \\
\dot{\zeta}_2 &= \lambda_1 \zeta_2 + \tilde{G}_{21} u_1 + \tilde{G}_{22} u_2 \, .
\end{aligned} \tag{4.75}$$

Hier muß

$$\text{Rang} \begin{bmatrix} \tilde{G}_{11} & \tilde{G}_{12} \\ \tilde{G}_{21} & \tilde{G}_{22} \end{bmatrix} = 2 \tag{4.76}$$

sein, andernfalls ist zumindest das Teilsystem (4.75) nicht vollständig steuerbar.

Falls bei mehrfachen Eigenwerten ein *nicht diagonalisierbarer* Fall vorliegt, ist das System dann und nur dann steuerbar (beobachtbar), wenn die zu den JORDAN-Blöcken (4.39) mit gleichem Eigenwert gehörigen Zeilen von $\tilde{\mathbf{G}}$ (Spalten von $\tilde{\mathbf{H}}$) linear unabhängig sind, d. h. zu jedem JORDAN-Block wird nur eine lineare unabhängige Zeile (Spalte) benötigt. Diese Eigenschaften kann man wiederum zeigen, indem man das KALMAN-Kriterium (4.59) auf die Teilblöcke anwendet; für Details sei z. B. auf [141] verwiesen.

Die Größe der Elemente von $\tilde{\mathbf{G}}$ bzw. von $\tilde{\mathbf{H}}$ gibt zusätzlich ein Maß für den Grad der Steuerbarkeit bzw. Beobachtbarkeit. Man erhält somit auch Hinweise über die Größe der benötigten Stellenergie, um einen gewünschten Zustand $\underline{x}_1$ zu erreichen.

4.5 Zustandsdarstellung und Frequenzgang

Eine weitere Möglichkeit, die Zustandsgleichungen nach (4.6), (4.8)

$$\underline{\dot{x}}(t) = \mathbf{F}\underline{x}(t) + \mathbf{G}\underline{u}(t), \qquad \underline{x}(t_0) = \underline{x}_0, \tag{4.77}$$

$$\underline{y}(t) = \mathbf{H}\underline{x}(t) + \mathbf{D}\underline{u}(t) \tag{4.78}$$

zu lösen, besteht darin, sie einer LAPLACE-Transformation, siehe z. B. [158], zu unterwerfen; dadurch geht die Differentialgleichung in ein algebraisches Gleichungssystem über:

$$s\underline{X}(s) = \mathbf{F}\underline{X}(s) + \mathbf{G}\underline{U}(s) + \underline{x}_0 \ , \tag{4.79}$$

$$\underline{Y}(s) = \mathbf{H}\underline{X}(s) + \mathbf{D}\underline{U}(s) \ , \tag{4.80}$$

mit
$$\underline{X} = \mathcal{L}\{\underline{x}\}, \ \underline{U} = \mathcal{L}\{\underline{u}\} \quad \text{und} \quad \underline{Y} = \mathcal{L}\{\underline{y}\} \ .$$

Hieraus folgt für den eingeschwungenen Zustand, d. h. nach Abklingen des Einflusses der Anfangswerte,

$$\underline{Y}(s) = \mathbf{H}(s\mathbf{E} - \mathbf{F})^{-1}\mathbf{G}\underline{U}(s) + \mathbf{D}\underline{U}(s). \tag{4.81}$$

Wird das System mit $\underline{u}(t) = \underline{a}_e e^{j\omega t}$ periodisch angeregt, so ergeben sich aus (4.81) direkt die Amplitude und Phase der Ausgangsschwingung

$$\underline{Y}(j\omega) = \mathbf{H}\left(j\omega\mathbf{E} - \mathbf{F}\right)^{-1}\mathbf{G}\underline{a}_e + \mathbf{D}\underline{a}_e. \tag{4.82}$$

Die *Übertragungsmatrix*

$$\mathbf{W}^*(s) = \mathbf{H}(s\mathbf{E} - \mathbf{F})^{-1}\mathbf{G} + \mathbf{D} \tag{4.83}$$

ausgewertet an den Stellen $s = j\omega$, gibt die Amplitudenverstärkung und Phasenverschiebung gegenüber dem Eingang an.

Die numerische Berechnung des komplexen *Matrix-Frequenzgangs* $\mathbf{W}^*(j\omega)$ kann auf zwei prinzipiell verschiedenen Wegen erfolgen:

Bei der *algebraischen Methode* wird die Übertragungsmatrix $\mathbf{W}^*(s)$ zunächst allgemein erstellt und dann an den Stellen $s = j\omega$ ausgewertet. Dazu muß die Matrizeninversion algebraisch nach der CRAMERschen Regel durchgeführt werden:

$$\bar{\mathbf{W}}(s) = (s\mathbf{E} - \mathbf{F})^{-1} = \frac{[Adj(s\mathbf{E} - \mathbf{F})]}{\det(s\mathbf{E} - \mathbf{F})} \ ; \tag{4.84}$$

hierbei ist $Adj(\mathbf{A})$ die sog. adjungierte Matrix zu $\mathbf{A}$, die sich aus den algebraischen Komplementen A_{ik}, den mit Vorzeichen im Schachbrettmuster versehenen Unterdeterminanten der Elemente von $\mathbf{A}$, in transponierter Anordnung ergibt, siehe z. B. [154].

Alternativ kann man gleich von vornherein in (4.83) Zahlenwerte für s einsetzen und die Inversion numerisch durchführen. Daher wird diese Vorgehensweise *numerische Methode* genannt. Da in beiden Wegen die Inversion das Hauptproblem ist, versucht man durch geeignet gewählte Vorabtransformationen von $\mathbf{F}$ vom Typus (4.20) den Aufwand zu reduzieren:

$$\tilde{\mathbf{F}} = \mathbf{T}^{-1}\mathbf{F}\mathbf{T}, \qquad \tilde{\mathbf{H}} = \mathbf{H}\mathbf{T}, \qquad \tilde{\mathbf{G}} = \mathbf{T}^{-1}\mathbf{G} \tag{4.85}$$

und es gilt nach (4.83)

$$\begin{aligned}
\tilde{\mathbf{W}}^*(s) &= \tilde{\mathbf{H}}(s\mathbf{E} - \tilde{\mathbf{F}})^{-1}\tilde{\mathbf{G}} + \mathbf{D} \\
&= \mathbf{H}\mathbf{T}(s\mathbf{E} - \tilde{\mathbf{F}})^{-1}\mathbf{T}^{-1}\mathbf{G} + \mathbf{D} = \mathbf{W}^*(s);
\end{aligned} \tag{4.86}$$

d. h. die Übertragungsmatrix ist invariant gegenüber der Wahl der Zustandsgrößen.

Die Schwierigkeiten bei der Auswertung der gebrochen rationalen Funktionen (4.84) lassen den numerischen Weg als günstigsten erscheinen. Hierfür ist es zweckmäßig, die Modaltransformation (4.27), (4.28), durchzuführen und $\mathbf{W}^*(j\omega)$ auf diese Weise zu berechnen, falls die Kondition der Eigenvektormatrix es zuläßt. In [143] wird vorgeschlagen, $\mathbf{F}$ auf obere HESSENBERG-Form, [154], Teil 2, zu transformieren. Dieses Verfahren ist zwar etwas aufwendig aber numerisch zuverlässig wie auch der Verfahrensvergleich in [159] zeigt.

Gelegentlich liegt die umgekehrte Fragestellung vor, d. h. es ist eine Übertragungsfunktion $W(s)$ eines Eingrößensystems gegeben und eine Darstellung in Zustandsform (4.77), (4.78) gesucht. Diese Fragestellung ist nicht nur auf eine Weise zu beantworten, da es verschiedene Möglichkeiten gibt, die Zustandsgrößen zu definieren. Man kann durch geeignete Definitionen sogenannte Normalformen der Zustandsgleichungen aufstellen, z. B. die Regelungsnormalform, siehe Kap. 6., die Beobachtungsnormalform und die JORDANsche Normalform. Für Einzelheiten sei auf [70] bzw. [139] verwiesen.

Ein Zusammenhang zwischen Transitionsmatrix und komplexer Frequenzgangmatrix läßt sich finden, wenn man wieder den eingeschwungenen Zustand des Systems (4.77) zufolge einer periodischen Anregung $\underline{u}(t) = \underline{a}_e e^{j\omega t}$ betrachtet [160]. Einerseits ergibt sich für die stationäre Lösung nach (4.41)

$$\underline{x}_s(t) = \int\limits_{-\infty}^{t} \boldsymbol{\Phi}(t - \tau)\mathbf{G}\underline{a}_e e^{j\omega\tau}d\tau \,, \tag{4.87}$$

andererseits folgt aus (4.77) direkt

$$\underline{x}_s(t) = (j\omega\mathbf{E} - \mathbf{F})^{-1}\mathbf{G}\underline{a}_e e^{j\omega t} \,. \tag{4.88}$$

Das Gleichsetzen von (4.87) und (4.88) liefert

$$\bar{\mathbf{W}}(j\omega) = (j\omega\mathbf{E} - \mathbf{F})^{-1} = \int\limits_{-\infty}^{t} \boldsymbol{\Phi}(t - \tau)e^{-j\omega(t-\tau)}d\tau = \int\limits_{0}^{\infty} \boldsymbol{\Phi}(\lambda)e^{-j\omega\lambda}d\lambda \,. \tag{4.89}$$

Der Zusammenhang (4.89) kann z. B. für die Herleitung von Beziehungen zwischen Leistungsdichtespektren von Ein- und Ausgangssignal verwendet werden, siehe Kap. 5.4.

4.6 Beispiele

Demonstrationsbeispiel 4.6.1: Balancieren eines Stabes auf einem Wagen

Aufbauend auf den Ergebnissen des Demonstrationsbeispieles 3.3.1 sollen hier einige der Methoden des Kapitels 4 aufgezeigt werden.

Gesucht werden für das System, dargestellt in Abb. 3.6:

- die bezüglich $x_s = 0, \alpha_s = 0$ linearisierten Bewegungsgleichungen, dargestellt in Zustandsform,

- die Eigenwerte des Systems,

- ob das System durch die Messung von x oder α vollständig beobachtbar bzw. über die Kraft F vollständig steuerbar ist.

Gegeben sind die Angaben des Demonstrationsbeispiels 3.3.1 bzw. die zugehörigen Ergebnisse.

Da für die Linearisierung als Nominalbewegung die statische Ausgangsposition $x_s = 0, \alpha_s = 0$ verwendet wird, lassen sich mit (3.113) die linearisierten Bewegungsgleichungen entsprechend (3.79) unmittelbar anschreiben:

$$\begin{bmatrix} M+m & -ma \\ -ma & m\frac{4a^2}{3} \end{bmatrix} \begin{bmatrix} \ddot{x} \\ \ddot{\alpha} \end{bmatrix} = \begin{bmatrix} 0 & 0 \\ 0 & mga - c_T \end{bmatrix} \begin{bmatrix} x \\ \alpha \end{bmatrix} + \begin{bmatrix} F(t) \\ 0 \end{bmatrix}, \qquad (4.90)$$

bzw. in Matrixschreibweise

$$\mathbf{M}\ddot{\underline{y}} = -\mathbf{K}\underline{y} + \underline{h}(t) . \qquad (4.91)$$

Für die Abweichungen $\underline{y}$ von der Nominalbewegung $\underline{z}_s = \underline{0}$ werden im vorliegenden Fall in (4.90) die verallgemeinerten Koordinaten direkt verwendet.

Um auf die Zustandsform des Systems entsprechend (4.2) zu kommen, wird (4.91) erweitert. Durch die Umbenennung

$$\begin{aligned} x_1 &= x, & x_3 &= \dot{x} , \\ x_2 &= \alpha, & x_4 &= \dot{\alpha} , \end{aligned} \qquad (4.92)$$

ergeben sich die zusätzlichen, trivialen Differentialgleichungen

$$\dot{x}_1 = x_3, \quad \dot{x}_2 = x_4 . \qquad (4.93)$$

Die Differentialgleichungen (4.90) und (4.93) lassen sich nun unter Verwendung des Zustandsvektors $\underline{x}^T = [x_1, x_2, x_3, x_4]$ zusammenfassen zu

$$\begin{bmatrix} \mathbf{E} & \mathbf{0} \\ \mathbf{0} & \mathbf{M} \end{bmatrix} \dot{\underline{x}} = \begin{bmatrix} \mathbf{0} & \mathbf{E} \\ -\mathbf{K} & \mathbf{0} \end{bmatrix} \underline{x} + \begin{bmatrix} \underline{0} \\ \underline{h} \end{bmatrix} . \qquad (4.94)$$

Für die *Darstellung in Zustandsform* muß die Matrix $\mathbf{M}$ noch invertiert werden, siehe (4.5). Dies führt letztlich auf

$$\dot{\underline{x}} = \begin{bmatrix} \mathbf{0} & \mathbf{E} \\ -\mathbf{M}^{-1}\mathbf{K} & \mathbf{0} \end{bmatrix} \underline{x} + \begin{bmatrix} \underline{0} \\ \mathbf{M}^{-1}\underline{h} \end{bmatrix} = \mathbf{F}\underline{x} + \underline{g}F(t) \,, \tag{4.95}$$

bzw. explizit angeschrieben

$$\dot{\underline{x}} = \begin{bmatrix} 0 & 0 & 1 & 0 \\ 0 & 0 & 0 & 1 \\ 0 & f_{32} & 0 & 0 \\ 0 & f_{42} & 0 & 0 \end{bmatrix} \underline{x} + \begin{bmatrix} 0 \\ 0 \\ g_3 \\ g_4 \end{bmatrix} F(t) \,, \tag{4.96}$$

mit

$$f_{32} = -\frac{3(c_T - mga)}{a(4M+m)}, \quad f_{42} = -\frac{3(M+m)(c_T - mga)}{a^2 m(4M+m)}$$

$$g_3 = \frac{4}{4M+m}, \qquad g_4 = \frac{3}{a(4M+m)} \,.$$

Der formale Vergleich von (4.95) mit (4.6) zeigt, daß die auf den Wagen wirkende Kraft $F(t)$ der Stellgröße $u(t)$ entspricht, während die anderen Bezeichnungen bereits der verwendeten Notation angepaßt wurden.

Die *Eigenwerte* des Systems (4.95) bestimmen sich aus $\det(\mathbf{F} - \lambda\mathbf{E}) = 0$, also mit

$$\begin{bmatrix} -\lambda & 0 & 1 & 0 \\ 0 & -\lambda & 0 & 1 \\ 0 & f_{32} & -\lambda & 0 \\ 0 & f_{42} & 0 & -\lambda \end{bmatrix} = \lambda^4 - f_{42}\lambda^2 = 0 \,, \tag{4.97}$$

zu

$$\lambda_{1,2} = 0, \qquad \lambda_{3,4} = \pm\sqrt{f_{42}} \,. \tag{4.98}$$

Den Eigenwerten $\lambda_{1,2}$ kann man die ungefesselte Bewegung des Wagens zuordnen, $\lambda_{3,4}$ der Bewegung des Stabes. Ist $f_{42} > 0$, d. h. nach (4.96) gilt $c_T < mga$, so ist ein Eigenwert $\lambda_3 > 0$ und das System ist instabil.

Wird die Drehfeder entsprechend stark ausgelegt, so daß $c_T > mga$ gilt, ist die Bewegung des Stabes durch 2 konjugiert imaginäre Eigenwerte gekennzeichnet. Ohne zusätzliche Dämpfung wird sich nach einer Anfangsstörung eine periodische Schwingung des Stabes um seine Gleichgewichtslage $\alpha_s = 0$ einstellen.

Die *Steuerbarkeit* des Systems (4.95) soll mit dem Rang der Steuerbarkeitsmatrix $\mathbf{Q}_c$ nach (4.59) überprüft werden. Aufgrund der Einfachheit des Systems läßt sich dies noch problemlos analytisch durchführen. Man erhält mit $n = 4$

$$\mathbf{Q}_c = \begin{bmatrix} \underline{g}, \mathbf{F}\underline{g}, \mathbf{F}^2\underline{g}, \mathbf{F}^3\underline{g} \end{bmatrix} = \begin{bmatrix} 0 & g_3 & 0 & f_{32}g_4 \\ 0 & g_4 & 0 & f_{42}g_4 \\ g_3 & 0 & f_{32}g_4 & 0 \\ g_4 & 0 & f_{42}g_4 & 0 \end{bmatrix} \,. \tag{4.99}$$

Es ist unmittelbar an Hand der Struktur von (4.99) ersichtlich, daß Rang $(\mathbf{Q}_c) = n = 4$. Das System ist also über F vollständig steuerbar.

Für die *Beobachtbarkeit* muß das System (4.95) mit der Meßgleichung ergänzt werden, siehe (4.58). Im Fall der Messung der Wagenposition x lautet diese

$$y_1 = \underline{h}_1^T \underline{x} = [1, 0, 0, 0]\,\underline{x} \tag{4.100}$$

bzw. für die Messung des Drehwinkels α der Stange

$$y_2 = \underline{h}_2^T \underline{x} = [0, 1, 0, 0]\,\underline{x} \ . \tag{4.101}$$

Die Überprüfung der Beobachtbarkeit mit dem Rang der Matrix $\mathbf{Q}_0^T$ nach (4.60) liefert mit $n = 4$ für (4.100)

$$\mathbf{Q}_{0,1}^T = \left[\underline{h}_1, \mathbf{F}^T\underline{h}_1, \left(\mathbf{F}^T\right)^2\underline{h}_1, \left(\mathbf{F}^T\right)^3\underline{h}_1\right] = \begin{bmatrix} 1 & 0 & 0 & 0 \\ 0 & 0 & f_{32} & 0 \\ 0 & 1 & 0 & 0 \\ 0 & 0 & 0 & f_{32} \end{bmatrix} \tag{4.102}$$

bzw. analog für (4.101)

$$\mathbf{Q}_{0,2}^T = \begin{bmatrix} 0 & 0 & 0 & 0 \\ 1 & 0 & f_{42} & 0 \\ 0 & 0 & 0 & 0 \\ 0 & 1 & 0 & f_{42} \end{bmatrix} \ . \tag{4.103}$$

Aus (4.102), (4.103) ist unmittelbar ersichtlich Rang $\left(\mathbf{Q}_{0,1}^T\right) = n = 4$, während Rang $\left(\mathbf{Q}_{0,2}^T\right) = 2 < n$ gilt. Das System ist also über x vollständig beobachtbar jedoch nicht über den Verdrehwinkel α allein!

Beispiel 4.6.2: Vereinfachtes Modell für die Vertikalbewegung eines Magnetschwebefahrzeugs

Dieses einfache, eindimensionale Modell soll die mathematische Beschreibung der Komponenten der Sekundäraufhängungen und der magnetischen Abstützung aufzeigen, Abb. 4.3.

Gegeben sind für die Vertikalbewegung:

- Massen m_1, m_2 der beiden Körper,
- lineare Federn mit Federkonstanten c_1, c_2; entspannt für $z_1 - z_2 = l$, $\xi = b$;
- geschwindigkeitsproportionale Dämpfer mit den Kontanten d_1, d_2,
- Tragkraft des Magneten und dessen Stromversorgung entsprechend Kap. 2.6.3.
- $\zeta(t)$ sei die als bekannt angenommene Systemanregung durch den Fahrweg.

Gesucht werden die linearisierten Bewegungsgleichungen und deren Darstellung in der Form eines Differentialgleichungssystems 1. Ordnung, der Zustandsform.

Da dieses System geometrisch und kinematisch sehr einfach aufgebaut ist und außerdem keine Zwangskräfte durch kinematische Bindungen auftreten, können

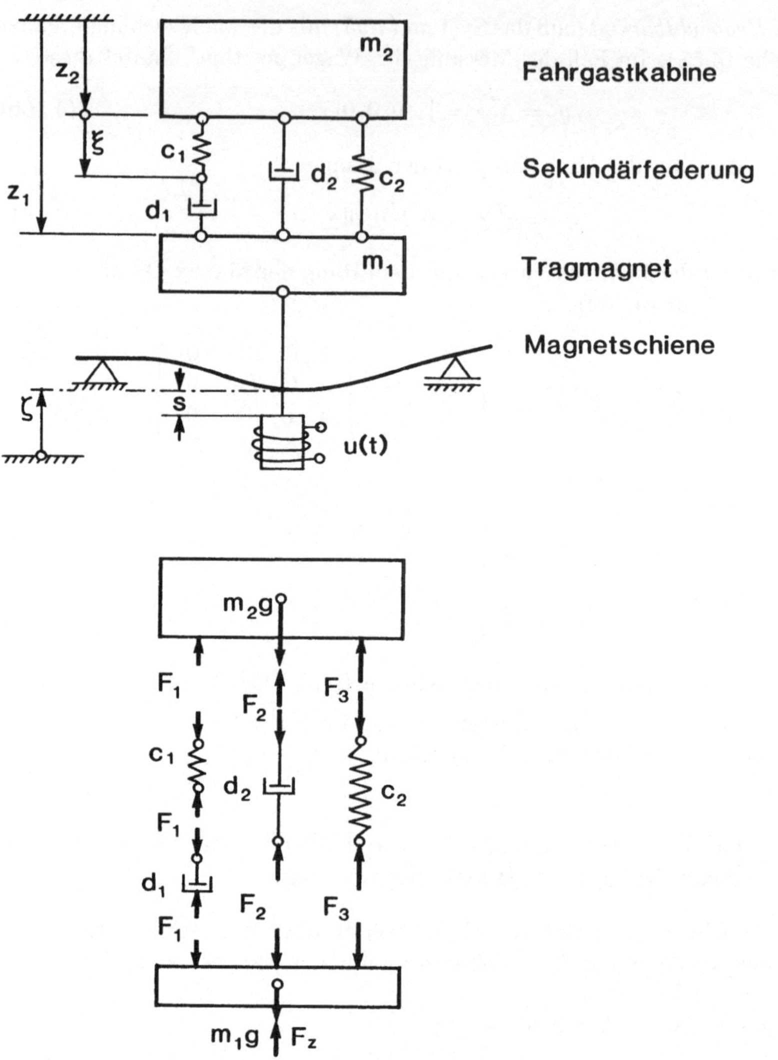

Abb. 4.3:   Vertikalmodell eines Magnetschwebefahrzeugs

die Bewegungsgleichungen unmittelbar aus dem Impulssatz (3.52) ermittelt werden, siehe Abb. 4.3:

$$m_1 \ddot{z}_1 \;=\; +F_1 + F_2 + F_3 + m_1 g - F_z \;, \tag{4.104}$$

$$m_2 \ddot{z}_2 \;=\; -F_1 - F_2 - F_3 + m_2 g \;. \tag{4.105}$$

Für die Kraftgesetze gilt:

$$F_1 = -c_1\left(\xi - b\right), \qquad F_1 = d_1\left(\dot{z}_2 + \dot{\xi} - \dot{z}_1\right), \tag{4.106}$$

$$F_2 = d_2 \left(\dot{z}_2 - \dot{z}_1 \right) , \tag{4.107}$$

$$F_3 = c_2 \left[z_2 - (z_1 - l) \right] . \tag{4.108}$$

Aus (4.106) läßt sich für die Zustandsgröße ξ die Differentialgleichung

$$\dot{\xi} = -\frac{c_1}{d_1} \xi + \dot{z}_1 - \dot{z}_2 + \frac{c_1 b}{d_1} \tag{4.109}$$

ableiten. Die Beziehungen (4.106) können auch verwendet werden, um über $\dot{F}_1 = -c_1 \dot{\xi}$ eine Differentialgleichung für die Kraft F_1 abzuleiten, siehe auch Kap. 2.8:

$$\dot{F}_1 + \frac{c_1}{d_1} F_1 = c_1 \left(\dot{z}_2 - \dot{z}_1 \right) . \tag{4.110}$$

Die nichtlinearen Gleichungen für die Beschreibung der Magnetkraft F_z und der Beziehung zwischen dem Strom i und der Spannung u seines Versorgungsstromkreises, siehe Kap.2.6.3. Gleichung (2.42) unter Vernachlässigung einer seitlichen Verschiebung des Magneten sowie (2.41) sollen hier nochmals angeschrieben werden

$$F_z = k_L \frac{i^2}{2s^2} \left(1 + \frac{2s}{\pi l_p} \right) , \quad k_L = \frac{\mu_0 n^2 A}{2} ; \tag{4.111}$$

$$u = Ri + k_L \left(\frac{d(i)}{dt} \frac{1}{s} - \frac{i}{s^2} \dot{s} \right) . \tag{4.112}$$

Für die Linearisierung der Gleichungen (4.111), (4.112) und die Elimination der konstanten Anteile in den Gleichungen (4.104), (4.109) soll die statische Gleichgewichtslage des Systems mit

$$\xi_s = b,$$
$$F_{3s} = c_2 \left(z_{2s} - z_{1s} + l \right) = m_2 g, \tag{4.113}$$
$$F_{zs} = k_L \frac{i_s^2}{2s_s^2} \left(1 + \frac{2s_s}{\pi l_p} \right) = (m_1 + m_2) \, g, \; u_s = Ri_s$$

herangezogen werden. Für die Systemanregung wird als Bezugswert (d. h. Mittelwert) $\zeta_s = 0$ vorausgesetzt. Mit

$$
\begin{array}{llll}
z_1 &= z_{1s} + y_1, & u &= u_s + y_u, \\
z_2 &= z_{2s} + y_2, & i &= i_s + y_i, \\
\xi &= \xi_s + y_\xi, & F_z &= F_{zs} + y_z,
\end{array} \tag{4.114}
$$

sowie

$$s = s_s + y_3 = s_s + (y_1 + \zeta) \tag{4.115}$$

bzw. den entsprechenden Ableitungen lassen sich die Systemgleichungen (4.104), (4.105), (4.110), (4.111), (4.112) in linearisierter Form anschreiben mit

$$m_1 \ddot{y}_1 = +F_1 + d_2(\dot{y}_2 - \dot{y}_1) + c_2(y_2 - y_1) - y_z ,$$
$$m_2 \ddot{y}_2 = -F_1 - d_2(\dot{y}_2 - \dot{y}_1) - c_2(y_2 - y_1) , \tag{4.116}$$
$$\dot{F}_1 = -\frac{c_1}{d_1} F_1 + c_1(\dot{y}_2 - \dot{y}_1) ,$$

$$y_z = k_L \left(k_1 y_i + k_2 y_3 \right) ; \; k_1 = \frac{i_s}{s_s^2} \left(1 + \frac{2 s_s}{\pi l_p} \right), k_2 = -\frac{i_s^2}{s_s^3} \left(1 + \frac{s_s}{\pi l_p} \right) , \qquad (4.117)$$

$$y_u = R y_i + k_L \left(\frac{1}{s_s} \dot{y}_i - \frac{i_s}{s_s^2} \dot{y}_3 \right) . \qquad (4.118)$$

Unter Verwendung von (4.117) lassen sich aus (4.118) y_i, $\dot{y}_i$ eliminieren:

$$y_u = R \left(\frac{y_z}{k_L k_1} - \frac{k_2 y_3}{k_1} \right) + k_L \left[\frac{1}{s_s} \left(\frac{\dot{y}_z}{k_L k_1} - \frac{k_2 \dot{y}_3}{k_1} \right) - \frac{i_s}{s_s^2} \dot{y}_3 \right] . \qquad (4.119)$$

Mit (4.115) folgt sodann

$$\dot{y}_z = -\frac{R s_s}{k_L} y_z + R k_2 s_s \left(y_1 + \zeta \right) + k_3 (\dot{y}_1 + \dot{\zeta}) + k_1 s_s y_u \qquad (4.120)$$

mit

$$k_3 = k_L k_2 + \frac{k_L k_1 i_s}{s_s} . \qquad (4.121)$$

Unter Verwendung der beiden Vektoren

$$\underline{y}^T = [y_1, y_2] , \quad \underline{r}^T = [F_1, y_z] \qquad (4.122)$$

lauten die Systemgleichungen (4.116), (4.120) in Matrixschreibweise, analog zu Kap. 3.2.1:

$$\mathbf{M} \ddot{\underline{y}} + \mathbf{P} \dot{\underline{y}} + \mathbf{Q} \underline{y} + \mathbf{A}_r \underline{r} = 0 ,$$
$$\dot{\underline{r}} = \mathbf{B}_y \underline{y} + \mathbf{B}_{\dot{y}} \dot{\underline{y}} + \mathbf{B}_r \underline{r} + \underline{h}_r , \qquad (4.123)$$

mit

$$\mathbf{M} = \begin{bmatrix} m_1 & 0 \\ 0 & m_2 \end{bmatrix} , \mathbf{P} = \begin{bmatrix} d_2 & -d_2 \\ -d_2 & d_2 \end{bmatrix} , \mathbf{Q} = \begin{bmatrix} c_2 & -c_2 \\ -c_2 & c_2 \end{bmatrix} , \mathbf{A}_r = \begin{bmatrix} -1 & 1 \\ 1 & 0 \end{bmatrix} ,$$

$$\mathbf{B}_y = \begin{bmatrix} 0 & 0 \\ R k_2 s_s & 0 \end{bmatrix} , \mathbf{B}_{\dot{y}} = \begin{bmatrix} -c_1 & c_1 \\ k_3 & 0 \end{bmatrix} , \mathbf{B}_r = \begin{bmatrix} -\frac{c_1}{d_1} & 0 \\ 0 & -\frac{R s_s}{k_L} \end{bmatrix} ,$$

$$\underline{h}_r = \begin{bmatrix} 0 \\ k_1 s_s y_u + R k_2 s_s \zeta + k_3 \dot{\zeta} \end{bmatrix} .$$

Um die Gleichungen (4.123) auf Zustandsform umzuwandeln, wird der Zustandsvektor mit

$$\underline{x}^T = [x_1, x_2, x_3, x_4, x_5, x_6] = [y_1, y_2, \dot{y}_1, \dot{y}_2, F_1, y_z] \qquad (4.124)$$

gewählt, wodurch sich wieder die zusätzlichen Bedingungen

$$\begin{bmatrix} \dot{x}_1 \\ \dot{x}_2 \end{bmatrix} = \mathbf{E}_2 \begin{bmatrix} x_3 \\ x_4 \end{bmatrix} \qquad (4.125)$$

ergeben. Damit erhält man entsprechend (4.2) die Zustandsgleichung des Systems

$$\dot{\underline{x}} = \mathbf{F}\underline{x} + \underline{g}_u y_u + \mathbf{G}_\zeta \underline{\zeta} \,, \tag{4.126}$$

mit

$$\mathbf{F} = \left[\begin{array}{ccc} \mathbf{0} & \mathbf{E}_2 & \mathbf{0} \\ \hdotsfor{3} \\ -\mathbf{M}^{-1}\mathbf{Q} & -\mathbf{M}^{-1}\mathbf{P} & -\mathbf{M}^{-1}\mathbf{A}_r \\ \hdotsfor{3} \\ \mathbf{B}_y & \mathbf{B}_{\dot{y}} & \mathbf{B}_r \end{array}\right] \,, \quad \mathbf{M}^{-1} = \left[\begin{array}{cc} \frac{1}{m_1} & 0 \\ 0 & \frac{1}{m_2} \end{array}\right] \,,$$

$$\underline{g}_u = \left[\begin{array}{c} \underline{0} \\ \cdots \\ \underline{0} \\ \cdots \\ 0 \\ k_1 s_s \end{array}\right] \,, \quad \mathbf{G}_\zeta = \left[\begin{array}{cc} \mathbf{0} \\ \hdotsfor{1} \\ \mathbf{0} \\ \hdotsfor{1} \\ 0 & 0 \\ Rk_2 s_s & k_3 \end{array}\right] \,, \quad \underline{\zeta} = \left[\begin{array}{c} \zeta \\ \dot{\zeta} \end{array}\right] \,.$$

Im allgemeinen wird die Sekundäraufhängung des Fahrzeugaufbaues für Grundsatzuntersuchungen über die Komponente Feder und Dämpfer in Parallelschaltung genügend genau modelliert. Diese Art der Aufhängung soll auch für die in Beispiel 6.5.5 gezeigte Regelung der Vertikalbewegung des Magnetschwebefahrzeugs verwendet werden. Da in diesem Beispiel nur eine Anfangsstörung betrachtet wird, wird für die weitere Aufbereitung der Systemgleichungen $\zeta \equiv 0$ gesetzt.

Läßt man die Aufhängungskomponente Feder c_1 und Dämpfer d_1 in Abb. 4.3 weg, so reduziert sich der Vektor $\underline{r}$ auf eine skalare Größe

$$r = y_z \,, \tag{4.127}$$

wodurch die Gleichungen (4.123) jetzt die folgende Form erhalten

$$\mathbf{M}\ddot{\underline{y}} + \mathbf{P}\dot{\underline{y}} + \mathbf{Q}\underline{y} + \underline{a}_r r = 0 \,,$$
$$\dot{r} = \underline{b}_y^T \underline{y} + \underline{b}_{\dot{y}}^T \dot{\underline{y}} + b_r r + h_r \,, \tag{4.128}$$

mit den geänderten Ausdrücken

$$\underline{a}_r = \left[\begin{array}{c} 1 \\ 0 \end{array}\right] \,, \ \underline{b}_y^T = [Rk_2 s_s, 0] \,, \ \underline{b}_{\dot{y}}^T = [k_3, 0] \,, \ b_r = -\frac{Rs_s}{k_L} \,, \ h_r = k_1 s_s y_u \,. \tag{4.129}$$

Für die Zustandsgleichungen dieses vereinfachten Systems

$$\dot{\underline{x}} = \mathbf{F}\underline{x} + \underline{g}_u y_u \,, \qquad \underline{x}^T = [y_1, y_2, \dot{y}_1, \dot{y}_2, y_z] \,, \tag{4.130}$$

läßt sich explizit anschreiben:

$$\mathbf{F} = \begin{bmatrix} 0 & 0 & 1 & 0 & 0 \\ 0 & 0 & 0 & 1 & 0 \\ -\frac{c_2}{m_1} & \frac{c_2}{m_1} & -\frac{d_2}{m_1} & \frac{d_2}{m_1} & -\frac{1}{m_1} \\ \frac{c_2}{m_2} & -\frac{c_2}{m_2} & \frac{d_2}{m_2} & -\frac{d_2}{m_2} & 0 \\ Rk_2 s_s & 0 & k_3 & 0 & -\frac{Rs_s}{k_L} \end{bmatrix} , \quad \underline{g}_u = \begin{bmatrix} 0 \\ 0 \\ 0 \\ 0 \\ k_1 s_s \end{bmatrix} . \qquad (4.131)$$

5 Analyse stochastischer Fahrzeugschwingungen

Ein wesentliches Auslegungsziel für Fahrzeuge ist es, einen möglichst ruhigen Lauf entlang eines vorgegebenen Fahrwegs zu gewährleisten, um Passagiere und Beladung nicht unangenehmen oder gefährlichen Beschleunigungen auszusetzen. Einem ruhigen Fahrzeuglauf wirken eine Reihe von dynamischen Störungen entgegen; diese sind in einer Tabelle, Abb. 5.1, zusammengestellt. Am wichtigsten sind dabei die dauernd wirkenden Fahrwegunebenheiten, die als regellose, d. h. *stochastische* Störungen angenommen werden können. Abb. 5.2 zeigt ein Kfz, das über eine Straße fährt, welche durch zufällige Unebenheiten ohne ausgeprägte Schlaglöcher und Bodenwellen gekennzeichnet ist. Aufgrund dieser

Störquelle	Angriffsstelle		Störart	
	Fahrzeug	Auf–hängung	determi–nistisch	stocha–stisch
Fahrzeug				
Gas– u. Antriebskräfte	◇		◇	
Unwuchten, Radfehler	◇	◇	◇	
Fahrweg				
Einzelhindernis ⌒		◇	◇	
wellenförmig 〜		◇	◇	
regellos 〜		◇		◇
Umwelt				
Windböen	◇			◇
Tunnelfahrten	◇		◇	

Abb. 5.1:   Störmodelle - Übersicht über Störungen am Fahrzeug

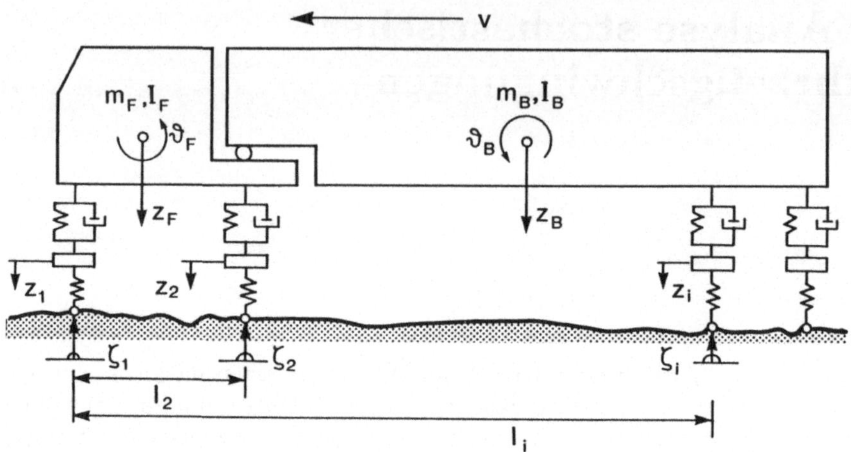

Abb. 5.2:   Fahrzeug mit mehreren Achsen auf welliger Fahrbahn

Überlegungen ist auch eine *stochastische Analyse* erforderlich, um die Auswirkungen dieser Störungen auf das Fahrverhalten und auf den Fahrkomfort studieren zu können.

Im Rahmen der klassischen Frequenzbereich-Methoden der Systemtheorie erfolgte diese Analyse mit Hilfe der sogenannten *Leistungsspektren*, wobei aus den Eingangsspektren über den Frequenzgang des dynamischen Systems das

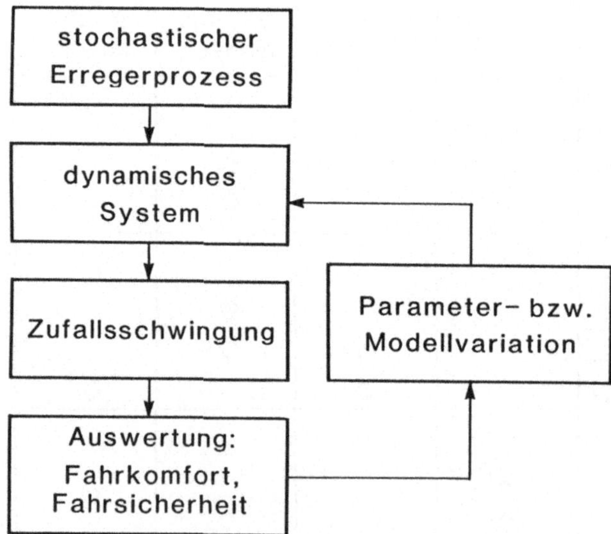

Abb. 5.3:   Wirkungsablauf bei der Analyse und Auslegung stochastischer
              Systeme

Leistungsspektrum des Systemausgangs berechnet wird (siehe Kap. 5.4). Neben diesen Zustandsraum-Methoden entwickelten sich ebenfalls die Methoden zur Analyse stochastischer Prozesse im Zeitbereich; hier ist insbesondere die Methode der *Kovarianzanalyse*, siehe Kap. 5.3, zu nennen.

Neben dem Studium der Auswirkungen bei vorgegebenen Modellen (Analyse) interessiert natürlich insbesondere die Frage, wie man durch geschickte Fahrzeuggestaltung und Parameterauswahl diese Auswirkungen möglichst reduzieren kann (Auslegung, Synthese). Der Wirkungsablauf solcher Überlegungen ist in der Abb. 5.3 charakterisiert.

Es soll hier nur ein kleiner Einblick in die Behandlung stochastischer Prozesse gegeben werden, ähnlich wie in [132], [161]. Für eine ausführlichere Behandlung sei auf Spezialliteratur, wie z. B. [162, 163] und [164] verwiesen.

5.1   Beschreibung zufälliger Störungen

Zufällige Störungen lassen sich nicht durch *eine* wohldefinierte, z. B. periodische Zeitfunktion darstellen; zu ihrer Beschreibung ist ein *stochastischer Prozeß* erforderlich. Ebenso wird somit aber auch die Systemantwort zu einem stochastischen Prozeß. Für die stochastischen Erregungen müssen somit die erzwungenen Schwingungen des Fahrzeugs als stochastische Größen (Zufallsschwingungen) mit Hilfe der Wahrscheinlichkeitstheorie berechnet werden.

Die Zeitverläufe stochastischer Signale sind zwar nicht in ihrem genauen Verlauf vorausbestimmbar, jedoch ist der Zufallseinfluß auch nicht mit vollständiger Regellosigkeit gleichzusetzen. Vielmehr unterliegen die stochastischen Signale gewissen Gesetzmäßigkeiten, die sich aus einer großen Anzahl gleichartiger Zufallsexperimente ermitteln lassen; hierzu gehören als charakterisierende Größen:

- die *Verteilung* der zu erwartenden Signalwerte,
- der *Mittelwert* und die *Streuung*,
- die *Korrelation*,
- das *Spektrum*.

Im Sinne einer möglichst anschaulichen Einführung dieser Begriffe kann man sich beispielsweise vorstellen, daß die Hubschwingungen eines Fahrzeugs bei Fahrt über eine Teststrecke vermessen wurden. Das Ergebnis der ersten Fahrt sei $\zeta^{(1)}(t)$, das der zweiten $\zeta^{(2)}(t)$ usw., s. Abb. 5.4. Das Kollektiv dieser Versuchsreihe ergibt dann den stochastischen Prozeß ζ.

Skalarer stochastischer Prozeß

Ein skalarer stochastischer Prozeß kann demnach als eine Familie von Zeitfunktionen aufgefaßt werden; jede einzelne dieser Zeitfunktionen $\zeta^{(1)}(t)$, $\zeta^{(2)}(t), \ldots$ wird dabei eine *Realisierung (Musterfunktion)* des stochastischen Pro-

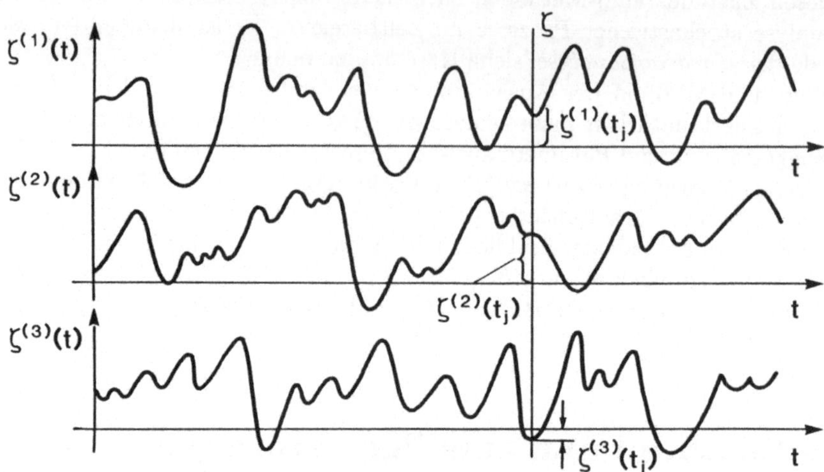

Abb. 5.4:   Verschiedene Realisierungen einer Zufallsvariablen

zesses genannt. Für einen gegebenen Zeitpunkt t wird der stochastische Prozess durch die *Zufallsvariablen* $\zeta^{(i)}(t)$ gekennzeichnet, die wiederum durch ihre *Wahrscheinlichkeitsverteilung* W charakterisiert sind:

$$W(\zeta, t) = P\left(\zeta^{(i)}(t) \leq \zeta\right), \tag{5.1}$$

s. Abb. 5.5. Die Wahrscheinlichkeitsverteilung ist ein Maß für die Wahrscheinlichkeit P, daß die Variable $\zeta^{(i)}(t)$ einen Wert kleiner bzw. gleich ζ zum Zeitpunkt t annimmt. Die Wahrscheinlichkeitsdichte $p_\zeta(\zeta, t)$ ist als Ableitung der Wahrscheinlichkeitsverteilung definiert:

$$p_\zeta(\zeta, t) = \frac{dW(\zeta, t)}{d\zeta} \geq 0; \tag{5.2}$$

sie gibt an, wie schnell sich W als Funktion von ζ ändert. Mit Vorgabe der Wahrscheinlichkeitsdichte können wichtige Wahrscheinlichkeitsaussagen berechnet werden, z. B. folgt aus der Definition (5.2) sofort

$$P(a \leq \zeta^{(i)}(t) \leq b) = \int\limits_a^b p_\zeta(\zeta, t)d\zeta. \tag{5.3}$$

Diese Größe kann interpretiert werden als die relative Häufigkeit, mit der die Hubschwingungen Werte zwischen a und b annehmen; sie ist gerade gleich der entsprechenden Fläche unter der Dichtefunktion. Aus den obigen Definitionen ergeben sich weiterhin die Grenzwerte:

$$W(-\infty) = 0, \qquad W(+\infty) = \int\limits_{-\infty}^{+\infty} p_\zeta(\zeta, t)d\zeta = 1. \tag{5.4}$$

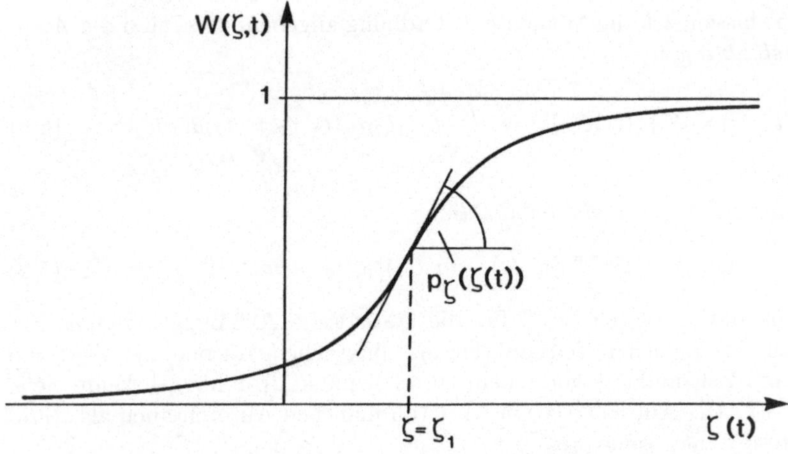

Abb. 5.5:   Beispiel einer Wahrscheinlichkeitsverteilung

In Verallgemeinerung von (5.1), (5.2) läßt sich eine zweidimensionale Wahrscheinlichkeitsdichte $p_{\zeta\zeta}(\zeta_1, \zeta_2, t_1, t_2)$ definieren. Mit ihr kann man analog zu (5.3) die Wahrscheinlichkeit, daß die Zufallsvariablen zu zwei verschiedenen Zeitpunkten innerhalb bestimmter Intervalle liegen, angeben

$$P\left(a \leq \zeta^{(i)}(t_1) \leq b, c \leq \zeta^{(i)}(t_2) \leq d\right) = \int\limits_a^b \int\limits_c^d p_{\zeta\zeta}\left(\zeta_1, \zeta_2, t_1, t_2\right) d\zeta_1 d\zeta_2. \qquad (5.5)$$

Der Zusammenhang mit (5.3) wird offensichtlich über

$$P(a \leq \zeta^{(i)}(t_1) \leq b) =$$

$$P(a \leq \zeta^{(i)}(t_1) \leq b, -\infty \leq \zeta^{(i)}(t_2) \leq +\infty) = \qquad (5.6)$$

$$\int\limits_a^b \int\limits_{-\infty}^{+\infty} p_{\zeta\zeta}(\zeta_1, \zeta_2, t_1, t_2) d\zeta_1 d\zeta_2 = \int\limits_a^b p_\zeta(\zeta_1, t_1) d\zeta_1 \; .$$

Momente einer Verteilung

Die wichtigsten Kenngrößen bzw. Maßzahlen stochastischer Prozesse sind ihre Momente:

Der *Erwartungswert*, das Moment 1. Ordnung, ist definiert mit:

$$m_\zeta(t) = E\{\zeta(t)\} = \int\limits_{-\infty}^{+\infty} \zeta p_\zeta(\zeta, t) d\zeta. \qquad (5.7)$$

Der Erwartungswert, anschaulich der (Ensemble-)*Mittelwert*, gibt den Wert an, um den sich die Werte der Zufallsvariable gruppieren.

Mit (5.5) lassen sich die Momente 2. Ordnung angeben; diese sind die *Auto-korrelationsfunktion*

$$R_{\zeta\zeta}(t_1, t_2) = E\left\{\zeta(t_1)\zeta(t_2)\right\} = \int\limits_{-\infty}^{+\infty}\int\limits_{-\infty}^{+\infty} \zeta_1\zeta_2 p_{\zeta\zeta}(\zeta_1, \zeta_2, t_1, t_2)d\zeta_1 d\zeta_2, \qquad (5.8)$$

bzw. die *zentrale Autokorrelationsfunktion*

$$C_{\zeta\zeta}(t_1, t_2) = E\left\{[\zeta(t_1) - m_\zeta(t_1)][\zeta(t_2) - m_\zeta(t_2)]\right\}. \qquad (5.9)$$

Die Autokorrelation ist ein Maß für die statistische Abhängigkeit einer Zufallsgröße zu verschiedenen Zeitpunkten, also in welchem Ausmaß der Wert von $\zeta^{(i)} - m_\zeta$ zum Zeitpunkt t_2 von jenem zum Zeitpunkt t_1 abhängen kann, siehe auch Abb. 5.7. Die Autokorrelation wird von manchen Autoren auch als *Auto-kovarianz* bezeichnet, siehe [164].

Speziell ist die *Varianz* (auch *Streuungsquadrat* oder *Dispersion*)

$$\begin{aligned}
P_\zeta(t) &= \sigma_\zeta^2(t) = [C_{\zeta\zeta}(t_1, t_2)]_{t_1=t_2=t} \\
&= E\left\{\zeta^2(t)\right\} - m_\zeta^2(t) = \int\limits_{-\infty}^{+\infty} \zeta^2 p_\zeta(\zeta, t)d\zeta - m_\zeta^2(t).
\end{aligned} \qquad (5.10)$$

Auch sie ist ein sehr wichtiger statistischer Kennwert, weil sie die Abweichung *(Standardabweichung)* oder *Streuung* σ_ζ um den Mittelwert m_ζ charakterisiert. Je kleiner die Streuung $\sigma_\zeta(t) = \sqrt{P_\zeta(t)}$ desto dichter sind die einzelnen Realisierungen $\zeta^{(i)}$ zum Zeitpunkt t um den Mittelwert gruppiert, siehe auch Abb. 5.6. Bei Untersuchungen hinsichtlich Schwingbelastung [165, 166] wird σ_ζ auch als "Effektivwert" bezeichnet.

Die in der englischsprachigen Literatur auch verwendete Bezeichnung RMS (root mean square) ist mit

$$RMS = \sqrt{E\left\{\zeta^2(t)\right\}} \qquad (5.11)$$

definiert und stimmt für Prozesse mit $m_\zeta = 0$, wie dies z. B. meist für Komfortuntersuchungen angenommen wird, mit σ_ζ überein.

Neben der Autokorrelation benötigt man gelegentlich noch die sogenannte *Kreuzkorrelationsfunktion* zwischen zwei verschiedenen Prozessen ζ, η, die analog zu (5.5), (5.8) wie folgt definiert ist

$$R_{\zeta\eta}(t_1, t_2) = E\left\{\zeta(t_1)\eta(t_2)\right\} = \int\limits_{-\infty}^{\infty}\int\limits_{-\infty}^{\infty} \zeta\eta \; p_{\zeta\eta}(\zeta, \eta, t_1, t_2)d_\zeta d_\eta, \qquad (5.12)$$

sowie die *zentrale Kreuzkorrelationsfunktion* (manchmal auch *"Kreuzkovarianz"* genannt)

$$C_{\zeta\eta}(t_1, t_2) = E\left\{[\zeta(t_1) - m_\zeta(t_1)][\eta(t_2) - m_\eta(t_2)]\right\}. \qquad (5.13)$$

Die Kreuzkorrelationsfunktionen beschreiben die statistische Abhängigkeit (Korrelation) von *verschiedenen* Zufallsgrößen zu *verschiedenen* Zeiten.

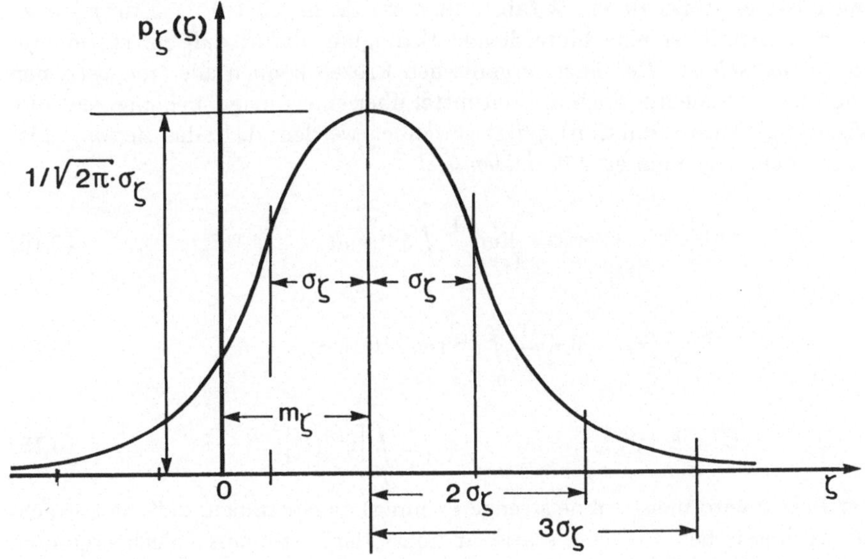

Abb. 5.6:   GAUSSsche Normalverteilung

Man kann noch weitere Kenngrößen, z. B. höhere Momente definieren. In vielen praktischen Fällen sind die Zufallprozesse aber schon durch die beiden ersten Momente näherungsweise oder sogar exakt zu charakterisieren.

Stationarität

Eine weitere Einschränkung kann bei Zufallserregungen oft mit hinreichender Genauigkeit gemacht werden: die Verteilungen können als invariant gegenüber zeitlichen Verschiebungen angenommen werden. Dies hat zur Folge, daß Mittelwert und Varianz konstant sind

$$m_\zeta(t) = \text{konstant}, \qquad \sigma_\zeta^2(t) = \text{konstant}, \tag{5.14}$$

während die Autokorrelationsfunktion ebenfalls nur eine Funktion der Zeitdifferenz $\tau = t_2 - t_1$ ist

$$C_{\zeta\zeta}(t_1, t_2) = C_{\zeta\zeta}(t_2, t_1) = C_{\zeta\zeta}(\tau) = C_{\zeta\zeta}(-\tau). \tag{5.15}$$

Prozesse, die diesen Bedingungen genügen, werden als *stationäre* Prozesse bezeichnet.

Ergodizität

Bei physikalischen und technischen Prozessen ist es plausibel, daß die Korrelation zwischen zwei Zuständen und damit die statistische Abhängigkeit umso geringer ist, je größer deren Zeitabstand τ ist; d. h. $C_{\zeta\zeta}(\tau) \to 0$ für $\tau \to \infty$. Diese Eigenschaft ist eine hinreichende Bedingung dafür, daß ein stationärer Prozeß *ergodisch* ist. Bei einem ergodischen Prozeß können alle stochastischen Kenngrößen (Momente) auch als Zeitmittel über eine einzige, beliebig gewählte Realisierung (Musterfunktion) $\zeta^{(i)}(t)$ gewonnen werden, d. h. das *Zeitmittel* ist identisch dem sogenannten *Ensemblemittel*

$$
m_\zeta = \lim_{T\to\infty} \frac{1}{T} \int_0^T \zeta^{(i)}(t)dt, \tag{5.16}
$$

$$
C_{\zeta\zeta}(\tau) = \lim_{T\to\infty} \frac{1}{T} \int_0^T \zeta^{(i)}(t)\zeta^{(i)}(t+\tau)dt - m_\zeta^2, \tag{5.17}
$$

$$
\sigma_\zeta^2 = E\left\{\zeta^2(t)\right\} - m_\zeta^2 = \lim_{T\to\infty} \frac{1}{T} \int_0^T \left[\zeta^{(i)}(t)\right]^2 dt - m_\zeta^2 . \tag{5.18}
$$

In der Praxis wird meist (ohne strenge Prüfung) angenommen, daß die betrachteten stochastischen Prozesse stationär und - darüberhinaus - auch ergodisch sind; eine ausführliche Diskussion dieser Begriffe findet sich in [164]. Durch Auswertung der Gleichung (5.17) für verschiedene Zeitwerte erhält man häufig einen charakteristischen Funktionsverlauf, ähnlich dem "farbigen Rauschen" nach Abb. 5.7; dieser ist typisch etwa für Profilmessungen einer unebenen Straße und kann näherungsweise durch die Funktion

$$
C_{\zeta\zeta}(\tau) = \sigma_\zeta^2 e^{-\alpha|\tau|} \tag{5.19}
$$

dargestellt werden. Hiermit hat man für analytische Untersuchungen einen brauchbaren einfachen Ausdruck; dieser muß übrigens symmetrisch sein und für $\tau = 0$ die Varianz des Prozesses richtig wiedergeben: $C_{\zeta\zeta}(0) = \sigma_\zeta^2$.

Normal- bzw. Gauss-Verteilung

Eine der praktisch wichtigsten Verteilungen ist die Normalverteilung. Im Falle einer stationären Normalverteilung gilt:

$$
p(\zeta) = \frac{1}{\sigma_\zeta\sqrt{2\pi}} \;\; \exp\left\{-\frac{(\zeta - m_\zeta)^2}{2\sigma_\zeta^2}\right\} , \tag{5.20}
$$

siehe Abb. 5.6; diese sogenannte Gausssche Glockenkurve hat ihr Maximum bei

$$
\zeta = m_\zeta \qquad \text{mit} \qquad p(m_\zeta) = \frac{1}{\sigma_\zeta\sqrt{2\pi}} \tag{5.21}
$$

und Wendepunkten bei $\zeta = m_\zeta \pm \sigma_\zeta$.

Folgende Werte sind für die Beurteilung der Häufigkeit eines Ereignisses von Bedeutung:

$$
\begin{aligned}
P(m_\zeta - \sigma_\zeta \;\; &\leq \;\; \zeta \;\; \leq \;\; m_\zeta + \sigma_\zeta) \;\; = \;\; 0.6827, \\
P(m_\zeta - 2\sigma_\zeta \;\; &\leq \;\; \zeta \;\; \leq \;\; m_\zeta + 2\sigma_\zeta) \;\; = \;\; 0.9545,
\end{aligned}
$$

$$P(m_\zeta - 3\sigma_\zeta \leq \zeta \leq m_\zeta + 3\sigma_\zeta) = 0.9973,$$
$$P(m_\zeta - 4\sigma_\zeta \leq \zeta \leq m_\zeta + 4\sigma_\zeta) = 0.99994.$$

Für technische Belange ist ein Ereignis, das mehr als $3\sigma_\zeta$ vom Mittelwert abweicht sehr unwahrscheinlich (jedoch nicht unmöglich)!

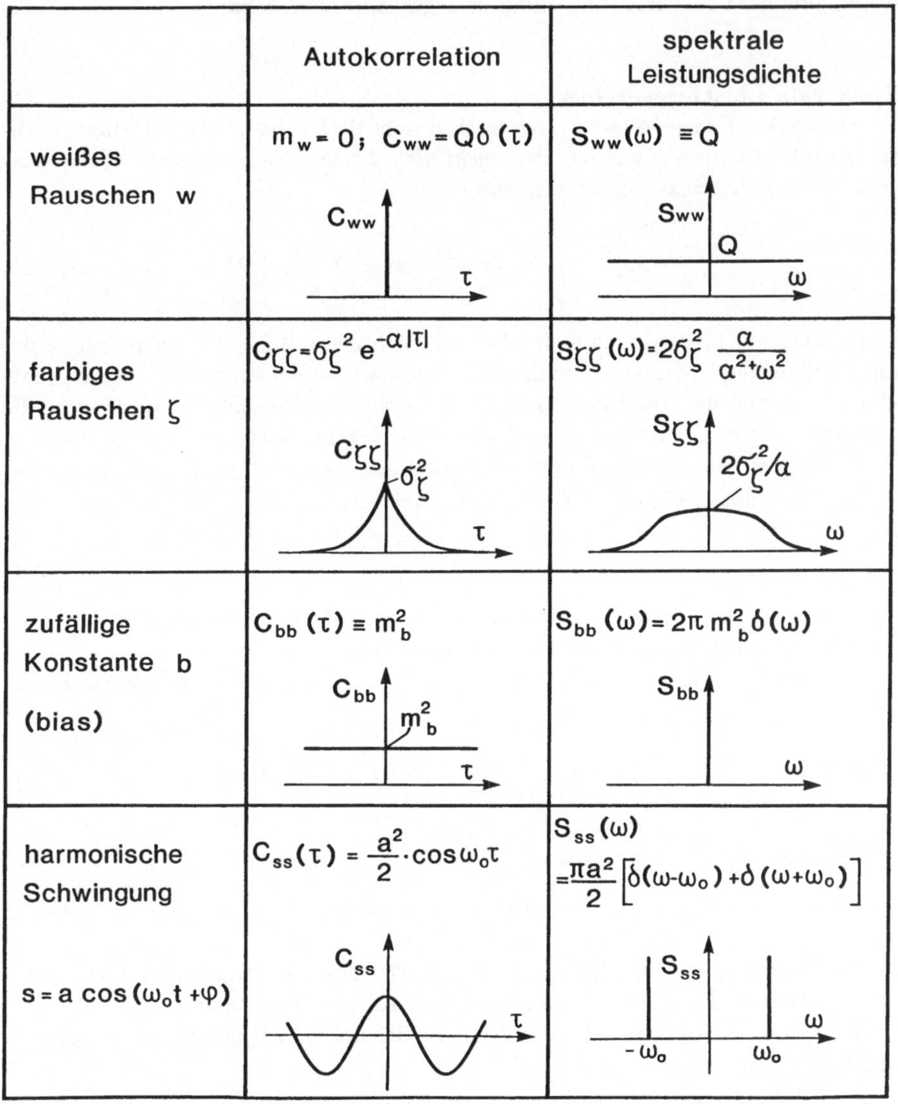

	Autokorrelation	spektrale Leistungsdichte
weißes Rauschen w	$m_w = 0; \quad C_{ww} = Q\delta(\tau)$	$S_{ww}(\omega) \equiv Q$
farbiges Rauschen ζ	$C_{\zeta\zeta} = \sigma_\zeta^2\, e^{-\alpha\,|\tau|}$	$S_{\zeta\zeta}(\omega) = 2\sigma_\zeta^2\,\dfrac{\alpha}{\alpha^2 + \omega^2}$
zufällige Konstante b (bias)	$C_{bb}(\tau) \equiv m_b^2$	$S_{bb}(\omega) = 2\pi\, m_b^2\,\delta(\omega)$
harmonische Schwingung $s = a\cos(\omega_o t + \varphi)$	$C_{ss}(\tau) = \dfrac{a^2}{2}\cdot\cos\omega_o\tau$	$S_{ss}(\omega) = \dfrac{\pi a^2}{2}\left[\delta(\omega - \omega_o) + \delta(\omega + \omega_o)\right]$

Abb. 5.7: Typische Autokorrelationsfunktionen und spektrale Leistungsdichten

Von fundamentaler Bedeutung ist die Tatsache, daß bei der GAUSS-Verteilung die gesamte Wahrscheinlichkeitsverteilung durch die beiden Parameter Mittelwert und Varianz vollständig bestimmt ist, (5.20).

Die Bedeutung der GAUSS-Verteilung in der Naturwissenschaft und Technik ist durch den *zentralen Grenzwertsatz* begründet. Dieser besagt, daß die Überlagerung (unendlich) vieler (fast) beliebiger Verteilungen gegen eine GAUSS-Verteilung konvergiert, d. h. viele Verteilungen physikalischer Phänomene sind durch eine GAUSS-Verteilung zumindest gut approximierbar.

Spektrale Leistungsdichte

Stationäre Prozesse lassen sich auch durch die FOURIER-Transformation ihrer Autokorrelationsfunktion, der *spektralen Leistungsdichte* (oder auch *Spektraldichte, Leistungsspektrum*) beschreiben:

$$S_{\zeta\zeta}(\omega) = \int\limits_{-\infty}^{+\infty} C_{\zeta\zeta}(\tau)e^{-j\omega\tau}d\tau = \mathcal{F}\{C_{\zeta\zeta}(\tau)\}\,. \qquad (5.22)$$

Die Spektraldichte $S_{\zeta\zeta}(\omega)$ beschreibt eine Dichteverteilung der Frequenzen aller am Aufbau des Prozesses beteiligten harmonischen Schwingungen. Sie ist stets eine reelle, gerade Funktion, da $C_{\zeta\zeta}(\tau)$ eine gerade Funktion ist und somit die Imaginärteile der FOURIER-Transformierten verschwinden.

Für das in Abb. 5.7 dargestellte farbige Rauschen mit der exponentiell abklingenden Korrelationsfunktion nach (5.19) errechnet sich mit (5.22) sein Spektrum zu

$$S_{\zeta\zeta}(\omega) = \sigma_\zeta^2 \frac{2\alpha}{\omega^2 + \alpha^2}\,. \qquad (5.23)$$

Der Verlauf von $S_{\zeta\zeta}$ zeigt an, daß die Frequenzen eines relativ breiten Bereiches mit etwa gleicher Wahrscheinlichkeit vorkommen.

Die Umkehrung von (5.22) ergibt sich durch die inverse FOURIER-Transformation zu

$$C_{\zeta\zeta}(\tau) = \mathcal{F}^{-1}\{S_{\zeta\zeta}(\omega)\} = \frac{1}{2\pi}\int\limits_{-\infty}^{+\infty} S_{\zeta\zeta}(\omega)e^{+j\omega\tau}d\omega\,; \qquad (5.24)$$

insbesondere ist

$$\sigma_\zeta^2 = C_{\zeta\zeta}(0) = \frac{1}{2\pi}\int\limits_{-\infty}^{+\infty} S_{\zeta\zeta}(\omega)d\omega\,. \qquad (5.25)$$

Zu der Bestimmung der Varianz aus der Spektraldichte ist natürlich der zusätzliche Aufwand, dieses Integral auszuwerten, zu berücksichtigen.

In vielen Fällen läßt sich insbesondere bei linearen Systemen die Spektraldichte leicht berechnen, siehe Kap. 5.4.

Die in Abb. 5.7 angeführten Prozesse mit ihren Autokorrelationsfunktionen und Spektraldichten zeigen folgende typische Eigenschaften:

- Das farbige Rauschen als realitätsnaher Prozess zeigt eine exponentiell abklingende Korrelation. Das korrespondierende Leistungsspektrum zeigt, daß bei sehr schnell abklingender Korrelation die Frequenzen eines relativ breiten Bereichs mit ziemlich gleicher Wahrscheinlichkeit vorkommen.

- Der Grenzfall des weißen Rauschens besitzt extrem schnell abklingende Korrelationsfunktionen (zwei zeitlich aufeinander folgende Werte sind - in guter Näherung - nicht miteinander korreliert) bzw. die Spektraldichte ist - über einen sehr weiten Frequenzbereich - konstant. Dies entspricht einer unendlich großen Varianz.

- Bei dem anderen Grenzfall einer zufälligen Konstanten (bias) nimmt die Korrelation kaum ab, d. h. in der Spektraldichte ist nur die Frequenz Null (Konstante) vertreten.

- Die harmonische Funktion mit der Frequenz ω_0 zeigt eine ebenfalls harmonische Autokorrelation und damit DIRAC-Impulse in der Spektraldichte an den Stellen $\pm\omega_0$.

Einige wesentliche Rechenregeln für Zufallsprozesse sollen noch angeführt werden, Details dazu finden sich z. B. in [163].

Wegen der Vertauschbarkeit von Differentiation und Erwartungswertbildung gilt:

$$E\left\{\frac{d^n \zeta(t)}{dt^n}\right\} = \frac{d^n}{dt^n} E\left\{\zeta(t)\right\}, \tag{5.26}$$

Für die Korrelationsfunktion eines stationären Prozesses ζ und dessen Ableitungen lassen sich zeigen

$$C_{\dot\zeta\zeta} = \frac{d}{d\tau} C_{\zeta\zeta}(\tau), \quad C_{\dot\zeta\dot\zeta} = -\frac{d^2}{d\tau^2} C_{\zeta\zeta}(\tau) . \tag{5.27}$$

Für die Spektraldichte eines kombinierten Prozesses

$$\sum_{i=0}^{n} b_i \frac{d^{n-i}}{dt^{n-i}} z(t) = \sum_{k=0}^{m} a_k \frac{d^{m-k}}{dt^{m-k}} \zeta(t) \tag{5.28}$$

erhält man

$$\left|\sum_{i=0}^{n} b_i \cdot (j\omega)^{n-i}\right|^2 S_{zz}(\omega) = \left|\sum_{k=0}^{m} a_k \cdot (j\omega)^{m-k}\right|^2 S_{\zeta\zeta}(\omega) . \tag{5.29}$$

Die Beziehungen (5.28), (5.29) erlauben eine sehr effiziente Bestimmung der Systemantwort bei linearen Differentialgleichungen mit konstanten Koeffizienten - siehe auch Kap. 5.4. Für den häufiger auftretenden Spezialfall der Spektraldichte des differenzierten Prozesses gilt:

$$S_{\dot\zeta\dot\zeta} = \omega^2 S_{\zeta\zeta} . \tag{5.30}$$

Vektorprozesse

Setzt man nun n skalare stochastische Prozesse $\zeta_i(t)$, $i = 1, 2, \ldots, n$ voraus, so ist durch

$$\underline{\zeta}(t) = [\zeta_1(t), \zeta_2(t), \ldots, \zeta_n(t)]^T \tag{5.31}$$

ein stochastischer *Vektorprozeß* gegeben. Die Momente erster und zweiter Ordnung, also *Mittelwertvektor* und *Korrelationsmatrix* sind analog zum skalaren Fall über die entsprechenden Größen ihrer skalaren Komponenten definiert:

Mittelwertvektor

$$\underline{m}_\zeta(t) = E\left\{\underline{\zeta}(t)\right\}, \tag{5.32}$$

Korrelationsmatrix

$$\mathbf{R}_\zeta(t_1, t_2) = E\{\underline{\zeta}(t_1)\underline{\zeta}^T(t_2)\} \tag{5.33}$$

mit den Komponenten

$$R_{\zeta ik}(t_1, t_2) = E\{\zeta_i(t_1)\zeta_k(t_2)\},$$

bzw. *zentrale Korrelationsmatrix*

$$\mathbf{C}_\zeta(t_1, t_2) = E\left\{\left[\underline{\zeta}(t_1) - \underline{m}_\zeta(t_1)\right]\left[\underline{\zeta}(t_2) - \underline{m}_\zeta(t_2)\right]^T\right\}. \tag{5.34}$$

Weiterhin gelten die Beziehungen

$$\begin{aligned}
\mathbf{R}_\zeta(t_1, t_2) &= \mathbf{R}_\zeta^T(t_2, t_1), & (5.35)\\
\mathbf{C}_\zeta(t_1, t_2) &= \mathbf{C}_\zeta^T(t_2, t_1), & (5.36)\\
\mathbf{C}_\zeta(t_1, t_2) &= \mathbf{R}_\zeta(t_1, t_2) - \underline{m}_\zeta(t_1)\underline{m}_\zeta^T(t_2), & (5.37)
\end{aligned}$$

die sich sofort aus den Definitionsgleichungen (5.32), (5.33) ergeben.

Besitzt der Prozeß einen verschwindenden Mittelwert, $\underline{m}_\zeta(t) \equiv \underline{0}$, dann ist

$$\mathbf{R}_\zeta(t_1, t_2) \equiv \mathbf{C}_\zeta(t_1, t_2). \tag{5.38}$$

Aus der zentralen Korrelationsmatrix erhält man für $t_1 = t_2 = t$ analog zu (5.10) die positiv semidefinite, symmetrische *Kovarianzmatrix*

$$\mathbf{P}_\zeta(t) = \mathbf{C}_\zeta(t, t) \geq 0. \tag{5.39}$$

Die Kovarianzmatrix beschreibt die Kopplung der n skalaren stochastischen Prozesse $\zeta_i(t)$ des betrachteten Vektorprozesses zum Zeitpunkt t. Insbesondere sind ihre Diagonalterme $P_{\zeta ii}(t)$ die Varianzen von $\zeta_i(t)$, bzw.

$$\sigma_{\zeta i} = \sqrt{P_{\zeta ii}(t)}, \tag{5.40}$$

deren Standardabweichungen.

Die *zentrale Korrelationsmatrix* für zwei verschiedene Vektorprozesse $\underline{\zeta}(t), \underline{\eta}(t)$ ist definiert mit

$$\mathbf{C}_{\zeta\eta}(t_1, t_2) = E\left\{ \left[\underline{\zeta}(t_1) - \underline{m}_\zeta(t_1) \right] \left[\underline{\eta}(t_2) - \underline{m}_\eta(t_2) \right]^T \right\}. \tag{5.41}$$

Analog zu (5.25) soll die *Kreuz-Kovarianzmatrix*, d. h. die Korrelationsmatrix für $t_1 = t_2 = t$, dann mit

$$\mathbf{C}_{\zeta\eta}(t, t) = \mathbf{P}_{\zeta\eta}(t) \geq 0 \tag{5.42}$$

bezeichnet werden.

Ein stochastischer Vektorprozeß $\underline{\zeta}(t)$ heißt - in Verallgemeinerung der Gleichungen (5.14), (5.15) - *stationär*, wenn die Wahrscheinlichkeitsverteilung zeitinvariant ist. Dies bedeutet wiederum, daß die charakteristischen Eigenschaften eines stationären Prozesses ebenfalls zeitinvariant sind:

$$\underline{m}_\zeta = \text{konstant},$$
$$\mathbf{C}_\zeta(t_1, t_2) = \mathbf{C}_\zeta(t_1 - t_2) = \mathbf{C}_\zeta(\tau), \tag{5.43}$$
$$\mathbf{P}_\zeta(t) = \mathbf{P}_\zeta(0) = \text{konstant}.$$

Für einen stationären stochastischen Prozeß kann wieder als FOURIER-Transformierte die *Spektraldichtematrix* eingeführt werden:

$$\mathbf{S}_\zeta(\omega) = \int\limits_{-\infty}^{+\infty} \mathbf{C}_\zeta(\tau) e^{-j\omega\tau} d\tau. \tag{5.44}$$

Da nach (5.36) die Elemente der Korrelationsmatrix eines stationären Prozesses die Bedingung $C_{\zeta ik}(\tau) = C_{\zeta ki}(-\tau)$ erfüllen, also nur die Hauptdiagonalelemente gerade Funktionen sind, ist die Spektraldichtematrix $\mathbf{S}_\zeta$ komplex. Es gilt:

$$\mathbf{S}_\zeta^T(-\omega) = \mathbf{S}_\zeta(\omega). \tag{5.45}$$

Durch die inverse FOURIERtransformation kann aus der Spektraldichtematrix die Korrelationsmatrix gewonnen werden:

$$\mathbf{C}_\zeta(\tau) = \mathcal{F}^{-1}\{\mathbf{S}_\zeta(\omega)\} = \frac{1}{2\pi} \int\limits_{-\infty}^{\infty} \mathbf{S}_\zeta(\omega) e^{j\omega\tau} d\omega. \tag{5.46}$$

Ein stochastischer Vektorprozeß $\underline{\zeta}(t)$ ist ein GAUSS-*Prozeß*, wenn die Komponenten des Zufallsvektors $\underline{\zeta}(t_j)$ für jeden Zeitpunkt t_j eine GAUSSsche Wahrscheinlichkeitsverteilung besitzen. Die GAUSS-Verteilung wird - ähnlich wie im skalaren Fall - vollständig durch die Momente 1. und 2. Ordnung beschrieben, d. h. durch $\underline{m}_\zeta(t_j)$ und $\mathbf{P}_\zeta(t_j)$:

$$p_\zeta(\underline{\zeta}, t_j) = \frac{1}{(2\pi)^{n/2}|\mathbf{P}_\zeta|^{1/2}} \exp\left\{ -\frac{1}{2}(\underline{\zeta} - \underline{m}_\zeta)^T \mathbf{P}_\zeta^{-1}(\underline{\zeta} - \underline{m}_\zeta) \right\}. \tag{5.47}$$

Ein stochastischer Prozeß wird *weißes Rauschen* $\underline{w}(t)$ genannt, siehe auch Abb. 5.7, wenn für die Korrelationsmatrix näherungsweise gilt

$$\mathbf{C}_w(t_1, t_2) = \mathbf{Q}_w \delta(t_1 - t_2), \quad \mathbf{Q}_w \geq 0, \tag{5.48}$$

wobei $\mathbf{Q}_w$ eine konstante, nicht negativ definite Intensitätsmatrix und $\delta(t_1 - t_2)$ die DIRAC-Funktion darstellen

$$\delta(t_1 - t_2) = \left\{ \begin{array}{ll} \infty & \text{für} \quad t_1 = t_2 \\ 0 & \text{für} \quad t_1 \neq t_2 \end{array} \right. . \tag{5.49}$$

Die Spektraldichtematrix des *stationären weißen Rauschens* erhält man mit Hilfe von (5.44) zu

$$\mathbf{S}_w(\omega) = \mathbf{Q}_w . \tag{5.50}$$

Die Intensitätsmatrix $\mathbf{Q}_w$ entspricht also beim weißen Rauschen genau der Spektraldichtematrix. Durch die verschwindend kleine Korrelation zwischen zwei benachbarten Zufallsvektoren $\underline{w}(t_1)$ und $\underline{w}(t_2)$ des weißen Rauschens ist dieser Prozeß sehr unregelmäßig und enthält Signale mit allen - auch sehr hohen - Frequenzen; die Kovarianzmatrix besitzt deshalb einen unendlichen Wert

$$\mathbf{P}_w(t) = \mathbf{C}_w(t, t) = \mathbf{Q}_w \delta(0) = \infty. \tag{5.51}$$

Damit zeigt sich, daß das weiße Rauschen kein realistischer Prozeß ist, jedoch eine in vielen Fällen anwendbare Näherung. Wenn das weiße Rauschen eine Integration durchlaufen hat, siehe z. B. (5.64), ergibt sich ein sogenannter WIENER Prozeß, welcher physikalisch sinnvoll ist, [161, 162]. Bei der Antwort von Schwingungssystemen auf stochastische Erregungen durchläuft die Erregung mindestens eine, zumeist jedoch mehrere Integrationen; deshalb kann das weiße Rauschen - insbesondere wenn die (vernachlässigte) Korrelationszeit des Rauschens klein ist gegenüber den Zeitkonstanten des erregten Systems - erfolgreich als Erregerprozeß verwendet werden.

5.2   Störmodelle für Fahrwegunebenheiten

Bei Brücken und aufgeständerten Fahrwegen für spurgeführte Fahrzeuge setzt sich das Störprofil aus mehreren Anteilen zusammen, siehe z. B. Abb. 5.8. Bei Eisenbahngleisen sind üblicherweise vier Störprofile, in der seitlichen und senkrechten Ausrichtung, in der Querneigung und in der Spurweite definiert, siehe Abb. 5.9. Bei Straßen können die Oberflächen der beiden Fahrspuren über ein Höhenprofil und eine Kohärenzfunktion, die die Kreuzkorrelation zwischen linker und rechter Reifenspur beschreibt, zusammengesetzt werden, [167]. Allerdings werden bei den meisten Untersuchungen aufgrund ebener Komfortmodelle nur die Anregungen einer Radspur verwendet.

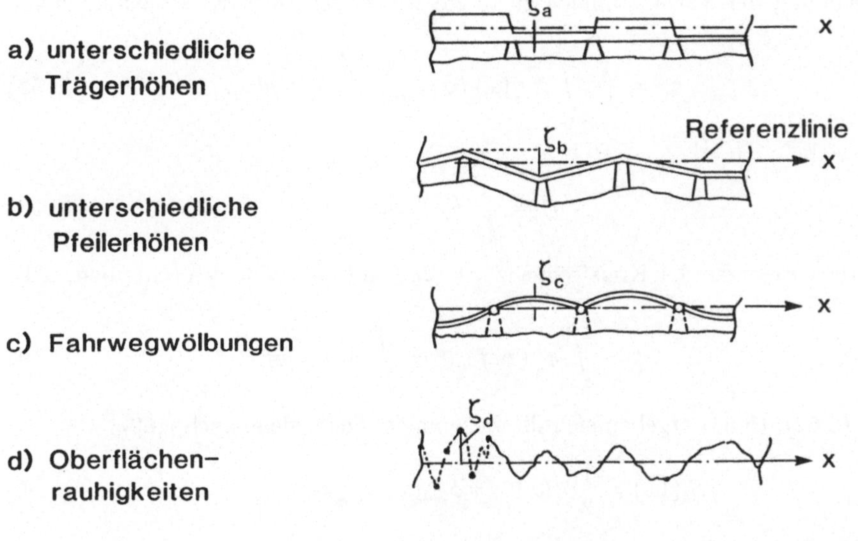

Störprofil $\zeta(x) = \zeta_a(x) + \zeta_b(x) + \zeta_c(x) + \zeta_d(x)$

Abb. 5.8:   Störprofile bei aufgeständerten Fahrwegen

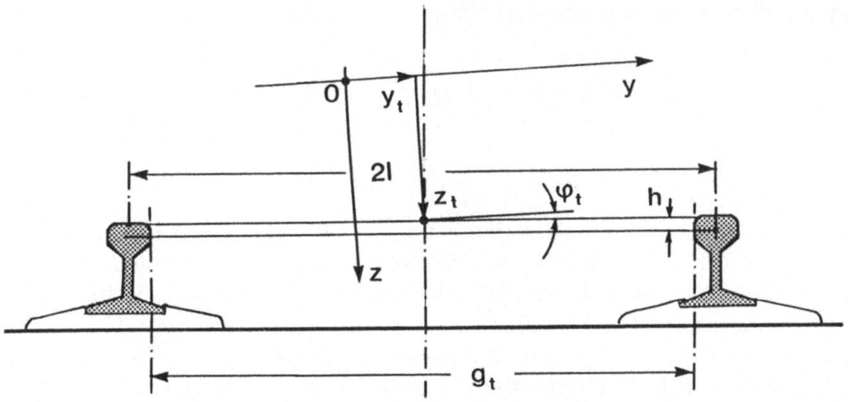

Abb. 5.9:   Störbehaftete Parameter der Gleislage: Gleismittenkoordinaten
y_t, z_t; Querneigungswinkel φ_t; Spurweite g_t

Leistungsspektrum

Messungen haben ergeben, daß die meisten Störprofile von Fahrwegen sowohl bei Eisenbahngleisen als auch bei Straßenoberflächen als stationäre, nor-
malverteilte, ergodische Zufallsvariable angesehen werden können. Sie werden
im allgemeinen in Form ihrer *einseitigen Spektren* ϕ angegeben. Dabei werden
verschiedene Darstellungsformen, im weiteren mit $\phi_\zeta, \phi_{\zeta,\omega}, \phi_{\zeta,f}$ bezeichnet, zur

Berechnung der Varianz analog zu (5.25) verwendet. Mit der Kreisfrequenz ω gilt

$$\sigma_\zeta^2 = \frac{1}{2\pi} \int_{-\infty}^{+\infty} S_{\zeta\zeta}(\omega)d\omega = \frac{1}{2\pi} \int_{0}^{+\infty} \phi_\zeta(\omega)d\omega \; , \tag{5.52}$$

oder siehe z. B. [1]

$$\sigma_\zeta^2 = \int_{0}^{+\infty} \phi_{\zeta,\omega}(\omega)d\omega \; . \tag{5.53}$$

Mit dem Ersetzen der Kreisfrequenz $\omega = 2\pi f$ in (5.52) läßt sich schreiben, z. B. [168, 167]

$$\sigma_\zeta^2 = \int_{0}^{+\infty} \phi_\zeta\left(2\pi f\right) df = \int_{0}^{+\infty} \phi_{\zeta,f}(f)df \; . \tag{5.54}$$

Aus (5.52), (5.53) ergeben sich die Zusammenhänge, siehe auch [169],

$$S_{\zeta\zeta}(\omega) = \frac{1}{2}\phi_\zeta(\omega) = \pi\phi_{\zeta,\omega}(\omega) = \frac{1}{2}\phi_{\zeta,f}\left(\frac{\omega}{2\pi}\right) \; . \tag{5.55}$$

Die Spektraldichte $S_{\zeta\zeta}$ kann aufgrund der angenommenen Ergodizität der Fahrbahnanregung aus einer Messung $\zeta^{(i)}(t)$ bestimmt werden, in dem auf die zunächst nach (5.17) ermittelte Korrelationsfunktion eine FOURIERtransformation (5.22) angewandt wird. Eine andere Methode beruht darauf, daß die Spektraldichte eng mit der FOURIERtransformierten von $\zeta^{(i)}(t)$, dem komplexen Amplitudenspektrum, zusammenhängt [163]:

$$X_T^{(i)}(j\omega) = \mathcal{F}\left\{\zeta^{(i)}(t)\right\} = \int_{0}^{T} \zeta^{(i)}(t)e^{-j\omega t}dt \; , \tag{5.56}$$

$$S_{\zeta\zeta}(\omega) = \frac{1}{T}\left|X_T^{(i)}(j\omega)\right|^2 \; , \tag{5.57}$$

wobei T die Dauer der Messung (die genügend groß sein muß) bedeutet. Mit (5.57) wird auch offensichtlich, daß $S_{\zeta\zeta}$ keine Phaseninformation beinhalten kann. In ähnlicher Weise lassen sich die Kreuzspektraldichten, die in $\mathbf{S}_\zeta$ auftreten, bestimmen z. B. [163, 167].

Durch Geraden angenäherte, gemessene Straßenspektren (eine Radspur), siehe [1], sind in Abb. 5.10 dargestellt. Aus den in [169] angegebenen Schienenmessungen sind Bereiche für die Spektren der Gleishöhenlage und Richtungslage in Abb. 5.11 zusammengestellt. Man versucht, diese Spektren durch relativ einfache Funktionen zu approximieren und so auch zu einer gewissen Standardisierung zu kommen.

Standardisierte Straßenspektren werden oft folgendermaßen angesetzt:

$$\phi_\zeta(\Omega) = \phi_0 \cdot \left(\frac{\Omega_0}{\Omega}\right)^w \; , \qquad 0 < \Omega_1 \le \Omega \le \Omega_2 < \infty \; ; \tag{5.58}$$

dabei stellt $\phi_0 = \phi_\zeta(\Omega_0)$ ein Unebenheitsmaß (Qualität der Straße) dar, während w die Welligkeit bezeichnet. Typischerweise ist $1.75 \le w \le 2.25$. Wird $w = 2$

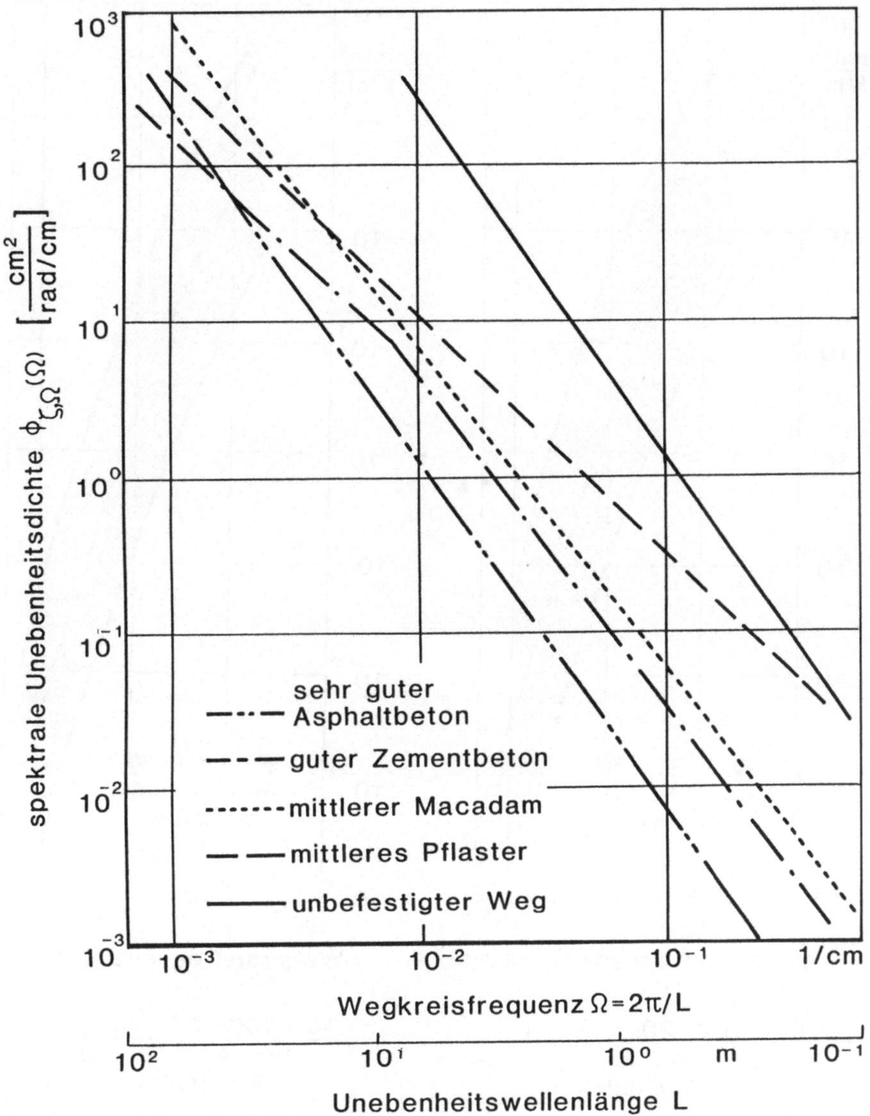

Abb. 5.10:   Approximation gemessener Straßenspektren

gewählt ergibt sich für die einseitige Spektraldichte des Prozesses $\dot\zeta$ nach (5.30) mit (5.58) unter Außerachtlassung der Einschränkung des Gültigkeitsbereiches

$$\phi_{\dot\zeta} = 2S_{\dot\zeta\dot\zeta}(\Omega) = \Omega^2\phi_\zeta(\Omega) = \Omega_0^2\phi_0 = \text{konstant} . \tag{5.59}$$

Somit kann $\dot\zeta$ näherungsweise als weißes Rauschen (5.50), angesehen werden.

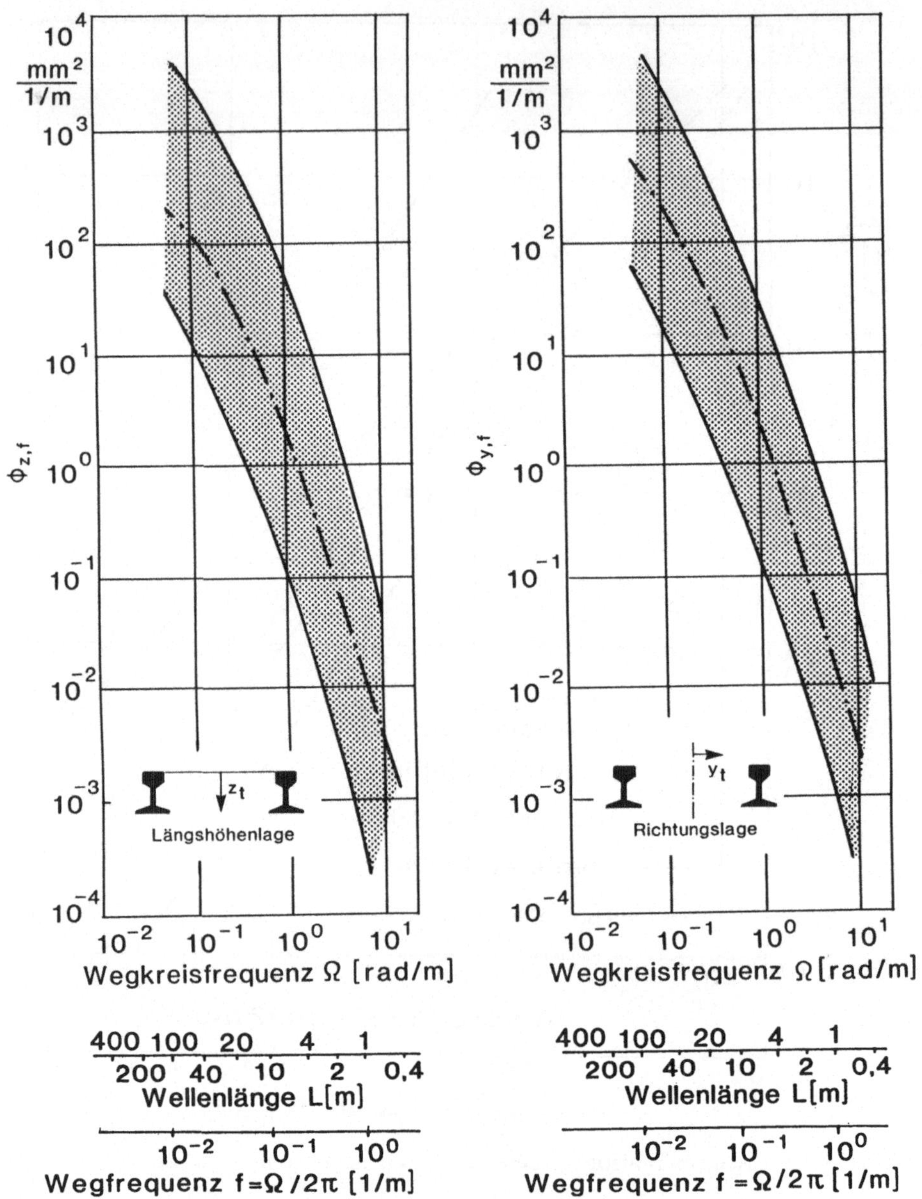

Abb. 5.11: Bereiche gemessener Spektren der Gleislagen; Approximationen für durchschnittliche Gleislage strichliert eingezeichnet

Für *Straßen- und Schienenspektren* werden auch Näherungen aus zwei Anteilen angesetzt:

$$\phi_\zeta(\Omega) = \left\{ \begin{array}{ll} \phi_0 \left(\frac{\Omega_0}{\Omega}\right)^{w_1}, & 0 < \Omega_1 \leq \Omega \leq \Omega_0, \\ \phi_0 \left(\frac{\Omega_0}{\Omega}\right)^{w_2}, & \Omega_0 \leq \Omega \leq \Omega_2 < \infty. \end{array} \right. \tag{5.60}$$

Ansatzfunktionen für *Schienenspektren* sind in [169] in der Form

$$\phi_\zeta(\Omega) = \frac{a}{(b + \Omega/2\pi)^3} \tag{5.61}$$

angegeben. Für eine durchschnittliche Gleislage - siehe auch Abb. 5.11 - ergeben sich für die 4 Störprofile nach Abb. 5.9 die in der Tabelle in Abb. 5.12 angeführten Werte. Zahlenwerte für schlechte und beste Gleislage können ebenfalls aus [169] entnommen werden.

durchschnittliche Gleislage			
	Φ_ζ	a	b
Höhenlage z_t	$\left[\dfrac{mm^2}{1/m}\right]$	$1{,}31 \cdot 10^{-2}$	$2{,}94 \cdot 10^{-2}$
Richtungslage y_t		$1{,}33 \cdot 10^{-2}$	$2{,}33 \cdot 10^{-2}$
Spurweite g_t		$4{,}68 \cdot 10^{-2}$	$7{,}96 \cdot 10^{-2}$
Querneigung φ_t	$\left[\dfrac{rad^2}{1/m}\right]$	$2{,}87 \cdot 10^{-9}$	$3{,}17 \cdot 10^{-3}$

Abb. 5.12:   Parameter für die Beschreibung der Gleisspektren

Formfilter

Für die mathematische Analyse von stochastischen Fahrzeugschwingungen mit der *Kovarianzanalyse*, Kap. 5.3.2, können die o. a. Leistungsspektren für die Fahrwegunebenheiten nicht direkt verwendet werden. Die zugrundeliegenden Rauschprozesse müssen durch farbiges Rauschen dargestellt werden; dies sind Prozesse ζ, die als Antwort eines linearen, durch Differentialgleichungen beschriebenen Systems, an dessen Eingang weißes Rauschen $\underline{w}$ wirkt, dargestellt werden können. In Praxis kann jedes gemessenes Leistungsspektrum beliebig genau durch ein lineares Filter, repräsentiert durch eine gebrochene rationale Funktion, angenähert werden. Solche Filter nennt man *Formfilter*, ihre Ermittlung, z. B. durch Approximation nach der Methode der kleinsten Quadrate, [23], wird Formfilter-Technik genannt.

Ein lineares dynamische System, welches durch eine rational gebrochene Funktion dargestellt ist, kann auch, wie in Kap. 6.2.1 in anderem Zusammenhang demonstriert wird, in einfacher Weise durch eine *Zustandsform* beschrieben werden:

$$\dot{\underline{\xi}} = \mathbf{F}_F\underline{\xi} + \mathbf{G}_F\underline{w}, \qquad \underline{\zeta} = \mathbf{H}_F\underline{\xi}\,, \tag{5.62}$$

Farbige Rauschprozesse $\underline{\zeta}$ gemäß (5.62) heißen GAUSS-MARKOV Prozesse; diese sind dadurch gekennzeichnet, daß sie zu jedem Zeitpunkt eine Normalverteilung aufweisen und stationäre Prozesse darstellen, siehe (5.43).

Für den Fall, daß ein lineares System durch farbiges Rauschen angeregt wird, kann man deshalb dieses Formfilter (5.62) der Systembeschreibung wie folgt hinzufügen:

$$\dot{\underline{x}} = \mathbf{F}\underline{x} + \mathbf{G}_\zeta\underline{\zeta}, \tag{5.63}$$

$$\dot{\underline{\xi}} = \mathbf{F}_F\underline{\xi} + \mathbf{G}_F\underline{w}\,, \quad \underline{\zeta} = \mathbf{H}_F\underline{\xi}. \tag{5.64}$$

Unter Einführung eines erweiterten Zustandsvektors $\underline{\bar{x}}$ kann man (5.63), (5.64) auch anschreiben mit

$$\begin{bmatrix} \dot{\underline{x}} \\ \dot{\underline{\xi}} \end{bmatrix} = \begin{bmatrix} \mathbf{F} & \mathbf{G}_\zeta\mathbf{H}_F \\ \mathbf{0} & \mathbf{F}_F \end{bmatrix} \begin{bmatrix} \underline{x} \\ \underline{\xi} \end{bmatrix} + \begin{bmatrix} \mathbf{0} \\ \mathbf{G}_F \end{bmatrix} \underline{w}, \tag{5.65}$$

d. h. in Kurzform

$$\dot{\underline{\bar{x}}} = \bar{\mathbf{F}}\underline{\bar{x}} + \bar{\mathbf{G}}\underline{w}. \tag{5.66}$$

Damit verbleibt wiederum ein lineares System mit weißem Rauschen am Eingang, welches jedoch in der Systemordnung angewachsen ist.

Wie ein solches Zeitsignal $\zeta^{(i)}(t)$ für eine stochastische Fahrbahnanregung über Rauschgeneratoren (weißes Rauschen) und Formfilter erzeugt werden kann, ist z. B. in [170] für Prüfstandsversuche aufgezeigt; in dieser Literaturstelle sind auch die prinzipiellen Verfahren der Aufnahme der Fahrbahnunebenheiten angegeben.

Zusammenhang Weg-Zeit

Wichtig für Erregermodelle von Fahrzeugen ist es, den Zusammenhang zwischen der - zunächst vorgegebenen - Wegabhängigkeit der Spektren (Ω = Wegfrequenz, [rad/m]) und der für die Berechnung notwendigen Zeitabhängigkeit (ω = Zeitfrequenz, [rad/sec]) herzustellen. Es gilt für konstante Fahrgeschwindigkeit v

$$x = vt. \tag{5.67}$$

Aus $\Omega x = \omega t$ folgt ebenso

$$\omega = v\Omega. \tag{5.68}$$

Aus der Forderung nach Varianzgleichheit folgt

$$S_{\zeta\zeta}(\omega)d\omega = S_{\zeta\zeta}(\Omega)d\Omega \tag{5.69}$$

und damit

$$S_{\zeta\zeta}(\omega) = \frac{1}{v}\Big[S_{\zeta\zeta}(\Omega)\Big]_{\Omega=\frac{\omega}{v}}. \tag{5.70}$$

Für mehrachsige Fahrzeugmodelle ist noch zu beachten, daß bei r hintereinander liegenden Erregerfußpunkten, Abb. 5.2, die gleiche Erregung mit einer Zeitverschiebung $t_i = l_i/v$ (l_i = Abstand zwischen erstem und i-tem Fußpunkt) auf das Fahrzeug einwirkt - siehe (5.100).

5.3 Analyse im Zeitbereich

Für die Berechnung stochastischer Prozesse (Zufallsschwingungen) im Zeitbereich stellt sich primär folgende Aufgabe:

Gegeben ist das lineare dynamische System

$$\dot{\underline{x}} = \mathbf{F}\underline{x} + \mathbf{G}\underline{w} \tag{5.71}$$

mit weißem Eingangsrauschen $\underline{w}$, mit

$$E\{\underline{w}(t)\} = \underline{m}_w = \underline{0}, \quad \mathbf{C}_w(t_1, t_2) = \mathbf{Q}_w \delta(t_1 - t_2). \tag{5.72}$$

Weiterhin sind vorgegeben:

$$E\{\underline{x}(t_0)\} = \underline{m}_0, \quad \mathbf{C}_x(t_0, t_0) = \mathbf{P}_0 . \tag{5.73}$$

Die Störungen $\underline{w}(t)$ seien mit den Anfangsbedingungen $\underline{x}_0$ nicht korreliert:

$$\mathbf{C}_{wx}(t_0, t_0) = \mathbf{0}. \tag{5.74}$$

Gesucht sind letztlich Varianzen σ_q von Bewertungsgrößen der Form $q = \underline{c}^T \underline{x}$, wobei der Vektor $\underline{c}$ Bewertungsfaktoren für die Auswirkung der einzelnen Systemkomponenten auf die zu bewertende Größe q enthält, siehe Beispiele 5.6.1, 5.6.2.

Ein Überblick über die möglichen Berechnungsverfahren ist in Abb. 5.13 zusammengestellt.

5.3.1 Numerische Simulation

Eine Berechnungsmethode, die auch bei nichtlinearen Systemen anwendbar ist, ist die numerische Simulation; diese Methodik wird auch Monte Carlo Simulation genannt.

Die einzelnen Schritte sind hierbei:

- Man beschafft sich Musterfunktionen $\zeta^{(i)}(t)$ zu den vorgegebenen Leistungsspektren, z. B. über weißes Rauschen $\underline{w}$ mit Hilfe von Rauschgeneratoren und entsprechenden Formfiltern oder direkt über die Leistungsdichte in Form einer Überlagerung harmonischer Schwingungen.

- Man integriere das Differentialgleichungssystem (5.71) numerisch (mit $\underline{x}_0 = \underline{m}_0$ vorgegeben).

Gegeben: dynamisches System $\dot{\underline{x}} = \mathbf{F}\underline{x} + \mathbf{G}\underline{\zeta}$, $\underline{\zeta}(t)$ mit $\underline{m}_\zeta = \underline{0}$,

Gesucht: Varianz σ_y^2 für $y_B(t) = \underline{c}^T\underline{x}(t)$

1. numerische Simulation	2. Kovarianzanalyse	3. Spektralanalyse

1. numerische Simulation

$\underline{\zeta}(t) = \mathbf{H}_F\underline{\xi}(t)$

$\boxed{\dot{\underline{x}}(t) = \mathbf{F}\underline{x}(t) + \mathbf{G}\underline{\zeta}(t)}$

numerische Integration

interessierende Größe:

$y_B(t) = \underline{c}^T\underline{x}(t)$

Nachverarbeitung σ_y^2

2. Kovarianzanalyse

$\dot{\underline{\xi}}(t) = \mathbf{F}_F\underline{\xi}(t) + \mathbf{G}_F\underline{w}(t)$

$\underline{\zeta}(t) = \mathbf{H}_F\underline{\xi}(t)$, $\underline{w}(t) : \underline{m}_w = \underline{0}, \mathbf{Q}$

$$\begin{bmatrix} \dot{\underline{x}}(t) \\ \dot{\underline{\xi}}(t) \end{bmatrix} = \underbrace{\begin{bmatrix} \mathbf{F} & \mathbf{GH}_F \\ \mathbf{0} & \mathbf{F}_F \end{bmatrix}}_{\bar{\mathbf{F}}}\begin{bmatrix} \underline{x}(t) \\ \underline{\xi}(t) \end{bmatrix} + \underbrace{\begin{bmatrix} \mathbf{0} \\ \mathbf{G}_F \end{bmatrix}}_{\bar{\mathbf{G}}}\underline{w}(t)$$

$$\bar{\mathbf{P}} = \begin{bmatrix} \mathbf{P}_x & \mathbf{P}_{x\xi} \\ \mathbf{P}_{x\xi}^T & \mathbf{P}_\xi \end{bmatrix} , \quad \bar{\mathbf{Q}} = \bar{\mathbf{G}}\mathbf{Q}\bar{\mathbf{G}}^T$$

$$\boxed{\bar{\mathbf{F}}\bar{\mathbf{P}} + \bar{\mathbf{P}}\bar{\mathbf{F}}^T + \bar{\mathbf{Q}} = \mathbf{0}}$$

$$\sigma_y^2 = \underline{c}^T\mathbf{P}_x\underline{c}$$

3. Spektralanalyse

$\mathbf{S}_\zeta(\omega)$

$$\boxed{\begin{array}{l} \mathbf{S}_x(\omega) = \\ \bar{\mathbf{W}}(j\omega)\mathbf{G}\mathbf{S}_\zeta(\omega)\mathbf{G}^T\bar{\mathbf{W}}^T(-j\omega) \end{array}}$$

$\bar{\mathbf{W}}(j\omega) = [j\omega\mathbf{E} - \mathbf{F}]^{-1}$

$$S_{yy}(\omega) = \underline{c}^T\mathbf{S}_x(\omega)\underline{c}$$

$$\sigma_y^2 = \frac{1}{2\pi}\int_{-\infty}^{\infty} S_{yy}(\omega)d\omega$$

Abb. 5.13:   Übersicht über Rechenverfahren für Zufallschwingungen

- Aus $\underline{x}(t)$ berechne man $q = \underline{c}^T\underline{x}(t)$.
- Aus $q(t)$ bestimme man

$$\sigma_q^2 = \frac{1}{T}\int_0^T q^2(t)dt. \tag{5.75}$$

Um ein Zeitsignal aus einer vorgegebenen Spektraldichte zu generieren, erstellt man eine Approximation durch eine Reihe harmonischer Schwingungen. Die Spektraldichte, Abb. 5.14, wird im Teilintervall $\Delta f_i = f_i - f_{i-1}$ als Resultat einer Cosinusschwingung der Frequenz $f_i^* = (f_i - f_{i-1})/2$, siehe Abb. 5.7, interpretiert. Damit läßt sich ein stochastisches Signal in der Form

$$\zeta^{(i)}(t) = \sum_{i=1}^{n} A_i \cos(2\pi f_i^* t + \gamma_i) \tag{5.76}$$

generieren, wobei die zufälligen Phasenwinkel γ_i über Rauschgeneratoren erzeugt werden müssen. Die (große) Anzahl n der notwendigen Cosinus-Schwingungen

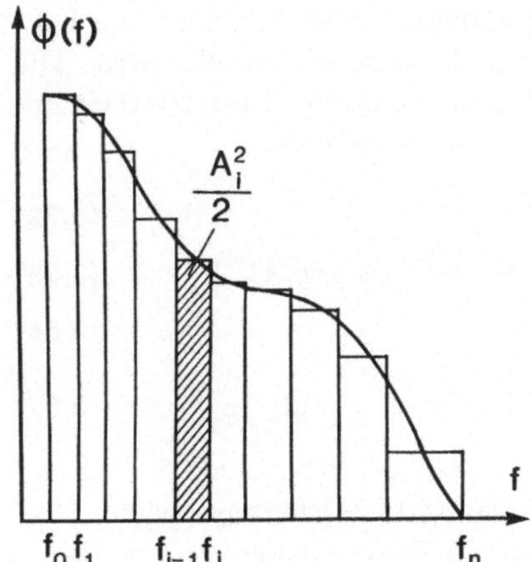

Abb. 5.14:   Diskretisierung eines gegebenen Leistungsspektrums

muß an das Frequenzintervall, in dem die Spektraldichte approximiert werden
soll, und die Simulationsdauer angepaßt werden, z. B. [167].

Das Verfahren der numerischen Simulation ist zwar im Prinzip immer anwendbar, jedoch recht aufwendig, zumal man, um zuverlässige statistische Werte für
σ_q^2 zu bekommen, über ein sehr großes Zeitintervall T integrieren muß.

5.3.2 Kovarianzanalyse

Als Alternative zur numerischen Simulation steht die *Kovarianzanalyse* als di-
rektes Verfahren zur Berechnung der Kovarianzmatrix und der Bewegungsgrößen
zur Verfügung. Die stochastische Antwort des Systems (5.71) ist mit Hilfe der
Transitionsmatrix $\boldsymbol{\Phi}$ - Kapitel 4.2 - formal

$$\underline{x}(t) = \boldsymbol{\Phi}(t - t_0)\underline{x}_0 + \int\limits_{t_0}^{t} \boldsymbol{\Phi}(t - \tau)\mathbf{G}\underline{w}(\tau)d\tau. \tag{5.77}$$

Hierbei tritt ein stochastisches Integral auf, für dessen einwandfreie Behandlung der ITO Kalkül zuständig ist, z. B. [171]. Es kann gezeigt werden, daß
die stochastische Antwort $\underline{x}(t)$ ein nichtstationärer GAUSS-MARKOV Prozeß ist,
welcher sich eindeutig durch den Mittelwertvektor $\underline{m}_x$ und Kovarianzmatrix $\mathbf{P}_x$
beschreiben läßt. Hier soll ein etwas heuristischerer Weg einschlagen werden:
Ausgangspunkt bildet die Definitionsgleichung (5.39) für die Kovarianzmatrix
des Prozesses $\underline{x}$

$$\mathbf{P}_x(t) = E\left\{\underline{x}(t)\underline{x}^T(t)\right\}, \tag{5.78}$$

wobei der Einfachheit halber verschwindende Mittelwerte angenommen werden.
Bei der Bestimmung von $\mathbf{P}_x(t)$ wird nun nicht direkt die Systemantwort (5.77)

und die Definitionsgleichung (5.78) verwendet, sondern eine - scheinbarer - Umweg beschritten, indem für $\mathbf{P}_x$ eine Differentialgleichung aufgestellt wird. Die Beziehung (5.78) differenziert liefert unter Beachtung der Vertauschbarkeit der Operationen Differenzieren und Bildung des Erwartungswertes

$$\dot{\mathbf{P}}_x = E\left\{\dot{\underline{x}}\,\underline{x}^T + \underline{x}\,\dot{\underline{x}}^T\right\} \tag{5.79}$$

$$= E\left\{\mathbf{F}\underline{x}\,\underline{x}^T + \underline{x}\,\underline{x}^T\mathbf{F}^T + \mathbf{G}\underline{w}\,\underline{x}^T + \underline{x}\,\underline{w}^T\mathbf{G}^T\right\} \tag{5.80}$$

$$= \mathbf{F}\mathbf{P}_x + \mathbf{P}_x\mathbf{F}^T + \mathbf{I} + \mathbf{I}^T \tag{5.81}$$

$$\text{mit}\quad \mathbf{I} = \left[\mathbf{G}\int_{t_0}^{t} E\left\{\underline{w}(t)\underline{w}^T(\tau)\right\}\mathbf{G}^T\mathbf{\Phi}^T(t-\tau)d\tau\right]. \tag{5.82}$$

Für die Herleitung von (5.80) wurde die Gleichung (5.71) herangezogen. Desweiteren sind für (5.81) die Gleichungen (5.77), (5.78) verwendet worden.

Das Integral $\mathbf{I}$ läßt sich mit (5.72) umformen:

$$\mathbf{I} = \mathbf{G}\int_{t_0}^{t}\mathbf{Q}_w\delta(t-\tau)\mathbf{G}^T\mathbf{\Phi}^T(t-\tau)d\tau. \tag{5.83}$$

Die z. B. aus der LAPLACE-Transformation bekannte Eigenschaft der δ-Funktion (Integral über einen Ausdruck mit δ-Funktion ergibt den Wert des Integranden zum Zeitpunkt $t = \tau$) muß hier mit Vorsicht angewendet werden, da in dem vorliegenden Fall die δ-Funktion ihre Singularität am Ende des Integrationsintervalls hat; dadurch ergibt sich nur die Hälfte des Wertes, der bei Auftreten der δ-Funktion im Inneren des Integrationsintervalls auftreten würde. Also ist unter Beachtung von $\mathbf{\Phi}(0) = \mathbf{E}$

$$\mathbf{I} = \frac{1}{2}\mathbf{G}\mathbf{Q}_w\mathbf{G}^T. \tag{5.84}$$

Somit geht Gleichung (5.81) über in

$$\dot{\mathbf{P}}_x = \mathbf{F}\mathbf{P}_x + \mathbf{P}_x\mathbf{F}^T + \frac{1}{2}\mathbf{G}\mathbf{Q}_w\mathbf{G}^T + \frac{1}{2}\left[\mathbf{G}\mathbf{Q}_w\mathbf{G}^T\right]^T, \tag{5.85}$$

bzw.

$$\dot{\mathbf{P}}_x = \mathbf{F}\mathbf{P}_x + \mathbf{P}_x\mathbf{F}^T + \mathbf{G}\mathbf{Q}_w\mathbf{G}^T; \tag{5.86}$$

mit der Anfangsbedingung

$$\mathbf{P}_x(t_0) = \mathbf{P}_{x0}. \tag{5.87}$$

Es zeigt sich also, daß die Bestimmung der Kovarianzmatrix $\mathbf{P}_x(t)$ über die Lösung einer deterministischen gewöhnlichen linearen (Matrix-) Differentialgleichung (5.86) erfolgen kann. Diese wird auch GAUSS-MARKOV-Gleichung genannt.

Oft genügt es, die stationäre Kovarianz

$$\bar{\mathbf{P}}_x = \lim_{t\to\infty}\mathbf{P}_x(t) \tag{5.88}$$

zu bestimmen. Für diese ist $\dot{\mathbf{P}}_x = \mathbf{0}$, d. h. $\bar{\mathbf{P}}_x$ wird aus der algebraischen Beziehung

$$\mathbf{F}\bar{\mathbf{P}}_x + \bar{\mathbf{P}}_x\mathbf{F}^T = -\mathbf{G}\mathbf{Q}_w\mathbf{G}^T \qquad (5.89)$$

berechnet. (Diese Gleichung heißt LJAPUNOV'sche Matrizengleichung, da dieser Gleichungstypus schon bei Stabilitätsuntersuchungen linearer Systeme mit sog. LJAPUNOV-Funktionen auftritt).

Die Existenz und Eindeutigkeit der Lösung von (5.89) ist stets gesichert, wenn das dynamische System (5.71) asymptotisch stabil ist, d. h. alle Realteile $Re\lambda(\mathbf{F}) < 0$ sind.

Stationäre und zeitlich veränderliche Kovarianz hängen im übrigen über die folgende Beziehung zusammen [172]:

$$\mathbf{P}_x(t) = \mathbf{\Phi}(t - t_0)(\mathbf{P}_{x0} - \bar{\mathbf{P}}_x)\mathbf{\Phi}^T(t - t_0) + \bar{\mathbf{P}}_x. \qquad (5.90)$$

Dies bedeutet, daß nach Lösung der LJAPUNOV-Gleichung (5.89) und der Transitionsmatrix $\mathbf{\Phi}(t)$ die zeitlich veränderliche Kovarianzmatrix durch die algebraischen Operationen (5.90) ermittelt werden kann, ohne zur numerischen Integration der allgemeinen GAUSS-MARKOV-Gleichung (5.86) übergehen zu müssen.

In Ergänzung zur Kovarianzmatrix (zweites Moment) wird gelegentlich zusätzlich der Verlauf des Erwartungswertes des Prozesses (erstes Moment) benötigt:

$$\underline{m}_x(t) = E\left\{\underline{x}(t)\right\}. \qquad (5.91)$$

Bildet man auf beiden Seiten von Gleichung (5.71) die Erwartungswerte, so gilt

$$\dot{\underline{m}}_x = \mathbf{F}\underline{m}_x + \mathbf{G}\underline{m}_w; \quad \underline{m}_x(t_0) = \underline{m}_0. \qquad (5.92)$$

Ist, wie üblicherweise angenommen, noch $\underline{m}_w \equiv \underline{0}$, so folgt sofort

$$\underline{m}_x(t) = \mathbf{\Phi}(t - t_0)\underline{m}_0. \qquad (5.93)$$

Zusammenfassend läßt sich festhalten, daß die beiden ersten Momente eines GAUSS-MARKOV Prozesses, welche zur vollständigen Beschreibung seiner stochastischen Eigenschaften (Wahrscheinlichkeitsverteilung) ausreichend sind, durch die zwei deterministischen Differentialgleichungen (5.86), (5.92) beschrieben sind.

Ein typischer Verlauf der sich dadurch ergebenden Verteilung in Abhängigkeit von der Zeit ist - für einen skalaren Prozeß - in der Abb. 5.15 skizziert.

Farbiges Rauschen

Der Prozeß des weißen Rauschens hat sich zwar als gutes Hilfsmittel zur Überwindung der mathematischen Schwierigkeiten bei der Lösung der stochastischen Differentialgleichungen erwiesen. Jedoch stellt er keinen realen physikalischen Prozeß dar. Man hilft sich, wie im vorigen Abschnitt beschrieben, indem man den Erregerprozeß mit einem Formfilter durch farbiges Rauschen beschreibt und den physikalischen Zustandsvektor $\underline{x}$ um die Differentialgleichung für den

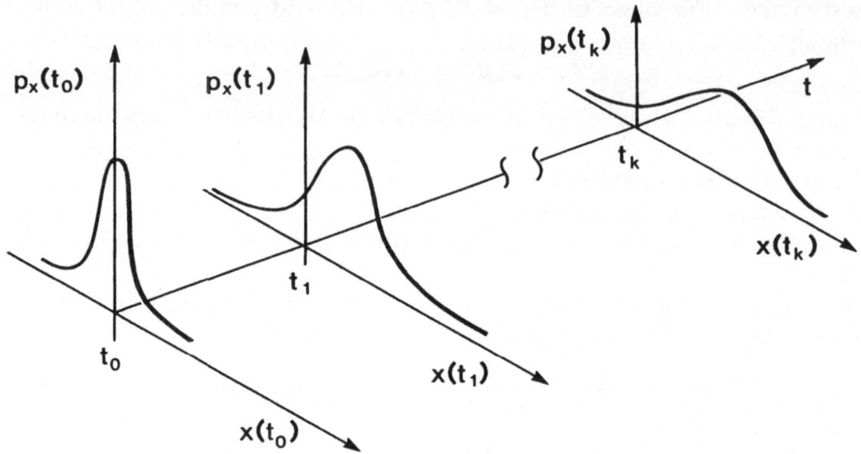

Abb. 5.15:   Zeitliche Änderung der Wahrscheinlichkeitsdichte eines GAUSS -
MARKOV-Prozesses

Rauschprozeß erweitert, siehe (5.63) bis (5.66). Das zugehörige Gleichungssystem soll hier nochmals angeführt werden:

$$\dot{\bar{x}} = \bar{\mathbf{F}}\bar{x} + \bar{\mathbf{G}}\underline{w} \,, \tag{5.94}$$

mit

$$\bar{x} = \begin{bmatrix} x \\ \xi \end{bmatrix}, \qquad \bar{\mathbf{F}} = \begin{bmatrix} \mathbf{F} & \mathbf{GH}_F \\ \mathbf{0} & \mathbf{F}_F \end{bmatrix}, \qquad \bar{\mathbf{G}} = \begin{bmatrix} \mathbf{0} \\ \mathbf{G}_F \end{bmatrix}.$$

Da (5.94) wieder ein (erweitertes) lineares Differentialgleichungssystem mit weissem Rauschen am Eingang darstellt, kann man für die Kovarianz $\mathbf{P}_{\bar{x}}$

$$\mathbf{P}_{\bar{x}}(t) = \begin{bmatrix} \mathbf{P}_x(t) & \mathbf{P}_{x\xi}(t) \\ \mathbf{P}_{\xi x}(t) & \mathbf{P}_{\xi}(t) \end{bmatrix} \tag{5.95}$$

die (5.86) entsprechende Beziehung ableiten:

$$\dot{\mathbf{P}}_{\bar{x}} = \bar{\mathbf{F}}\mathbf{P}_{\bar{x}} + \mathbf{P}_{\bar{x}}\bar{\mathbf{F}}^T + \begin{bmatrix} \mathbf{0} & \mathbf{0} \\ \mathbf{0} & \mathbf{G}_F\mathbf{Q}_w\mathbf{G}_F^T \end{bmatrix}. \tag{5.96}$$

Mit Hilfe von (5.95) und wegen der Symmetrie $\mathbf{P}_{x\xi} = \mathbf{P}_{\xi x}$ kann man (5.96) in drei Einzelgleichungen aufspalten:

1. Formfilter - Kovarianzgleichung

$$\dot{\mathbf{P}}_{\xi} = \mathbf{F}_F\mathbf{P}_{\xi} + \mathbf{P}_{\xi}\mathbf{F}_F^T + \mathbf{G}_F\mathbf{Q}_w\mathbf{G}_F^T, \tag{5.97}$$

2. Kopplungs - Kovarianzgleichung

$$\dot{\mathbf{P}}_{x\xi} = \mathbf{F}\mathbf{P}_{x\xi} + \mathbf{P}_{x\xi}\mathbf{F}_F^T + \mathbf{GH}_F\mathbf{P}_{\xi}, \tag{5.98}$$

3. Schwingungs-Kovarianzgleichung

$$\dot{\mathbf{P}}_x = \mathbf{F}\mathbf{P}_x + \mathbf{P}_x\mathbf{F}^T + \mathbf{G}\mathbf{H}_F\mathbf{P}_{x\xi}^T + \mathbf{P}_{x\xi}\mathbf{H}_F^T\mathbf{G}^T . \tag{5.99}$$

Dieses gestaffelte Gleichungssystem zur Bestimmung von $\mathbf{P}_x$ besteht wiederum aus zwei GAUSS-MARKOV Differentialgleichungen (5.97), (5.99) und einer verallgemeinerten GAUSS-MARKOV Gleichung (5.98); diese sind so gekoppelt, daß sie nacheinander gelöst werden können. Zur numerischen Lösung, insbesondere der stationären LJAPUNOV Gleichungen, sei auf den folgenden Abschnitt verwiesen.

Als praktischer Hinweis sollte beachtet werden, daß in Fällen, in denen die Eigenwerte von $\mathbf{F}_F$ schnell (kleine Zeitkonstanten) gegenüber denen des physikalischen Prozesses $\mathbf{F}$ (große Zeitkonstanten) sind, $\underline{\xi}$ *näherungsweise* als weißes Rauschen behandelt und damit die Rechnung vereinfacht werden kann.

Verschobene Erregerprozesse

Zeitlich (örtlich) verschobene Erregerprozesse [13, 173] treten bei der Untersuchung der Zufallsschwingungen von mehrachsigen Fahrzeugen auf. Modelliert man also ein Fahrzeug mit mehreren Achsen, so sind die Komponenten des Eingangsvektors $\underline{\zeta}$ - sofern er kein weißes Rauschen darstellt - untereinander zeitlich korreliert. Dies liegt daran, daß beim geradlinigen Überfahren eines unebenen Fahrwegs die Fahrzeugachsen mit einem von der Fahrgeschwindigkeit v abhängigen zeitlichen Versatz von der gleichen Störung angeregt werden, siehe Beispiel 5.6.2.

Bei einem r-achsigen Fahrzeug, Abb. 5.2, und einem Erregerprozeß $\underline{\zeta}$, besitzt der Eingangsvektor damit folgenden Aufbau

$$\underline{\zeta}(t) = \begin{bmatrix} \underline{\zeta}_1(t) \\ \underline{\zeta}_2(t) \\ \vdots \\ \underline{\zeta}_r(t) \end{bmatrix}, \quad \underline{\zeta}_i(t) = \underline{\zeta}(t - t_i), \; i = 1,\ldots,r, \quad 0 \le t_1 < t_2 < \ldots < t_r ,$$
$$\tag{5.100}$$

wobei bei konstanter Geschwindigkeit $t_i = l_i/v$ gilt.

Im Falle einer stationären Anregung $\underline{\zeta}_1(t)$ mit Mittelwert $\underline{m}_{\zeta 1} = \underline{0}$, gelten für die Korrelationsmatrizen $\mathbf{C}_{ij}$ nach (5.41) bzw. (5.43)

$$\mathbf{C}_{ij}(\tau) = E\left\{\underline{\zeta}_i(t+\tau)\underline{\zeta}_j^T(t)\right\} = E\left\{\underline{\zeta}_1(t+\tau-t_i)\underline{\zeta}_1^T(t-t_j)\right\} = \mathbf{C}_{\zeta 1}\left[\tau + (t_j - t_i)\right]$$
$$\tag{5.101}$$

und für die konstanten Kovarianzmatrizen

$$\mathbf{P}_{ij} = \mathbf{C}_{\zeta 1}(t_j - t_i) . \tag{5.102}$$

Mit (5.100) läßt sich analog zu (5.63) das folgende Gleichungssystem angeben:

$$\begin{aligned}
\dot{\underline{x}} &= \mathbf{F}\underline{x} + \sum_{i=1}^{r} \mathbf{G}_i\underline{\zeta}(t - t_i) = \mathbf{F}\underline{x} + \sum_{i=1}^{r} \bar{\mathbf{G}}_i\underline{\xi}(t - t_i), \\
\dot{\underline{\xi}} &= \mathbf{F}_F\underline{\xi} + \mathbf{G}_F\underline{w}, \\
\underline{\zeta}(t - t_i) &= \mathbf{H}_F\underline{\xi}(t - t_i), \quad \text{mit} \quad \bar{\mathbf{G}}_i = \mathbf{G}_i\mathbf{H}_F.
\end{aligned} \tag{5.103}$$

Für derartige Anregungsprozesse können zwar die LJAPUNOV Gleichungen in derselben Weise wie vorher abgeleitet werden, s. z.B. [174], [153], [13], die Ausdrücke verkomplizieren sich jedoch erheblich.

Insgesamt sind zur Berechnung der stationären Kovarianz $\bar{\mathbf{P}}_x$ folgende Gleichungen zu lösen:

1) *Formfilter-Kovarianzgleichungen*

$$\mathbf{F}_F\bar{\mathbf{P}}_{ij} + \bar{\mathbf{P}}_{ij}\mathbf{F}_F^T + e^{\mathbf{F}_F(t_j-t_i)}\mathbf{G}_F\mathbf{Q}_w\mathbf{G}_F^T = \mathbf{0}, \qquad (5.104)$$

wobei für die Kovarianzmatrizen des Prozesses $\underline{\xi}$ gilt

$$\bar{\mathbf{P}}_{ij} = \bar{\mathbf{P}}_{ji}^T, \qquad i = 1,\ldots,j, \qquad j = 1,\ldots,r\,.$$

2) *Kopplungs-Kovarianzgleichungen*

$$\mathbf{F}\bar{\mathbf{P}}_{xj} + \bar{\mathbf{P}}_{xj}\mathbf{F}_F^T + \sum_{i=1}^{r}\bar{\mathbf{G}}_i\bar{\mathbf{P}}_{ij} + \mathbf{S}_j\mathbf{G}_F\mathbf{Q}_w\mathbf{G}_F^T = \mathbf{0}, \qquad j = 1,\ldots,r, \qquad (5.105)$$

$$\text{mit}\quad \mathbf{S}_j = \sum_{i=1}^{j}\int_0^{t_j-t_i} e^{\mathbf{F}(t_j-t_i-\tau)}\bar{\mathbf{G}}_i e^{\mathbf{F}_F\tau}d\tau\,. \qquad (5.106)$$

3) *Schwingungs-Kovarianzgleichung*

$$\mathbf{F}\bar{\mathbf{P}}_x + \bar{\mathbf{P}}_x\mathbf{F}^T + \sum_{i=1}^{r}(\bar{\mathbf{G}}_i\bar{\mathbf{P}}_{xi}^T + \bar{\mathbf{P}}_{xi}\bar{\mathbf{G}}_i^T) = \mathbf{0}. \qquad (5.107)$$

Wie beim Fall unkorrelierter Eingangsprozesse ist ein gestaffeltes System von LJAPUNOV-Gleichungen zu lösen. Zusätzlich jedoch muß der Kopplungsintegralausdruck (5.106) ausgewertet werden. Für den Fall, daß $\mathbf{F}$ und $\mathbf{F}_F$ keine gemeinsamen Eigenwerte besitzen, läßt sich (5.106) ebenfalls in eine verallgemeinerte LJAPUNOV-Gleichung überführen [174]:

$$\mathbf{F}\mathbf{S}_j - \mathbf{S}_j\mathbf{F}_F = \sum_{i=1}^{j}\left[e^{\mathbf{F}(t_j-t_i)}\bar{\mathbf{G}}_i - \bar{\mathbf{G}}_i e^{\mathbf{F}_F(t_j-t_i)}\right]. \qquad (5.108)$$

Numerische Berechnung der Kovarianzmatrix

Zunächst muß man unterscheiden, ob die zeitvariable Lösung $\mathbf{P}_x(t)$ nach (5.86) oder die stationäre Lösung nach $\bar{\mathbf{P}}_x$ nach (5.89) berechnet werden soll. Für die Berechnung von $\mathbf{P}_x(t)$ kommt die numerische Integration in Frage, die durchaus auch für die stationäre Lösung $(\mathbf{P}_x(t) \to \bar{\mathbf{P}}_x)$ herangezogen werden kann. Ansonsten kann man die Lösung $\mathbf{P}_x(t)$ natürlich nach (5.90) über die stationäre Lösung und die Transitionsmatrix $\boldsymbol{\Phi}$ gewinnen.

In den meisten Fällen genügt es, die stationäre Lösung zur Beurteilung der Fahrzeugdynamik, s. z.B. [173], heranzuziehen.

Im Folgenden werden deshalb einige wichtige *Verfahren zur Lösung der stationären* LJAPUNOV-*Gleichung* für die Matrix $\bar{\mathbf{P}}$

$$\mathbf{F}\bar{\mathbf{P}} + \bar{\mathbf{P}}\mathbf{F}^T = -\mathbf{G}\mathbf{Q}_w\mathbf{G}^T = -\bar{\mathbf{Q}} \qquad (5.109)$$

betrachtet. Dies soll an der gelegentlich auch auftretenden verallgemeinerten Form der LJAPUNOV Gleichung, z. B. (5.107),

$$\mathbf{A}\bar{\mathbf{P}} + \bar{\mathbf{P}}\mathbf{B} = \mathbf{C} \tag{5.110}$$

diskutiert werden. Die Lösbarkeit dieser Gleichung ist gegeben durch folgenden Satz: Die Gleichung (5.110) besitzt genau dann eine eindeutige Lösung $\bar{\mathbf{P}}$, wenn für alle Eigenwerte $\lambda_i(\mathbf{A})$ und $\lambda_j(\mathbf{B})$ gilt:

$$\lambda_i(\mathbf{A}) + \lambda_j(\mathbf{B}) \neq 0, \qquad i,j = 1,\ldots n\,. \tag{5.111}$$

In der Literatur sind eine ganze Reihe von Verfahren angegeben, z. B. [153], von denen sich aber nur ein Teil für eine effiziente numerische Auswertung eignet. Von praktischen Gesichtspunkten aus löst man (5.109) bzw. (5.110) entweder direkt, indem man es als lineares Gleichungssystem umschreibt oder indem man die Systemmatrizen vorab einer Ähnlichkeitstransformation unterwirft.

Zunächst bietet sich die *direkte Lösung* an. Man führt (5.109) bzw. (5.110) durch Umschreibung auf ein lineares Gleichungssystem zurück und löst dieses nach dem GAUSSschen Eliminationsverfahren.

Die *Transformationsverfahren* basieren alle auf dem gleichen Grundprinzip der Ähnlichkeitstransformation der Koeffizientenmatrizen $\mathbf{A}$ und $\mathbf{B}$. Multipliziert man nämlich (5.110) von links mit $\mathbf{U}^{-1}$ und von rechts mit $\mathbf{V}$, folgt

$$(\mathbf{U}^{-1}\mathbf{A}\mathbf{U})(\mathbf{U}^{-1}\bar{\mathbf{P}}\mathbf{V}) + (\mathbf{U}^{-1}\bar{\mathbf{P}}\mathbf{V})(\mathbf{V}^{-1}\mathbf{B}\mathbf{V}) = \mathbf{U}^{-1}\mathbf{C}\mathbf{V}; \tag{5.112}$$

setzt man noch

$$\mathbf{A}_1 = \mathbf{U}^{-1}\mathbf{A}\mathbf{U}, \quad \mathbf{B}_1 = \mathbf{V}^{-1}\mathbf{B}\mathbf{V}, \quad \mathbf{C}_1 = \mathbf{U}^{-1}\mathbf{C}\mathbf{V}, \quad \bar{\mathbf{P}}_1 = \mathbf{U}^{-1}\bar{\mathbf{P}}\mathbf{V}, \tag{5.113}$$

so geht (5.112) über in

$$\mathbf{A}_1\bar{\mathbf{P}}_1 + \bar{\mathbf{P}}_1\mathbf{B}_1 = \mathbf{C}_1. \tag{5.114}$$

Der Unterschied der verschiedenen Verfahren besteht lediglich in der Wahl der Transformationen $\mathbf{U},\mathbf{V}$, um eine besonders günstige Form bzw. numerisch stabile Berechnungsvorschrift für $\mathbf{A}_1,\mathbf{B}_1$ und schließlich $\bar{\mathbf{P}}_1$ zu bekommen.

Verwendet man für $\mathbf{U},\mathbf{V}$ orthogonale Matrizen, dann wird die Bestimmung von $\mathbf{C}$ und letztlich $\bar{\mathbf{P}}$ besonders einfach und man hat überdies die Gewißheit, durch diese Vorgehensweise die Kondition des Problems nicht zu verschlechtern, [173].

In [175] wird vorgeschlagen, $\mathbf{A}$ mit Hilfe orthogonaler Transformationen auf obere HESSENBERG-Form und $\mathbf{B}$ auf untere Block-SCHUR-Form zu bringen.

BARTELS und STEWART haben in [176] vorgeschlagen, den Aufwand im ersten Schritt etwas zu erhöhen und die Matrix $\mathbf{A}$ auf Block-SCHUR-Form zu bringen. Der dritte Schritt vereinfacht sich damit wesentlich, indem jeweils nur entkoppelte 2x2-Blöcke verallgemeinerter LJAPUNOV Gleichungen zu lösen sind.

Als weitere Verfahren sind zu nennen:

Das Verfahren von SMITH, siehe z.B. [147], ist für asymptotisch stabile Matrizen $\mathbf{A},\mathbf{B}$ anwendbar und enthält außerdem eine Iteration, deren Stabilität unsicher ist; zudem ist der Aufwand relativ hoch.

Das Verfahren von KREISSELMEIER besteht aus zwei Teilen: einem Transformationsteil, bei dem $\mathbf{B}$ auf obere HESSENBERG-Form gebracht wird sowie einer darauffolgenden Rekursionsvorschrift, zur Bestimmung von $\bar{\mathbf{P}}$. Für letztere liegt keine Genauigkeitsaussage vor; außerdem ist der Rechenaufwand hoch.

Man kann auch die beiden Matrizen, sofern diagonalisierbar, vollständig auf Blockdiagonalform bringen. Da im nichtsymmetrischen Fall die Ähnlichkeitstransformationen i. a. nicht mehr mit orthogonalen Matrizen durchführbar sind, riskiert man hier unter Umständen eine Verschlechterung der Kondition.

Eine Zusammenstellung des Aufwandes der einzelnen Verfahren ist in Abb. 5.16 angegeben. Diese Abbildung spricht nochmals neben den anderen genannten Gründen für die Verfahren nach [175, 176].

Viele der angeführten numerischen Berechnungsmethoden sowie die Auswertung von Matrizengleichung sind heute in dem Softwarepaket MATLAB, siehe Kap. 8, enthalten.

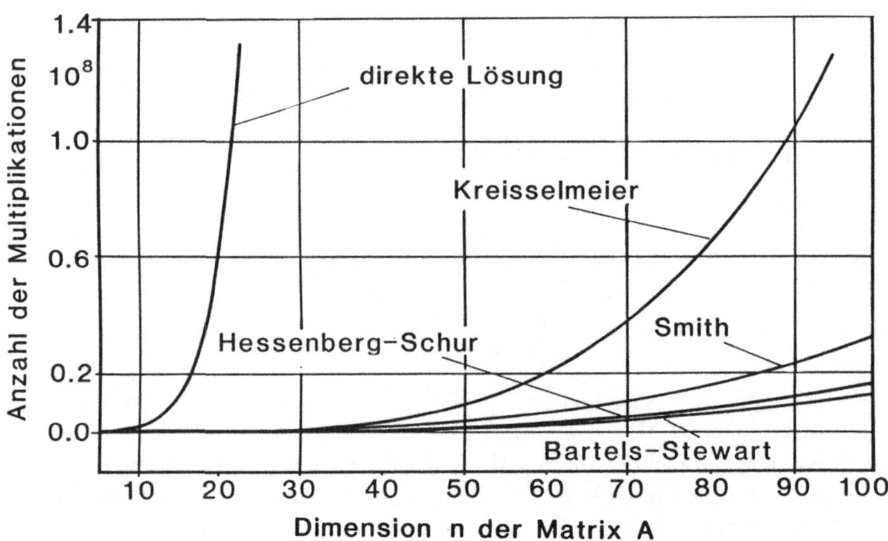

Abb. 5.16:   Rechenzeitvergleich für die LJAPUNOV-Gleichung

5.4   Berechnung im Frequenzbereich

Die Untersuchungen im Frequenzbereich bauen auf dem einfachen Zusammenhang zwischen den Spektraldichten $\mathbf{S}_\zeta$ des Erregerprozesses und des Lösungsprozesses $\mathbf{S}_x$ auf.

Für ein System, das mit einem stationären Erregerprozess $\underline{\zeta}(t)$ angeregt wird

$$\underline{\dot{x}} = \mathbf{F}\underline{x} + \mathbf{G}\underline{\zeta}, \quad \underline{m}_\zeta = 0 \tag{5.115}$$

folgt mit (4.41) bzw. (4.87) für den stationären Zustand des Systems

$$\underline{x}_s(t) = \int\limits_{-\infty}^{t} \mathbf{\Phi}(t-\tau)\mathbf{G}\underline{\zeta}(\tau)d\tau = \int\limits_{0}^{\infty} \mathbf{\Phi}(\lambda)\mathbf{G}\underline{\zeta}(t-\lambda)d\lambda \ . \tag{5.116}$$

Über die Definition (5.34) ergibt sich mit (5.116) für die Korrelationsmatrix

$$\begin{aligned}
\mathbf{C}_x(\tau) &= E\left\{\underline{x}_s(t+\tau)\underline{x}_s^T(t)\right\} \\
&= E\left\{\int\limits_{0}^{\infty} \mathbf{\Phi}(\lambda_1)\mathbf{G}\underline{\zeta}(t+\tau-\lambda_1)d\lambda_1 \int\limits_{0}^{\infty} \underline{\zeta}^T(t-\lambda_2)\mathbf{G}^T\mathbf{\Phi}^T(\lambda_2)d\lambda_2\right\} \ .
\end{aligned} \tag{5.117}$$

Unter Beachtung der hier möglichen Vertauschbarkeit von Integration und Erwartungswertbildung [160] folgt

$$\mathbf{C}_x(\tau) = \int\limits_{0}^{\infty}\int\limits_{0}^{\infty} \mathbf{\Phi}(\lambda_1)\mathbf{G}\mathbf{C}_\zeta(\tau+\lambda_2-\lambda_1)\mathbf{G}^T\mathbf{\Phi}^T(\lambda_2)d\lambda_1 d\lambda_2 \ . \tag{5.118}$$

Wendet man nun die FOURIER-Transformation (5.44) zum Übergang auf die Spektraldichtematrix an, so ergibt sich mit $\tau + \lambda_2 - \lambda_1 = \epsilon$:

$$\mathbf{S}_x(\omega) = \int\limits_{0}^{\infty} \mathbf{\Phi}(\lambda_1)e^{-j\omega\lambda_1}d\lambda_1\mathbf{G}\int\limits_{-\infty}^{+\infty}\mathbf{C}_\zeta(\epsilon)e^{-j\omega\epsilon}d\epsilon\mathbf{G}^T\int\limits_{0}^{\infty}\mathbf{\Phi}^T(\lambda_2)e^{j\omega\lambda_2}d\lambda_2 \ . \tag{5.119}$$

Mit den drei Integralen, ausgedrückt über (4.89) und (5.44) folgt letztlich

$$\mathbf{S}_x(\omega) = \bar{\mathbf{W}}(j\omega)\mathbf{G}\mathbf{S}_\zeta(\omega)\mathbf{G}^T\bar{\mathbf{W}}^T(-j\omega) \tag{5.120}$$

mit dem komplexen Matrix-Frequenzgang nach (4.84)

$$\bar{\mathbf{W}}(j\omega) = (j\omega\mathbf{E} - \mathbf{F})^{-1} \ . \tag{5.121}$$

Bei zeitlich verschobenen Erregerprozessen (5.100) lassen sich zunächst Spektraldichtematrizen $\mathbf{S}_{ji}$ über (5.44) mit (5.101) berechnen:

$$\begin{aligned}
\mathbf{S}_{ij}(\omega) &= \int\limits_{-\infty}^{+\infty} \mathbf{C}_{\zeta 1}\left(\tau+(t_j-t_i)\right)e^{-j\omega\tau}d\tau = e^{j\omega(t_j-t_i)}\int\limits_{-\infty}^{+\infty}\mathbf{C}_{\zeta 1}\left(\bar{\tau}\right)e^{-j\omega\bar{\tau}}d\bar{\tau} \\
&= \mathbf{S}_{\zeta 1}\left(\omega\right)e^{j\omega(t_j-t_i)} \ .
\end{aligned} \tag{5.122}$$

Die Matrix des resultierenden Erregerprozesses wird dann aus den in (5.122) angegebenen Teilmatrizen gebildet: $\mathbf{S}_\zeta(\omega) = [\mathbf{S}_{ij}(\omega)]$.

Man kann nun aus der Spektraldichtematrix (5.120) die stationäre Kovarianzmatrix mittels inverser FOURIERtransformation (5.46) errechnen:

$$\bar{\mathbf{P}}_x = \frac{1}{2\pi}\int\limits_{-\infty}^{+\infty} \mathbf{S}_x(\omega)d\omega \ . \tag{5.123}$$

Der numerische Aufwand für die Auswertung der Gleichungen (5.120), (5.121), (5.123) ist erheblich, die Berechnung im Frequenzbereich hat jedoch den Vorteil, daß die häufig vorgegebenen Spektraldichten für die Erregerprozesse direkt verarbeitet werden können.

Sofern der Erregerprozess durch weißes Rauschen $\underline{\zeta} = \underline{w}$ nach (5.48) gegeben ist, gilt

$$\mathbf{S}_x(\omega) = \bar{\mathbf{W}}(j\omega)\mathbf{G}\mathbf{Q}_w\mathbf{G}^T\bar{\mathbf{W}}^T(-j\omega)\,. \qquad (5.124)$$

Für den wichtigen Eingrößenfall folgt die skalare reelle Spektraldichte, siehe auch (5.29)

$$S_{xx}(\omega) = \left|\bar{W}(j\omega)\right|^2 S_{\zeta\zeta}(\omega)\,. \qquad (5.125)$$

5.5 Bewertung von Fahrzeugschwingungen

Die Reaktionen eines Fahrzeugs auf äußere Störungen insbesondere durch Fahrwegunregelmäßigkeiten müssen in möglichst objektive *Bewertungskriterien* bzw. *Beurteilungsmaße* umgesetzt werden, um für die Analyse vorgegebener Fahrzeuge bzw. für die Auslegung neuer Fahrzeuge qualitative und möglichst auch quantitative Anhaltspunkte zu gewinnen.

Aufgrund physikalischer Überlegungen, praktischer Erfahrungen und subjektiver Aussagen hat es sich gezeigt, daß die Beurteilung der *Fahrsicherheit* und des *Fahrkomforts* wenigstens in Teilaspekten über stochastische Auswertungen vorgenommen werden kann.

5.5.1 Fahrsicherheit

Zur Aufbringung der erforderlichen Brems-, Beschleunigungs- und Seitenführungskräfte ist stetiger (möglichst konstanter) Kraftschluß zwischen Fahrzeug und Fahrweg günstig; z. B. sollen die *dynamischen Radlastschwankungen* möglichst klein sein, und zwar sowohl mit Rücksicht auf Fahrsicherheit wie auch auf Fahrzeug- und Fahrbahnbeanspruchung.

Eine Minimalforderung für den Kraftschluß ist, daß das Rad nicht abhebt:

$$F_{Rad} = F_{stat} + F_{dyn} > 0, \qquad (5.126)$$

wobei sich die dynamische Radlast F_{dyn} aus der Federsteifigkeit c_{Rad} des Reifens und seiner Einfederung berechnet

$$F_{dyn} = c_{Rad}\left(z_i + \zeta_i\right). \qquad (5.127)$$

Für eine Beurteilung bzw. Optimierung bei stochastischen Störungen verwendet man zumeist die Streuung der dynamischen Radlasten σ_{dyn} bezogen auf die statische Last

$$\left(\frac{\sigma_{dyn}}{F_{stat}}\right) \quad \text{bzw.} \quad min\left(\frac{\sigma_{dyn}}{F_{stat}}\right) \qquad (5.128)$$

für jedes einzelne Rad, mit

$$F_{stat} = (m_A + m_R)g; \qquad (5.129)$$

dabei ist m_A die für ein Rad anteilige Aufbaumasse und m_R die anteilige Achsmasse.

Zur Sicherheit gehört auch die Einhaltung der baulichen Begrenzungen für *Feder-* (und *Dämpfer-*) *Wege*: die Maximal-Ausschläge sollen auch in Extremsituationen nicht überschritten werden, aber auch im Normalbetrieb sind ständige Radbewegungen im Bereich der maximalen Einfederung z. B. durch erhöhte (oder überhöhte) Zuladung nicht wünschenswert.

5.5.2 Fahrkomfort

Eine wichtige Beurteilungsgröße für ein Fahrzeug ist der *Fahr- oder Federungskomfort*; mit ihm werden die Schwingungseinwirkungen während der Fahrt über unregelmäßige Fahrbahnen auf den Menschen (oder auch auf Güter) beurteilt. Als wesentliche Ausgangsbasis für die Komfortbewertung werden als Eingangssignal für die Belastung des Menschen die *Schwingbeschleunigungen* des Fahrzeugaufbaues (hauptsächlich die Beschleunigungen in z-Richtung) in der Form ihrer Effektivwerte (Streuungen) zugrundegelegt.

Für die Einwirkungsrichtungen wird beim sitzenden und stehenden Menschen ein Rechtskoordinatensystem mit der x-Achse nach vorne und der z-Achse nach oben festgelegt.

Die subjektive Empfindung des Menschen unterscheidet sich jedoch von den Werten der objektiv gemessenen Schwingbeschleunigungen. Dies ist darin begründet, daß der Mensch als schwingungsfähiges biomechanisches System sehr unterschiedlich auf die im folgenden angeführten Faktoren reagiert:

- Erregerfrequenz,
- Einwirkungsrichtung,
- Angriffsort,
- Einwirkungsdauer.

Je nach Stärke und Dauer beeinflussen solche Schwingungbelastungen den Menschen in seinem Wohlbefinden, dann in seiner Leistungsfähigkeit und schließlich in seiner Gesundheit.

Man hat versucht, die Ergebnisse subjektiver Beurteilungen von Menschen in Fahrzeugen zusammenzufassen; dies hat zu Bewertungen etwas unterschiedlicher Art nach ISO 2631, [177, 165], VDI 2057, [178, 166] und der Deutschen Bundesbahn , [179] geführt. Allen Bewertungen gemeinsam ist die größere Empfindlichkeit des Menschen im Bereich von etwa 4 - 8 Hz, Abb. 5.17.

Da für die Bewertungen Effektivwerte verwendet werden, lassen sich prinzipiell zwei *Berechnungswege* verfolgen, Abb. 5.18. Entweder man verbleibt im *Frequenzbereich* oder verwendet im *Zeitbereich* zur Beschreibung der menschlichen Bewertung ein Formfilter (Kovarianzanalyse).

Für die Mittelwerte der Erregerprozesse (i. a. stochastische Prozesse aber auch harmonische Schwingungen) wird jeweils $m_\zeta = 0$ gewählt, so daß der Effektivwert gleich dem RMS-Wert ist.

Es kann im weiteren nur auf die wesentlichen, beim Fahrzeug meist üblichen, Bewertungsmaßstäbe eingegangen werden. Für die Beurteilung der ermittelten

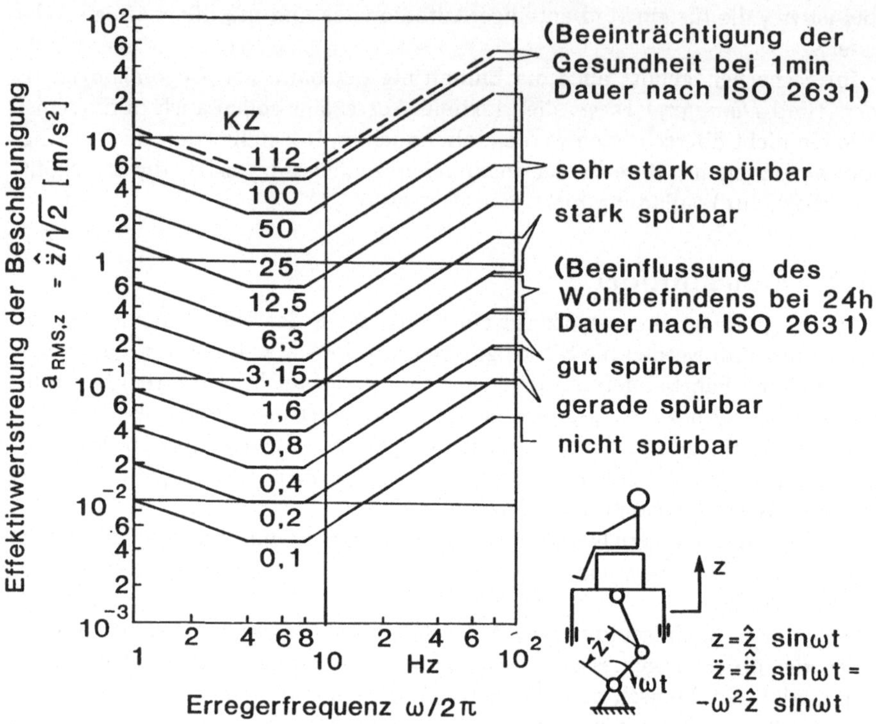

Abb. 5.17:   Bewertung harmonischer Schwingungen durch den Menschen

Belastungswerte - Ermüdungszeit T nach ISO oder K-Wert nach VDI - sollten korresponierende Belastungswerte nur relativ zueinander betrachtet werden.

ISO-Richtlinien

Die ältere Version der *ISO-Richtlinie* [177], verwendet zur Kennzeichnung der subjektiven Wahrnehmung drei Stufen:

- Beeinflussung des Wohlbefindens, (Faktor 0.317),
- zulässige Beanspruchung bzw. Leistungsfähigkeit, (Faktor 1),
- Beeinträchtigung der Gesundheit, (Faktor 2).

Jeder Stufe und den drei Richtungen, sind sogenannte *Ermüdungszeiten* T zugeordnet, die den Einfluß der *Einwirkungsdauer* auf die Bewertung charakterisieren. In Abb. 5.19 sind die für den *Komfort* maßgeblichen Ermüdungszeiten angegeben; die Faktoren der drei Stufen geben an, mit welchem Betrag die Ordinatenskalierung multipliziert werden muß, um die korrespondierende Bewertung zu erhalten.

Bei *harmonischen Schwingungen* kann die Ermüdungszeit T aus diesen Diagrammen als Funktion der Frequenz $f = \omega/2\pi$ und des Effektivwertes a_{RMS} der

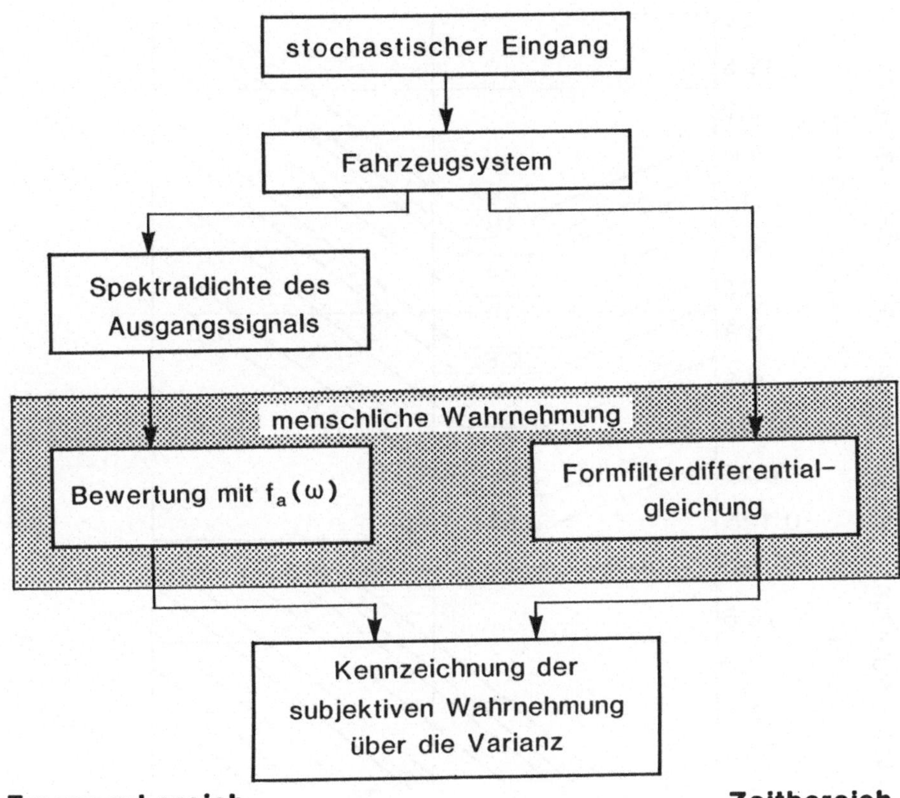

Abb. 5.18: Mögliche Vorgehensweisen für die Erfassung der menschlichen Wahrnehmung

Beschleunigung unmittelbar abgelesen werden. Für *Zufallsschwingungen* werden dagegen zwei Methoden angegeben, die beide von der einseitigen Spektraldichte $\phi_{a,f}(f) = \phi_a(f)$ der Beschleunigung nach (5.54) ausgehen.

Die *erste Methode* beruht auf der Vermutung, daß mechanische Schwingungen verschiedener Frequenzen völlig unabhängig voneinander wahrgenommen werden. Deshalb werden die Amplitudenanteile in engen Frequenzbereichen, den sogenannten Terzintervallen, jeweils getrennt untersucht. Maßgebend ist dann die kürzeste der so ermittelten Ermüdungszeiten. Aus Abb. 5.19 kann bestimmt werden:

$$T_i = T_i\left(\bar{f}_i, a_{RMS,i}\right) \tag{5.130}$$

mit

$$\bar{f}_i = \frac{f_i + f_{i+1}}{2} \; ; \quad \frac{f_{i+1}}{f_i} = \sqrt[3]{2}$$

$$a_{RMS,i}^2 = \int\limits_{f_i}^{f_{i+1}} \phi_a(f)df \, .$$

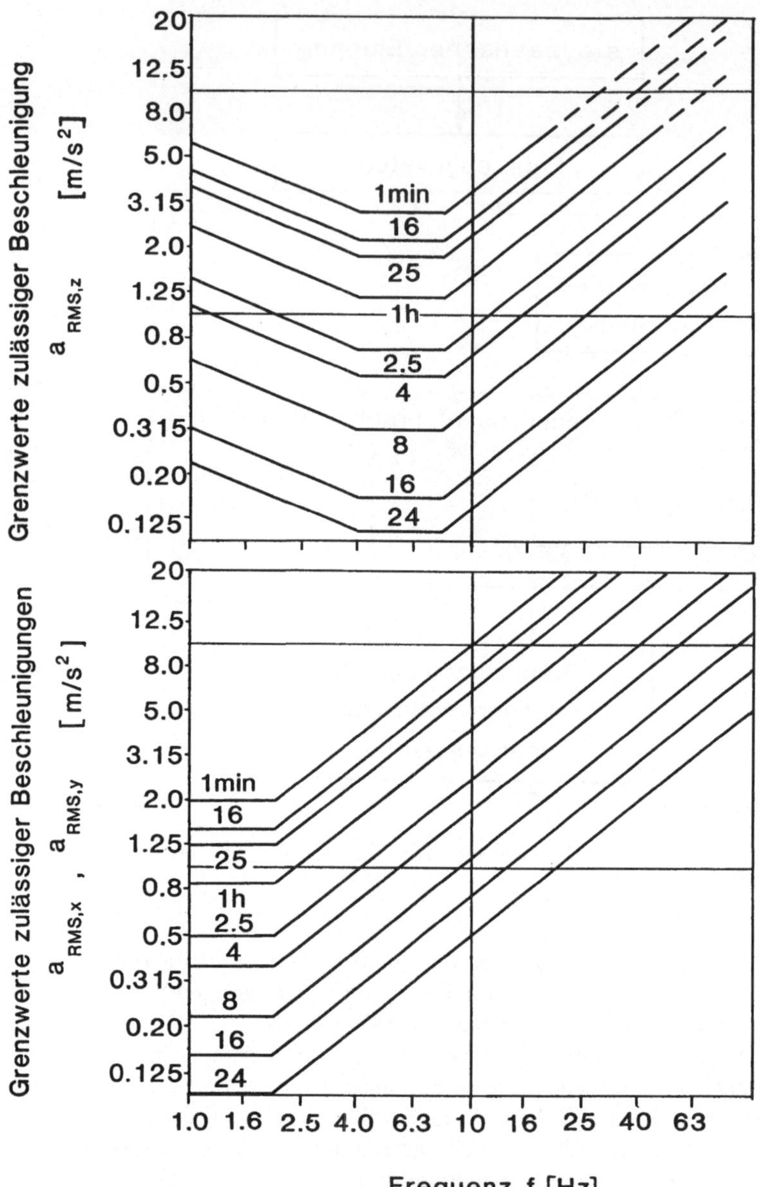

Abb. 5.19: Ermüdungszeiten bezüglich Beanspruchung bzw. Leistungsfähigkeit nach ISO 2631

Die Ermüdungszeit ergibt sich dann zu

$$T = Min\ (T_i),\ i = 1, 2, \ldots \tag{5.131}$$

Der *zweiten Methode* liegt eine Frequenzbewertung der einseitigen Spektraldichte im gesamten Frequenzbereich zugrunde

$$\bar{a}^2_{RMS} = \int\limits_0^\infty \phi_a(f) f_a^2(f) df \ . \tag{5.132}$$

Die Bewertungsfunktion $f_a(f)$, Abb. 5.20, als "Wahrnehmungsfilter" des Menschen ist gerade die Inverse der in Abb. 5.19 gezeigten ISO-Frequenzgänge, wobei der Wert von $f_a(f)$ bei einer bestimmten Frequenz auf 1 normiert wird. Für die Ermüdungszeit wird deren Wert für diese Frequenz herangezogen; so gilt z. B. für Schwingbelastungen in z-Richtung

$$T = T\,(6Hz, \bar{a}_{RMS})\ . \tag{5.133}$$

Wirken Schwingungen in verschiedenen Richtungen gleichzeitig, so sind vor der Ermittlung von T nach (5.133) die $\bar{a}_{RMS}$-Werte der einzelnen Richtungen mit der Wurzel aus der Summe ihrer Quadrate zusammenzusetzen.

Da sich die in (5.131) gezeigte Bewertung stark an die für harmonische Schwingungen anlehnt, hat sich für die Bewertung von Zufallschwingungen die 2. Methode durchgesetzt.

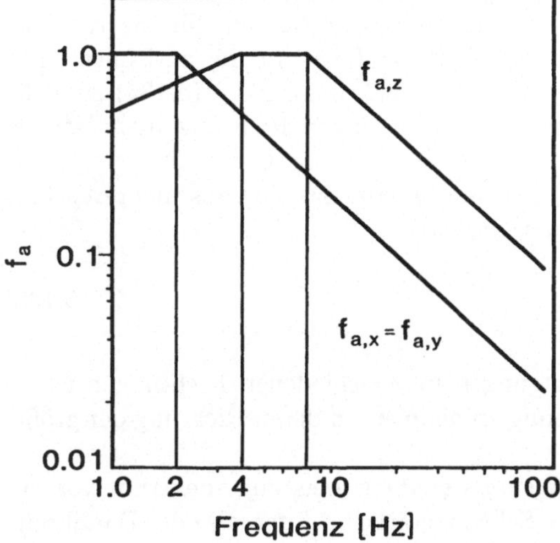

Abb. 5.20: Bewertungsfunktionen für die Schwingbelastungen in z-Richtung und in x- bzw. y-Richtung nach ISO 2631

Im Entwurf zur *neueren ISO-Richtlinie* [165], wird eine weitgehendere Differenzierung der Schwingbelastungsbereiche vorgeschlagen. Ebenso ist eine Ausweitung des Bereiches für die stärkste Wahrnehmung der Vertikalschwingungen ($f_{a,z} = 1$) von $4Hz$ bis $16Hz$ in Erwägung. Die grundsätzliche Vorgehensweise bei der Schwingbewertung entspricht jener der älteren Richtlinie.

VDI-Richtlinie

Die VDI-Richtlinie [166] geht bei der Unterscheidung der Beanspruchung durch die Schwingungsbelastung von einer Untergliederung hinsichtlich Beanspruchungs- bzw. Bewertungsdauer aus und ordnet diesen Bereichen spezielle K-Kennwerte zu - siehe auch Abb. 5.17. So wird z. B. für eine über einen längeren Zeitraum einwirkende Schwingbelastung der sogenannte energieäquivalente Mittelwert K_{eq} verwendet. Die K-Werte sind Effektivwerte des frequenzbewerteten, bandbegrenzten Schwingungssignals.

Für die Bewertung *harmonischer Schwingungen* lassen sich die K-Werte in den einzelnen Frequenzbereichen angeben mit:

$$
\begin{aligned}
1Hz \leq f \leq\ 4Hz &\ :\ \ KZ = 10a_z\sqrt{f}, &\ BZ = 10\sqrt{f}\ ; \\
4Hz \leq f \leq\ 8Hz &\ :\ \ KZ = 20a_z, &\ BZ = 20\ ; \\
8Hz \leq f \leq 80Hz &\ :\ \ KZ = 160\tfrac{a_z}{f}, &\ BZ = \tfrac{160}{f}\ ;
\end{aligned}
\tag{5.134}
$$

und

$$
\begin{aligned}
1Hz \leq f \leq\ 2Hz &\ :\ \ KQ = 28a_Q, &\ BQ = 28\ ; \\
2Hz \leq f \leq 80Hz &\ :\ \ KQ = 56\tfrac{a_Q}{f}, &\ BQ = \tfrac{56}{f}\ .
\end{aligned}
\tag{5.135}
$$

Die (dimensionsbehaftete) Größe B_α der Frequenzbewertung wird in Abhängigkeit von Körperposition und Einleitungsrichtung angegeben. Als Einleitstellen gelten das Gesäß beim Sitzen und die Füße beim Stehen; für die vertikale Einleitrichtung ist der K-Wert mit KZ ($B_\alpha = BZ$), für die horizontale mit $KX = KY = KQ$ ($B_\alpha = BQ$) gekennzeichnet. In (5.134), (5.135) sind die a_α Effektivwerte der Beschleunigung in der jeweiligen Richtung in m/s^2; die Frequenz f ist in Hz einzusetzen.

Für die Gesamtbewertung eines Eingangsignals, das sich aus mehreren harmonischen Schwingungen zusammensetzt, gilt

$$
K_{eq} = \sqrt{\sum_i K_i^2}\ .
\tag{5.136}
$$

Für die Beurteilung von Schwingungen in verschiedenen Richtungen ist im allgemeinen nur jene Schwingbelastung zu nehmen, in deren Richtung der größte K_{eq}-Wert auftritt.

Liegt für ein *stochastisches Eingangssignal* ein Leistungsspektrum vor, errechnet sich eine partielle, bewertete Schwingstärke im Intervall i der Bandbreite Δf_i mit der mittleren Spektraldichte ϕ_i zu:

$$
K_i = B_i\sqrt{\phi_i\Delta f_i}.
\tag{5.137}
$$

Der Frequenzbereich wird in Intervalle von höchstens Terzbandbreite unterteilt. Die Gleichung (5.136) gemeinsam mit (5.137) entsprechen der Integration (5.132) bzw. die Faktoren B_i der Bewertungsfunktionen $f_{a,i}$ nach Abb. 5.20. Die Umrechnung der $\bar{a}_{RMS}$—Werte nach (5.132) in K_{eq}-Werte - siehe auch den Vergleich in Abb. 5.17 - erfolgt zahlenmäßig mit

$$KZ_{eq} = 20\bar{a}_{RMS,z}, \quad KQ_{eq} = 28\bar{a}_{RMS,x} \tag{5.138}$$

Wie auch in der ISO-Richtlinie [165] verweist die VDI-Richtlinie für die *Beurteilung* von *Wohlbefinden* und *Leistungsfähigkeit* auf die individuellen und umweltbedingten Unterschiede aktueller Bedingungen hin und gibt hier keine Grenzwerte oder objektive Maßstäbe an. Anhaltspunkte für eine Beurteilung in Abhängigkeit von der Zeit finden sich in [1], Abb. 5.21. Bezüglich der *Gesundheit* gibt die VDI-Richtlinie die eindeutige Grenze an, ab der bei längerer, sich täglich wiederholender Einwirkung zumindest mit bleibenden Gesundheitsschäden zu rechnen ist, und zwar unabhängig von der Art der Tätigkeiten. Ungünstige Einflüsse wie z. B. niedrige Temperaturen, unzweckmäßige Körperhaltung erhöhen die Gefährdung.

Für die Aufgabe einer Komfortverbesserung bei Fahrzeugen wird man zweifellos trachten, relative Verbesserungen der K_{eq}-Werte zu erreichen; man wird aber im allgemeinen ohne absolute Grenzwerte auskommen oder firmenspezifische Kennwerte einführen, z. B. [180].

Die in z-Richtung auf den Fahrer einwirkenden Schwingungen bei einigen Landfahrzeugen sind in Abb. 5.22 durch ihre KZ_{eq}-Werte gekennzeichnet, nach [166]. Die Bandbreiten resultieren aus den Messungen an unterschiedlichen

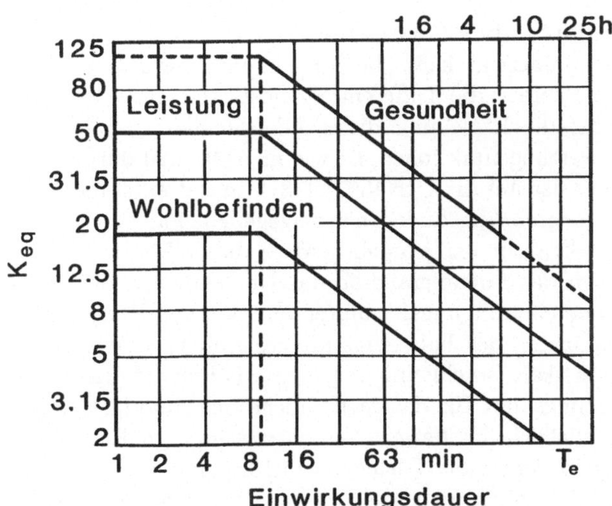

Abb. 5.21: Grenzkurve für die Gefährdung der Gesundheit sowie Beurteilungskurven für Leistung und Wohlbefinden

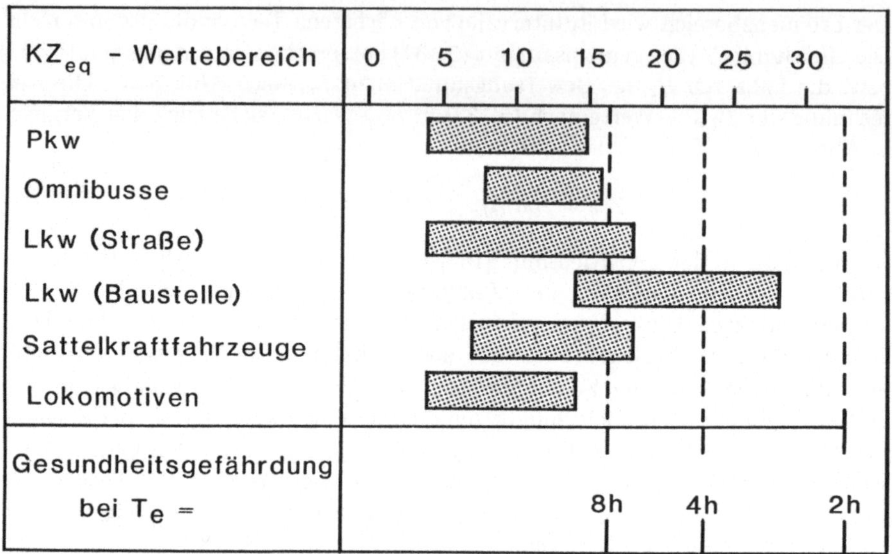

Abb. 5.22:   Schwingbelastungen einiger Landfahrzeuge nach VDI

Fahrzeugen und sehr verschiedenen Einsatzarten. Aufgrund des Diagrammes Abb. 5.21 sind die Grenzen der Gesundheitsgefährdung durch die zulässige tägliche Expositionsdauer T_e mit eingetragen.

Bewertung des Fahrkomforts über Formfilter

Wie schon in Abb. 5.18 aufgezeigt kann die Schwingungsbewertung durch den Menschen im *Zeitbereich* über die Differentialgleichungen eines Formfilters erfolgen.   Die Basis für die Erstellung dieser Gleichungen sind bei der *ISO-Richtlinie* [177] die Bewertungsfunktionen f_a, wie in Abb. 5.20 dargestellt; die *VDI-Richtlinie* [166] verweist auf die DIN45671 [181], in der entsprechende Übertragungs- und Bereichsbegrenzungsfunktionen angegeben sind.

Die Abb. 5.23 zeigt die Struktur der Vorgehensweise dieser Methode. Dabei wird man möglichst auch das Eingangssignal, das Unebenheitsprofil ζ des Fahrwegs mit $\underline{m}_\zeta = \underline{0}$, über ein Eingangsformfilter aus weißem Rauschen $\underline{w}$ generieren.   Die Beschleunigungen des Fahrzeugaufbaues sind in $\underline{\ddot{x}}_i$ enthalten; über sie läßt sich z. B. die vertikale Beschleunigung y_B am Fahrersitz errechnen. Diese wird mit dem Bewertungsfilter für das menschliche Schwingungsempfinden bewertet und liefert schließlich das bewerte, stochastische Signal $\bar{a}$, dessen RMS-Wert (Effektivwert) z. B. jenem der Gleichung (5.132) entspricht.

Bei der mathematischen Formulierung werden also zu der Zustandsgleichung (5.63) noch jene des Bewertungsfilters hinzugefügt:

$$\underline{\dot{x}} = \mathbf{F}\underline{x} + \mathbf{G}\underline{\zeta}\,, \qquad\qquad (5.139)$$

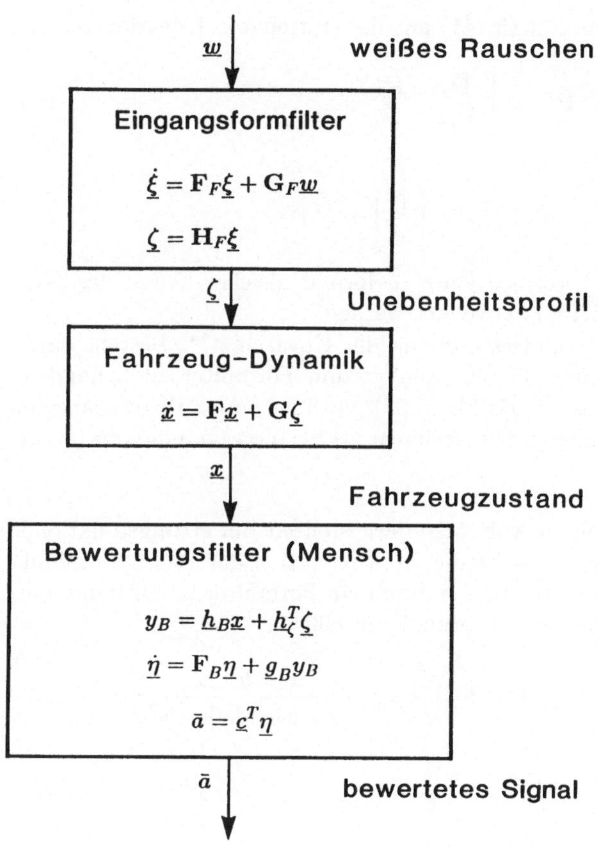

Abb. 5.23:   Vorgehensweise der Komfortbewertung im Zeitbereich

$$\dot{\underline{\eta}} = \mathbf{F}_B\underline{\eta} + \underline{g}_B y_B, \quad y_B = \underline{h}_B^T\underline{x} + \underline{h}_\zeta^T\underline{\zeta}, \tag{5.140}$$

$$\bar{a} = \underline{c}^T\underline{\eta}. \tag{5.141}$$

Das System (5.139), (5.140) läßt sich formal in die gleiche Form wie (5.139) bringen:

$$\dot{\underline{x}}^* = \mathbf{F}^*\underline{x}^* + \mathbf{G}^*\underline{\zeta}, \tag{5.142}$$

mit

$$\underline{x}^* = \begin{bmatrix} \underline{x} \\ \underline{\eta} \end{bmatrix}, \ \mathbf{F}^* = \begin{bmatrix} \mathbf{F} & 0 \\ \underline{g}_B\underline{h}_B^T & \mathbf{F}_B \end{bmatrix}, \ \mathbf{G}^* = \begin{bmatrix} \mathbf{G} \\ \underline{g}_B\underline{h}_\zeta^T \end{bmatrix}.$$

Die Gleichung (5.142) gemeinsam mit dem Eingangsfilter kann nun wieder wie das Gleichungssystem (5.94) ausgewertet werden, wobei jedoch $\mathbf{F}$ durch $\mathbf{F}^*$, $\mathbf{P}_x$ durch $\mathbf{P}_{x^*}$ usw. zu ersetzen sind. Der gesuchte Effektivwert $\bar{a}_{RMS}$ des bewerteten

Signals errechnet sich sodann mit (5.141) aus der stationären Kovarianzmatrix

$$\bar{\mathbf{P}}_{x^*} = \left[\begin{array}{cc} \bar{\mathbf{P}}_x & \bar{\mathbf{P}}_{x\eta} \\ \bar{\mathbf{P}}_{\eta x} & \bar{\mathbf{P}}_\eta \end{array} \right] \tag{5.143}$$

und

$$\bar{a}^2_{RMS} = \left[\underline{0}^T, \underline{c}^T \right] \bar{\mathbf{P}}_{x^*} \left[\begin{array}{c} \underline{0} \\ \underline{c} \end{array} \right] = \underline{c}^T \bar{\mathbf{P}}_\eta \underline{c} \ . \tag{5.144}$$

Für verschobene Erregerprozesse kann in formal gleicher Weise das Gleichungssystem (5.104) bis (5.108) verwendet werden.

Eine andere Möglichkeit zur Bestimmung der Kovarianz $\bar{\mathbf{P}}_\eta$ besteht darin, die Bewertungsfiltergleichungen (5.140) analog zum Formfilter zu behandeln, was dann anstatt des Systems (5.97) bis (5.99) auf 6 gekoppelte Kovarianzgleichungen mit allerdings geringeren Dimensionen als bei Verwendung von (5.142) führt, siehe z. B. [174].

Das Bewertungsfilter muß die in Abb. 5.20 dargestellten Bewertungsfunktionen nachbilden. Im Beispiel Abb. 5.24 ist die Approximation der Bewertungsfunktion $f_{a,z}$ des (Beschleunigungs-)Signals η durch ein Formfilter 2. Ordnung dargestellt [174], das sich mathematisch formulieren läßt zu

$$f_{a,z} = \underline{c}^T \bar{\mathbf{W}}(j\omega)\underline{g}_B = \underline{c}^T \left(j\omega \mathbf{E} - \mathbf{F}_B \right)^{-1} \underline{g}_B \cong \frac{b_0 + b_1(j\omega)}{a_0 + a_1(j\omega) - \omega^2} \tag{5.145}$$

mit

$$a_0 = 46,5\mathrm{s}^{-2}, \ a_1 = 9\mathrm{s}^{-1}, \ b_0 = 32\mathrm{s}^{-2}, \ b_1 = 8\mathrm{s}^{-1} \ .$$

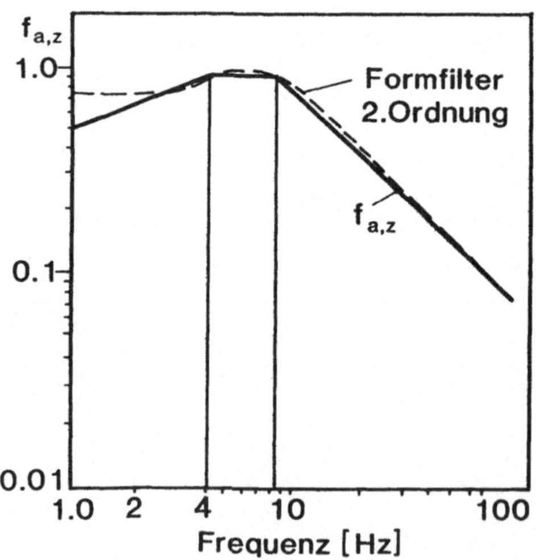

Abb. 5.24:   Normierter Frequenzgang eines Formfilters 2. Ordnung im Vergleich zur gegebenen Bewertungsfunktion $f_{a,z}$

Für die zulässigen Abweichungen der Approximation von den gegebenen Bewertungskurven, sei z. B. auf die DIN 45671 [181] verwiesen. Hinweise zur Bestimmung der Matrix $\mathbf{F}_B$ bei gegebener Approximation (5.145) sind in Kap. 4.4 bzw. Kap. 6 angeführt.

Spezielle Bewertung für Schienenfahrzeuge

Die bisher angeführten Bewertungs- und Beurteilungskriterien sind für jedes Fahrzeug anwendbar. Für die Schienenfahrzeuge wird jedoch noch zusätzlich eine spezielle Wertzahl (W_z-Zahl) zur Charakterisierung des Komforts verwendet.

Die im Eisenbahnwesen gebräuchlichen Verfahren zur Beurteilung des Fahrkomforts werden in [182] vergleichend betrachtet. Die einzelnen Verfahren unterscheiden sich aber letztlich nur darin, wie die Schwingungsbeschleunigungen und -frequenzen bewertet werden. Das Wertzahlverfahren der Deutschen Bundesbahn urteilt dabei schärfer als die von den niederländischen Eisenbahnen verwendete ISO-Richtlinie. Diese Wertzahl kann für vertikale und horizontale Schwingungen ermittelt werden. Für vertikale Schwingungen gilt:

$$W_{zi} = 0.896 \sqrt[10]{b_i^3 \cdot F(f_i)/f_i}. \tag{5.146}$$

W_{zi} Wertzahl ($1 \leq W_{zi} \leq 5$, Beurteilung entsprechend Schulnoten)
b_i Beschleunigungsamplitude in cm/s^2 (nicht Effektivwert)
f_i Frequenz der Schwingung in Hz
$F(f_i)$ Frequenzbewertungsfaktor, siehe Abb. 5.25, nach [182].

Da (5.146) eigentlich nur für eine bestimmte Anregungsfrequenz gilt, verwendet man für die Beurteilung der stochastischen Aufbaubewegungen eine Sum-

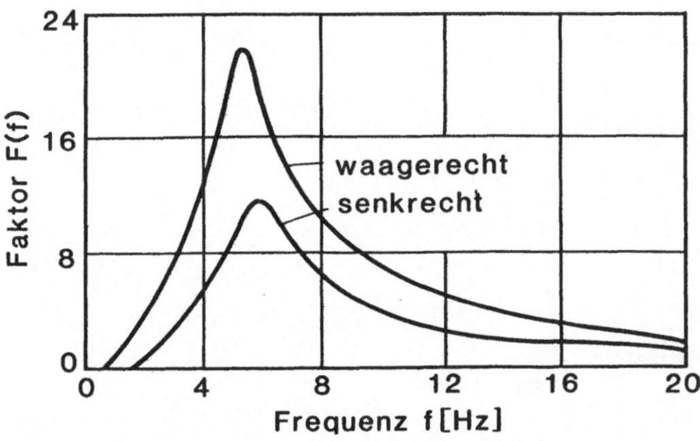

Abb. 5.25:   Frequenzbewertungsfaktor für das Wertzifferverfahren

menwertzahl

$$W_{z,ges} = \sqrt[10]{\sum_{i=1}^{n} W_{zi}^{10}} \ . \tag{5.147}$$

Die Gleichungen (5.146), (5.147) sind damit analog zur Berechnung der bewerteten Schwingstärke K_{eq} nach (5.137), (5.136) aufgebaut.

5.6 Beispiele

Beispiel 5.6.1: Erregung eines Systems 2. Ordnung

Das vereinfachte Modell Abb. 5.26 kann als eindimensionales Vertikalmodell für eine erste Komfortabschätzung oder auch als Ersatzmodell für einen anderen Fahrzeugbauteil (z.B. Fahrersitz) angesehen werden. Im Fußpunkt A wirkt ein stochastisches Zeitsignal als Erregung auf das System.

Gegeben ist das physikalische Ersatzmodell nach Abb. 5.26 sowie die Charakterisierung des Erregerprozesses:

- Bauteilmasse m,

- Abstützung: lineare Feder (Federkonstante c, Länge l_0 der ungedehnten Feder), geschwindigkeitsproportionaler Dämpfer (Dämpfungskonstante d).

- Beschreibung der stationären stochastischen Erregung ζ über Formfilter und weißes Rauschen w ($m_w = 0$, $C_{ww} = q\delta(\tau)$) entweder mit

$$\ddot{\zeta} = aw \tag{5.148}$$

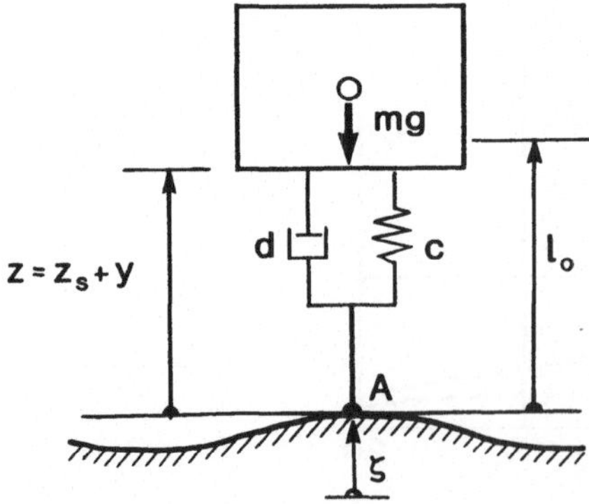

Abb. 5.26:   Ersatzmodell eines Einmasse-Schwingers

oder über

$$\ddot{\zeta} = a\xi, \quad \dot{\xi} = -\gamma(\xi + w) , \qquad (5.149)$$

wobei q die Dimension [s], $\delta(\tau)[1/s], a[m/s^2]$ und die Konstante γ [1/s] haben.

Gesucht sind die Streuungen der Körperbeschleunigung, der Kontaktkraft in A und des Federweges.

Für den Fall der Erregung (5.148) wird die Varianz auch als Funktion der Zeit t mit der Kovarianzmethode bestimmt, während für die Erregung nach (5.149) die Ermittlung der stationären Systemantwort sowohl im Zeitbereich als auch im Frequenzbereich demonstriert wird.

Anhand der Abb. 5.26 lassen sich die Bewegungsgleichungen mit Hilfe des Schwerpunktsatzes unmittelbar angeben

$$m(\ddot{z} + \ddot{\zeta}) = c(l_0 - z) - d\dot{z} - mg . \qquad (5.150)$$

Unter Verwendung des statischen Gleichgewichtslage $z_s = l_0 - mg/c, z = z_s + y$ läßt sich für (5.150) schreiben

$$\ddot{y} + 2D\omega_n\dot{y} + \omega_n^2 y = -\ddot{\zeta} \qquad (5.151)$$

mit

$$\omega_n^2 = \frac{c}{m}, \quad D = \frac{d}{2m\omega_n}, \quad \omega_D = \omega_n\sqrt{1 - D^2} , \qquad (5.152)$$

bzw. in Zustandsform

$$\dot{\underline{x}} = \mathbf{F}\underline{x} + \underline{g}\left(\tfrac{\ddot{\zeta}}{a}\right)$$

$$\underline{x} = \begin{bmatrix} y \\ \dot{y} \end{bmatrix}, \quad \mathbf{F} = \begin{bmatrix} 0 & 1 \\ -\omega_n^2 & -2D\omega_n \end{bmatrix}, \quad \underline{g} = \begin{bmatrix} 0 \\ -a \end{bmatrix} . \qquad (5.153)$$

Die Transitionsmatrix läßt sich für dieses System analytisch berechnen, siehe z.B. [172]

$$\boldsymbol{\Phi}(t) = e^{-D\omega_n t} \begin{bmatrix} \cos \omega_D t + D\omega_n \frac{\sin \omega_D t}{\omega_D} & \frac{\sin \omega_D t}{\omega_D} \\ -\omega_n^2 \frac{\sin \omega_D t}{\omega_D} & \cos \omega_D t - D\omega_n \frac{\sin \omega_D t}{\omega_D} \end{bmatrix} . \qquad (5.154)$$

Im Falle (5.148) erfolgt die *Erregung durch weißes Rauschen* $\ddot{\zeta}/a = w$ und es errechnet sich die stationäre Kovarianzmatrix

$$\bar{\mathbf{P}}_x = E\{\underline{x}\,\underline{x}^T\} = E\left\{ \begin{matrix} y^2 & y\dot{y} \\ \dot{y}y & \dot{y}^2 \end{matrix} \right\} = \begin{bmatrix} \bar{P}_{11} & \bar{P}_{12} \\ \bar{P}_{12} & \bar{P}_{22} \end{bmatrix} \qquad (5.155)$$

nach (5.89) mit (5.153) aus

$$\begin{bmatrix} 0 & 1 \\ -\omega_n^2 & -2D\omega_n \end{bmatrix} \begin{bmatrix} \bar{P}_{11} & \bar{P}_{12} \\ \bar{P}_{12} & \bar{P}_{22} \end{bmatrix} + \begin{bmatrix} \bar{P}_{11} & \bar{P}_{12} \\ \bar{P}_{12} & \bar{P}_{22} \end{bmatrix} \begin{bmatrix} 0 & -\omega_n^2 \\ 1 & -2D\omega_n \end{bmatrix} = - \begin{bmatrix} 0 & 0 \\ 0 & (a^2 q) \end{bmatrix} .$$

$$\qquad (5.156)$$

Für die einzelnen Komponenten ergeben sich die Bestimmungsgleichungen

$$2\bar{P}_{12} = 0 \, ,$$

$$\bar{P}_{22} - \omega_n^2 \bar{P}_{11} - 2D\omega_n \bar{P}_{12} = 0 \, ,$$

$$2(-\omega_n^2 \bar{P}_{12} - 2D\omega_n \bar{P}_{22}) = -(a^2 q)$$

und daraus

$$\begin{aligned}
\bar{P}_{11} &= \sigma_y^2 = \frac{a^2 q}{4D\omega_n^3} \, , \\
\bar{P}_{12} &= 0 \, , \\
\bar{P}_{22} &= \sigma_{\dot{y}}^2 = \frac{a^2 q}{4D\omega_n} \, .
\end{aligned} \tag{5.157}$$

Über (5.90) läßt sich auch der zeitliche Verlauf der Korrelationen angeben. Mit $t_0 = 0$ und den Anfangswerten $\mathbf{P}_{x0} = \mathbf{0}$ folgt

$$\mathbf{P}_x(t) = \bar{\mathbf{P}}_x - \mathbf{\Phi}(t)\bar{\mathbf{P}}_x\mathbf{\Phi}^T(t) \tag{5.158}$$

mit den in Abb. 5.27 dargestellten Komponenten.

Im Falle (5.149), der *Erregung durch farbiges Rauschen*, wird das System (5.153) um die Formfilterdifferentialgleichung erweitert

$$\dot{\underline{x}} = \mathbf{F}\underline{x} + \underline{g}\xi \tag{5.159}$$

$$\dot{\xi} = -\gamma(\xi + w) = F_F\xi + g_F w \, . \tag{5.160}$$

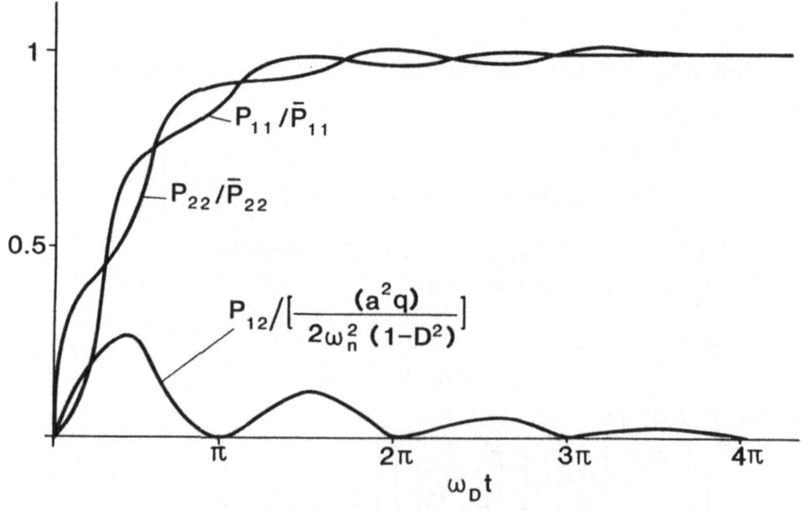

Abb. 5.27:   Kovarianzen $P_{ij}(t)$ für Dämpfungsmaß $D = 0.2$

Zur Bestimmung der Varianzen ist nun das System der Gleichungen (5.97) bis (5.99) zu lösen. Mit den stationären Kovarianzen

$$\bar{P}_\xi = E\{\xi\xi\}, \quad \underline{\bar{P}}_{x\xi} = E\left\{ \begin{array}{c} y\xi \\ \dot{y}\xi \end{array} \right\} = \left[\begin{array}{c} \bar{P}_I \\ \bar{P}_{II} \end{array} \right] \tag{5.161}$$

und $\bar{\mathbf{P}}_x$ nach (5.155) sowie $H_F = 1$ entsprechend dem gewählten Ansatz, ergeben sich die 3 Gleichungen

$$0 = -\gamma\bar{P}_\xi - \bar{P}_\xi\gamma + q\gamma^2 \,, \tag{5.162}$$

$$\underline{0} = \left[\begin{array}{cc} 0 & 1 \\ -\omega_n^2 & -2D\omega_n \end{array} \right] \left[\begin{array}{c} \bar{P}_I \\ \bar{P}_{II} \end{array} \right] + \left[\begin{array}{c} \bar{P}_I \\ \bar{P}_{II} \end{array} \right] (-\gamma) + \left[\begin{array}{c} 0 \\ -a \end{array} \right] \bar{P}_\xi \,, \tag{5.163}$$

$$\begin{aligned} \mathbf{0} = &\left[\begin{array}{cc} 0 & 1 \\ -\omega_n^2 & -2D\omega_n \end{array} \right] \left[\begin{array}{cc} \bar{P}_{11} & \bar{P}_{12} \\ \bar{P}_{12} & \bar{P}_{22} \end{array} \right] + \left[\begin{array}{cc} \bar{P}_{11} & \bar{P}_{12} \\ \bar{P}_{12} & \bar{P}_{22} \end{array} \right] \left[\begin{array}{cc} 0 & -\omega_n^2 \\ 1 & -2D\omega_n \end{array} \right] \\ &+ \left[\begin{array}{c} 0 \\ -a \end{array} \right] \left[\bar{P}_I, \bar{P}_{II} \right] + \left[\begin{array}{c} \bar{P}_I \\ \bar{P}_{II} \end{array} \right] [0, -a] \,. \end{aligned} \tag{5.164}$$

Die aus (5.162) bis (5.164) folgenden 6 Bestimmungsgleichungen liefern letztlich

$$\bar{P}_\xi = \sigma_\xi^2 = \frac{q\gamma}{2} \,,$$

$$\bar{P}_I = -a \left(\frac{q\gamma}{2} \right) \left(\omega_n^2 + 2D\omega_n\gamma + \gamma^2 \right)^{-1} \,,$$

$$\bar{P}_{II} = \gamma\bar{P}_I \,, \tag{5.165}$$

$$\bar{P}_{11} = \sigma_y^2 = \left(\bar{P}_{22} - a\bar{P}_I \right) / \omega_n^2 = \frac{a^2}{2D\omega_n^3} \left(\frac{q\gamma}{2} \right) \frac{\gamma + 2D\omega_n}{\omega_n^2 + 2D\omega_n\gamma + \gamma^2} \,,$$

$$\bar{P}_{12} = 0 \,,$$

$$\bar{P}_{22} = \sigma_{\dot{y}}^2 = -\frac{a}{2D\omega_n}\bar{P}_{II} = \frac{a^2}{2D\omega_n} \left(\frac{q\gamma}{2} \right) \frac{\gamma}{\omega_n^2 + 2D\omega_n\gamma + \gamma^2} \,.$$

Für $\gamma \to \infty$ liefert (5.160) für den Eingang ξ des Prozesses wieder weißes Rauschen, wodurch auch die Varianzen $\sigma_y, \sigma_{\dot{y}}$ bei diesem Grenzübergang wieder die Werte von (5.157) annehmen.

Bei Anwendung der Berechnungsmethoden im *Frequenzbereich* kann zunächst über (5.125) mit (5.160) die Spektraldichte des Rauschprozesses ξ bestimmt werden

$$S_{\xi\xi} = \frac{\gamma^2 q}{|\, j\omega - \gamma\,|^2} = \frac{\gamma^2 q}{\gamma^2 + \omega^2} \,. \tag{5.166}$$

Die zugehörige Korrelation lautet (5.23), (5.19)

$$C_{\xi\xi}(\tau) = \frac{\gamma q}{2} e^{-\gamma|\tau|} \,. \tag{5.167}$$

Mit dem komplexen Matrix-Frequenzgang von (5.153) bzw. (5.159)

$$\bar{\mathbf{W}}(j\omega) = (j\omega\mathbf{E} - \mathbf{F})^{-1} = \frac{1}{\omega_n^2 + 2jD\omega_n\omega - \omega^2} \begin{bmatrix} j\omega + 2D\omega_n & -1 \\ \omega_n^2 & j\omega \end{bmatrix} \quad (5.168)$$

folgt aus (5.124) mit

$$\bar{\mathbf{W}}(j\omega)\underline{g} = \frac{1}{\omega_n^2 + 2jD\omega_n\omega - \omega^2} \begin{bmatrix} a \\ -j\omega a \end{bmatrix} \quad (5.169)$$

und (5.165) die Spektraldichtematrix des Prozesses $\underline{x}$ zu

$$\mathbf{S}_x = \left(\bar{\mathbf{W}}(j\omega)\underline{g}\right) S_{\xi\xi}(\bar{\mathbf{W}}(-j\omega)\underline{g})^T, \quad (5.170)$$

$$\begin{bmatrix} S_{yy} & S_{y\dot{y}} \\ S_{\dot{y}y} & S_{\dot{y}\dot{y}} \end{bmatrix} = \frac{1}{(2D\omega_n\omega)^2 + (\omega_n^2 - \omega^2)^2} \cdot \frac{\gamma^2 q}{(\gamma^2 + \omega^2)} \begin{bmatrix} a^2 & j\omega a^2 \\ -j\omega a^2 & \omega^2 a^2 \end{bmatrix}$$

Zur Bestimmung der stationären Kovarianzmatrix $\bar{\mathbf{P}}_x$ ist (5.170) nach (5.25) bzw. (5.46) zu integrieren. Da ungerade Funktion hierbei Null liefern, folgt unmittelbar

$$\bar{P}_{12} = \frac{1}{2\pi} \int\limits_{-\infty}^{+\infty} S_{y\dot{y}}(\omega)d\omega = 0 , \quad (5.171)$$

während z.B. für die Varianz σ_y^2 das Integral

$$\sigma_y^2 = \bar{P}_{11} = a^2\gamma^2 q \frac{1}{2\pi} \int\limits_{-\infty}^{+\infty} \frac{d\omega}{(\omega^4 - 2\omega_n^2\omega^2(1 - 2D^2) + \omega_n^4)(\omega^2 + \gamma^2)} \quad (5.172)$$

auszuwerten ist.

Für einfache Systeme wie im vorliegenden Fall, kann dies über Nachschlagtabellen erfolgen, siehe z.B. [163] und man erhält letztlich wieder die in (5.165) angegebenen Ausdrücke.

Für die *Auswertung* wird die Streuung σ_k der Körperbeschleunigung mit

$$(\ddot{y} + \ddot{\zeta}) = -2D\omega_n\dot{y} - \omega_n^2 y = \begin{bmatrix} -\omega_n^2 & -2D\omega_n \end{bmatrix} \begin{bmatrix} y \\ \dot{y} \end{bmatrix} = \underline{c}^T\underline{x} \quad (5.173)$$

über

$$\sigma_k^2 = \underline{c}^T\bar{\mathbf{P}}_x\underline{c} = \omega_n^4\bar{P}_{11} + (2D\omega_n)^2\bar{P}_{22} = \frac{a^2}{2D\omega_n}(\frac{q\gamma}{2})\frac{\omega_n^2(\gamma + 2D\omega_n) + (2D\omega_n)^2\gamma}{\omega_n^2 + 2D\omega_n\gamma + \gamma^2} \quad (5.174)$$

bestimmt. Für den Fall (5.149) folgt mit $\gamma \to \infty$ weißes Rauschen als Erregung und

$$\sigma_{k,w}^2 = a^2\frac{q}{2}\left[\frac{\omega_n^2}{(2D\omega_n)} + (2D\omega_n)\right] . \quad (5.175)$$

Diese Gleichung kann dazu benutzt werden, um beispielsweise die Körperbeschleunigung in bezug auf das Dämpfungsmaß D zu minimieren:

$$\frac{\partial\sigma_{k,w}}{\partial D} = 0 , \quad (5.176)$$

was in diesem Falle zum optimalen Dämpfungsmaß $D_{w,opt} = 0.5$ führt.

Die Streuung σ_A der Kontaktkraft F_A im Fußpunkt A ist wegen

$$F_A = m(\ddot{y} + \ddot{\zeta}) \tag{5.177}$$

proportional zur Streuung der Körperbeschleunigung

$$\sigma_A = m\sigma_k \ . \tag{5.178}$$

Für den Federweg y liefern (5.157) bzw. (5.165) direkt die entsprechende Streuung σ_y. Hier wird deutlich, daß im Fall des weißen Rauschens der erforderliche Federweg proportional zu $1/D$ ist!

Beispiel 5.6.2: Bewertung der Pkw-Vertikaldynamik mit einem ebenen Ersatzmodell

Mit dem ebenen Ersatzmodell des Fahrzeugs nach Abb. 2.12 sollen sowohl der Fahrkomfort, als auch die Radlastschwankungen zufolge einer stochastischen Fahrbahnerregung bewertet werden. Da dies in der Literatur ausführlich im Frequenzbereich behandelt ist (z. B. [1]) sollen die Kennwerte hier nur über Berechnungen im Zeitbereich ermittelt werden.

Gesucht werden die charakteristischen Effektivwerte bzw. KZ_{eq}-Werte der bewerteten Aufbaubeschleunigung für eine beliebige Position am Aufbau sowie die Radlastschwankungen bei konstanter Fahrgeschwindigkeit mit Hilfe der Kovarianzmethode.

Gegeben ist das ebene, linearisierte Fahrzeugmodell nach Abb. 5.28 sowie die Beschreibungen der Fahrbahn und des Bewertungsfilters.

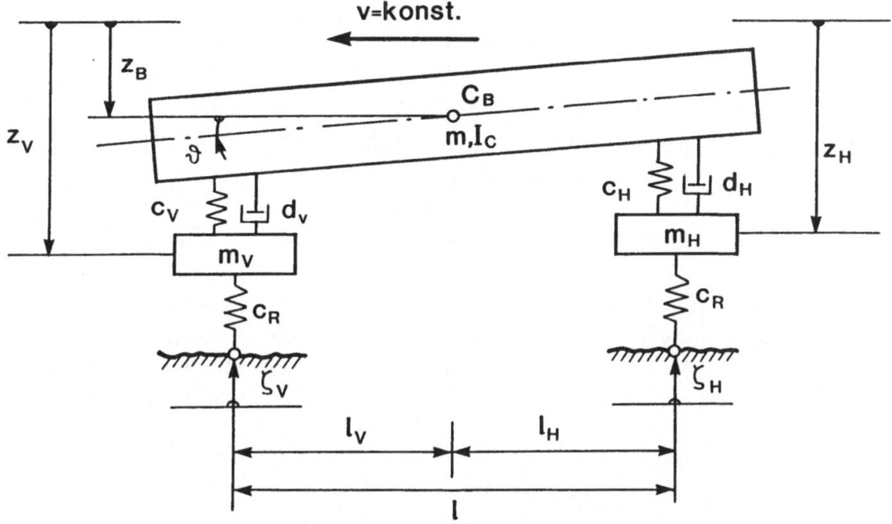

Abb. 5.28:   Ebenes Ersatzmodell für die Vertikaldynamik eines Pkw

- Fahrzeugkörper: Masse m, Trägheitsmoment I_C, Abmessungen l_V, l_H;
- Radaufhängungen: Massen m_V, m_H, Federkonstanten c_V, c_H, Dämpferkonstanten d_V, d_H
- Reifen ersetzt durch lineare Federn: Federkonstanten $c_{RV} = c_{RH} = c_R$
- Fahrgeschwindigkeit $v_C = v = \text{konstant}$;
- einseitige Spektraldichte der Fahrbahn $\phi_{\zeta,\Omega}(\Omega) = \phi_0 \left(\frac{\Omega_0}{\Omega}\right)^2$ nach Abb. 5.10;
- Bewertungsfilter nach (5.145) bzw. Abb. 5.24.

Im Fahrzeugmodell Abb. 5.28 sind die Absolutkoordinaten $\underline{z}$ der Einzelkörper eingezeichnet. Mit einer Linearisierung um die Gleichgewichtslage $\underline{z}_s$ mit

$$\underline{z} = \begin{bmatrix} z_C \\ \vartheta \\ z_V \\ z_H \end{bmatrix} = \underline{z}_s + \underline{y} = \underline{z}_s + \begin{bmatrix} y_C \\ \vartheta \\ y_V \\ y_H \end{bmatrix} \tag{5.179}$$

scheinen in den Bewegungsgleichungen für $\underline{y}$ die Gewichtsanteile der Einzelkörper sowie konstruktive Abmessungen und die Längen der ungedehnten Federn nicht mehr auf. Die Bewegungsgleichungen in $\underline{y}$ - sie können analog zu Beispiel 3.3.2 problemlos erstellt werden - sind in der Literatur oftmals angeführt, siehe z. B. [1, 167] und werden ohne Ableitung angegeben:

$$\mathbf{M}\underline{\ddot{y}} + \mathbf{D}\underline{\dot{y}} + \mathbf{K}\underline{y} = \underline{h} \tag{5.180}$$

mit

$$\mathbf{M} = \begin{bmatrix} m & 0 & 0 & 0 \\ 0 & I_C & 0 & 0 \\ 0 & 0 & m_V & 0 \\ 0 & 0 & 0 & m_H \end{bmatrix},$$

$$\mathbf{D} = \begin{bmatrix} d_V + d_H & d_V l_V - d_H l_H & -d_V & -d_H \\ d_V l_V - d_H l_H & d_V l_V^2 + d_H l_H^2 & -d_V l_V & d_H l_H \\ -d_V & -l_V d_V & d_V & 0 \\ -d_H & l_H d_H & 0 & d_H \end{bmatrix},$$

$$\mathbf{K} = \begin{bmatrix} c_V + c_H & c_V l_V - c_H l_H & -c_V & -c_H \\ c_V l_V - c_H l_H & c_V l_V^2 + c_H l_H^2 & -l_V c_V & l_H c_H \\ -c_V & -l_V c_V & c_V + c_R & 0 \\ -c_H & l_H c_H & 0 & c_H + c_R \end{bmatrix}, \tag{5.181}$$

$$\underline{h} = \mathbf{H}\underline{\zeta} = \begin{bmatrix} 0 & 0 \\ 0 & 0 \\ -c_R & 0 \\ 0 & -c_R \end{bmatrix} \begin{bmatrix} \zeta_V \\ \zeta_H \end{bmatrix}. \tag{5.182}$$

Umgewandelt in Zustandsform liefern (5.180), (5.181) und (5.182)

$$\dot{\underline{x}} = \mathbf{F}\underline{x} + \mathbf{G}\underline{\zeta} \qquad (5.183)$$

mit

$$\underline{x} = \begin{bmatrix} \underline{y} \\ \dot{\underline{y}} \end{bmatrix}, \ \mathbf{F} = \begin{bmatrix} \mathbf{0} & \mathbf{E} \\ -\mathbf{M}^{-1}\mathbf{K} & -\mathbf{M}^{-1}\mathbf{D} \end{bmatrix},$$

$$\mathbf{G} = \begin{bmatrix} \mathbf{0} \\ \mathbf{M}^{-1}\mathbf{H} \end{bmatrix}. \qquad (5.184)$$

Die stochastische Erregung durch die Straße ist gegeben durch die beiden Signale

$$\zeta_V(t) = \zeta(t), \quad \zeta_H = \zeta(t - t_2), \quad t_2 = l/v > 0 \qquad (5.185)$$

die durch die einseitige Spektraldichte $\phi_{\zeta,\omega}(\omega)$ charakterisiert sind, siehe (5.70). Dabei gilt

$$\phi_{\zeta,\omega}(\omega) = \frac{1}{v}\left[\phi_{\zeta,\Omega}(\Omega)\right]_{\Omega=\frac{\omega}{v}} = v\phi_0(\Omega_0/\omega)^2 \qquad (5.186)$$

bzw. mit (5.55), (5.59)

$$S_{\zeta\zeta}(\omega) = \pi v\phi_0\Omega_0^2 = q = \text{ konst}. \qquad (5.187)$$

Dies bedeutet, daß der Prozess $\underline{\zeta} = \underline{w}$ als weißes Rauschen angesehen werden kann, das durch den Intensitätsparameter q charakterisiert ist. Um dies in der Auswertung auszunützen, wird (5.183) nach der Zeit differenziert und man erhält damit ein System mit weißem Rauschen als Erregerprozess

$$\bar{\underline{x}} = \dot{\underline{x}}, \quad \bar{\underline{x}}^T = \left[\dot{y}_C, \dot{\vartheta}, \dot{y}_V, \dot{y}_H, \ddot{y}_C, \ddot{\vartheta}, \ddot{y}_V, \ddot{y}_H\right],$$

$$\underline{w} = \dot{\underline{\zeta}}, \ \underline{w}^T = [w(t), w(t - t_2)], \qquad (5.188)$$

$$\dot{\bar{\underline{x}}} = \mathbf{F}\bar{\underline{x}} + \mathbf{G}\underline{w}.$$

Dies entspricht einem System der Form (5.71) allerdings mit verschobenem Erregerprozeß. Über (5.80) bis (5.82) läßt sich nun die Kovarianzmatrix des Prozesses $\bar{\underline{x}}$ bestimmen

$$\dot{\mathbf{P}}_{\bar{x}} = \mathbf{F}\mathbf{P}_{\bar{x}} + \mathbf{P}_{\bar{x}}\mathbf{F}^T + \mathbf{I} + \mathbf{I}^T \qquad (5.189)$$

mit

$$\mathbf{I} = \mathbf{G}\int\limits_0^t E\left\{\underline{w}(t)\underline{w}^T(\tau)\right\}\mathbf{G}^T e^{\mathbf{F}^T(t-\tau)}d\tau. \qquad (5.190)$$

Der Erwartungswert der Erregung errechnet sich über (5.48) zu

$$E\left\{\underline{w}(t)\underline{w}^T(\tau)\right\} = E\left\{\begin{bmatrix} w(t)w(\tau) & w(t)w(\tau - t_2) \\ w(t - t_2)w(\tau) & w(t - t_2)w(\tau - t_2) \end{bmatrix}\right\} =$$

$$q\begin{bmatrix} \delta(t - \tau) & \delta(t - \tau + t_2) \\ \delta(t - \tau - t_2) & \delta(t - \tau) \end{bmatrix}. \qquad (5.191)$$

Zur Bestimmung des Integrals (5.190) muß beachtet werden, daß $t > t_2 > 0$ gilt. Dies bedeutet, daß zum Zeitpunkt t das Hinterrad bereits die gleiche Stelle der Fahrbahn passiert hat, wie das Vorderrad, was dem Sinn der Aufgabenstellung entspricht.

Für (5.190) kann nun mit (5.191) geschrieben werden

$$\mathbf{I} = \mathbf{I}_1 + \mathbf{I}_2 + \mathbf{I}_3,$$

$$\mathbf{I}_1 = q\mathbf{G} \int\limits_0^t \begin{bmatrix} \delta(t-\tau) & 0 \\ 0 & \delta(t-\tau) \end{bmatrix} \mathbf{G}^T e^{\mathbf{F}^T(t-\tau)} d\tau \qquad (5.192)$$

$$= q\mathbf{G} \int\limits_0^t \mathbf{E}\delta(t-\tau)\mathbf{G}^T e^{\mathbf{F}^T(t-\tau)} d\tau ,$$

$$\mathbf{I}_2 = q\mathbf{G} \int\limits_0^t \begin{bmatrix} 0 & 0 \\ \delta(t-\tau-t_2) & 0 \end{bmatrix} \mathbf{G}^T e^{\mathbf{F}^T(t-\tau)} d\tau , \qquad (5.193)$$

$$\mathbf{I}_3 = q\mathbf{G} \int\limits_0^t \begin{bmatrix} 0 & \delta(t-\tau+t_2) \\ 0 & 0 \end{bmatrix} \mathbf{G}^T e^{\mathbf{F}^T(t-\tau)} d\tau . \qquad (5.194)$$

Für das Integral $\mathbf{I}_1$ erhält man, wie schon mit (5.83), (5.84) gezeigt,

$$\mathbf{I}_1 = \frac{1}{2} q\mathbf{G}\mathbf{G}^T . \qquad (5.195)$$

Das Integral $\mathbf{I}_2$ liefert nur an der Stelle $\tau = \bar{\tau}, t > \bar{\tau} = t - t_2 > 0$, einen Wert

$$\mathbf{I}_2 = q\mathbf{G} \begin{bmatrix} 0 & 0 \\ 1 & 0 \end{bmatrix} \mathbf{G}^T e^{\mathbf{F}^T t_2} , \qquad (5.196)$$

während für $\tau > 0$ die Deltafunktion $\delta(t-\tau+t_2)$ im Integrationsintervall stets Null ist:

$$\mathbf{I}_3 = 0 . \qquad (5.197)$$

Damit folgt der für die Vervollständigung der Gleichung (5.189) notwendigen Ausdruck

$$\mathbf{I} + \mathbf{I}^T = q\left(\mathbf{G}\mathbf{G}^T + e^{\mathbf{F}t_2}\mathbf{G} \begin{bmatrix} 0 & 1 \\ 0 & 0 \end{bmatrix} \mathbf{G}^T + \mathbf{G} \begin{bmatrix} 0 & 0 \\ 1 & 0 \end{bmatrix} \mathbf{G}^T e^{\mathbf{F}^T t_2} \right) . \qquad (5.198)$$

Für das betrachtete stationäre Systemverhalten ist in (5.189) weiter $\dot{\mathbf{P}}\bar{x} = 0$ zu setzen. Die stationäre Kovarianzmatrix $\bar{\mathbf{P}}_{\bar{x}}$ ist die Lösung der LJAPUNOV-Gleichung

$$\mathbf{F}\bar{\mathbf{P}}_{\bar{x}} + \bar{\mathbf{P}}_{\bar{x}}\mathbf{F}^T = -(\mathbf{I} + \mathbf{I}^T) \qquad (5.199)$$

und läßt sich numerisch ohne größere Probleme bestimmen. Sie wird im weiteren als bekannt vorausgesetzt.

Die Berechnung der für die *Fahrsicherheit* maßgeblichen Aufstandskraftschwankungen $F_{V,dyn}, F_{H,dyn}$ wird nicht über (5.128) mit z. B. $F_{V,dyn} = c_R(y_V + \zeta_V)$ durchgeführt, weil aufgrund der Idealisierung der Spektraldichte $\phi_{\zeta,\Omega}$ für den

Erwartungswert $E\{\zeta_V\zeta_V\} \to \infty$ gilt. Die Aufstandskraftschwankungen bzw. deren Effektivwerte sollen hingegen über die Beschleunigungen des Gesamtsystems bestimmt werden, siehe Abb. 5.29. So läßt sich über Schwerpunkts- und Drallsatz unter Elimination der Kräfte zwischen Rädern und Aufbau zunächst schreiben:

$$m\ddot{y}_C + m_V\ddot{y}_V + m_H\ddot{y}_H = -F_{V,dyn} - F_{H,dyn}$$
$$I_C\ddot{\vartheta} + m_V l_V\ddot{y}_V - m_H l_H\ddot{y}_H = -l_V F_{V,dyn} + l_H F_{H,dyn} \qquad (5.200)$$

woraus folgt

$$F_{V,dyn} = -\frac{l_H m}{l}\ddot{y}_C - \frac{I_C}{l}\ddot{\vartheta} - m_V\ddot{y}_V \; ,$$
$$F_{H,dyn} = -\frac{l_V m}{l}\ddot{y}_C + \frac{I_C}{l}\ddot{\vartheta} - m_H\ddot{y}_H \qquad (5.201)$$

bzw. mit (5.188):

$$F_{V,dyn} = \underline{k}_V^T\underline{\bar{x}}, \quad \underline{k}_V^T = \left(0,0,0,0,-\frac{l_H m}{l},-\frac{I_C}{l},-m_V,0\right) \; ,$$
$$F_{H,dyn} = \underline{k}_H^T\underline{\bar{x}}, \quad \underline{k}_H^T = \left(0,0,0,0,-\frac{l_V m}{l},\frac{I_C}{l},0,-m_H\right) \; . \qquad (5.202)$$

Mit (5.202) und der bekannten stationären Kovarianzmatrix $\bar{\mathbf{P}}_{\bar{x}}$ folgen unmittelbar die Streuungen der Radlastschwankungen

$$\sigma_{V,dyn} = \sqrt{\underline{k}_V^T E\{\underline{\bar{x}},\underline{\bar{x}}^T\}\,\underline{k}_V} = \sqrt{\underline{k}_V^T\bar{\mathbf{P}}_{\bar{x}}\underline{k}_V} \; ,$$
$$\sigma_{H,dyn} = \sqrt{\underline{k}_H^T\bar{\mathbf{P}}_{\bar{x}}\underline{k}_H} \; . \qquad (5.203)$$

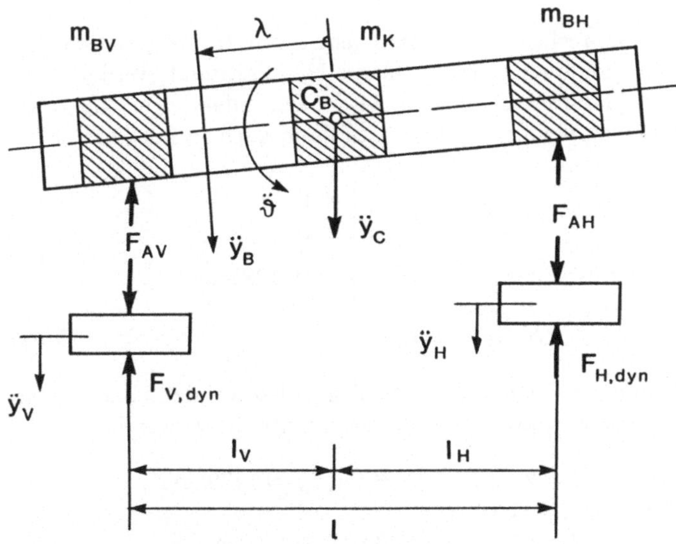

Abb. 5.29: Kräfte und Beschleunigungen am System

Die für den *Komfort* maßgebliche vertikale Aufbaubeschleunigung an der
Stelle λ des Aufbaus, siehe Abb. 5.28

$$\ddot{y}_B = \ddot{y}_C + \lambda\ddot{\vartheta} = \underline{h}_B^T \underline{x}, \quad \underline{h}_B^T = (0,0,0,0,1,\lambda,0,0) \qquad (5.204)$$

soll entsprechend ISO-Richtlinie bewertet werden.

Es wird dazu das in Abb. 2.24, (5.145) gegebene Formfilter 2. Ordnung verwendet. Dies läßt sich in (Steuerungs-) Normalform, siehe auch (6.16), (6.17)
darstellen

$$\dot{\eta} = \mathbf{F}_B\eta + \underline{g}_B\ddot{y}_B \qquad (5.205)$$

mit

$$\underline{\eta} = \begin{bmatrix} \eta_1 \\ \eta_2 \end{bmatrix}, \ \mathbf{F}_B = \begin{bmatrix} 0 & 1 \\ -a_0 & -a_1 \end{bmatrix}, \ \underline{g}_B = \begin{bmatrix} 0 \\ 1 \end{bmatrix}$$

und der bewerteten Aufbaubeschleunigung

$$\bar{a} = \underline{c}^T \underline{\eta}; \ c^T = (b_0, b_1) . \qquad (5.206)$$

Unter Anwendung der Vorgehensweise wie in (5.142) gezeigt, läßt sich das System (5.184), (5.204,) (5.205) zusammenfassen:

$$\underline{\dot{x}}^* = \mathbf{F}^*\underline{x}^* + \mathbf{G}^*\underline{w} \qquad (5.207)$$

mit

$$\underline{x}^* = \begin{bmatrix} \underline{\dot{x}} \\ \underline{\eta} \end{bmatrix}, \mathbf{F}^* = \begin{bmatrix} \mathbf{F} & 0 \\ \underline{g}_B\underline{h}_B^T & \mathbf{F}_B \end{bmatrix}, \mathbf{G}^* = \begin{bmatrix} \mathbf{G} \\ 0 \end{bmatrix}$$

und der $[2 \times 8]$ Matrix

$$\underline{g}_B\underline{h}_B^T = \begin{bmatrix} \underline{0} \\ \underline{h}_B^T \end{bmatrix} .$$

Gleichungen (5.207) entsprechen nun formal jenen von (5.184) so daß über
(5.198), (5.199) die stationäre Kovarianzmatrix $\bar{\mathbf{P}}_{x^*}$ bestimmt werden kann,
wenn $\mathbf{F}$ durch $\mathbf{F}^*$ und $\mathbf{G}$ durch $\mathbf{G}^*$ ersetzt wird. Der Effektivwert $\bar{a}_{RMS}$ der
bewerteten Aufbaubeschleunigung errechnet sich dann nach (5.144) zu

$$\bar{a}_{RMS} = \begin{bmatrix} \underline{0}^T, \underline{c}^T \end{bmatrix} \bar{\mathbf{P}}_{x^*} \begin{bmatrix} \underline{0} \\ \underline{c} \end{bmatrix} \qquad (5.208)$$

und der KZ_{eq}-Wert der Aufbaubeschleunigung aus (5.138) zu

$$KZ_{eq} = 20\bar{a}_{RMS} . \qquad (5.209)$$

Zur Veranschaulichungen der numerischen Ergebnisse werden charakteristische Daten eines Mittelklasse Pkw's (mit Vorderradantrieb) verwendet.

$$\begin{aligned}
m &= 1000\text{kg}, & l &= 2.4\text{m}, & I_C &\cong ml_V l_H = 1430\text{kgm}^2, \\
m_V &= 70\text{kg}, & l_V &= 1.1\text{m}, & & \\
m_H &= 50\text{kg}, & l_H &= 1.3\text{m}, & -1.3\text{m} &\leq \lambda \leq 1.1\text{m},
\end{aligned}$$

$$c_R = 300000\mathrm{N/m},$$

$$c_V = 30000\mathrm{N/m}, \qquad d_V = 2D\sqrt{c_V m l_H/l},$$

$$c_H = 27000\mathrm{N/m}, \qquad d_H = 2D\sqrt{c_H m l_V/l}.$$

Das Massenträgheitsmoment I_C wurde so gewählt, daß bei einer Aufteilung der Aufbaumasse auf die beiden Achsen mit den Bedingungen (siehe [1], Abb. 5.29)

$$m_{BV} + m_{BH} + m_K = m,$$
$$m_{BV} l_V = m_{BH} l_H, \qquad\qquad (5.210)$$
$$m_{BV} l_V^2 + m_{BH} l_H^2 = I_C = m i_C^2 \ ;$$

die Koppelmasse m_K, die im allgemeinen sehr klein ist, verschwindet. Mit dem Trägheitsradius $i_C = \sqrt{l_V l_H}$ gilt:

$$m_K = m \left(1 - \frac{i_C^2}{l_V l_H} \right) = 0 \ ,$$
$$m_{BV} = m \frac{i_C^2}{l_V l} = m \frac{l_H}{l} \ , \qquad\qquad (5.211)$$
$$m_{BH} = m \frac{i_C^2}{l_H l} = m \frac{l_V}{l} \ .$$

Die Dämpferkonstanten d_V, d_H sind so gewählt, daß die entkoppelten Eigenschwingungen des vorderen und hinteren Aufbauteilsystems das gleiche Dämpfungsmaß D haben.

Für die Fahrbahn wurde nach Abb. 5.10 eine Straße mittlerer Güte ausgewählt:

$$\phi_{\zeta,\Omega}(\Omega) = 5 \cdot 10^{-6} \left(\frac{1}{\Omega} \right)^2 \left[\frac{\mathrm{m}^2}{\mathrm{rad/m}} \right]$$

bzw.

$$q = 15.7 \cdot 10^{-6} v \left[\frac{\mathrm{m}^2/\mathrm{s}^2}{\mathrm{rad/s}} \right] \ .$$

Die Daten des Bewertungsfilters wurden aus (5.145) übernommen:

$$a_0 = 46.5\mathrm{s}^{-2}, \qquad b_0 = 32\mathrm{s}^{-2},$$
$$a_1 = 9.0\mathrm{s}^{-1}, \qquad b_1 = 8\mathrm{s}^{-1} \ .$$

Die Auswertungen, Abb. 5.30, zeigen die Zunahme der Streuung der Radlastschwankungen bezogen auf die statische Radlast F_i mit der Fahrgeschwindigkeit und die Abhängigkeit des Effektivwertes der Aufbaubeschleunigung von der Position am Aufbau für ein (mittleres) Dämpfungsmaß $D = 0.35$, wobei V die Stelle über der Vorderachse angibt und H jene über der Hinterachse. Im dritten Diagramm ist der Einfluß des Dämpfungsmaßes D auf den Effektivwert und den KZ_{eq}-Wert dargestellt. Die Komfortcharakterisierung der KZ_{eq}-Werte nach Abb. 5.17, kann nicht unmittelbar als Maß für die Belastung des Fahrers angesehen werden. Hierfür müßten zumindest auch die Systemeigenschaften des

Fahrersitzes berücksichtigt werden. Größen der Art wie hier mit diesen vereinfachten Modell errechnet, können jedoch gut als Bezugswerte für Beurteilungen relativer Verbesserungen verwendet werden.

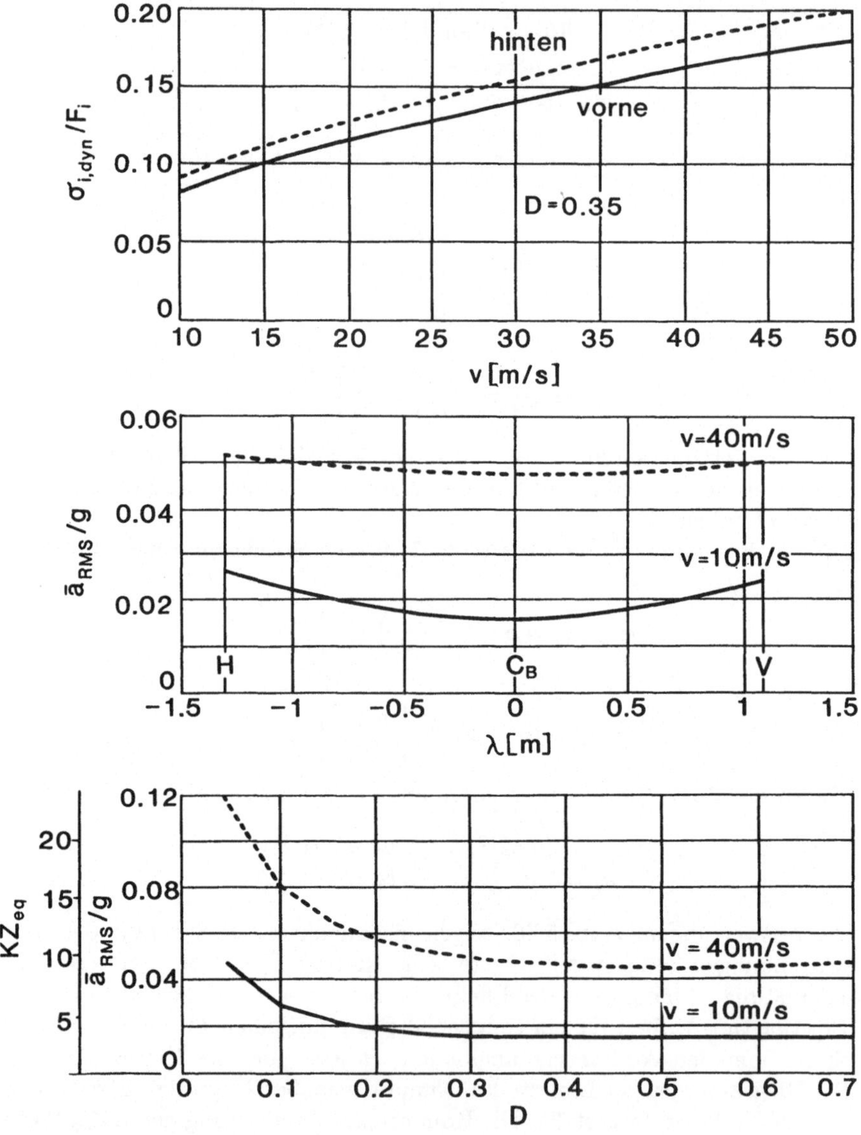

Abb. 5.30:   Kenngrößen für Fahrsicherheit und Komfort

6 Auslegungs- und Reglerentwurfsverfahren

Die grundlegenden Anforderungen an die Fahrzeugaufhängungen sind, wie schon in Kap. 2.5 angeführt,

- die Gewährleistung des *Tragens* des Fahrzeuggewichts und seiner Ladung sowie das *Führen* des Fahrzeuges entlang des Fahrweges;
- die *Isolierung* der (Fahrgast-) Zelle gegenüber den Unregelmäßigkeiten des Fahrweges.

Man versucht zwar, diese beiden Funktionen voneinander zu trennen (Primär- und Sekundärfederung), jedoch stellt sich bei passiven Systemen oft ein *Entwurfskonflikt* ein: Während die erste Aufgabe eine relativ *harte* Federung mit kleinen Federwegen fordert, kann man die zweite Aufgabe nur durch eine *weiche* Federung mit großen Federwegen erfüllen. Ebenso kann die Dämpfung den Fahrkomfort günstig beeinflussen, aber in gewissen Frequenzbereichen können dadurch die Radlastschwankungen erhöht und damit die Fahrsicherheit verschlechtert werden.

Obwohl viele Fahrzeugaufhängungen preiswert, zuverlässig und mit zufriedenstellender Leistung mit passiven Elementen realisiert werden, gibt es doch für sie bestimmte Leistungsgrenzen, die nicht überschritten werden können. In der Vergangenheit wurden viele Versuche unternommen, diese Grenzen zu verschieben, z. B. durch einstellbare Aufhängungsparameter zur Anpassung an sich ändernde Anregungen. Einige Kraftfahrzeuge erhielten steuerbare (''adaptive'') Stoßdämpfer. Auch Niveauregulierungen, die die statische Lage automatisch an den Beladungszustand anpassen, können eine günstige Beeinflussung der Aufhängungseigenschaften bewirken.

Mit Erhöhung der Anforderungen an die Fahrzeugaufhängung wird es jedoch immer schwieriger, mit passiven Komponenten den Gesamtkatalog an Spezifikationen bei unterschiedlichsten Anregungen zu erfüllen. Aus den genannten Gründen ist deshalb, insbesondere bei Kraftfahrzeugen, eine Tendenz zum Einsatz aktiv geregelter Aufhängungen festzustellen, [7].

6.1 Einige prinzipielle Überlegungen zu aktiven Systemen

Aktive Systeme sind dadurch definiert, daß ihre Ausgangsgrößen (z. B. Kräfte) von *gemessenen Zustandsgrößen* abhängig gemacht werden. Die prinzipielle Struktur eines aktiven Systems wird durch die Abb. 6.1 verdeutlicht; dieses besteht damit aus den Elementen *Sensoren, Signalverarbeitung* (Filter, Regelgesetz, Rückführung) und *Stellgliedern* nebst externer Energiequelle. Entscheidend ist, daß Stellgrößen erzeugt werden können, die von mehreren Variablen abhängen, von denen einige an vom Stellort entfernten Bauteilen gemessen sein können.

Passive Aufhängungen können demgegenüber nur Kräfte hervorrufen, die von der lokalen Relativbewegung der Elementankopplungsorte abhängen. In Konsequenz können aktive Federungen zugleich "weich" für den Fahrkomfort und "hart" für das Fahrverhalten wirken. Beim aktiven System brauchen die Forderungen nach Fahrkomfort und Federungsweg also nicht mehr in Widerspruch zu stehen.

Im Gegensatz zu passiven Komponenten, die Energie nur speichern oder "vernichten", d. h. in Wärme umsetzen können, benutzen aktive Komponenten dauernd oder zeitweise externe Energiequellen, um dem System gezielt Energie zuzuführen und dadurch *regelnd* in das Systemverhalten einzugreifen. Da die Stellgrößen auch von Absolutgrößen, z. B. von der Beschleunigung, direkt abhängen können, ist ein Übertragungsverhalten erreichbar, welches für niedere Frequenzen ein gutes Folgeverhalten aufweist und trotzdem für höhere Frequenzen eine gute Isolation gewährleistet. In der Abb. 6.2 wird das prinzipielle Verhalten eines passiven Systems bei Veränderung seiner Parameter im Vergleich

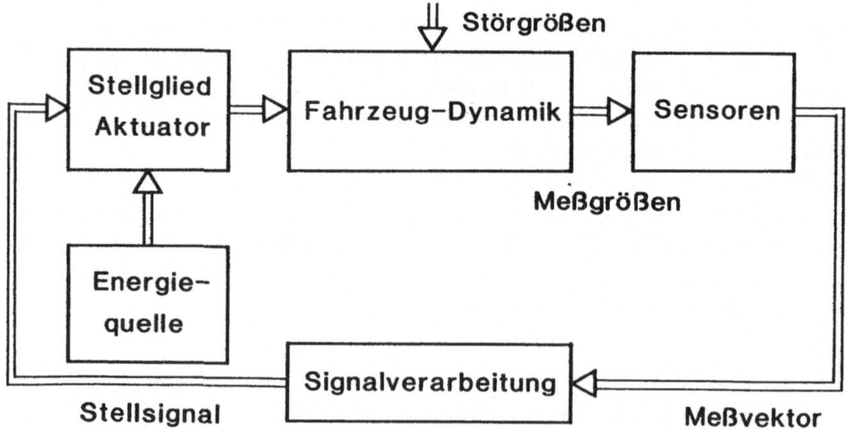

Abb. 6.1:   Prinzipielle Struktur eines aktiv geregelten Fahrzeugs

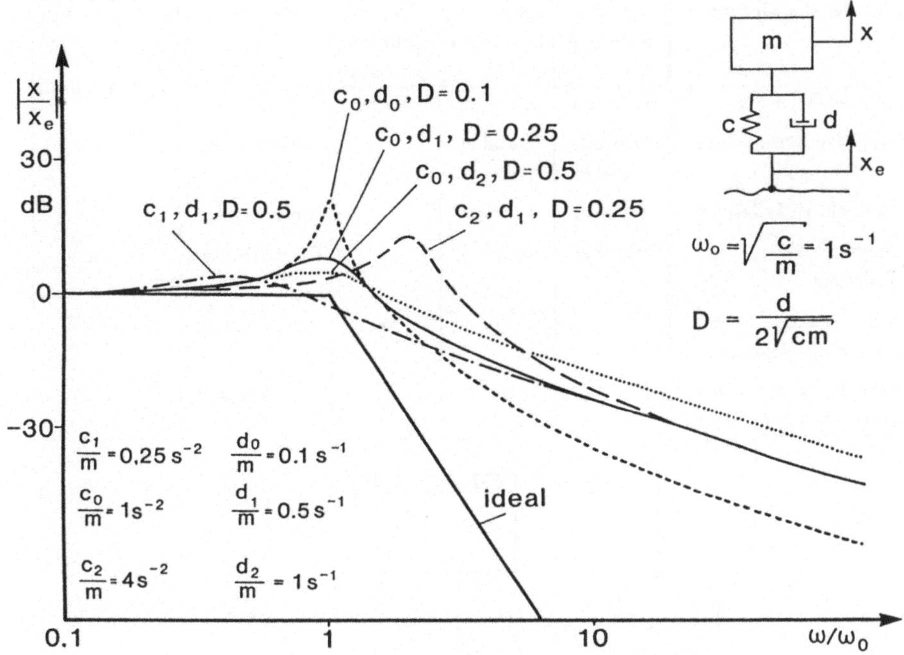

Abb. 6.2:   Idealer Frequenzgang und mit passiver Feder-Dämpfer-Kombinati-
on erzielbare Frequenzgänge

mit einem wünschenswerten Frequenzgang dargestellt. Als "wünschenswert"
gilt hier ideales Folgeverhalten bis zur Grenzfrequenz ω_0 und danach möglichst
steiler Abfall der Frequenzgangkurve.

Aufgrund der prinzipiellen Überlegenheit aktiver Systeme, die für einige Anwendungen von entscheidender Bedeutung für die Realisierbarkeit sein kann,
siehe [183], wird heute in der Fahrzeugtechnik (bei Magnetschwebebahnen, Eisenbahnen, Kraftfahrzeugen, Flugzeugfahrwerken) intensiv an der Entwicklung
einsatzfähiger aktiver Aufhängungen gearbeitet. Übersichten geben die Arbeiten, [184, 6, 59, 7, 185, 186].

So wird z. B. in [187] eine Aufgliederung der möglichen Auslegungsvarianten
für Kfz-Radführungen angegeben, siehe Abb. 6.3. Ein nachteiliger Aspekt ist
dabei: Während Federungen bis zur Bezeichnung "semi-aktiv" [188, 189] noch
praktisch ohne zusätzlichen Energiebedarf auskommen, kann dieser bei einer
schnellen aktiven Regelung bereits einen beträchtlichen Teil der für die Fortbe-
wegung nötigen Energie ausmachen.

Das mögliche Verbesserungspotential hinsichtlich Komfort und Fahrsicherheit - siehe Kapitel 5.5 - ist in Abb. 6.4, nach [187], dargestellt. Eine wesentliche Verbesserung beim Überfahren eines Einzelhindernisses (z. B. einer
einzelnen Bodenwelle) kann allerdings nur mit einem System mit *Vorausschau*

Art der Radführung	Art der Federung	Art der Dämpfung	Zwangs-führung des Rades	Regelaktivität	Energiebedarf
passive Federung	konstant	konstant		nein	
adaptive Radfederung	konstant / variabel	variabel		niederfrequent	
semi-aktive Federung	variabel	variabel		hochfrequent	
langsame aktive Federung	variabel	variabel		Grenzfrequenz 3 - 5 Hz	1 - 3 kW
schnelle aktive Federung ohne Vorausschau			ja	hochfrequent	7 - 15 kW
schnelle aktive Federung mit Vorausschau			ja	hochfrequent	7 - 15 kW

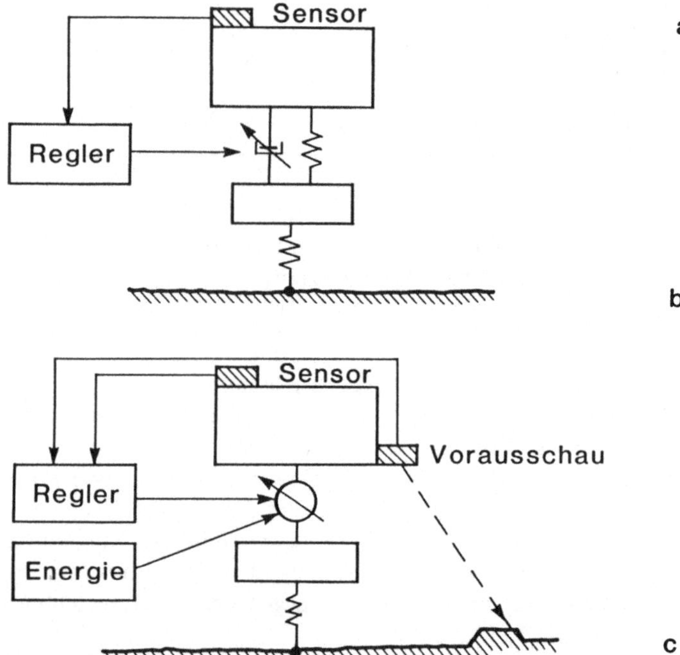

Abb. 6.3:   Übersicht über Möglichkeiten der Federung und Dämpfung der Radführung beim Kraftfahrzeug
a: tabellarische Charakterisierung
b: semi-aktive Federung über Dämpferverstellung
c: aktive Federung, einschließlich Vorausschau

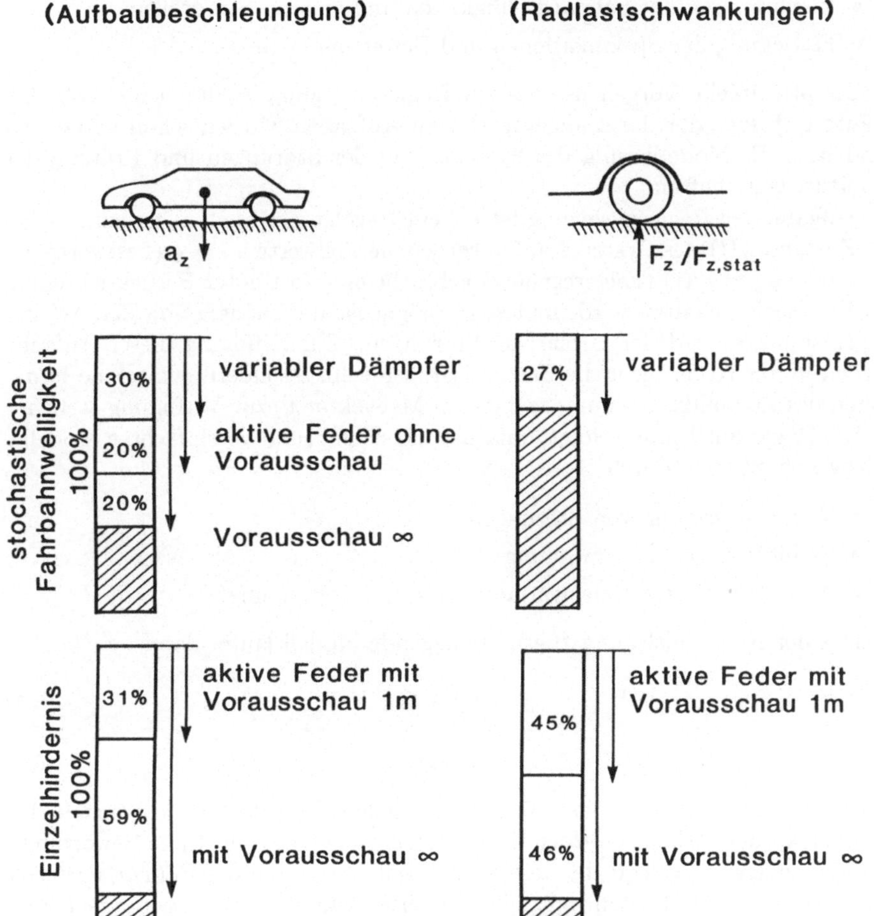

Abb. 6.4: Verbesserungsmöglichkeiten adaptiver und aktiver Federungssysteme gegenüber der passiven Federung beim Kfz

erreicht werden. Die zumindest teilweise Kenntnis der Bodenkontur schon bei Annäherung an das Hindernis erlaubt es dem aktiven System, sich auf die zu erwartenden Radbewegungen einzustellen. Jedoch muß dazu bemerkt werden, daß auf den Gebieten der Vorausschau bzw. Vorauserkennung von Fahrbahnkonturen die Entwicklungen erst im Forschungsstadium stehen, [190].

Reglerauslegung

Zur Auslegung und Beurteilung aktiver Fahrzeugkomponenten sind vorweg folgende Arbeitsschritte erforderlich:

- Erstellung von Fahrzeug- und Aufhängungsmodellen;

- Beschreibung der Fahrwegwelligkeiten und anderer Störgrößen;

- Festlegung der Spezifikationen und Bewertungskriterien.

Die prinzipielle Vorgehensweise zur Reglerauslegung ist durch die Abb. 6.5 erläutert. Einige der darin angesprochenen Aufgaben wurden schon vorher behandelt, z. B. Modellierung des Systems und der Störungen und Prüfung der Struktureigenschaften.

Aufgabe der Reglerauslegung ist es, ein Regelgesetz $\underline{u}(\underline{x})$ zu finden, so daß der Zustand $\underline{x}(t)$ des Systems auf vorgegebene Sollwerte $\underline{x}_s = \underline{c}$ (Festwertregelung) oder $\underline{x}_s = \underline{x}_s(t)$ (Folgeregelung) gebracht und dort unter Berücksichtigung des Regelziels gehalten wird, und zwar möglichst unabhängig von der Art des Angriffspunktes und der Größe von Störungen. Zur Erfüllung dieser Aufgabe werden in der Regel nicht die Zustandsgrößen selbst, sondern gemessene Funktionen des Zustands, zusammengefaßt im Meßvektor $\underline{y}$, zur Verfügung stehen.

Die Reglerauslegung erfolgt zunächst meist aufgrund vereinfachter Modelle, welche sich ergeben durch

- Vernachlässigung von Störungen,

- Reduktion der Systemordnung,

- Annahme linearer zeitinvarianter Systembeschreibung.

Das der Reglerauslegung zugrunde liegende Modell lautet dann

$$\underline{\dot{x}} = \mathbf{F}\underline{x} + \mathbf{G}\underline{u} \,, \qquad (6.1)$$

$$\underline{y} = \mathbf{H}\underline{x} \,. \qquad (6.2)$$

Solche für die Auslegung vereinfachten Modelle sollen als *Entwurfsmodelle* bezeichnet werden. Ebenso werden bei der Auslegung meist nicht alle Bewertungskriterien zugrunde gelegt; der verwendete Teil stellt dann die *Entwurfskriterien* dar. Das komplette System mit allen Kriterien wird hier *Bewertungsmodell* genannt.

Für das Entwurfsmodell wird ein Regelgesetz in der Form

$$\underline{u} = -\mathbf{C}\underline{x} \qquad (6.3)$$

als *Zustands-Rückführung* bzw. in der Form

$$\underline{u} = -\mathbf{C}_y\underline{y} \qquad (6.4)$$

als *Ausgangs-Rückführung* gesucht, siehe Abb. 6.6.

Für die Bewertung dieser möglichen Rückführungen ist folgendes zu beachten:

- Beschreibt $\underline{y}$ in (6.2) die Meßgrößen, so ist (6.4) realisierbar. Das Regelgesetz (6.3) setzt jedoch die Messung *aller* Zustandsgrößen voraus, eine Annahme, die in aller Regel nicht zutrifft. Wie in Abb. 6.6 angedeutet,

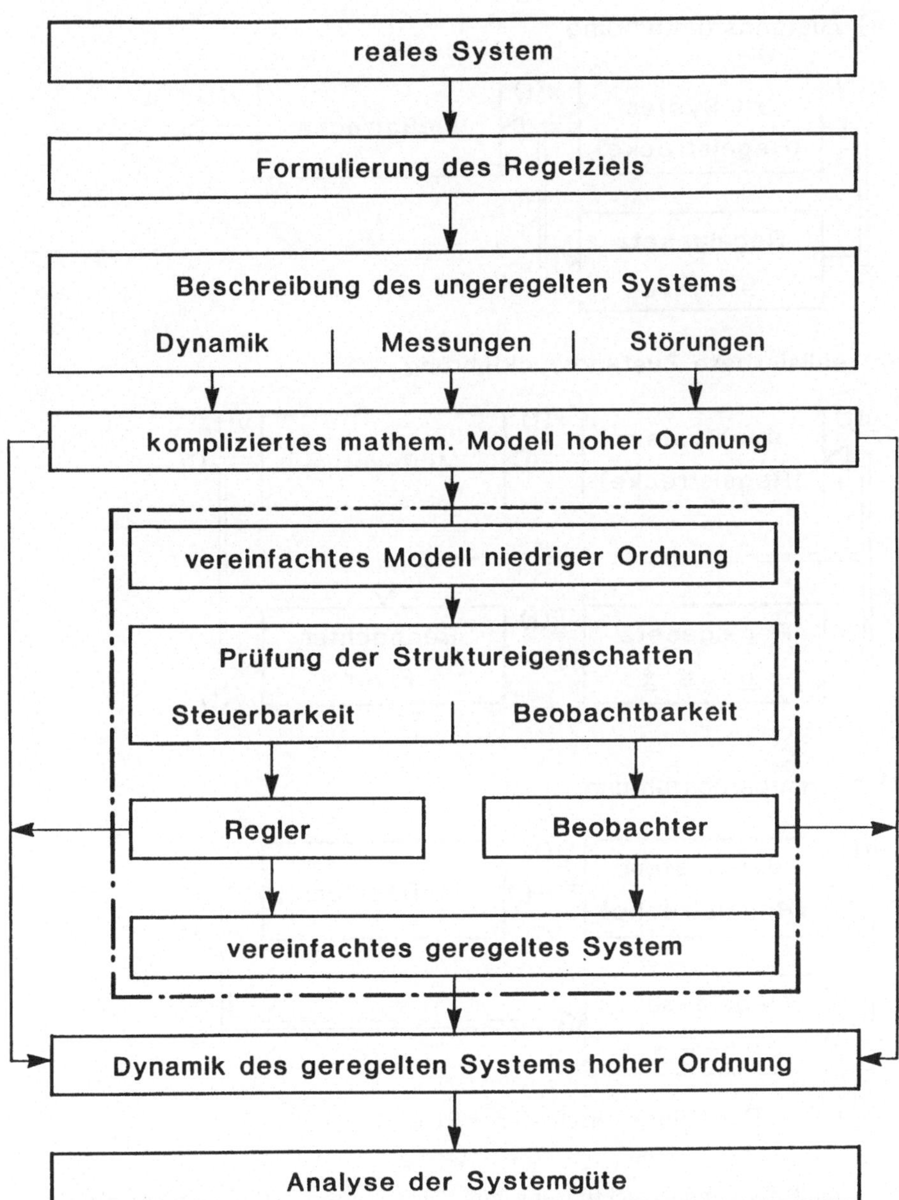

Abb. 6.5 :   Prinzipielles Vorgehen bei der Reglerauslegung und Systemanalyse komplexer dynamischer Systeme

a) Zustandsrückführung

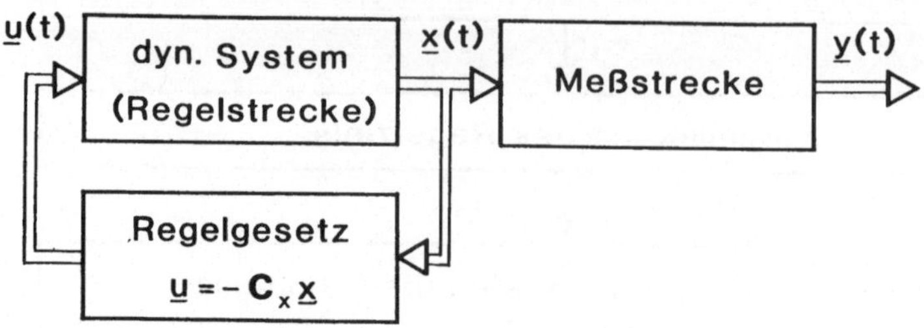

b) realisierbare Zustandsrückführung

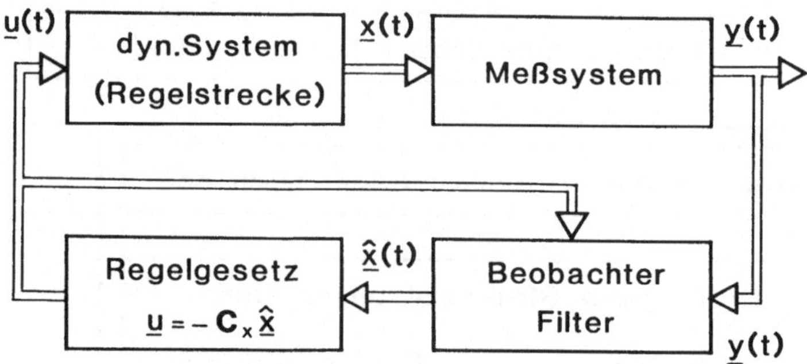

c) Ausgangsrückführung

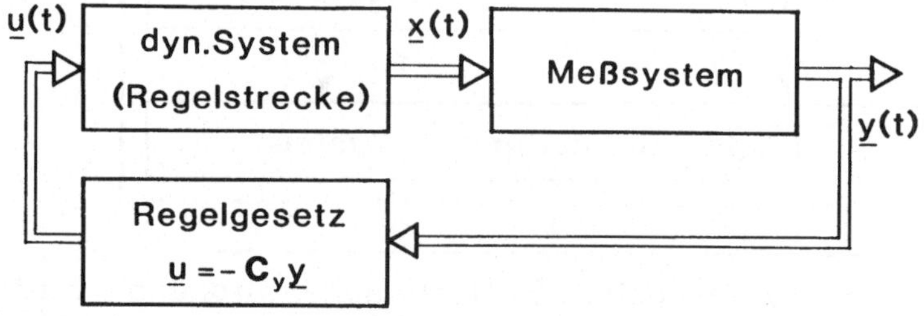

Abb. 6.6:   Darstellung verschiedener Rückführungsarten

muß dann eine Rückführung mit Schätzwerten $\hat{x}$ für die nicht direkt gemessenen Zustandsgrößen eingesetzt werden, siehe Kap. 6.4.

- Wegen der in (6.1) gegenüber den vollständigen nichtlinearen Gleichungen getroffenen Vernachlässigungen sollte unbedingt mit dem entworfenen Regler und eventuellen Stellglied- und Sensormodellen vor einer Hardware-Realisierung das Gesamtsystem simuliert werden. Hierzu wird an dem realitätsnäheren Simulationsmodell überprüft, ob die getroffenen Näherungen im vorliegenden Fall noch zulässig sind.

Bewertungs- und Auslegungskriterien

Bekanntlich wirken sich die Aufhängungsparameter sehr direkt auf die *Fahr-und Schwingungseigenschaften* eines Fahrzeugs aus. Hierzu gehören insbesondere

- die Stabilität und das Abklingverhalten von kleinen Störungen,
- die Fahrsicherheit,
- der Fahrkomfort für Passagiere und Frachtgut,
- der Leistungsbedarf,
- die Materialbeanspruchung.

Sowohl für die Bewertung eines vorliegenden Fahrzeugmodells als auch für die Neuauslegung müssen dic genannten Anforderungen in quantitativer Weise ausgedrückt werden, um zu *Bewertungskriterien* für gegebene Systeme bzw. sogenannten *Gütekriterien* für die Auslegung zu kommen.

Wie in Kapitel 5.5 gezeigt, konnten über die Effektivwerte der Radlastschwankungen und der Aufbaubeschleunigung solche Maße für die Fahrsicherheit und den Fahrkomfort abgeleitet werden.

Über die Stabilität und das Abklingverhalten entscheiden, wie in Kap. 4.3 diskutiert, die Eigenwerte des linearisierten Systems, während die Materialbeanspruchung über das Kraftniveau beurteilt werden kann. Ebenso kann der für aktive Systeme zusätzlich erforderliche Energieaufwand über die Stellkräfte berechnet werden.

Im Hinblick auf aktive Systeme sollte man beachten, daß die Eigenwerte mit Hilfe einer Regelung bei Vorliegen eines steuerbaren Systems zwar beliebig verschoben werden können. Da dies jedoch Energie kostet, sollte eine Verschiebung nur im notwendigen Rahmen vorgenommen und das Eigenverhalten des ungeregelten Systems möglichst ausgenutzt werden, siehe auch Kap. 6.2.

In den folgenden Kapiteln werden die wichtigsten grundlegenden Methoden zur Reglerauslegung, die sich im Rahmen der Zustandsraum-Methoden für lineare, zeitinvariante Mehrgrößensysteme bewährt haben, besprochen.

Dies sind die Auslegungen linearer Zustandsregler mittels *Polvorgabe*, Kap. 6.2, und *quadratischer Synthese* (RICCATI-Entwurf), Kap. 6.3, sowie die Auslegung von *Zustandsschätzern* (Beobachter und KALMAN-BUCY-Filter), Kap. 6.4; damit soll aus gemessenen Größen der für die obige Regelung erforderliche Zustandsvektor möglichst gut ermittelt werden.

Diese Verfahren im Zustandsraum bilden heute nach wie vor das "Rückgrat" für den Reglerentwurf, natürlich ergänzt und unterstützt durch die "klassischen" Verfahren im Frequenzbereich (BODE, NYQUIST, Wurzelortskruven), siehe z. B. [70, 191].

Darüberhinaus sind auch neuere Verfahren in der Entwicklung und teilweise auch schon im Einsatz. Erwähnt werden sollen hier die Methoden, der *robusten Regelung*, wo es darum geht, Regelkonzepte zu entwerfen, die bei Parameteränderungen, z. B. Beladungszustand oder Fahrgeschwindigkeit eines Fahrzeugs, ohne Adaption ("gain scheduling") auskommen, d. h. *parameterunempfindlich* sind, [192]. Im Zusammenhang mit robusten Regelungen feierten auch die Verfahren im Frequenzbereich eine gewisse Renaissance etwa in der sogenannten "H^∞-Control", siehe z. B. [193, 194].

Eine weitere Entwicklung in der neueren entwurfsorientierten Regelung ist die Nutzung der *Parameteroptimierung* für die Reglerauslegung. Hierbei können nach Vorgabe einer Reglerstruktur, etwa nach den o. a. Verfahren, und Auswahl freier Parameter (der sogenannten Synthesevariablen) diese mit entsprechender Algorithmen bestimmt werden, so daß sogar mehrere Bewertungskriterien (Zielfunktionen) gleichzeitig innerhalb gewisser Grenzen (PARETO-Optimum) minimiert werden, [195]. Dabei ist es grundsätzlich möglich, sowohl nichtlineare Modelle für die Regelstrecke als auch für die Reglerstruktur zu berücksichtigen.

Alle genannten neueren Verfahren "sprengen" den Rahmen dieses Buches aus drei Gründen: 1. wegen des erforderlichen Umfangs, 2. wegen des notwendigen Spezialwissens und auch wegen der z. T. noch nicht abgeschlossenen Einsatzreife dieser Verfahren. Deshalb soll mit den o. a. Hinweisen auf die Spezialliteratur dieser Ausblick in die neueren Entwicklungen zur Reglerauslegung beendet werden.

6.2 Entwurf durch Polvorgabe

Als erste Methode zur Reglerauslegung soll ein Standardverfahren im Zustandsraum behandelt werden, welches allerdings im wesentlichen auf Eingrößensysteme, d. h. Systeme mit einer Stellgröße, beschränkt ist. Mit dem Verfahren der Polvorgabe werden die Eigenwerte des geregelten Systems an gewünschte Stellen gelegt.

Allgemein gilt: Ist das lineare System

$$\dot{\underline{x}} = \mathbf{F}\underline{x} + \mathbf{G}\underline{u} \tag{6.5}$$

vollständig steuerbar, dann gibt es eine lineare Zustandsrückführung der Form

$$\underline{u} = -\mathbf{C}\underline{x} \tag{6.6}$$

derart, daß der geschlossene Regelkreis

$$\dot{\underline{x}} = \mathbf{F}_c\,\underline{x}, \quad \mathbf{F}_c = \mathbf{F} - \mathbf{G}\mathbf{C} \tag{6.7}$$

beliebig vorgebbare Eigenwerte $\lambda_1^c, \ldots, \lambda_n^c$ besitzt, die aus der charakteristischen Gleichung

$$det(\lambda\mathbf{E} - \mathbf{F} + \mathbf{G}\mathbf{C}) = 0 \tag{6.8}$$

bestimmt werden können, siehe z. B. [196, 197].

Die Probleme, die sich mit diesem zunächst sehr attraktiv erscheinenden Verfahren ergeben, sind:

- Wie bestimmt man die Rückführmatrix **C** so, daß der geschlossene Regelkreis (6.7) die gewünschten Eigenwerte annimmt?

- Welche Eigenwerte gibt man sinnvoller Weise aufgrund der Entwurfsspezifikationen vor?

- Wie bestimmt man den Zustand $\underline{x}$, wenn nur einige Messungen in Form von (6.2), vorliegen?

Im folgenden werden die beiden ersten Fragen behandelt; die letzte Frage der Zustandsbestimmung wird dann im Abschnitt 6.4 diskutiert.

6.2.1 Bestimmung der Verstärkungen

Hier muß man sich leider im wesentlichen auf den *Eingrößenfall* beschränken. Man betrachtet Systeme mit nur einer skalaren Stellgröße u (die Eingangsmatrix ist deshalb nur eine Spaltenmatrix $\underline{g}$):

$$\underline{\dot{x}} = \mathbf{F}\underline{x} + \underline{g}u. \tag{6.9}$$

Die lineare Rückführung hat dann die Form

$$u = -\underline{c}^T\underline{x}\,, \tag{6.10}$$

mit dem zu bestimmenden Parametervektor $\underline{c}$. Der geschlossene Regelkreis und die charakteristische Gleichung lauten damit

$$\underline{\dot{x}} = \mathbf{F}_c\underline{x} = (\mathbf{F} - \underline{g}\underline{c}^T)\underline{x}\,, \tag{6.11}$$

$$\chi_{Fc} = det(\lambda\mathbf{E} - \mathbf{F} + \underline{g}\underline{c}^T) = 0. \tag{6.12}$$

Andererseits kann man auch nach Vorgabe der gewünschten Eigenwerte λ_i^c des geschlossenen Regelkreises die charakteristische Gleichung aufbauen:

$$\chi_c = (\lambda - \lambda_1^c)(\lambda - \lambda_2^c)\ldots(\lambda - \lambda_n^c). \tag{6.13}$$

Durch Auswertung von (6.12) erhält man das charakteristische Polynom n-ter Ordnung in λ mit noch unbekannten Koeffizienten c_i der Spaltenmatrix $\underline{c}$, während durch Ausmultiplikation von (6.13) das charakteristische Polynom mit den gewünschten Polynomkoeffizienten entsteht. Durch Vergleich der Koeffizienten von $\lambda^{n-1},\ldots,\lambda^0$ erhält man insgesamt n Bestimmungsgleichungen für die n Unbekannten c_i.

Es kann gezeigt werden, [197], [140], daß die n Bestimmungsgleichungen eindeutig lösbar sind, falls das System $(\mathbf{F}, \underline{g})$ *steuerbar* ist. Leider fallen die Bestimmungsgleichungen i. a. als nichtlineares Gleichungssystem an, welches nicht einfach zu lösen ist.

Für den Sonderfall allerdings, daß das System in *Steuerungs-Normalform* [70] vorliegt, ergeben sich einfache Lösungsformeln, wie nachfolgend gezeigt wird. Ist das Ein-Ausgangsverhalten durch eine Übertragungsfunktion gegeben, z. B.

$$\frac{Y(s)}{U(s)} = \frac{b_0 + b_1 s + b_2 s^2}{s^3 + a_2 s^2 + a_1 s + a_0} \tag{6.14}$$

und wählt man für die Zustandsdarstellung

$$\dot{\underline{x}} = \mathbf{F}\underline{x} + \underline{g}u \tag{6.15}$$

mit

$$\underline{y} = \underline{h}^T \underline{x} = [b_0, b_1, b_2] \begin{bmatrix} x_1 \\ x_2 \\ x_3 \end{bmatrix}, \tag{6.16}$$

so folgt aus (6.14) für (6.15):

$$\begin{bmatrix} \dot{x}_1 \\ \dot{x}_2 \\ \dot{x}_3 \end{bmatrix} = \begin{bmatrix} 0 & 1 & 0 \\ 0 & 0 & 1 \\ -a_0 & -a_1 & -a_2 \end{bmatrix} \begin{bmatrix} x_1 \\ x_2 \\ x_3 \end{bmatrix} + \begin{bmatrix} 0 \\ 0 \\ 1 \end{bmatrix} u \,. \tag{6.17}$$

Die charakteristische Gleichung des ungeregelten Systems ($u \equiv 0$) ist gleich dem Nennerpolynom des Frequenzgangs:

$$\chi_F = \lambda^3 + a_2 \lambda^2 + a_1 \lambda + a_0. \tag{6.18}$$

Die Systemmatrix des geschlossenen Regelkreises wird nach (6.11)

$$\mathbf{F} - \underline{g}\underline{c}^T = \begin{bmatrix} 0 & 1 & 0 \\ 0 & 0 & 1 \\ -a_0 - c_0 & -a_1 - c_1 & -a_2 - c_2 \end{bmatrix}, \tag{6.19}$$

so daß das charakteristische Polynom die einfache Form annimmt:

$$\chi_{Fc} = \lambda^3 + (a_2 + c_2)\lambda^2 + (a_1 + c_1)\lambda + (a_0 + c_0). \tag{6.20}$$

Das gewünschte charakteristische Polynom wird

$$\chi_c = (\lambda - \lambda_1^c)(\lambda - \lambda_2^c)(\lambda - \lambda_3^c) = \lambda^3 + \alpha_2 \lambda^2 + \alpha_1 \lambda + \alpha_0 \tag{6.21}$$

mit zahlenmäßig festliegenden α_i , nach Vorgabe der λ_i^c, $i = 1, 2, 3$. Durch Koeffizientenvergleich erhält man direkt

$$c_0 = \alpha_0 - a_0, \ c_1 = \alpha_1 - a_1, \ c_2 = \alpha_2 - a_2. \tag{6.22}$$

Man erkennt sofort:

- Das Problem ist immer lösbar, unabhängig von der Wahl der λ_i^c und der Systemparameter a_i; das System (6.17) stellt *strukturell*, d. h. unabhängig von den Parametern, ein steuerbares System dar. Deshalb heißt die Form (6.17) Steuerungsnormalform.

- Je stärker man die Eigenwerte des offenen Kreises (6.18) verschieben will, um so größer werden die Verstärkungen c_i nach (6.22) und damit die Stellamplitude u und letztlich auch die Stellenergie; letztere ist proportional zu $\int u^2 dt$.

Für den allgemeinen Fall kann man entweder das System zuerst auf Steuerbarkeitsnormalform transformieren, was relativ umständlich ist, oder eine *Lösungsformel* ohne vorherige Transformation der Systemgleichungen anwenden, wie sie z. B. in [197] angegeben ist (siehe auch [140]: "ACKERMANN's Formula"):

$$\underline{c}^T = \underline{e}_n^T \mathbf{Q}_c^{-1} \chi_c(\mathbf{F}) \tag{6.23}$$

mit

$$\underline{e}_n^T = [0, 0, \ldots, 1],$$
$$\mathbf{Q}_c = \left[\underline{g}, \mathbf{F}\underline{g}, \ldots, \mathbf{F}^{n-1}\underline{g}\right],$$
$$\chi_c(\lambda) = \lambda^n + \alpha_{n-1}\lambda^{n-1} + \ldots \alpha_1\lambda + \alpha_0.$$

Dabei sind $\underline{e}_n$ der n-te Einheitsvektor (n-te Spalte der Einheitsmatrix), $\mathbf{Q}_c$ die $[n \times n]$ Steuerbarkeitsmatrix, siehe (4.59), und $\chi_c(\lambda)$ das gewünschte charakteristische Polynom des geschlossenen Regelkreises mit den gewünschten Koeffizienten α_i. Damit wird unter $\chi_c(\mathbf{F})$ in (6.23) verstanden:

$$\chi_c(\mathbf{F}) = \mathbf{F}^n + \alpha_{n-1}\mathbf{F}^{n-1} + \ldots + \alpha_1\mathbf{F} + \alpha_0\mathbf{E}. \tag{6.24}$$

Rechnerisch kann man die Inversion von $\mathbf{Q}_c$ in (6.23) vermeiden. Man definiert

$$\underline{e}_n^T \mathbf{Q}_c^{-1} = \underline{b}^T \tag{6.25}$$

und löst das lineare Gleichungssystem

$$\mathbf{Q}_c^T \underline{b} = \underline{e}_n \tag{6.26}$$

nach $\underline{b}$ auf. Damit wird der gesuchte Parametervektor:

$$\underline{c}^T = \underline{b}^T \chi_c(\mathbf{F}). \tag{6.27}$$

Zur *numerischen Auswertung* von (6.27) sollten die folgenden beiden Punkte beachtet werden:

1. Der Ausdruck $\chi_c(\mathbf{F})$ nach (6.24) muß nicht separat berechnet werden; hierzu wären $(n-1)n^3$ Multiplikationen erforderlich. Durch Umschreiben von (6.27) unter Verwendung von (6.24) erhält man

$$\underline{c}^T = \underline{b}^T\mathbf{F}^n + \underline{b}^T\alpha_{n-1}\mathbf{F}^{n-1} + \ldots + \underline{b}^T\alpha_1\mathbf{F} + \underline{b}^T\alpha_0\mathbf{E}$$

bzw.

$$\underline{c}^T = [\alpha_0, \ \alpha_1, \ldots \alpha_{n-1}, \ 1] \begin{bmatrix} \underline{b}^T \\ \underline{b}^T\mathbf{F} \\ \cdots \\ \left(\underline{b}^T\mathbf{F}^{n-2}\right)\mathbf{F} \\ \underline{b}^T\mathbf{F}^n \end{bmatrix}. \tag{6.28}$$

Zur Auswertung von (6.28) werden wie beim HORNER Schema nurmehr n^3 Multiplikationen benötigt. Es ist zu beachten, daß bei höherer Systemordnung und weiter von $\lambda = 0$ entfernten Eigenwerten extreme Größenunterschiede in den

Koeffizienten α_i der gewünschten charakteristischen Gleichung auftreten; es ist dann vorteilhafter, für $\chi_c(\mathbf{F})$ von der Form (6.13) auszugehen, also

$$\underline{c}^T = \underline{b}^T(\mathbf{F} - \lambda_1^c\mathbf{E})(\mathbf{F} - \lambda_2^c\mathbf{E})\ldots(\mathbf{F} - \lambda_n^c\mathbf{E}) . \tag{6.29}$$

Dabei sollte immer nur der entstehende Zeilenvektor von rechts mit den nachfolgenden $(\mathbf{F} - \lambda_i\mathbf{E})$ nachmultipliziert werden.

Anstelle der komplexen Eigenwerte λ_i^c benutzt man sinnvollerweise die entsprechende reelle Form, indem man die konjugierten Eigenwerte in Polynome 2. Ordnung zusammenfaßt.

2. ACKERMANN, [198], empfiehlt zur numerischen Berechnung von $\underline{b}$ nach (6.26) den Weg über die HESSENBERG Form; diese zeigt durch kleine Elemente in ihrer Hauptdiagonalen an, wann nur noch ein schlecht steuerbares Teilsystem übrig bleibt, dessen Eigenwerte man nur unter hohem Stellaufwand verschieben könnte.

Mehrgrößenfall

Zur Problematik im Mehrgrößenfall sollen nur Teilaspekte aufgezeigt werden. Die Aufgabe der Polfestlegung bei mehreren Stellgrößen (6.6) ist natürlich im Prinzip auch lösbar, wenn die Regelstrecke steuerbar ist. Im Gegensatz zum Eingrößenfall ist die Lösung jedoch im allgemeinen nicht eindeutig, d. h. es gibt verschiedene Rückführmatrizen $\mathbf{C}$, die zu gleichen charakteristischen Polynomen

$$\chi_{Fc}(\lambda) = det(\lambda\mathbf{E} - \mathbf{F} + \mathbf{G}\mathbf{C}) \tag{6.30}$$

führen.

Ein formal sehr einfacher Weg, eine solche Lösung zu finden, wurde z. B. von GOPINATH, siehe [140], vorgeschlagen. Er besteht darin, alle Eingänge bis auf einen konstanten Faktor γ_i untereinander gleich zu machen; man geht für die Lösung auf die Verwendung einer einzelnen skalaren Stellgröße u^* zurück:

$$\underline{u} = \underline{\gamma}u^*. \tag{6.31}$$

Mit der Rückführung

$$u^* = -\underline{c}^T\underline{x} \tag{6.32}$$

hat die Gleichung des geschlossenen Systems (6.7) jetzt die Form

$$\underline{\dot{x}} = (\mathbf{F} - \mathbf{G}\underline{\gamma}\underline{c}^T)\underline{x}. \tag{6.33}$$

Mit

$$\underline{g}^* = \mathbf{G}\underline{\gamma} \tag{6.34}$$

ist das Problem damit auf den Eingrößenfall (6.11) zurückgeführt.

Wenn das System $\mathbf{F}, \underline{g}^*$ steuerbar ist, können die Eigenwerte beliebig vorgegeben werden. Es ist steuerbar, wenn $\mathbf{F}$ *zyklisch* ist, d. h. wenn Minimalpolynom und charakteristisches Polynom übereinstimmen. Unter Minimalpolynom versteht man das Polynom, welches die Eigenwerte der Matrix $\mathbf{F}$ alle einfach enthält, [154]. Sollte das einmal nicht der Fall sein, kann $\mathbf{F}$ immer durch eine zusätzliche Rückführung vorweg zyklisch gemacht werden, [140].

Ein entscheidender Nachteil dieser Vorgehensweise ist aber, daß nach (6.31), (6.33) die Verstärkungsmatrix

$$\mathbf{C} = \underline{\gamma}\underline{c}^T \, , \tag{6.35}$$

den Rang 1 aufgezwungen bekommt. Man legt damit einen Teil der freien Parameter willkürlich fest und bewirkt damit bspw. einen ungünstig hohen Energieaufwand. Man könnte dagegen durch geschickte Wahl der freien Parameter neben geringerem Energieaufwand noch andere Eigenschaften des geschlossenen Systems, wie z. B. Parameterunempfindlichkeit, [199], erzielen.

6.2.2　Wahl der Eigenwerte

Wie schon erwähnt, besteht die Problematik darin, wie man typische Entwurfsspezifikationen, wie z. B. Fahrkomfort und Radlastschwankungen, durch die Wahl von Eigenwerten ausdrücken soll. Man beschränkt sich hierbei meist darauf, die Eigenwerte über eine Bewertung des Abklingverhaltens der homogenen Lösung und über die Sprungantwort zu wählen. In der anschließenden Analyse werden die übrigen Entwurfsspezifikationen überprüft.

Das Eigenverhalten oder *Abklingverhalten* eines linearen Systems wird nach dominanten komplexen Polpaaren beurteilt, siehe auch (4.55), (4.56)

$$\lambda_{1,2} = -\alpha_i \pm j\omega_i, \ \alpha_i > \alpha > 0 \, . \tag{6.36}$$

Die zugehörigen Lösungen haben die Form einer gedämpften Schwingung - siehe Abb. 2.64:

$$\xi_i(t) = e^{-\alpha_i t}\left[A_i \cos\omega_i t + B_i \sin\omega_i t\right] \, . \tag{6.37}$$

Für Lösungen mit gleichem Realteil $-\alpha_i$ werden jene Schwingungen als besser beurteilt, die niedrigere Frequenzen aufweisen. Man bewertet im allgemeinen nach dem Dämpfungsmaß D_i und nicht nach dem Realteil allein. Stellt man das charakteristische Polynom für die beiden Eigenwerte von (6.37) in der Form

$$\chi = \lambda^2 + 2\alpha_i\lambda + \omega_{ni}^2 = \lambda^2 + 2D_i\omega_{ni}\lambda + \omega_{ni}^2 \, , \tag{6.38}$$

mit

$$D_i = \frac{\alpha_i}{\omega_{ni}}, \quad \omega_i^2 = \omega_{ni}^2 - \alpha_i^2 = \omega_{ni}^2(1 - D_i^2), \quad D_i < 1 \tag{6.39}$$

dar, so erkennt man, daß ein konstantes Dämpfungsmaß D_i eine Gerade in der λ-Ebene bedeutet

$$\tan\beta = \frac{\alpha_i}{\omega_i} = \frac{D_i}{\sqrt{1 - D_i^2}} \, , \tag{6.40}$$

siehe Abb. 6.7. Ein Dämpfungsmaß $D_i = \frac{1}{2}\sqrt{2}$ entspricht damit $\tan\beta = 1$, also einer Geraden unter 45^0.

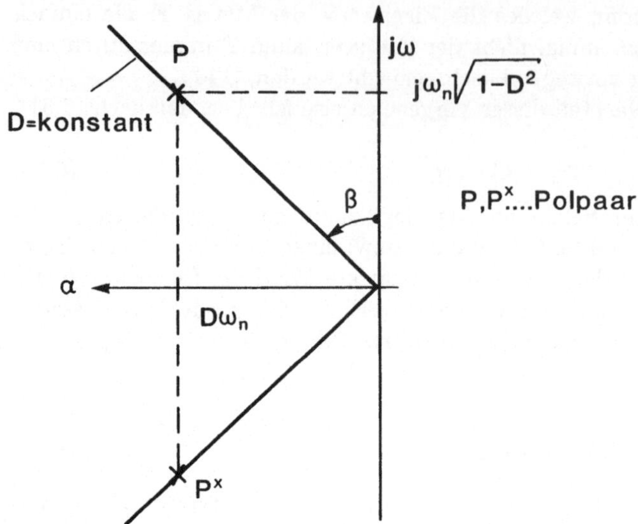

Abb. 6.7: Charakterisierung der Lage von Polen durch die Frequenz ω_n der ungedämpften Schwingung und das Dämpfungsmaß D

Als weitere Größe zieht man die *Sprungantwort* heran; diese ist definiert als die Lösung des Systems

$$\dot{\underline{x}} = \mathbf{F}\underline{x} + \underline{g}u \tag{6.41}$$

mit einer Stufenfunktion als Eingangsgröße $u(t)$. Die allgemeine Lösung von (6.41) läßt sich mit Hilfe der Transitionsmatrix, siehe (4.42), anschreiben:

$$\underline{x}(t) = e^{\mathbf{F}(t-t_0)}\underline{x}_0 + \int_{t_0}^{t} e^{\mathbf{F}(t-\tau)}\underline{g}u(\tau)d\tau \ . \tag{6.42}$$

Für einen Ausgang $y(t)$

$$y(t) = \underline{h}^T\underline{x} \tag{6.43}$$

ergibt sich bei impulsförmiger Anregung $u(t) = \delta(t)$, $\underline{x}_0 = \underline{0}$, $t_0 = 0$ die sogenannte Impulsantwort (Gewichtsfunktion)

$$y_{imp} = g(t) = \underline{h}^T e^{\mathbf{F}t}\underline{g} \ . \tag{6.44}$$

Daraus kann man mit Hilfe des Faltungsintegrals, siehe z. B. [158], die Antwort bei beliebigen Eingängen aufbauen:

$$y(t) = \int_{0}^{t} g(t-\tau)u(\tau)d\tau \ . \tag{6.45}$$

Insbesondere ergibt sich für die Stufenfunktion (Einheitssprung)

$$u(t) = \begin{cases} 0 & \text{für} & t < 0 \\ 1 & \text{für} & t \geq 0 \end{cases} \qquad (6.46)$$

die Sprungantwort zu

$$y_{spr}(t) = \underline{h}^T \left(\int_0^t e^{\mathbf{F}\tau} d\tau \right) \underline{g} \,. \qquad (6.47)$$

Typische Sprungantworten sind in Abb. 6.8 wiedergegeben. Bei kleinen Werten von D_i tritt ein starkes Überschwingen des Systems ein, während sich das System für $D_i \geq 1$ dem Endzustand ohne Überschwingen nähert. Vor allem bei großen Werten von D_i erfolgt aber diese Annäherung an den Endzustand nur sehr langsam. Für eine Systemauslegung wird man für die wesentlichen Freiheitsgrade daher sowohl zu kleine als auch zu große Werte von D_i vermeiden.

Aus den beiden Grundüberlegungen bezüglich des Abklingverhaltens und der Sprungantwort ergibt sich ein wünschenswertes Gebiet, in dem die Eigenwerte liegen sollen, siehe Abb. 6.9. Damit liegt aber nur ein Gebiet vor, noch keine konkrete Lage der Eigenwerte. Man kann die *Empfehlung zur Lage der Eigenwerte* konkretisieren, wenn man zusätzlich beachtet:

- Die Frequenz komplexer Eigenwerte sollte nicht wesentlich geändert werden (kostet nur Stellamplitude bzw. Stellenergie). Man sollte also die Eigenwerte im wesentlichen nur parallel nach links verschieben, aber nur soweit erforderlich, ebenfalls zur Reduktion des Stellaufwands.

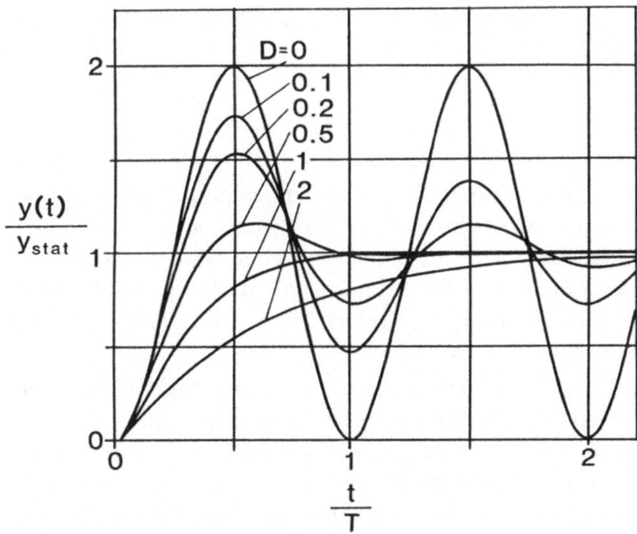

Abb. 6.8: Sprungantwort bei 2 konjugiert komplexen Eigenwerten als dominantes Polpaar im Abhängigkeit vom Dämpfungsmaß D

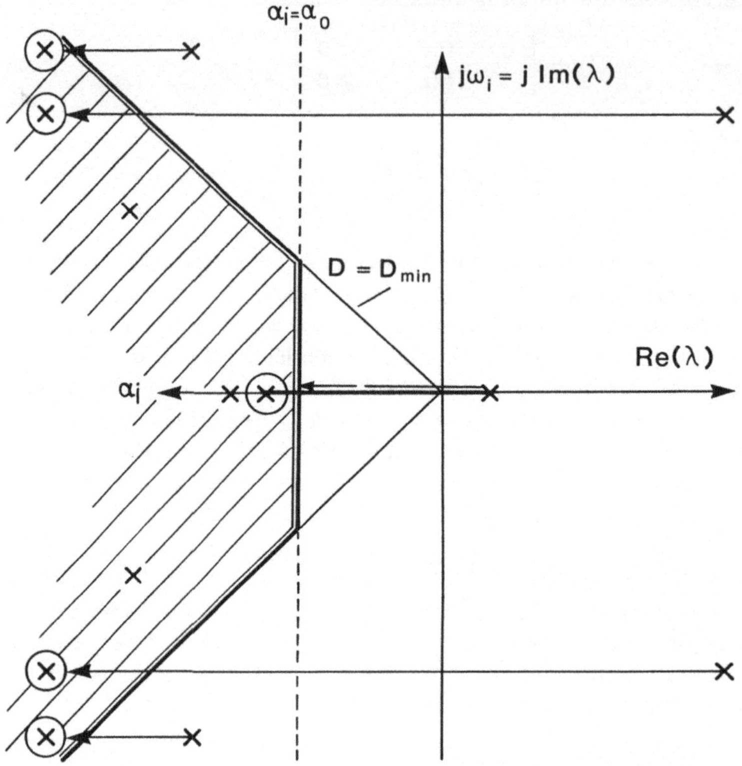

Abb. 6.9:   Plazierung der Eigenwerte für den geschlossenen Regelkreis (Polfestlegung)

- Instabile Eigenwerte sollten zunächst an der imaginären Achse gespiegelt werden; fallen sie dann noch nicht in das wünschenswerte Gebiet, so müssen sie anschließend noch dort hineingeschoben werden. Diese Vorgehensweise ist "energiesparend", wie im nächsten Abschnitt gezeigt wird.
- Eigenwerte, die schon im gewünschten Gebiet liegen, sollte man möglichst unverändert belassen.

Schließlich sollte aber nicht übersehen werden, daß die Nachteile des soeben geschilderten Verfahrens der Polfestlegung nicht behoben sind: Die meisten Bewertungskriterien, insbesondere auch die erforderlichen Stellamplituden und die notwendige Stellenergie müssen nachträglich geprüft werden. Bei mehreren Eingangsgrößen (Stellgrößen) ist das Verfahren der Polfestlegung nur mit Einschränkung anwendbar. Es führt in diesem Fall nicht eindeutig auf eine Rückführmatrix $\mathbf{C}$, so daß die verbleibenden freien Parameter auf anderem Wege bestimmt werden müssen, siehe z. B. [199].

6.3 Quadratische Synthese (RICCATI-Entwurf)

Als zweite der grundlegenden Methoden zur Reglerauslegung wird die weitverbreitete und für eine große Klasse von Problemfällen anwendbare *Methode der quadratischen Synthese* (RICCATI-Entwurf) behandelt. Die Regelungsaufgabe wird hier als Optimierungsproblem formuliert.

Gegeben sei wiederum das System

$$\underline{\dot{x}} = \mathbf{F}\underline{x} + \mathbf{G}\underline{u} \ . \tag{6.48}$$

Man bestimme die Regelung $\underline{u}$ so, daß das *Gütefunktional*

$$J = \int\limits_0^\infty (\underline{x}^T\mathbf{Q}\underline{x} + \underline{u}^T\mathbf{R}\underline{u})dt \tag{6.49}$$

minimal wird. Hierdurch wird erreicht, daß die Summe der mit $\mathbf{Q}$ gewichteten quadratischen Abweichungen vom gewünschten Zustand und der Stellamplituden (Stellenergie), bewertet mit $\mathbf{R}$, minimiert werden. $\mathbf{Q}, \mathbf{R}$ sind dabei - aus Gründen der Konvexität des Gütefunktionals - positiv-semidefinite Matrizen. $\mathbf{R}$ muß darüberhinaus positiv definit sein, damit kein singuläres Problem vorliegt, d. h. es muß gelten $\mathbf{Q} \geq 0, \mathbf{R} > 0$.

Zur Herleitung der Lösung dieses Optimierungsproblems wollen wir auf die Literatur, z. B. [172], [141] verweisen. Es soll aber auch auf die Analogie zum Optimalfilter nach KALMAN-BUCY, siehe Kap. 6.4.3 und die dortigen Erläuterungen, aufmerksam gemacht werden.

Das Ergebnis ist wiederum ein *lineares Regelgesetz* der Form

$$\underline{u} = -\mathbf{C}_0\underline{x} \ , \tag{6.50}$$

wobei sich die Verstärkungsmatrix $\mathbf{C}_0$ bestimmt aus

$$\mathbf{C}_0 = \mathbf{R}^{-1}\mathbf{G}^T\mathbf{P} \ , \tag{6.51}$$

mit $\mathbf{P} = \mathbf{P}^T > 0$ als Lösung einer algebraischen RICCATI-*Gleichung*:

$$0 = \mathbf{P}\mathbf{F} + \mathbf{F}^T\mathbf{P} - \mathbf{P}\mathbf{G}\mathbf{R}^{-1}\mathbf{G}^T\mathbf{P} + \mathbf{Q} \ . \tag{6.52}$$

Der geschlossene Regelkreis

$$\underline{\dot{x}} = \mathbf{F}_0\underline{x}, \qquad \mathbf{F}_0 = \mathbf{F} - \mathbf{G}\mathbf{C}_0 \tag{6.53}$$

ist dann automatisch *asymptotisch stabil.*

Die *Voraussetzungen* für das angegebene Verfahren sind:

- Das System mit den Matrizen $\mathbf{F}, \mathbf{G}$ ist *steuerbar*, d. h. insbesondere die instabilen Eigenwerte von $\mathbf{F}$ müssen steuerbar sein. (Die stabilen Eigenwerte von $\mathbf{F}$ müssen nicht unbedingt steuerbar sein; sie sind aber nur dann auch beeinflußbar, d. h. verschiebbar, falls sie steuerbar sind, [140].)

- Das System mit den Matrizen $\mathbf{F}, \mathbf{H}_0$ ist *beobachtbar*, wobei $\mathbf{Q} = \mathbf{H}_0\mathbf{H}_0^T$, $\mathbf{Q} \geq 0$, bzw. mindestens die instabilen Eigenwerte von $\mathbf{F}$ müssen beobachtbar sein. Diese Forderung sorgt dafür, daß wenigstens alle instabilen Eigenbewegungen im Gütefunktional erscheinen und somit von der optimalen Regelung stabilisiert werden; nähere Einzelheiten siehe z. B. [140].

- Die Matrix $\mathbf{R}$ muß positiv definit sein, $\mathbf{R} > 0$, so daß $\mathbf{R}^{-1}$ gebildet werden kann.

Die Vorteile dieses Verfahrens sind:

- Es ist für *Mehrgrößensysteme* ohne Einschränkungen anwendbar.
- Entwurfsspezifikationen können in die Wahl von $\mathbf{Q}$ und $\mathbf{R}$ eingehen; z. B. wird die benötigte Stellenergie direkt gewichtet. Ebenso wird die Auswirkung von Nullstellen berücksichtigt, indem das gesamte Übertragungsverhalten beeinflußt wird.
- Die Eigendynamik von $\mathbf{F}$ wird - soweit wie möglich - erhalten.
- $\mathbf{F}_0$ ist automatisch asymptotisch stabil. Falls gewünscht, kann auch eine vorgegebene Stabilitätsgüte erreicht werden, [140].
- Zuverlässige Rechenverfahren und -programme existieren, z. B. MATLAB, siehe Kap. 8, mit denen die Lösung nach Vorgabe von $\mathbf{Q}, \mathbf{R}$ auch für Systeme höherer Ordnung gefunden werden kann.
- Das Verfahren ist unverändert anwendbar auch für *zeitvariable* Probleme: $\mathbf{F} = \mathbf{F}(t), \mathbf{G} = \mathbf{G}(t)$. Solche Probleme entstehen, wenn man um eine nichtkonstante Lösung, z. B. bezüglich einer vorgegebenen Bahnkurve, linearisiert.

Zur *Wahl der Gewichtungsmatrizen* wird z. B. in [172] eine Wahl der Komponenten der Matrizen $\mathbf{Q}$ und $\mathbf{R}$ mit

$$q_{ii} = \frac{1}{\left(x_{i,max}\right)^2}, \quad q_{ij} = 0, \tag{6.54}$$
$$r_{ii} = \frac{1}{\left(u_{i,max}\right)^2}, \quad r_{ij} = 0 \ ,$$

vorgeschlagen, wobei $x_{i,max}, u_{i,max}$ die gewünschten Maximalamplituden der bewerteten Größen sind. Das liefert zumindest gute Startwerte für $\mathbf{Q}$ und $\mathbf{R}$. Gegebenenfalls erfolgt eine Nachiteration mit variablem ρ über:

$$J = \int\limits_0^\infty (\underline{x}^T \mathbf{Q} \underline{x} + \rho \underline{u}^T \mathbf{R} \underline{u}) dt. \tag{6.55}$$

Es gilt: Falls $\rho \gg 1$ gewählt wird, d. h. der Stellaufwand sehr stark gewichtet wird, werden die instabilen Eigenwerte an der imaginären Achse gespiegelt, während die stabilen Eigenwerte in ihrer Lage unverändert bleiben. (Dies ist eine Untermauerung für die oben vorgeschlagene Wahl der Eigenwerte bei der Polfestlegung, garantiert wird aber dadurch deren Energieoptimalität nicht).

Wird ein *Abklingverhalten* mit mindestens

$$Re\lambda(\mathbf{F}_0) \leq -\alpha \tag{6.56}$$

gefordert, so kann man für das zu minimierende Gütefunktional wie folgt wählen

$$J_\alpha = \int\limits_0^\infty e^{2\alpha t}(\underline{x}^T\mathbf{Q}\underline{x} + \underline{u}^T\mathbf{R}\underline{u})dt. \tag{6.57}$$

Das zugehörige Optimierungsproblem läßt sich wie folgt auf das Ausgangsproblem zurückführen. Mit

$$\underline{x}' = e^{\alpha t}\underline{x}, \qquad \underline{u}' = e^{\alpha t}\underline{u}, \tag{6.58}$$

und damit

$$\begin{aligned} \dot{\underline{x}}' &= \alpha e^{\alpha t}\underline{x} + e^{\alpha t}\dot{\underline{x}} = \alpha\underline{x}' + e^{\alpha t}\mathbf{F}\underline{x} + e^{\alpha t}\mathbf{G}\underline{u} , \\ \dot{\underline{x}}' &= (\mathbf{F} + \alpha\mathbf{E})\underline{x}' + \mathbf{G}\underline{u}' = \mathbf{F}'\underline{x}' + \mathbf{G}\underline{u}' , \end{aligned} \tag{6.59}$$

folgt der zu (6.49) formal gleiche Ausdruck:

$$J_{\alpha'} = \int\limits_0^\infty (\underline{x}'^T\mathbf{Q}\underline{x}' + \underline{u}'^T\mathbf{R}\underline{u}')dt \tag{6.60}$$

und die Rückführung auf das Standardproblem. Es ergibt sich ein $\mathbf{F}' = \mathbf{F}'_0$, welches asymptotisch stabil ist, d. h. $Re\lambda(\mathbf{F}'_0) < 0$, wodurch (6.56) gewährleistet ist.

Numerische Lösung der RICCATI -Gleichung

Zur numerischen Bestimmung von $\mathbf{P}$ soll hier nur das wichtigste Verfahren angegeben werden, siehe z. B. [200]. Nach dieser sogenannten *Eigenwert-Eigenvektor-Methode*, wie sie z. B. in MATLAB realisiert ist, sind folgende Schritte durchzuführen:

- Man bilde die $[2n \times 2n]$ HAMILTON Matrix

$$\mathcal{H} = \begin{bmatrix} \mathbf{F} & -\mathbf{G}\mathbf{R}^{-1}\mathbf{G}^T \\ -\mathbf{Q} & -\mathbf{F}^T \end{bmatrix}. \tag{6.61}$$

- Man berechne die 2n Eigenwerte $\lambda_i(\mathcal{H})$. Falls λ_i ein Eigenwert von $\mathcal{H}$ ist, ist auch $-\lambda_i$ ein Eigenwert von $\mathcal{H}$.
- Zu den n Eigenwerten mit $Re\lambda_i < 0$ werden die $[2n \times 1]$ Eigenvektoren $\underline{t}_i$ berechnet und in Form einer $[2n \times n]$ Matrix zusammengestellt

$$\mathbf{T} = [\underline{t}_1, \underline{t}_2, \ldots, \underline{t}_n]. \tag{6.62}$$

- Man partitioniere diese in zwei $[n \times n]$ Matrizen:

$$\mathbf{T} = \begin{bmatrix} \mathbf{T}_{11} \\ \mathbf{T}_{21} \end{bmatrix} \tag{6.63}$$

- Berechne schließlich

$$\mathbf{P} = \mathbf{T}_{21}\mathbf{T}_{11}^{-1}. \tag{6.64}$$

Gewichtung von Ausgangsgrößen und von Ableitungen

In der Praxis möchte man oft Ausgangsgrößen $\underline{y}$ bzw. zeitliche Ableitungen der Zustandsgrößen (Beschleunigungen) im Gütefunktional berücksichtigen. Beide Fragestellungen führen formal mathematisch gesehen auf die gleiche Problematik.

Die Ausgangsgrößen $\underline{y}$ seien beschrieben durch

$$\underline{y} = \mathbf{H}\underline{x} + \mathbf{D}\underline{u} \tag{6.65}$$

und sollen im Gütefunktional (6.49) in der Form

$$J = \int\limits_0^\infty \underline{y}^T \mathbf{Q}^* \underline{y}\, dt + \dots \tag{6.66}$$

berücksichtigt werden. Die Punkte in (6.66) stehen für eventuell vorher behandelte Terme mit $\mathbf{Q}, \mathbf{R}$, siehe (6.49).

Mit Gleichung (6.65) wird hier ein sprungfähiges System angenommen; falls aber $\mathbf{D} = \mathbf{0}$ ist, wird das Problem einfacher, wie sich zeigen wird. Mit (6.65) folgt

$$\underline{y}^T \mathbf{Q}^* \underline{y} = \underline{x}^T \bar{\mathbf{Q}}\underline{x} + \underline{u}^T \bar{\mathbf{R}}\underline{u} + \underline{x}^T \mathbf{N}\underline{u} + \underline{u}^T \mathbf{N}^T \underline{x}\,, \tag{6.67}$$

mit

$$\begin{aligned}
\bar{\mathbf{Q}} &= \mathbf{H}^T \mathbf{Q}^* \mathbf{H} + \dots,\\
\bar{\mathbf{R}} &= \mathbf{D}^T \mathbf{Q}^* \mathbf{D} + \dots,\\
\mathbf{N} &= \mathbf{H}^T \mathbf{Q}^* \mathbf{D}\,.
\end{aligned} \tag{6.68}$$

Aus (6.67) wird deutlich, daß sich die Berücksichtigung von Ausgangsgrößen im Gütefunktional wieder auf quadratische Ausdrücke in $\underline{x}$ und $\underline{u}$ zurückführen läßt; allerdings treten bei sprungfähigen Systemen auch bewertete gemischte Produkte in $\underline{x}$ und $\underline{u}$ zusätzlich auf.

Bevor die Lösung angegeben wird, soll noch die Problematik der zeitlichen Ableitungen angeführt werden. Sollen zeitliche Ableitungen (z. B. Beschleunigungen) im Gütefunktional berücksichtigt werden mit

$$J = \int\limits_0^\infty \underline{\dot{x}}^T \mathbf{Q}' \underline{\dot{x}}\, dt + \dots\,, \tag{6.69}$$

setzt man die Zustandsgleichung (6.48) für $\underline{\dot{x}}$ ein, und erhält hier eine zu (6.67) analoge Beziehung, wobei jetzt statt (6.68) gilt

$$\begin{aligned}
\bar{\mathbf{Q}} &= \mathbf{F}^T \mathbf{Q}' \mathbf{F} + \dots,\\
\bar{\mathbf{R}} &= \mathbf{G}^T \mathbf{Q}' \mathbf{G} + \dots,\\
\mathbf{N} &= \mathbf{F}^T \mathbf{Q}' \mathbf{G}\,.
\end{aligned} \tag{6.70}$$

Für beide Problemstellungen kann deshalb insgesamt folgendes erweitertes Güte-funktional angegeben werden:

$$J = \int\limits_{0}^{\infty} \begin{bmatrix} \underline{x}^T \underline{u}^T \end{bmatrix} \begin{bmatrix} \bar{\mathbf{Q}} & \mathbf{N} \\ \mathbf{N}^T & \bar{\mathbf{R}} \end{bmatrix} \begin{bmatrix} \underline{x} \\ \underline{u} \end{bmatrix} dt \ . \tag{6.71}$$

Dieses Problem hat eine enge Verwandtschaft (*Dualität*) mit dem Problem des korrelierten Meß- und Prozeßrauschens, siehe Kap. 6.4.6. Für (6.71) läßt sich das Regelgesetz wie folgt angeben [172]:

$$\underline{u} = -\bar{\mathbf{R}}^{-1}(\mathbf{N}^T + \mathbf{G}^T\bar{\mathbf{P}})\underline{x} \ , \tag{6.72}$$

wobei sich die Matrix $\bar{\mathbf{P}}$ errechnet aus

$$\bar{\mathbf{P}}\mathbf{F} + \mathbf{F}^T\bar{\mathbf{P}} - (\bar{\mathbf{P}}\mathbf{G} + \mathbf{N})\bar{\mathbf{R}}^{-1}(\mathbf{N}^T + \mathbf{G}^T\bar{\mathbf{P}}) + \bar{\mathbf{Q}} = 0 \ , \tag{6.73}$$

bzw. nach Umformung aus

$$\bar{\mathbf{P}}(\mathbf{F} - \mathbf{G}\bar{\mathbf{R}}^{-1}\mathbf{N}^T) + (\mathbf{F} - \mathbf{G}\bar{\mathbf{R}}^{-1}\mathbf{N}^T)^T\bar{\mathbf{P}} - \bar{\mathbf{P}}\mathbf{G}\bar{\mathbf{R}}^{-1}\mathbf{G}^T\bar{\mathbf{P}} + (\bar{\mathbf{Q}} - \mathbf{N}\bar{\mathbf{R}}^{-1}\mathbf{N}^T) = 0 \ . \tag{6.74}$$

Aus (6.74) ist zu erkennen, daß das modifizierte Problem auf ein Standardpro-blem zurückzuführen ist mit

$$\begin{aligned} \bar{\bar{\mathbf{F}}} &= \mathbf{F} - \mathbf{G}\bar{\mathbf{R}}^{-1}\mathbf{N}^T, \\ \bar{\bar{\mathbf{Q}}} &= \bar{\mathbf{Q}} - \mathbf{N}\bar{\mathbf{R}}^{-1}\mathbf{N}^T, \\ \bar{\bar{\mathbf{R}}} &= \bar{\mathbf{R}} \ . \end{aligned} \tag{6.75}$$

Damit können die existierenden Rechenprogramme zur Lösung der RICCATI Gleichung für die modifizierten Matrizen $\bar{\bar{\mathbf{F}}}, \bar{\bar{\mathbf{Q}}}, \bar{\bar{\mathbf{R}}}$ direkt verwendet werden.

6.4   Zustandsschätzung

6.4.1   Aufgabenstellung

Wie in den vorigen Abschnitten gezeigt wurde, erfordert die Realisierung der dort behandelten Regelgesetze eine vollständige Rückführung des Zustandsvek-tors:

$$\underline{\dot{x}} = \mathbf{F}\underline{x} + \mathbf{G}\underline{u}, \tag{6.76}$$

$$\underline{u} = -\mathbf{C}\underline{x}. \tag{6.77}$$

Eine meßtechnische Erfassung aller Zustandsgrößen wäre im allgemeinen sehr aufwendig und ist aus praktischen Gründen in vielen Anwendungen kaum mög-lich. Sie ist aber - wie gezeigt werden soll - oft auch nicht notwendig. Als

Fragestellung ergibt sich: Kann mit m Messungen $(m < n)$ der Systemzustand
- mit guter Näherung - rekonstruiert werden?

Gegeben sei das zeitinvariante System in der Beschreibung (6.76), und die
Messungen der Form

$$\underline{y}(t) = \mathbf{H}\underline{x}(t).$$ (6.78)

Die $[m \times n]$ Meßmatrix $\mathbf{H}$ soll für unsere Betrachtungen ebenfalls konstant sein.

Wie aus den Betrachtungen zur Beobachtbarkeit, Kap. 4 hervorgeht, ist die
durch die Abb. 6.10 skizzierte Fragestellung nach der Ermittlung des Zustandes
$\underline{x}$ aus den Messungen $\underline{y}$ prinzipiell mit ja zu beantworten, falls das System mit
$(\mathbf{F}, \mathbf{H})$ beobachtbar ist und die Modellparameter (6.76) bekannt sind.

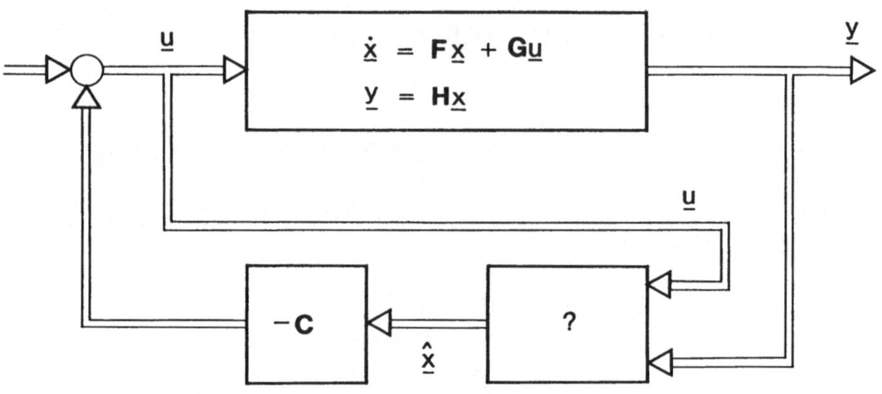

Abb. 6.10:   Fragestellung für Zustandsbeobachter

6.4.2   Struktur des Zustandsschätzers (Beobachters)

Verfügbar zur Rekonstruktion des Systemzustandes sind die Meßgrößen $\underline{y}(t)$
und die (noch zu bildenden) Stellgrößen $\underline{u}(t)$, siehe Abb. 6.10. Störgrößen und
Meßfehler werden zunächst außer acht gelassen. Gesucht ist eine möglichst ge-
naue Nachbildung des Systemzustandes $\underline{x}$ mit Hilfe des *Schätzwertes* $\hat{\underline{x}}$. Dabei
geht man von der Kenntnis der Systemgleichungen, d. h. der Systemmatrizen
$\mathbf{F}, \mathbf{G}, \mathbf{H}$, aus.

Da die Systemdarstellung linear ist, soll auch der fragliche Zustandsschätzer
linear sein und deshalb in der folgenden Form angesetzt werden:

$$\dot{\hat{\underline{x}}} = \hat{\mathbf{F}}\hat{\underline{x}} + \hat{\mathbf{G}}\underline{u} + \hat{\mathbf{K}}\underline{y} ,$$ (6.79)

mit noch unbestimmten konstanten Matrizen $\hat{\mathbf{F}}, \hat{\mathbf{G}}, \hat{\mathbf{K}}$. Dabei charakterisieren $\hat{\mathbf{F}}$ die Eigendynamik des Zustandsschätzers, $\hat{\mathbf{G}}$ die Eingangsmatrix für die

Stellgrößen $\underline{u}$ und $\hat{\mathbf{K}}$ die Eingangs- bzw. Verstärkungsmatrix für die Gewichtung der Meßgrößen $\underline{y}$.

Die Beurteilung eines Zustandsschätzers und Bestimmung dieser Matrizen erfolgt über den *Schätzfehler* $\underline{\tilde{x}}$:

$$\underline{\tilde{x}} = \underline{x} - \underline{\hat{x}}. \tag{6.80}$$

Dazu wird die Differentialgleichung für den Schätzfehler aufgestellt. Mit (6.76) bis (6.80) folgt:

$$\dot{\underline{\tilde{x}}} = \hat{\mathbf{F}}\underline{\tilde{x}} + (\mathbf{F} - \hat{\mathbf{F}} - \hat{\mathbf{K}}\mathbf{H})\underline{x} + (\mathbf{G} - \hat{\mathbf{G}})\underline{u}. \tag{6.81}$$

Damit der Fehler $\underline{\tilde{x}}$ für beliebige Zustandsverläufe $\underline{x}$ und beliebige Stellgrößen $\underline{u}$ gegen Null geht, muß gelten:

$$\hat{\mathbf{G}} = \mathbf{G}, \quad \hat{\mathbf{F}} = \mathbf{F} - \hat{\mathbf{K}}\mathbf{H}, \tag{6.82}$$

womit (6.81) übergeht in

$$\dot{\underline{\tilde{x}}} = \hat{\mathbf{F}}\underline{\tilde{x}} = (\mathbf{F} - \hat{\mathbf{K}}\mathbf{H})\underline{\tilde{x}}. \tag{6.83}$$

Hieraus läßt sich folgern, daß die Differentialgleichung (6.83) für $\underline{\tilde{x}}$ asymptotisch stabil ist und somit die Schätzfehler (unter den obigen Annahmen) gegen Null gehen, falls alle Eigenwerte einen negativen Realteil haben:

$$Re\lambda(\mathbf{F} - \hat{\mathbf{K}}\mathbf{H}) < 0. \tag{6.84}$$

Also wird $\hat{\mathbf{K}}$ so gewählt werden, daß die Bedingung (6.84) erfüllt ist. Dies ist bei einem beobachtbaren System $(\mathbf{F}, \mathbf{H})$ immer möglich, wie später gezeigt wird.

Die resultierende Gleichung (6.79) für den Zustandsschätzer wird mit (6.82):

$$\begin{aligned}
\dot{\underline{\hat{x}}} &= (\mathbf{F} - \hat{\mathbf{K}}\mathbf{H})\underline{\hat{x}} + \mathbf{G}\underline{u} + \hat{\mathbf{K}}\underline{y} \\
&= \mathbf{F}\underline{\hat{x}} + \mathbf{G}\underline{u} + \hat{\mathbf{K}}(\underline{y} - \mathbf{H}\underline{\hat{x}}).
\end{aligned} \tag{6.85}$$

Die Struktur des Zustandsschätzers ist im rechten Teil der Abb. 6.11 wiedergegeben.

Als zusammenfassende Anmerkung zur Struktur des Beobachters sei angeführt:

- Der Zustandsschätzer nach Abb. 6.11 entspricht in seiner Struktur sowohl dem sogenannten LUENBERGER Beobachter als auch dem KALMAN-BUCY-Filter, wie später gezeigt werden wird, siehe Kap. 6.4.3.

- Der Beobachter (6.85) ist ein Modell der Regelstrecke (Prädiktion) mit dazuaddiertem meßbarem Anteil des Rekonstruktionsfehlers. Dieser Anteil $\underline{y} - \mathbf{H}\underline{\hat{x}} = \mathbf{H}\underline{\tilde{x}}$ stellt die in den Messungen enthaltene neue Information (Innovation) dar. Beim Optimalfilter, Kap. 6.4.3, enthalten die Innovationen überdies die als weißes Rauschen modellierten Meßfehler.

- Der Beobachter (6.85) hat die gleichen Eigenwerte wie die Fehlerdifferentialgleichung (6.83); diese ist wichtig für die Wahl der Eigenwerte des Be-

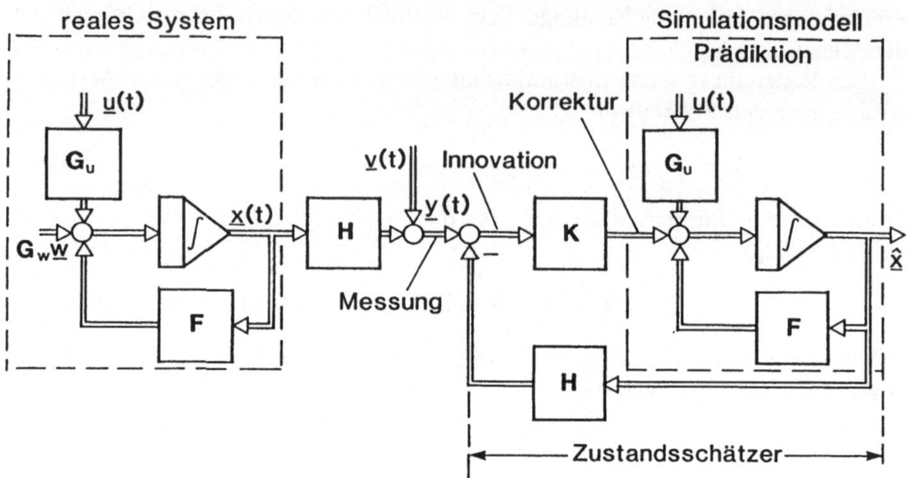

Abb. 6.11:   Struktur des Zustandschätzers

obachters. Da man im Regelgesetz $\hat{\underline{x}}(t)$ anstelle des nicht verfügbaren $\underline{x}(t)$ benutzen wird, ist man interessiert, daß $\tilde{\underline{x}}$ schneller gegen $\underline{0}$ geht, als das geregelte System bei idealer Zustandsrückführung.

* Für ein beobachtbares System können die Beobachterpole durch entsprechende Wahl von $\hat{\mathbf{K}}$ an beliebige Stellen gelegt werden.

Bestimmung der Beobachter-Verstärkungen

Die Aufgabe der Bestimmung der Beobachter-Verstärkungen ist analog zur Polfestlegung (Kap. 6.2) zu behandeln, mehr noch, mit den Dualitätsbeziehungen auf diese zurückzuführen.

Als Aufgabenstellung gilt: Bestimme die Verstärkungen $\hat{\mathbf{K}}$ so, daß die charakteristische Gleichung

$$\chi_0 = det(\lambda \mathbf{E} - \mathbf{F} + \hat{\mathbf{K}}\mathbf{H}) \tag{6.86}$$

Eigenwerte an gewünschten Stellen $\lambda_1^b, \lambda_2^b, \ldots, \lambda_n^b$ besitzt, siehe (6.21). Dann liefert die Gleichung

$$\begin{aligned}\chi_0 &= (\lambda - \lambda_1^b)(\lambda - \lambda_2^b) \quad \ldots \quad (\lambda - \lambda_n^b) \\ &= \lambda^n + \beta_{n-1}\lambda^{n-1} + \ldots + \beta_1\lambda + \beta_0\end{aligned} \tag{6.87}$$

durch Koeffizientenvergleiche die nötigen Beziehungen zur Bestimmung der Koeffizienten von $\hat{\mathbf{K}}$.

Bei der Rückführung der Aufgabenstellung auf die duale Situation wird einerseits von den Eigenwerten der Differentialgleichung für die Schätzfehler (6.83)

$$\dot{\tilde{\underline{x}}} = \hat{\mathbf{F}}\tilde{\underline{x}} = (\mathbf{F} - \hat{\mathbf{K}}\mathbf{H})\tilde{\underline{x}}$$

und andererseits von jenen des geregelten Systems bei Zustandsvektor-Rückführung (6.7) ausgegangen:

$$\dot{\underline{x}} = \mathbf{F}_c\underline{x} = (\mathbf{F} - \mathbf{GC})\underline{x}.$$

Nun läßt sich aber wegen (6.82) der formal gleiche Ausdruck bilden

$$\hat{\mathbf{F}}^T = \mathbf{F}^T - \mathbf{H}^T\hat{\mathbf{K}}^T \ , \tag{6.88}$$

wobei jetzt $\hat{\mathbf{K}}^T$ die Rolle von $\mathbf{C}$ übernimmt. Damit kann nun die gleiche Methodik wie in Kap. 6.2.1 zur Bestimmung von $\hat{\mathbf{K}}^T$ verwendet werden. Beispielsweise wird im *Eingrößenfall*, bei einer einzigen Meßgröße ($m = 1$), mit

$$y = \underline{h}^T\underline{x}, \qquad \hat{\mathbf{K}} = \hat{\underline{k}}. \tag{6.89}$$

Zunächst muß $\underline{b}_0$, analog zu (6.26), aus

$$\mathbf{Q}_0^T\underline{b}_0 = \underline{e}_n \tag{6.90}$$

bestimmt werden mit $\mathbf{Q}_0$ nach (4.60). Die Größe $\hat{\underline{k}}$ folgt sodann aus:

$$\hat{\underline{k}} = \chi_0(\mathbf{F})\underline{b}_0 \ . \tag{6.91}$$

Die hiermit angegebene Lösung der Bestimmung von $\hat{\mathbf{K}}$ ist allerdings aus mehreren Gründen nur eingeschränkt sinnvoll:

- In der Regel liegen mehrere Messungen vor ($m > 1$) und die Rückführung auf ein Eingrößenproblem nutzt nicht die volle Freiheit in der Wahl von $\hat{\mathbf{K}}$.
- Nach (6.90), (6.91) können sich Beobachterverstärkungen ergeben, die die Störpegel und Meßfehler mißachten, also z. B. Sensorsignale, die stark verrauscht sind, mit großen Verstärkungen multiplizieren. Dies wirkt sich sehr ungünstig auf die Güte des geschätzten Zustandes aus.

Beide Probleme lassen sich mit dem KALMAN-BUCY-Filter beherrschen.

6.4.3 Übergang zum KALMAN-BUCY-Filter

Der hier gewählte Zugang zum *optimalen* KALMAN-BUCY-Filter setzt als Struktur die des Zustandsbeobachters, (6.85) voraus. KALMAN und BUCY, [201], haben gezeigt, daß dies tatsächlich die optimale Struktur zur Erzielung minimaler Fehlerkovarianzen ist. Die hier angeführte heuristische Vorgehensweise geht auf einen Vorschlag von FOLLIN, [202], zurück.

Im System (6.1) sollen jetzt zusätzliche stochastische Störungen wirken. Die entsprechenden Gleichungen lauten dann:

$$\dot{\underline{x}} = \mathbf{F}\underline{x} + \mathbf{G}_u\underline{u} + \mathbf{G}_w\underline{w}, \tag{6.92}$$

$$\underline{y} = \mathbf{H}\underline{x} + \underline{v}. \tag{6.93}$$

Die Prozesse $\underline{w}, \underline{v}$ werden als weiße, mittelwertfreie Rauschprozesse mit Spektraldichten $\mathbf{Q}_w, \mathbf{R}_v$ angenommen:

$$E\left\{\underline{w}(t)\underline{w}^T(\tau)\right\} = \mathbf{Q}_w\delta(t-\tau), \tag{6.94}$$

$$E\left\{\underline{v}(t)\underline{v}^T(\tau)\right\} = \mathbf{R}_v\delta(t-\tau). \tag{6.95}$$

Das Optimalfilter (Beobachter) soll wieder die folgende Form haben, siehe (6.85):

$$\dot{\hat{\underline{x}}} = \mathbf{F}\hat{\underline{x}} + \mathbf{G}_u\underline{u} + \hat{\mathbf{K}}(\underline{y} - \mathbf{H}\hat{\underline{x}}). \tag{6.96}$$

Als Gleichung für den Schätzfehler $\tilde{\underline{x}} = \underline{x} - \hat{\underline{x}}$ gilt dann

$$\dot{\tilde{\underline{x}}} = (\mathbf{F} - \hat{\mathbf{K}}\mathbf{H})\tilde{\underline{x}} + \mathbf{G}_w\underline{w} - \hat{\mathbf{K}}\underline{v}. \tag{6.97}$$

Dies stellt nun wiederum ein lineares Differentialgleichungssystem mit unkorrelierten weißen Rauscheingängen dar, so daß man die Fehlerkovarianz-Matrix

$$\tilde{\mathbf{P}}(t) = E\left\{\tilde{\underline{x}}(t)\tilde{\underline{x}}^T(t)\right\} \tag{6.98}$$

mit den Methoden des Kapitels 5.3 berechnen kann:

$$\dot{\tilde{\mathbf{P}}}_x(t) = (\mathbf{F} - \hat{\mathbf{K}}\mathbf{H})\tilde{\mathbf{P}}_x + \tilde{\mathbf{P}}_x(\mathbf{F} - \hat{\mathbf{K}}\mathbf{H})^T + \mathbf{G}_w\mathbf{Q}_w\mathbf{G}_w^T + \hat{\mathbf{K}}\mathbf{R}_v\hat{\mathbf{K}}^T. \tag{6.99}$$

Durch Addition und Subtraktion der Ergänzung $\tilde{\mathbf{P}}\mathbf{H}^T\mathbf{R}_v^{-1}\mathbf{H}\tilde{\mathbf{P}}$ erhält man gleichwertig zu (6.99)

$$\dot{\tilde{\mathbf{P}}}_x(t) = \mathbf{F}\tilde{\mathbf{P}}_x + \tilde{\mathbf{P}}_x\mathbf{F}^T + \mathbf{G}_w\mathbf{Q}_w\mathbf{G}_w^T - \tilde{\mathbf{P}}_x\mathbf{H}^T\mathbf{R}_v^{-1}\mathbf{H}\tilde{\mathbf{P}}_x +$$
$$\left[\hat{\mathbf{K}} - \tilde{\mathbf{P}}_x\mathbf{H}^T\mathbf{R}_v^{-1}\right]\mathbf{R}_v\left[\hat{\mathbf{K}} - \tilde{\mathbf{P}}_x\mathbf{H}^T\mathbf{R}_v^{-1}\right]^T. \tag{6.100}$$

Hieran erkennt man wegen der positiven Semi-Definitheit des letzten Terms: $\tilde{\mathbf{P}}_x(t)$ wird minimal, falls dieser verschwindet, also

$$\mathbf{K}_0(t) = \mathbf{P}_0(t)\mathbf{H}^T\mathbf{R}_v^{-1}, \tag{6.101}$$

wobei $\mathbf{K}_0(t)$ für das optimale $\hat{\mathbf{K}}(t)$ und $\mathbf{P}_0(t)$ für das optimale $\tilde{\mathbf{P}}_x(t)$ geschrieben wurde.

Damit geht (6.100) dann über in die bekannte RICCATI-Differentialgleichung

$$\dot{\mathbf{P}}_0 = \mathbf{F}\mathbf{P}_0 + \mathbf{P}_0\mathbf{F}^T + \mathbf{G}_w\mathbf{Q}_w\mathbf{G}_w^T - \mathbf{P}_0\mathbf{H}^T\mathbf{R}_v^{-1}\mathbf{H}\mathbf{P}_0, \tag{6.102}$$

bzw. mit (6.101)

$$\dot{\mathbf{P}}_0 = \mathbf{F}\mathbf{P}_0 + \mathbf{P}_0\mathbf{F}^T + \mathbf{G}_w\mathbf{Q}_w\mathbf{G}_w^T - \mathbf{K}_0\mathbf{R}_v\mathbf{K}_0^T. \tag{6.103}$$

Diese Form zeigt an, daß die Fehlerkovarianz des Optimalfilters von dem ungefiltertem stochastischen Prozeß $\underline{x}$ (die ersten drei Terme) vermindert um einen Term, der von den Filterverstärkungen und dem Meßrauschen abhängt, gebildet wird.

Aufgrund der Lösung von (6.102) mit $\mathbf{P}_0(t)$ wird die optimale Filterverstärkung $\mathbf{K}_0(t)$ nach (6.101) ebenfalls *zeitabhängig*. In vielen Fällen genügt es aber, die stationären Verstärkungen $\bar{\mathbf{K}}_0$, die sich für $\dot{\mathbf{P}}_0 = \mathbf{0}$ aus der somit entstehenden algebraischen RICCATI-Gleichung vergeben, zu realisieren. Wegen $\mathbf{P}_0(t) \to \bar{\mathbf{P}}_0$ sind überdies die stationären Schätzfehler gleich.

Für die numerische Lösung der algebraischen RICCATI-Gleichung soll auf das duale Problem beim RICCATI-Regler, Kapitel 6.3 und [144] verwiesen werden.

Zur Berechenbarkeit des Filters und zu seinem "Funktionieren" werden einige wichtige Voraussetzungen gefordert, die unter dem Begriff *Regularitätsbedingungen* zusammengefaßt sind:

- Meß- und Prozeßrauschen sind weiße Rauschprozesse;
- $\mathbf{R}_v > 0$, (bezüglich $\mathbf{R}_v \geq 0$, siehe Kap. 6.4.6);
- $(\mathbf{F}, \mathbf{H})$ beobachtbar;
- $(\mathbf{F}, \mathbf{G}_w)$ steuerbar (dies bedeutet, daß das System "störbar" ist).

Unter diesen Voraussetzungen hat das Filter folgende Eigenschaften:

- Die Schätzung ist *erwartungstreu*, d. h. es gilt:

$$E\left\{\hat{\underline{x}}(t)\right\} \to E\left\{\underline{x}(t)\right\}.$$

- Die Schätzung ist optimal im Sinne *minimaler Fehlervarianz*:

$$E\left\{\tilde{\underline{x}}^T(t)\tilde{\underline{x}}(t)\right\} = \min ;$$

damit sind auch alle $E\left\{\tilde{x}_i(t)^2\right\}, i = 1, \ldots, n$ minimal.

- Die Fehlerkovarianz kann nach (6.103) *off-line*, das bedeutet vorab ohne Kenntnis der aktuellen Meßwerte, berechnet werden.
- Die Lösung $\mathbf{P}_0(t)$ gibt gleichzeitig eine laufende Selbstdiagnose über die Genauigkeit des Filters bzw. der Fehlervarianzen.

Für weitere Details zum Optimalfilter insbesondere zu Situationen, bei denen in der Praxis nicht alle Regularitätsbedingungen erfüllt sind, sei auf [203] verwiesen.

6.4.4 Regelungssysteme mit Zustandsschätzung

Stehen also nicht alle Zustandsgrößen durch Messungen zur Rückführung zur Verfügung, wird es erforderlich, einen Beobachter bzw. ein KALMAN-Filter mit einem Zustandsregler zu kombinieren. Welche Auswirkungen hat dies auf das Gesamtverhalten?

Separationsprinzip

Da über den Beobachter nur $\hat{\underline{x}}$ verfügbar ist, realisiert man das Regelgesetz (6.77) näherungsweise

$$\underline{u} = -\mathbf{C}\hat{\underline{x}} = -\mathbf{C}(\underline{x} - \tilde{\underline{x}}). \tag{6.104}$$

Insgesamt erhält man damit aus (6.76), (6.77) mit (6.83)

$$\dot{\underline{x}} = \mathbf{F}\underline{x} + \mathbf{G}\underline{u} = \mathbf{F}\underline{x} - \mathbf{GC}\underline{x} + \mathbf{GC}\underline{\tilde{x}},$$

$$\dot{\underline{\tilde{x}}} = (\mathbf{F} - \hat{\mathbf{K}}\mathbf{H})\underline{\tilde{x}},$$

ein gekoppeltes System der Ordnung $2n$

$$\begin{bmatrix} \dot{\underline{x}} \\ \dot{\underline{\tilde{x}}} \end{bmatrix} = \begin{bmatrix} \mathbf{F} - \mathbf{GC} & \mathbf{GC} \\ \mathbf{0} & \mathbf{F} - \hat{\mathbf{K}}\mathbf{H} \end{bmatrix} \begin{bmatrix} \underline{x} \\ \underline{\tilde{x}} \end{bmatrix}, \tag{6.105}$$

dessen Eigenwerte sich wegen der einseitigen Kopplung dieser Gleichungen aus

$$\chi = \det\,(\lambda\mathbf{E} - \mathbf{F} + \mathbf{GC})\cdot\det\,(\lambda\mathbf{E} - \mathbf{F} + \hat{\mathbf{K}}\mathbf{H}) \tag{6.106}$$

berechnen. Das heißt, die Eigenwerte des mit (6.104) geregelten Systems setzen sich zusammen aus:

- den n Eigenwerten, die bei idealer Zustandsvektor-Rückführung entstehen und
- den n Eigenwerten des Beobachters (bzw. des Schätzfehlers).

Diesen Sachverhalt nennt man auch *algebraische Separation*: man kann das Beobachtersystem und das Regelsystem getrennt auslegen.

Darüberhinaus gibt es die sogenannte *stochastische Separation*, [196], die ebenfalls kurz erläutert werden soll. Geht man von den gestörten Systemgleichungen (6.92 bis 6.95) aus und erweitert das Gütefunktional (6.49), um zu einem deterministischen Ausdruck zu kommen, wie folgt

$$J = E\left\{ \int\limits_0^\infty \left(\underline{x}^T\mathbf{Q}\underline{x} + \underline{u}^T\mathbf{R}\underline{u}\right) dt \right\}, \tag{6.107}$$

dann gilt folgende Vorgehensweise:

1. Bestimme für das stochastische Problem (6.92 bis 6.95) das optimale KALMAN-Filter wie in Kap. 6.4.3 angegeben; dieses erzeugt den optimal geschätzten Zustand $\hat{\underline{x}}(t)$.
2. Berechne die aus (6.49) sich ergebenden RICCATI-Verstärkungen $\mathbf{C}_0$ gemäß (6.51), (6.52), d. h. ohne Beachtung von (6.107), also unter Vernachlässigung der stochastischen Störgrößen.
3. Das Regelgesetz

$$\underline{u} = -\mathbf{C}_0\hat{\underline{x}} \tag{6.108}$$

   ist dann auch optimal für das stochastische Problem, d. h. es wird (6.107) minimiert. Es kann also die Filter- und die Reglerauslegung wieder separat vorgenommen werden.

Behandlung von Führ- und Störgrößen

Während beim Zustandsbeobachter Störgrößen zunächst gänzlich vernachlässigt wurden, wurde beim KALMAN-Filter angenommen, daß Prozeß- und

Meßrauschen breitbandige (weiße) Rauschprozesse mit Erwartungswert Null sind. In vielen praktischen Situationen sind diese Annahmen aber nicht gerechtfertigt. Die Auswirkungen auf die Schätzgenauigkeit lassen sich an der Fehlerdifferentialgleichung (6.97) erkennen:

$$\dot{\tilde{x}} = (\mathbf{F} - \hat{\mathbf{K}}\mathbf{H})\tilde{x} + \mathbf{G}_w\underline{w} - \hat{\mathbf{K}}\underline{v} \ . \tag{6.109}$$

Nichtberücksichtigte Störgrößen $\underline{w}$ und $\underline{v}$ werden mit Gewichtungsmatrizen $\mathbf{G}_w$ und $\hat{\mathbf{K}}$ den Schätzfehler vergrößern. Sind z. B. stationäre Anteile (von Null verschiedene Mittelwerte) $\underline{m}_w, \underline{m}_v$ auch im KALMAN-Filter unberücksichtigt geblieben, dann ergibt sich ein stationärer Fehler $\bar{\tilde{x}}$ aus

$$(\mathbf{F} - \hat{\mathbf{K}}\mathbf{H})\bar{\tilde{x}} = -\mathbf{G}_w\underline{m}_w + \hat{\mathbf{K}}\underline{m}_v \ . \tag{6.110}$$

Sind die aufgrund (6.109), (6.110) sich ergebenden Schätzfehler nicht mehr tolerierbar, so gilt es, folgende Verbesserungsmöglichkeiten in Betracht zu ziehen.

Meßbare Störeingänge (z. B. die vorausschauende Erfassung der Straßenwelligkeit, [190]) lassen sich durch eine *Störgrößenaufschaltung* beherrschen. Sie werden nicht anders behandelt als deterministische, bekannte *Führgrößen bzw. Stellgrößen* und werden dem Prozeß (6.92) aufgeschaltet:

$$\dot{x} = \mathbf{F}\underline{x} + \mathbf{G}_u\underline{u} + \mathbf{G}_d\underline{w}_d(t) + \mathbf{G}_w\underline{w} \ ; \tag{6.111}$$

hierin bedeuten $\underline{w}_d(t)$ die meßbaren Störgrößen bzw. bekannte Führgrößen und $\underline{w}$ die verbliebenen unbekannten Rauschanteile.

Der Zustandbeobachter und das KALMAN-Filter (6.96), haben dann folgende Form:

$$\dot{\hat{x}} = \mathbf{F}\hat{x} + \mathbf{G}_u\underline{u} + \mathbf{G}_d\underline{w}_d(t) + \hat{\mathbf{K}}\left(\underline{y} - \mathbf{H}\hat{x}\right) \ . \tag{6.112}$$

Natürlich werden bekannte oder meßbare Fehleranteile (z. B. eine gemessene Drift) auch von den Meßgleichungen abgezogen.

Für den Fall der *Störgrößen-Rekonstruktion* wird davon ausgegangen, daß $\underline{w}, \underline{v}$ zwar nicht gemessen werden, aber Modelle ihres Systemverhaltens bekannt sind, z. B. mit

$$\underline{\dot{w}} = \mathbf{F}_w\underline{w}, \tag{6.113}$$

$$\underline{\dot{v}} = \mathbf{F}_v\underline{v} \ . \tag{6.114}$$

Dann kann man den Zustandsvektor $\underline{x}$ um die Komponenten $\underline{w}, \underline{v}$ erweitern und versuchen, den erweiterten Zustandsvektor

$$\bar{x} = \begin{bmatrix} \underline{x} \\ \underline{w} \\ \underline{v} \end{bmatrix}, \tag{6.115}$$

mit der zugehörigen Zustandsgleichung

$$\begin{bmatrix} \underline{\dot{x}} \\ \underline{\dot{w}} \\ \underline{\dot{v}} \end{bmatrix} = \begin{bmatrix} \mathbf{F} & \mathbf{G}_w & \mathbf{0} \\ \mathbf{0} & \mathbf{F}_w & \mathbf{0} \\ \mathbf{0} & \mathbf{0} & \mathbf{F}_v \end{bmatrix} \begin{bmatrix} \underline{x} \\ \underline{w} \\ \underline{v} \end{bmatrix} + \begin{bmatrix} \mathbf{G}_u \\ \mathbf{0} \\ \mathbf{0} \end{bmatrix} \underline{u}, \tag{6.116}$$

zu schätzen. Die geschätzten Größen $\underline{\hat{w}}, \hat{v}$ sind dann wie gemessene Werte (s. Störgrößen-Aufschaltung) zu behandeln.

Wichtige Anmerkungen zu dieser Vorgehensweise sind:

- Die Systemordnung des Beobachters wird durch die Erweiterung des Zustandsvektors erhöht.

- Die Beobachtbarkeit des erweiterten Zustandsvektors $\underline{x}$ ist nicht gesichert und muß aufgrund der erweiterten Gleichungen (6.116) überprüft werden.

6.4.5 Zustandsbeobachter reduzierter Ordnung

Aus den bisherigen Überlegungen geht ein Zustandsbeobachter bzw. KALMAN-Filter hervor, welches eine Nachbildung des dynamischen Systems, der Regelstrecke, von der gleichen Systemordnung n erfordert, wie diese selbst. Im Falle einer Störgrößen-Rekonstruktion muß man sogar darüber hinausgehen. Schon sehr frühzeitig wurden deshalb Überlegungen angestellt, wie man den Aufwand für eine praktische Realisierung reduzieren kann. Am bekanntesten wurde der sogenannte LUENBERGER Beobachter reduzierter Ordnung, [204]. Dieser sei im folgenden wegen seiner prinzipiellen Bedeutung und seiner Relation zu den Optimalfiltern bei korreliertem Meßrauschen kurz skizziert.

Wie in Abschnitt 6.4.1 werden auch hier zunächst wieder die ungestörten Systemgleichungen zugrunde gelegt

$$\underline{\dot{x}} = \mathbf{F}\underline{x} + \mathbf{G}\underline{u}\,, \tag{6.117}$$

$$\underline{y} = \mathbf{H}\underline{x}\,. \tag{6.118}$$

LUENBERGER ging davon aus, daß bei m linear unabhängigen Messungen $\underline{y}$ über (6.118) schon m Linearkombinationen des Zustands $\underline{x}$ direkt bekannt sind, so daß ein dynamischer Zustandsbeobachter von der Ordnung $n - m$ angesetzt werden könne. Setzt man diesen - analog zu (6.79) - für den $[(n - m) \times 1]$ Vektor $\underline{\hat{z}}$ wie folgt an

$$\underline{\dot{\hat{z}}} = \hat{\mathbf{F}}_z\underline{\hat{z}} + \hat{\mathbf{G}}_z\underline{u} + \hat{\mathbf{K}}_z\underline{y}\,, \tag{6.119}$$

so sind ähnlich wie für die Matrizen in (6.79) hier die noch unbestimmten Systemmatrizen $\hat{\mathbf{F}}_z, \hat{\mathbf{G}}_z, \hat{\mathbf{K}}_z$ festzulegen; $\underline{\hat{z}}$ soll dabei ein Schätzwert für die verbleibenden $(n - m)$ Linearkombinationen von $\underline{x}$ sein:

$$\underline{z} = \mathbf{T}\underline{x}, \quad \underline{\hat{z}} = \mathbf{T}\underline{\hat{x}}\,, \tag{6.120}$$

wobei $\mathbf{T}$ eine wählbare $[(n - m) \times n]$ Matrix mit vollem Rang $n - m$ ist, die sich mit $\mathbf{H}$ zu einer nichtsingulären $[n \times n]$ Matrix ergänzt, siehe (6.127).

Über die notwendige Festlegung der Beobachtermatrizen in (6.119) entscheidet wieder die Differentialgleichung für den *Schätzfehler*:

$$\underline{\tilde{z}} = \underline{z} - \underline{\hat{z}} = \mathbf{T}\underline{x} - \underline{\hat{z}}\,; \tag{6.121}$$

mit (6.117), (6.118), (6.119) und (6.121) folgt für diesen:

$$\dot{\tilde{z}} = \mathbf{T}\dot{\underline{x}} - \dot{\hat{\underline{z}}} = \hat{\mathbf{F}}_z\tilde{\underline{z}} + \left(\mathbf{TF} - \hat{\mathbf{F}}_z\mathbf{T} - \hat{\mathbf{K}}_z\mathbf{H}\right)\underline{x} + \left(\mathbf{TG} - \hat{\mathbf{G}}_z\right)\underline{u} \ . \qquad (6.122)$$

Damit über $\underline{x}$ und $\underline{u}$ keine Beobachterfehler angeregt werden können, wählt man deshalb - ähnlich wie bei (6.81), (6.82) -

$$\hat{\mathbf{G}}_z = \mathbf{TG} \ , \qquad (6.123)$$

und

$$\mathbf{TF} - \hat{\mathbf{F}}_z\mathbf{T} = \hat{\mathbf{K}}_z\mathbf{H} \ . \qquad (6.124)$$

Damit wird

$$\dot{\tilde{z}} = \hat{\mathbf{F}}_z\tilde{\underline{z}} \qquad (6.125)$$

und der Beobachtungsfehler $\tilde{\underline{z}}$ geht asymptotisch gegen Null, wenn gilt

$$Re\lambda(\hat{\mathbf{F}}_z) < 0 \ . \qquad (6.126)$$

Während $\hat{\mathbf{G}}_z$ nach (6.123) direkt festgelegt ist, stellt (6.124) ein lineares Gleichungssystem in den Koeffizienten der Matrizen $\mathbf{T}$ und $\hat{\mathbf{K}}_z$ dar, sofern man die Elemente der Matrix $\hat{\mathbf{F}}_z$ vorgibt. Die verbleibenden Freiheiten können durch entsprechende Vorbesetzungen der Matrix $\mathbf{T}$ genützt werden, [204]. Im übrigen ist die Gleichung (6.124) eindeutig lösbar, wenn die Matrizen $\mathbf{F}$ und $\hat{\mathbf{F}}_z$ keine gemeinsamen Eigenwerte besitzen, was man durch entsprechende Wahl der Matrix $\hat{\mathbf{F}}_z$ immer erreichen kann.

Der geschätzte Systemzustand $\hat{\underline{x}}$ mit Hilfe des reduzierten Beobachters ergibt sich schließlich aus (6.118), (6.120) zu

$$\hat{\underline{x}} = \begin{bmatrix} \mathbf{H} \\ \mathbf{T} \end{bmatrix}^{-1} \begin{bmatrix} \underline{y} \\ \hat{\underline{z}} \end{bmatrix} \ . \qquad (6.127)$$

Die Struktur eines solchen Beobachters ist in Abb. 6.12 skizziert. Neben der Tatsache, daß die Dimension des Beobachterzustands $\hat{\underline{z}}$ nur $n-m$ ist, ist zu beachten, daß die Meßwerte jetzt auch *direkt* zur Schätzung des Zustands verwandt werden ("feedforward"), was natürlich nicht optimal im Sinne des KALMAN-Filters ist, jedoch in vielen Fällen (bei geringen Meßfehlern) ausreichende Schätzgenauigkeit liefert, siehe auch den folgenden Abschnitt.

6.4.6 Optimalfilter bei korreliertem Rauschen

Die zuletzt behandelten Probleme des Beobachters reduzierter Ordnung und der Störgrößen-Rekonstruktion haben sehr große Ähnlichkeit mit dem *Filterproblem bei korreliertem Rauschen*, wenn die Rauschprozesse nicht näherungsweise durch weißes Rauschen dargestellt werden können. Das ist dann der Fall, wenn die Bandbreite bzw. die Zeitkonstanten der Rauschprozesse in die gleiche Größenordnung wie die der Strecke, d. h. der Fahrzeugdynamik, gelangen. Nach

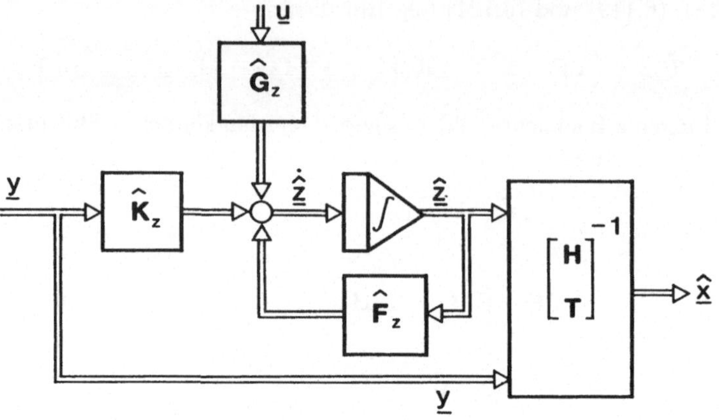

Abb. 6.12:   Struktur eines Zustandsbeobachters reduzierter Ordnung

Kapitel 5 kann aber ein korreliertes Rauschen mit sehr guter Näherung durch
ein Formfilter mit weißem Rauschen am Eingang dargestellt werden. Die erforderlichen Modifikationen für die Optimalfilter unterscheiden sich, je nachdem,
ob korreliertes Prozeßrauschen oder Meßrauschen vorliegen.

Farbiges Prozeßrauschen

Das Problem wird beschrieben durch (6.92), (6.93), (6.95); (6.94) wird ersetzt
durch das Formfilter für $\underline{w}$:

$$\underline{\dot{w}} = \mathbf{F}_w \underline{w} + \mathbf{G}_\zeta \underline{\zeta} \, , \tag{6.128}$$

wobei $\underline{\zeta}$ weißes Rauschen mit der Spektraldichte $\mathbf{Q}_\zeta$ sein soll.

Das vorliegende Problem kann in einfacher Weise auf das Standardproblem
durch Zustandserweiterung zurückgeführt werden:
Definiert man

$$\bar{\underline{x}} = \begin{bmatrix} \underline{x} \\ \underline{w} \end{bmatrix} \, , \tag{6.129}$$

so erhält man ein normales Filterproblem für $\bar{\underline{x}}$:

$$\dot{\bar{\underline{x}}} = \bar{\mathbf{F}}\bar{\underline{x}} + \bar{\mathbf{G}}_u \underline{u} + \bar{\mathbf{G}}_\zeta \underline{\zeta} \, , \tag{6.130}$$

$$\underline{y} = \bar{\mathbf{H}}\bar{\underline{x}} + \underline{v} \, , \tag{6.131}$$

wobei

$$\bar{\mathbf{F}} = \begin{bmatrix} \mathbf{F} & \mathbf{G}_w \\ \mathbf{0} & \mathbf{F}_w \end{bmatrix}, \quad \bar{\mathbf{G}}_u = \begin{bmatrix} \mathbf{G}_u \\ \mathbf{0} \end{bmatrix}, \quad \bar{\mathbf{G}}_\zeta = \begin{bmatrix} \mathbf{0} \\ \mathbf{G}_\zeta \end{bmatrix}, \quad \bar{\mathbf{H}} = [\mathbf{H}, \mathbf{0}] \, . \tag{6.132}$$

Man kommt - ähnlich wie bei der Störgrößenrekonstruktion - zu einem Optimalfilter höherer Ordnung für den erweiterten Prozeß. Neben dem größeren Realisie-

rungsaufwand müssen für den erweiterten Prozeß die Regularitätsbedingungen erfüllt sein, was bezüglich Beobachtbarkeit- bzw. Störbarkeitsbedingungen keineswegs von vornherein gewährleistet ist.

Korreliertes Meßrauschen

Hier ist anstelle von (6.95) das Formfilter für das Meßrauschen zu setzen:

$$\underline{\dot{v}} = \mathbf{F}_v \underline{v} + \mathbf{G}_v \underline{\xi} \,, \tag{6.133}$$

wobei $\underline{\xi}$ wieder weißes Rauschen mit Spektraldichte $\mathbf{Q}_\xi$ sei.

Eine Zustandserweiterung führt hier mit

$$\underline{\bar{x}} = \begin{bmatrix} \underline{x} \\ \underline{v} \end{bmatrix} \,, \quad \underline{\bar{w}} = \begin{bmatrix} \underline{w} \\ \underline{\xi} \end{bmatrix} \,, \tag{6.134}$$

auf das erweiterte Problem

$$\underline{\dot{\bar{x}}} = \bar{\mathbf{F}} \underline{\bar{x}} + \bar{\mathbf{G}}_u \underline{u} + \bar{\mathbf{G}}_w \underline{\bar{w}} \,, \tag{6.135}$$

$$\underline{y} = \bar{\mathbf{H}} \underline{\bar{x}} \,, \tag{6.136}$$

mit

$$\bar{\mathbf{F}} = \begin{bmatrix} \mathbf{F} & \mathbf{0} \\ \mathbf{0} & \mathbf{F}_v \end{bmatrix} \,, \quad \bar{\mathbf{G}}_u = \begin{bmatrix} \mathbf{G}_u \\ \mathbf{0} \end{bmatrix} \,, \quad \bar{\mathbf{G}}_w = \begin{bmatrix} \mathbf{G}_w & \mathbf{0} \\ \mathbf{0} & \mathbf{G}_v \end{bmatrix} \,,$$

$$\bar{\mathbf{H}} = [\mathbf{H}, \mathbf{E}] \,, \quad \bar{\mathbf{Q}} = \begin{bmatrix} \mathbf{Q}_w & \mathbf{0} \\ \mathbf{0} & \mathbf{Q}_\xi \end{bmatrix} \,. \tag{6.137}$$

Da das korrelierte Meßrauschen zu den Zustandsgrößen genommen wurde, ist die verbleibende Meßgleichung rauschfrei. Damit liegt aber ein sogenanntes *singuläres* Filterproblem vor, siehe (6.101), das einer besonderen Behandlung bedarf (siehe Optimalfilter für singuläre Probleme).

Sofern das Meßrauschen jedoch aus korreliertem, $\underline{v}_F$, und weißem Rauschen $\underline{\xi}_v$ besteht, d. h.

$$\underline{v} = \underline{v}_F + \underline{\xi}_v \tag{6.138}$$

mit $\underline{v}_F$ nach (6.133) und $\underline{\xi}_v$ mit Spektraldichte $\mathbf{R}_\xi$, führt die Zustandserweiterung (6.134) noch auf ein nichtsinguläres Standardproblem mit

$$\underline{y} = \bar{\mathbf{H}} \underline{\bar{x}} + \underline{\xi}_v \,, \tag{6.139}$$

solange $\mathbf{R}_\xi > 0$.

Für den Fall, daß Meß- und Prozeßrauschen *korreliert* aber weiße Rauschprozesse sind, d. h.

$$E\left\{ \underline{w}(t) \underline{v}^T(\tau) \right\} = \mathbf{N}\delta(t - \tau) \,, \tag{6.140}$$

kann man durch *Dualitätsbetrachtungen* aus den entsprechenden Regelproblemen, siehe (6.71) bis (6.75) ableiten, siehe z. B. [172], bzw. [205]. Die optimale Filterverstärkung lautet dann anstelle von (6.101)

$$\bar{\mathbf{K}}_0 = (\mathbf{P}\mathbf{H}^T + \mathbf{G}_u \mathbf{N})\mathbf{R}_v^{-1} \,, \tag{6.141}$$

wobei

$$\dot{\mathbf{P}} = \mathbf{F}\mathbf{P} + \mathbf{P}\mathbf{F}^T - \bar{\mathbf{K}}\mathbf{R}_v^{-1}\bar{\mathbf{K}}^T + \mathbf{G}_w\mathbf{Q}_v\mathbf{G}_w^T \ . \tag{6.142}$$

Man kann auch hier, ähnlich wie bei dem Regelproblem, auf die Standardform der Filter- und RICCATI-Gleichungen (und ihre zugehörigen Rechenprogramme) zurückgreifen, wenn man einführt:

$$\bar{\mathbf{F}} = \mathbf{F} - \mathbf{G}_w\mathbf{N}\mathbf{R}_v^{-1}\mathbf{H} \ , \tag{6.143}$$

$$\bar{\mathbf{Q}} = \mathbf{Q}_w - \mathbf{N}\mathbf{R}_v^{-1}\mathbf{N}^T \ . \tag{6.144}$$

Optimalfilter für singuläre Probleme

Die folgende Darstellung ist eine gestraffte Behandlung der Problematiken des korrelierten Meßrauschens bzw. der rauschfreien Messungen; auch der reduzierte Beobachter bei Vernachlässigung aller Störgrößen, siehe Abschnitt 6.4.5, ist in der folgenden Formulierung in etwas anderer Darstellung als üblich erfaßt, KORTÜM in [203].

Man geht aus von einer partitionierten Darstellung der n Systemgleichungen und m Meßgleichungen:

$$\dot{\underline{x}}_1 = \mathbf{F}_{11}\underline{x}_1 + \mathbf{F}_{12}\underline{x}_2 + \mathbf{G}_1\underline{w} \ , \tag{6.145}$$

$$\dot{\underline{x}}_2 = \mathbf{F}_{21}\underline{x}_1 + \mathbf{F}_{22}\underline{x}_2 + \mathbf{G}_2\underline{w} \ , \tag{6.146}$$

$$\underline{y}_1 = \mathbf{H}_{11}\underline{x}_1 + \mathbf{H}_{12}\underline{x}_2 + \underline{v}_1 \ , \tag{6.147}$$

$$\underline{y}_2 = \mathbf{H}_{21}\underline{x}_1 + \mathbf{H}_{22}\underline{x}_2 \ , \tag{6.148}$$

mit dem $[n_1 \times 1]$ Vektor $\underline{x}_1$, $[n_2 \times 1]$ Vektor $\underline{x}_2$ und analog den $[m_1 \times 1]$ Vektoren $\underline{y}_1, \underline{v}_1$. Für den $[m_2 \times 1]$ Vektor $\underline{y}_2$ gilt außerdem $m_2 = n_2$; die Systemmatrizen sind entsprechend gewählt. Der Zustandsvektor $\underline{x}$ ist so in die beiden Anteile $\underline{x}_1, \underline{x}_2$ aufgeteilt, daß die $[m_2 \times m_2]$ Teilmatrix $\mathbf{H}_{22}$ nicht singulär ist. Das verbleibende weiße Meßrauschen $\underline{v}_1$ hat die spektrale Leistungsdichte $\mathbf{R}_1$.

In dieser Formulierung sind alle oben angeführten Problemstellungen einbezogen, z. B. kann $\underline{x}_2$ korreliertes Meßrauschen sein, $\underline{x}_2$ können aber auch physikalische Zustandsgrößen sein, deren Messung (näherungsweise) rauschfrei angenommen wird; falls $m_2 = m, m_1 = 0$ sind, hat kein Meßrauschen weiße Anteile und wenn man $\underline{v}_1$ und $\underline{w}$ vernachlässigt, liegt der Fall des LUENBERGER Beobachters vor.

Wenn man (6.145) bis (6.148) als Standard-Filterproblem ansieht, wäre die entsprechende Meßfehlerleistungsdichte

$$\mathbf{R} = \begin{bmatrix} \mathbf{R}_1 & \mathbf{0} \\ \mathbf{0} & \mathbf{0} \end{bmatrix} \tag{6.149}$$

singulär.

Man umgeht diese Problematik durch folgende Überlegung: Da die Messungen $\underline{y}_2$ rauschfrei angenommen sind, sind m_2 Linearkombinationen von Zustandsgrößen durch (6.148) im voraus bekannt und der Zustandsschätzer kann von der Ordnung $n - m_2 = n_1$ angesetzt werden. Hierzu wird (6.148) nach $\underline{x}_2$ aufgelöst

$$\underline{x}_2 = \mathbf{H}_{22}^{-1}(\underline{y}_2 - \mathbf{H}_{21}\underline{x}_1) \tag{6.150}$$

und in (6.145) eingesetzt, womit sich ergibt

$$\underline{\dot{x}}_1 = (\mathbf{F}_{11} - \mathbf{F}_{12}\mathbf{H}_{22}^{-1}\mathbf{H}_{21})\underline{x}_1 + \mathbf{F}_{12}\mathbf{H}_{22}^{-1}\underline{y}_2 + \mathbf{G}_1\underline{w} \, . \tag{6.151}$$

Mit (6.151) ist eine (reduzierte) Zustandsgleichung für $\underline{x}_1$ entstanden; $\underline{y}_2$ sind darin bekannte Eingangsgrößen und werden entsprechend (6.111) als additive Größen ("feedforward") behandelt.

In der Meßgleichung (6.147) wird natürlich ebenfalls $\underline{x}_2$ durch (6.150) ersetzt und die bekannten Meßgrößen $\underline{y}_2$ aus der Gleichung eliminiert, d. h. es wird die modifizierte Meßgleichung

$$\underline{y}_1^* = \underline{y}_1 - \mathbf{H}_{12}\mathbf{H}_{22}^{-1}\underline{y}_2 = \left(\mathbf{H}_{11} - \mathbf{H}_{12}\mathbf{H}_{22}^{-1}\mathbf{H}_{21}\right)\underline{x}_1 + \underline{v}_1 \tag{6.152}$$

anstelle von (6.147) im Zusammenhang mit dem Entwurf eines Zustandsschätzers für $\underline{\hat{x}}_1$ nach (6.151) verwendet. Darüberhinaus kann man mit (6.151) und den Messungen (6.147) einen *Beobachter* reduzierter Ordnung $n - m_2$ aufbauen; dieser ist etwas allgemeiner als der in Abschnitt 6.4.5 behandelte LUENBERGER Beobachter reduzierter Ordnung, indem hier nur um die als rauschfrei angenommenen Messungen $\underline{y}_2$ reduziert wird, was zwar nicht die volle Reduktion $n - m$ wie bei LUENBERGER aber bessere Schätzwerte erlaubt.

Ein solcher Beobachter der Ordnung $n - m_2$ hat aber noch nicht ganz die optimale Struktur. Wie z. B. aus den ursprünglichen Arbeiten zu den Optimalfiltern bei korreliertem Meßrauschen, [205, 206], bekannt ist, müssen dazu noch die Messungen mit korreliertem Meßrauschen, enthalten im Vektor $\underline{y}_2$, solange differenziert werden, bis unter Einsetzen der Systemgleichungen (6.145), (6.146) weißes Rauschen auf der rechten Seite erscheint. Wie man anhand von (6.148) sieht, kann dies oft schon bei einmaligem Differenzieren gelingen:

$$\begin{aligned}
\underline{\dot{y}}_2 &= \mathbf{H}_{21}\underline{\dot{x}}_1 + \mathbf{H}_{22}\underline{\dot{x}}_2 \\
&= (\mathbf{H}_{21}\mathbf{F}_{11} + \mathbf{H}_{22}\mathbf{F}_{21})\underline{x}_1 + (\mathbf{H}_{21}\mathbf{F}_{12} + \mathbf{H}_{22}\mathbf{F}_{22})\underline{x}_2 \\
&\quad + (\mathbf{H}_{21}\mathbf{G}_1 + \mathbf{H}_{22}\mathbf{G}_2)\underline{w} \, .
\end{aligned} \tag{6.153}$$

Anstelle von (6.148) verwendet man als modifizierten zusätzlichen Meßvektor

$$\underline{y}_2^* = \underline{\dot{y}}_2 - (\mathbf{H}_{21}\mathbf{F}_{12} + \mathbf{H}_{22}\mathbf{F}_{22})\,\mathbf{H}_{22}^{-1}\underline{y}_2 = \mathbf{H}_{21}^*\underline{x}_1 + \underline{v}_2^* \, , \tag{6.154}$$

wobei sich eine modifizierte Meßmatrix

$$\mathbf{H}_{21}^* = \mathbf{H}_{21}\mathbf{F}_{11} + \mathbf{H}_{22}\mathbf{F}_{21} - (\mathbf{H}_{21}\mathbf{F}_{12} + \mathbf{H}_{22}\mathbf{F}_{22})\,\mathbf{H}_{22}^{-1}\mathbf{H}_{21} \tag{6.155}$$

und für das nunmehr weiße Rauschen $\underline{v}_2^*$ sich eine modifizierte Spektraldichtematrix

$$\mathbf{R}^* = (\mathbf{H}_{21}\mathbf{G}_1 + \mathbf{H}_{22}\mathbf{G}_2)\,\mathbf{Q}_w\,(\mathbf{H}_{21}\mathbf{G}_1 + \mathbf{H}_{22}\mathbf{G}_2)^T \tag{6.156}$$

ergeben.

Den Prozeß, Messungen mit korreliertem Rauschen solange zu differenzieren, bis durch fortgesetztes einsetzen der Zustandsgleichungen weißes Rauschen auftritt, nennt man "whitening". KAILATH, [207], hat gezeigt, daß auf diese Weise die in den Modellgleichungen steckende Information, die Innovation, optimal ausgeschöpft wird.

Zu beachten sind folgende Punkte:

- Durch den Differenzierprozeß wird das Prozeßrauschen $\underline{w}$ in das modifizierte Meßrauschen $\underline{v}_2^*$ hineingeführt. Hierdurch entsteht eine Korrelation zwischen Prozeßrauschen und Meßrauschen, was aber gemäß den Ausführungen nach Gleichung (6.140) kein wesentliches Problem bei der Bestimmung der optimalen Filterverstärkungen darstellt.

- Die direkte Realisierung des optimalen Filters scheint gemäß Gleichung (6.154) eine Differentiation der Meßwerte zu erfordern. Dies ist aber bei einmaliger Differentiation nicht notwendig. Für Details und die entsprechenden Blockschaltbilder sei auf [203], S. 101 verwiesen. Sind für den "whitening"-Prozeß aber mehrere Differentiationen erforderlich, so kann nur die erste Differentiation vermieden werden und die weiteren müßten technisch realisiert werden.

- Das Optimalfilter unter Verwendung der modifizierten Meßwerte (6.154) hat einen weiteren Nachteil, nämlich, wie man an den umfangreichen Manipulationen mit den Systemmatrizen, (6.153), (6.155) sieht, eine starke Abhängigkeit von der genauen Kenntnis der Systemparameter. Ungenauigkeiten in diesen Parametern führen auf einen Abfall der tatsächlichen Schätzgenauigkeit gegenüber der "scheinbaren" durch die optimale Kovarianz angezeigten Fehlerkovarianz. In diesen Fällen ist mindestens eine Untersuchung der Parameterempfindlichkeit durch eine entsprechende Kovarianzanalyse angezeigt.

Aus diesen Gründen wird oft vorgeschlagen, für den praktischen Filterentwurf nur die Messungen $\underline{y}_1^*$ nach (6.152) zu verwenden; ein damit entworfenes suboptimales Filter ist meist weniger parameterempfindlich.

Da in der Praxis jedoch sowieso meistens das *diskrete* KALMAN-Filter realisiert wird, dieses sich aber unproblematischer bei korreliertem Meßrauschen darstellt, sei auf die entsprechenden Ausführungen im Kapitel 7.6 verwiesen.

6.5   Beispiele

Demonstrationsbeispiel 6.5.1: Grundsätzliches zur aktiven Federung

Im Vergleich zu Abb. 6.2 soll gezeigt werden, welches Übertragungsverhalten mit einer aktiven Abstützung einer Einzelmasse erreicht werden kann.

Gegeben ist ein Einmassensystem nach Abb. 6.13 mit einer aktiven Abstützung gegen den Boden. Das Eigengewicht der Masse m wurde dadurch

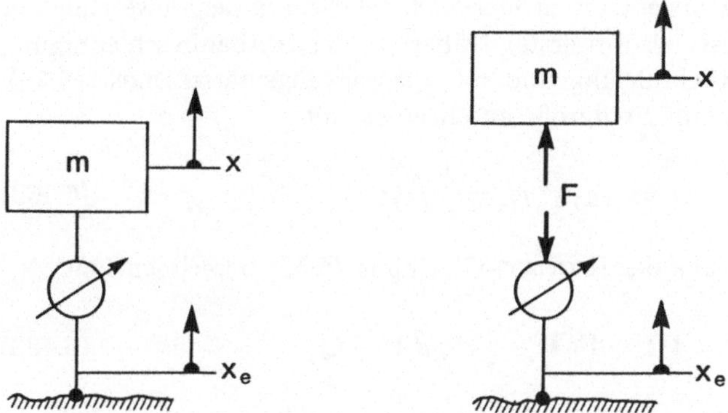

Abb. 6.13:   Einmasse-System mit aktiver Abstützung

berücksichtigt, daß die Auslenkungen x, x_e bzw. die Stellkraft F die Änderungen gegen die statische Gleichgewichtslage darstellen.

Gesucht ist eine Reglerauslegung mit RICCATI-Entwurf, wobei die relative Auslenkung $\delta = x - x_e$ sowie die benötigte Stellkraft F minimiert werden sollen und die Darstellung des Übertragungsverhaltens $|x/x_e|$.

Die Bewegungsgleichung für die Masse m folgt nach Abb. 6.13 unmittelbar zu

$$m\ddot{x} = F\,, \tag{6.157}$$

bzw. mit $\delta = x - x_e$ in Matrixschreibweise entsprechend (4.2) bzw. (6.48)

$$\underline{\dot{x}} = \mathbf{F}\underline{x} + \underline{g}u + \underline{g}_\zeta \zeta\,, \tag{6.158}$$

mit

$$\underline{x} = \begin{bmatrix} \delta \\ \dot{x} \end{bmatrix}, \ \mathbf{F} = \begin{bmatrix} 0 & 1 \\ 0 & 0 \end{bmatrix}, \ \underline{g} = \begin{bmatrix} 0 \\ \frac{1}{m} \end{bmatrix}, u = F\,,$$

$$\underline{g}_\zeta = \begin{bmatrix} -1 \\ 0 \end{bmatrix}, \ \zeta = \dot{x}_e\,.$$

Für die Reglerauslegung soll die Rückführverstärkung entsprechend (6.49) über die Minimierung von

$$J = \int_0^\infty \left(\underline{x}^T\mathbf{Q}\underline{x} + \underline{u}^T\mathbf{R}\underline{u}\right)dt \tag{6.159}$$

gefunden werden. Im konkreten Fall ergibt sich mit der gewählten Bewertungsmatrix

$$\mathbf{Q} = \begin{bmatrix} 1 & 0 \\ 0 & 0 \end{bmatrix} \tag{6.160}$$

und dem skalaren Bewertungsfaktor r anstatt der Matrix $\mathbf{R}$ unter Berücksichtigung von (6.157)

$$J = \int_0^\infty \left(\delta^2 + rF^2\right)dt = \int_0^\infty \left(\delta^2 + rm^2\ddot{x}^2\right)dt\,. \tag{6.161}$$

Die Bewertung der Stellkraft entspricht hier auch gleichzeitig der Bewertung der Beschleunigung der Masse, also in erster Näherung der Aufbaubeschleunigung eines Fahrzeugs. Die Rückführung und die Verstärkungsmatrix nach (6.50), (6.51) lassen sich für die eine Stellgröße anschreiben mit

$$u = -\underline{c}_0^T \underline{x}, \quad \underline{c}_0^T = \frac{1}{r}\underline{g}^T \mathbf{P} , \tag{6.162}$$

wobei sich die Matrix $\mathbf{P}$ aus der RICCATI-Gleichung (6.52) berechnen läßt

$$0 = \mathbf{P}\mathbf{F} + \mathbf{F}^T\mathbf{P} - \frac{1}{r}\mathbf{P}\underline{g}\underline{g}^T\mathbf{P} + \mathbf{Q} . \tag{6.163}$$

In diesem einfachen Fall lassen sich die Komponenten der $[2 \times 2]$ Matrix $\mathbf{P}$ leicht per Hand ausrechnen, wobei $r = \gamma^4$ gesetzt wird:

$$\begin{aligned}
P_{11} &= \sqrt{2m}\,\gamma , \\
P_{12} &= P_{21} = m\gamma^2 , \\
P_{22} &= m\sqrt{2m}\,\gamma^3 .
\end{aligned} \tag{6.164}$$

Die Rückführung ergibt sich zu

$$u = F = -\frac{\delta}{\gamma^2} - \frac{\sqrt{2m}}{\gamma}\dot{x} . \tag{6.165}$$

Die Bewegungsgleichung (6.157) läßt sich damit anschreiben zu:

$$\ddot{x} + \frac{\sqrt{2}}{\sqrt{m\gamma^2}}\dot{x} + \frac{1}{m\gamma^2}x = \frac{1}{m\gamma^2}x_e \tag{6.166}$$

und mit $\omega_n^2 = \frac{1}{m\gamma^2}$ in der Form

$$\ddot{x} + 2\left(\frac{\sqrt{2}}{2}\right)\omega_n\dot{x} + \omega_n^2 x = \omega_n^2 x_e . \tag{6.167}$$

Der Vergleich (6.167) mit (6.38), (6.40) zeigt, daß über die Regelung ein Dämpfungsmaß $D = \frac{\sqrt{2}}{2}$, $(\tan\beta = 1)$ erreicht wurde. Dies ist jenes Dämpfungsmaß, das meist als Begrenzung für die Plazierung der Eigenwerte des geschlossenen Regelkreises, Abb. 6.9, verwendet wird.

Eine Realisierung des Systems mit der Bewegungsgleichung nach (6.167) über Federn und Dämpfer würde der Abb. 6.14 entsprechen. Da der Dämpfer gegen ein Inertialsystem wirken müßte, wird er aufgrund der gezeigten Anordnung auch als "skyhook-damper" bezeichnet, [183]. Über den Faktor γ bzw. r läßt sich die Größe der Rückstellkraft und damit die Aufbaubeschleunigung verändern.

Der Frequenzgang des Systems läßt sich an Hand von (6.167) sofort angeben

$$\frac{x}{x_e} = \frac{\omega_n^2}{-\omega^2 + j\sqrt{2}\omega_n\omega + \omega_n^2} . \tag{6.168}$$

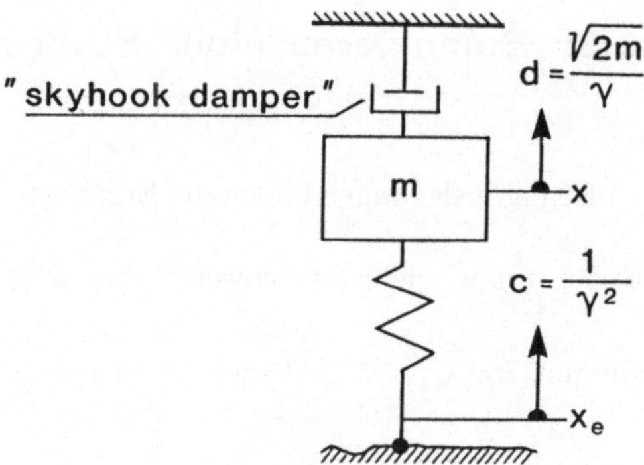

Abb. 6.14: "Realisierung" der aktiven Abstützung durch Feder und "Skyhook"-Dämpfer

Wie die Abb. 6.15 zeigt, tritt für dieses geregelte System nun keine Amplitudenüberhöhung mehr ein und das als "ideal" gewünschte Verhalten wird nahezu erreicht, was bei einem passiven System nicht so gut möglich ist, wie der Vergleich mit Abb. 6.2 zeigt.

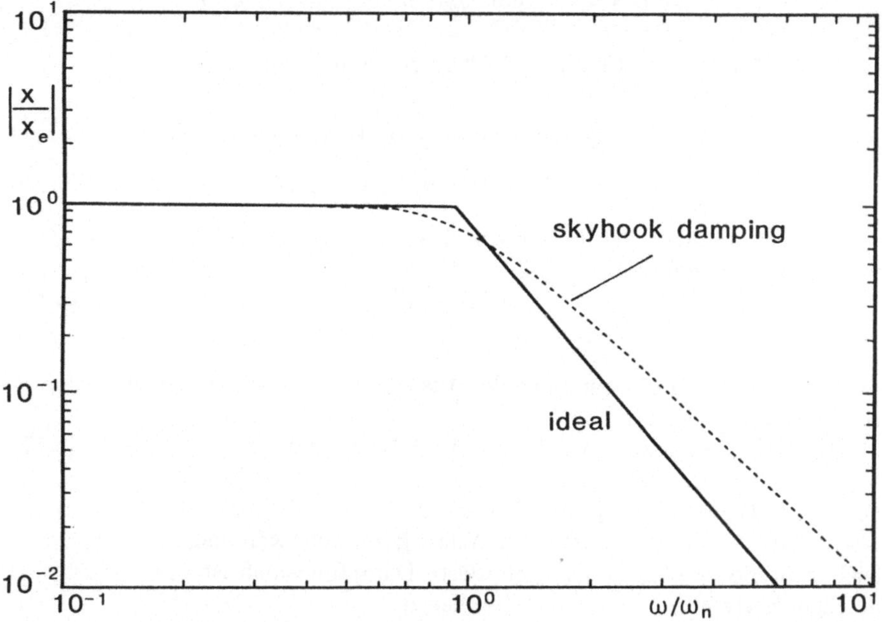

Abb. 6.15: Amplitudengang des mit "Skyhook"-Dämpfer geregelten Systems

Demonstrationsbeispiel 6.5.2: Balancieren eines Stabes auf einem Wagen

Die Ausgangsbasis für die gesuchten Reglerauslegungen bilden die Ergebnisse des Demonstrationsbeispiels 4.6.1.

Gesucht wird für das System Abb. 3.6, für spezielle Zahlenwerte, eine Reglerauslegung

- nach der Methode der Polvorgabe mit $Re(\lambda_i^c) \leq -1\mathrm{s}^{-1}$ und einem Dämpfungsmaß $D \geq 0.707$
- durch einen RICCATI-Entwurf

Gegeben sind die Ergebnisse des Demonstrationsbeispiels 4.5.1 sowie die Zahlenwerte (siehe Abb. 3.6): $M = 35\mathrm{kg}$, $m = 10\mathrm{kg}$, $a = 1\mathrm{m}$. Es soll keine Drehfeder bei G wirken: $c_T = 0$.

Vorerst soll die Bewegungsgleichung (4.95) mit den gegebenen Zahlenwerten als Ausgangsbasis angeschrieben werden:

$$\dot{\underline{x}} = \mathbf{F}\underline{x} + \underline{g}F \qquad (6.169)$$

mit

$$x = \begin{bmatrix} x \\ \alpha \\ \dot{x} \\ \dot{\alpha} \end{bmatrix}, \ \mathbf{F} = \begin{bmatrix} 0 & 0 & 1 & 0 \\ 0 & 0 & 0 & 1 \\ 0 & f_{32} & 0 & 0 \\ 0 & f_{42} & 0 & 0 \end{bmatrix}, \ \underline{g} = \begin{bmatrix} 0 \\ 0 \\ g_3 \\ g_4 \end{bmatrix},$$

$$f_{32} = 1.9613, \ f_{42} = 8.8260, \ g_3 = 0.0267, \ g_4 = 0.02 \ .$$

Die Eigenwerte des ungeregelten, instabilen Systems ergeben sich nach (4.23) zu

$$\lambda_{1,2} = 0, \ \lambda_3 = 2.9709, \ \lambda_4 = -2.9709 \ . \qquad (6.170)$$

Nach der *Methode der Polvorgabe*, Kap. 6.2 können die Eigenwerte λ_i^c des geschlossenen Regelkreises

$$\dot{\underline{x}} = \left(\mathbf{F} - \underline{g}\underline{c}^T\right)\underline{x} \qquad (6.171)$$

gewählt werden. Unter Beachtung der Auslegungsvorgaben - siehe auch Abb. 6.9 - soll gelten

$$\lambda_1^c = \lambda_2^c = -1.0, \ \lambda_3^c = \lambda_4^c = -2.9709 \ . \qquad (6.172)$$

Die beiden Eigenwerte $\lambda_{1,2}$ werden an die Grenze des erwünschten Bereiches verschoben, λ_3 an der imaginären Achse gespiegelt während $\lambda_4 = \lambda_4^c$ an der gleichen Stelle verbleibt. Das geforderte Dämpfungsmaß ist gewährleistet, da alle Eigenwerte auf der reellen Achse liegen.

Die gesuchten Verstärkungen $\underline{c}^T = [c_1, c_2, c_3, c_4]$ können über einen Koeffizientenvergleich der charakteristischen Gleichung zu (6.171)

$$\chi_{Fc} = \det\left(\lambda \mathbf{E} - \mathbf{F} + \underline{g}\underline{c}^T\right) =$$

$$\det \begin{bmatrix} \lambda & 0 & -1 & 0 \\ 0 & \lambda & 0 & -1 \\ c_1 g_3 & c_2 g_3 - f_{32} & \lambda + c_3 g_3 & c_4 g_3 \\ c_1 g_4 & c_2 g_4 - f_{42} & c_3 g_4 & \lambda + c_4 g_4 \end{bmatrix} = 0 \,,$$

$$\chi_{Fc} = \lambda^4 + [c_3 g_3 + c_4 g_4]\,\lambda^3 + [c_1 g_3 + c_2 g_4 - f_{42}]\,\lambda^2 +$$

$$[c_3\,(g_4 f_{32} - g_3 f_{42})]\,\lambda + [c_1\,(g_4 f_{32} - g_3 f_{42})] = 0 \,, \qquad (6.173)$$

mit dem Polynom der gewünschten Eigenwerte

$$\begin{aligned} \chi_c &= (\lambda - \lambda_1^c)^2\,(\lambda - \lambda_3^c)^2 = 0 \\ \chi_c &= \lambda^4 + [-2\,(\lambda_1^c + \lambda_3^c)]\,\lambda^3 + \left[(\lambda_1^c)^2 + 4\lambda_1^c \lambda_3^c + (\lambda_3^c)^2\right]\lambda^2 \\ &\quad + \left[-2\lambda_1^c\,(\lambda_3^c)^2 - 2\,(\lambda_1^c)^2\,\lambda_3^c\right]\lambda + \left[(\lambda_1^c)^2\,(\lambda_3^c)^2\right] = 0 \end{aligned} \qquad (6.174)$$

bestimmt werden. Mit den konkreten Zahlenwerten erhält man im vorliegenden Fall ein leicht lösbares lineares Gleichungssystem für die c_i.

Alternativ dazu lassen sich die Verstärkungen auch über die Gleichung (6.23) einfach mit Hilfe eines Rechenprogramms, z. B. MATLAB - siehe Kap. 8, bestimmen. Sie ergeben sich im konkreten Fall zu

$$\underline{c}^T = [-45.0,\ 1586.8,\ -120.3,\ 557.5] \,. \qquad (6.175)$$

Wie aus (6.171) mit den Zahlenwerten (6.175) ersichtlich, benötigt, wie zu erwarten, der Lagewinkel α des Stabes die stärkste Rückführung; die Lage und Geschwindigkeit des Wagens müssen positiv zurückgeführt werden.

Für die *Reglerauslegung mit* RICCATI-*Entwurf*, Kap. 6.3, und dem Gütefunktional nach (6.49)

$$J = \int\limits_0^\infty \left(\underline{x}^T \mathbf{Q}\underline{x} + FrF\right) dt \qquad (6.176)$$

müssen zunächst Gewichtungsmatrix $\mathbf{Q}$ und der Gewichtungsfaktor r angegeben werden. Mit den gewählten Maximalwerten

$$\begin{aligned} x_{max} &= 0.1\text{m}, & \alpha_{max} &= 6^0, \\ \dot{x}_{max} &= 1\text{ms}^{-1}, & \dot{\alpha}_{max} &= 12^0\text{s}^{-1}, & F_{max} &= 50\text{N}, \end{aligned}$$

folgen nach (6.54)

$$Q = \begin{bmatrix} 100 & 0 & 0 & 0 \\ 0 & 91.19 & 0 & 0 \\ 0 & 0 & 1 & 0 \\ 0 & 0 & 0 & 22.80 \end{bmatrix}, \ r = 4\cdot 10^{-4} \,. \qquad (6.177)$$

Unter Anwendung eines entsprechenden Programmpaketes (z. B. MATLAB) kann nun über (6.52), (6.51) die Verstärkung, für den konkreten Fall der Verstärkungsvektor

$$c_0^T = [-500,\ 5952,\ -888.8,\ 2180] \qquad (6.178)$$

errechnet werden. Das geregelte System

$$\dot{\underline{x}} = \left(F - \underline{g}\underline{c}_0^T\right)\underline{x} \tag{6.179}$$

hat dann die Eigenwerte

$$\lambda_1^r = -1.0504\ ,$$
$$\lambda_2^r = -2.5567 + 0.5057j\ ,$$
$$\lambda_3^r = -2.5567 - 0.5057j\ ,$$
$$\lambda_4^r = -13.7440\ . \tag{6.180}$$

Die Darstellung der Eigenwerte $\lambda_i = -\alpha_i + j\omega_i$ der beiden Reglerauslegungen in Abb. 6.16 zeigt, daß sie alle innerhalb des gewünschten Gebietes liegen.

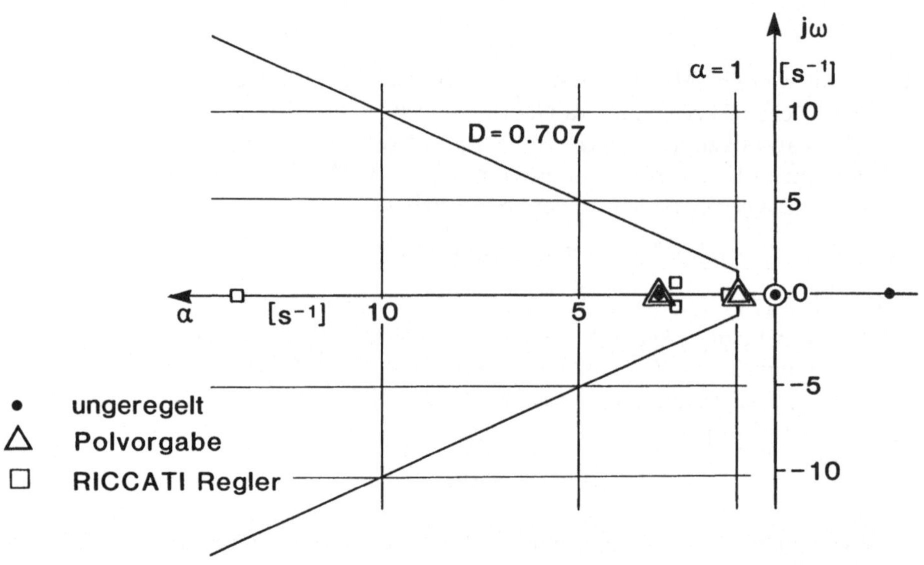

Abb. 6.16:   Eigenwerte des ungeregelten und geregelten balancierten Stabs

Beispiel 6.5.3: Allradlenkung

Die Möglichkeit einer zusätzlichen Beeinflussung des Fahrverhaltens eines Pkw durch eine Hinterradzusatzlenkung hat zu einer Vielzahl von Steuer- und Regelstrategien geführt; einen Überblick bietet z. B. [89]. In Anlehnung an diese Arbeit sollen hier, ausgehend von dem Einspurmodell (Beispiel 3.3.2), zwei Strategien bzw. Konzepte verglichen werden, die beide im wesentlichen die Minimierung des Fahrzeugschwimmwinkels zum Ziel haben. Etwaige, bei einer Realisierung solcher Lenksysteme notwendige Beschränkungen werden bei dieser Prinzipuntersuchung nicht berücksichtigt.

In [208] wird gezeigt, daß es auch unter gewissen Voraussetzungen möglich ist, mit einer 4-Rad-Zusatzlenkung die Quer- und Gierbewegung zu entkoppeln und die Giereigenwerte geschwindigkeitsunabhängig zu machen. Für Details über diese Art der Giergeschwindigkeitsrückführung auf Vorder- und Hinterradlenkung wird auf die genannte Literaturstelle verwiesen.

Hinterradzusatzlenkung und Giergeschwindigkeitsrückführung

Der Vorschlag wurde in [209] vorgestellt; er will neben der Reduktion des Schwimmwinkels auch die Empfindlichkeit des Fahrzeugs gegen äußere Störungen gering halten.

Das Lenkgesetz für den Hinterradeinschlagwinkel δ_H - siehe Bild 3.7, Beispiel 3.3.2 - wird gewählt mit

$$\delta_H = -K_1\delta_V + K_2 v_x\dot{\psi} \,, \tag{6.181}$$

wobei die Konstanten zu

$$K_1 = 1, \quad K_2 = \frac{m}{l}\left(\frac{l_H}{C_V} + \frac{l_V}{C_H}\right) \tag{6.182}$$

festgelegt werden. Die Seitenkraftbeiwerte C_V, C_H sind in (2.16) angegeben und sind zufolge der verwendeten Linearisierung um die Geradeausfahrt identisch mit $C_i(\alpha_{is} = 0)$ nach (3.140).

Die Absicht des Ansatzes (6.181), (6.182) wird offensichtlich, wenn man unter vereinfachenden Annahmen die Schräglaufwinkel α_V, α_H über die Fahrzeugquerbeschleunigung und die Seitenkraftbeiwerte ausdrückt.

Für die Linearisierung bezüglich der Geradeausfahrt sind nach (3.137) wegen $v_{ys} = 0, \dot{\psi}_s = 0, \delta_{is} = 0$ die Abweichungen gleich den Systemgrößen und es folgt aus (3.138) unter Beachtung von (3.129) der Zusammenhang

$$\alpha_V + \alpha_H = \delta_V + \delta_H - \frac{2v_y}{v_x} - \frac{\dot{\psi}}{v_x}(l_V - l_H) \,. \tag{6.183}$$

Für die Schräglaufwinkel werden nun in erster Näherung die Werte der stationären Kreisfahrt eingesetzt. Aus (3.141), (3.142) ergeben sich mit $\dot{\psi} = \ddot{y}_\psi = 0$, $\dot{v}_y = \ddot{y}_V = 0$ ohne Einfluß der Luftkräfte ($\Delta W_y = 0, \Delta M_w = 0$) :

$$\alpha_V = \frac{1}{C_V}\left(mv_x\dot{\psi}\right)\frac{l_H}{l} \,,$$

$$\alpha_H = \frac{1}{C_H}\left(mv_x\dot{\psi}\right)\frac{l_V}{l} \,. \tag{6.184}$$

Setzt man nun (6.184) und (6.181), (6.182) in (6.183) ein, folgt für den Schwimmwinkel

$$\beta = \frac{v_y}{v_x} = \frac{\dot{\psi}}{2v_x}(l_H - l_V) \,. \tag{6.185}$$

Bei mittiger Schwerpunktlage $l_H = l_V$ wird also der Schwimmwinkel zu Null und auch bei anderer Achslastverteilung bleibt er sehr klein, da schon bei mäßigen

Fahrgeschwindigkeiten zufolge der (kleinen) Störung $\dot\psi$ sicher $\dot\psi(l_H - l_V) \ll 2v_x$ gelten wird.

Allradzusatzlenkung mit Zustandsrückführung

Bei dieser Strategie soll über ein Gütekriterium ein optimales Regelgesetz gefunden werden, [89]. Dabei sei vorausgesetzt, daß der Systemzustand $\underline{x}$ bekannt ist - siehe Kapitel 6.3.

Für die Anwendung dieses RICCATI-Entwurfs werden zunächst die linearisierten Bewegungsgleichungen des Einspurmodells, Beispiel 3.3.2, in Zustandsform übergeführt. Über die Linearisierung (3.137) ergeben sich Zustandsvektor $\underline{x}$ und Stellvektor $\underline{u}$ zu

$$\underline{x} = \begin{bmatrix} \dot y_v \\ \dot y_\psi \end{bmatrix} , \quad \underline{u} = \begin{bmatrix} u_V \\ u_H \end{bmatrix} , \tag{6.186}$$

bzw. für die im weiteren verwendete Linearisierung bezüglich der Geradeausfahrt

$$\underline{x} = \begin{bmatrix} v_y \\ \dot\psi \end{bmatrix} , \quad \underline{u} = \begin{bmatrix} \delta_V \\ \delta_H \end{bmatrix} . \tag{6.187}$$

Die Darstellung der linearisierten Bewegungsgleichungen für die Querdynamik folgt aus (3.141) bis (3.144) zu

$$\underline{\dot x} = \mathbf{F}\underline{x} + \mathbf{G}_u\underline{u} + \underline{g}_w w \tag{6.188}$$

mit

$$\mathbf{F} = \begin{bmatrix} -\dfrac{C_V + C_H + k_y v_x^2}{m v_x} & \dfrac{-l_V C_V + l_H C_H}{m v_x} + v_x \\[3ex] \dfrac{-l_V C_V + l_H C_H - l_M k_y v_x^2}{I_C v_x} & -\dfrac{l_V^2 C_V + l_H^2 C_H}{I_C v_x} \end{bmatrix} ,$$

$$\mathbf{G}_u = \begin{bmatrix} \dfrac{C_V}{m} & \dfrac{C_H}{m} \\[2ex] \dfrac{l_V C_V}{I_C} & \dfrac{l_H C_H}{I_C} \end{bmatrix} , \quad \underline{g}_w = \begin{bmatrix} -\dfrac{k_y v_x}{m} \\[2ex] -\dfrac{l_M k_y v_x}{I_C} \end{bmatrix} . \tag{6.189}$$

Bei der im allgemeinen gerechtfertigten Vernachlässigung der Einflüsse der Luftkräfte gegen die Seitenkraftbeiwerte C_V, C_H vereinfacht sich die Matrix $\mathbf{F}$ in die meist verwendete Form, siehe z. B. [210], [89]:

$$\mathbf{F} = \begin{bmatrix} -\dfrac{C_V + C_H}{m v_x} & -\dfrac{(l_V C_V - l_H C_H)}{m v_x} + v_x \\[3ex] -\dfrac{(l_V C_V - l_H C_H)}{I_C v_x} & -\dfrac{l_V^2 C_V + l_H^2 C_H}{I_C v_x} \end{bmatrix} . \tag{6.190}$$

Im weiteren sollen auch keine ständig wirkenden Störungen durch Seitenwind w auftreten.

Bei der Reglerauslegung wird berücksichtigt, daß für das System Sollgrößen $\underline{x}_0(t)$ - etwa bestimmt durch den Straßenverlauf oder ein idealisiertes Lenkmanöver - vorgegeben werden. Dies bedeutet, daß der Anteil $\underline{u}_0$ des Stellvektors gewährleisten soll, daß die Gleichung

$$\underline{\dot{x}}_0 = \mathbf{F}\underline{x}_0 + \mathbf{G}_u\underline{u}_0 \tag{6.191}$$

erfüllt wird. Geht man nun von Abweichungen $\Delta\underline{x}, \Delta\underline{u}$ gegen den Sollzustand aus

$$\Delta\underline{x} = \underline{x} - \underline{x}_0, \quad \Delta\underline{u} = \underline{u} - \underline{u}_0 , \tag{6.192}$$

so erfüllen diese ebenfalls die Systemgleichung:

$$\Delta\underline{\dot{x}} = \mathbf{F}\Delta\underline{x} + \mathbf{G}_u\Delta\underline{u} . \tag{6.193}$$

Für den Reglerentwurf entsprechend der Methode der quadratischen Synthese, Kap. 6.3, wird der Sollwert durch eine lineare Rückführung

$$\Delta\underline{u} = -\mathbf{C}_0\Delta\underline{x} \tag{6.194}$$

erreicht, der das Gütefunktional

$$J = \int\limits_0^\infty (\Delta\underline{x}^T\mathbf{Q}\Delta\underline{x} + \Delta\underline{u}^T\mathbf{R}\Delta\underline{u})dt \tag{6.195}$$

minimieren soll. Die Verstärkungsmatrix $\mathbf{C}_0$ bestimmt sich, wie in (6.51), (6.52) gezeigt mit Hilfe einer algebraischen RICCATI-Gleichung. Die erforderlichen Berechnungen sind mit gängigen Programmsystemen, siehe Kap. 8, problemlos durchführbar. Die hierfür nötige Belegung der Gewichtungsmatrizen $\mathbf{Q}, \mathbf{R}$ erfolgte in der Auswertung entsprechend (6.54)

$$q_{ii} = \frac{1}{(\Delta x_i, max)^2}, \ q_{ij} = 0; \quad r_{ii} = \frac{1}{(\Delta u_i, max)^2}, \ r_{ij} = 0; \quad i, j = 1, 2 , \tag{6.196}$$

mit den Zahlenwerten

$$\Delta x_{1,max} = v_{y,max} = \beta_{max}v_x ,$$
$$\Delta x_{2,max} = \dot{\psi}_{max} = 0.1s^{-1} ,$$
$$\Delta u_{1,max} = \delta_{V,max} = 2.0^0 ,$$
$$\Delta u_{2,max} = \delta_{H,max} = 2.0^0 .$$

Um den Schwimmwinkel nahe Null zu halten, wird $\beta_{max} = 0.25^0$ gewählt und der Sollzustand $\underline{x}_0$ mit

$$x_{0,1} = v_{y0} = 0, \quad x_{0,2} = \dot{\psi}_0(\delta_{V0}, v_x) \tag{6.197}$$

angesetzt.

Die Systemgleichungen lassen sich mit (6.194), (6.192) und (6.191) letztlich in der Form schreiben

$$\dot{\underline{x}} = \mathbf{F}\underline{x} + \mathbf{G}_u\underline{u} \, ,$$

$$\underline{u} = -\mathbf{C}_0\underline{x} + [\mathbf{C}_0\underline{x}_0 + \mathbf{G}_u^{-1}(\dot{\underline{x}}_0 - \mathbf{F}\underline{x}_0)] \, , \qquad (6.198)$$

wobei sich die Abhängigkeit von den Sollgrößen in der Darstellung für $\underline{u}$ zeigt.

Vergleich der Lenkstrategien

Dieser Vergleich an Hand von numerischen Auswertungen folgt der Arbeit [89]. Die wesentlichen Daten des betrachteten Mittelklasse-Pkw's sind:

$$m = 1340\mathrm{kg} \, ,$$

$$I_C = 1760\mathrm{kgm}^2 \, ,$$

$$l_V = 1.29\mathrm{m}, \ l_H = 1.28\mathrm{m} \, ,$$

$$C_V = 42950\mathrm{Nrad}^{-1}, \ C_H = 48690\mathrm{Nrad}^{-1} \, .$$

Zunächst soll die Simulation der Auswirkung einer Seitenwindböe bei Geradeausfahrt betrachtet werden. Im Regelkreis wird die Regelstrecke Fahrzeug durch ein nichtlineares Einspurmodell über die Gleichungen (3.131) bis (3.133) dargestellt, wobei die Seitenkräfte über das HSRI-Reifenmodell, Abb. 2.43, berechnet werden. Für dieses Fahrzeug mit Hinterradantrieb ist die Geschwindigkeit mit $v_x = 100$ km/h vorgegeben und der Lenkwinkel wird konstant auf Null gehalten ($\delta_V = u_1 = 0$); die Referenzbahn ist also die Geradeausfahrt mit konstanter Geschwindigkeit. Als Störung wirkt ein Seitenwind über 1 Sekunde auf das Fahrzeug (Druckmittelpunkt vor der Fahrzeugmitte, $l_M = 0.1\mathrm{m}$, siehe (3.144)). Für die Rückführung wird einerseits (6.181) und andererseits die Beeinflussung von Vorder- und Hinterradlenkwinkel über (6.194) angenommen.

Bild 6.17 zeigt die Verbesserungen zufolge der zwei Regelstrategien im Vergleich zum konventionellen Fahrzeug ohne Zusatzlenkung. Die Hinterradzusatzlenkung versucht die auftretende Giergeschwindigkeit zu kompensieren, indem sie über die Hinterräder mit $\delta_H > 0$ das Fahrzeug in die Windrichtung zu drehen versucht. Daraus resultiert vor allem der besonders geringe verbleibende Gierwinkel ψ, während bei diesem instationären Manöver der Schwimmwinkel β nur mäßig verringert wird. Die Allradzusatzlenkung mit Zustandsrückführung bringt über Vorder- und Hinterräder mit $\delta_V < 0$ und $\delta_H < 0$ sofort Seitenkräfte auf, die der Windseitenkraft entgegenwirken. Der Schwimmwinkel β bleibt sehr klein, ebenso zeigt diese Strategie die geringste Bahnabweichung bis ca. 1.5 s, d. h. innerhalb der Reaktionszeit des Fahrers.

Die ebenfalls in Bild 6.17 dargestellten Komponenten der Verstärkungsmatrix $\mathbf{C}_0$ zeigen allerdings teilweise eine deutliche Abhängigkeit von der Fahrgeschwindigkeit, so daß mit nur einer Reglerauslegung kaum optimale Reaktionen im gesamten Geschwindigkeitsbereich zu erwarten sind.

Im zweiten Vergleichsbeispiel wurde die Regelstrecke durch ein komplexes Fahrzeugmodell, ähnlich Abb. 2.10 ersetzt, um das mit raschen, größeren Zu-

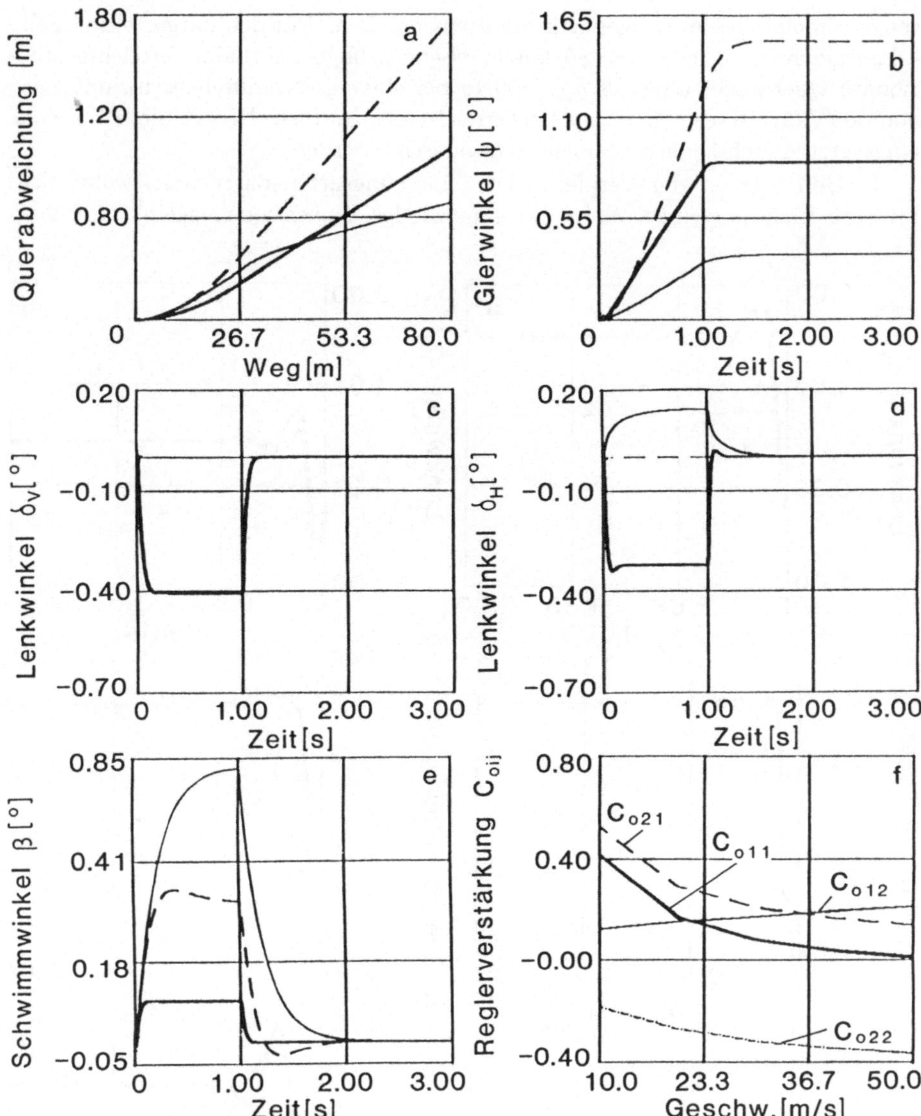

Abb. 6.17: Fahrzeugreaktion bei einer Seitenwindboe: ungeregelt (strichliert), Regelung mit Geschwindigkeitsrückführung (durchgezogen), RICCATI-Regelung (fett durchgezogen) und zugehörige Verstärkungen C_{oij}

standsänderungen verbundene Fahrmanöver "Lenkwinkelsprung" realistischer simulieren zu können. Da bei einem allradgelenkten Fahrzeug eine andere Hinterachskonstruktion einzusetzen ist, werden sich bei der Auswertung auch Unterschiede im Systemverhalten zwischen konventionellen und allradgelenkten Fahr-

zeugen infolge des Achseigenlenkverhaltens ergeben. Für den dargestellten Fall
- Fahrgeschwindigkeit $v = 80$ km/h, ebene griffige Fahrbahn, erreichte stationäre Querbeschleunigung $a_{y,s} = 0.4g$ bei einer Lenkraddrehgeschwindigkeit von 300^0/s (d. h. ca. 20^0/s am Vorderrad) - können diese Unterschiede bei den eingesetzten Achskonstruktionen vernachlässigt werden.

In Bild 6.18 ist der Vergleich der 3 Lenkungsarten dargestellt, wobei der mittlere Einschlagwinkel $\delta_V = (\delta_1 + \delta_2)/2$ des konventionell gelenkten Fahr-

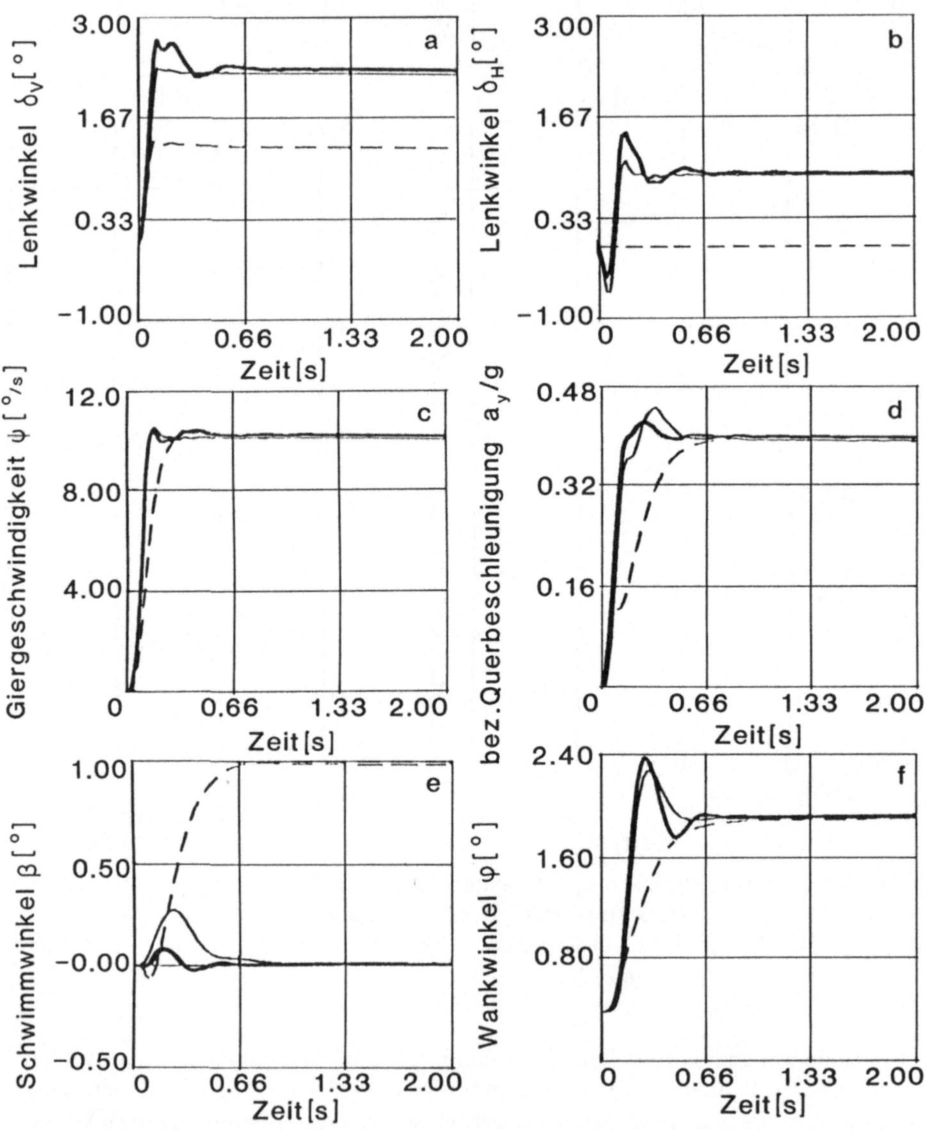

Abb. 6.18:	Fahrzeugreaktion auf einen Lenkwinkelsprung analog zu Abb. 6.17

zeugs qualitativ praktisch dem Eingangssignal entspricht. Bedingt dadurch, daß sich bei den Allradlenkungsvarianten im Endzustand der stationären Kreisfahrt Werte $\delta_H > 0$ einstellen, müssen deren Vorderradeinschlagwinkel größer sein, als bei der konventionellen Lenkung. Beide Allradlenkungen reagieren aber deutlich rascher auf die Lenkbewegung wie an Hand von Giergeschwindigkeit $\dot\psi$ und Querbeschleunigung a_y ersichtlich. Allerdings zeigt sich schon bei diesem mit $a_{y,s} = 0,4g$ unkritischem Manöver ein Überschwingen im Gegensatz zur konventionellen Lenkung. Diese schnelle, verstärkte Fahrzeugquerbewegung bedingt aber auch eine verstärkte Rollbewegung (Rollwinkel φ) des Wagenaufbaus verbunden mit größeren Radlastschwankungen und einer Komforteinbuße. Zumindest letztere läßt sich durch eine aktive Federung weitgehend unterdrücken. Der Schwimmwinkel β wird bei beiden Allradlenkungen im instationären Bereich klein gehalten und anschließend rasch auf Null reduziert.

Beispiel 6.5.4: Fahrgeschwindigkeitsregler

Für einen Pkw soll ein Regler entwickelt werden, um seine Geschwindigkeit trotz der Einwirkung von Störkräften in Längsrichtung (z. B. durch Steigungen, wechselnden Gegenwind) möglichst konstant zu halten.

Gesucht werden zunächst die Bewegungsgleichungen für ein vereinfachtes Längsdynamikmodell und deren Linearisierung bezüglich der Sollgeschwindigkeit $v_x = v_s =$ konstant und horizontaler Fahrbahn.

Für das lineare System ist ein Regler mit dem RICCATI-Entwurf auszulegen. Überdies soll ein Zustandsbeobachter für die aktuelle Fahrgeschwindigkeit entworfen werden unter der Annahme, daß die Winkelgeschwindigkeiten der Räder als Meßgrößen zur Verfügung stehen.

Gegeben ist ein Fahrzeugmodell, ähnlich Abb. 2.5 nach Abb. 6.19.

- Fahrzeugmasse m, Trägheitsmomente I_V, I_H der Vor- bzw. Hinterachse (beide Räder mit Achsanteilen) bezüglich deren Drehachsen, Radradien $r_V = r_H = r$;

- Rollwiderstandsbeiwert f_R, Luftwiderstand: $W_L = k_x(v_x + v_w)^2$ mit der als relativ klein angenommenen Gegenwindgeschwindigkeit v_w;

- Antriebsmomente M_{AV}, M_{AH} an den Achsen als Stellgrößen;

- Umfangskräfte als lineare Funktionen des Schlupfes s_{xi}; wegen der angenommenen Längssymmetrie werden beide Räder einer Achse zusammengefaßt:

$$F_{xi} = C_{xi}s_{xi} \quad i = V, H \ . \tag{6.199}$$

Die Gleichung (6.199) beinhaltet die Annahme, daß eine Änderung der Aufstandskräfte und damit die Abhängigkeit der C_{xi} von der Aufstandskraft vernachlässigt wird.

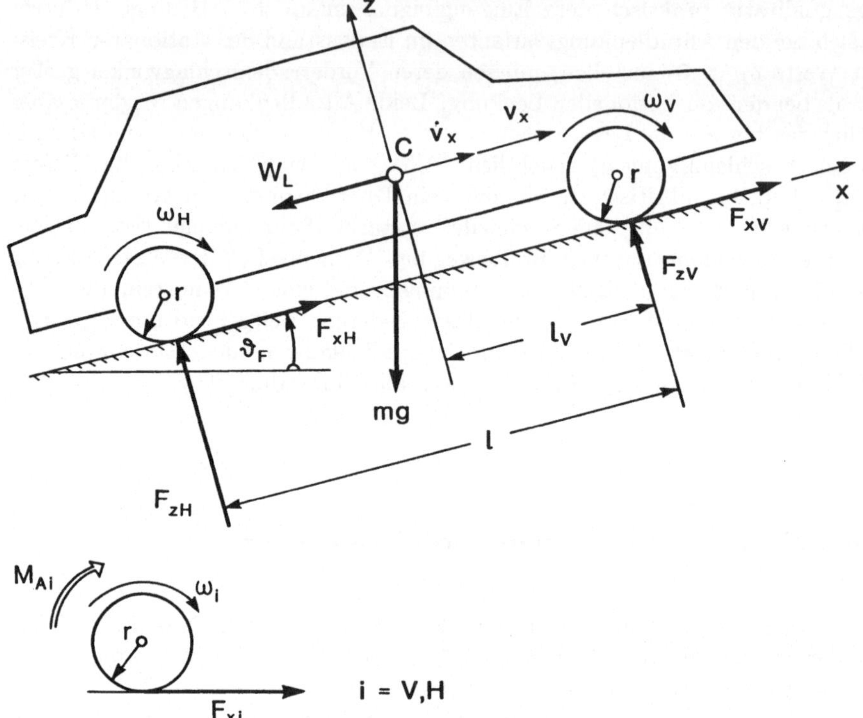

Abb. 6.19:   Längsdynamik-Modell und Antriebsmoment M_A am Rad

Für die Reglerauslegung werden folgende Zahlwerte verwendet:

$$\begin{aligned}
v_s &= 30\text{m/s}, & m &= 1310\text{kg}, \\
C_{xV} &= C_{xH} = 128\text{kN}, & I_H &= I_V = 1.6\text{kgm}^2, \\
k_x &= 0.5\text{Ns}^2\text{m}^{-2}, & r &= 0.3\text{m} .
\end{aligned}$$

Zur *Erstellung der Bewegungsgleichungen* wird nur die Längsdynamik des Gesamtfahrzeugs und der Drallsatz der Vorder- bzw. Hinterräder (Achsen) betrachtet. Die Hub- und Nickbewegung des ebenen Modells werden ebenso vernachlässigt wie eine Änderung der Aufstandskräfte F_{zi}. Somit ergibt sich mit Abb. 6.19

$$m\dot{v}_x = F_{xV} + F_{xH} - W_L - mg\sin\vartheta_F , \tag{6.200}$$

$$I_V\dot{\omega}_V = -F_{xV}r + M_{AV} - f_R F_{zV}r , \tag{6.201}$$

$$I_H\dot{\omega}_H = -F_{xH}r + M_{AH} - f_R F_{zH}r . \tag{6.202}$$

Für die Schlupfwerte der Räder gilt nach Kap. 2.6.1

$$s_{xi} = \frac{r\omega_i - v_x}{v_x}, \qquad i = V, H . \tag{6.203}$$

Die Systemgleichungen (6.199) bis (6.202) werden nun bezüglich der Sollgeschwindigkeit v_s, den zugehörigen stationären Werten (Index s) und horizontaler Fahrbahn linearisiert mit

$$v_x = v_s + \Delta v_x, \qquad \dot{v}_x = \Delta \dot{v}_x,$$
$$\omega_i = \omega_{i,s} + \Delta \omega_i, \qquad \dot{\omega}_i = \Delta \dot{\omega}_i,$$
$$M_{Ai} = M_{Ai,s} + \Delta M_{Ai}, \qquad \sin \vartheta_F \cong \vartheta_F, \qquad i = V, H .$$

Die Linearisierung von (6.203) liefert mit der Annahme kleiner Schlupfwerte im Stationärzustand, d. h. $(r\omega_{i,s} - v_s)/v_s \ll 1$ oder $r\omega_{i,s} \cong v_s$

$$s_{xi} = \frac{r\omega_{i,s} - v_s}{v_s} + \frac{r\Delta \omega_i}{v_s} - \frac{\Delta v_x}{v_s}, \ i = V, H \tag{6.204}$$

und jene des Luftwiderstandes (wegen v_w klein gegen v_s):

$$W_L = k_x(v_s + \Delta v_x + v_w)^2 \cong k_s v_s^2 + 2k_x v_s \Delta v_x + 2k_x v_s v_w . \tag{6.205}$$

Über die konstanten Anteile $M_{AV,s}, M_{AH,s}$ der Antriebsmomente (ihre Aufteilung ist bei 1:1 Allradantrieb ohne Sperren mit $M_{AV,s} = M_{AH,s}$ zu wählen) werden die Grundwiderstände $k_x v_s^2$ und $f_R F_{zV} + f_R F_{zH} = f_R mg$ überwunden. Die Stationärwerte $\omega_{i,s}$ wären mit (6.204) aus (6.199) bis (6.202) zu berechnen.

Nach Elimination der stationären Anteile in den Ausgangsgleichungen folgen unmittelbar die linearisierten Bewegungsgleichungen der Abweichungen vom Sollzustand in Matrixschreibweise entsprechend Kap. 4 zu

$$\dot{\underline{x}} = \mathbf{F}\underline{x} + \mathbf{G}_u\underline{u} + \underline{g}_w w \tag{6.206}$$

mit

$$\underline{x} = \begin{bmatrix} \Delta v_x \\ \Delta \omega_V \\ \Delta \omega_H \end{bmatrix}, \quad \mathbf{F} = \begin{bmatrix} -\dfrac{(C_{xV} + C_{xH} - 2k_x v_s^2)}{mv_s} & \dfrac{rC_{xV}}{mv_s} & \dfrac{rC_{xH}}{mv_s} \\[3mm] \dfrac{rC_{xV}}{I_V v_s} & -\dfrac{r^2 C_{xV}}{I_V v_s} & 0 \\[3mm] \dfrac{rC_{xH}}{I_H v_s} & 0 & -\dfrac{r^2 C_{xH}}{I_H v_s} \end{bmatrix},$$

$$u = \begin{bmatrix} \Delta M_{AV} \\ \Delta M_{AH} \end{bmatrix}, \quad \mathbf{G}_u = \begin{bmatrix} 0 & 0 \\[2mm] \dfrac{1}{I_V} & 0 \\[2mm] 0 & \dfrac{1}{I_H} \end{bmatrix}, \quad \underline{g}_w = \begin{bmatrix} \dfrac{1}{m} \\ 0 \\ 0 \end{bmatrix}, \quad w = -2k_x v_s v_w - mg\vartheta_F .$$

Für die RICCATI-Reglerauslegung wird vom ungestörten System ausgegangen. In der Simulation aber werden über $w \neq 0$ unterschiedliche Störungen aufgebracht.

Da eine analytische Behandlung der Systemanalyse und Reglerauslegung
nur schwer durchführbar sein dürfte, werden im weiteren die Gleichungen für
die gegebenen Zahlenwerte angeschrieben. Dabei wird noch berücksichtigt, daß
$2k_x v_s^2 \ll (C_{xV} + C_{xH})$. Für das System(6.206) ohne Störungen ergibt sich damit

$$
\begin{bmatrix} \Delta \dot{v}_x \\ \Delta \dot{\omega}_v \\ \Delta \dot{\omega}_H \end{bmatrix} = \begin{bmatrix} -6.514 & 0.9771 & 0.9771 \\ 800 & -240 & 0 \\ 800 & 0 & -240 \end{bmatrix} \begin{bmatrix} \Delta v_x \\ \Delta \omega_v \\ \Delta \omega_H \end{bmatrix} + \begin{bmatrix} 0 & 0 \\ 0.625 & 0 \\ 0 & 0.625 \end{bmatrix} u .
$$

$$(6.207)$$

Die verfügbaren Messwerte $\underline{y}$ sind für den Fall des Beobachterentwurfs die
Änderungen der Raddrehzahlen:

$$
\underline{y} = \mathbf{H}\underline{x} ,
$$

$$
\begin{bmatrix} y_1 \\ y_2 \end{bmatrix} = \begin{bmatrix} 0 & 1 & 0 \\ 0 & 0 & 1 \end{bmatrix} \begin{bmatrix} \Delta v_x \\ \Delta \omega_v \\ \Delta \omega_H \end{bmatrix} .
$$

$$(6.208)$$

In den weiteren Auswertungen wurden für Matrixmanipulationen das Programm MATLAB, siehe Kap.8 und für die Reglerauslegung die Programmbibliothek RASP [211] verwendet.

Zunächst soll eine *Systemanalyse* entsprechend Kap. 4.3, 4.4 durchgeführt
werden.

Die *Eigenwerte* und *Eigenvektoren*, siehe (4.23), (4.24), (4.26) des Systems
(6.207) bestimmen sich zu

$$
\lambda_1 = 0, \quad \lambda_2 = -246.5, \quad \lambda_3 = -240.5 \tag{6.209}
$$

und die Eigenvektormatrix zu

$$
\mathbf{X} = \begin{bmatrix} 0.2075 & -0.0270 & 0 \\ 0.6917 & 3.3175 & 0.7071 \\ 0.6917 & 3.3175 & 0.7071 \end{bmatrix} . \tag{6.210}
$$

Der Eigenwert $\lambda_1 = 0$ zeigt an, daß das System nicht asymptotisch stabil ist.
Eine Störung der Sollgeschwindigkeit wird nicht wieder abklingen und gegen
Null gehen.

Die *Steuerbarkeit* und *Beobachtbarkeit* von (6.207) mit (6.208) kann sehr einfach mit Hilfe der Einvektormatrix überprüft werden. Da das System nur reelle,
verschiedene Eigenwerte hat, braucht nur die Struktur der in (4.41), (4.42) angeführten Matrizen

$$
\tilde{\mathbf{G}} = \mathbf{X}^{-1}\mathbf{G}, \quad \tilde{\mathbf{H}} = \mathbf{H}\mathbf{X} \tag{6.211}
$$

überprüft werden. Da keine Zeile der Matrix

$$
\tilde{\mathbf{G}} = \begin{bmatrix} 0.0119 & 0.0119 \\ 0.0917 & 0.0917 \\ 0.4419 & -0.4419 \end{bmatrix} \tag{6.212}
$$

eine Null-Zeile ist, ist das System steuerbar. Das System ist auch beobachtbar, da keine Spalte von $\tilde{\mathbf{H}}$ Null ist:

$$\tilde{\mathbf{H}} = \begin{bmatrix} 0.6917 & 3.3175 & 0.7071 \\ 0.6917 & 3.3175 & -0.7071 \end{bmatrix} . \tag{6.213}$$

Die Vorgehensweise bei der *Auslegung des Reglers* ist in Kap. 6.3 aufgezeigt. Über das Gütefunktional (6.49), das hier nochmals angeschrieben werden soll,

$$J = \int\limits_0^\infty \left(\underline{x}^T \mathbf{Q} \underline{x} + \underline{u}^T \mathbf{R} \underline{u} \right) dt \tag{6.214}$$

und die algebraische RICCATI-Gleichung (6.52) wird mit der Verstärkungsmatrix $\mathbf{C}_0$ nach (6.51) der geschlossene Regelkreis festgelegt:

$$\underline{\dot{x}} = (\mathbf{F} - \mathbf{G}\mathbf{C}_0)\underline{x} . \tag{6.215}$$

Die Gewichtungsmatrizen werden entsprechend (6.54) nur in den Hauptdiagonalen besetzt. Gewählt wird

$$\mathbf{Q} = \begin{bmatrix} 0.25 & 0 & 0 \\ 0 & 1 & 0 \\ 0 & 0 & 1 \end{bmatrix} , \ \mathbf{R} = \begin{bmatrix} 10^{-4} & 0 \\ 0 & 10^{-4} \end{bmatrix} . \tag{6.216}$$

Damit erhält man die Verstärkungsmatrix zu

$$\mathbf{C}_0 = \begin{bmatrix} 285 & 13.927 & 1.120 \\ 285 & 1.120 & 13.927 \end{bmatrix} . \tag{6.217}$$

Die Eigenwerte des geregelten, asymptotisch stabilen Systems (6.215) lauten:

$$\lambda_1 = -1.61, \quad \lambda_2 = -248.0, \quad \lambda_3 = -254.3 . \tag{6.218}$$

In Abb. 6.20 wird anhand von Sollgeschwindigkeit und Istgeschwindigkeiten für ein Fahrmanöver ein Fahrzeug mit und ohne Regelung verglichen. Es ist eine Anfangsauslenkung aus der Sollage vorgegeben, die zunächst auszuregeln ist. Ohne Regelung bleibt die Anfangsauslenkung infolge des Nulleigenwerts erhalten, während der Regler das System ausreichend schnell in die Sollgeschwindigkeit überführt. Anschließend wird eine Störung auf das System aufgebracht, die dem Überfahren einer Kuppe (zunächst $w = -mg\vartheta_F$ und anschließend $w = mg\vartheta_F$) entspricht. Das Fahrzeug ohne Regeleinrichtung weicht deutlich von der vorgegebenen Sollgeschwindigkeit ab, während das geregelte Fahrzeug nach der konstanten Störung seine Fahrgeschwindigkeit wieder rasch der Sollgeschwindigkeit angleicht. Die stückweise konstante Störung kann dieser Regler aber nicht ausregeln; für diesen Fall der konstanten Störung sind zusätzliche Maßnahmen erforderlich, siehe z. B. [212].

Die erzielte Schnelligkeit des Reglers, bestimmt durch den Eigenwert λ_1, kann als ausreichend betrachtet werden. Wenn auch die Stellgrößen innerhalb vorge-

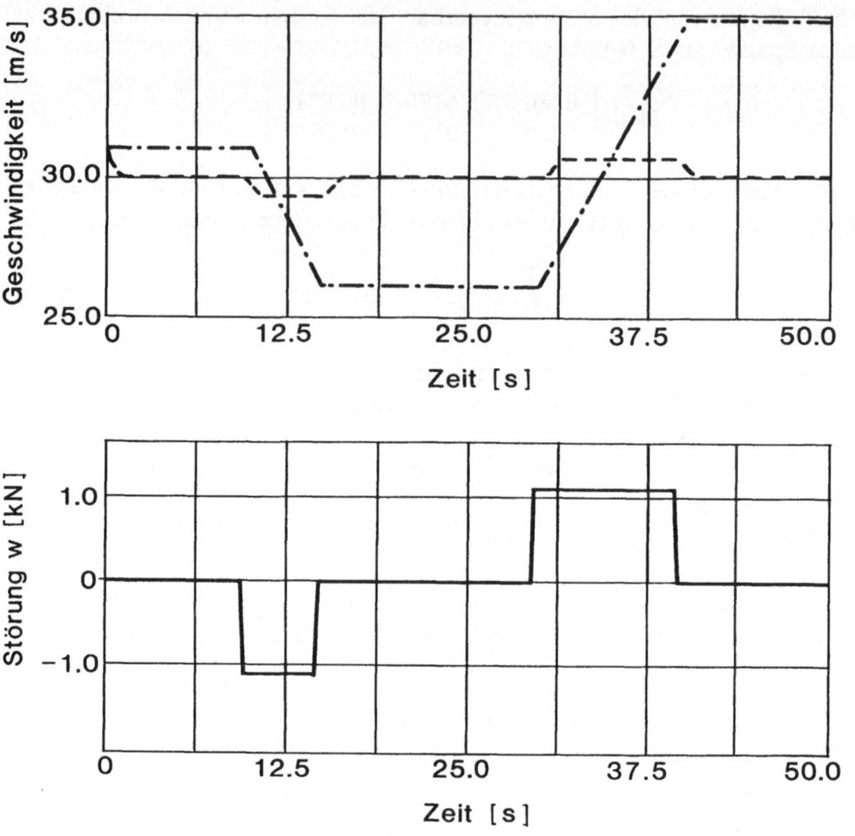

Abb. 6.20: Geschwindigkeit des Fahrzeugs beim Einwirken einer Störkraft w (Bezugsgeschwindigkeit $v_s = 30$ m/s): Geschwindigkeit des ungeregelten Fahrzeugs (strich-punktiert) und des geregelten Fahrzeugs (strichliert)

gebener Schranken bleiben (was hier angenommen wird), ist der Reglerentwurf abgeschlossen.

Für die Regelung wird der gesamte Systemzustand $\underline{x}$ benötigt. Stehen nur die Winkelgeschwindigkeiten der Räder als Meßgrößen zur Verfügung, kann die fehlende Geschwindigkeit v_x über einen *Beobachter*, siehe Kap. 6.4, rekonstruiert werden.

Wie aus der Gleichung (6.83) für den Schätzfehler

$$\dot{\underline{\tilde{x}}} = (\mathbf{F} - \hat{\mathbf{K}}\mathbf{H})\underline{\tilde{x}} \tag{6.219}$$

ersichtlich, können über die Rückführungsmatrix $\hat{\mathbf{K}}$ die Eigenwerte von (6.219) beeinflußt werden: falls alle Eigenwerte negativen Realteil haben, geht der Schätzfehler gegen Null. Mit (6.85) ist die Gleichung des entsprechenden Beobachters angeführt.

Hier stehen zwei Meßgrößen zur Verfügung, (6.208), d. h. die Rückführmatrix $\hat{\mathbf{K}}$ enthält sechs Elemente. Da aber bei einem System dritter Ordnung nur drei Eigenwerte vorgebbar sind, existiert keine eindeutige Lösung für $\hat{\mathbf{K}}$. Mit der gewählten Rückführung

$$\hat{\mathbf{K}} = \begin{bmatrix} 3 & 3 \\ 30 & 10 \\ 10 & 30 \end{bmatrix}$$

erhält man folgende Eigenwerte der Matrix $(\mathbf{F} - \hat{\mathbf{K}}\mathbf{H})$

$$\lambda_1 = -18.91, \quad \lambda_2 = -267.6, \quad \lambda_3 = -260.0 .$$

Diese Eigenwerte liegen weiter links in der Zahlenebene als die des geregelten Systems. Der Beobachter ist somit schneller als das System, was beabsichtigt ist, da damit auch die Schätzfehlerdynamik schneller als die Systemdynamik ist. Abb. 6.21 zeigt, daß sich für den gewählten Fall der tatsächliche und der geschätzte Wert der Fahrgeschwindigkeit des geregelten Fahrzeugs (6.215) nur minimal unterscheiden.

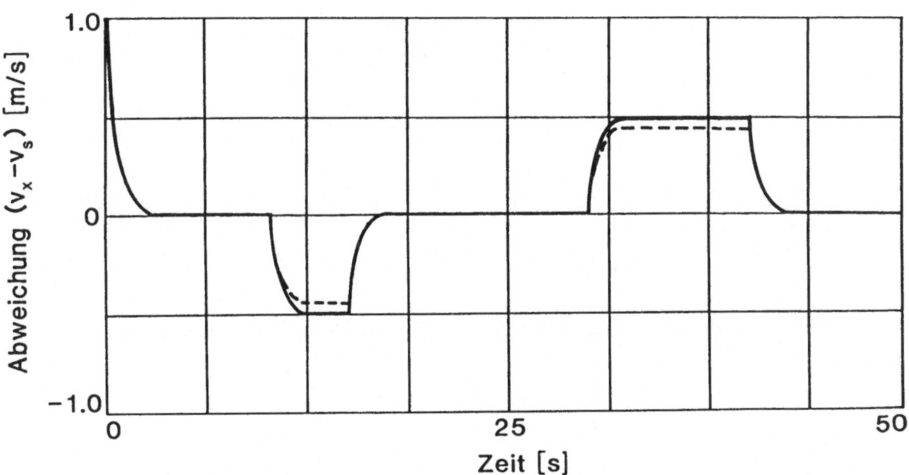

Abb. 6.21: Tatsächliche Abweichung der Fahrgeschwindigkeit des geregelten Fahrzeugs nach Abb. 6.20 (durchgezogen) und geschätzte Abweichung (strichliert)

Beispiel 6.5.5: Reglerentwurf für ein Magnetschwebefahrzeug

Ausgehend von den linearisierten Gleichungen des Beispiels 4.6.2 soll die Stabilisierung der Vertikalbewegung eines Magnetschwebefahrzeugs durch einen passenden Regler gezeigt werden.

Gesucht werden für das System nach Abb. 4.3 bzw. (4.130) für spezielle Zahlenwerte eine Reglerauslegung unter der Annahme einer vollständigen Zustandsrückführung

- mit Polfestlegung für geeignet gewählte Pole
- mit einem RICCATI-Entwurf mit speziellen Vorgaben für einzelne Systemgrößen.

Gegeben sind die folgenden Zahlenwerte für die Systembeschreibung nach Beispiel 4.6.2.

$$
\begin{array}{lll}
m_1 = 442 \text{ kg}, & d_2 = 2166 \text{ Nsm}^{-1}, & A = 0.032 \text{ m}^2 , \\
m_2 = 887 \text{ kg}, & c_2 = 22400 \text{ Nm}^{-1}, & l_p = 0.032 \text{ m} , \\
s_s = 0.012 \text{ m}, & R = 4.23\Omega, & n = 880 , \\
i_s = 13.957\text{A}, & \mu_0 = 4\pi \cdot 10^{-7}\text{VsA}^{-1}\text{m}^{-1} .
\end{array}
$$

Die Reglerauslegung erfolgt in Anlehnung an die Arbeit [108]. Für die numerische Auswertung wurde wieder das Programmsystem MATLAB eingesetzt. Da die numerische Auswertung mit Größen erfolgt, deren Werte in kohärenten Einheiten gegeben sind, werden nur bei den Angaben diese Einheiten explizit angeführt.

Mit den gegebenen Zahlenwerten errechnen sich zunächst die im Beispiel 4.6.2 angegebenen Konstanten zu:

$$
k_L = \frac{\mu_0 n^2 A}{2} = 1.557 \cdot 10^{-2} , \tag{6.220}
$$

$$
k_1 = \frac{i_s}{s_s^2}\left(1 + \frac{2s_s}{\pi l_p}\right) = 1.2 \cdot 10^5 , \tag{6.221}
$$

$$
k_2 = -\frac{i_s^2}{s_s^3}\left(1 + \frac{s_s}{\pi l_p}\right) = -1.26 \cdot 10^8 , \tag{6.222}
$$

$$
k_3 = k_L k_2 + \frac{k_L k_1 i_s}{s_s} = 2.1 \cdot 10^5 . \tag{6.223}
$$

Damit folgt für die Systemgleichung (4.130) mit dem Zustandsvektor $\underline{x}^T = [y_1, y_2, \dot{y}_1, \dot{y}_2, y_z]$

$$
\dot{\underline{x}} = \mathbf{F}\underline{x} + \underline{g}_u u \tag{6.224}
$$

$$
\mathbf{F} = \begin{bmatrix}
0 & 0 & 1 & 0 & 0 \\
0 & 0 & 0 & 1 & 0 \\
-50.67 & 50.67 & -4.9 & 4.9 & -2.26 \cdot 10^{-3} \\
25.25 & -25.25 & 2.44 & -2.44 & 0 \\
-6.4 \cdot 10^6 & 0 & 2.1 \cdot 10^5 & 0 & -3.26
\end{bmatrix}, \quad \underline{g}_u = \begin{bmatrix}
0 \\
0 \\
0 \\
0 \\
-1440
\end{bmatrix} .
$$

$$
\tag{6.225}
$$

Die Eigenwerte der Systemmatrix $\mathbf{F}$

$$\lambda_{1,2} = -12.03 \pm j27.72 \,,$$
$$\lambda_3 = 15.99 \,,$$
$$\lambda_{4,5} = -1.253 \pm j4.844$$

(6.226)

zeigen die Instabilität mit $\lambda_3 > 0$ sehr deutlich. Die Eigenwerte $\lambda_{4,5}$ lassen sich der Sekundärfederung des Aufbaues zuordnen und zeigen ein Dämpfungsmaß (6.39) von $D_{4,5} = 0.25$.

Für den Reglerentwurf mit *Polfestlegung*, siehe Kap. 6.2, wird der kritische Eigenwert λ_3 an der imaginären Achse gespiegelt. Für die gewünschten Eigenwerte

$$\lambda_{1,2}^c = \lambda_{1,2}, \quad \lambda_3^c = -\lambda_3, \quad \lambda_{4,5}^c = \lambda_{4,5}$$

(6.227)

errechnet sich nach (6.23) der Verstärkungsvektor zu

$$\underline{c}^T = [-8410, -478, -189, -76.2, \ 0.022] \,.$$

(6.228)

Die Verstärkung für die Rückführung der Magnetkraft y_2 ist auffallend klein, was jedoch zum Teil am Wertebereich der einzelnen Größen liegt.

Sollte das Dämpfungsmaß der Aufbaubewegung geändert werden, würde man in Anbetracht des Stellaufwandes dies über konstruktive Änderungen der Aufhängungskomponenten vornehmen. Für das angeführte Beispiel soll jedoch ein Dämpfungsmaß $D = 0.707$ für alle Eigenwerte erreicht werden, was eine Verschiebung von $\lambda_{1,2}$ und $\lambda_{4,5}$ nötig werden läßt.

Für die gewünschten Eigenwerte

$$\lambda_{1,2}^c = -27.72 \pm j27.72 \,,$$
$$\lambda_3^c = -15.99 \,,$$
$$\lambda_{4,5}^c = -4.88 \pm j4.88$$

(6.229)

errechnet sich jetzt der Verstärkungsvektor zu

$$\underline{c}^T = [-11383, -7283, -636, -2159, \ 0.049] \,.$$

(6.230)

Ein Vergleich mit (6.228) zeigt deutlich den hörbaren Stellaufwand bei dieser Art der Auslegung.

Für den RICCATI-*Entwurf*, siehe Kap. 6.3, sollen nicht die Zustandsgrößen direkt bewertet werden, sondern daraus abgeleitete Größen. Das Gütefunktional soll daher in der Form (6.66) angeschrieben werden

$$J = \int\limits_0^\infty \left(\underline{y}_B^T \mathbf{Q}^* \underline{y}_B + uru \right) dt \,.$$

(6.231)

Um auf die für die Auswertung benötigte Form zu kommen, wird der erste Ausdruck in (6.231) umgeformt. Mit

$$\underline{y}_B = \mathbf{H}\underline{x}$$

(6.232)

folgt, siehe (6.65)

$$\underline{y}_B^T \mathbf{Q}^* \underline{y}_B = \underline{x}^T \mathbf{H}^T \mathbf{Q}^* \mathbf{H}\underline{x} = \underline{x}^T \bar{\mathbf{Q}}\underline{x} \,.$$

(6.233)

Im vorliegenden Beispiel sollen die Spalthöhe, die Aufbaubeschleunigung, die Magnetkraft sowie der Federweg der Sekundärfederung bewertet werden. Mit dem Zustandsvektor und den Systemgleichungen (4.130) läßt sich schreiben:

$$
\underline{y}_B = \begin{bmatrix} y_1 \\ \ddot{y}_2 \\ y_z \\ y_1 - y_2 \end{bmatrix} = \begin{bmatrix} y_1 \\ \frac{c_2}{m_2}y_1 - \frac{c_2}{m_2}y_2 + \frac{d_2}{m_2}\dot{y}_1 - \frac{d_2}{m_2}\dot{y}_2 \\ y_z \\ y_1 - y_2 \end{bmatrix} . \tag{6.234}
$$

Damit folgt für die Matrix in (6.232)

$$
\mathbf{H} = \begin{bmatrix} 1 & 0 & 0 & 0 & 0 \\ \frac{c_2}{m_2} & -\frac{c_2}{m_2} & \frac{d_2}{m_2} & -\frac{d_2}{m_2} & 0 \\ 0 & 0 & 0 & 0 & 1 \\ 1 & -1 & 0 & 0 & 0 \end{bmatrix} \tag{6.235}
$$

bzw. mit den gegebenen Zahlenwerten

$$
\mathbf{H} = \begin{bmatrix} 1 & 0 & 0 & 0 & 0 \\ 25.25 & -25.25 & 2.44 & -2.44 & 0 \\ 0 & 0 & 0 & 0 & 1 \\ 1 & -1 & 0 & 0 & 0 \end{bmatrix} . \tag{6.236}
$$

Für die Wahl der Werte der Gewichtungsmatrix $\mathbf{Q}^*$ wird wieder wie in (6.54) gezeigt, vorgegangen. Als Maximalwerte werden gewählt:

$$
\begin{aligned}
y_{1,max} &= 0.005\text{m}, \quad y_{z,max} = 10000\text{N} , \\
\ddot{y}_{2,max} &= 0.5\text{ms}^{-2}, \quad (y_1 - y_2)_{max} = 0.1\text{m} ,
\end{aligned} \tag{6.237}
$$

woraus sich errechnet

$$
\mathbf{Q}^* = \begin{bmatrix} 4 \cdot 10^4 & 0 & 0 & 0 \\ 0 & 4 & 0 & 0 \\ 0 & 0 & 10^{-8} & 0 \\ 0 & 0 & 0 & 100 \end{bmatrix} . \tag{6.238}
$$

Für die Bewertung der Stellgröße $u = y_u$ wird gewählt

$$
y_{u,max} = 150\text{V}; \quad r = 4.44 \cdot 10^{-5} . \tag{6.239}
$$

Mit der in Kap. 6.3 gezeigten Bestimmung der Verstärkungen $\underline{c}_0$ errechnen sich diese zu

$$
\underline{c}_0^T = [-34146, -643, -1290, -509, 0.063] . \tag{6.240}
$$

Die zugehörigen Eigenwerte des geregelten Systems sind

$$
\begin{aligned}
\lambda_{1,2}^R &= -31.68 \pm j43.57 , \\
\lambda_3^R &= -35.50 , \\
\lambda_{4,5}^R &= -1.340 \pm j4.733 .
\end{aligned} \tag{6.241}
$$

Ein Vergleich mit den Eigenwerten des ungeregelten System (6.226) zeigt, daß
die Bewegung des Systemaufbaues praktisch unbeeinflußt bleibt.

Für die Auslegung (6.240) ist in Abb. 6.22, 6.23 das Systemverhalten beim
Überfahren einer 5 mm hohen Schwelle (beginnend bei $t = 0$) in der Ankerschiene dargestellt. Das Ausregeln der Spalthöhe erfolgt zum größten Teil bereits innerhalb von $0.1s$ während der Endwert zufolge der schwach gedämpften
Aufbaubewegung erst nach längerer Zeit erreicht wird. Die Magnetkraft zeigt

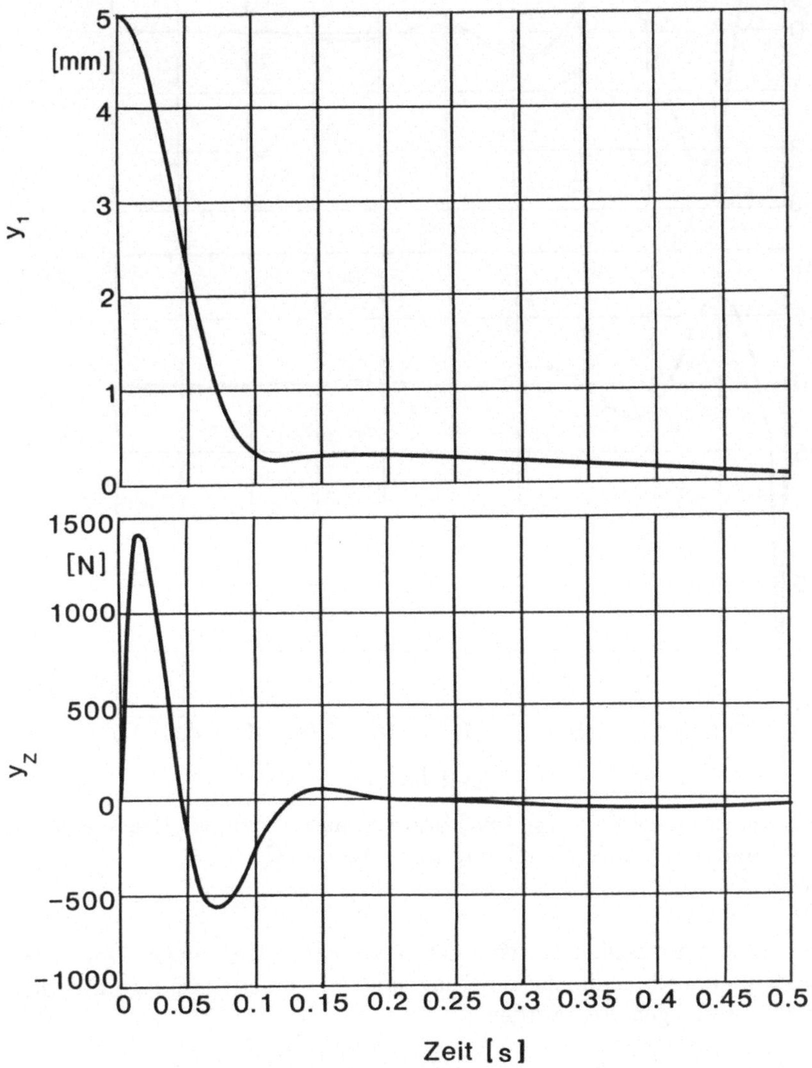

Abb. 6.22:   Spaltänderung y_1 und Änderung der Magnetkraft y_z beim Überfahren einer Schwelle von 5mm Höhe

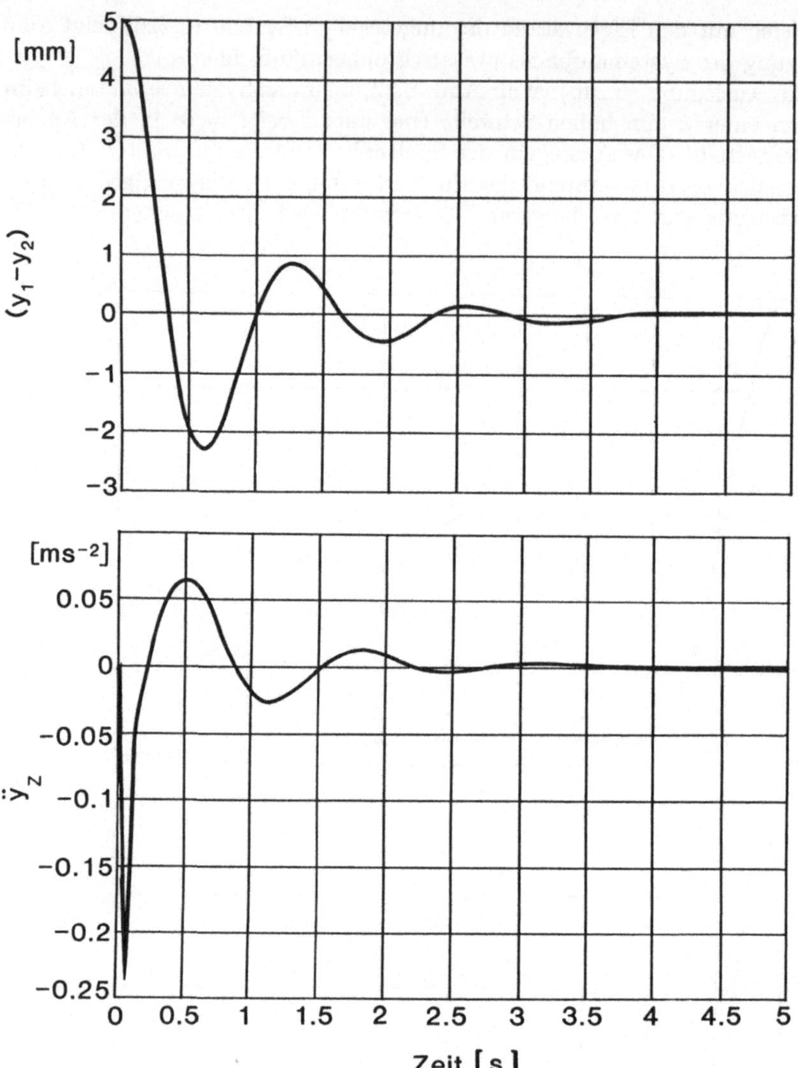

Abb. 6.23:   Relativbewegung $(y_1 - y_2)$ des Aufbaues gegen den Tragmagneten
und Aufbaubeschleunigung $\ddot{y}_z$ zu Abb. 6.22

analog ein rasches Einstellen auf eine dem stationären Wert nahe Größe. Die
maximale Aufbaubeschleunigungsänderung kann mit dieser Regelung unter dem
Wert von 0.25 ms^{-2} gehalten werden.

7 Digitale Regelung

7.1 Einführung

Mit den Begriffen *digitale Regelung* oder auch *Abtastregelung* wird der Einsatz von Digitalrechnern im Regelkreis, Abb. 7.1, verstanden. Warum werden nun solche digitale Bausteine in Regelkreisen verwendet? Einige der Gründe sind:

- Meßglieder, Sensoren liefern oft nur Information zu diskreten Zeitpunkten.
- Stellglieder arbeiten ebenfalls in vielen Fällen diskret bzw. diskontinuierlich: sie werden häufig im "Ein-Aus-Mode" betrieben.
- Auch natürliche Regelkreise, z. B. der Mensch als Regler beim Autofahren, arbeiten ja auch oft als "Abtastsystem".
- Insbesondere aber lassen sich Regelkonzepte effektiv und flexibel durch Microcomputer realisieren, insbesondere in komplexen Situationen, wo eine analoge Realisierung schwierig bzw. mit derzeitiger Technologie unmöglich ist. Außerdem werden Microrechner immer kleiner, schneller, billiger und zuverlässiger, was deren Einsatz als Reglerelemente begünstigt.

Einige Vorteile des Digitalrechners als Regler sind:

- die Möglichkeit der Übernahme mehrerer Regelaufgaben durch einen einzigen Rechner;

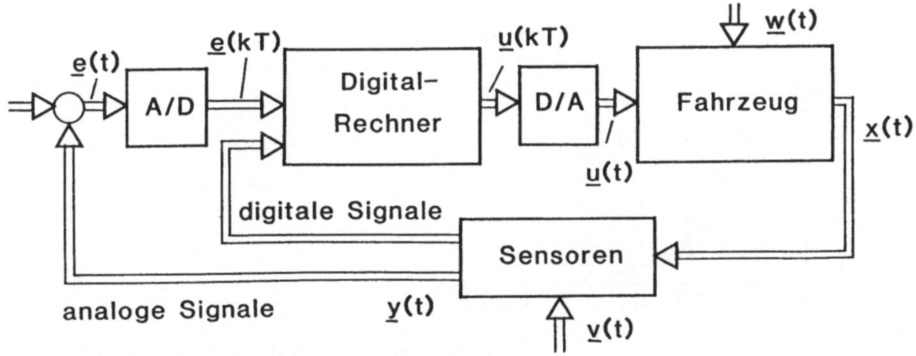

Abb. 7.1: Digitalrechner im Regelkreis

- Änderungen des Regelkonzepts (auch während des Regelvorgangs) sind leicht per Programm, anstelle eines Hardware-Austausch bei analogen Reglern, möglich.

- Es lassen sich komplexere Regelalgorithmen, z. B. nichtlineare, zeitvariable oder auch adaptive Konzepte mit komplexer Entscheidungslogik realisieren.

Bisher realisierte Anwendungsbeispiele von digitalen Reglern für Fahrzeuge (im weiteren Sinne) sind etwa Flugzeug- Autopiloten, Satelliten-Lageregelungen, Kfz-Motorregelungen sowie Schlupfregelungssysteme beim Antreiben und Bremsen. Eine Reihe von Ausführungen, z. B. digitale Trag- und Führkonzepte für Magnetschwebebahnen, sind in der Entwicklung bzw. im Versuchsstadium.

Es sollen hier nur einige wichtige Grundelemente der digitalen Regelung behandelt werden. Für weitergehende Details sei auf die entsprechende Spezialliteratur verwiesen, [198, 213].

Zunächst werden einige häufig vorkommende Grundbegriffe erläutert:

- Ein *Analog-Digital-Wandler* (A/D-Converter), Abb. 7.2, wandelt eine kontinuierliche Variable in eine *diskrete Variable*. Ein A/D-Wandler mit *Halteglied* erstellt aus dem Ausgangssignal eine Treppenfunktion. Das Intervall heißt Diskretisierungs- oder *Abtastintervall* T.

- Ein *diskretes System* ist ein System, in dem nur diskrete Signale (diskrete Variable), wie $e(kT)$, auftreten.

- In einem *Abtastsystem* kommen diskrete und kontinuierliche Variablen vor.

- Aufgrund der beschränkten Wortlänge des Digitalrechners ist die Stellenzahl der diskreten Zahlendarstellung beschränkt; diese Approximation nennt man *Quantisierung*.

- Unter *digitalen Signalen* versteht man diskretisierte Größen.

Im Sinne dieser Begriffsbildung beschäftigt sich die *digitale Regelung* mit den Auswirkungen der Effekte der *Diskretisierung* (Abtastzeit T) und der *Quanti-*

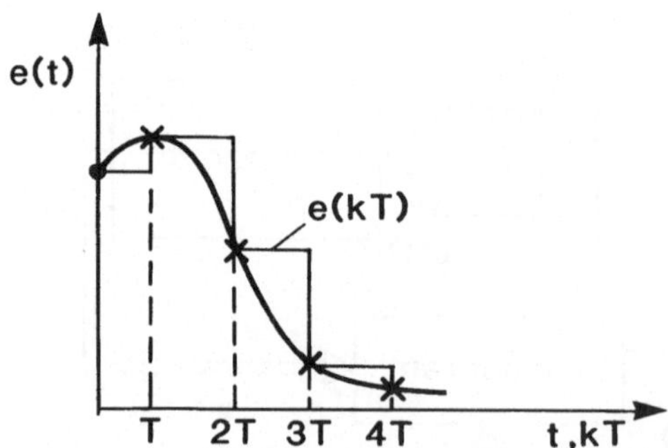

Abb. 7.2: **Wirkungsweise eines A/D Wandlers mit Halteglied (x Diskretisierung; Quantisierung nicht dargestellt)**

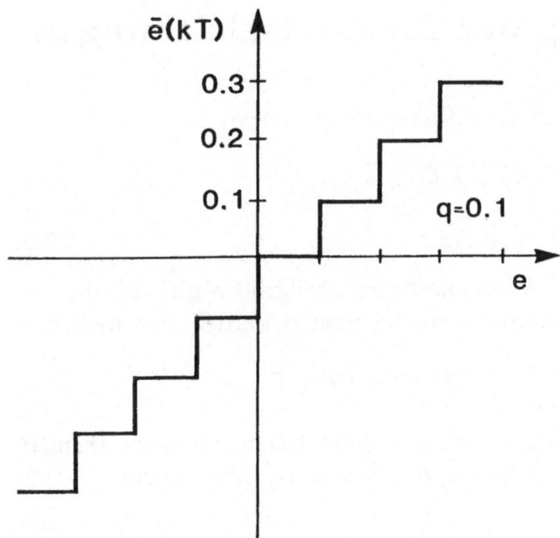

Abb. 7.3:   Quantisierung (= Diskretisierung mit begrenzter Wortlänge)

sierung (Quantisierungsschritt q), Abb. 7.3. Es ist unmittelbar einleuchtend, daß für $T \ll 1$, $q \ll 1$ kontinuierliche Methoden zur Analyse von digitalen Regelsystemen ausreichend sind. Häufig ist aber die Auswirkung der Abtastzeit T signifikant, aber man kann noch davon ausgehen, daß noch $q \ll 1$ erfüllt ist; dies bedeutet $\bar{e}(kT) \cong e(kT)$. Dann liegt ein linearer Prozeß vor; hierauf bezieht sich die überwiegende Anzahl von Untersuchungen. Die Auswirkungen der Quantisierung werden meist nachträglich durch eine nichtlineare Analyse untersucht.

Für die Untersuchung von digitalen Regelsystemen stehen prinzipiell folgende Methoden zur Verfügung:

1. Man führt am kontinuierlichen System den Entwurf eines kontinuierlichen Regelkonzepts durch; anschließend wird dieser Regler diskretisiert (durch ein digitales Filter). Diese Näherung ist oft ausreichend, jedenfalls sofern die Abtastzeit T klein ist gegenüber den Zeitkonstanten T_i der Dynamik der Regelstrecke.

2. Zuverlässiger ist es, die Diskretisierung schon der Regelstrecke, d. h. der mechanischen Bewegungsgleichungen, durchzuführen und den Reglerentwurf schon am diskretisierten System vorzunehmen. Als Entwurfsverfahren stehen dann im *Frequenzbereich* die Methoden der z-Transformation und im *Zeitbereich* die Methoden der Zustands-Differenzengleichungen zur Verfügung, [198]. Wir wollen uns hier auf die Methoden im Zeitbereich beschränken.

7.2 Diskretisierung der Zustandsgleichungen

Wir gehen hierbei von den linearisierten Zustandsgleichungen aus:

$$\dot{\underline{x}} = \mathbf{F}\underline{x} + \mathbf{G}\underline{u}, \tag{7.1}$$

$$\underline{y} = \mathbf{H}\underline{x}. \tag{7.2}$$

Weiterhin nehmen wir an, daß die kontinuierlichen Stellgrößen $\underline{u}(t)$ aus der diskreten $\underline{u}(kT)$ durch Halteglieder nullter Ordnung erzeugt werden; dies bedeutet:

$$\underline{u}(t) = \underline{u}(kT), \qquad kT \leq t < kT + T. \tag{7.3}$$

Die Diskretisierung erfolgt mit Hilfe der in Abschnitt 4.2 eingeführten Transitionsmatrix $\boldsymbol{\Phi}$, mit der die Lösung von (7.1) darstellbar ist in der Form

$$\underline{x}(t) = \boldsymbol{\Phi}(t - t_0)\underline{x}_0 + \int_{t_0}^{t} \boldsymbol{\Phi}(t - \tau)\mathbf{G}\underline{u}(\tau)d\tau. \tag{7.4}$$

Zu den Abtastzeiten $t_0 = kT, t = kT + T$ und mit (7.3) folgt aus (7.4)

$$\underline{x}\left[(k + 1)T\right] = \boldsymbol{\Phi}(T)\underline{x}(kT) + \left(\int_{0}^{T} \boldsymbol{\Phi}(\eta)d\eta\right) \mathbf{G}\underline{u}(kT) \tag{7.5}$$

mit

$$\eta = kT + T - \tau.$$

Hierin kann die Abkürzung

$$\boldsymbol{\Gamma}(T) = \left(\int_{0}^{T} \boldsymbol{\Phi}(\eta)d\eta\right) \mathbf{G} \tag{7.6}$$

eingeführt werden.
Die Gleichung (7.5) stellt somit eine *Differenzengleichung* dar

$$\underline{x}(kT + T) = \boldsymbol{\Phi}(T)\underline{x}(kT) + \boldsymbol{\Gamma}(T)\underline{u}(kT) \tag{7.7}$$

und gibt die Lösung des kontinuierlichen Problems zu den Abtastzeiten. Die Gleichung (7.7) ist direkt für die Lösung am Digitalrechner verwendbar: sie stellt eine *rekursive Berechnungsvorschrift* dar.

Für festes T und der Konvention $\underline{x}(k) = \underline{x}(kT)$, $\underline{u}(k) = \underline{u}(kT)$ läßt sich für (7.1) , (7.2) damit auch schreiben:

$$\underline{x}(k + 1) = \boldsymbol{\Phi}(T)\underline{x}(k) + \boldsymbol{\Gamma}(T)\underline{u}(k), \tag{7.8}$$

$$\underline{y}(k) = \mathbf{H}\underline{x}(k). \tag{7.9}$$

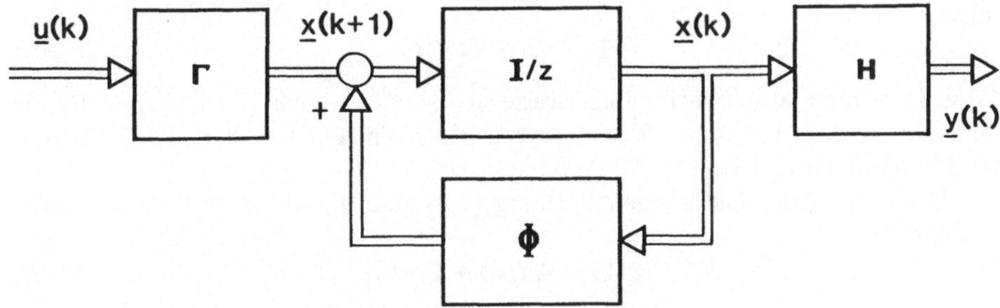

Abb. 7.4: Blockschaltbild eines diskreten Systems

Die Abb. 7.4 ist eine blockschaltbildmäßige Darstellung dieser Gleichungen -
ähnlich wie Abb. 4.1 für das kontinuierliche System. Die Symbolik "I/z" bezeichnet hierbei n parallele Speicherelemente, welche ihre Eingangsfolge, d. h.
die Komponenten von $\underline{x}$ um ein Abtastintervall verzögern.

Man erkennt übrigens, daß für $T \to 0$, $kT = t$ das kontinuierliche System
folgt. Aus dem Grenzübergang

$$\lim_{T \to 0} \left[\frac{1}{T}(\underline{x}(t+T) - x(t)) = \frac{1}{T}(\mathbf{\Phi}(T) - \mathbf{E})\underline{x}(t) + \frac{1}{T}\mathbf{\Gamma}(t)\underline{u}(t) \right] \,,$$

mit

$$\mathbf{F} = \lim_{T \to 0} \frac{1}{T}[\mathbf{\Phi}(T) - \mathbf{E}], \quad \mathbf{G} = \lim_{T \to 0} \frac{1}{T}\mathbf{\Gamma}(t) \,, \tag{7.10}$$

wird wieder

$$\underline{\dot{x}} = \mathbf{F}\underline{x} + \mathbf{G}\underline{u}.$$

Einige Hinweise sollen die Berechnung von $\mathbf{\Phi}$ und $\mathbf{\Gamma}$ erleichtern.

Wegen (4.13), (4.14)

$$\mathbf{\Phi}(T) = \mathbf{E} + \mathbf{F}T + \frac{\mathbf{F}^2 T^2}{2!} + \frac{\mathbf{F}^3 T^3}{3!} + \dots \,, \tag{7.11}$$

kann man definieren

$$\psi(T) = \mathbf{E} + \frac{\mathbf{F}T}{2!} + \frac{\mathbf{F}^2 T^2}{3!} + \dots \,, \tag{7.12}$$

so daß

$$\mathbf{\Phi}(T) = \mathbf{E} + T\mathbf{F}\psi(T) \,. \tag{7.13}$$

Die Berechnung von $\psi(T)$ erfolgt zweckmäßigerweise in der Form

$$\psi(T) = \mathbf{E} + \frac{\mathbf{F}T}{2}\left(\mathbf{E} + \frac{\mathbf{F}T}{3}\left(\dots \frac{\mathbf{F}T}{N-1}\left(\mathbf{E} + \frac{\mathbf{F}T}{N}\right)\right)\dots\right) \,. \tag{7.14}$$

Ebenso gilt nach (7.6)

$$\mathbf{\Gamma}(T) = \sum_{k=0}^{\infty} \frac{\mathbf{F}^k T^{k+1}}{(k+1)!}\mathbf{G} = \sum_{k=0}^{\infty} \left(\frac{\mathbf{F}^k T^k}{(k+1)!}\right)T\mathbf{G} \,,$$

also

$$\boldsymbol{\Gamma}(T) = T\boldsymbol{\psi}(T)\mathbf{G}. \tag{7.15}$$

Man berechnet also zweckmäßigerweise zuerst $\boldsymbol{\psi}(T)$ nach (7.14), dann die für eine bestimmte Abtastzeit T konstanten Matrizen $\boldsymbol{\Phi}(T) = \boldsymbol{\Phi}$ nach (7.13) und $\boldsymbol{\Gamma}(T) = \boldsymbol{\Gamma}$ nach (7.15).

Die Lösung der Differenzengleichung (7.8) kann in einfacher Weise rekursiv erfolgen:

$$\underline{x}(1) = \boldsymbol{\Phi}\underline{x}(0) + \boldsymbol{\Gamma}\underline{u}(0) , \tag{7.16}$$

$$\underline{x}(2) = \boldsymbol{\Phi}\underline{x}(1) + \boldsymbol{\Gamma}\underline{u}(1) , \tag{7.17}$$

usw., oder man setzt (7.16) in (7.17) ein:

$$\underline{x}(2) = \boldsymbol{\Phi}^2\underline{x}(0) + \boldsymbol{\Phi}\boldsymbol{\Gamma}\underline{u}(0) + \boldsymbol{\Gamma}\underline{u}(1)$$

und erhält dann

$$\underline{x}(k) = \boldsymbol{\Phi}^k\underline{x}(0) + \left[\boldsymbol{\Phi}^{k-1}\boldsymbol{\Gamma}, \boldsymbol{\Phi}^{k-2}\boldsymbol{\Gamma}, \ldots, \boldsymbol{\Gamma}\right] \begin{bmatrix} \underline{u}(0) \\ \underline{u}(1) \\ \vdots \\ \underline{u}(k-1) \end{bmatrix}. \tag{7.18}$$

Hieraus läßt sich die *Stabilitätsbedingung* für ein diskretes homogenes System unmittelbar ableiten:

$$\underline{x}(k) = \boldsymbol{\Phi}^k\underline{x}(0), \quad \lim_{k \to \infty} \underline{x}(k) = \underline{0} . \tag{7.19}$$

Voraussetzung, daß es zu dieser *Kontraktion* kommt, ist, daß die Eigenwerte von $\boldsymbol{\Phi}$ im Einheitskreis liegen, d. h.

$$\det(z\mathbf{E} - \boldsymbol{\Phi}) = 0, \text{ mit } |z_i| < 1 \qquad i = 1, \ldots, n . \tag{7.20}$$

Man sieht, daß der Einheitskreis stabile und instabile Bereiche separiert, also die gleiche Funktion hat wie die imaginäre Achse bei kontinuierlichen Systemen.

Die Zuordnung zwischen kontinuierlicher und diskreter Darstellung wird noch deutlicher, wenn man folgendes skalare Beispiel betrachtet:

$$\dot{x} = \alpha x, \quad \boldsymbol{\Phi} = e^{\alpha T},$$

also gilt nach (7.8):

$$x(k+1) = e^{\alpha T}x(k).$$

Aus dem Eigenwert $\lambda_1 = \alpha$ wird im Diskreten $z_1 = e^{\alpha T}$, wobei T die Abtastperiode ist. Dies läßt sich verallgemeinern, d. h. die Eigenwerte transformieren sich vermittels

$$z_i = e^{T\lambda_i} . \tag{7.21}$$

Die Eigenwerte z_i von $\boldsymbol{\Phi}$ haben also eine analoge Bedeutung für das Übertragungsverhalten wie die Eigenwerte λ_i von $\mathbf{F}$ für das kontinuierliche System.

Dies wird auch aus der $\mathcal{Z}$-Transformation (Analogie zur LAPLACE Transformation) von (7.8) ersichtlich. Die $\mathcal{Z}$-Transformation einer diskreten Folge $f(k)$

ist folgendermaßen definiert:

$$F(z) = \mathcal{Z}\left\{f(k)\right\} = \sum_{k=0}^{\infty} f(k) z^{-k} \ . \tag{7.22}$$

Angewendet auf (7.8) ergibt sich

$$z\left[\underline{X}(z) - \underline{x}(0)\right] = \boldsymbol{\Phi}\underline{X}(z) + \boldsymbol{\Gamma}\underline{U}(z)$$

und somit

$$\underline{X}(z) = z(z\mathbf{E} - \boldsymbol{\Phi})^{-1}\underline{x}(0) + (z\mathbf{E} - \boldsymbol{\Phi})^{-1}\boldsymbol{\Gamma}\underline{U}(z). \tag{7.23}$$

Mit der $\mathcal{Z}$-Transformierten von (7.9)

$$\underline{Y}(z) = \mathbf{H}\underline{X}(z) \tag{7.24}$$

und der Definition für die $\mathcal{Z}$-Übertragungsmatrix

$$\mathbf{W}^*(z) = \mathbf{H}(z\mathbf{E} - \boldsymbol{\Phi})^{-1}\boldsymbol{\Gamma} \tag{7.25}$$

gilt (ähnlich wie im Kontinuierlichen, Kap. 4.4) für $\underline{x}(0) = \underline{0}$

$$\underline{Y}(z) = \mathbf{W}^*(z)\underline{U}(z). \tag{7.26}$$

Für weitere Einzelheiten und Eigenschaften beim Arbeiten im z-Bereich sei auf die Literatur, [198, 213] verwiesen.

Als Abschluß zur Diskretisierung seien noch ein paar Bemerkungen zur Wahl der Abtastzeit bzw. der Abtastfrequenz

$$\omega_s = 2\pi f_s = \frac{2\pi}{T} \tag{7.27}$$

gemacht; diese ist ein wichtiger Entwurfsparameter für ein diskretes System. Zum einen besteht der Wunsch, ω_s möglichst klein zu wählen, um eine geringe Belastung des Digitalrechners zu gewährleisten. Andererseits gibt es gute Gründe, für ω_s möglichst größere Werte anzustreben:

- um einen glatteren Verlauf der Zustandsgrößen, z. B. im Hinblick auf günstigeren Fahrkomfort, zu ermöglichen; (hierfür gilt als wünschenswert, daß ω_s etwa 5 bis 10 mal so groß ist, wie die obere Eckfrequenz des geregelten Systems);

- um mit einer hohen Abtastfrequenz die Fehler, die durch Diskretisierung eines kontinuierlichen Entwurfs entstehen, zu verringern;

- um eine bessere Störgrößenunterdrückung zu erreichen ($T \to 0$: wie kontinuierliche Regelung, $T \to \infty$: wie ohne Regelung);

- um eine größere Unempfindlichkeit gegenüber Parameterschwankungen zu erreichen.

Ackermann, [198], gibt eine Daumenregel für die Wahl der Abtastfrequenzen an:

$$\omega_s \geq 8r \, , \tag{7.28}$$

wobei r den Radius des Kreises darstellt, der alle Eigenwerte der Strecke enthält, die im Rahmen des Reglerentwurfs verschoben werden sollen. Für weitere detaillierte Diskussionen dieses Themas muß auf die einschlägige Literatur verwiesen werden, z. B. [198, 213].

7.3 Steuerbarkeit und Beobachtbarkeit

Diese Eigenschaften sind auch für das diskretisierte System von Wichtigkeit. Sofern nur eine diskrete Beschreibung vorliegt kann die Steuerbarkeit und Beobachtbarkeit nur hieran überprüft und zumindest für die Abtastzeitpunkte abgesichert werden. Es ist im übrigen nicht gesichert, daß ein reguläres, d. h. steuerbares und beobachtbares, kontinuierliches System immer zu einem regulären diskretisierten System führt. Allerdings können Steuerbarkeit und Beobachtbarkeit nur bei einer besonders ungeschickten Wahl von T verlorengehen. Wenn man diesen Fall bei der Festlegung von T vermeidet, genügt die Steuerbarkeits- und Beobachtbarkeitsanalyse des kontinuierlichen Systems. Der Einfluß von Parametern der Regelstrecke ist in der kontinuierlichen Form leichter zu überblicken.

Ein weiterer Grund für die Überprüfung am diskretisierten Modell besteht darin, daß auch für die Verfahren der Reglerauslegung diese Eigenschaften - wie wir schon bei den kontinuierlichen Systemen gesehen haben - Voraussetzung sind.

Das diskrete System der n Differenzengleichungen

$$\underline{x}(k+1) = \mathbf{\Phi}\underline{x}(k) + \mathbf{\Gamma}\underline{u}(k) \tag{7.29}$$

heißt *steuerbar*, wenn für jedes x_0 und jedes $\underline{x}_1$ eine endliche Steuerfolge $\underline{u}(0)$, $\underline{u}(1), \ldots \underline{u}(N-1)$ existiert, so daß $\underline{x}(0) = \underline{x}_0$ in $\underline{x}(N) = \underline{x}_1$ überführt wird. Eine Bedingung hierfür läßt sich leicht mit Hilfe von (7.18) angeben:

$$\underline{x}(N) = \mathbf{\Phi}^N\underline{x}_0 + \left[\mathbf{\Phi}^{N-1}\mathbf{\Gamma}, \mathbf{\Phi}^{N-2}\mathbf{\Gamma}, \ldots, \mathbf{\Gamma}\right]\underline{u}_N = \underline{x}_1 \, , \tag{7.30}$$

wobei die Abkürzung

$$\underline{u}_N = \left[\begin{array}{c} \underline{u}(0) \\ \vdots \\ \underline{u}(N-1) \end{array} \right]$$

eingeführt wird. Gleichung (7.30) kann als eine Beziehung zur Bestimmung von $\underline{u}_N$ angesehen werden:

$$\left[\mathbf{\Phi}^{N-1}\mathbf{\Gamma}, \mathbf{\Phi}^{N-2}\mathbf{\Gamma}, \ldots, \mathbf{\Gamma}\right]\underline{u}_N = \underline{x}_1 - \mathbf{\Phi}^N\underline{x}_0 \, .$$

Hierzu ist die Erfüllung der Bedingung

$$\text{Rang} \left[\boldsymbol{\Phi}^{N-1}\boldsymbol{\Gamma}, \boldsymbol{\Phi}^{N-2}\boldsymbol{\Gamma}, \ldots, \boldsymbol{\Gamma}\right] = n \tag{7.31}$$

erforderlich. Genau dann, wenn diese Bedingung erfüllt ist, existieren für alle $\underline{x}_0$ und $\underline{x}_1$ Steuerfolgen $\underline{u}(0), \ldots, \underline{u}(N-1)$, die die Gleichung (7.30) erfüllen. Für Einzelheiten des Beweises sei auf [198] verwiesen, wo auch gezeigt ist, daß $N \leq n$. Bei Eingrößensystemen ist $N = n$, bei Mehrgrößensystemen kann in weniger als n Schritten beliebig gesteuert werden.

Das diskrete System

$$\underline{x}(k+1) = \boldsymbol{\Phi}\underline{x}(k) + \boldsymbol{\Gamma}\underline{u}(k) , \tag{7.32}$$

$$\underline{y}(k) = \mathbf{H}\underline{x}(k) \tag{7.33}$$

heißt *beobachtbar*, sofern $\underline{x}(0) = \underline{x}_0$ aus einer Folge $\underline{y}(0), \ldots, \underline{y}(N-1)$ bestimmt werden kann; ist $\underline{x}_0$ bekannt, so kann mit Hilfe der Differenzengleichung der Zustand $\underline{x}(k)$ zu jedem beliebigen Zeitpunkt rekonstruiert werden.

Die Bedingung für die Beobachtbarkeit läßt sich leicht aus den Rekursionsgleichungen ableiten. Es ist

$$
\begin{aligned}
\underline{y}(0) \quad &= \mathbf{H}\underline{x}(0) = \mathbf{H}\underline{x}_0 \\
\underline{y}(1) \quad &= \mathbf{H}\underline{x}(1) = \mathbf{H}\boldsymbol{\Phi}\underline{x}_0 + \mathbf{H}\boldsymbol{\Gamma}\underline{u} \\
\underline{y}(2) \quad &= \mathbf{H}\underline{x}(2) = \mathbf{H}\boldsymbol{\Phi}\underline{x}_1 + \mathbf{H}\boldsymbol{\Gamma}\underline{u} = \mathbf{H}\boldsymbol{\Phi}^2\underline{x}_0 + \ldots \\
\cdots \quad &\quad \cdots \\
\underline{y}(N-1) &= \mathbf{H}\boldsymbol{\Phi}^{N-1}\underline{x}_0 + \text{ Terme in } \underline{u}
\end{aligned}
$$

oder anders geschrieben:

$$
\begin{bmatrix} \mathbf{H} \\ \mathbf{H\Phi} \\ \vdots \\ \mathbf{H\Phi}^{N-1} \end{bmatrix} \underline{x}_0 = \begin{bmatrix} \underline{y}(0) \\ \underline{y}(1) \\ \vdots \\ \underline{y}(N-1) \end{bmatrix} + \text{ Terme in } \underline{u} . \tag{7.34}
$$

Hieraus ist ersichtlich, daß bei Vorliegen von Meßwerten $\underline{y}(0), \ldots, \underline{y}(N-1)$ und bekannten Eingangsgrößen $\underline{u}$ der Anfangszustand $\underline{x}_0$ rekonstruiert werden kann, falls gilt

$$
\text{Rang} \begin{bmatrix} \mathbf{H} \\ \mathbf{H\Phi} \\ \vdots \\ \mathbf{H\Phi}^{N-1} \end{bmatrix} = \text{Rang} \begin{bmatrix} \mathbf{H} \\ \mathbf{H\Phi} \\ \vdots \\ \mathbf{H\Phi}^{n-1} \end{bmatrix} = n . \tag{7.35}
$$

7.4 Reglerentwurf

Hier sollen nur - in Analogie zum kontinuierlichen System, Kapitel 6.2, 6.3, - das Verfahren der Pollage und die quadratische Synthese besprochen werden.

7.4.1 Verfahren der Polvorgabe, Eingrößenfall

Zunächst gilt es wieder, eine günstige Lage der Eigenwerte festzulegen. Der aus der Lage der Eigenwerte im kontinuierlichen Fall ausgewählte günstige Bereich, siehe Abb. 6.9, soll auch für den diskreten Fall unter Verwendung der Transformation (7.21) verwendet werden, Abb. 7.5. Die Festlegung der Reglerverstärkungen zur Erreichung gewünschter Eigenwerte für den geschlossenen Regelkreis verläuft wie im Kontinuierlichen; es ist jetzt

$$\underline{x}(k+1) = \mathbf{\Phi}\underline{x}(k) + \underline{\gamma}u(k), \qquad (7.36)$$

wobei $\underline{\gamma}$ ein Spaltenvektor und $u(k)$ eine skalare Größe sind. Die Regelung soll wieder als lineare Zustandsvektorrückführung gewählt werden

$$u(k) = -\underline{c}^T\underline{x}(k), \qquad (7.37)$$

wobei beim geschlossenen Regelkreis

$$\underline{x}(k+1) = \left(\mathbf{\Phi} - \underline{\gamma}\underline{c}^T\right)\underline{x}(k) \qquad (7.38)$$

die Eigenwerte z_i gemäß

$$\chi_c(z) = \det(z\mathbf{E} - \mathbf{\Phi} + \underline{\gamma}\underline{c}^T) = 0 \qquad (7.39)$$

bestimmt werden.

Aufgrund der gewünschten Eigenwerte z_i^c lassen sich die geforderten Koeffizienten der charakteristischen Gleichung $\chi_c(z)$ berechnen:

$$\chi_c(z) = (z - z_{i1}^c)(z - z_{i2}^c)\ldots(z - z_{in}^c) = z^n - \alpha_{n-1}z^{n-1} - \ldots - \alpha_1 z - \alpha_0. \quad (7.40)$$

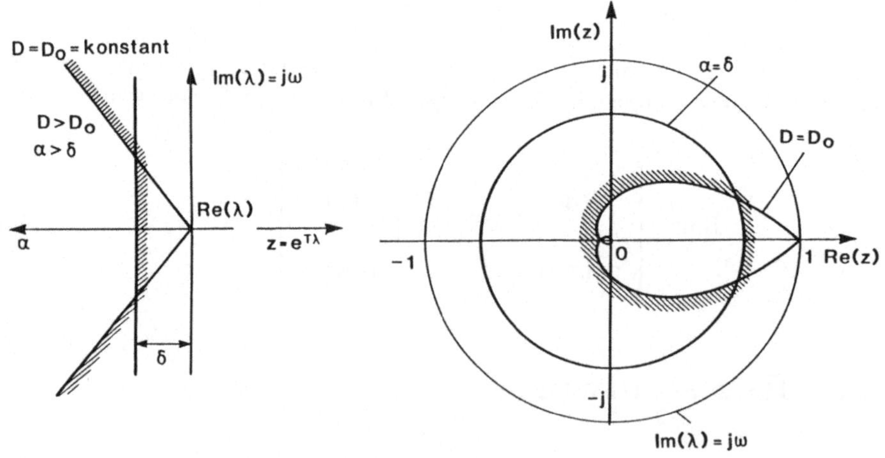

Abb. 7.5: Abbildung der Pollage mittels $z = e^{T\lambda}$

Damit ist aber die Fragestellung aus mathematischer Sicht auf die gleiche Problematik wie im Kontinuierlichen zurückgeführt. Deshalb kann auch die dort angegebene Formel (6.23) auf den vorliegenden Fall übertragen werden:

$$\underline{c}^T = \underline{e}_n^T \mathbf{Q}_c^{-1} \chi_c(\mathbf{\Phi}) \;, \tag{7.41}$$

wobei

$$\underline{e}_n^T = [0, 0, \ldots, 1] \;,$$
$$\mathbf{Q}_c = \left[\underline{\gamma}, \mathbf{\Phi}\underline{\gamma}, \ldots, \mathbf{\Phi}^{n-1}\underline{\gamma} \right] \;,$$
$$\chi_c(\mathbf{\Phi}) = \mathbf{\Phi}^n - \alpha_{n-1}\mathbf{\Phi}^{n-1} \ldots - \alpha_1\mathbf{\Phi} - \alpha_0\mathbf{E} \;.$$

Zur Auswertung der Gleichungen (7.41) gilt das unter Kap. 6.2 Gesagte. Aufgrund von (7.41) ist wiederum ersichtlich, daß $\mathbf{Q}_c^{-1}$ existieren muß, was nur dann erfüllt ist, wenn das diskretisierte System steuerbar ist.

7.4.2 Das Verfahren der quadratischen Synthese

Für das diskrete Mehrgrößensystem (7.29) wird eine lineare Regelung

$$\underline{u}(k) = -\mathbf{C}(k)\underline{x}(k) \tag{7.42}$$

gesucht, die das Gütefunktional

$$J = \frac{1}{2} \sum_{k=0}^{N} \left[\underline{x}(k)^T \mathbf{Q}\underline{x}(k) + \underline{u}(k)^T \mathbf{R}\underline{u}(k) \right] \tag{7.43}$$

minimiert. Als Lösung ergibt sich, siehe z. B. [172]

$$\mathbf{C}(k) = (\mathbf{R} + \mathbf{\Gamma}^T \mathbf{S}(k+1)\mathbf{\Gamma})^{-1} \mathbf{\Gamma}^T \mathbf{S}(k+1)\mathbf{\Phi} \;, \tag{7.44}$$

wobei sich $\mathbf{S}(k+1)$ aus der Rekursionsgleichung errechnet:

$$\mathbf{S}(k) = \mathbf{\Phi}^T \mathbf{M}(k+1)\mathbf{\Phi} + \mathbf{Q} \;, \tag{7.45}$$

mit

$$\mathbf{M}(k+1) = \mathbf{S}(k+1) - \mathbf{S}(k+1)\mathbf{\Gamma}\mathbf{R}^{-1}\mathbf{\Gamma}^T \mathbf{S}(k+1). \tag{7.46}$$

Diese Formeln werden rückwärts ausgewertet von $k = N$ bis zum aktuellen Zeitwert $t = kT$, beginnend mit

$$\mathbf{S}(N) = \mathbf{Q}. \tag{7.47}$$

Die stationären (konstanten) Verstärkungen $\bar{\mathbf{C}}$ erhält man für $N \to \infty$, so daß

$$\underline{u}(k) = -\bar{\mathbf{C}}\underline{x}(k). \tag{7.48}$$

7.5 Diskreter Zustandsbeobachter

Auch diese Diskussion verläuft in enger Analogie zum Problem des kontinuierlichen Zustandsbeobachters, siehe Kap. 6.4. Am diskreten System

$$\underline{x}(k+1) = \boldsymbol{\Phi}\underline{x}(k) + \boldsymbol{\Gamma}_u\underline{u}(k) + \boldsymbol{\Gamma}_w\underline{w}(k) \,, \tag{7.49}$$

bei dem zu den Stellgrößen $\underline{u}(k)$ die Störgrößen $\underline{w}(k)$ hinzugefügt sind, werden Messungen

$$\underline{y}(k) = \mathbf{H}\underline{x}(k) + \underline{v}(k) \tag{7.50}$$

vorgenommen, da der Zustand $\underline{x}(k)$ nicht direkt verfügbar ist.

Als Ansatz für den Zustandsschätzer wählt man analog zu (6.85)

$$\underline{\hat{x}}(k+1) = \boldsymbol{\Phi}\underline{\hat{x}}(k) + \boldsymbol{\Gamma}_u\underline{u}(k) + \hat{\mathbf{K}}\left[\underline{y}(k) - \mathbf{H}\underline{\hat{x}}(k)\right] \,. \tag{7.51}$$

Man bezeichnet diesen Zustandsschätzer auch als *Prädiktionsschätzer*, da zur Bestimmung des Schätzwertes zum Zeitpunkt $k+1$ nur Meßwerte bis zum Zeitpunkt k verwendet werden. Der eigentlich zu diesem Zeitpunkt auch schon bekannte Meßwert $\underline{y}(k+1)$ wird noch nicht verwendet.

Für den Fehler $\underline{\tilde{x}} = \underline{x} - \underline{\hat{x}}$ des Prädiktionsschätzer erhält man unter Verwendung von (7.49) und (7.51) die Gleichung

$$\underline{\tilde{x}}(k+1) = (\boldsymbol{\Phi} - \hat{\mathbf{K}}\mathbf{H})\underline{\tilde{x}}(k) + \boldsymbol{\Gamma}_w\underline{w}(k) - \hat{\mathbf{K}}\underline{v}(k). \tag{7.52}$$

Unter Verwendung des geschätzten Zustands $\underline{\hat{x}}(k)$ gemäß (7.51) erhält man als Regelgesetz

$$\underline{u}(k) = -\mathbf{C}\underline{\hat{x}}(k) \,, \tag{7.53}$$

siehe Abb. 7.6.

Es gilt auch hier wieder die Separation, d. h. daß die Eigenwerte des geschlossenen Regelkreises sich aus denen des idealen Regelkreises (Zustandsrückführung) und denen des Beobachters zusammensetzen. Dies ist am einfachsten wieder an den Gleichungen für Zustand und Fehler zu erkennen in der Form

$$\underline{x}(k+1) = \boldsymbol{\Phi}\underline{x}(k) + \boldsymbol{\Gamma}_u\mathbf{C}(\underline{x}(k) - \underline{\tilde{x}}(k)) \,, \tag{7.54}$$

$$\underline{\tilde{x}}(k+1) = (\boldsymbol{\Phi} - \hat{\mathbf{K}}\mathbf{H})\underline{\tilde{x}}(k). \tag{7.55}$$

Man sieht diese Separation der Eigenwerte z damit deutlich an der charakteristischen Gleichung

$$\chi(z) = \det\left(z\mathbf{E} - \boldsymbol{\Phi} + \boldsymbol{\Gamma}\mathbf{C}\right) \cdot \det\left(z\mathbf{E} - \boldsymbol{\Phi} - \hat{\mathbf{K}}\mathbf{H}\right) = 0 \,. \tag{7.56}$$

vergleiche (6.106).

Als eine Verbesserung des Prädiktionsschätzers kann der sogenannte *aktuelle Beobachter* eingeführt werden. Hierbei bauen die Schätzungen zum Zeitpunkt $k+1$ auf Messungen bis zum Zeitpunkt $k+1$ auf, das heißt auch $\underline{y}(k+1)$ wird

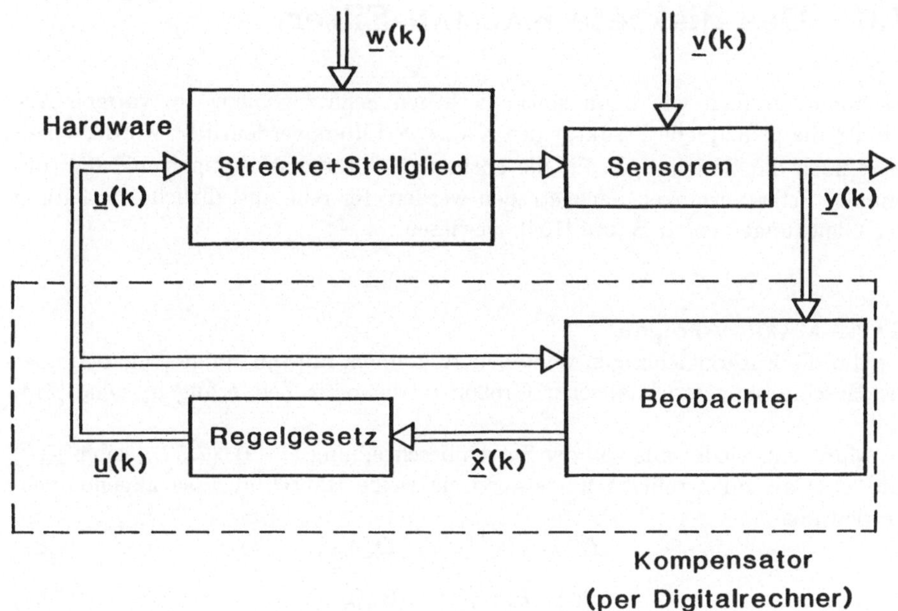

Abb. 7.6:   Geschlossener Regelkreis mit Beobachter

berücksichtigt! Zwischen zwei Messungen wird ein *Prädiktor*

$$\underline{x}^*(k+1) = \mathbf{\Phi}\hat{\underline{x}}(k) + \mathbf{\Gamma}_u\underline{u}(k) \tag{7.57}$$

und ein *Korrektor*

$$\hat{\underline{x}}(k+1) = \underline{x}^*(k+1) + \hat{\mathbf{K}}\left[\underline{y}(k+1) - \mathbf{H}\underline{x}^*(k+1)\right] \tag{7.58}$$

verwendet.

Dieser Schätzer hat dann genau die gleiche Struktur wie das KALMAN-Filter, siehe Kap. 7.6. Die Fehlergleichung lautet jetzt zum Unterschied zu (7.52)

$$\tilde{\underline{x}}(k+1) = \left[\mathbf{\Phi} - \hat{\mathbf{K}}\mathbf{H}\mathbf{\Phi}\right]\tilde{\underline{x}}(k) + \mathbf{\Gamma}_w\underline{w}(k) - \hat{\mathbf{K}}\underline{v}(k). \tag{7.59}$$

Für die Realisierung im Regelgesetz berechnet man möglichst viel im voraus, z. B. wertet man die Stellgröße $\underline{u}(k)$ wie folgt aus

$$
\begin{aligned}
\underline{u}(k) &= -\mathbf{C}\hat{\underline{x}}(k) \\
&= -\mathbf{C}\left\{\underline{x}^*(k) + \hat{\mathbf{K}}\left[\underline{y}(k) - \mathbf{H}\underline{x}^*(k)\right]\right\} \\
&= -\mathbf{C}\left\{\left[\mathbf{E} - \hat{\mathbf{K}}\mathbf{H}\right]\left[\mathbf{\Phi}\hat{\underline{x}}(k-1) + \mathbf{\Gamma}_u\underline{u}(k-1)\right] - \hat{\mathbf{K}}\underline{y}(k)\right\} \\
&= -\mathbf{C}\left\{\left[\mathbf{E} - \hat{\mathbf{K}}\mathbf{H}\right]\left[\mathbf{\Phi}\hat{\underline{x}}(k-1) + \mathbf{\Gamma}_u\underline{u}(k-1)\right]\right\} + \mathbf{C}\hat{\mathbf{K}}\underline{y}(k) \,.
\end{aligned}
\tag{7.60}
$$

Nur der letzte Term $\mathbf{C}\mathbf{K}\underline{y}(k)$ muß aktuell zum Abtastzeitpunkt gerechnet werden, alles andere kann im voraus bereitgestellt werden.

7.6 Das diskrete KALMAN-Filter

Nachdem, ähnlich wie beim kontinuierlichen Schätzproblem, im vorigen Abschnitt die prinzipielle Struktur des KALMAN-Filters verdeutlicht wurde, sollen jetzt noch die Gleichungen für die optimalen Filterverstärkungen und die (minimale) Fehlervarianzen nachgetragen werden; für eine ausführliche Herleitung der Gleichungen sei z. B. auf [164] verwiesen.

GAUSS-MARKOV-Folgen

Um die Filtergleichungen verstehen zu können, müssen einige Angaben über die Beschreibung stochastischer Größen in diskreter Zeit erfolgen, siehe [214, 172].

Man geht wieder aus von der Systembeschreibung (7.49), (7.50), wobei $\underline{w}(k)$ und $\underline{v}(k)$ als unkorrelierte mittelwertfreie weiße Rauschprozesse angenommen werden mit

$$E\left\{\underline{w}(k)\underline{w}^T(l)\right\} = \mathbf{Q}_w \delta_{kl} \,, \tag{7.61}$$

$$E\left\{\underline{v}(k)\underline{v}^T(l)\right\} = \mathbf{R}_v \delta_{kl} \,; \tag{7.62}$$

hierbei ist mit δ_{kl} das sogenannte KRONECKERsche Symbol gemeint

$$\delta_{kl} = \left\{ \begin{array}{l} 1 \text{ für } k = l \,, \\ 0 \text{ für } k \neq l \end{array} \right. \tag{7.63}$$

während $\mathbf{Q}_w, \mathbf{R}_v$ die Kovarianzmatrizen zu $\underline{w}(k), \underline{v}(k)$ bedeuten.

Zusätzlich wird angenommen, daß die Anfangsvarianzen des Zustands

$$E\left\{\underline{x}(0)\underline{x}^T(0)\right\} = \mathbf{P}_x(0) = \mathbf{P}_{x0} \tag{7.64}$$

gegeben sind und keine Korrelationen zwischen den Meßfehlern und Störgrößen einerseits sowie den Anfangswerten der Zustandsgrößen und den Meßfehlern andererseits vorliegen:

$$E\left\{\underline{w}(k)\underline{v}^T(l)\right\} = \mathbf{0}, \quad E\left\{\underline{x}(0)\underline{v}^T(k)\right\} = \mathbf{0} \,. \tag{7.65}$$

Die Kovarianzmatrix des ungefilterten Prozesses

$$\mathbf{P}_x(k) = E\left\{\underline{x}(k)\underline{x}^T(k)\right\} \tag{7.66}$$

ergibt sich unter diesen Voraussetzungen z. B. nach [172] aus

$$\mathbf{P}_x(k+1) = \mathbf{\Phi}\mathbf{P}_x(k)\mathbf{\Phi}^T + \mathbf{\Gamma}_w \mathbf{Q}_k \mathbf{\Gamma}_w^T; \quad \mathbf{P}_x(0) = \mathbf{P}_{x0} \,. \tag{7.67}$$

Diese Gleichung stellt - ähnlich wie die GAUSS-MARKOV-Differentialgleichung im kontinuierlichen Fall, (5.86) - die Grundlage für die Beurteilung stochastischer Prozesse in diskreter Zeit sowie die Ausgangsgleichung für die Minimierung der zu (7.59) gehörigen Fehlervarianzen dar.

Das KALMANsche Optimalfilter

Die linearen, erwartungstreuen Schätzwerte minimaler Fehlervarianz für den Zustand $\underline{x}(k)$ eines zeitlich diskreten, stochastisch gestörten Systems nach (7.49), (7.50) sind gegeben durch den folgenden rekursiven Algorithmus, siehe z. B. [164]:

1. Filtergleichungen nach (7.57), (7.58)

$$\underline{x}^*(k+1) = \mathbf{\Phi}\underline{\hat{x}}(k) + \mathbf{\Gamma}_u\underline{u}(k) \; , \tag{7.68}$$

$$\underline{\hat{x}}(k+1) = \underline{x}^*(k+1) + \mathbf{K}_0(k+1)\left[\underline{y}(k+1) - \mathbf{H}\underline{x}^*(k+1)\right] \; , \tag{7.69}$$

2. Fehler-Kovarianzen und Verstärkungsmatrix

$$\mathbf{P}^*(k+1) = \mathbf{\Phi}\mathbf{P}_0(k)\mathbf{\Phi}^T + \mathbf{Q}_w \; , \tag{7.70}$$

$$\mathbf{K}_0(k+1) = \mathbf{P}^*(k+1)\mathbf{H}^T\left\{\mathbf{H}\mathbf{P}^*(k+1)\mathbf{H}^T + \mathbf{R}_v\right\}^{-1} \; , \tag{7.71}$$

$$\mathbf{P}_0(k+1) = \mathbf{P}^*(k+1) - \mathbf{K}_0(k+1)\mathbf{H}\mathbf{P}^*(k+1) \; , \tag{7.72}$$

mit den Anfangsbedingungen $\underline{x}^*(k_0) = \underline{\hat{x}}_0$, $\mathbf{P}^*(k_0) = \mathbf{P}(k_0)$. Falls keine Information über den Anfangszustand vorliegt, ist $\underline{x}^*(k_0) = \underline{0}$ und $\mathbf{P}(k_0)$ sehr groß zu wählen.

Die Wirkungsabfolge des KALMAN-Filters und der zugeordneten Varianzgleichungen ist in seinem Prädiktor-/Korrektor-Ablauf in Abb. 7.7 verdeutlicht. Es sei auch hier wieder ausdrücklich darauf hingewiesen, daß die Kovarianzen und Verstärkungen (7.70) bis (7.72) *unabhängig* vorab (off-line) von den Schätzwerten nach (7.68), (7.69) berechnet und für die aktuelle Verwendung abgespeichert werden können.

Einige praktische Hinweise sollen das Arbeiten mit dem KALMAN-Filter erleichtern; für eine ausführlichere Darstellung sei auf [203] verwiesen.

Die *numerische Berechnung* der Filter- und Kovarianzgleichungen (7.68) bis (7.72) wird von entsprechenden Rechenprogrammen wie RASP, MATRIX$_X$ usw. erledigt. Dabei kommt die rekursive Struktur der Gleichungen einer Implementierung auf dem Digitalrechner sehr entgegen. Trotzdem gibt es eine ganze Reihe von numerischen Schwierigkeiten, die zu einer ungünstigen Implementierung und zu fehlerhaften Ergebnissen führen können. Der aufwendigste Teil der Berechnung ist die Berechnung der Verstärkungsmatrix in jedem Intervall gemäß

$$\left\{\mathbf{H}\mathbf{P}^*(k+1)\mathbf{H}^T + \mathbf{R}_v\right\}\mathbf{K}_0^T(k+1) = \mathbf{H}\mathbf{P}^*(k+1) \; . \tag{7.73}$$

Hierzu wird natürlich nicht die geschweifte Klammer invertiert, sondern $\mathbf{K}_0^T$ direkt z. B. mit dem CHOLESKY-Algorithmus, [144], berechnet.

Numerische Kontrollen werden ebenso durchgeführt, z. B. die Überprüfung von $\mathbf{P}^*$ und $\mathbf{P}_0$ auf Symmetrie sowie algebraische Identität wie

$$\mathbf{P}_0(k)\mathbf{H}^T = \mathbf{K}_0(k)\mathbf{R}_v \; , \tag{7.74}$$

siehe z. B. [203].

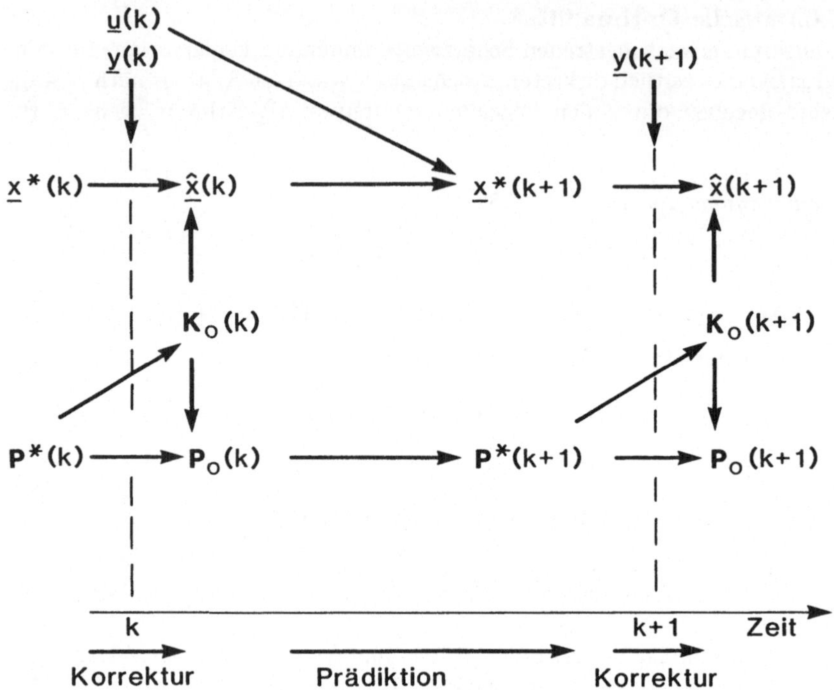

Abb. 7.7:   Ablaufschema für Rechenschritte beim KALMAN-Filter

Ebenso wie beim kontinuierlichen Filter lassen sich natürlich Probleme mit nicht-verschwindenden *Mittelwerten* und *bekannten Eingangsgrößen* leicht behandeln, [214].

Treten *Korrelationen* zwischen den Meßfehlern und den Störgrößen auf, d. h.

$$E\left\{\underline{v}(k)\underline{w}^T(k)\right\} \neq \mathbf{0}\,, \tag{7.75}$$

so sind diese ohne große Schwierigkeiten analog zum kontinuierlichen Fall, (6.140), zu berücksichtigen, siehe z. B. [172].

Farbige Stör- und Meßgeräusche werden wieder dadurch einbezogen, daß ein passendes Formfilter in Gestalt einer Differenzengleichung angesetzt wird, das seinerseits durch weißes Rauschen erregt wird. Das Modell dieses Formfilters wird wieder den ursprünglichen Modellgleichungen hinzugefügt, siehe Kap. 6.4.6.

Eine *singuläre Meßmatrix* $\mathbf{R}_v$ tritt dann auf, wenn einige Meßwerte exakt (unverrauscht) sind oder einige Elemente perfekt korreliert sind. Die Funktionsfähigkeit des Filteralgorithmus wird aber hier - im Gegensatz zum kontinuierlichen Problem - solange nicht berührt, wie die Summe $\mathbf{HP^*H}^T + \mathbf{R}_v$ in (7.71) regulär bleibt. Die Ordnung des KALMAN-Filters ist dabei jedoch unnötig hoch; sie läßt sich, wie auch beim kontinuierlichen Problem, Kap. 6.4.5 und 6.4.6, um die Zahl der exakten Messungen reduzieren. Vorgehensweisen zu dieser Reduktion gehen zurück auf BRAMMER und HENRIKSON; sie sind ausführlich in [172] und [164] dargestellt. Auf eine detaillierte Abhandlung kann hier verzichtet werden, da ein sehr einfacher Zugang durch *Partitionierung* in enger Anlehnung an die Abhandlungen des kontinuierlichen Problems erfolgen kann; der einzige wesentliche Unterschied ist, daß man beim diskreten Problem den "whitening"-Vorgang durch Einbeziehung von $\underline{y}_2^*(k)$ herstellen muß, d. h. in $\underline{y}_2^*(k)$ geht $\underline{y}_2(k+1)$ ein. Dies bedeutet, daß der Schätzwert $\hat{\underline{x}}(k)$ den Messungen um einen Schritt nachhinkt. Tatsächlich kann man den Schätzwert hier auch als einstufigen Glättungsalgorithmus interpretieren, [172].

Ansonsten sind die reduzierten Modellgleichungen für $\underline{x}_1(k+1)$ sowie die modifizierten Meßgleichungen $\underline{y}_1^*(k)$, $\underline{y}_2^*(k)$ Schritt für Schritt wie die entsprechenden kontinuierlichen Gleichungen herzuleiten und das daraus entstehende KALMAN-Filter reduzierter Ordnung ergibt sich wieder als Filter für $\underline{x}_1(k)$ und als rein algebraisches System anschließend für $\underline{x}_2(k)$.

7.7 Beispiel

Demonstrationsbeispiel 7.7.1: Balancieren eines Stabes auf einem Wagen

Ausgehend vom Demonstrationsbeispiel 4.6.1 sollen einige Aspekte des Verhaltens und der Regelung diskreter Systeme aufgezeigt werden.

Gesucht werden für das System, Abb. 3.6, dargestellt über die linearisierten Modellgleichungen mit Zahlenwerten

- diskretisierte Zustandsgleichungen für eine Abtastzeit $T = 0.03$s, zugehörige Eigenwerte;
- Lösung des diskreten Systems für eine konstante Stellgröße $u_0 = 100$N, ausgehend vom ungestörten Ausgangszustand, für 3 Zeitschritte;
- Überprüfung der Beobachtbarkeit und Steuerbarkeit;
- Darstellung des für eine Reglerauslegung und Polvorgabe erwünschten Gebietes in der z-Eigenwertebene, Auswahl geeigneter Eigenwerte und Bestimmung des benötigten Rückführvektors.

Gegeben sind mit den Zahlenwerten nach Beispiel 6.5.2 die linearisierten Gleichungen (6.181). Das erwünschte Gebiet für die Polfestlegung im kontinuierlichen Fall, siehe Abb. 6.9, ist $15 > \alpha > 1$ und $D_{min} = 0.707$. Für die numerische Auswertung wurde das Programmsystem MATLAB, siehe Kap. 8, verwendet.

Zunächst sollen die Ausgangsgleichungen (6.169) hier nochmals angeführt werden:

$$\dot{\underline{x}} = \mathbf{F}x + \underline{g}u \tag{7.76}$$

mit $\underline{x}^T = [x, \alpha, \dot{x}, \dot{\alpha}]$, $u = F$ und

$$\mathbf{F} = \begin{bmatrix} 0 & 0 & 1 & 0 \\ 0 & 0 & 0 & 1 \\ 0 & 1.9613 & 0 & 0 \\ 0 & 8.8260 & 0 & 0 \end{bmatrix} , \quad \underline{g} = \begin{bmatrix} 0 \\ 0 \\ 0.0267 \\ 0.02 \end{bmatrix} . \tag{7.77}$$

Für die Differenzengleichung (7.8) des Systems

$$\underline{x}(k+1) = \mathbf{\Phi}(T)\underline{x}(k) + \underline{\gamma}(T)u(k) \tag{7.78}$$

werden die beiden Größen $\mathbf{\Phi}, \underline{\gamma}$ über die Matrix $\boldsymbol{\psi}(T)$ nach (7.12) bestimmt. Aufgrund der gegebenen Abtastzeit ist es ausreichend, wenn nur drei Glieder in der Reihenentwicklung berücksichtigt werden

$$\boldsymbol{\psi}(T) = \mathbf{E} + \frac{\mathbf{F}T}{2!} + \frac{\mathbf{F}^2 T^2}{3!} . \tag{7.79}$$

Mit den gegebenen Zahlenwerten folgt damit aus (7.13) bzw. (7.15)

$$\mathbf{\Phi}(T) = \mathbf{E} + T\mathbf{F}\boldsymbol{\psi}(T) = \begin{bmatrix} 1 & 8.826 \cdot 10^{-4} & 0.03 & 8.826 \cdot 10^{-6} \\ 0 & 1.004 & 0 & 3.004 \cdot 10^{-2} \\ 0 & 5.892 \cdot 10^{-2} & 1 & 8.826 \cdot 10^{-4} \\ 0 & 0.2651 & 0 & 1.004 \end{bmatrix} , \tag{7.80}$$

$$\underline{\gamma} = T\boldsymbol{\psi}(T)\underline{g} = \begin{bmatrix} 1.202 \cdot 10^{-5} \\ 9.0 \;\;\cdot 10^{-6} \\ 8.012 \cdot 10^{-4} \\ 6.008 \cdot 10^{-4} \end{bmatrix} . \tag{7.81}$$

Die *Eigenwerte* der Matrix $\mathbf{\Phi}$ errechnen sich über (7.20) zu

$$\begin{aligned} z_{1,2} &= 1, \\ z_3 &= 1.0932, \\ z_4 &= 0.91473 . \end{aligned} \tag{7.82}$$

Diese Werte entsprechen den Eigenwerten des kontinuierlichen Systems (6.170) transformiert mit (7.21) und zeigen wieder mit $| z_3 | > 1$ die Instabilität des Systems.

Die *Lösung der Differenzengleichung* (7.78) mit den gegebenen Anfangswerten $\underline{x}(0) = \underline{0}$ und der gegebenen konstanten Stellgröße $u = u_0 = 100\text{N}$ errechnet sich über (7.18) zu

$$\underline{x}(k) = \mathbf{\Phi}^k \underline{x}(0) + \left(\sum_{i=1}^{k} \mathbf{\Phi}^{k-i} \right) \underline{\gamma} u_0 . \tag{7.83}$$

Mit den Zahlenwerten folgen für die ersten drei Zeitschritte $t_k = kT$, $k = 1, 2, 3$:

$$\underline{x}(1) = \begin{bmatrix} 1.20 \cdot 10^{-3} \\ 0.90 \cdot 10^{-3} \\ 8.01 \cdot 10^{-2} \\ 6.01 \cdot 10^{-2} \end{bmatrix} , \; \underline{x}(2) = \begin{bmatrix} 4.81 \cdot 10^{-3} \\ 3.61 \cdot 10^{-3} \\ 1.60 \cdot 10^{-1} \\ 1.21 \cdot 10^{-1} \end{bmatrix} , \; \underline{x}(3) = \begin{bmatrix} 1.08 \cdot 10^{-2} \\ 8.15 \cdot 10^{-3} \\ 2.41 \cdot 10^{-1} \\ 1.82 \cdot 10^{-1} \end{bmatrix} .$$

$$\tag{7.84}$$

Die Überprüfung der *Steuerbarkeit* erfolgt nach (7.31) mit der Überprüfung des Ranges der entsprechenden Matrix. Über die Zahlenwerte kann gezeigt werden, daß

$$\text{Rang}\left[\boldsymbol{\Phi}^3\underline{\gamma}, \boldsymbol{\Phi}^2\underline{\gamma}, \boldsymbol{\Phi}\underline{\gamma}, \underline{\gamma}\right] = 4 \tag{7.85}$$

gilt und das System daher steuerbar ist.

Die *Beobachtbarkeit* soll wie in Beispiel 4.5.1, einerseits bezüglich der Messung der Wagenposition x und andererseits bezüglich des Stellungswinkels α des Stabes überprüft werden. Die zwei entsprechenden Meßvektoren sind in (4.94), (4.95) angegeben:

$$y_i = \underline{h}_i^T \underline{x}; \quad \underline{h}_1^T = [1, 0, 0, 0] ,$$
$$\underline{h}_2^T = [0, 1, 0, 0] . \tag{7.86}$$

Über (7.35) zeigt sich in Analogie zum kontinuierlichen Fall, mit

$$\text{Rang}\begin{bmatrix} \underline{h}_1^T \\ \underline{h}_1^T \boldsymbol{\Phi} \\ \underline{h}_1^T \boldsymbol{\Phi}^2 \\ \underline{h}_1^T \boldsymbol{\Phi}^3 \end{bmatrix} = \text{Rang}\begin{bmatrix} 1 & 0 & 0 & 0 \\ 1 & 8.83 \cdot 10^{-4} & 0.03 & 8.83 \cdot 10^{-6} \\ 1 & 3.54 \cdot 10^{-3} & 0.06 & 7.07 \cdot 10^{-5} \\ 1 & 7.99 \cdot 10^{-3} & 0.09 & 2.39 \cdot 10^{-4} \end{bmatrix} = 4 , \tag{7.87}$$

daß das System über x vollständig beobachtbar ist, während dies wegen

$$\text{Rang}\begin{bmatrix} \underline{h}_2^T \\ \underline{h}_2^T \boldsymbol{\Phi} \\ \underline{h}_2^T \boldsymbol{\Phi}^2 \\ \underline{h}_2^T \boldsymbol{\Phi}^3 \end{bmatrix} = \text{Rang}\begin{bmatrix} 0 & 1.00 & 0 & 0 \\ 0 & 1.00 & 0 & 3.00 \cdot 10^{-2} \\ 0 & 1.02 & 0 & 6.03 \cdot 10^{-2} \\ 0 & 1.04 & 0 & 9.11 \cdot 10^{-2} \end{bmatrix} = 2 \tag{7.88}$$

über den Winkel α nicht möglich ist.

Das für die *Reglerauslegung* erwünschte Gebiet wird mit der Transformation (7.21) in der z-Ebene dargestellt. Die Begrenzungskruven $\lambda_{i,g}(\omega)$ in der α, ω-Ebene, liefern damit die entsprechenden Kruven $z_{i,g}(\omega)$. Mit den angegebenen Werten und $\omega > 0$ als Laufvariable folgen für die Begrenzungen mit $\alpha = $ konstant

$$\lambda_{1,g} = -1 \pm j\omega, \quad | z_{1,g} | = e^{-0.003} = 0.97 ,$$
$$\lambda_{2,g} = -15 \pm j\omega, \quad | z_{2,g} | = e^{-0.45} = 0.64 , \tag{7.89}$$

zwei Kreise in der z-Ebene und mit $D = 0.707$

$$\lambda_{3,g} = -\omega + j\omega, \quad z_{3,g} = e^{-\omega T} e^{j\omega T}$$
$$\lambda_{4,g} = -\omega - j\omega, \quad z_{4,g} = e^{-\omega T} e^{-j\omega T} \tag{7.90}$$

zwei Spiralen. Daraus ergibt sich das in Abb. 7.8 schraffiert gekennzeichnete Gebiet für die Festlegung der Pole des geregelten Systems.

Wählt man für die Regelung alle Pole an derselben Stelle, Abb. 7.8,

$$z_i^c = 0.85, \quad i = 1, 2, 3, 4 \tag{7.91}$$

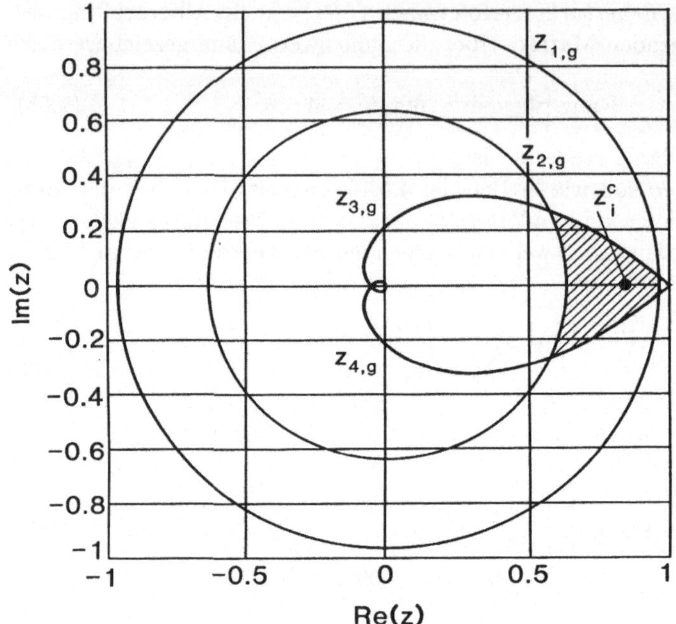

Abb. 7.8: Erwünschtes Gebiet für die Polfestlegung in der z-Ebene und gewählte Pole z_i^c

(entspricht im Kontinuierlichen $\lambda_i^c = -5.417$) errechnet sich der Verstärkungsvektor nach (1.41) zu

$$\underline{c}^T = \left[-3.179 \cdot 10^3,\ 1.146 \cdot 10^4,\ -2.401 \cdot 10^3,\ 4.105 \cdot 10^3\right] . \tag{7.92}$$

Man erkennt, daß hier ein beträchtlicher Stellaufwand erforderlich ist. Für eine Wahl der Pole nahe der Grenze des gewünschten Bereiches

$$\bar{z}_i^c = 0.96, \qquad i = 1,2,3,4 \tag{7.93}$$

entsprechend $\bar{\lambda}_i^c = -1.361$, wird der Aufwand deutlich geringer mit

$$\underline{\bar{c}}^T = [-16.08,\ 981.7,\ -47.51,\ 328.5] . \tag{7.94}$$

Allerdings werden für diesen Fall Störungen entsprechend langsamer abklingen.

8 Software zur Systemdynamik

Nachdem in diesem Buch bisher die Methoden zur Analyse und Auslegung linearer Systeme in den Kapiteln 4 bis 7 betont wurden, sollen im abschließenden Kapitel zunächst die Möglichkeiten zur rechnergestützten Analyse nichtlinearer Systemmodelle, insbesondere die *Simulation* am Digitalrechner, besprochen werden.

Die Absicherung und die Erstellung von Beurteilungsgrundlagen für Systementwürfe, die ja oft aufgrund drastischer Modellvereinfachungen entwickelt wurden, geschieht heute immer häufiger mit Hilfe der Simulation des Systems unter Verwendung realitätsnaher, komplexer mathematischer Modelle. Diese berücksichtigen Parameterschwankungen, beim Entwurf vernachlässigte Nichtlinearitäten, Freiheitsgrade und Systemkopplungen sowie den Einfluß realistisch modellierter Störungen und Wechselwirkungen.

Darüberhinaus zeigt sich heute immer mehr, daß die Simulation und die Rechenprogramme zur *Systemauslegung* und zum *Entwurf von Regelkreisen* miteinander in engere Beziehung treten, ja mehr oder weniger miteinander verschmelzen. Im folgenden soll deshalb auch ein kurzer Abriß zum aktuellen Stand der *Software* zur Auslegung dynamischer Systeme insbesondere zur Reglerauslegung gegeben werden.

8.1 Entwicklungstendenzen

In den letzten Jahren verzeichnete die rechnergestützte Analyse und Auslegung der Systemdynamik von Fahrzeugen enorme Fortschritte, die durch folgende Entwicklungen wesentlich begünstigt wurden:

- Rasante Leistungssteigerungen in der *Computer-Hardware* (Verkürzung der Zykluszeiten, Steigerung der Speicherkapazität, Miniaturisierung) bei drastischer Kostenreduktion; heute gibt es kostengünstige Arbeitsplatzrechner (Workstations) mit Leistungen, wie sie bis vor kurzem Rechenzentren mit Großrechnern (Mainframes) nicht anbieten konnten. Zudem zeichnen sich die Workstations noch durch eine *Grafikfähigkeit* aus, die die *Visualisierung* der Rechenergebnisse in einem vorher kaum vorstellbaren Maße unterstützen.

- Signifikante Weiterentwicklungen der Software, sowie des *Software-Engineering*, z. B. in Form von Entwicklungswerkzeugen, Methoden der modularen bzw. objektorientierten Programmierung, sind ebenso zu verzeichnen.

- Eine wesentliche Herausforderung entstand durch das Vordringen der Elektronik in den Maschinenbau, also auch in die eher konservative Fahrzeugtechnik, begünstigt durch leistungseffiziente, zuverlässige und preiswerte elektronische Bauelemente und Mikroprozessoren. Hierdurch werden ganz neue, "intelligentere" Konzepte bei vertretbaren Gesamtkosten und garantierten Sicherheitsansprüchen ermöglicht. Man spricht in diesem Zusammenhang heute von *"mechatronischen"* Systemen.

Als Folge dieser Potentiale werden damit größere Entwicklungsschritte ermöglicht, die das traditionelle Vorgehen einer Produktentwicklung durch "Versuch und Irrtum" als nicht mehr konkurrenzfähig zulassen. In der Folge wurden auch die Methoden vorangetrieben, die die Grundlage einer rechnergestützten Behandlung der Systemdynamik bilden; genannt seien in diesem Zusammenhang die *Computer-Mechanik*, die *Mehrkörperdynamik* und die rechnergestützten *Entwurfsverfahren für Regelkreise*.

Modellbildung, Simulation und Auslegung

Simulation ist das Experimentieren an einem Modell des realen Systems. Demgemäß bedeutet rechnergestützte Simulation das Experimentieren mit dem mathematischen Modell. Die Komplexität der mathematischen Modelle für die Untersuchungen zur Fahrzeug-Systemdynamik - hervorgerufen durch die Anzahl relevanter Freiheitsgrade bzw. durch systembedingte Nichtlinearitäten - schließt in den meisten Fällen eine analytische Untersuchung aus. In der überwiegenden Zahl von Problemen ist eine Zeitsimulation, d. h. die numerische Integration der Bewegungsgleichungen im Zeitbereich, das einzig verfügbare Mittel. Selbst bei den Fällen, wo eine Linearisierung der Systemgleichungen angezeigt ist, siehe Kap. 3, erfordern die Verfahren zur Analyse (Kap. 4, 5) und zum Entwurf (Kap. 6, 7) entsprechende Rechenprogramme zur Auswertung der dabei auftretenden Gleichungssysteme, siehe Kap. 8.2.

Rechnerische Lösungen im allgemeinen und Simulationen im besonderen sind aber heute mehr denn je gefragt:

- Das reale System, die Hardware, ist oft (noch) nicht in der interessierenden Ausbaustufe verfügbar; es soll ja erst entwickelt werden.

- Die Kosten und der Zeitaufwand für die jeweilige Hardware-Entwicklung und die Durchführung der Experimente bzw. der Fahrversuche sind sehr hoch. Auch sind die oft lange Versuchsdauer und ihre Witterungsabhängigkeit sehr lästig.

- Bei der Simulation können Störeffekte leicht ausgeschaltet werden, interessierende Effekte können isoliert betrachtet werden, und die Reproduzierbarkeit von Versuchsbedingungen ist gewährleistet.

- Die zum Verständnis notwendigen Ein- und Ausgangsgrößen und interne Zustandsgrößen sind im realen Experiment oft schwer zugänglich und zum

Teil nicht direkt meßbar. Im Simulations-Experiment sind diese Größen problemlos verfügbar.

Dies sind einige Gründe, die dazu geführt haben, daß die Simulation im Speziellen und die rechnergestützten Verfahren generell derzeit "Hochkonjunktur" haben, [21]. Insbesondere bei modernen Fahrzeugentwicklungen wird versucht, mit unkonventionellen Konzepten in neue Leistungsbereiche vorzustoßen und dabei auch noch die Entwicklungszyklen deutlich zu verkürzen, siehe z. B. [19]. Typische Anwendungsfelder für Simulationen im Rahmen einer Fahrzeugentwicklung sind deshalb:

- die qualitative Abschätzung des dynamischen Verhaltens alternativer Konzepte, insbesondere im frühen Entwurfsstadium;

- die Auslegung bzw. Optimierung von Entwurfsparametern aufgrund von Entwurfszielen;

- die Beurteilung vorgelegter Entwürfe im Hinblick auf Spezifikationen in verschiedenen Betriebsfällen, z. B. Fahrstabilität, Kurvenfahrt, Komfortkriterien;

- die Vorausrechnung und insbesondere die Analyse des Verhaltens bei Störungen und in kritischen Situationen.

Es ist wesentlich, daß die Simulationsmodelle für die geplante Untersuchung entsprechend ausgewählt bzw. angepaßt werden müssen. So empfiehlt es sich, im frühen Entwurfsstadium mit einfachen, groben Modellen zu arbeiten; auch für die Auslegung insbesondere von Regelkreisen werden, wie schon erwähnt, vereinfachte, linearisierte - sogenannte *Entwurfsmodelle* - Abb. 8.1, herangezogen, [215]. Dagegen müssen für die detaillierte Bewertung komplexe, möglichst gut abgesicherte (verifizierte) Modelle entwickelt und eingesetzt werden.

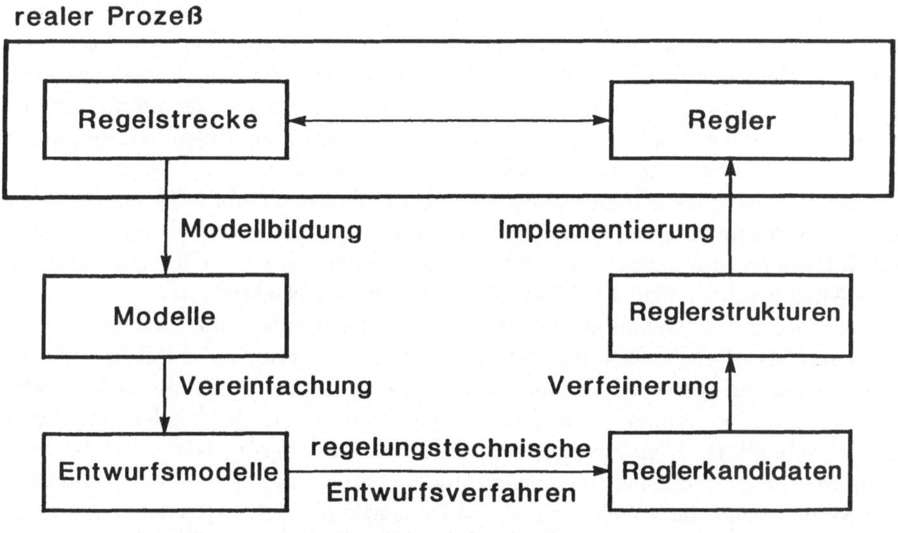

realer Prozeß

Abb. 8.1: Regelungstechnischer Entwurfsprozeß

Grundsätzlich ist zu beachten, daß ein Simulationsmodell immer nur für eine bestimmte Klasse von Untersuchungen (Experimenten) gültig ist. Der Gültigkeitsbereich des Modells kann z. B. dann überschritten werden, wenn das Systemverhalten durch entsprechende Maßnahmen, insbesondere also durch Regeleingriffe, signifikant verändert wird.

Aus den bisherigen Ausführungen wird deutlich: die große erforderliche Modellpalette und ihre Abstufungen, die Komplexität der Fahrzeugdynamik selbst sowie die heutzutage größeren und häufigeren Entwicklungsschritte erfordern eine entsprechende allgemeine, flexible, zuverlässige und anpassungsfähige Simulationssoftware. Der Einzug der Elektronik und Regelung in die Fahrzeugtechnik erfordert darüberhinaus eine enge Kommunikation bzw. Verflechtung mit der entsprechenden Software zur Reglerauslegung.

8.2 Entwicklungsschritte der Systemdynamik-Software

Im folgenden soll ein Abriß der Entwicklung der Software zur Systemdynamik gegeben werden, insbesondere soll auf die dadurch mitgeschleppten "Erblasten" hingewiesen werden. Außerdem wird herausgestellt, daß sich die Simulationspakete und die Regler-Entwurfssoftware aufeinander zu bewegen, [21].

8.2.1 Vom Analogrechner zu den Simulationssprachen

Nach den Anfängen der elektronischen Simulation, etwa indem man vereinfachte mechanische Systeme durch *Analogiebetrachtungen* als dynamisch ähnliche (analoge) RLC-Netzwerke darstellte und Ströme und Spannungen am Voltmeter oder Oszilloskop ablas, entwickelte sich der *elektronische Analogrechner* zu einer Blüte. Hier wurden mit Hilfe von Röhren- bzw. später Halbleiterverstärkern Basisbausteine einer Simulation wie Summation, Integration, Multiplikation, nichtlineare Funktionen und logische Operationen abgebildet.

Die Effizienz des Analogrechners lag in der *analogen* Abbildung insbesondere der Integration in Parallelverarbeitung (für jeden Integrationsvorgang wurde ein Integrierer eingesetzt); Echtzeitsimulation oder auch schneller war daher für den Analogrechner kein Problem. Die wesentlichen Nachteile aber waren: Skalierungsprobleme, Genauigkeitsverluste, z. B. Driftfehler und Ungenauigkeiten bei der Darstellung nichtlinearer Funktionen sowie geringe Flexibilität bei Modelländerungen sowie die Problematik der Portabilität. Einige dieser Probleme wurden zwar bei Analog- und *Hybridrechnern* reduziert, jedoch hat sich heute weitestgehend der *Digitalrechner* für die Simulation aufgrund seiner leichten Programmierbarkeit, der fast beliebigen Modellkomplexität, der hohen Portabilität für Modelle und der zugehörigen Software, sowie der hohen Rechengenauigkeit, durchgesetzt.

Andererseits kann der Digitalrechner nur *diskrete Operationen* durchführen. Jedes kontinuierliche Problem, wie mechanische Systeme, die ja durch gewöhnliche Differentialgleichungen beschrieben werden, muß auf diskrete Gleichungen (Differenzengleichungen) zurückgeführt werden. Diese Notwendigkeit hat eine stürmische Weiterentwicklung der numerischen Methoden zur Integration gewöhnlicher Differentialgleichungen hervorgerufen.

Neben den numerischen Algorithmen zur Lösung der Systemgleichungen müssen natürlich die Modellgleichungen selbst auf dem Digitalrechner programmiert werden. Hierzu wurden im Laufe der Zeit eine Vielzahl von Spezialprogrammen zur Simulation spezieller Systeme oder Systemklassen geschrieben. Die Programmierung erfolgte zumeist in einer höheren Programmiersprache, auch heute noch vorwiegend in FORTRAN, obwohl auch neuere Programmiersprachen wie MODULA, C und ADA für die Simulation eingesetzt werden, [216].

Darüberhinaus wurden allgemeine Simulationsprogramme entwickelt, die dem Anwender weitestgehend die eigene Programmierung ersparen. Die größte Bedeutung erlangt haben hierbei die sogenannten *Simulationssprachen*. Dies sind höhere Sprachen, die sowohl Modellbildungselemente wie Lösungsverfahren beinhalten. Typische Vertreter dieser Kategorie sind CSMP III, ACSL, DSL, DARE-P, siehe z. B. SHERIF, App. B in [28]. Einen groben Überblick über die Entwicklung dieser Simulationssprachen gibt die Abb. 8.2 nach BAUSCH-GALL. Ihren Ursprung haben diese Sprachen in der Absicht, dem Anwender die Benutzung des Digitalrechners zu erleichtern, indem man ihm vom Analogrechner vertraute Elemente zur Erstellung des mathematischen Modells zur Verfügung stellte. Hierzu zählen primär Modellierungsblöcke wie nichtlineare Funktionen, Übertragungsfunktionen (in Form von Zähler- und Nennerpolynomen) sowie Systeme von gewöhnlichen Differentialgleichungen 1. Ordnung (Zustandsdarstellung) der Form

$$\dot{\underline{x}} = \underline{f}(\underline{x}, \underline{u}, t) \, . \tag{8.1}$$

Alle genannten Sprachen sind Vorfahren oder Nachkommen der CSSL (= Continuous System Simulation Language)-Sprachkonvention, [217]. Die lange Zeit am meisten verwendete dieser Sprachen war wohl CSMP (= Continuous System Modeling Program) von IBM, dessen Weiterentwicklung eingestellt wurde und dessen Nachfolge DSL sich nicht etabliert hat. Am Markt behauptet hat sich dagegen ACSL, [218]. ACSL hat gegenüber CSMP erweiterte Funktionen, z. B. Modellauswertung zur Laufzeit, die Beherrschung großer Datenmengen, die Behandlung ereignisabhängiger Unstetigkeiten sowie von gemischt-diskret-kontinuierlichen Problemen. Mit letzteren können z. B. digitale Regelungen (Abtastregler) mit kontinuierlichen Modellen kombiniert werden.

Neben den unwidersprochenen Vorteilen der Simulationssprachen vom CSSL-Typ sind auch eine Reihe von Nachteilen zu nennen, die größtenteils in enger Beziehung zu ihren Analogrechner-Erblasten stehen:

- Außer den oben genannten Modellierungselementen gibt es keine Modellgenerierer, d. h. die Modellgleichungen müssen im wesentlichen schon in Zustandsform (8.1) aufgestellt sein.

1955	Selfridge	Differentialgleichungssysteme; Nachbildungen von Block-diagrammen oder Strukturbildern
1959	Stein, Rose	Compiler mit analogrechnerorientierter Eingabesprache
1963	MIDAS	Simulationssprache auf der IBM 7090
1964	COBLOC	University of Wisconsin, CDC 1604, freies Format
1964	PACTOLUS	IBM 1620, Vorgänger von CSMP
1965	DSL/90	IBM 7090, Vorgänger von CSMP Übersetzer in FORTRAN
1967	CSSL	Continuous System Simulation Language, erster Normierungsversuch
1967	ANALGOL 67	SIEMENS-Entwicklung für S 2002 in ALGOL
1967	CSMP	Continuous System Modelling Program; IBM
1967		Standards für Simulationssprachen, *Simulation* 9
1968	MIMIC	Digital Simulation Language, CDC Sunnyvale
1971	CSMP III	Erweiterung und Verbesserung von CSMP, IBM
1972	CSSL IV	Weiterentwicklung von CSSL, Simulation Services
1975	ACSL	Advanced Continuous Simulation Language, Mitchell & Gauthier
1981	EASY5	Weiterentwicklung von EASY von Boeing Computer Services, Untersuchungen im Zeit- und Frequenzbereich
1982	ISIS/ISIM	für Mini- und Microcomputer, Versuch der modularen Modellentwicklung, Crosbie und Hay
1984	DSL	neue Entwicklung von IBM, nur für IBM-Rechner, doppelt genau, nicht interaktiv
1985	SYSMOD	Sprache für gemischte Systeme, unterstützt modulare und strukturierte Modellentwicklung und Modellierung von Unstetigkeiten; nur für IBM- und VAX-Rechner; System Designers Ltd.
1988	BOSIM	unterstützt modulare Modellentwicklung für PCs, VAX, IBM, BGT mbH, Überlingen
1989	HYBSYS	CSSL-basierte Modellbildung; allgemeine Formulierung und Verwaltung von Experimenten und Ergebnissen

Abb. 8.2:   Überblick über Simulationssprachen vom CSSL-Typ

- Sie sind bis jetzt nicht durchgängig blockorientiert ausgelegt; es ist kein *modularer Aufbau* des Gesamtmodells möglich. Die Modell- und Modell-ergebnisverwaltung ist unzureichend.

- Die verwendeten numerischen Integrationsverfahren sind meist nicht auf dem neuesten Stand und eine Einbindung eigener Verfahren ist problematisch, obwohl im Prinzip möglich.

- Implizite Differentialgleichungen und differential-algebraische Gleichungen können bis heute nicht behandelt werden; die Systemdarstellung und die Lösungsverfahren sind nach wie vor auf die numerische Integration von expliziten gewöhnlichen Differentialgleichungen konzentriert.

- Die aufgebauten Simulationsmodelle können nicht *exportiert* werden; sie stehen nur für die eigenen Lösungsverfahren zur Verfügung. Die möglichen Experimente mit einem Modell sind jeweils auf den Ausbau dieser *geschlossenen* Pakete beschränkt. So wird zwar für die mit ACSL erstellten Modelle intern ein FORTRAN-Code erstellt, dieser Code ist aber nicht zugänglich und nicht portierbar, [29].

- Eine weitere typische Problematik ist die *Linearisierung* nichtlinearer Modellgleichungen und deren Weiterbehandlung. Hier können oft nur die von der CSSL-Sprache selbst erstellten Teilmodelle linearisiert werden, dagegen nicht die als eigene Blöcke eingeführten Substrukturen, wodurch eine unvollständige lineare Beschreibung entsteht.

Ein genereller Nachteil ist, daß die CSSL-Konvention - obwohl lange Zeit vorbildhaft - nie aktualisiert wurde. Spätere Standardisierungsversuche, [219], wurden immer wieder von der Entwicklung überholt.

8.2.2 Software zur Unterstützung der Modellbildung

Ein für komplexe, industrienahe Anwendungen großes Handicap aller bisher diskutierten Werkzeuge ist die Notwendigkeit, die Systemgleichungen in expliziter Form von Hand aufstellen zu müssen. Dies ist sehr mühselig und fehleranfällig. Ein Ausweg, der bei vielen Simulationsprogrammen der Praxis realisiert ist, ist die Aufstellung von *generischen Modellen* für eine bestimmte Systemklasse. Ein Beispiel hierfür ist die Simulation des Fahr- bzw. Schwingungsverhaltens eines Pkw's. Ein ziemlich allgemein anwendbares Modell besteht aus den sechs Freiheitsgraden für die räumliche Bewegung des Aufbaus sowie ingesamt vier Freiheitsgraden für die Relativbewegung der vier Räder gegenüber dem Aufbau unter der Annahme, daß pro Rad - aufgrund der Aufhängungskinematik - je ein Freiheitsgrad relativ zum Aufbau existiert; die Lenkung bleibt meist unberücksichtigt. Die Kraftgesetze für Reifen und Feder-Dämpfung werden als Anwenderfunktionen realisiert, ebenso äußere eingeprägte Kräfte wie der Luftwiderstand. Andere, im generischen Modell noch nicht enthaltene Komponenten, wie etwa Lenkung und Antriebsstrang werden der jeweiligen Problemstellung entsprechend gesondert modelliert und dann über Schnittstellen eingebunden.

Ein solches generisches Modell läßt zwar eine Palette wichtiger Fragestellungen zu, ebenso Spezialisierungen wie Vertikalverhalten, Längsdynamik sowie Querdynamik, aber es hat natürlich auch seine Grenzen. So ist z. B. die Einbeziehung von zusätzlichen elastischen Freiheitsgraden für den Aufbau zunächst nicht vorgesehen. Jede solche Erweiterung führt zu umfangreichen Aktivitäten bezüglich Aufstellung und Neuprogrammierung von Systemgleichungen, und es vergeht geraume Zeit, bis die erweiterte Simulation wieder zum Experimentieren herangezogen werden kann.

Diese Problematik hat zu Überlegungen geführt, wie man innerhalb bestimmter Systembeschreibungen zu *selbst-generierenden* Simulationsmodellen gelangen kann; hierzu zählen beispielsweise:

- MKS-Formalismen für mechanische Mehrkörpersysteme,
- Generierer für elektrische Netzwerke,
- Generierer für durch Bondgraphen darstellbare Systeme.

Mechanische Mehrkörpersysteme (MKS)

Will man ein im Grunde mechanisches System wie einen Pkw, Abb. 2.14, oder ein Schienenfahrzeug, Abb. 2.20, durch die angegebenen Ersatzmodelle darstellen, wird die Aufstellung der Bewegungsgleichungen per Hand äußerst aufwendig und fehleranfällig. Hier haben sich sogenannte *Mehrkörperformalismen* bewährt, [130], die, ausgehend von den Grundprinzipien der Mechanik, Algorithmen bereitstellen, die die Systemgleichungen mechanischer Mehrkörpersysteme automatisch generieren.

Eine Zusammenstellung der wesentlichen Programme auf diesem Gebiet (Stand 1989) ist in dem MKS-Handbuch, [131], gegeben. Der IAVSD-Report, [220], beinhaltet eine aktualisierte Zusammenstellung von MKS-Programmen im Hinblick auf ihre Anwendbarkeit in der Fahrzeugtechnik mit besonderer Betonung realistischer Benchmark-Anwendungsbeispiele. Auf die Simulation mit Mehrkörperprogrammen soll im Kap. 8.3 näher eingegangen werden.

Elektronische Netzwerke

Ein mechatronisches System besteht - wie der Name schon sagt - natürlich nicht nur aus mechanischen Komponenten. Interessanterweise haben sich beispielsweise in der Simulation von elektronischen Netzwerken Verfahren und Programme entwickelt, die den bei den MKS-Systemen verwendeten Werkzeugen durchaus vergleichbar sind.

Ein solches Werkzeug steht mit dem Programmpaket SPICE (= Simulation Program with Integrated Circuit Emphasis) zur Verfügung, [221]. Auch bei SPICE werden, ähnlich wie bei MKS-Programmen, die Topologie und die physikalischen Systemparameter als Modelldaten eingegeben. Hier ist die Modellbildung sogar soweit fortgeschritten, daß man ganze Modellbibliotheken, z. B. für Transistoren, käuflich erwerben kann. Darüberhinaus gibt es rechnergestützte Datenerfassungssysteme, die automatisch geeignete Testsignale für eine Palette von Halbleiterelementen aussenden und wiederum automatisch die Modelldaten für das zu untersuchende Element ermitteln, siehe [29].

Wie bei geschlossenen Systemen üblich, gibt es bei SPICE aber nur unzureichenden Zugang zu den internen Größen wie Spannungen, Ströme und Elementparameter. Die erstellten Modelle sind somit auch nicht portierbar und deshalb nicht für die Kombination z. B. mit MKS-Modellen in anderer Umgebung verwendbar.

Bondgraphen

Was kann man tun, wenn man Systemkomponenten behandeln muß, die weder in den MKS-Bereich noch in den elektronischen Schaltkreis-Bereich fallen? Als Beispiel mögen nur die Stellglieder (Aktuatoren) für eine aktive Federung erwähnt werden. Hier spielen elektrische Stellmotoren sowie magnetische, hydraulische und pneumatische Glieder eine Rolle. Die Regelungstechniker greifen in diesen Fällen zum *Blockdiagramm*, gelegentlich auch zum sogenannten *Signalfluß-Diagramm*, [29]. Während diese zwar den Rechenablauf direkt wiedergeben, wird aber die topologische Struktur des Systems nicht bewahrt. Zudem müssen im Blockdiagramm die Zustandsgleichungen, wenigstens der Teilkomponenten, mehr oder weniger schon angebbar sein.

Aufgrund dieser Situation hatte PAYNTER am MIT schon um 1960 mit den *Bondgraphen* eine graphische Repräsentierung physikalischer Systeme ersonnen, die simultan die topologische Struktur wie den Rechenablauf direkt wiedergibt, siehe z. B. [27, 222]. Ein sogenannter "Bond" ist nichts anderes als die simultane Verbindung zweier Variablen. Der Bond bewahrt die topologische Struktur des Systems, da diese beiden Variablen in der Darstellung immer zusammen bleiben. Bonds werden über Verbindungen verknüpft, denen z. B. in elektrischen Netzwerken die beiden KIRCHHOFFschen Gesetze für Strom bzw. Spannung entsprechen. Aber nicht nur elektrische, sondern auch mechanische und hydraulische Komponenten können über Bondgraphen dargestellt werden. Die eigentliche Stärke der Bondgraphen liegt darin, daß der Übergang von einem physikalischen System zu einem anderen sehr leicht, unter Bewahrung der Energie- bzw. Leistungsbilanz, mit sogenannten "Transformatoren" erreicht werden kann.

Einschränkend muß aber gesagt werden, daß die Bondgraphen-Denkweise nur begrenzte Verbreitung gefunden hat und daß eine Umsetzung von "artreinen" Systemen wie z. B. MKS in Bewegungsgleichungen wesentlich effizienter direkt als über den Umweg von sehr komplexen und nur für den geschulten Spezialisten durchschaubare Bondgraphen erfolgt, siehe z. B. [223].

Die erste Simulations-Software, die auf Bondgraphen basiert, war ENPORT. Hier wird, ähnlich wie bei SPICE, eine topologische Eingabebeschreibung verlangt, die intern in die Systemgleichungen umgesetzt und gelöst wird. TUTSIM, übersetzt Bondgraph-Eingaben in Zustandsgleichungen, hat aber im Vergleich etwa zu ACSL etwas eingeschränkte Funktionalität in der Simulation. Als drittes Produkt ist CAMP, [224], zu erwähnen, das zwar diese gleiche Einschränkung wie TUTSIM hat, aber hier werden die Bondgraphen automatisch in ACSL Modelle umgesetzt, was einen wesentlichen Fortschritt darstellt, obwohl nichtlineare Elemente noch per Hand in das erzeugte ACSL-Programm nacheditiert werden müssen.

Als Resümee kann festgehalten werden, daß es zwar recht mächtige Werkzeuge zur Modell-Generierung gibt, jedoch die Kommunikationsfähigkeit dieser Modellierwerkzeuge stark eingeschränkt ist, da sie alle mehr oder weniger als geschlossene Pakete konzipiert wurden.

Der zunächst naheliegende Gedanke, "alle" vorkommenden dynamischen Modelle als CSSL-Modelle abzubilden und bspw. in ACSL einzubringen, hätte deshalb sehr einschneidende Konsequenzen. Die CSSL-Sprachen wie ACSL wurden nämlich ursprünglich ganz auf die Zeitsimulation, d. h. in diesem Fall auf die numerische Integration gewöhnlicher expliziter Differentialgleichungen, konzipiert. Auf ein Simulationsmodell möchte man aber auch andere Analyse- und Synthese-

Verfahren als nur die reine Zeitintegration anwenden. Hierzu gehören bspw. eine lineare Systemanalyse einschließlich Linearisierung, Parameteroptimierung und Reglerauslegung, stochastische Analyse, siehe Kap. 8.2.4.

Bei einigen dieser Aspekte wurde Abhilfe geschaffen und sowohl innerhalb von ACSL (Linearisierung, Parameteroptimierung) als auch durch Schnittstellen zu anderen Paketen einige Einschränkungen überwunden. Jedoch gelten die weiter oben erwähnten konzeptuellen Begrenzungen der CSSL-Pakete weiter. Neuerdings ist ihnen jedoch eine ernsthafte Konkurrenz aus der Regelungstechnik entstanden.

8.2.3   Regler-Analyse-Synthese-Pakete

Mit der Entwicklung der Methoden zur Auslegung, d. h. zur Analyse und Synthese von linearen Regelsystemen im Zustandsraum, gewann die lineare Algebra eine große Bedeutung. Man sprach direkt von einer Algebraisierung der Regelungstheorie. Erwähnt seien in diesem Zusammenhang die Berechnung von Eigenwerten und Transitionsmatrizen, die Analyse der Steuerbarkeit und Beobachtbarkeit, die quadratische Synthese (RICCATI-Entwurf, KALMAN-Filter) sowie die Kovarianzanalyse.

Während ursprünglich die *Reglersynthese* in eigenständigen Programmen wie ASP (= Automatic Synthesis Program) für die quadratische Synthese, häufig basierend auf den Eigenwerten und Eigenvektoren der Systemmatrix des ungeregelten Systems, ablief, wurde bald erkannt, daß die Regelungstechnik weitere Methoden zur Analyse benötigt. Hierbei wurden zunächst die Methoden der *linearen Systemanalyse* zur Reife entwickelt, siehe z. B. die Bibliothek RASP, [225].

Eine Lawine wurde mit MATLAB (= Matrix Laboratory), welches um 1980 von LITTLE und MOLER als komfortable Bedieneroberfläche für die Unterprogramme der Numerikbibliotheken LINPACK und EISPACK zum leichten *Experimentieren mit Methoden* entwickelt wurde, losgetreten:

- Durch die einfache und sehr leistungsfähige Syntax zur Bearbeitung von Matrizen und die Makro-Fähigkeit von MATLAB verbreitete sich das zunächst kostenlos weitergegebene Produkt sehr rasch.

- Da die lineare Systemtheorie intensiv Matrizen verarbeitet, bot MATLAB eine fast ideale Basis, um darauf sogenannte CACSD (= Computer-Aided Control System Design)-Pakete aufzubauen.

Die bekanntesten Sprößlinge dieser Kategorie sind MATRIX$_X$ von ISI, CTRL-C von Systems Control und MATLAB von Math Works Inc.. Eine vergleichende Übersicht - allerdings zum Stand von 1988 - gibt CELLIER in [28].

Zur MATLAB-Kategorie von CACSD-Paketen kann man ziemlich einheitlich zunächst folgende Aspekte anführen, siehe z. B. [226]:

- Eine recht komfortable Umgebung ermöglicht über einen menügeführten graphischen Editor die Definition von hierarchisch *strukturierten Modellen*.

Eine kommandogestützte Definition der Verschaltung steht nur für lineare Systeme zur Verfügung.

- In allen MATLAB-Paketen sind die verfügbaren Methoden - im Gegensatz zu den CSSL-Paketen - gleichberechtigt nebeneinander vorhanden. Durch die Möglichkeit, Kommandoprozeduren zu bilden, steigt die Flexibilität. Eine sehr durchgängige Dialoggestaltung erleichtert den Einstieg als auch die Spezifizierung komplexer Berechnungsfolgen, die automatisch protokolliert werden können. Neue Methoden können als *Makros* einfach eingebracht werden; für bestimmte Problemkreise werden solche als "Toolboxes" angeboten, siehe z. B. Abb. 8.3.

- Eine Schwachstelle aller MATLAB-Systeme sind die *Datenstrukturen*; es gibt nur einen Grundtyp: "komplexe Matrix".

Da im Rahmen eines Reglerentwurfs oft auch *Simulationen* erforderlich sind, wurden obige CACSD-Programme schon von Anfang an mit (etwas) Simulationskapazität ausgestattet. Da die Simulationen in den MATLAB-Paketen aber zunächst nur rudimentär ausgelegt waren, wurden Brücken zu ACSL gebaut, so daß einmal die aufgestellten Modelle nach ACSL portiert, dort ergänzt und simuliert und andererseits ACSL-Modelle linearisiert und die entstehenden Sy-

CAE-Programmpaket: MATLAB^{TM} bzw. Simulationspaket SIMULINK^{TM}

Anwendungsbereiche:

Versuchsauswertung	Entwicklung von Algorithmen	Statistik
Identifikation	Reglerentwurf	Optimierung
3D-Grafiken	Animation	Simulation

MATLAB-Toolboxen zur Erweiterung des Grundsystems mit anwendungsspezifischen Funktionen; derzeit verfügbare Toolboxen:

Signalverarbeitung: SIGNAL PROCESSING

Regelungstechnik und   CONTROL SYSTEM
Systemidentifikation: ROBUST CONTROL
    SYSTEM IDENTIFICATION
    μ-ANALYSIS AND SYNTHESIS

Sonstige: OPTIMIZATION
    NEURAL NETWORK
    CHEMOMETRICS
    SPLINE

Abb. 8.3:   MATLAB (= MATrix LABoratory) und derzeit existierende "Toolboxen"

stemmatrizen zur weiteren regelungstechnischen Analyse und Synthese zu den CACSD-Programmen übergeben werden konnten. Diese Brücken stellten sich aber teilweise als nicht sehr stabil und effizient heraus; außerdem ist der Anpassungsaufwand hoch.

In der letzten Zeit haben zudem die CACSD-Programme ihre eigene Modellbildungs- und Simulationskapazität stark aufgestockt; dabei sind u. a. SYSTEM-BUILD und MODEL-C als graphisch unterstützte Modellierer für MATRIX$_X$ bzw. CTRL-C entstanden. Als Simulationspaket für MATLAB selbst ist zudem SIMULINK auf den Markt gekommen. Da diese Modellierer stark auf dem Konzept der Blockdiagramme und deren Bausteine basieren, haben sie auch deren Nachteile, z. B. einen starken Bezug auf Systeme mit einem Ein- und einem Ausgang.

Der gewichtigste Nachteil der auf dem Markt befindlichen MATLAB-Systeme ist aber bisher die Tatsache, daß alle *geschlossene Pakete* sind, d. h. Modifikationen in der Implementierung sind nicht möglich, da Eingriffe in den Quellcode nicht zulässig sind. So ist beispielsweise das Einbringen eigener Integrationsverfahren nicht möglich. Ebenso nachteilig ist, daß in der Regel nur explizite gewöhnliche Differentialgleichungen unterstützt werden.

8.2.4   Neuere Entwicklungen

Obwohl sich also seit einigen Jahren die Simulationssprachen und die regelungstechnischen Analyse- und Entwurfsprogramme aufeinander zu entwickeln (Simulationssprachen erweitern ihre Fähigkeiten in der linearen Systemanalyse und in der Frequenzbereichsanalyse; regelungstechnische Programme erweitern ihre Fähigkeiten in der Simulation im Zeitbereich), ist der gegenwärtige Zustand aus einer Reihe von Gründen noch nicht zufriedenstellend. Das Hauptproblem ist die jeweilig letzten Endes doch etwas einseitige Sicht: die Simulationssprachen stellen den Simulationslauf, d. h. die numerische Integration im Zeitbereich, in den Vordergrund, die CACSD-Pakete die Eigenwertanalyse und Reglersynthese.

Eine sicher noch unvollständige Liste von erforderlichen Experimenten mit einem Simulationsmodell umfaßt die in Abb. 8.4 aufgeführten Untersuchungen, [227]. Aufgrund dieser Zusammenstellung wird klar, daß vor allem für die Weiterentwicklung die Trennung von *Modell* und *Experiment* als Konzept nicht ausreicht, da sie den Aspekt der unterschiedlichen Analysemethoden nicht berücksichtigt. BREITENECKER et al., [227], schlagen deshalb ein erweitertes Konzept der *Modell-Methode-Experimente* (MME-Konzept) vor. Ein *Experiment* ist in diesem Zusammenhang die Anwendung einer *Methode* auf ein *Modell*, siehe Abb. 8.5; diese drei Ebenen spiegeln in generischer Weise die Dreiteilung der Anforderungen an Simulationssprachen wieder. HYBSYS ist ein Projekt an der TU Wien, bei dem diese Aspekte Berücksichtigung finden. Einhergehend mit diesem Konzept ist eine *objektorientierte Modellbildung* zusammen mit der Definition von entsprechenden erweiterten *Datenmodellen.*

Die Schwierigkeiten, die bei den ”klassischen” CSSL-Sprachen - und nicht nur dort - mit ihren eingeschränkten Datenmodellen auftreten, lassen sich durch

- **Zeitverhalten**
  - Simulationsläufe mit verschiedenen Anfangsbedingungen
  - Simulationen mit verschiedenen (deterministischen) Anregungen
  - Parametervariation, Auswertung mehrerer Läufe
  - Berechnung des eingeschwungenen Zustands über Zeitsimulation
  - Simulation bis zu einem bestimmten Ereignis
  - Reinitialisieren
  - Fourier-Transformation von Zeitverläufen
- **Stochastische Analyse (nichtlineare Modelle)**
  - Eingangsgrößen und/oder Parameter mit Rauschen beaufschlagen
  - statistische Auswertungen, Monte-Carlo-Simulation
- **Lineare Systemanalyse**
  - eingeschwungener Zustand bzw. Gleichgewichtslage
  - Linearisierung, Systemmatrizen
  - Analyse der Stabilität aufgrund der Eigenwerte
  - Analyse der Steuerbarkeit und Beobachtbarkeit
  - stochastische Analyse (Kovarianzanalyse und Leistungsdichten)
  - Reglerentwurf
- **Sensitivität, Parameteroptimierung**
  - Parametervariation
  - Sensitivitätsgleichungen
  - Optimierung von Systemparametern
- **Stabilität (nichtlineare Systemanalyse)**
  - Berechnung von Ljapunov Exponenten
  - Berechnung periodischer Lösungen (Grenzzyklen)
  - Berechnung von Verzweigungspunkten
  - chaotisches Verhalten

Abb. 8.4:   Liste von wünschenswerten Experimenten mit einem Simulationsmodell

die Problematik der *Linearisierung*, siehe auch Kap. 3.2, charakterisieren: Ausgehend von einer Systembeschreibung in Zustandsdarstellung

$$\dot{\underline{x}} = \underline{f}(\underline{x}, \underline{u}, t) \, , \tag{8.2}$$

$$\underline{y} = \underline{g}(\underline{x}, \underline{u}, t) \, , \tag{8.3}$$

soll eine Linearisierung um einen Arbeitspunkt $\underline{x}_0$ und $\underline{u}_0$ gefunden werden, d. h.

$$\Delta\dot{\underline{x}} = \mathbf{A}\Delta\underline{x} + \mathbf{B}\Delta\underline{u} \, , \tag{8.4}$$

$$\Delta\underline{y} = \mathbf{C}\Delta\underline{x} + \mathbf{D}\Delta\underline{u} \, , \tag{8.5}$$

mit

$$\mathbf{A} = \frac{\partial \underline{f}}{\partial \underline{x}}\Big|_{\underline{x}_0,\underline{u}_0} \, , \, \mathbf{B} = \frac{\partial \underline{f}}{\partial \underline{u}}\Big|_{\underline{x}_0,\underline{u}_0} \, , \tag{8.6}$$

$$\mathbf{C} = \frac{\partial \underline{g}}{\partial \underline{x}}\Big|_{\underline{x}_0,\underline{u}_0} \, , \, \mathbf{D} = \frac{\partial \underline{g}}{\partial \underline{u}}\Big|_{\underline{x}_0,\underline{u}_0} \, . \tag{8.7}$$

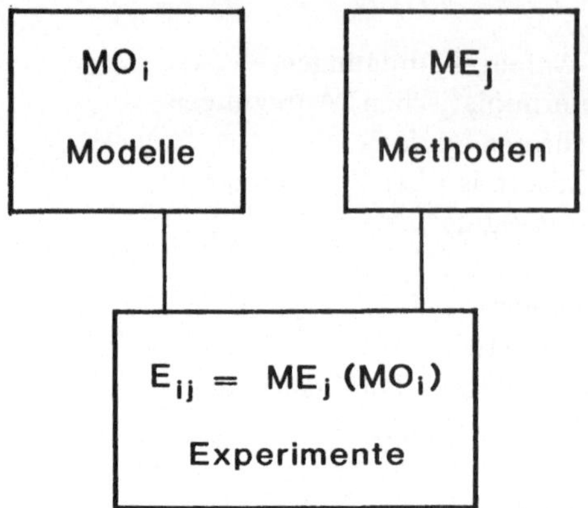

Abb. 8.5:   Das Konzept "Modell-Methode-Experiment"

Für die meisten CSSL Sprachen und Simulationscodes beginnen hier große
Schwierigkeiten, da die Systemdynamik dort meist in einer einzigen Subroutine
zusammengefaßt ist, wo nicht zwischen Zustands- und Ausgangsgrößen unter-
schieden werden kann. Moderne Simulationssoftware muß deshalb eine strengere
Trennung der *Datentypen* vorsehen: Zustandsvariable, Hilfsvariable, Eingangs-
variable, Ausgangsvariable. Solche Spezifikationen von Datenstrukturen sind
derzeit für die Regelungstechnik, [228, 226] sowie auch für Mehrkörperdynamik,
[229], in Bearbeitung.

Eine weitere typische Schwierigkeit bei CSSL-Standardprogrammen ist, daß
dort die systembeschreibenden Differentialgleichungen in expliziter Form vorliegen müssen. Insbesondere führen aber MKS-Formalismen zunächst auf *implizite
Differentialgleichungen* der Form

$$\mathbf{H}(\underline{x}, t)\underline{\dot{x}} = \underline{k}(\underline{x}, \underline{u}, t). \tag{8.8}$$

Moderne Konzeptionen wie etwa die Programmsysteme HYBSYS [230] und AN-
DECS, [231], erlauben eine Systemdarstellung in dieser Form.

ANDECS (= Analysis and Design of Controlled Systems) ist ein modular
konfigurierbarer Methoden- und Datenverbund für die *Analyse und Auslegung*
geregelter dynamischer Systeme. Die softwaretechnische Basis für ANDECS ist
die Daten- und Methodenbank RSYST, [232]. Hier sind alle *Methoden-Module*
gleichberechtigt und im Rahmen ihrer Einsatzmöglichkeiten frei zu Berechnungsfolgen (Experimentabläufen) verschaltbar.

ANDECS bietet auch Standard-Experimentabläufe, wie z. B. den optimie-
rungsgestützten mehrzieligen Entwurf von Regelkreisen, wobei die Analysemo-
duln frei konfiguriert werden können. Das Simulationskonzept baut die für eine
Simulationsdurchführung notwendige Funktionalität modular auf; als Simulati-
onskern dient dabei der Integrationsmodul A_DSSIM, [226]. Die traditionelle
Trennung von Simulationssystemen und Regler-Analyse und -Synthese Paketen
wird damit aufgehoben.

ANDECS soll als *offenes System* aufgabenspezifisch konfigurierbar und nach Bedarf modular erweiterbar sein. Als Fernziel soll die multidisziplinäre Integration von Verfahren mit den Daten und Methoden angrenzender Fachgebiete für eine umfassende Systemoptimierung erreicht werden, Abb. 8.6.

Es ist anzustreben, daß es zu einer echten Kooperation im Sinne einer fachübergreifenden rechnergestützten Analyse- und Entwurfsstrategie kommt, bei der die Teilgebiete *Modellbildung, Simulation* und *Auslegung* eng zusammenspielen werden, siehe auch [21, 29].

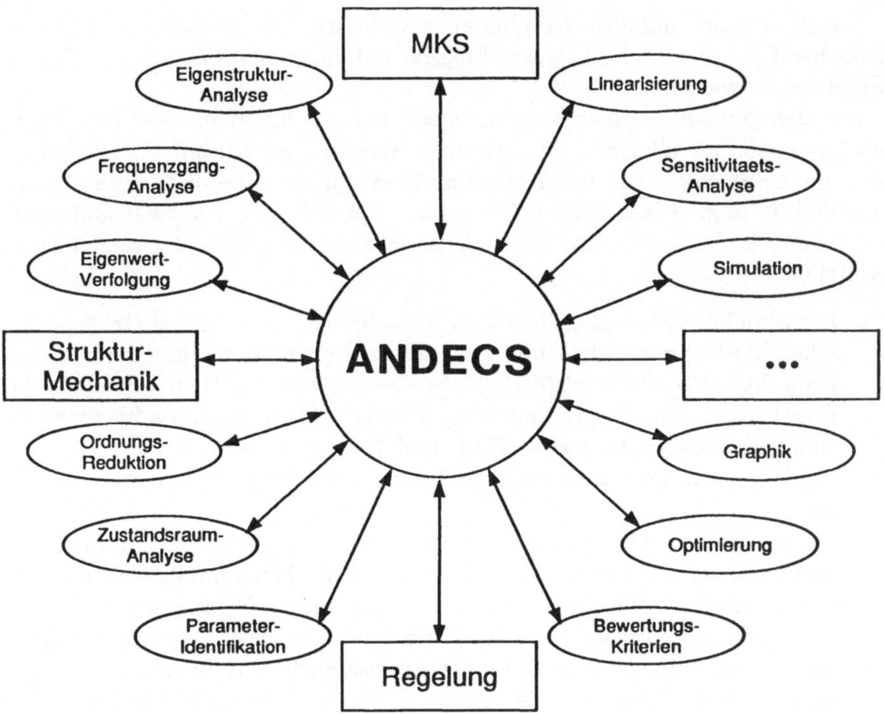

Abb. 8.6: ANDECS - Konzept für multidisziplinäre Integration von Verfahren, Daten und Methoden

8.3 Simulation mit Mehrkörperprogrammen

Die Bedeutung der Simulation für die Fahrzeugtechnik wurde schon sehr frühzeitig erkannt; so gehören Fahrzeug-Forschung und -Entwicklung seit Anfang zu den eifrigsten Anwendern der Simulationswerkzeuge. Dies begann schon mit dem Analogrechner; auch für Digitalrechner wurden unzählige Spezialprogramme zur Analyse der Fahrdynamik und von Fahrzeugschwingungen entwickelt. Übersichten hierzu finden sich beispielsweise für Schienenfahrzeuge in [233] und für Straßenfahrzeuge in [234]. Die dort gemachten Schlußfolgerungen sind durchaus typisch:

- die Mehrzahl dieser Programme werden nicht bzw. nicht mehr eingesetzt;
- die Dokumentation der überwiegenden Anzahl der Spezialprogramme ist unzulänglich;
- die meisten Programme wurden für eine Spezialuntersuchung entwickelt; sie sind eng auf diese beschränkt und kaum erweiterbar;
- sie benutzen oft unzulängliche, zufällig verfügbare Algorithmen.

Darüberhinaus sind diese Programme gewöhnlich schlecht strukturiert, nicht ausreichend getestet und die Anwendung oft auf die Person beschränkt, die das Programm entwickelt hat.

Aus den genannten Gründen gibt es seit langem großes Interesse der Fahrzeugdynamiker an allgemein einsetzbaren Simulationsprogrammen; so haben bspw. die CSSL-Sprachen, unter anderem ACSL, in der Kfz-Technik eine ziemliche Verbreitung. Diese Werkzeuge haben aber neben den oben diskutierten Problemen für den effizienten industriellen Einsatz zwei weitere entscheidende Nachteile:

1. Die Simulationssprachen enhalten zunächst einmal keine fahrzeugspezifischen Modellierungselemente, wie z. B. die Beschreibung des Rad-Schiene-Kontakts oder die Modellierung der Wechselwirkung Reifen-Straße. Die Entwicklung und Programmierung effizienter Modelle gerade für diese systembedeutenden primären Trag- und Führfunktionen stellt aber einen enormen, vom normalen Benutzer kaum zu bewältigenden Zusatzaufwand dar.

2. Die Simulationssprachen verlangen die Bewegungsgleichungen für die Fahrzeugdynamik als fertige explizite gewöhnliche Differentialgleichungen in Zustandsform. Allenfalls gibt es für nichtlineare Funktionen und regelungstechnisch orientierte Blöcke wie Übertragungsfunktionen vorgefertigte Modellbibliotheken. Sofern keine zusätzlichen Maßnahmen getroffen sind, muß der Anwender also zunächst die Bewegungsgleichungen in Zustandsdarstellung "von Hand" aufstellen und als z. B. FORTRAN-Code programmieren.

Es waren insbesondere diese beiden Handicaps, die die Entwicklung von *fahrzeugspezifischen allgemeinen* ("general purpose") *Simulationsprogrammen* mit (weitgehend) *automatischer Modellgenerierung* gefördert haben.

8.3.1 Vorbemerkungen zu Mehrkörperprogrammen

Schon im Kapitel 2 zeigte sich, daß die Modellbildung zur Fahrzeug-Systemdynamik auf Ersatzmodelle führt, die, trotz ihrer sehr unterschiedlichen Komplexität, als mechanische Mehrkörpersysteme charakterisierbar sind. Massebehaftete Bauteile wie Aufbau, Achsen, Räder usw. stellen starre oder auch elastische

Körper dar, Aufhängungskomponenten wie Federn, Stoßdämpfer, Gummielemente, Reifen sind als - üblicherweise masselose - Kraftelemente zu charakterisieren.

Auf sehr ähnliche Ersatzmodelle führen aber auch Aufgabenstellungen aus ganz anderen Bereichen wie bei Mechanismen und Maschinen, Raumfahrzeugen bzw. bei Fragestellungen der Biomechanik von Lebewesen und bei Robotern. Es waren zunächst insbesondere Anstöße aus der Raumfahrt, die zur Entwicklung von Methoden zur automatischen, d. h. rechnergestützten Generierung der Bewegungsgleichungen solcher Mehrkörpersysteme (MKS) mit sogenannten *Mehrkörperformalismen* wesentlich beitrugen. Andere Anstöße zur Entwicklung kamen - zunächst unkorreliert - aus Problemstellungen bei (anfänglich als eben modellierten) Mechanismen; einen Überblick zur geschichtlichen Entwicklung geben u. a. [130] und [235].

Recht früh wurden auch für die spurgeführten Fahrzeuge (Magnetbahn, Eisenbahn) die Möglichkeiten der automatischen Generierung der Bewegungsgleichungen für die Fahrzeug-Fahrweg Wechselwirkungen genutzt, z. B. [236]. Später kamen auch viele Entwicklungen, die durch Robotik-Probleme angestoßen wurden, z. B. [75], hinzu. Eine stärkere Kommunikation zwischen den verschiedenen Entwicklergruppen, die ursprünglich teilweise von ihrer gegenseitigen Existenz nicht informiert waren, kam u. a. zustande aufgrund zweier IUTAM bzw. IFToMM-Symposien, [237, 238], sowie eines CARL-CRANZ-Lehrgangs, [50]. Das "Multibody Systems Handbook" [131] gibt eine Zusammenstellung, in der die wichtigsten MKS-Programme fast alle vertreten sind.

Obwohl MKS-Programme schon eine signifikante Basis für allgemeine Fahrzeug-Simulationsprogramme stellen können, verbleibt aber noch die *Problematik der fahrzeugspezifischen Modelle*. Deshalb wurden einige Entwicklungen, initiiert durch Anforderungen aus der Fahrzeugtechnik, speziell zur Realisierung von *fahrzeugorientierten MKS-Programmen* eingeleitet. Die IAVSD (= International Association of Vehicle System Dynamics) hat diese Entwicklungen verfolgt und zwei Übersichten herausgebracht, [239] und [220]; hier soll nur eine kurze Einführung in die Begriffe und die Methodik der MKS-Programme gegeben werden, um die Lesbarkeit der weiterführenden Literatur zu verbessern.

Generische Modelle oder MKS?

Bevor der Leser sich detaillierter mit dem - nicht ganz einfachen - Gegenstand der Mehrkörperdynamik auseinandersetzt, möchte er wissen, ob man allgemeine Simulationspakete für die Fahrzeugtechnik nicht auch ohne solche Formalismen entwickeln kann. Zunächst gibt es natürlich einfache, insbesondere für Grundsatzfragen bzw. Auslegungsstudien häufig verwendete, mechanische Ersatzmodelle, für die die Aufstellung der Bewegungsgleichungen "von Hand" ohne weiteres möglich ist; die behandelten Beispiele wie das Viertelfahrzeug zur Untersuchung des vertikalen Komforts und der Radlasten sowie das Einspurmodell zur Untersuchung des lateralen Lenkverhaltens gehören hierzu.

Bei komplexeren Modellen, siehe z. B. die Abb. 2.14, 2.20, kann die Aufstellung der Bewegungsgleichungen sehr aufwendig werden. Bevor MKS-Programme

verfügbar waren und zum Teil auch noch heute, arbeitet man in der Fahrzeugtechnik mit sogenannten generischen Modellen, siehe Kap. 8.2.2. Auf dieser Basis sind eine ganze Reihe recht allgemeiner Simulationsprogramme entstanden:
ein typischer Vertreter aus dem Kfz-Bereich ist dabei das Programm FASIM,
[240], und im Schienenfahrzeugbereich ist hier das Programme VOCO [241] zu
nennen.

Die Programme, die generische Modelle verwenden, haben natürlich dort
ihre Grenzen erreicht, wo entweder neuartige, unkonventionelle Konstruktionen
in Erwägung gezogen werden oder auch nur die Modellierung detaillierter als
bisher vorgesehen durchgeführt werden soll. Für Fragestellungen dieser Art sind
aber gerade die MKS-Programme besonders geeignet, obwohl nicht verkannt
werden soll, daß solche komplexe Programme auch einige Probleme mit sich
bringen. Einige potentielle Nachteile sind beispielsweise:

- Die Handhabung von MKS-Programmen ist, insbesondere auch wegen ihrer Allgemeinheit, gewöhnlich aufwendig. Sie verlangt notwendigerweise
  mehr Eingabedaten und einige Grundkenntnisse der Begriffswelt der Mehrkörperdynamik.

- Desweiteren kann man davon ausgehen, daß Programme mit größerem Anwendungsspektrum für einige Spezialfälle nicht die gleiche Recheneffizienz
  aufweisen, wie Verfahren, die ganz auf eine Spezialanwendung zugeschnitten sind.

- Eine gewisse "Verführung" des Entwicklungsingenieurs besteht darin, daß
  er das komplexere Modellierungs-Potential der MKS-Programme nutzen
  will bzw. sich über adäquate reduzierte, der Fragestellung angepaßten
  Modelle nicht genügend Gedanken macht. Dadurch können vom MKS-
  Programm eine Menge Zusatzdaten erforderlich werden, die nicht direkt
  verfügbar oder nur ungenau bekannt sind, womit der mögliche Gewinn einer komplexen Modellierung nur scheinbar zu einer genaueren Analyse -
  bei erhöhtem Rechen- und Interpretationsaufwand - führt.

- Schließlich löst ein MKS-Programm noch nicht die fahrzeugspezifische Modellierung wie die Formulierung der Trag- und Führkomponenten und deren Parametervorgaben, die Beschreibung fahrzeugspezifischer Stör- und
  Führgrößen, wie auch die Berechnung typischer Auswerte- und Beurteilungsgrößen. Hier sind spezifische Zusätze erforderlich, die vom Umfang
  über die MKS-Programmanteile weit hinausgehen können.

Die genannten Punkte sprechen natürlich nicht prinzipiell gegen MKS-Programme, sondern sind Umstände, die entweder in der Natur der Sache liegen (geforderte Modellierungsflexibilität) oder durch entsprechende Maßnahmen (fahrzeugspezifische Zusatzmoduln) behebbar sind. Denn insgesamt sprechen die
potentiellen Möglichkeiten und Vorteile der MKS-Programme bei entsprechender Ausgestaltung der Software und adäquater Anwendung derselben eindeutig
für ihre Verwendung:

- Der grundsätzliche Vorteil besteht darin, daß der Modellierungsgrad, d. h.
  die Komplexität der Ersatzmodelle "beliebig" ist. Somit kann man die

Modellierungstiefe der fortschreitenden Systementwicklung anpassen. In effizienter Weise können zusätzliche Komponenten in die Modellierung aufgenommen oder bei konstruktiven Änderungen bzw. bei verbesserter Einsicht gegen geeignetere ausgetauscht werden.

- Eine wichtige Domäne für MKS-Programme ist die Aufhängungs-Kinematik. Die üblichen Spezialprogramme gehen in der Regel von simplifizierten kinematischen Annahmen aus oder von der Voraussetzung, daß die Kinematik vorab gerechnet und in Form von Kennlinienfeldern abrufbar vorliegt. Da die Modellierung von Komponenten mit kinematischen Bindungen für gute MKS-Programme aber keine besondere Schwierigkeit darstellt, wird eine realistischere Modellierungen der Kinematik und der (nichtlinearen) Kräftebeziehungen möglich.

- Auch die Berechnung von Zwangskräften, welche oft für die Beurteilung und Dimensionierung der Belastung von Gelenken oder aber auch zur Berechnung von eingeprägten Kräften, z. B. bei Reibung, erforderlich sind, wird problemlos möglich.

- Schließlich soll noch erwähnt werden, daß hinter einigen MKS-Programmen wegen ihres Entwicklungsaufwandes ein größeres Team mit breitem Knowhow, auch in der Numerik und dem Software-Engineering steht, wodurch diese häufig die besseren Algorithmen sowie eine bessere Programmpflege und -dokumentation aufweisen.

Eine gewisse Problematik stellt aber, wie bei jedem Rechenprogramm mit benutzergesteuertem Modellaufbau die Tatsache dar, daß vom Anwender Modellierungen zusammengestellt werden können, die die Lösungsalgorithmen vor schier "unlösbare" Probleme stellen. Dieser generellen Thematik muß in Zukunft noch mehr Aufmerksamkeit gewidmet werden.

8.3.2 MKS-spezifische Methodik und Terminologie

Wie auch in anderen Teilbereichen der Wissenschaft hat sich auch in der Mehrkörperdynamik eine gewisse Terminologie herausgebildet, die zum Teil die Vorgehensweise zum Teil aber auch die Fähigkeiten von MKS-Programmen charakterisiert.

Von einem *Mehrkörperprogramm* im strengen Sinne spricht man nur dann, wenn ein Mehrkörperformalismus für beliebig konfigurierte MKS (beliebige Anzahl von Körpern und Freiheitsgraden in beliebiger Anordnung) implementiert ist. Keine spezielle fahrzeugspezifische Konstruktionsmerkmale - selbst wenn sie für eine größere Klasse von Fahrzeugen zutreffend sind - wie Symmetrien, vorgeschriebene Richtungen von Koppelelementen usw. dürfen die möglichen Ersatzmodelle einengen.

Als *elastische Körper* werden Körper mit verteilter Elastizität bezeichnet. Die elastischen Freiheitsgrade werden z. B. durch eine Modalanalyse mit den notwendigen Eigenformen bzw. Massen-, Dämpfungs- und Steifigkeitsmatrizen aus einer Finite-Elemente Rechnung oder aus gemessenen oder analytisch ermittelten Funktionen bestimmt. Starrkörper-Ersatzmodelle (sogenannte diskrete Modelle) bzw. masselose elastische Balken als Verbindung von Starrkörpern zählen nicht in diesem allgemeinen Sinne zu den elastischen Körpern.

Obwohl ansonsten eine beliebige Konfiguration (Topologie) zulassend, schließen manche MKS-Programme Systeme mit kinematisch *geschlossenen Schleifen* aus. Bei geschlossenen Schleifen treten die kinematischen Bindungen in einer Form auf, daß bei bestimmten Schnitten (Auftrennen von Bindungen) das MKS noch zusammenhängt. Kinematisch geschlossene Schleifen sind in der Fahrzeugtechnik häufig anzutreffen, z. B. Abb. 2.21; ihre Behandlung ist ungleich schwieriger als MKS, welche in einer *Baumstruktur* vorliegen.

Die Wahl der *Lagekoordinaten* bzw. der *generalisierten Koordinaten* für ein MKS ist zwar weitgehend beliebig, jedoch sind gewisse Formulierungen, z. B. der Koppelelemente, oder Auswertungen einfacher in dem einen oder anderen Koordinatensystem. Man unterscheidet: *Absolutkoordinaten*, bei dem die Bewegung der Körper des MKS in Relation zu einem zentralen Koordinatensystem, welches in der Regel inertial fest oder manchmal auch bewegt ist, dargestellt werden und *Relativkoordinaten*, bei denen die Körper relativ zur Bewegung ihrer Nachbarkörper beschrieben werden. Unter *Minimalkoordinaten* versteht man die Mindestanzahl von dynamisch notwendigen Koordinaten: hier sind die Bewegungsgleichungen auf ihre Minimalzahl reduziert, die Zwangsbedingungen in die Bewegungsgleichungen eingearbeitet und die Zwangskräfte eliminiert, siehe Kap. 3.

Die Verwendung von Minimalkoordinaten $\underline{z}$ bedeutet also für das reine MKS die Darstellung der Bewegungsgleichungen als gewöhnliche Differentialgleichungen der Form (3.64), abgekürzt oft als "ODE-Form" bezeichnet,

$$\mathbf{M}(\underline{z})\ddot{\underline{z}} = \underline{f}(\underline{z}, \dot{\underline{z}}, t) \, , \tag{8.9}$$

wobei $\mathbf{M}(\underline{z})$ die Massenmatrix und $\underline{f}(\underline{z}, \dot{\underline{z}}, t)$ alle Kräfte, einschließlich Scheinkräften (CORIOLIS-, Zentrifugalkräfte) und eingeprägten Kräften, repräsentieren soll.

Als Alternative dazu kann man die Bewegungsgleichungen *unreduziert*, z. B. für alle p Einzelkörper mit dem $[6p \times 1]$ Lagevektor $\bar{\underline{z}}$ unter Einschluß der Zwangskräfte (LAGRANGEschen Multiplikatoren $\underline{\lambda}$) und der kinematischen Bindungsgleichungen $\underline{\phi}$, (3.26), wie folgt anschreiben:

$$\hat{\mathbf{M}}(\bar{\underline{z}})\ddot{\bar{\underline{z}}} = \hat{\underline{f}}(\bar{\underline{z}}, \dot{\bar{\underline{z}}}, t) - \mathbf{G}^T(\bar{\underline{z}})\underline{\lambda} \, , \tag{8.10}$$

$$\underline{0} = \underline{\phi}(\bar{\underline{z}}) \, , \tag{8.11}$$

wobei

$$\mathbf{G} = \frac{\partial \underline{\phi}}{\partial \bar{\underline{z}}} \, . \tag{8.12}$$

Diese sogar ursprünglichere Form der Bewegungsgleichungen stellt ein gekoppeltes System von Differentialgleichungen und algebraischen Gleichungen dar, abgekürzt DAE, und wird auch *Deskriptorform* der Bewegungsgleichungen genannt. Letztlich werden die Gleichungen (8.9) aus den Gleichungen (8.10) bis (8.12) unter Beachtung des D'ALEMBERTschen Prinzips, siehe Kap. 3, entwickelt. Da die Entwicklung der Minimalform als ODE (8.9) bei geschlossenen Schleifen numerisch oft schwierig ist, werden solche Systeme häufig zu einem

Baum aufgeschnitten, im Baum auf Minimalform reduziert und bei (8.10) bis (8.12) nur die *Schleifenschließungsbedingungen* als algebraische Gleichungen mitgenommen, siehe z. B. SIMPACK, [242].

In vielen fahrzeugtechnischen Anwendungen können die Bewegungsgleichungen geometrisch *linearisiert* werden, d. h. alle kinematischen Beziehungen werden in ihrer Auswirkung auf die Bewegungsgleichungen nur bis zu Termen erster Ordnung berücksichtigt. MKS-Programme mit linearisierter Kinematik sind rechentechnisch effizient, was z. B. bei Schienenfahrzeugen im allgemeinen ausgenützt wird, [137].

8.3.3 Anforderungen an fahrzeugorientierte MKS-Programme

Ein für die Fahrzeugtechnik als geeignet zu charakterisierendes Simulationsprogramm auf MKS-Basis muß einige Mindestvoraussetzungen erfüllen; diese liegen insbesondere in folgenden Bereichen:

- Modellpalette;
- Analyse- und Rechenverfahren;
- Pre- und Postprozessoren, Schnittstellen;
- Softwaretechnik.

Mit der folgenden Skizzierung der Anforderungsprofile in diesen Bereichen sollen nicht nur die Hauptforderungen zusammengestellt, sondern damit auch die wichtigsten Begriffsbildungen erläutert werden.

Modellpalette

Massebehaftete Bauteile eines Fahrzeugs, wie Aufbau, Fahrgestell, Achsen, Räder, aber auch Motor, Fahrersitz usw. werden als *Körper* bezeichnet und können - sofern als *starre* Körper modelliert - je bis zu sechs *Freiheitsgrade* aufweisen. Während im Standardfall die elastischen Eigenschaften in die Verbindungen zwischen den Körpern gelegt werden (*diskrete* Elastizität), kommt es im Zusammenhang mit Leichtbaukonstruktionen immer häufiger vor, daß auch die Elastizität der Bauteile selbst einbezogen werden muß (*verteilte* Elastizität). Die Verformung der Struktur (elastische Freiheitsgrade) nehmen nämlich häufig dieselben Größenordnungen wie die Starrkörperfreiheitsgrade an, und sie können wesentlichen Einfluß auf die Belastungen, Spannungen, Materialermüdung, Schwingungsbelastung und Geräuschentwicklung haben.

Alle als masselos modellierten *Verbindungen* können als *Kraftelemente*, die Koppelkräfte bewirken oder als *Gelenke* (oder allgemeiner als kinematische Bindung), die *Zwangsbedingungen* zwischen den Bewegungsmöglichkeiten zur Folge haben, vorgegeben sein.

In diesem Bereich entstehen oft diffizile Modellierungsprobleme. Soll z. B. ein Drehgelenk mit Gummilagerung als rein kinematische Bindung modelliert werden (mit Zwangsbedingungen) oder als Gelenk mit Elastizität (mit möglicherwei-

se numerischen Integrationsproblemen eines steifen Systems)? Hier hilft nur
probieren und Erfahrung gewinnen, d. h. ein Programm muß beide Optionen
zulassen und die Analyse durch entsprechend ausgewählte Rechenverfahren unterstützen.

Da Kraftelemente oft nicht-mechanischer Natur sind, wie hydraulische, pneumatische, elektrische Elemente in Aufhängungen, müssen die Programme erlauben, solche Komponenten, die oft durch zusätzliche Eigendynamik und nichtlineare Charakteristiken beschrieben sind, in einfacher Weise einzubringen. Dies
wird meist durch sogenannte *benutzerspezifische Koppelelemente* realisiert.

Die primären Trag- und Führfunktionen eines Fahrzeugs, wie z. B. die Wechselwirkungen Reifen-Straße, Rad-Schiene oder Elektromagnet-Ankerschiene, nehmen in dieser Betrachtung eine Sonderstellung ein. Von der MKS-Methodik sind
sie nichts anderes als Verbindungselemente und bräuchten keine gesonderte Behandlung; von der Fahrzeugtechnik aus betrachtet, stellen sie aber wesentliche
und für einen Fahrzeugtyp auch ganz spezifische Elemente mit oft großen Mo-
dellierungsproblemen dar, siehe Kap. 2.

Besondere Beachtung verdient, daß die eingeprägten Kräfte, wie Seitenkraft
oder Umfangskraft, Funktionen der Normalkraft, die häufig als Zwangskraft
modelliert wird, sind. Diese muß sodann im zeitlichen Verlauf innerhalb der
Simulation mitberechnet werden.

Die *Fahrwege* (Straße, Schiene) werden meist als starr bzw. unnachgiebig
angenommen, aber entweder mit deterministischen oder stochastischen Unregelmäßigkeiten versehen, beschrieben. Der Trassenverlauf wird durch entsprechende geometrische Größen wie Krümmung, Querneigung, bei Schienen auch
Spurweite angegeben. In einigen Sonderfällen, insbesondere bei Brückenüber-
fahrt von Schienenfahrzeugen, oder der Fahrt über aufgeständerte Fahrwege bei
der Magnetbahn müssen die Fahrwege auch als nachgiebig in dynamischer Wechselwirkung mit der Fahrzeugdynamik [48] gerechnet werden können.

Analyse- und Rechenverfahren

Bei der Analyse von Mehrkörpersystemen steht natürlich die *dynamische
Analyse* im Zeitbereich im Vordergrund. Definitionsgemäß versteht man unter
der dynamischen Analyse die Berechnung der Lage (Position und Orientierung
der Körper des MKS), der Geschwindigkeiten und der Beschleunigungen als
Funktionen der Zeit unter der Wirkung von definierten eingeprägten Kräften
und Momenten sowie äußeren Anregungen beginnend mit einem vorgegebenem
Satz von Anfangsbedingungen. Auf die Problematik der Vorgabe eines *konsi-
stenten* Satzes von Anfangsbedingungen, d. h. Größen, die den geometrischen Bedingungen, wie den kinematischen Zwängen nicht widersprechen, sei besonders
hingewiesen. Neben diesen Größen werden bei einer dynamischen Analyse oft die
Reaktionskräfte in den Koppelelementen und die Gelenkkräfte gewünscht; letztere sind bei Benutzung von Minimalkoordinaten nicht direkt verfügbar, können
jedoch durch entsprechende Maßnahmen aus der Lösung ermittelt werden, siehe
Kap. 3.1.

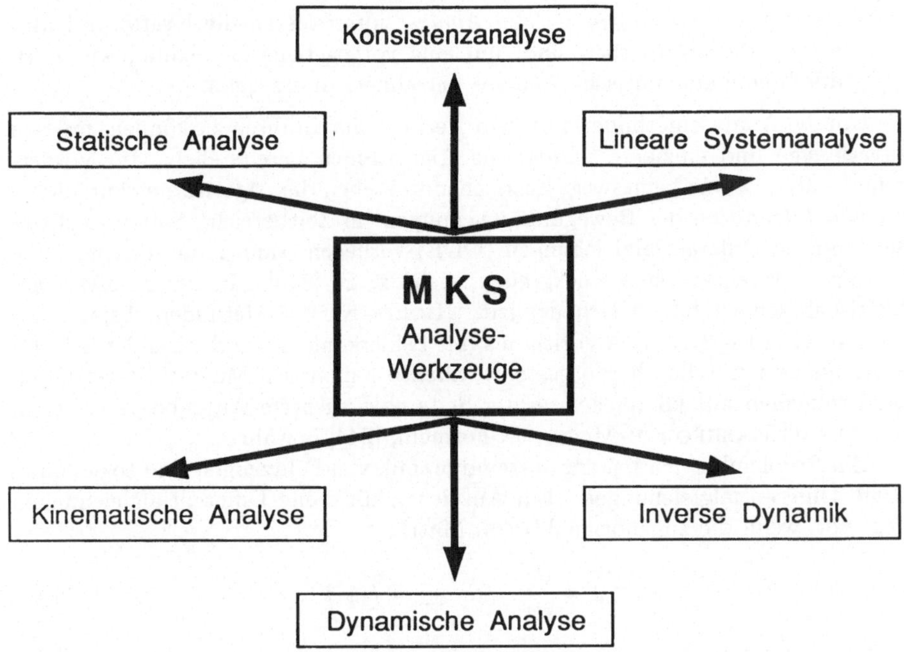

Abb. 8.7: Erforderliche Analyseverfahren für mechanische Mehrkörpersysteme

Die dynamische Analyse in der hier definierten Form ist aber durchaus nicht
die einzige Analyseart, die für MKS erforderlich ist, wie die Abb. 8.7 zeigt:

- Unter *kinematischer Analyse* versteht man die Berechnung der Bewegung
  (Lage, Orientierung, Geschwindigkeit, Beschleunigung) der Körper eines
  MKS infolge vorgegebener Teilbewegungen. Je nach Anzahl der Freiheitsgrade eines MKS werden Anregungen ("driver") als Zeitfunktionen spe-
  zifiziert; die Reaktion des MKS als Funktion der Zeit ist zu berechnen.
  Kräfte werden nicht betrachtet. Hiermit will man bspw. den Platzbedarf
  für eine Radaufhängung berechnen.

- Bei der *statischen Analyse* wird entweder die Gleichgewichtslage unter einem Satz von nominellen Kräften (Vorlasten, Gewicht) oder die erforderlichen Nominalkräfte bei Vorgabe einer Gleichgewichtslage berechnet. Die
  statische Analyse ist z. B. eine notwendige Vorbedingung für eine korrekte
  Linearisierung um die statische Gleichgewichtslage.

- Ausgehend von den linearisierten Bewegungsgleichungen für eine nominale
  Lage, werden unter der *linearen Systemanalyse* die üblichen Methoden im
  Zeit- und Frequenzbereich verstanden, siehe Kap. 4, 5, z. B. die Berechnung von Eigenwerten und Eigenvektoren, die Analyse der Steuerbarkeit
  und Beobachtbarkeit, die Berechnung von Frequenzgängen, die Kovarianzanalyse bzw. die Berechnung von spektralen Leistungsdichten.

- Bei der *inversen dynamischen Analyse* interessieren die Kräfte und Momente, die erforderlich sind, um eine vorgegebene Bewegung, wie z. B. durch eine kinematische Analyse berechnet, zu erzeugen.

Um die Analysemethoden mit dem Rechner durchführen zu können, müssen zuverlässige und effiziente numerische Algorithmen bereitstehen. Im Vordergrund - aber alleine keineswegs ausreichend - stehen die Algorithmen zur *numerischen Integration* der Bewegungsgleichungen im Zeitbereich. Sofern explizite gewöhnliche Differentialgleichungen (ODE) vorliegen, kann man auf eine Fülle bewährter Integratoren zurückgreifen, siehe z. B. [243]. In der Analyse von MKS-Fahrzeugen haben sich explizite RUNGE-KUTTA-Methoden, bspw. der RUNGE-KUTTA-BETTIS Algorithmus mit Fehlerkontrolle und variabler Schrittweite als sehr nützlich herausgestellt. Ebenso haben sich Mehrschrittverfahren bei Problemen mit komplexer rechter Seite bzw. dichtem Ausgabezyklus, z. B. die ADAMS-BASHFORTH-MOULTON Formeln, [244] bewährt.

Ein Problembereich bei der Systemdynamik von Fahrzeugen sind sogenannte steife Differentialgleichungen. Ein Anzeichen für steife Differentialgleichungen liegt vor, wenn die zugehörige JACOBI Matrix $\mathbf{J}$,

$$\mathbf{J} = \frac{\partial \underline{f}}{\partial \underline{x}} \quad \text{für} \quad \underline{\dot{x}} = \underline{f}(\underline{x}, t) \tag{8.13}$$

weit auseinanderliegende Eigenwerte aufweist. Steife Probleme treten bei Fahrzeugen häufig auf, z. B. auch wenn bei geringer Fahrgeschwindigkeit die Schlupfgrößen entarten, siehe Kap. 2.6.1 und (2.28) oder auch bei komplexen, z. T. unstetigen nichtlinearen Kennlinien. Für solche Probleme haben sich Mehrschrittverfahren, z. B. die sogenannten BDF-Formeln von GEAR, [245], oder auch implizite RUNGE-KUTTA-Verfahren bewährt, [246].

Eine besondere Bedeutung haben neuerdings die numerischen Verfahren für die MKS-Darstellung in Deskriptorform (DAE's) bekommen, insbesondere da die Systemmatrizen dann auch dünn besetzt bleiben und hieraus numerische Vorteile gezogen werden können. Bezüglich Einzelheiten dieses heute stark im Fluß befindlichen Gebietes muß auf die Spezialliteratur, [246, 247], verwiesen werden.

Neben den Differentialgleichungen müssen im Rahmen von MKS Programmen der Fahrzeugdynamik aber auch *Systeme algebraischer Gleichungen* gelöst werden. Beispiele hierzu sind: die Berechnung der Lagen und Orientierungen aufgrund der kinematischen Gleichungen, zur Errechnung konsistenter Anfangsbedingungen, die Durchführung der statischen Analyse, die Reduktion von DAE's auf Minimalform, einschließlich der Inversion der Massenmatrix. Zur Lösung von nichtlinearen algebraischen Gleichungen werden gewöhnlich NEWTON-RAPHSON-Verfahren oder neuerdings Fortsetzungsverfahren (Homotopie), z. B. [248], herangezogen.

Die erforderlichen numerischen Verfahren zur Durchführung der *linearen Systemanalyse* sind meist in den mathematischen Bibliotheken (NAG, IMSL) gut enthalten und gehen häufig auf die EISPACK, LINPACK Routinen zurück. Im übrigen sind sie in MATLAB und seinen Derivaten verfügbar. Eine gewisse Zusatzarbeit erfordert bei Fahrzeugen mit mehreren Achsen die Tatsache, daß die gleiche Anregung zeitversetzt an den einzelnen Achsen angreift. Dies hat, wie in Kap. 4 und 5 besprochen, Rückwirkungen auf die Berechnung des Frequenzgangs, der Kovarianzen und der spektralen Leistungsdichte.

Spezielle Verfahren der Numerik spielen in der Fahrzeugdynamik ebenfalls eine steigende Rolle, wie die direkte Berechnung von Grenzzyklen, die statistische Analyse von Simulationsergebnissen (Monte Carlo Simulation) und die FOURIER Transformation solcher Simulationen (FFT), z. B. zur Komfort-Analyse sowie spezielle numerische Probleme bei der Durchführung numerischer Optimierungen.

Pre- und Postprozessoren, Schnittstellen

Die Existenz bzw. die Anschlußmöglichkeit geeigneter Pre- und Postprozessoren ist für die Einsatzfähigkeit eines Rechenprogramms von entscheidender Bedeutung. Wegen des Stoffumfangs und der im starken Wandel befindlichen Realisierungsmöglichketien können nur einige Teilgebiete stichwortartig angesprochen werden.

Um *elastische Körper* im Rahmen von MKS-Formalismen berücksichtigen zu können, werden für ihre modale Beschreibung die zugehörigen Massen-, Dämpfungs- und Steifigkeitsmatrizen sowie die Eigenformen z. B. aus einer Finite Elemente Rechnung benötigt. Stehen dafür geeignete Preprozessoren und Schnittstellen zu FE-Programmen nicht zur Verfügung, stellen sich kaum überwindbare Probleme für den Anwender, [137].

Fahrzeugspezifische Preprozessoren werden in mannigfacher Form eingesetzt und sind zum Teil spezifischen Eigenheiten eines Fahrzeugtyps oder einer hauseigenen Softwareumgebung anzupassen. Charakteristische fahrzeugtypische Preprozessoren sind z. B.

- bei Schienenfahrzeugen die Ermittlung und Verarbeitung von Rad- und Schienen-Profilen (Berührgeometrie) sowie eine tabellarische Vorabauswertung der Kontaktkräfte nach KALKER;
- bei Kfz die Erfassung der Wechselwirkung Reifen-Straße, z. B. in Form von Reifenkennlinien; aber auch Standardaufhängungen und Fahrermodelle.

Für beide Fahrzeugtypen sind auch die Störeingänge (Straßen- und Schienenwelligkeit) mit entsprechenden Preprozessoren zu erfassen.

Schnittstellen zu *CAD-Programmen* und *grafische Preprozessoren* werden - ähnlich wie schon bei FEM-Programmen - auch bei MKS-Programmen immer populärer. Hierbei werden Daten, die bei einer CAD-Berechnung erstellt wurden, auch direkt für die MKS-Berechnung verfügbar. Zum anderen kann man hierbei eine Skizze des MKS aufbauen, um so über ein Bild die Sinnfälligkeit der Eingabedaten schon teilweise zu verifizieren.

Postprozessoren für MKS Programme überdecken ebenfalls ein weites Feld. Zuerst betrifft dies die *grafische Darstellung* der Simulationsergebnisse, auch von Zwischenergebnissen, Kennlinien usw. durch Linien oder durch Flächen–Plots.

Die *Visualisierung* von Rechenergebnissen ist mit den Möglichkeiten heutiger Grafik-Workstations ein wichtiges Gebiet geworden; man denke insbesondere an die 3D-*Bewegungsgrafik* (Animation).

Neben der grafischen Darstellung der Simulationsergebnisse als Linienplots oder Animation gehören natürlich alle *Auswertemethoden*, die aus den Simulationen bzw. den Zwischenergebnissen physikalisch-technische Kenngrößen errechnen, zu den fahrzeugtechnisch wichtigen Postprozessoren, wie z. B.:

- die FOURIER-Transformation von Zeitschrieben;

- statistische Auswertung der Simulationsergebnisse bei stochastischer Erregung;

- Berechnung von Spannungen, Ermüdungsziffern etc..

Bei diesen Berechnungen können Preprozessoren, wie FEM-Programme, auch wieder als Postprozessoren eingesetzt werden.

Weitere wichtige "Postprozessoren" aus der Sicht der MKS-Programme sind auch die schon diskutierten Simulationssprachen wie ACSL und die CACSD-Programme, wie ANDECS und MATRIX$_X$. Hier werden die per MKS-Programm aufgestellten Systemmatrizen oder auch ganze nichtlineare Simulationsmodelle in eigenständigen Paketen weiterverarbeitet.

Beispielhaft zeigt die Abb. 8.8 die bei dem MKS-Programm SIMPACK derzeit existierenden Schnittstellen sowie Pre- und Postprozessoren.

Softwaretechnik

Als Grundanforderungen an die Software diene die folgende Aufzählung, die für einen Interessenten an einem Rechenprogramm als Leitlinie dienen kann. Die quantitative Einschätzung und Bewertung der einzelnen Punkte ist aber sehr subjektiv und soll deshalb auch hier nicht vertieft diskutiert werden. Als wünschenswerte Eigenschaften sollen genannt werden:

- benutzerfreundliche Handhabung und Oberfläche;

- gute Dokumentation;

- Zuverlässigkeit der Rechenergebnisse;

- funktionelle Integrität für einen Anwendungsbereich;

- Interface-Möglichkeiten zu anderen CAE-Paketen bei Bedarf, offene Programmstruktur;

- Effizienz der Verfahren und der Nutzung der Rechnerressourcen;

- Portabilität, Standardschnittstellen;

- professionelle Wartung und Betreuung.

Neben diesen mehr qualitativen Angaben interessieren einige konkrete Informationen zur Software wie die Programmsprache, die Handhabung (Batch oder Dialog), die erforderliche Hardware (Mainframes, Workstations, PC) und ihre Speicherplatzanforderungen sowie die verfügbaren Betriebssysteme.

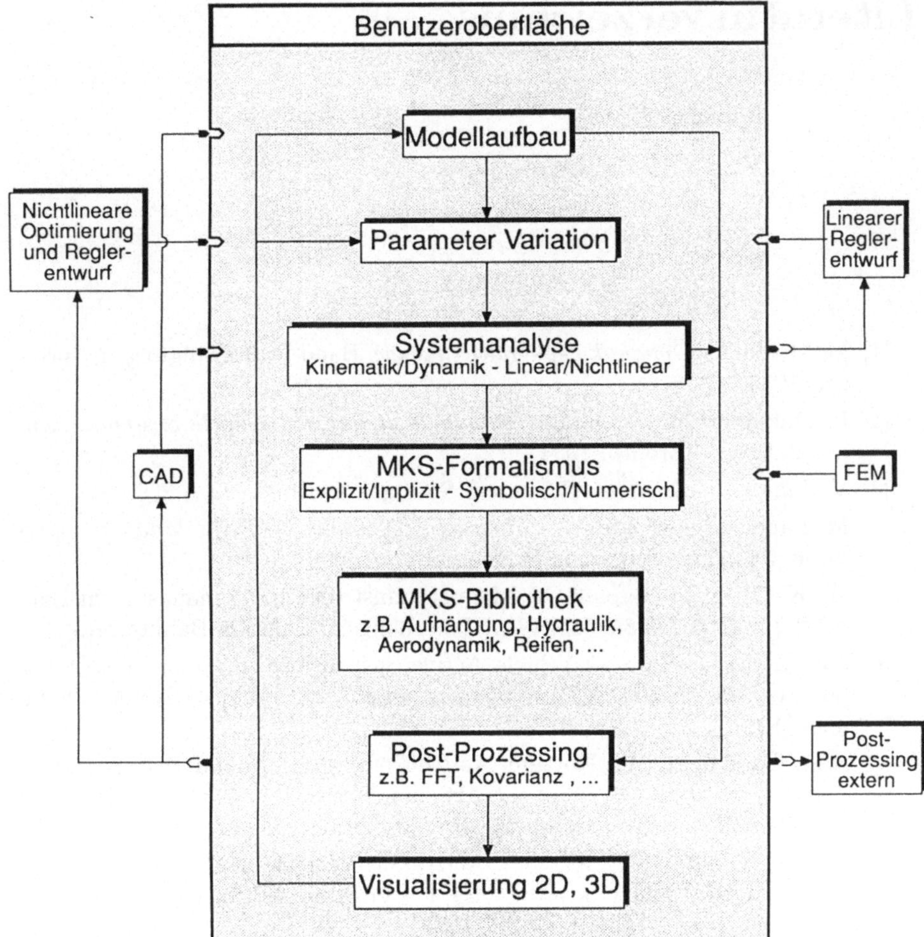

Abb. 8.8: Struktur und CAE-Schnittstellen des MKS-Programms SIMPACK

Mit diesen Erläuterungen soll die kurze Diskussion über fahrzeugorientierte MKS-Programme hier abgeschlossen werden. Der Leser findet eine aktuelle Übersicht über solche Programme und fahrzeug-relevante Testbeispiele ("Benchmarks") in dem Sonderband der Zeitschrift "Vehicle System Dynamics", [220].

Literaturverzeichnis

[1] M. Mitschke. *Dynamik der Kraftfahrzeuge*. Band B: Schwingungen. Springer, 1984.

[2] R. Dukkipati and V. Garg. *Dynamics of Railway Vehicle Systems*. Academic Press, Toronto, 1984.

[3] V. Jung. *Magnetisches Schweben*. Springer, Berlin, 1988.

[4] M. Papageorgiou, editor. *Concise Encyclopedia of Traffic and Transportation Systems*. Pergamon Press, 1991.

[5] W. Keßler et al. Japanische Magnetbahnstrecke bei Yananashi, im Bau. *ETR 40, Heft 10*:685–688, 1991. Forschungsinformation Bahntechnik.

[6] J.K. Hedrick. Railway Vehicle Active Suspensions, State-of-the-Art Paper. In *7th IAVSD-IUTAM Symposium*:267–283. Vehicle System Dynamics, 1981.

[7] R.M. Goodall and W. Kortüm. Active Controls in Ground Transportation - a Review of the State-of-the-Art and Future Potential. In *Proc. 8th IAVSD-IUTAM Symposium*:225–257, Cambridge, Mass., 1983.

[8] R.M. Goodall and W. Kortüm. Active Suspensions for Railway Vehicles - an Avoidable Luxury or an Inevitable Consequence? In *Proc. 11th IFAC World Congress*, Tallinn, USSR, 1990.

[9] G. Dreher et al. Active Hunting Control of a Wheel/Rail Vehicle Demonstrated up to 530 km/h on the German Roller Test Rig. In *Proc. 8th IAVSD Symposium*:116–131, Cambridge, MA, 1983. Swets & Zeitlinger.

[10] R. Leo. Creep-Controlled Wheelsets for High Speed Service: Theory and Test Results. In *8th Int. Wheelset Congress*, Madrid, 1985. V1.2/1-16.

[11] V. Kottenhahn und A. Lang. Der elektrische Triebzug X2000 der SJ und die Versuche im deutschen Streckennetz. *ETR 40*:633–640, 1991. Heft 10.

[12] F. Häfner. Der VT610 - ein schneller Triebzug für bogenreiche Strecken. *AETR 40*:623–632, 1991. Heft 10.

[13] R. Müller und W. Saliger. Drehgestelle mit verbesserten Eigenschaften bei Fahrt in engen Bögen - ein Forschungsvorhaben des ORE. *Schweizer Eisenbahn-Revue, No. 10-11*:1–19, 1979.

[14] A. H. Wickens. Dynamics of Actively Guided Vehicles. *Vehicle System Dynamics*, 20:219–242, 1991.

[15] H. Wallentowitz. Geregelte Fahrwerke und Vierrad-Lenkung - Ziele und Entwicklungsschwerpunkte. *Maschinenwelt Elektrotechnik 9, 12*, 1989.

[16] H. Gaus und H.-J. Schöpf. Drei Systeme im Konzept Aktiver Sicherheit von Daimler Benz - Teil I: Heft 5 und Teil II: Heft 6 . *Automobiltechnische Zeitschrift*, 88, 1986.

[17] H. Lanzer. Die Viscomatic - Ein Vierradantrieb der dritten Generation. *Automobiltechnische Zeitschrift*, 90, 1988. Heft 10.

[18] A. Zomotor und H. Leiber. Schlupfregelung - ein Weg zur Erhöhung der aktiven Sicherheit. *Ergänzung zum VDI-Bericht 650*, 1987.

[19] H. Gerdsmeier, U. Budde, und H. Waldeck. Lauftechnik für den Hochgeschwindigkeitsverkehr. *ETR 40*:649–656, 1991. Heft 10.

[20] P. Lugner und W. Bub. Systematik der konzeptionellen Modellbildung. In *Mitteilung aus dem VDI/VDE-GMA Fachausschuß 1.3, Proceedings zum 6. Symposium Simulationstechnik der ASIM*, Wien, September 1990.

[21] W. Kortüm. Software zur Modellbildung und Simulation der Dynamik mechatronischer Systeme. In *Proc. Modellbildung für Regelung und Simulation*, Langen, März 1992. VDI/VDE-GMA-Aussprachetag.

[22] R. Isermann. *Prozeßidentifikation*. Springer, 1974.

[23] P. Eykhoff. *System Identification, Parameter and State Estimation*. John Wiley, 1974.

[24] H.R. Schwarz. *Methode der finiten Elemente*. Teubner Studienbücher, 1980.

[25] W.D. Pilkey and R. Cohen. System Identification of Vibrating Structures: Mathematical Models from Test-Data. Presented at Winter Annual Meeting, ASME, 1972.

[26] R. H. Cannon. *Dynamics of Physical Systems*. McGraw-Hill Book Company, 1967.

[27] D.C. Karnopp, D.L. Margolis, and R.C. Rosenberg. *System Dynamics: A Unified Approach*. John Wiley & Sons Inc., 1990.

[28] N.A. Kheir. *System Modeling and Computer Simulation*. Marcel Dekker Inc., 1988.

[29] F.E. Cellier. *Continuous System Modeling*. Springer, 1991.

[30] M. Mitschke. *Dynamik der Kraftfahrzeuge*. Band C: Fahrverhalten. Springer, 1990.

[31] J.K. Hedrick. Control of Vehicle Ride and Handling. In *CCG-Course C6.03*, Oberpfaffenhofen, 1990.

[32] P. Lugner. Horizontal Motion of Automobiles, Theoretical and Practical Investigation. In W. O. Schiehlen, editor, *Dynamics of High-Speed Vehicles, CISM Courses and Lectures No. 274*. Springer, 1982.

[33] M. Mitschke. *Dynamik der Kraftfahrzeuge*. Band A: Antrieb und Bremsung. Springer, 1982.

[34] P. Lenz, editor. *Allradantrieb beim PKW*. Reihe 12 Verkehrstechnik/Fahrzeugtechnik Nr. 81. VDI-Verlag, 1986.

[35] P. Lugner, R. Lorenz, and E. Schindler. Connection of Theoretical Simulation and Experiments in Passenger Car Dynamics. In *Proc. 8th IAVSD-IUTAM Symposium*, Cambridge, Mass., 1983. Swets & Zeitlinger.

[36] G. Rill. Demands on Vehicle Modeling. In *Proc. 11th IAVSD Symposium*. Swets & Zeitlinger, 1989.

[37] B. Thomson and H. Rathgeber. Automated Systems used for Rapid and Flexible Generation of Vehicle Simulation Models Exemplified by a Verified Passenger Car and a Motorcycle Model. In *Proc. 8th IAVSD Symposium*. Swets & Zeitlinger, 1983.

[38] J. Drosdol, W. Kädig, and F. Panik. The Daimler Benz Driving Simulator, new Technologies Demand new Instruments. In *Proc. 9th IAVSD Symposium*. Swets & Zeitlinger, 1986.

[39] F. Vlk. Handling Performance of Truck-Trailer Vehicles: a State-of-the-Art Survey. *Int. J. of Vehicle Design 6*, 1985.

[40] A. Stribersky, P.S. Fancher, C.C. MacAdam, and M.W. Sayers. On Nonlinear Oscillations in Road Trains at High Forward Speeds. In *Proc. 11th IAVSD Symposium*, Kingston, 1989. Swets & Zeitlinger.

[41] H.-Chr. Pflug. Lateral Dynamic of Truck-Trailer Combinations due to the Influence of the Load. In *Vehicle System Dynamics*, volume 15:155–175, 1986.

[42] E. Kreuzer. Vergleichende Untersuchungen von Fahrzeugschwingungen an räumlichen Ersatzmodellen. *Ingenieur Archiv*, 52:205–219, 1982.

[43] E. Becker and W. Bürger. *Kontinuumsmechanik*. Teubner Studienbücher, 1975.

[44] V.K. Garg. *Dynamic of Railway Vehicle Systems*. Academic Press, Toronto, 1984.

[45] L. Fryba. *Vibration of Solids and Structures under Moving Loads*. Noordhoff Ing. Publ., 1972.

[46] K. Popp. Dynamik von Fahrzeug-Strukturen unter wandernden Lasten. VDI-Berichte 419, Düsseldorf, 1981.

[47] H.H. Richardson and D.N. Wormley. Transportation Vehicle/Beam-Elevated Guideway Dynamics Interactions - A State-of-the Art Review: *Journal of Dynamic Systems, Measurement, and Control*, 96(2), 1974.

[48] W. Kortüm and D.N. Wormley. Dynamic Interactions Between Travelling Vehicles and Guideway Systems. *Vehicle Systems Dynamics*:285–317, 1981.

[49] W. Kortüm. Vehicle Response on Flexible Track, MAGLEV - Now and in the Future. *I-Mech E Conf. Publ, Solihull, England*, Okt. 1984.

[50] W. Kortüm. Multibody System Dynamics - Computer Aided Generation of System Equations and Simulation. CCG-Course V1.07, Carl-Cranz-Gesellschaft, Oberpfaffenhofen, 1984.

[51] N.K. Cooperrider and E.H. Law. Dynamics of Wheel-Rail Systems. CCG-Course V5.01, Carl-Cranz-Gesellschaft, Oberpfaffenhofen, 1979.

[52] G. Vohla, K.O. Endlicher, and P. Lugner. Theoretische Untersuchungen zur gleisbogenabhängigen Wagenkastenneigung. *ZEV-Glasers Annalen 1/2*, 1991.

[53] W. Duffek. Ein Radsatzmodell für den dynamischen Bogenlauf von Schienenfahrzeugen. Interner Bericht IB 515-84/5, DLR, Oberpfaffenhofen, 1984.

[54] F. Frederich. Unbekannte und ungenützte Möglichkeiten der Rad/Schiene-Spurführung. Zur Konzeption neuartiger Schienenfahrzeug-Fahrwerke. *ZEV-Glasers Annalen*, 109(2/3), 1985.

[55] W. Geuenich, Ch. Günther, and R. Leo. The Dynamics of Fiber Composite Bogies with Creep-Controlled Wheelsets. In *Proc. 8th IAVSD-IUTAM Symposium*:225–238, Cambridge, Mass., 1983.

[56] A. Jaschinski and W. Duffek. Evaluation of Bogie Models with Respect to Dynamic Performance of Vehicles. In *Proc. 8th IAVSD-IUTAM Symposium*:266–279, Cambridge, Mass., 1983.

[57] H. Scheffel and H.M. Tournay. The Mechanism of the Rotatable Leminscate Suspension Applied to Bogies Having Selfsteering Wheelsets. In *Proc. 10th IAVSD Symposium*. Swets & Zeitlinger, 1988.

[58] J.A.C. Fortin, R.J. Anderson, and D.C. Gilmore. Validation of a Computer Simulation of Forced-Steering Rail Vehicles. In *Proc. 9th IAVSD Symposium*. Swets & Zeitlinger, 1986.

[59] K.N. Morman and F. Giannopoulos. Recent Advances in the Analytical and Computational Aspects of Modelling Active and Passive Suspensions. In *Computational Methods in Ground Transportation Vehicles*. *ASME-AMD*, 50:75–115, 1982.

[60] D.L. Cronin. MacPherson Strut Kinematics. *Mechanism and Machine Theory, No. 16*:631–644, 1981.

[61] J. Reimpell. *Fahrwerktechnik: Radaufhängungen*. Vogel Buchverlag, Würzburg, 1986.

[62] W.O. Schiehlen. Reibungsbehaftete Bindungen in Mehrkörpersystemen. *Ingenieur-Archiv 53*, 1983.

[63] L. Hosvai and B. Szücs. Random Vehicle Vibrations as Effected by Dry Friction in Wheel Suspensions. *Vehicle Systems Dynamics*, 11(1):197–209, 1982.

[64] K. Yabuta, K. Hidaka, and W. Fukushima. Effects of Suspension Friction on Vehicle Riding Comfort. *Vehicle Systems Dynamics*, 14(10):85–91, 1985.

[65] J. Reimpell. *Fahrwerktechnik: Stoßdämpfer*. Vogel Buchverlag, Würzburg, 1983.

[66] A. Kranz. Eigenschaften geschichteter Trapez- und Parabelfedern. *ZEV-Glasers Annalen*, 109, 1985.

[67] E.F. Gobel. *Rubber Springs Design*. John Wiley, 1974.

[68] J. Nicolin und T. Dellmann. Über die modellhafte Nachbildung der dynamischen Eigenschaften einer Gummifeder. *ZEV-Glasers Annalen*, 109, 1985.

[69] L. Gaul und B. Zastrau. Nichtlineare und viskoelastische Elemente in Mehrkörpersystemen. Sonderdruck zum Kolloquium des DFG-Schwerpunktes Dynamik von Mehrkörpersystemen, Augsburg, 1989.

[70] O. Föllinger. *Regelungstechnik*. Hüttig, Heidelberg, 1985.

[71] W. Oppelt. *Kleines Handbuch technischer Regelvorgänge*. VCH, Weinheim, 1972.

[72] E.D. Dickmanns. *Systemanalyse und Regelkreissynthese*. B. G. Teubner, Stuttgart, 1985.

[73] D.N. Wormley. Modelling of Active/Semiactive Control Components. CCG-Course C6.03, Control of Vehicle Ride and Handling, Carl-Cranz-Gesellschaft, Oberpfaffenhofen, 1990.

[74] U. Dietz. Regelung hydraulischer Stellantriebe unter Vorgabe des dynamischen Verhaltens. Interner Forschungsbericht; Meß- Steuer- und Regelungstechnik 11/82, Universität Gesamthochschule Duisburg, 1982.

[75] M. Vukobratovic and V. Potkonjak. *Dynamics of Manipulation Robots*. Springer, 1982.

[76] K. Desoyer, P. Kopacek und I. Troch. *Industrieroboter und Handhabungsgeräte*. Oldenburg, München, Wien, 1985.

[77] L. Segel. *The Tire as a Vehicle Component, in Mechanics of Transportation Systems*, ASME AMD, 1975, volume 15.

[78] H.B. Pacejka and C. Koenen. Vibrational Modes of Single-Track Vehicles in Curves. In *Proc. 6th IAVSD Symposium*. Swets & Zeitlinger, 1980.

[79] H.B. Pacejka. Principles of Plane Motion of Automobiles. In *Proc. of the IUTAM Symposium "The Dynamics of Vehicles on Roads and Tracks"*. Swets & Zeitlinger, 1976.

[80] P. Wiegner. *Über den Einfluß von Blockierverhinderern auf das Fahrverhalten von Personenkraftwagen bei Panikbremsungen*. Dissertation, TU-Braunschweig, 1973.

[81] G. Krempel. Untersuchungen an Kraftfahrzeugreifen. *ATZ69*, 1967.

[82] P. Lugner and P. Mittermayr. A Measurement Based Tyre Characteristics Approximation. In *1st. International Colloquium on Tyre Models for Vehicle Dynamics Analysis*. Swets & Zeitlinger, 1992.

[83] H. Springer. *Untersuchungen der allgemeinen ebenen Bewegung eines luftbereiften und nicht angetriebenen Personenkraftfahrzeugs*. Dissertation, TU-Wien, 1971.

[84] E. Bakker, L. Nyborg, and H.B. Pacejka. Tyre Modelling for Use in Vehicle Dynamics Studies. *SAE Paper No. 870421*, Feb. 1987.

[85] P. Chenchanna. Beitrag zum instationären Verhalten von Fahrzeugreifen. *Automobil-Industrie*, 18(3), 1973.

[86] K.E. Meier-Dörnberg und B. Strackerjan. Prüfstandsversuche und Berechnungen zur Querdynamik von Luftreifen. *Automobil Industrie*, 22(4), 1977.

[87] H.B. Pacejka. In-Plane and Out-of-Plane Dynamics of Pneumatic Tyres. In *Vehicle System Dynamics 10*, 1981.

[88] F. Uffelmann. Rechenmodell eines Reifens für Seiten- und Umfangskraftübertragung. Technischer Bericht, Institut für Fahrzeugtechnik, Braunschweig, 1980.

[89] K.-H. Senger. *Dynamik und Regelung allradgelenkter Fahrzeuge. Ein Beispiel für die rechnergestützte Analyse und Synthese mechanischer Systeme.* Fortschrittbericht VDI, Reihe 12, Nr. 126. VDI Verlag, 1989.

[90] F. Böhm. Computing and Measurements of the Handling Qualities of the Belted Tyre. In *Proc. 5th IAVSD-2nd IUTAM Symposium.* Swets & Zeitlinger, 1978.

[91] H. Springer, H. Ecker, and A. Slibar. A New Analytical Model to Investigate Transient Rolling Conditions of a Steel-Belted Tire. In *Proc. 10th IAVSD Symposium*, Prag, 1988. Swets & Zeitlinger.

[92] M. Gipser. *DNS-Tire - ein dynamisches, räumliches, nichtlineares Reifenmodell.* VDI-Berichte 650, Reifen Fahrwerk, Fahrbahn. VDI, Düsseldorf, 1987.

[93] R.S. Sharp and C. J. Jones. A Comparison of Tyre Representations in a Simple Wheel Shimmy Problem. In *Proc. of the Int. Conf. on Advanced Suspensions, IMech E 1988-9*, 1980.

[94] J.J. Kalker. *On the Rolling Contact of Two Elastic Bodies in the Presence of Dry Friction.* PhD thesis, TU-Delft, 1967.

[95] J.J. Kalker. Contact with Dry Friction. *Int. Journal for Numerical Methods in Engineering*, 14:1293–1307, Oct. 1979.

[96] A. Jaschinski. Zur Schlupfkraftberechnung zwischen Rad und Schiene - Sichtung, Wertung und Ergänzung existierener Verfahren und Rechenprogramme. Interner Bericht IB 515-82/4, DFVLR, Oberpfaffenhofen, 1982.

[97] H.L. Krugmann. *Lauf der Schienenfahrzeug im Gleis.* Oldenbourg, 1982.

[98] F. Frederich. Kraftschlußbeanspruchung am schrägrollenden Schienenfahrzeugrad. *ZEV-Glasers Annalen*, 94, 1970.

[99] J.J. Kalker. A Fast Algorithm for the Simplified Theory of Rolling Contact. *Vehicle Systems Dynamics 11*:1–13, 1982.

[100] A. Jaschinski. Anwendung der Kalkerschen Rollreibungstheorie zur dynamischen Simulation von Schienenfahrzeugen. Forschungsbericht DFVLR-FB 87-07, DFVLR, Oberpfaffenhofen, 1987.

[101] W. Duffek. Das räumliche Kontaktproblem bei starrem Radsatz und starrem Gleis. Interner Bericht IB 515-80/5, DFVLR, Oberpfaffenhofen, 1980.

[102] W. Duffek. Contact Geometry in Wheel Rail Vehicles Contact Mechanics and Wear of Rail/Wheel Systems. In *Intern. Symp. on Contact Mechanics and Wear of Rail/Wheel Systems.* University of Waterloo Press, 1982.

[103] Hochfrequenter Rollkontakt der Fahrzeugräder. DFG-Schwerpunkt (Leiter: F. Böhm). Technische Universität Berlin, 1986.

[104] E. Gottzein, R. Meisinger, and L. Müller. Anwendung des "Magnetischen Rades" in Hochgeschwindigkeitsmagnetschwebebahnen. *ZEV-Glasers Annalen 103*, 1979.

[105] W. Crämer. Some Design Criteria for the Layout of Maglev-Vehicle-Systems. In W. O. Schiehlen, editor, *Dynamics of High-Speed Vehicles, CISM Courses and Lectures No. 274*. Springer, 1982.

[106] P.K. Sinha. *Electromagnetic Suspension*. Peter Peregrinus Ltd., 1987.

[107] W. Brzezina and J. Langerholc. Lift and Side Forces on Rectangular Pole Pieces in two Dimensions. *Journal of Applied Physics*, 45, 1974.

[108] A. Utzt. Reglerentwurf und Simulation eines Magnetschwebefahrzeugs mit kombiniertem Trag- und Führsystem. Interner Bericht IB 515-83/6, DLR, Oberpfaffenhofen, 1983.

[109] A. Zomotor. *Fahrwerktechnik: Fahrverhalten*. Vogel, Würzburg, 1987.

[110] P. Krehan und W. Körper. Messung des Reifenrollwiderstandes auf der Straße. *ATZ 93*, 1991.

[111] W.H. Hucho. *Aerodynamik des Automobils*. Vogel, 1981.

[112] H.H. Schaefer. Vergleich der Zugwiderstandsformeln europäischer und außereuropäischer Eisenbahnen. *Elektrische Bahnen 86*, 1988.

[113] D. Sachs. Die tranzendenten Gleichungen des klassischen Fahrzeuglaufs - Ihre Lösungen und Anwendungen zur Präzisierung der Fahrwiderstandskoeffizienten. *ZEV + DET Glas. Ann. 115*, 1991.

[114] G. Voß, L. Gackenholz und R. Wiebels. Eine neue Formel (Hannoversche Formel) zur Bestimmung des Luftwiderstandes spurgebundener Fahrzeuge. *ZEV-Glasers Annalen 96*, 1972.

[115] F. Sauthoff. *Die Bewegungswiderstände der Eisenbahnwagen unter besonderer Berücksichtigung der neueren Versuche der Deutschen Bundesbahn*. Dissertation, TU Berlin, 1932.

[116] N.K. Gupta. Computer-Aided Engineering (CAE) Applications for System Identification. CCG-Kurs-Unterlagen V1.10, Carl-Cranz-Gesellschaft, Oberpfaffenhofen, Juli 1984.

[117] R.G. Schwarz. Identifikation mechanischer Mehrkörpersysteme. Forschungsbricht 30, VDI, 1980. Reihe 8.

[118] F. Holzweißig und H. Dresig. *Lehrbuch der Maschinendynamik*. Springer, 1982.

[119] Dubbel. *Taschenbuch für den Maschinenbau*. Springer, 1991. 17. Auflage.

[120] A. Eichberger und J. Neese. Meßgerät zur Bestimmung von Hauptträgheitsachsen und Hauptträgheitsmomenten an Körpern beliebiger Form. Semesterarbeit, Lehrstuhl B für Mechanik, TU-München, März 1984.

[121] E.O. Doebelin. *System Modeling and Response - Theoretical and Experimental Approaches*. Wiley, New York, 1972.

[122] B. Heißig und H. Miksch. Ein neuer Prüfstand für Nutzfahrzeugreifen. *ATZ Automobiltechnische Zeitschrift*, 80(1), 1978.

[123] H.-Ch. Pflug und R. Weber. Seitenführungskräfte von Nutzfahrzeugreifen im echten Straßenbetrieb. *Automobil-Industrie 4*, 1984.

[124] H. Krause und G. Poll. Grenzen und Möglichkeiten von Prüfstandsversuchen bei der Entwicklung neuer Radsatztechnologien aus werkstofftechnischer Sicht. *ZEV-Glasers Annalen*, 103, 1979.

[125] W.O. Schiehlen. *Technische Dynamik*. Teubner Verlag, 1986. Teubner Studienbücher, 63.

[126] T.R. Kane and D.A. Levinson. *Dynamics: Theory and Applications*. Mc Graw Hill, 1985.

[127] F. Pfeiffer. *Einführung in die Dynamik*. Teubner, 1989.

[128] H. Bremer. *Dynamik and Regelung mechanischer Systeme*. Teubner, 1988.

[129] J. Wittenburg. *Dynamics of Systems of Rigid Bodies*. Teubner, 1977.

[130] R.E. Roberson and R. Schwertassek. *Dynamics of Multibody Systems*. Springer, 1988.

[131] W.O. Schiehlen. *Multibody Systems Handbook*. Springer, 1990.

[132] P.C. Müller und W.O. Schiehlen. *Lineare Schwingungen*. Akad. Verlagsges., 1976.

[133] E.J. Haug. *Computer Aided Kinematics and Dynamics of Mechanical Systems*, volume I *Basic Methods*. Allyn and Bacon, Boston, 1989.

[134] B. Simeon, C. Führer, and P. Rentrop. Algebraic Equations in Vehicle System Dynamics. *Survey on Mathematics in Industry*, 1(1), 1991.

[135] M. Hiller. *Mechanische Systeme*. Springer, 1983.

[136] P. Lugner, H. Springer, und K. Desoyer. Dynamik von Starrkörpersystemen. Technische Universität Wien, Institut für Mechanik, 1989. Vorlesungsskriptum.

[137] O. Wallrapp. *Entwicklung rechnergestützter Methoden der Mehrkörperdynamik in der Fahrzeugtechnik*. Dissertation, Universität Berlin, Fachbereich 12 "Verkehrswesen", 1989.

[138] L.K. Timothy and B.E. Bona. *State Space Analysis: an Introduction*. Mc Graw Hill, 1968.

[139] P.M. Derusso, R.J. Roy, and C.M. Close. *State Variables for Engineers*. John Wiley, 1967.

[140] Th. Kailath. *Linear Systems*. Prentice Hall, 1980.

[141] R.E. Skelton. *Dynamic Systems Control*. John Wiley, 1988.

[142] C.B. Moler and C.F. Van Loan. Nineteen Dubious Ways to Compute the Exponential of a Matrix. In *SIAM Review 20*:801–836, Oct. 1978.

[143] A.J. Laub. Efficient Multivariable Frequency Response Computations. *IEEE*, AC-26(2), April 1981.

[144] G.H. Golub and T.Ch. Van Loan. *Matrix Computations*. The Johns Hopkins University Press, Baltimore, 1989.

[145] R.C. Ward. Numerical Computation of the Matrix Exponential with Accuracy Estimate. In *SIAM J. Numer, Anal. 14*, 1977.

[146] J.J. Dongarra. *LINPACK users Guide*. SIAM, Philadelphia, 1979.

[147] B.T. Smith. *Matrix Eigensystem Routines-EISPACK Guide*. Lecture Notes in Computer Science. Springer, Berlin, 2nd edition edition, 1976.

[148] B. Kagström and A. Ruhe. An Algorithm for Numerical Computation of the Jordan Normal Form of a Complex Matrix. In *ACM Trans. Math. Softw.*, volume 6:398–419, 1980.

[149] R.A. Walker. *Computing the Jordan Form for Control of Dynamic Systems*. PhD thesis, Stanford, 1981.

[150] H.W. Knobloch and F. Kappel. *Gewöhnliche Differentialgleichungen*. B. G. Teubner, Stuttgart, 1974.

[151] W. Enright. On the Efficient and Reliable Numerical Solution of Large Linear Systems of OdE's. In *IEEE TAC AC-24*:905–908, 1979.

[152] L. Litz. Simulation linearer Systeme. In *CCG-Lehrgang R1.12 "Regelungstechnische Analyse und Entwurfs-Software"*, 1982.

[153] P.C. Müller. *Stabilität und Matrizen*. Springer, 1977.

[154] R. Zurmühl and S. Falk. *Matrizen und ihre Anwendungen, Teil 1: Grundlagen; Teil 2: Numerische Methoden und technische Anwendungen*. Springer, Berlin, 1984.

[155] A.J. Laub. Numerical Aspects of Control Design Computations. *IEEE TAC*, 1(2), 1985.

[156] H.A. Nour Eldin. Berechnung der Matrix-Übertragungsfunktion mittels Hessenbergform. *Regelungstechnik*, 26(10):134–137, 1978.

[157] R.E. Kalman. Mathematical Description of Linear Dynamical Systems. *J.SIAM CONTROL*, 1(2):153–192, 1963.

[158] G. Doetsch. *Anleitung zum praktischen Gebrauch der LAPLACE-Transformation*. Oldenbourg, 1961.

[159] W. Ruggaber und C. Führer. Numerische Berechnung des Frequenzganges aus der Zustandsdarstellung. Interner Bericht IB 515-82/10, DFVLR, Oberpfaffenhofen, 1982.

[160] H. Parkus. *Random Processes in Mechanical Sciences*. International Centre for Mechanical Sciences (CISM), Courses and Lectures No. 9, Udine, Springer, Berlin, 1969.

[161] W. Wedig. Zufallschwingungen. Technical Report 221, VDI-Berichte, 1974.

[162] D.D. Newland. *An Introduction to Random Vibrations and Spectral Analysis*. Longman, 1975.

[163] L. Fabian. *Zufallsschwingungen und ihre Behandlung*. Springer, 1973.

[164] K. Brammer und G. Siffling. *Stochastische Grundlagen des KALMAN-BUCY-Filters*. Methoden der Regelungstechnik. R. Oldenbourg, 1975.

[165] Guide to the Evaluation of Human Exposure to Whole-Body Mechanical Vibration, 1986. Revision of ISO2631, Draft Nr. 7.

[166] Einwirkung mechanischer Schwingungen auf den Menschen. VDI, 1987. VDI Richtlinien 2057.

[167] B. Richter. *Schwerpunkt der Fahrzeugdynamik*. Fahrzeugtechnische Schriftenreihe. TÜV Rheinland, 1990.

[168] J.D. Robson, C.J. Dodds, D.B. Macvean, and V.R. Poling. *Random Vibrations*. Springer, 1971.

[169] F. Frederich. Die Gleislage - aus fahrzeugtechnischer Sicht. *ZEV-Glasers Annalen*, 108(12), 1984.

[170] H.-P. Willumeit und M. Lemke. Vierkanal-Anregung zur Simulation vertikaler Straßenunebenheiten. *ATZ*, 84, 1982.

[171] L. Arnold. *Stochastische Differentialgleichungen*. R. Oldenbourg, 1973.

[172] A.E. Bryson and Y.C. Ho. *Applied Optimal Control*. Blaisdell, 1969.

[173] J. Dolan und C. Führer. Kovarianzanalyse bei zeitlich verschobenen Erregerprozessen mit Anwendung auf mehrachsige Schienenfahrzeuge. Interner Bericht IB 515-81/8, DFVLR, Oberpfaffenhofen, 1981.

[174] R. Lautenschlager, P.C. Müller, K. Popp, und W.O. Schiehlen. Rechenverfahren für stochastische Fahrzeug-Fahrweg-Systeme. Technischer Bericht, Technische Universität München, 1979. Lehrstuhl B für Mechanik.

[175] K. Popp, W.O. Schiehlen und P.C. Müller. Komfortbeurteilung bei Zufallsschwingungen mit Hilfe der Kovarianzmethode. VDI-Berichte 456, 1982.

[176] G.H. Golub, S. Nash, and C. Van Loan. A Hessenberg-Schur-Method for the Problem AX + XB = C. *IEEE*, 6(AC-24):909–913, Dec. 1979.

[177] Guide for the Evaluation of Human Exposure to Whole-Body Vibrations. Int. Org. Standardization, 1978. ISO2631.

[178] Beurteilung mechanischer Schwingungen auf den Menschen. VDI, 1979. VDI Richtlinien 2057.

[179] B. Bergander. Anwendungen von Schwingungsbewertungsverfahren hinsichtlich des Fahrkomforts auf Ergebnisse rechnerischer Simulationen. Technischer Bericht, DB-BZA, München, 1978.

[180] I. Rericka. Methoden zur objektiven Bewertung des Fahrkomforts. *Automobil-Industrie 2*, 1986.

[181] DIN 45671, Teil 1. Messung mechanischer Schwingungen am Arbeitsplatz. Normenausschuß Akustik und Schwingungstechnik (FANAK) in DIN, 1987. Entwurf.

[182] F. Frederich. Kriterien für Fahrkomfort, Erfahrungen bei Schienenfahrzeugen. *VDI-Berichte 284*:41–47, 1977.

[183] D.C. Karnopp. Are Active Suspensions Really Necessary? *ASME, 78-WA/DE/12*, 1978.

[184] J.K. Hedrick and Wormley. Active Suspension for Ground Transportation Vehicles - A State-of-the-Art Review, Mechanics of Transportation Systems. *ASME-AMD*, 15:21–40, 1975.

[185] R.M. Goodall and W. Kortüm. Trends in Active Control of Railway Suspension Systems. In Madan G. Singh, editor, *Advances in Systems, Control & Information Engineering (CETTS)*, 1989.

[186] H. Wallentowitz. *Aktive Fahrwerkstechnik*. Fortschritte der Fahrwerkstechnik 10. Vieweg, 1991.

[187] B. Heißig. *Fahrwerke und Fahrverhalten von KFZ*. München, 1988. Skripten zur Vorlesung.

[188] D.C. Karnopp, M.J. Crosby, and R.A. Harwood. Vibration Controlling Semi-active Force Generators. *J. Engg. for Industry*, 96(B(2)):619–626, 1974.

[189] D.C. Karnopp. Design Principles for Vibration Control Systems Using Semi-Active Dampers. *Transactions of the ASME*, 112(448), Sept. 1990.

[190] W. Foag. *Regelungstechnische Konzeption einer aktiven PKW-Federung mit "preview"*. Dissertation, Ruhr-Universität Bochum, 1989. VDI Fortschrittberichte, Reihe 12, Nr. 139.

[191] G. Schmidt. *Grundlagen der Regelungstechnik*. Springer, 1982.

[192] J. Ackermann, A. Bartlett, D. Kaesbauer, W. Sienel, and R. Steinhauser. *Robust Control. Analysis and Design of Linear Control Systems with Uncertain Physical Parameters*. Springer, London, 1993.

[193] W.S. Levine and R.T. Reichert. An Introduction to H_∞ Control System Design. In *Proc. of the 29th Conference on Decision and Control*:2966–2974, Honolulu, Hawaii, Dezember 1990.

[194] J. Raisch und E.D. Gilles. Reglerentwurf mittels H_∞-Minimierung - Eine Einführung. *Automatisierungstechnik 40*:84–92, März 1992.

[195] G. Kreisselmeier und R. Steinhauser. Systematische Auslegung von Reglern durch Optimierung eines vektoriellen Gütekriteriums. *Regelungstechnik*, 3:76–79, 1979.

[196] W.M. Wonham. On Pole Assignment in Multi-input Controllable Linear Systems. In *Proc. IEE, 114*:395–399, March 1967.

[197] J. Ackermann. Der Entwurf linearer Systeme im Zustandsraum. *Regelungstechnik*, 20:298–300, 1972.

[198] J. Ackermann. *Sampled-Data Control Systems Analysis and Synthesis, Robust System Design*. Springer, 1985.

[199] J. Ackermann. Entwurfsverfahren für robuste Regelung, 1983. Vortrag INTERKAMA-Kongreß.

[200] B. Anderson and J. Moore. *Linear Optimal Control*. Prentice Hall, 1971.

[201] R.D. Kalman and R.S. Bucy. New Results in Linear Filtering and Prediction Theory. *ASME Journal for Basic Engineering 96*:95–108, March 1961.

[202] A.G. Carlton and J.K. Follin. Recent Developments in Fixed and Adaptive Filtering. In *AGARD Second Guided Missiles Seminar*:285–300. AGARDOGRAPH 21, Sept. 1956.

[203] K.W. Schrick Hrsg. *Anwendung der Kalman-Filter-Technik - Anleitung und Beispiele.* Oldenbourg, 1977.

[204] D.G. Luenberger. Observers for Multivaribale Systems. In *IEEE AC-11, No. 2*:190–197, 1966.

[205] A.E. Bryson and D.E. Johansen. Linear Filtering for Time-Varying Systems Using Measurements Containing Colored Noise. In *IEEE TAC AC-10*:4–10, 1965.

[206] R.S. Bucy. Optimal Filtering for Correlated Noise. *J. Math. Analysis and Appl.*, 20(1), Oktober 1967.

[207] Th. Kailath. An Innovations Approach to Least-Squares Estimation. *IEEE Transactions on Automatic Control*, AC-13(6):646–655, December 1968.

[208] J. Ackermann. Velocity-Independent Yaw Eigenvalues of Four-Wheel Steering Automobiles. In *International Workshop on Robust Control, Ascona*, April 1992.

[209] H. Sato, A. Hirota, H. Yanagisawa, and T. Fukushima. Dynamic Characteristics of a Whole Wheel Steering Vehicle with Yaw Velocity Feedback Rear Wheel Steering. In *IMech E C124/83*:147–156, 1983.

[210] R.S. Sharp and D.A. Crolla. Controlled rear steering for cars – a review. In *Proc. of the International Conference on Advanced Suspensions, IMechE 9*, 1988.

[211] G. Grübel. Die regelungstechnische Programmbibliothek RASP Einführungsaufsatz. *Regelungstechnik*:75–81, 1983. 31. Jahrgang, Heft 3.

[212] H.R. Schwarz. *Optimale Regelung linearer Systeme.* Theoretische und experimentelle Methoden der Regelungstechnik, Band 12. Wissenschaftsverlag, 1976.

[213] G.F. Franklin and J.D. Powell. *Digital Control of Dynamic Systems.* Addison-Wesley, 1980.

[214] K. Brammer und G. Siffling. **KALMAN-BUCY**-*Filter, Methoden der Regelungstechnik.* R. Oldenbourg, 1975.

[215] N. Gaus. Wechselspiel von Dialog und Datenstruktur für vergleichende regelungstechnische Simulationen. *Fortschrittsberichte VDI, Reihe 8, Nr. 237, VDI-Verlag, Düsseldorf*, 1991.

[216] P. Page et al. *Simulation und moderne Programmiersprachen.* Fachberichte Simulation. Springer, 1988.

[217] D.C. Augustin et al. The SCi Continuous System Simulation Language (CSSL). *Simulation 9*:281–303, 1967.

[218] E. Mitchell and J. Gauthier. ACSL = Advanced Continuous Simulation Language - User Guide and Reference Manual. Technical report, Mitchell & Gauthier Assoc., Concord, Mass., 1986.

[219] R. Crosbie and J. Hay. Towards new Standards for Continuous System Simulation Languages. In *Proc. of the SCSC*, San Diego, 1982.

[220] W. Kortüm and R.S. Sharp. Multibody Computer Codes in Vehicle System Dynamics. *Supplement to Vehicle System Dynamics*, 22, 1993.

[221] E. Höfer und H. Nielinger. *SPICE-Analyseprogramm für elektronische Schaltungen.* Springer, 1985.

[222] J. Thoma. *Simulation by Bondgraphs - Introduction to a Graphical Method.* Springer, 1989.

[223] A.M. Bos. *Modelling Multibody Systems in Terms of Multibond Graphs with Application to a Motorcycle.* PhD thesis, Universität Twente, 1986.

[224] J. Granda. Computer Generation of Physical System Differential Equations Using Bond Graphs. *J. Franklin Institute*, 319(1/2):243–255, 1985.

[225] G. Grübel and H.D. Joos. The Control Systems Engineering Numerical Subroutine Library RASP. DLR-Report TR R14-90, DLR, Oberpfaffenhofen, 1990.

[226] N. Gaus and M. Otter. Dynamic Simulation in Concurrent Control Engineering. In *Proc. 5th IFAC/IMACS Symposium CADCS91*, Swansea, UK, 1991.

[227] F. Breitenecker. Fortschritte in der Simulationstechnik - Methodologie, Implementation, Anwendung. In *Proc. ASIM Simulationstechnik, 7. Symposium*, Hagen, 1991.

[228] H.D. Joos and M. Otter. Control Engineering Data Structures for Concurrent Engineering. In *Proc. 5th IFAC/IMACS Symposium CADCS91*, Swansea, UK, 1991.

[229] M. Otter et al. Ein objektorientiertes Datenmodell zur Beschreibung von Mehrkörpersystemen unter Verwendung von RSYST. Technischer Bericht, Inst. B für Mechanik der Universität Stuttgart, 1992.

[230] F. Breitenecker et al. HYBSYS - A new Simulation System. In *Proc. of the 3rd European Simulation Congress*:275–281, Edinburgh, 1989.

[231] G. Grübel. Modulare Software für Simulation, Analyse und Entwurf AN-DECS. ASIM-Arbeitskreis-Treffen Simulation Technischer Systeme DLR-TR R39-91, DLR, Oberpfaffenhofen, 1991.

[232] G. Grübel and H.D. Joos. RASP and RSYST - Two Complementary Program Libraries for Concurrent Control Engineering. In *Proc. 5th IFAC/IMACS Symposium on Computer Aided Design in Control Systems*:107–112, Swansea, UK, 1991. Univ. of Wales.

[233] W.D. Pilkey et al. Review and Summary of Computer Programs for Railway Vehicle Dynamics. Technical report, Virginia University, Charlottesville, USA, 1975.

[234] J.E. Bernard. Shock and Vibration Computer Programs Review and Summaries. In W. & B. Pilkey, editor, *SVM-10*. The Shock and Vibration Information Center, 1975.

[235] R.L. Huston. *Multibody Dynamics.* Butterworth-Heinemann, 1990.

[236] W. Duffek, W. Kortüm, and O. Wallrapp. A General Purpose Program for the Simulation of Vehicle-Guideway Interaction Dynamics. In *Proc. 5th VSD-2nd IUTAM Symposium*, Vienna, 1977. Swets & Zeitlinger.

[237] K. Magnus, editor. *Dynamics of Multibody Systems.* IUTAM Symposium. Springer, Munich, 1978.

[238] R. Schwertassek and R.E. Roberson. *A Perspective on Computer-Oriented Multibody Dynamic Formalisms and their Implementation.* IUTAM/IFToMM Symposium on Dynamics and Multibody Systems. Springer, Udine, Italy, 1985.

[239] W. Kortüm and W. Schiehlen. General Purpose Vehicle System Dynamics Software Based on Multibody Formalisms. In *Vehicle System Dynamics*:229–263, 1985.

[240] M. Hiller, K.P. Schnelle, and A. Zanten. FASIM - A Modular Program for Simulation of Nonlinear Vehicle Dynamics. In *Progress Report to the 12th IAVSD Symposium on a Workshop and Resulting Activities*, Lyon, 1991. Carl-Cranz-Gesellschaft.

[241] J.P. Pascal. The Railway Dynamic Codes "VOCO". In *Progress Report to the 12th IAVSD Symposium on a Workshop and Resulting Activities*, Lyon, 1991. Carl-Cranz-Gesellschaft.

[242] W. Rulka. SIMPACK - A Computer Program for Simulation of Large-Motion Multibody Systems. In W. Schiehlen, editor, *Multibody Systems Handbook*:265–284. Springer, 1989.

[243] E. Hairer, S.P. Norsett, and G. Wanner. *Solving Ordinary Differential Equations I.* Springer, 1991.

[244] L.F. Shampine and M.K. Gordon. *Computer Solution of Ordinary Differential Equations, The Initial Value Problem.* Freeman and Company, San Francisco, 1975.

[245] C.W. Gear. *Numerical Initial Value Problems in Ordinary Differential Equations.* Prentice Hall, 1971.

[246] E. Hairer and G. Wanner. *Solving Ordinary Differential Equations II. Stiff and Differential-Algebraic Problems.* Springer, 1991.

[247] B. Simeon, C. Führer, and P. Rentrop. Differential-Algebraic Equations in Vehicle System Dynamics. In *Surv. Math. Ind. I*:1–37. Springer, 1991.

[248] C. Führer. Algebraic Methods in Vehicle System Analysis. *Third ICTS Seminar on Advanced Vehicle System Dynamics*, 16, 1987. Supplement to Vehicle System Dynamics.

Sachverzeichnis

M. Mitschke

Dynamik der Kraftfahrzeuge

Band A: Antrieb und Bremsung
3. Aufl. 1994. Etwa 180 S.
Geb. DM 178,–; öS 1388,40; sFr 178,– ISBN 3-540-56164-1

Band B: Schwingungen
3. Aufl. 1994, Etwa 240 S. 163 Abb.
Geb. DM 178,–; öS 1388,40; sFr 178,– ISBN 3-540-56162-5

Band C: Fahrverhalten
2. völlig neubearb. Aufl. 1990. XVI, 264 S. 182 Abb.
Geb. DM 168,–; öS 1310,40; sFr 168,– ISBN 3-540-15476-0

Dynamik der Kraftfahrzeuge stellt die Theorie zur Beschreibung der
Fahreigenschaften von Kraftfahrzeugen zusammenfassend dar. Es ist
somit ein wichtiges Arbeitsmittel für Studium und Praxis, und die
verschiedenen Probleme der Kraftfahrzeugtechnik zu verstehen und
zu lösen sowie die Entwicklung zu optimieren.
Das Werk wurde aufgrund erweiterter Umfänge in drei Bände
aufgeteilt.
Das Werk berücksichtigt den heutigen Stand der Normung;
es werden durchgehend SI-Einheiten angewendet, die Bezeichnungen physikalischer Größen entsprechen dem internationalen
Standard.

Preisänderungen vorbehalten.

B3.09.120